utb 4769

Eine Arbeitsgemeinschaft der Verlage

Böhlau Verlag · Wien · Köln · Weimar
Verlag Barbara Budrich · Opladen · Toronto
facultas · Wien
Wilhelm Fink · Paderborn
Narr Francke Attempto Verlag / expert Verlag · Tübingen
Haupt Verlag · Bern
Verlag Julius Klinkhardt · Bad Heilbrunn
Mohr Siebeck · Tübingen
Ernst Reinhardt Verlag · München
Ferdinand Schöningh · Paderborn
transcript Verlag · Bielefeld
Eugen Ulmer Verlag · Stuttgart
UVK Verlag · München
Vandenhoeck & Ruprecht · Göttingen
Waxmann · Münster · New York
wbv Publikation · Bielefeld

Naturphilosophie

Ein Lehr- und Studienbuch

Herausgegeben von
Thomas Kirchhoff, Nicole C. Karafyllis, Dirk Evers,
Brigitte Falkenburg, Myriam Gerhard, Gerald Hartung,
Jürgen Hübner, Kristian Köchy, Ulrich Krohs,
Thomas Potthast, Otto Schäfer, Gregor Schiemann,
Magnus Schlette, Reinhard Schulz, Frank Vogelsang

2., aktualisierte und durchgesehene Auflage

Mohr Siebeck

1. Auflage 2017.

2. Auflage 2020 (aktualisiert und durchgesehen).

ISBN 978-3-8252-5382-0 (UTB Band 4769)

Online-Angebote oder elektronische Ausgaben sind erhältlich unter *www.utb-shop.de*.

Die Deutsche Nationalbibliothek verzeichnet diese Publikation in der Deutschen Nationalbibliographie; detaillierte bibliographische Daten sind im Internet über *http://dnb.dnb.de* abrufbar.

© 2020 Mohr Siebeck, Tübingen. www.mohrsiebeck.com

Das Buch wurde von Pagina in Tübingen gesetzt und von Hubert & Co. in Göttingen auf alterungsbeständiges Werkdruckpapier gedruckt und gebunden.

Printed in Germany.

Inhaltsverzeichnis

Abkürzungsverzeichnis

→	Querverweis auf andere Buchbeiträge
[2]	Angabe der Auflage von Werken
a.	articulus
a. a. O.	am angegebenen Ort
Abschn.	Abschnitt
Abt.	Abteilung
ART	Allgemeine Relativitätstheorie
Art.	Artikel
ATLAS	A Toroidal LHC ApparatuS
Aufl.	Auflage
Bd.	Band
Bde.	Bände
BfN	Bundesamt für Naturschutz
BGB	Bürgerliches Gesetzbuch
BMBF	Bundesministerium für Bildung und Forschung
BMUB	Bundesministerium für Umwelt, Naturschutz, Bau und Reaktorsicherheit
BRD	Bundesrepublik Deutschland
Bt	Bacillus thuringiensis
bzw.	beziehungsweise
ca.	circa
CERN	Conseil Européen pour la Recherche Nucléaire
chin.	chinesisch
CMS	Compact Muon Solenoid
CRISPR	clustered regularly interspaced short palindromic repeats
DDT	Dichlordiphenyltrichlorethan
ders.	derselbe
d. h.	das heißt
dies.	dieselbe / n
DK	Diels / Kranz
DL	Diogenes Laertius
DNA	deoxyribonucleic acid
doi	digital object identifier
dt.	deutsch
ebd.	ebenda
EG	Europäische Gemeinschaft
engl.	englisch
Einl.	Einleitung
EPR	Einstein, Podolsky, Rosen

et al.	et alii / aliae [und andere]
etc.	et cetera [und die übrigen (Dinge)]
EU	Europäische Union
EWG	Europäische Wirtschaftsgemeinschaft
frz.	französisch
geb.	geboren
ggf.	gegebenenfalls
griech.	griechisch
GVO	genetisch veränderter Organismus
h	Stunde [lat. hora]
hebr.	hebräisch
Hg.	Herausgeber / in(nen)
HGP	Human Genome Project
HWPh	Historisches Wörterbuch der Philosophie
i. d. R.	in der Regel
insb.	insbesondere
ital.	italienisch
jap.	japanisch
Jh.	Jahrhundert
Jhs.	Jahrhunderts
Kap.	Kapitel
km	Kilometer
lat.	lateinisch
LHC	Large Hadron Collider
MEW	Marx Engels Werke
Mio.	Million / en
Mrd.	Milliarde / n
n. Chr.	nach Christus
o. ä.	oder ähnliches
o. g.	oben genannte / es / en
o. J.	ohne Jahr
PETA	People for the Ethical Treatment of Animals
prop.	propositio
q.	quaestio [methodische Frage]
RNA	ribonucleic acid
s.	siehe
S.	Seite
SEP	Stanford Encyclopedia of Philosophy
s. o.	siehe oben
sog.	sogenannt / e / es / en so genannt / e / es / en
Sp.	Spalte
SRT	Spezielle Relativitätstheorie

s. u.	siehe unten
u.	und
u. a.	unter anderem / ggf.: und andere / s
u. a. m.	und andere mehr
UN	United Nations
u. ö.	und öfter
USA	United States of America
usw.	und so weiter
v.	von (aber: „vor" in „v. Chr. ")
v. a.	vor allem
v. Chr.	vor Christus
vgl.	vergleiche
z. B.	zum Beispiel
zit. n.	zitiert nach
z. T.	zum Teil

Zur Einführung

Natur ist im Trend, Natur ist überwunden, Natur ist elementar, Natur ist bedroht, Natur ist lebenswichtig, Natur ist ideologisch – diese aktuellen Aussagen zeigen exemplarisch, wie vielfältig Auffassungen von Natur sein können und wie wichtig es ist, sich über Natur und Naturbegriffe zu verständigen. Hierzu möchte dieses naturphilosophische Lehr- und Studienbuch einen integrativen Beitrag leisten. Im Zuge dessen wird die selbstreflektierende Frage gestellt, welchen Bereich die Naturphilosophie innerhalb der Philosophie, aber auch in interdisziplinären wie lebensweltlichen Kontexten umfasst und umfassen könnte.

Die Naturphilosophie gehört zweifellos zu den ältesten Denkrichtungen der Philosophie. Entsprechend groß ist ihr theoretisches wie praktisches Potenzial – nicht zuletzt wegen der zentralen Bedeutung, die der Begriff ‚Natur‘ in zahlreichen Diskursen und Debatten hat. Sich naturphilosophisch zu bilden ist deshalb in fast jedem Fach relevant. Für Studierende und Lehrende bietet die Naturphilosophie einen reichen Schatz an Analysewerkzeugen für das Naturdenken wie -handeln. Naturphilosophische Kenntnisse helfen aber auch beim Verständnis gesellschafts- und wissenschaftspolitischer Entwicklungen: von Naturschutzprojekten und Tourismuskonzepten bis hin zu Debatten um die Relevanz von Teilchenbeschleunigern angesichts deren hoher Kosten.

Hinweise auf Natur können Probleme, aber auch Problemlösungen markieren. Abhängig von der Verwendung kann ‚Natur‘ auf argumentative Differenz oder Einheit abzielen. Natur ist gleichsam überall, war vor uns da und wird es womöglich auch nach uns sein; sie ist Innen und Außen und „hat weder Kern noch Schale“. (Auf jene allgemeineren Deutungen kommen wir unten noch zurück.) Aber theoretisch wird Natur – und dies nicht nur in den Naturwissenschaften – immer mehr vereinzelt, verdinglicht und fachspezifisch bearbeitet und rückt dadurch letztlich in ein Nirgendwo. Vielleicht ist so das immer häufiger beklagte Desinteresse junger Menschen am Studium der Naturwissenschaften mitverursacht worden. Denn Natur wird eher dann als langweilig erachtet, wenn man sie – aus guten Gründen – als etwas immer schon Gesetzmäßiges oder Bekanntes darstellt. Man mag sich hier an Heraklit erinnern: „Die Natur liebt es, sich zu verbergen“ (DK 22 B123). Um wieder Lust an der Entdeckung und Erforschung der Natur zu haben, sollte sie immer auch als plural, vielfältig situiert, rätselhaft und spannend verstanden werden können. Nicht nur darin haben Naturphilosophie und Naturwissenschaft ein gemeinsames Anliegen.

In dieser Situation hat die gegenwärtige Naturphilosophie die Aufgabe, die Pluralität von Naturwahrnehmungen und Naturdeutungen mit ihren historischen Fundierungen im Spiel zu halten und zugleich, im Sinne von Orientierungswissen, Strukturen und Relationen des Naturwissens und Naturdenkens aufzuzeigen. Die Naturphilosophie markiert wirkmächtige Spuren, von denen in diesem Buch fast ausschließlich die sog. westlichen verfolgt werden konnten. Jene Spuren leiten die philosophische Suche nach

Einheit in der Vielheit der Naturzugänge an – bei gleichzeitigem Wissen und Wollen, dass das Streben nach Einheit nur als Aufgabe verstanden werden kann und nicht als absolut zu erreichendes Ziel.

Zu dieser Aufgabe gehören auch kritische Hinweise auf sog. naturalistische Tendenzen. Damit sind Vereinheitlichungen von Naturbegriffen gemeint, etwa die Aufhebung von individuell, gesellschaftlich und kulturell unterschiedlichen Naturbegriffen durch Termini der Physik und der Biologie. Nicht selten werden derartige Homogenisierungen mit weitreichenden Deutungsansprüchen verbunden, die ganze Gesellschaften oder sogar die Menschheit an sich betreffen. Zwei theoretische Sollbruchstellen fallen dabei besonders ins Auge: *erstens* die Gleichsetzung des Begriffs ‚Geschichte‘ mit dem Begriff der (z. B. kosmo-, geo- oder biologischen) ‚Vergangenheit‘. Denn ‚Geschichte‘ bedeutet mehr als nur den Anfang eines abstrakten Zeitpfeils, der in die Zukunft gerichtet ist. „Geschichte ist die geistige Form, in der sich eine Kultur Rechenschaft über ihre Vergangenheit gibt“ (Johan Huizinga). Diese Aussage gilt nicht nur für die Philosophie und die Geschichtswissenschaft, sondern für alle Geisteswissenschaften, insofern sie sich immer auch als historische Wissenschaften verstehen. Die Naturphilosophie hat entsprechend die vordringliche Aufgabe, Natur in Form von Kategorien des Geistes abzuhandeln, d. h. als Idee, Begriff, Objekt, experimentell erzeugte Tatsache usw. Damit legt sie immer auch Rechenschaft über ihre eigene Vergangenheit ab und schreibt an ihrer Geschichte. Für das Nachdenken über Natur bleibt die Naturphilosophie auf überlieferte und aktuelle Texte ebenso angewiesen wie sie dafür sorgt, geschärfte Naturbegriffe und strukturierte Argumente zum Naturwissen für die Texte und das Nachdenken anderer Disziplinen zur Verfügung zu stellen; zuvorderst für die Naturwissenschaften, von deren Erkenntnissen sich die Naturphilosophie wiederum bewusst begeistern wie herausfordern lässt. – Die *zweite* theoretische Sollbruchstelle ist die Gleichsetzung des Menschen und seiner Existenz mit der biologischen Art *Homo sapiens* – einer Spezies, die ggf. sogar technisch überwunden werden könnte (Trans- bzw. Posthumanismus). Durch diese Verkürzung wird der Mensch, den vom Tier maßgeblich unterscheidet, dass ihm sein Menschsein zu verwirklichen wesentlich als Aufgabe gestellt ist, letztlich nur noch als oberstes der Säugetiere verstehbar. Er teilt dann mit den Tieren eine ‚natürliche‘ Vergangenheit, aber noch keine Geschichte / n mit anderen Menschen. So wird nicht zur Sprache gebracht, wie unterschiedlich der Mensch sich – qua Geist und Vernunft, qua Denken, Fühlen und Handeln – in ein Verhältnis zur Natur gesetzt hat, dies heute tut und auch in Zukunft zu tun gedenkt. Wichtig ist: Erst in Kombination jener beiden reduktionistischen Vorannahmen zu ‚Mensch‘ und ‚Natur‘ und damit auch zur Konstitution von ‚Welt‘ würde es vielleicht möglich zu denken, dass Natur auch nach uns *da sein* wird – weshalb wir im betreffenden Satz oben das vorsichtige „womöglich“ hinzu gesetzt haben. Die so zum Ausdruck gebrachte Vorsicht ist auch eine Anspielung auf den Titel desjenigen Buches, das in jüngster Zeit wie kein anderes zur internationalen philosophischen Debatte um den Naturbegriff und das dominierende Weltbild der Naturwissenschaften beigetragen hat: *Geist und Kosmos. Warum die materialistische neodarwinistische Konzeption der Natur so gut wie sicher falsch ist* (engl. 2012, dt. 2013) von Thomas Nagel. Die beiden o. g. theoretischen Sollbruchstellen stehen dort im Fokus.

Jener Argumentationskomplex soll wegen seiner Aktualität und gerade mit Blick auf jüngere und / oder mit Science Fiction-Erzählungen vertraute Leserinnen und Leser dieses Buches kurz erläutert werden. Dabei werden die eingangs genannten Aussagen über Natur z. T. kritisch wieder aufgegriffen. Denn wenn Natur „im Trend" ist, dann stellt sich dabei stets die Frage, in welchen Weisen sie das ist. Angenommen, Teile der bisherigen Menschheit würden die Erde für immer verlassen und extraterrestrisch als Menschen weiterleben, so bliebe Natur zumindest elementar in irgendeiner Form da, z. B. wenn jene Menschen in sog. ‚Life-Support-Systemen' mit Sauerstoff und Nährstoffen versorgt würden. Natur wäre auch in dieser reduzierten Form lebenswichtig oder genauer: überlebenswichtig. Den extraterrestrischen Menschen blieben vielleicht auch Naturfotografien, die sie an die Geschichte der irdischen Vergangenheit ihrer Vorfahren erinnerten – wenngleich sich dies etwa so anfühlen würde, wie wenn wir heute Bilder historischer Landschaften betrachten. Wir erkennen sie als Spuren unserer eigenen Geschichte, ohne den zugehörigen Sinnhorizont, der für die Menschen in früheren Zeiten galt, wirklich verstehen zu können. Um sich diesen Sinnhorizont wenigstens annähernd zu erschließen, bedarf es Quellen und zugehöriger Geschichten, die vom Gewesenen Zeugnis ablegen und sinnstiftend für das Verständnis der Gegenwart sind. Im Falle des tiefgründigen Bedeutungshorizonts von Natur und der mit ihr verbundenen Begriffe und Ideen sind dies z. B. historische Quellen zu Erdbeben, Vulkanausbrüchen, Wetterveränderungen und Überflutungen (inklusive Fossilien), zur vorindustriellen Landwirtschaft, zum japanischen Zen-Garten und Englischen Garten, zur jüdisch-muslimischen Medizin des Mittelalters, zur antiken Legitimation der Sklaverei, zur Entstehung von Albert Einsteins Relativitätstheorien, zur Schönheit von Landschaft und zur Erhabenheit des Himmels.

Aber die These, dass Natur, so wie wir sie bislang in all ihrer Pluralität verstanden haben, auch nach „uns", d. h. nach der Menschheit, *da* sein und nicht ‚nur' sein würde, widerspricht folgender Annahme: Über Natur kann nur im Rahmen von Mensch-Natur-Verhältnissen und Mensch-Welt-Verhältnissen (wozu auch wissenschaftliche, technische und philosophische Verhältnisse gehören) nachgedacht werden. Dieser naturphilosophische Impetus findet sich von den Vorsokratikern und Aristoteles bis in die Neuzeit, z. B. bei Georg W. F. Hegel, Edmund Husserl, Ludwig Wittgenstein, Hannah Arendt, Paul Feyerabend und Thomas Nagel. Entsprechend kann von Natur in eben dieser gewohnten Weise auch nur von Menschen erzählt und können die Erzählungen auch nur von Menschen hinreichend verstanden werden. Das schließt nicht prinzipiell aus, dass mögliche andere Lebensformen Geschichten über Natur erzählen, aber weist darauf hin, dass es wohl keine mehr von „unserer" Natur und dem plural gestalteten Verhältnis zu ihr sein werden. Betroffen wären davon auch die Ursprungs- und Schöpfungserzählungen in Mythos, Religion und Wissenschaft, die in vielfältiger Übereinstimmung davon ausgehen, dass es vor dem Menschen im Kosmos und auf der Erde etwas gegeben hat, was man in Bezug zum Begriff ‚Natur' setzen kann: das Chaos, das Tohuwabohu, den Himmel, das Wasser, die Pflanzen und Tiere, die Sonne, die Uratmosphäre, die Archaeen (von griech. *arché* für: Anfang), die Dinosaurier usw. Dass Natur vor uns da war ist deshalb, wenngleich nicht unproblematisch, eine weitaus weniger strittige Aussage, als dass sie nach uns (noch) da sein wird. Hinter diesen

Überlegungen verbirgt sich eine seit der Antike vieldiskutierte Problematik, die als sog. *homo-mensura*-Satz von Protagoras zu den Gründungsdokumenten der abendländischen Naturphilosophie zählt und aus dem 5. Jh. vor Christus stammt: „Aller Dinge Maß ist der Mensch, der seienden, daß (wie) sie sind, der nicht seienden, daß (wie) sie nicht sind" (DK 80 B1).

Doch selbst, wenn man im Gedankenexperiment Außerirdische mit einschlösse in ein zukünftiges „Wir", gälte es zu bedenken: Es gibt keinen archimedischen Standpunkt im Weltall, von dem aus das Verhältnis von Natur, Mensch und Welt im wahrsten Sinne des Wortes *begreiflich* gemacht werden könnte – so schon 1958 Hannah Arendt in *Vita activa* (Kap. 37). Er ist ein Nirgendwo, weshalb das oben gewählte Wort „womöglich" (wird Natur nach uns da sein) in Bezug auf die Aussage sogar sinnlos sein könnte. Hinzu kommt der philosophische Zweifel an einer temporal ungebrochenen Kontinuität von Natur als innerlich und dabei gleichzeitig äußerlich Vorgestelltes. Denn wenn die Natur des Menschen in den Gedankengebäuden des Transhumanismus als überwunden oder zumindest überwindbar postuliert wird, entsteht die Frage, wieso dies nicht auch die Vorstellung von der äußeren Natur, z. B. als Umwelt oder Landschaft, betreffen sollte. Transhumanistische Existenzen würden ja, wenn, dann eine andere körperlich-leiblich-geistige und somit auch eine andere innere Natur haben und deshalb wohl auch eine andere äußere Natur konzipieren – und umgekehrt. Und während wir uns von diesem Gedanken faszinieren lassen, der mit dem dystopischen Roman *Träumen Androiden von elektrischen Schafen?* (engl. 1968) von Philip K. Dick Teil der Weltliteratur geworden ist, gilt trotzdem: Die innere Natur des Menschen, das Selbstempfinden und -bewusstsein, ist alles andere als verstanden. Meist wird unterschätzt, dass „wir große, komplizierte Fälle von etwas sind, das objektiv physikalisch von außen und subjektiv mental von innen ist" (Thomas Nagel). – Bezogen auf die berechtigte Mahnung, dass Hinweise auf ‚Natur' und auch ‚Mensch' als Vehikel von politischen Ideologien dienen oder dienen könnten, wäre demnach zu ergänzen: Umgekehrt sind unterlassene Hinweise auf ‚Natur', insb. in Verbindung mit der Vision von der Überwindung des Menschen, derselben Gefahr ausgesetzt. Von dieser Warnung ist auch der jüngere Ökologie-Diskurs nicht auszunehmen, insofern er sich die Metapher vom „Raumschiff Erde" teilweise zu eigen gemacht hat, um allerdings gerade darauf hinzuweisen, dass die globale Natur bedroht ist – womit Krise und Fortschritt in einem Ausdruck vereint worden sind.

Und schließlich ergibt sich in jenem Argumentationskomplex ein logisches Problem: Wenn ‚die Natur' ‚die Welt' bedeuten und diese ‚das Weltall' als Ganzes meinen soll, wie kann es dann überhaupt noch eine Um-Welt geben? So bewahrheitet sich Johann W. von Goethes berühmte Aussage „Natur hat weder Kern noch Schale" auch angesichts von zeitgenössischen Kosmologien und ihren Modellierungen, die im Spannungsfeld von Materialität und Virtualität stehen. Aus naturphilosophischer Sicht bleibt also fraglich, ob mit den immer populärer werdenden Visionen von einer transhumanistischen Existenzweise im All, d. h. mit einer die bisherige Natur ablösenden Lebensform nach Maßgabe der Technik, etwaige Entsprechungen zu Mensch-Natur-Verhältnissen auch nur annähernd begründet werden könnten. Gleichwohl erscheint es den Herausgeberinnen und Herausgebern dieses Lehrbuchs wichtig, im Angesicht jener aktuellen Visionen und Deutungen zu philosophieren und sie als Optionen des Nachdenkens über Natur nicht auszuschließen.

Dieses Unterfangen ist gerade deshalb ambitioniert, weil auch die Philosophie von den modernen Fragmentierungs- wie Homogenisierungstendenzen nicht verschont geblieben ist, ja sie sogar mit befördert hat. Die westliche Philosophie des 20. Jhs. wurde – auch jenseits von Deutschland – damit konfrontiert, dass ihre altetablierten Lehrstühle für Naturphilosophie entweder verschwanden oder bevorzugt in solche für Wissenschaftstheorie der Naturwissenschaften, alternativ auch für Erkenntnistheorie bzw. Philosophie des Geistes, umgewidmet wurden. Dabei sind klassische Problemstellungen der Naturphilosophie, wie die schon in der Antike wichtigen Fragen nach Welt, Raum und Zeit, in alternative Denkarchitekturen eingeordnet worden. Die Folgen zeigen sich nun im 21. Jh. verstärkt. Sie wären nicht zu beanstanden, wenn bei jenen Transformationen die naturphilosophisch etablierten Begriffe und Konstellationen an die wichtigen Traditionen ihrer Genese und Verwendung anschlussfähig gehalten worden wären. Diese Begriffe und Konstellationen sind nämlich zum großen Teil bis in die Gegenwart bedeutsam: und zwar von Weltbildern bis zu Naturrechtsdebatten, von Materiekonzepten bis zum physikalischen „Teilchenzoo", von Körperpraktiken bis zu Ernährungsstilen, von ästhetischen Naturidealen bis hin zum Konzept eines regulierbaren Naturhaushalts. Sie werden auch gebraucht zur Erfassung der noch nicht historisch sedimentierten Mensch-Natur-Verhältnisse etwa bezüglich der Antarktis und der Tiefsee, die jüngeren Datums sind und eine hohe Dynamik aufweisen.

Aber wenngleich das naturphilosophische Erbe an zahlreichen Hochschulen durchaus inhaltlich bearbeitet wird und teilweise nur unter anderem Namen figuriert, z. B. unter Philosophische Anthropologie, Ästhetik, Wissenschaftsphilosophie oder Tierethik, ist doch eine Vakanz historisch-systematischer Überblicksdarstellungen zur Naturphilosophie entstanden. Benötigt werden insb. Überblicksdarstellungen, welche die Historie mit einem aktuellen Frage- und Problemhorizont der Auseinandersetzungen um Natur und ‚Natur‘ verknüpfen. Vor allem in der schulischen und universitären Lehre macht sich diese Leerstelle seit längerem bemerkbar.

Aufgrund dieser Desiderate in Lehre und Forschung haben sich die Herausgeberinnen und Herausgeber vor einigen Jahren versammelt, um in einer ständigen Arbeitsgruppe miteinander in Dialog zu treten und dieses Lehrbuch für den Unterricht, aber auch zum Selbststudium zu entwickeln. Als Autorinnen und Autoren wurden auch ausgewiesene Experten jenseits des Herausgeberkreises eingeladen. Für die beabsichtigte Vielstimmigkeit war und ist die Überzeugung leitend, dass die Naturphilosophie mit ihrer reichhaltigen Vergangenheit ihrerseits Zukunft hat. Sie kann ihr Potenzial auch für Fächer jenseits der Philosophie entfalten, z. B. für die Pädagogik, die Soziologie, die Psychologie, die Literaturwissenschaft, die Kunstgeschichte, die Theologie, die Mathematik und – nur scheinbar selbstverständlich – für die Naturwissenschaften. Umgekehrt tragen all jene und weitere Wissenschaften dazu bei, die Naturphilosophie immer wieder neu herauszufordern. Deshalb wurde dieses Lehr- und Studienbuch zwar vorwiegend, aber keineswegs ausschließlich von Philosophinnen und Philosophen geschrieben.

Das Buch ist in vier Sektionen gegliedert:

1. Sektion I „Geschichte und Systematik" bietet anhand repräsentativer Konstellationen und Personen Einblick in die reichhaltige Tradition der westlichen Naturphilosophie von der Antike bis in die Gegenwart. Dabei wird die Verschränkung von Geschichte und Systematik der Naturphilosophie deutlich.
2. In Sektion II „Grundbegriffe der Naturphilosophie" werden ausgewählte fundamentale Begriffe mit ihren Bedeutungstraditionen und gegenwärtigen Semantiken vorgestellt. Das Spektrum der Grundbegriffe reicht dabei von ‚Natur' bis ‚Mensch'. Es bildet einen perspektivischen Horizont für die Frage, welche Begriffe zu welcher Zeit und aus welchen Gründen ihre Bedeutung eher in wissenschaftlichen oder eher in nichtwissenschaftlichen Kontexten erlangen. (Zu weiteren Begriffen s. www. naturphilosophie.org.)
3. Sektion III rückt „Naturverhältnisse" in den Mittelpunkt, d. h. den relationalen Charakter des Sprechens über, des Umgangs mit und des Verstehens von Natur sowie der damit verbundenen Beziehungs- und Deutungsmuster. Natur wird in Form von gesellschaftlichen Naturverhältnissen verhandelt, die von leiblichen und ästhetischen über u. a. experimentelle und erzählende bis hin zu geschlechtlichen und religiösen Naturverhältnissen reichen – und zuletzt das Mensch-Natur-Verhältnis als solches in Frage stellen.
4. Sektion IV schließlich behandelt „Naturphilosophie in der Praxis" und damit Naturbezüge, die v. a. jenseits des Labors greifen und für weitreichende Debatten sorgen, z. B. wenn in Film und Fernsehen, in Schule und Küche, im Naturschutzgebiet und Waldkindergarten, auf dem Acker und beim Spaziergang Natur sinnstiftend vermittelt, praktisch behandelt und auch immer wieder neu verhandelt wird. Im Lichte naturphilosophischer Reflexionen zeigen sich an diesen Naturbezügen konfliktträchtige, z. T. widersprüchliche und sogar paradoxe Umgangsweisen mit Natur: z. B. die Sehnsucht nach Wildnis und die Faszination für die „unendlichen Weiten" des Weltalls bei oft gleichzeitiger Unterschätzung der alltäglichen Technisierungen von Natur in Folge von industrialisierter Landwirtschaft und Tierhaltung. Damit wird auch ein kritischer Blick auf aktuelle Ökonomien der Aufmerksamkeit für ‚die' Natur gelenkt. In guter philosophischer Tradition mögen die gegebenen Hinweise auf Paradoxien und Widersprüchlichkeiten Anlass zum Nachdenken und zur Selbstreflexion bieten.

Mit diesem Aufbau werden vier unterschiedliche, jedoch miteinander verknüpfte Zugänge zur Naturphilosophie angeboten. Die Lektüre kann in jedem Kapitel des Lehr- und Studienbuches beginnen und von dort, unterstützt durch die Querverweise zwischen den Kapiteln, vertieft und erweitert werden. Weiterführende naturphilosophische Literatur ist, ohne Vollständigkeit anzustreben, jeweils am Ende der Kapitel genannt.

Danken möchten wir den Autorinnen und Autoren für ihre Beiträge und ferner dafür, dass sie sich im Rahmen des mehrstufigen Begutachtungsverfahrens auf den aufwändigen Abstimmungsprozess bei der Konzeptualisierung wie auch der Finalisierung des Lehr- und Studienbuchs eingelassen haben. Den anonymen Gutachterinnen und Gutachtern danken wir für ihre wertvollen Kommentare und Hinweise.

Wir danken dem Verlag Mohr Siebeck für die umsichtige Betreuung des Lehrbuchs. Für das sprachliche Lektorat danken wir Ariane Filius. Für umfangreiches Korrekturlesen und / oder Kommentieren sind wir darüber hinaus Alfred Dunshirn, Anna Katharina Göb, Claudia Güstrau, Sascha Kühlein, Uwe Lammers, Jochen Litterst, Sophie Nadolski, Fabian Ott und Steffen Stolzenberger zu Dank verpflichtet.

Das Lehrbuch wurde durch die sechsjährige Arbeitsgruppe „Natur begreifen – Natur schützen" an der Forschungsstätte der Evangelischen Studiengemeinschaft e. V., Institut für interdisziplinäre Forschung (FEST), in Heidelberg konzipiert, die anfänglich von Gerald Hartung, dann von Thomas Kirchhoff geleitet wurde. Als Zwischenergebnis der Arbeitsgruppe und Vorarbeit zu diesem Lehr- und Studienbuch ist 2014 die Anthologie *Welche Natur brauchen wir? Analyse einer anthropologischen Grundproblematik des 21. Jahrhunderts* erschienen.

Ohne die finanzielle Förderung der obigen Arbeitsgruppe durch die Forschungsstätte der Evangelischen Studiengemeinschaft e. V., Institut für interdisziplinäre Forschung (FEST), in Heidelberg im Rahmen ihrer Grundfinanzierung durch die Evangelische Kirche in Deutschland (EKD) wäre es nicht möglich gewesen, dieses Lehr- und Studienbuch zu konzipieren und herauszugeben.

Das Buch hat reges Interesse in Forschung, Lehre und Medien gefunden, so dass nach nur drei Jahren eine zweite Auflage erscheint. Sie wurde aktualisiert und auf Tippfehler durchgesehen. Unsere Einleitung und mit ihr das Buch sind durch die gesellschaftlichen Entwicklungen mehr denn je aktuell: Über Natur lässt sich nur in Mensch-Natur-Verhältnissen und in Kenntnis von Naturbegriffen sinnvoll nachdenken. Deshalb wurde im letzten Jahr, ergänzend zu diesem Buch, das Projekt „Online Encyclopedia Philosophy of Nature / Online Lexikon Naturphilosophie" initiiert, an dem zahlreiche Autorinnen und Autoren dieses Buches beteiligt sind und in dem sukzessive frei zugängliche Artikel zu naturphilosophischen Begriffen versammelt werden sollen.

Thomas Kirchhoff und Nicole C. Karafyllis für die
Herausgeberinnen und Herausgeber

Heidelberg und Braunschweig im Januar 2020

Sektion I: Geschichte und Systematik

Sektion I: Geschichte und Systematik

I.0 Einleitung

Myriam Gerhard, Nicole C. Karafyllis,
Gerald Hartung und Kristian Köchy

Versteht man ‚Naturphilosophie' in weiter Bedeutung als den Versuch einer sinnstiftenden Betrachtung der Natur, dann gibt es keine Epoche der Philosophiegeschichte, in der die Naturphilosophie nicht präsent gewesen wäre. Über viele Jahrhunderte war sie sogar maßgeblich, z. B. mit der antiken Vorstellung vom Kosmos, die noch das Weltbild des Mittelalters prägte. Der Atomismus lässt sich nahezu durchgängig von den Vorsokratikern bis in die jüngste Gegenwart nachweisen, wenn er auch immer wieder in anderen Konstellationen erscheint. Grundkonzeptionen des Naturbegriffs im Römischen Recht sind bis heute in den interdisziplinären Diskursen um das Naturrecht wirksam. Und wenn in der gegenwärtigen Geologie, Biologie und Anthropologie auf eine ‚Naturgeschichte' verwiesen wird, so schließt dies langetablierte philosophische Debatten um das Verhältnis von Natur und Geschichte ein. Dabei wurde Natur auch als Schöpfung verstanden – ein Verständnis, das etwa in aktuellen Bemühungen um den Schutz der Biodiversität wieder aufscheint. Überdies leitete und leitet die naturphilosophische Frage nach der Mathematisierung der Natur und ihren Grenzen nicht nur die Philosophie selbst an, sondern auch die Mathematik, die Naturwissenschaften, die Ökonomie, die Mechanik und sogar die junge Informatik.

Die Geschichte der Naturphilosophie ist stets auch ein Versuch ihrer systematischen Bestimmung und Verortung gewesen. Diese Verschränkung von Geschichte und Systematik der Naturphilosophie soll in Sektion I dieses Lehrbuchs deutlich werden. Um einen adäquaten Einstieg in die Naturphilosophie zu bieten, wird im Folgenden eine Auswahl historisch bedingter *Konstellationen* naturphilosophischen Denkens dargestellt, die von der Antike bis in die Gegenwart führt. Ziel ist es, Einblicke in naturphilosophisches Denken zu bieten, die einen systematischen Aufriss der Naturphilosophie im Kontext ihrer *eigenen Geschichte* aufzeigen. Dabei treten Machtverhältnisse in und zwischen Disziplinen und Denkrichtungen zu Tage: Es gab einflussreiche Streitigkeiten in der Naturphilosophie, die ausgefochten wurden, wie im 19. Jh. der Materialismus-, der Darwinismus- und der Ignorabimus-Streit. In dasselbe Jahrhundert fällt auch der Beginn des ‚Kampfes' um die Naturphilosophie an sich – und es beginnt ihre teilweise Ablösung durch die Wissenschaftstheorie der Naturwissenschaften, die sich im 20. Jh. gleichsam manifestiert. In diesem Zeitraum der langen Geschichte der Naturphilosophie spitzt sich die systematische Frage nach ihrem Aufgabenfeld zu: Inwieweit ist ‚Natur' noch Gegenstandsbereich der Naturphilosophie? Für die Klärung welcher Fragen kann die Naturphilosophie exklusiv zuständig sein? Parallel wandelt sich die bisherige Naturphilosophie und erscheint in anderem Gewand. Gegenwärtige Strömungen der Naturphilosophie – die nicht alle unbedingt unter dem Namen ‚Naturphilosophie‘ figurieren – beziehen sich auf maßgebliche Konstellationen des philosophischen Nachdenkens über ‚Natur‘ nicht nur der Gegenwart, sondern auch der Historie. Dabei erzeugt der Blick zurück sowohl eine Identität der Naturphilosophie wie er auch Einblicke in ihre Vielfalt und Vielstimmigkeit freigibt. Entsprechend zeigt der letzte Beitrag dieser Lehrbuchsektion systematische Grenzen und Konturen der Naturphilosophie auf: als Disziplin der Philosophie und im möglichen Wechselspiel mit den Naturwissenschaften, aber auch in Abgrenzung zu diesen.

Die zweifellos existierende Pluralität der naturphilosophischen Konzeptionen ist keineswegs ein Beleg für die Beliebigkeit von Naturphilosophie, sondern vielmehr Indiz für deren Umbrüche, Verdichtungen und Verflüssigungen – und diese Flexibilität ist eine wesentliche Stärke der Naturphilosophie. Um entsprechende Alternativen im Denken und Vorstellen geht es auch in der Darstellung von Konstellationen, die die Geschichte als einen dynamischen, auf die Lösung von jeweils gegenwärtigen Problemen ausgerichteten Prozess begreift; sei es als Geistes-, Ideen-, Wissens- oder Objektgeschichte. Einige Konstellationen erscheinen uns heute aus bestimmten Gründen wichtiger und prägender zu sein als andere: z. B. die Vorstellung einer Naturgeschichte als Entwicklungsgeschichte bzw. Evolution, etwa im Vergleich zu einer Lebenskraft, die alle Natureinheiten durchdringt. Die Wahrnehmung der jeweiligen Wichtigkeit ist aber selbst dem historischen Prozess unterworfen. Von daher gibt es naturphilosophische Positionen der Vergangenheit, die heute eher ein Schattendasein führen, aber vor anderen Problemhorizonten wieder ins Licht treten könnten – gerade auch jenseits der Philosophie.

Mit dieser einführenden Sektion kann weder eine vollständige noch eine repräsentative Geschichte naturphilosophischen Denkens und auch keine erschöpfende systematische Bestimmung der Naturphilosophie geleistet werden. Ziel ist es vielmehr, zentrale Begriffe, Kategorien und Topoi in ihren Relationen zu ‚Natur‘ vorzustellen und mit den zugehörigen Denkerinnen und Denkern in ihren Epochen zu verbinden. Dabei wird die historisch-systematische Perspektive für die nachfolgenden Sektionen „Grundbegriffe der Naturphilosophie“ (Sektion II), „Naturverhältnisse“ (Sektion III) und „Naturphilosophie in der Praxis“ (Sektion IV) aufgespannt. Die Möglichkeiten und Grenzen heutiger Naturphilosophie lassen sich nicht losgelöst von früheren naturphilosophischen Reflexionen betrachten; so die Ansicht der Herausgeberinnen und Herausgeber dieses Lehrbuchs. Das bedeutet nicht, dass jeder naturphilosophischen Überlegung eine erschöpfende Analyse der Geschichte der Naturphilosophie vorherzugehen habe. Doch die Frage, welche Konzeptionen und Methoden uns als sinnvoll gelten und welche nicht – welchen Sinn und Zweck ‚Natur‘ erfüllt, erfüllen soll und erfüllen kann – ist nur in Ansehung der historischen Entwicklung der Naturphilosophie adäquat zu beantworten.

I.1.A Kosmos und Universum: Chaos, Logos, Kosmos

Nicole C. Karafyllis und Stefan Lobenhofer

1. Chaos und Mythos[1]

Der griechische Philosoph Epikur (341–271 v. Chr.) habe sich einst der Philosophie zugewandt, weil ihm sein Lehrer den Ausdruck „Chaos" bei Hesiod nicht erklären konnte (DL X, 2). Mit dieser Anekdote bringt der Philosophiehistoriker Diogenes Laertius (3. Jh.) im Buch *Leben und Meinungen berühmter Philosophen* ein gängiges Motiv in die Anschauung: Philosophieren beginnt mit dem Staunen über die Welt (vgl. Aristoteles, Metaphysik I 982b11 f.). Begleitet wird das Staunen von der Unzufriedenheit mit bestehenden Deutungsversuchen, von der Suche nach vernünftigen Erklärungen. In der Person Epikurs verbindet Diogenes das Thema des Anfangs der Welt im Chaos mit dem Anfang der Philosophie. Dies geschieht auch bildlich, denn das Staunen begegnet uns mit offenem Mund – und das griechische Wort „Chaos" meint wörtlich einen klaffenden Schlund oder Abgrund. Beim Aussprechen sagt man wie beim Staunen ein langgezogenes „A" und „O", was die Bedeutung lautmalerisch unterstreicht und an Anfang und Ende des griechischen Alphabets erinnert. Aber was am Chaos machte Epikur unzufrieden?

Eine Antwort ist: seine Unermesslichkeit und damit die Schwierigkeit, das Chaos vernünftig zur Sprache zu bringen – und somit zum Logos. Denn das Chaos meint, modern ausgedrückt, die Grenze der Dimension. Über sie wird in Hesiods Mythos jedoch nichts gesagt. Der Dichter Hesiod (ca. 700 v. Chr.) hatte einst die *Theogonie* geschrieben, ein Epos über die Entstehung der Götterwelt, in der das Chaos den Urzustand des Kosmos darstellt. Hesiod lässt die Musen über den Anfang der Weltentstehung (Kosmogonie) singen:

„Wahrlich, als das Allererste [*prŏtista*[2]] entstand Chaos und danach
Gaia mit ihrer breiten Brust, ein immer sicherer Sitz für alle Gottheiten,
die den Gipfel des schneebedeckten Olymp bewohnen,
und die finsteren Abgründe in der Tiefe der breitstraßigen Erde,
Und Eros, der Schönste unter den unsterblichen Göttern,
Der Gliederlöser, der bei allen Göttern und Menschen,
Bezwingt den denkenden Sinn [*nóon*] und den verständigen Willen in ihrer Brust.

---

1 Die Verfasser danken Claus-Artur Scheier und Alfred Dunshirn für wertvolle Kommentare.
2 Soweit nicht anders angegeben, handelt es sich bei Originalausdrücken um solche der griechischen Sprache.

Aus Chaos entstanden Erebos und schwarze Nacht [*Nýx*]
Aus der Nacht dann wieder Äther und Tag [*Heméra*],
Die sie [= *Nýx*] gebar schwanger vom Erebos, mit dem sie sich in Liebe verband.
Gaia aber brachte zuerst hervor den mit ihr gleich weiten
Uranos, den gestirnten, dass er sie überall einhülle,
Damit er sei den seligen Göttern ein sicherer Sitz für immer."[3]

Aus dem Chaos entstehen per Spontangeneration die ersten Gottheiten als Ordnungsinstanzen der Natur: Erde (Gaia → III.9), Liebe (Eros), Nyx (schwarze Nacht) sowie Erebos (unterweltliche Finsternis) und Tartaros, das äußerste Ende der Unterwelt.

Epikurs Unzufriedenheit ist verständlich: Ist das Chaos das „Nichts"? Ist es „etwas"? Wie kann aus dem Nichts überhaupt die Welt bzw. der Kosmos entstehen? Ist die Welt wesentlich materiell oder immateriell aufgebaut? Abgesehen von der letzten Frage, die Epikur zugunsten einer materiellen Welt aus ewigen und unteilbaren „Atomen" beantwortet sehen wird, haben die Philosophen offenbar seit den Mythen von Homer und Hesiod keine zufriedenstellenden Antworten auf die metaphysischen Fragen geben können. Eingedenk der Grundprobleme vom Sein und seinem Anderen – dem Seienden einerseits, dem Nichts andererseits – besteht dieses vermeintliche Manko auch heute noch. Dies gilt trotz der Fortschritte der neuzeitlichen Physik (→ II.3–II.6; IV.7) und trotz der sog. Chaostheorien, d. h. Theorien der Selbstorganisation (→ II.8), weil diese das Problem der Grenze nicht lösen können und deshalb logisch meistens eine erste Innerlichkeit des Alls (ein Selbst) unterstellen. Jenes Problem wird schon deutlich am Begriff ‚Universum', der wörtlich „das in Eins Gekehrte" bedeutet. Und das Gesagte zum Fortbestand der Problematik gilt ferner trotz der Popularität des Ausdrucks „Medium" im poststrukturalistischen Philosophieren der Gegenwart, in dem das Chaos seine Spur als Wandelndes ohne Grund hinterlassen hat.

Epikur wollte am Anfang seines Philosophierens Hesiods Ausdruck „Chaos" verstehen, verbarg sich doch dahinter die Frage nach dem Urgrund allen Seins, aber auch die nach dem ewigen Abgrund. Hesiods Sukzessionsmythos von der Weltentstehung als sich abwechselnd zeugende und vernichtende Göttergenerationen macht die zwei gegensätzlichen kosmischen Prinzipien von Liebe und Streit, von Einheit und Differenz erzählerisch verstehbar (→ III.7). Das aus dem Chaos entsprungene Geschwisterpaar Gaia und Eros zeugt Uranos (den Himmel) und Okeanos, den kreisrunden Strom. Damit ist der Horizont als Grenze gebildet. Himmel und Meer umfließen die Erde, die als gebirgige und unterhöhlte Scheibe in einer Weltmitte gedacht ist. Zwei andere Kinder des Chaos, Nyx und Erebos, zeugen die Luft (Aether) und den Tag (Hemera), womit das Dunkle als vorgängig zum Hellen verstehbar wird. Der Kosmos entsteht also schrittweise und ohne das Chaos letztlich zu überwinden oder von der Welt abzulösen.[4] Dabei sind die göttlichen Naturen bereits normativ entlang einer vertikalen Achse von Gut (oben) und Schlecht (unten) geordnet. Eine sich zum Himmel

---

3 Hesiod, *Theogonie*: Verse 116–128 zit. n. Marg 1970; erläuternd Reckermann 2011: 5–18.

4 Mit dem *chásma* gibt es einen Bereich des Kosmos, in dem das Chaos noch existiert: in der Unterwelt zwischen Erde und Tartaros (Hesiod, *Theogonie*: Verse 126–143). Es ist ein ortloser Bereich, auf den die Götter keinen Einfluss haben, bis es Zeus gelingt, durch seine Blitze selbst das Chaos zum Kochen zu bringen (Vers 700) und damit die Einheit des Kosmos zu stiften. Vgl. Buchheim 1994: 59–61.

orientierende Oberwelt, die Welt der Schönheit und des Lichts, scheidet sich von der Unterwelt mit ihrer göttlichen Strafe und ewigen Finsternis. Dorthin werden nach dem Kampf der Titanen die Feinde des Zeus verbannt. All dies geschieht lange vor der Schaffung des Menschen.

Die religiöse Strömung der Orphiker liefert eine andere einflussreiche Weltentstehungsgeschichte, die u. a. von Platon (vgl. Philebos 66c) aufgegriffen worden ist. Am Anfang der musikalisch-poetisch („harmonisch") strukturierten Welt war die Nacht. Darauf entstanden die Zeit (Chronos) und die Zwangsläufigkeit (Ananke), aus denen wiederum Chaos und Aether entstanden. Chronos erschafft im Aether das Weltei, aus dem Phanes (spätantik: Eros) entspringt. Wie immer es auch gewesen sein mag: Die Entstehung der Welt bleibt wörtlich im Dunklen. Dies gilt auch für die zeitlich noch vor Hesiod anzusiedelnden Epen *Ilias* und *Odyssee* des Dichters Homer, die vom bereits geordneten Zeus-Kosmos kundtun. Die Götter sind für einzelne Elemente und Naturphänomene zuständig und können sich und die Menschen morphisch wandeln. Dabei ist die göttliche All-Natur nicht scharf von der Natur der einzelnen Götter und Dinge zu trennen. Natur wirkt in Form von göttlichen Über-Naturen und Naturgewalten und ist dabei den Menschen auch Zeichen ihres Schicksals.

Beim Mythos handelt es sich demnach um eine Darlegung religiöser Naturverhältnisse (→ III.8). Weil aber etwa Odysseus mit List (*téchnē*) die göttliche Natur manchmal zu überwinden vermag und als Individuum frei handelt, wird die *Odyssee* auch als „Grundtext der europäischen Zivilisation" und im Sinne aufklärerischen Denkens gesehen (Horkheimer / Adorno 1944 / 1969), denn der Mythos macht einen Möglichkeitsraum für den Logos auf. So finden sich auch in der heutigen Kosmologie und Elementarteilchenphysik noch symbolische Anklänge an das mythische Chaos: z. B. die Dominanz des Dunkels als hypothetisch angenommene, aber bislang nicht messbare „Dunkle Materie" (→ II.6); ferner das Weiterbestehen des ursprünglichen „Chaos" im Kosmos in Form der Mikrowellenhintergrundstrahlung, des ersten Lichts, das relativ kurz nach dem Urknall vor 14 Mrd. Jahren entstanden ist. Und auch bei den physikalischen Aussagen über „Vernichtungsschlachten" von Materie und Antimaterie am Anfang des Universums mag man an Hesiods Göttergenerationen denken, die sich auf einen einfachen Anfang (Singularität) zurückführen lassen, selbst wenn er heute nicht als Chaos, sondern als Punkt gedacht wird.

Mythos und Logos bilden verschiedene Weisen des Erklärens und Verstehens (→ III.6), die parallel existieren. Es gibt keine lineare Fortschrittsgeschichte des Denkens, wonach der Mythos durch den Logos eindeutig abgelöst worden wäre. So wird noch lange nach Hesiod das Chaos bevorzugt dichterisch in die Anschauung gebracht. Und auch, wenn der Ausdruck schon im Griechischen als Gegensatz zur geordneten Welt des Kosmos verstanden wurde, wird er doch erst durch den römischen Dichter Ovid (43 v. Chr.–ca. 17 n. Chr.) explizit als Zustand der Unordnung oder Verwirrung (lat.: *confusio*) besungen (Metamorphosen I, 5–9).

Der Frage nach dem Chaos ausweichen und auf jegliche Metaphysik verzichten zu wollen ist verführerisch, hat aber Konsequenzen. Mit dem Hellenisten Epikur ist bereits ein Denker aufgetreten, der sich von seiner jugendlichen Frage nach dem Chaos ganz verabschiedet und stattdessen die Materie als ungeschaffen und ewig erachtet.

Er postuliert die in einem unendlichen Raum unendlich vielen, sich bewegenden „Atome" (s. Schmidt 2007: 91–118). Dies mutet heute modern an (→ II.7), bedeutete aber für Epikur, auch den griechischen Göttern, die ihn nicht interessierten, eine teilweise materielle Natur zuschreiben zu müssen und somit die Theologie in seine Physik einzugliedern (s. Sedley 2007). Einen umgekehrten Weg beschritt das Christentum. Im lateinischen Kontext wird spätestens seit dem Kirchenvater Aurelius Augustinus (354–430) die Frage nach dem anfänglichen Urgrund in den starren Gegensatz von Form und Materie gezwängt, den es so im griechischen Denken nicht gibt. Er stellt das Chaos gemäß neuplatonisch-christlichem Weltbild als geschaffene Urmaterie dar und belegt es mit den Attributen „confusa et informis" (zusammengemischt und ungestaltet). Nach Augustinus entstand der Kosmos nicht *in* der Zeit, sondern durch Gottes Schöpfung *mit* der Zeit (lat.: *cum tempore*). ‚Physik' wird in eine sog. Natürliche Theologie eingegliedert. So kann man eingedenk der biblischen Schöpfungserzählung der großen Provokation ausweichen, die das mythische Chaos bietet: dass es eine Zeit gegeben haben könnte, in der Gott noch nicht war (weiterführend Lobenhofer 2019).

Für die Philosophie hingegen bietet Hesiods „Chaos" Anlass zum Aufbruch, um über die Natur von Raum und Zeit und über die Strukturen des Kosmos nachzudenken. Die nun in Abschnitt 2 zu erläuternden Vorsokratiker verbinden die Unklarheit des anfänglichen Grundes mit der Frage nach dem Logos im Rahmen naturphilosophischer Betrachtungen,[5] was für das aristotelische Denken (Abschn. 3 u. 4) erkenntnisleitend wird. Aristoteles wird die Existenz des Chaos zurückweisen, aber auch die eines Schöpfergottes. Die Philosophie trifft damit in ihrem Anfang eine wegweisende Entscheidung: Mit ihrem Ziel, „alles verständlich zu machen", postuliert sie auch, „dass die Naturvorgänge verständlich sind. […] Sie ist daher gehalten, sich nach dieser Annahme zu richten, sei sie nun wahr oder nicht. Sie ist eine verzweifelte Hoffnung. Aber soweit der Naturprozess verständlich ist, ist der Naturprozess mit dem Vernunftprozess identisch" (Peirce [1890] 1991: 133).

2. Der Kosmos: Die Vorsokratiker und Konfuzius

Mit dem Begriff ‚Logos' wird auf vernunftgemäße Begründungen verwiesen, die auf theologische und mythologische Elemente verzichten sollen. Ziel ist eine auf die Einheit der Vernunft (*noûs*) abhebende Allgemeingültigkeit der Aussage. Auf die Frage, wann der schlagwortartige Umbruch vom „Mythos zum Logos" stattfindet, ist die etablierte Antwort: im 6. Jh. vor Christus mit dem Auftreten der Vorsokratiker. Gemeint sind diejenigen griechischen Philosophen und ihre Schulen, die vor der mit Sokrates (469–399 v. Chr.) einsetzenden und durch Platon und Aristoteles fortgeführten klassisch-griechischen „attischen" Philosophie über eine vernunftgemäße Begründung der Welt nachdachten. Paradigmatisch für die vorsokratische Naturphilosophie ist die Aussage Heraklits (um 520–um 460 v. Chr.): Der Kosmos bzw. das Weltgefüge

---

5 Das Folgende ist nur eine Auswahl naturphilosophischer Positionen der Vorsokratiker. Zum breiteren vorsokratischen Denken s. Buchheim 1994 u. Curd/Graham 2008.

ist dasselbe für alle Dinge und wurde weder von einem Menschen noch von einem Gott hervorgebracht, sondern es war immer und ist und wird sein (DK 22 B30). Die Feststellung der Ewigkeit des Kosmos markiert den Übergang von der Kosmogonie zur Kosmologie.

Angesichts der bildhaften Deutungen der Welt und der zahlreichen Götterkulte stellen die Vorsokratiker kritische Fragen und betreiben Naturforschung. Den ältesten von ihnen, Thales von Milet (um 624–um 548 v. Chr.), haben Sonnenfinsternisse beschäftigt, in Folge dessen auch die Zeitmessung und kalendarische Ordnung (DL I, 23–27). Erdbeben erklärt er nicht mehr mit dem Wirken Poseidons, sondern begründet: Die Welt schwimmt als Scheibe auf dem Wasser und gerät so bisweilen in Erschütterung. Thales behauptet einen materiellen Anfang der Welt mit dem Wasser als Urgrund (*arché*), der insofern noch mit dem Mythos verträglich ist, als Homer in der *Ilias* den Gott Okeanos als Ursprung von allem erachtete. Eine Abkehr von göttlichen Über-Naturen der Dinge macht ein Fragment des Xenophanes von Kolophon (um 570–um 475 v. Chr.) deutlich. Er versteht den Regenbogen nicht mehr als Göttin Iris, d. h. nicht mehr analog, sondern als logisch erklärbare Naturerscheinung: „Und was sie Iris benennen, auch das ist seiner Natur nach nur eine Wolke, purpurn und hellrot und gelbgrün zu schauen" (DK 21 B32).

In mancherlei Hinsicht markieren die Vorsokratiker und ihre später mit dem Titel *Perì phýseos* (Über die Natur) bezeichneten Schriften nicht nur den Beginn der Naturphilosophie, sondern den der sog. westlichen Philosophie überhaupt. Allerdings führen viele ihrer Grundannahmen nach Persien, nach Babylonien und ins Alte Ägypten (Burkert 2008), weshalb die Philosophie auch im Mittleren Osten, in Indien oder in Nordafrika (vgl. Graness 2016) entstanden sein könnte.

Mit u. a. den folgenden Fragen streben die Vorsokratiker vernunftbegründete Erkenntnis an:

- Ist der Kosmos ewig oder hat er einen Anfang in Zeit und Raum?
- Gibt es ursächliche Prinzipien bzw. einen anfänglichen Urgrund (*arché*), aus dem der Kosmos entstanden ist (z. B. das Wasser bei Thales, DK 11 A12, oder die „dicke Luft", *aér*, bei Anaximenes, DK 13 A7)?
- Gibt es etwas dem Kosmos Entgegengesetztes, wie das „Nichts", oder etwas anderes Unbestimmbares, Grenzenloses (etwa das *ápeiron* bei Anaximander, DK 12 B1)?
- Ist der Weltprozess linear oder zyklisch zu denken (letzteres z. B. explizit bei Heraklit und Empedokles)?
- Was sind die Elemente des Kosmos, inwieweit sind sie teilbar und mischbar? Gibt es ein ewiges, diskretes Unteilbares (*átomos*), aus dem die Welt aufgebaut ist (wie die Atomisten Leukipp und Demokrit behaupten, DK 67 A14)?
- Gibt es ein Element, das prinzipiell am wichtigsten ist, weil es alles Werden und Vergehen unterhält (z. B. das Feuer bei Heraklit)?
- In welchen Formen oder Prozessen wirken die Elemente im Kosmos? Kann man mit den Mischungen aus Erde, Feuer, Wasser, Luft den Wandel, aber auch die Konkretheit der Natur hinreichend beschreiben (vgl. Empedokles' Vier-Elemente-Lehre, DK 31 B21)?

Mit dem Naturdenken und -beobachten der Vorsokratiker wird eine antike Natur*wissenschaft* möglich, weil Maßaussagen entstehen, die Prinzipienaussagen befördern (wie später bei Aristoteles). Als frühe Leitwissenschaften für die Etablierung theoretischer Naturverhältnisse (→ III.3) gelten Mathematik, Astronomie, Musik und Medizin (Diätetik). Mit ihnen entstehen zahlenbasierte und regelgeleitete Naturverhältnisse (→ I.3), die praktisch nutzbar gemacht werden und den Instrumentenbau anleiten. Dies meint sowohl Musikinstrumente, deren Töne auf Basis der nach einfachen Zahlenverhältnissen geordneten Intervalle kosmische Harmonie veranschaulichen können (Schule der Pythagoreer), als auch Messinstrumente, z. B. für die Navigation auf See, für die Feldvermessung und für die Erfassung der Zeit. Den Vorsokratikern geht es zwar auch um einheitsstiftende Begriffe von Natur und Welt im Sinne einer All-Natur („die Natur"), v. a. aber um die Bestimmbarkeit von Naturen der Dinge („Natur von etwas"), z. B. der Lebewesen oder der Elemente. Dabei wird der eigentliche Begriff für Natur, *phýsis* (von *phýein* für: wachsen lassen) – der nah am Irdischen und Beseelten bzw. Lebendigen steht und damit an dem von Demokrit so bezeichneten „Mikrokosmos" Mensch (DK 68 B34) – mit dem übergeordneten kosmischen Geschehen, dem später sog. Makrokosmos, in Übereinstimmung zu bringen versucht. Natur als Physis meint keine statische Naturbeschaffenheit, etwa eine stoffliche oder atomare, sondern eine „Eigenwüchsigkeit", die vor dem „unauffälligen Hintergrund" des Kosmos „auflebt" (Buchheim 1994: 93). Sie ist wesentlich dynamisch. Zu ihrem Verständnis muss man sich mit den Grundprinzipien des Kosmos auseinandersetzen.

Die in Abschnitt 1 gestellten Fragen bezüglich des Chaos, d. h. die nach Seiendem, Nichts und Grenze, sind dafür erkenntnisleitend. Zusammen mit Thales und Anaximenes ist es der aus Milet stammende Anaximander (um 610–546 v. Chr.), der den Aufbruch der ionischen Naturphilosophie markiert. Er soll auch als erster die geordnete Welt mit „Kosmos" bezeichnet haben. Ihr Gegenteil, das er „Apeiron" nennt, bestimmt er wie folgt:

„Anfang und Ursprung der seienden Dinge ist das Apeiron (das grenzenlos-Unbestimmbare). Woraus aber das Werden ist den seienden Dingen, in das hinein geschieht auch ihr Vergehen nach der Schuldigkeit; denn sie zahlen einander gerechte Strafe und Buße für ihre Ungerechtigkeit nach der Zeit Anordnung." (DK 12 B1)

Das Apeiron ist das Maßlose und Unermessliche, das selbst weder Raum noch Zeit ist (→ II.4). Thomas Buchheim (1994: 61) begründet, dass das ‚Apeiron‘ Anaximanders dem ‚Chaos‘ Hesiods ähnelt, insofern beide Begriffe auf Grenzziehungen verweisen, die nicht Grenzen von oder an etwas sind. Das selbst undimensionierte Apeiron eröffnet eine Dimension, in der die werdenden und vergehenden Dinge sich nach Rechtsverhältnissen („Schuldigkeit") gegenseitig bedingen. Anaximander postuliert mit dem Apeiron, anders als Thales mit dem Wasser, einen immateriellen Urgrund. Die Erde stellt er sich als einen in einer Sphäre, d. h. in einer Kugelgestalt, unbewegt schwebenden Zylinder vor. Er geht von drei Himmeln oder Sphären aus (um Sterne, Mond und Sonne), womit nach der Überlieferung des Aristoteles-Schülers Eudemos von Rhodos der „*logos* von Größen und Distanzen" in die Philosophie eingebracht wurde (Burkert 2008: 71). Anaximenes (ca. 585–528 v. Chr.) korrigiert die Darstellung dahingehend, dass der Mond näher an der Erde ist als die Sterne. Für Anaximander ist das irdisch vorrangige Element das Wasser, aus dem alles Leben entsteht, während das kosmisch wichtigste Element das Feuer ist, das als ein äußerster Ring die Hüllen der Welt umgibt. Feuer und Wasser ergeben schon am Anfang des Kosmos Maßverhältnisse von heiß/kalt und trocken/feucht, die auch auf der Erde wirken und Werden und Vergehen gleichsam ‚machen'. Das Werden geschieht ausgehend von einem zentralen Urkeim (*gónimon*) des Kosmos, der ein zeugender Gegenbereich zum dimensionierenden Apeiron ist. Anaximander hat noch kein Materiekonzept, versucht aber das stoffliche „Woraus" (etwas entsteht) zu fassen, das er in der Weltmitte ansiedelt.

Heraklit von Ephesos will die All-Einheit der Welt begründen, indem er sie mit der Idee eines allumfassenden und alldurchdringenden Weltgesetzes (Logos) verbindet (Reckermann 2011: 60–68). Demnach gilt: *hén pánta*, „eins ist alles". Im Logos ist Gegensätzliches vereint wie etwa, dass Natur sowohl ist als auch wird, d.h. nicht ist. Die prozessuale Identität von Einheit und Gegensatz ist in Heraklits Flussfragmenten überliefert, z.B. in der berühmten Aussage, dass man nicht zweimal in denselben Fluss steigen kann. Grundsätzlich steht der Logos als eine Form des Denkens allen Menschen offen. Aber gleichzeitig betont Heraklit, dass obwohl der Logos ewig ist und immer gilt, die Menschen ihn nicht verstehen (DK 22 B1; vgl. entsprechend Platon, Timaios 51e). Die verschränkte Einheit von Gegensätzen bringt er sprachlich durch bewusste Doppeldeutigkeit zum Ausdruck, weshalb er von Georg W. F. Hegel (1770–1831) als Vordenker der Dialektik und spekulativen Naturphilosophie gefeiert werden wird: „Hier sehen wir Land; es ist kein Satz des Heraklit, den ich nicht in meine Logik aufgenommen" (Hegel [1833] 1986, Bd. 18: 320). Für Heraklit ist die Naturbeobachtung Grund der logischen Vernunfterkenntnis, das Erkennen der Naturgemäßheit steht in Verbindung mit der Weisheit bzw. dem umfassenden Bescheid-Wissen (*sophía*) über die Verhältnisse (DK 22 B112). Damit grenzt Heraklit den Erkenntnisweg der Philosophen ab von dem üblichen Meinen „der Vielen" – eine typische Attitüde der Vorsokratiker. Auf der kosmologischen Ebene entspricht dem Logos das Weltfeuer, das alles anfacht und sich stets nach anderem verzehrt. Das Feuer ist ein umfassendes, auch erkenntnistheoretisch wirksames Wandlungsprinzip.

Heraklits Sicht, dass man zum Verständnis eines sich im stetigen Wandel befindenden Seins, d.h. des Werdens, ein Nicht-Sein voraussetzen müsse, findet eine Gegenposition erstens in der Schule des Parmenides von Elea (um 510–um 450 v. Chr.). Dieser zufolge gibt es nur ein ewiges und wahres Sein (DK 28 B6), während das Werden eine Scheinwirklichkeit darstellt – eine Position, die Platon maßgeblich beeinflusst hat. Zweitens sind es die Atomisten mit Demokrit (um 460–um 370 v. Chr.), die das Konzept der Leere (*kenós*) an die Stelle des Nicht-Seins setzen, weshalb ihrer Ansicht nach ein leerer Raum („Vakuum" → II.4) existieren müsse.

Wie für Parmenides ist es auch für Empedokles (um 485–425 v. Chr.) unmöglich, dass aus Nicht-Seiendem etwas entsteht und ebenso, dass Seiendes völlig verschwindet (DK 31 B12). Empedokles nimmt ein ewiges Sein der Natur an, das auf vier Wurzelgestalten (*rhizômata*) beruht, welche geflechtartig miteinander verwoben sind: Feuer, Wasser, Erde, Luft (DK 31 B6). Damit hat er dem Begriff nach die vier Elemente gedacht, das Wort „Elemente" (*stoicheîa*) schreibt ihm erst Aristoteles zu. Die Elemente des Empedokles mischen und trennen sich gemäß den Prinzipien von Liebe und Streit, wie er im Lehrgedicht *Über die Natur* schreibt (Primavesi 2008). Die durch Wechselseitigkeit bestimmbaren Elemente interagieren nicht wie beim Wettkampf, sondern wie beim Tauschhandel: Jeder Tauschpartner gibt und nimmt etwas, jeder tut und erleidet etwas. Die Elemente sind stofflich gedachte Grundverhältnisse. Der Kosmos und mit ihm die Natur hat somit nicht einen Ursprung, sondern Vielursprünglichkeit. Ein Anklang an das ursprüngliche Chaos findet sich dahingehend, dass am Anfang der Welt die vier göttlichen Grundstoffe nur als „Nebeneinander des Mehreren", d. h. ungeordnet, vorlagen. Die Liebe (*éros*) verband sie dann miteinander, aber machte sie gleichzeitig sterblich (Reckermann 2011: 180, Anm. 131). Im Physischen sind die vier Grundstofflichkeiten zyklisch als Werden und Vergehen gedacht, d. h. die Ursprünge kehren immer wieder zu sich zurück und fangen wieder neu an, Mischungen zu bilden. „Mischung" hat hier eine doppelte Bedeutung: „Werden des Vielen zu Einem und Werden des Einen zu Vielem" (ebd.: 75). Der Wechsel dieses Seins ist ewig und unbewegt (DK 31 B17). Empedokles' Vier-Elemente-Lehre beeinflusst die Alchemie und Medizin (Vier-Säfte-Lehre) bis ins Mittelalter und zuvorderst die Naturphilosophie des Aristoteles (s. u.).

Zeitlich parallel zu den Vorsokratikern entwickelt sich im Klassischen China durch Konfuzius (551–479 v. Chr.) eine philosophische Lehre (Konfuzianismus), die fernöstlichen Philosophien bis heute zugrunde liegt. Für Konfuzius ist der Himmel (chin. *Tian*) das oberste Prinzip der Welt. Der Himmel hat eine eigene metaphysische Wesenheit, die als Weltgesetz für kosmische Harmonie sorgt und den Menschen ihre Sitten und Tugenden vorgibt. Dieser Gedanke wird auch im *Daodeking* (chin. *Dao* für: Weltgesetz; *De* für: Weg) durch Laozi (ca. 3–6. Jh. v. Chr.) und entsprechend im Daoismus wirksam.[6] Das *Dao* folgt seiner eigenen Natur (chin. *Ziran*, wörtlich: von selbst so sein) und ist wesentlich einfach, spontan und wortlos. Mensch, Erde, Himmel und Dao werden im Zusammenspiel ihrer Naturen als harmonische All-Einheit konzipiert, die spirituell zugänglich ist. Später entwickelt sich dies unter Einschluss vorkonfuzianischer Denkweisen zu verschiedenen Lehren von Yin und Yang, den zwei bipolaren Prinzipien oder Kräften, welche sich gegenseitig ergänzen und die sich stets wandelnden Naturen (‚von etwas') der All-Einheit hervorbringen. Im Gegensatz zur westlichen Lehre von den vier Elementen beruhen fernöstliche Philosophien auf der Maßgabe von fünf Elementen (*Wu Xing*), die als Kräfte kosmischen Wandlungsprozessen entsprechen: Holz, Feuer, Erde, Metall und Wasser. Allerdings begleitet auch die abendländische Geschichte das Spiel mit einem fünften Element bzw. einer Quintessenz; zuvorderst bei der Suche nach einer außerirdisch angesiedelten Qualität von ‚luftigem' Licht (*aithér*) oder ‚beseeltem Atem' (*pneûma*), das / der bis auf die Erde durchscheint und der kosmischen Macht der Nacht als ewigem Dunkel entgegengesetzt ist (Böhme / Böhme 1996: 143–145). In der aktuellen Kosmologie wird die Quintessenz als Energiedichte eines sich zeitlich langsam entwickelnden Skalarfeldes diskutiert, um gleichsam Licht in den sog. „dunklen Sektor" des Universums zu bringen.

---

6 Weiterführend s. das Handbuch von Helin et al. (2014) mit Beiträgen zu Laozi (Kap. 2) und Konfuzius (Kap. 4).

3. Physik und Metaphysik: der Umbruch durch Aristoteles

Obwohl das Ziel der Vorsokratiker die vernunftgemäße Begründung eines Kosmos ist, die auf einen erschaffenden Gott oder Mensch verzichten kann, kommt z. B. Parmenides nicht ohne die Idee eines weiblichen Daimon aus, einer Göttin, die die Welt von ihrer Mitte aus beherrscht (vermutlich die Persephone der Orphik, s. Abschn. 1). Xenophanes entwirft eine einzige, höchste Gottheit, die vom Menschen wesentlich verschieden zu denken sei. Erklärbar ist dies vor einem historischen Hintergrund, in dem der Himmel noch voller vermenschlichter (anthropomorpher) Götter ist. Ferner sieht etwa Sokrates das gesellschaftliche Manko, dass einige der empirisch forschenden Vorsokratiker sich zwar der Natur und ihrer Wahrheit widmen (Naturtheorie), aber nicht der Frage nach dem Guten und Schönen im Kosmos. Gesucht ist eine höhere Einheit, die zum Denken *einer* Welt angesichts der Vielheit ihrer Erscheinungen und Wesenheiten notwendig ist. Aber ist diese Einheit selbst ein Wesen, eine Wesenheit?

Auch die attische Philosophie hat darauf noch keine eindeutige Antwort. Im *Timaios* lässt Platon einen gottähnlichen Schöpfer in Person eines Handwerkers (*dēmiourgós*) auftreten, der den sinnlich erfahrbaren Kosmos und den Menschen erschafft. Der Kosmos ist die schönste aller gewordenen Welten, was in ihrem Bildner begründet liegt, der der beste unter den Guten ist – weil er beim Erschaffen auf das Ewige geblickt hat (Timaios 28c5–29b2). Dabei gab er der als schon vorhanden gedachten, aber noch ungeordneten Materie eine Ordnung nach mathematischen Zahlenverhältnissen, die – wie in der Geometrie – sich jeweils als Form (*idéa*) begründen und als Gestalt (*morphḗ*) anschauen lassen. Somit gibt es theoretisch zwei Welten, eine der Ideen und eine der sinnlichen Erscheinungen (Zwei-Welten-Theorie), die über Mathematik und Musik miteinander in Verbindung stehen. Wegweisend ist Platons Denken der Welt zwischen Modell und Bild oder Urbild und Abbild. Natur bleibt wie im Mythos bildlich verstehbar. Für die Lebewesen selbst handelt es sich beim Kosmos aber um den „ganze[n] Himmel" (28b2) und nur „einen Himmel" (31a / b), d. h. einen gemeinsamen Horizont.

Alternativ zur Referenz auf eine erste einheitsstiftende Gottheit stilisieren sich die frühen Philosophen als Magier mit exklusivem Zugang zum einheitsstiftenden Wissen, wie es von den Pythagoreern und von Empedokles überliefert ist. Er soll seine Lehren von den vier Elementen und der Reinkarnation sogar damit gekrönt haben, dass er sich in den Vulkan Ätna stürzte (DL VIII, 69). Systematisch betrachtet, hat eine auf dem Logos basierende Naturphilosophie auch den Keim ihres Gegenteils, den Schamanismus und Okkultismus, mit hervorgebracht.

Einen fundamentalen Umbruch erfährt die Philosophie und mit ihr die Naturphilosophie durch den Platon-Schüler Aristoteles (384–322 v. Chr.). Nicht nur wendet er sich von der dichterischen Darstellungsform der Philosophie ab; er legt auch das Fundament dafür, dass Welterkenntnis auf Prinzipien beruht und damit der logischen Argumentation und der naturwissenschaftlichen Forschung zugänglich ist. Für Aristoteles gibt es nur eine Welt, und zwar eine, die vom Menschen aus als Welt der Phänomene, ihrer Begriffe und Relationen zu denken ist. Seine *Metaphysik* eröffnet mit dem Satz: „Alle Menschen streben von Natur nach Wissen" (980a21). In der Natur liegt generell die Anlage zum Guten.

Aristoteles vollzieht eine Trennung von Physik und Metaphysik, dem im Vergleich zum Empirischen höheren Wissen. Hegel würdigt dies so: „Wir lernen den Gegenstand in seiner Bestimmung und den bestimmten Begriff desselben kennen" (Hegel [1833] 1986, Bd. 19: 148). Bei Aristoteles ist die Frage nach Prinzipien und bestimmenden Gründen („Definitionen") eine Frage der Metaphysik oder, wie er sie selbst bezeichnet, der „Ersten Philosophie". Metaphysische Begriffe sind u. a. ‚Seiendes‘, ‚Eines‘, ‚Element‘, ‚Grenze‘, ‚Natur‘, ‚früher / später‘, ‚notwendig‘ und ‚Teil / Ganzes‘ (vgl. Metaphysik V). Sie unterscheiden sich von den ‚physikalischen‘ Begriffen insofern, als sie die sinnlich-physische Welt zu strukturieren helfen, aber nicht vollständig aus ihr ableitbar sind.

Die Auseinandersetzung mit der Vielgestaltigkeit von Natur und ihrem Begriff (*phýsis*) nimmt deshalb eine vermittelnde Position ein und durchzieht fast alle Werke des Aristoteles (weiterführend Wiplinger 1971; Dunshirn 2019). Dabei wird die Frage nach Natur, basierend auf den Prinzipien Bewegung und Wandel sowie Möglichkeit und Wirklichkeit immer wieder anders gestellt. Die Antworten fallen entsprechend unterschiedlich aus. Einige Beispiele: In der Vier-Ursachen-Lehre der *Physik* (II.3) wird Natur in Analogie zum bildnerischen Schaffen eines Künstlers in Material-, Form-, Wirk- und Zweckursache unterteilt. Von Technik ist Natur ursächlich dadurch abgegrenzt, dass sich letztere von selbst bewegt, wohingegen erstere von außen bewegt wird (ebd.: II.1). In der *Nikomachischen Ethik* (I 1097b10 f.) wird die Natur des Menschen als auf staatliche Gemeinschaft ausgerichtet verstanden, der Mensch ist deshalb ein politisches Wesen; im Menschen ist ferner der Keim der Mitmenschlichkeit als Freundschaft bereits von der Natur eingepflanzt (ebd.: VIII 1155a16–21). In *Über die Seele* (*De anima*) werden die Naturen der drei Lebensformen Pflanze, Tier und Mensch in einer Seelenhierarchie geordnet (→ IV.2 / Abschn. 3). Gemäß den biologischen Schriften sorgt die Natur als teleologische Organisatorin für funktionsgerechte Organe und Artkonstanz, d. h. für eine zweckmäßige Ordnung des Lebenden. Bei ungünstigen Abweichungen – die als Zufälle im Sinne von Nebenursachen ebenfalls möglich sind – kann die Natur aber nach dem Vorbild der Medizin heilend in den Bauplan eingreifen (Kullmann 2014: 178–200), z. B. indem sie die anatomisch ungünstige Lage der menschlichen Luftröhre direkt neben der Speiseröhre durch die Schaffung des Kehlkopfdeckels „heilt" (De partibus animalium 665a6–9). Die Natur hat demnach als Ganze das Potenzial, ihre einzelnen Naturen nachzubessern. In *Über Werden und Vergehen* (*De generatione et corruptione*) geht es nicht mehr um die Natur von etwas (z. B. von Lebewesen oder Staaten), sondern um deren vorgeordnete Prozesse und, wie sie zum Gegenstand wissenschaftlicher Analyse gemacht werden können – ein Unterfangen, das erst im 20. Jh. von Alfred N. Whitehead mit seiner Prozessphilosophie wieder versucht worden ist (Buchheim in Aristoteles 2011: XVI). Mehrfach betont Aristoteles, dass die Kreisbewegung die primäre Form aller Bewegungen ist, der auch die Natur prozessual folgt. Eingedenk der Vier-Elemente-Lehre des Empedokles schreibt er: „Denn wenn Wasser aus Luft geworden ist und aus Luft Feuer und wiederum aus Feuer Wasser, dann ist, so sagen wir, durch einen Kreis gegangen das Werden, weil es wieder zurückkehrt" (Aristoteles 2011: II 337a4–7). Das Vergehen oder „Kaputtgehen" (so Buchheim) der Naturdinge und ihrer Mischungsverhältnisse ist für Aristoteles die wichtigste Bedingung des Werdens von Substanz. Aber von dem, *was* vergeht, gibt es keine Wissenschaft (Metaphysik VII 1039b20–1040a5). Diese Einsicht ist auch angesichts der heutigen Umweltwissenschaften und ihrer technischen Konzepte zur Rezyklierung (Recycling von Stoffen und Energie, aber z. B. nicht von genetischer Information) noch bedenkenswert (→ III.5).

In *Über den Himmel* (*De caelo*) wird die All-Natur auf ihre Größen und Dimensionen, auf ihre ersten und vollkommensten Körper (Planeten / Gestirne) sowie kleinsten und letzten Bestandteile („Elemente") hin befragt. Sie werden in Relation zur – mittlerweile mathematisch gesicherten – Kugelform der Erde und der sie konzentrisch umgebenden, acht Kristallschalen (von der Mond- und dann der Sonnenschale bis zur achten Schale der Fixsterne) des Kosmos gesetzt. Die Grenze des Wirkens der vier Elemente ist die sublunare Sphäre. Der Kosmos als Weltraum ist damit zweigeteilt (→ IV.7), denn jenseits des Mondes gibt es eine planetarische All-Natur „ohne Organe" und wirkt der Äther als erste Substanz (*prótē ousía*). Der Äther ist ewig und weder leicht noch schwer; er wird als „fünftes Element" überliefert (s. o., Abschn. 2). Die Fixsterne, die äußerste Grenze des Kosmos, haben keine eigene Bewegung, sondern werden von der Umdrehung des ganzen Himmels mitgezogen (De caelo II.8).

Mit dem Ziel, die Fülle und Vielgestaltigkeit der Welt systematisch begreifen zu wollen, legt Aristoteles die Basis für eine differenzierte, prinzipienbasierte Wissenschaftslehre und für die seitdem durch separate Problemstellungen markierten Naturwissenschaften Astronomie, Physik, Chemie und Biologie, denen er jeweils eigene Werke widmet. Aus ihnen wird deutlich, dass Aristoteles auch selbst Naturwissenschaft betrieben hat, bevorzugt im Rahmen der Zoologie (Kullmann 2014). Er und sein Schüler Theophrast von Eresos (372 / 379–288 / 286 v. Chr.), der sich den Pflanzen widmete, entwerfen eine biologische Systematik. Anders als später die meisten Scholastiker interpretieren werden, ist Aristoteles' Natur nicht gemäß eines universalen teleologischen Prinzips strukturiert, das nur die Verwirklichung *eines* Zwecks (*télos*) ermöglicht und damit determiniert wäre. Vielmehr fordert das aristotelische Telosprinzip die Möglichkeit des Zufalls (Wieland 1992: 256–277), wodurch experimentelle Naturforschung und das Denken von Entwicklung möglich wird. Die aristotelische Natur ist zwar prinzipiell auf das Gute gerichtet, regelgeleitet und zweckgemäß, aber nicht, wie bei Platon, durch einen Schöpfer harmonisch gefügt.

4. Ewige Bewegtheit statt Chaos

Bereits im ersten Buch der *Metaphysik* (983b7–11) erwähnt Aristoteles kritisch, dass diejenigen, die „zuerst Philosophie betrieben", d. h. die Vorsokratiker, davon ausgingen, dass der Ursprung allen Seins in einem Urstoff oder Element im Sinne der Materie (*hýlē*) zu suchen sei. Dies weist er kategorisch zurück, v. a., da man mit Sein und Materie nicht den Wandel (*metabolē*) erklären könne. Der aristotelische Kosmos basiert deshalb auf Bewegung (*kínēsis*) als oberstem Prinzip. In Folge werden zwei

Modalitäten jeglicher Substanz (*ousía*) unterschieden: *dýnamis* und *enérgeia*, das Vermögen (Möglichkeit) und seine Verwirklichung (Wirklichkeit).

Namentlich Hesiods Vorstellung vom Chaos kritisiert Aristoteles ausgehend vom *tópos*, der einen Raumort meint oder genauer: einen Bereich, in dem sich Ort und Raum gegenseitig bedingen (Physik IV 208b27–209a2). Der „natürliche Ort" eines Körpers, zu dem dieser teleologisch hinstrebt, wird von Aristoteles zwar als trennbar von dessen aktuellem Aufenthaltsort gedacht. Man könne aber keinen Raum denken, in dem nichts ist und der als Weltbehälter den Kosmos aufnehme. Gegen die Atomisten und ihr Konzept der Leere entgegnet er, dass die Leere selbst nicht bewegt werde und auch nichts in ihr bewegt werden könne (vgl. auch Metaphysik I 985b4–19). Damit ist auch eine Kritik an Platons Raumbegriff formuliert. Platon sieht den Raum als ein Drittes zwischen Sein (Welt der Ideen) und Werden (Welt der Wahrnehmung) an, der als „Amme des Werdens" fungiert, als ein aufnehmender Raum oder platzbietendes Feld (*chôra*, von *chôros* für: Tanzplatz), in und qua dem die Elemente und schließlich die Welt überhaupt erst erschaffen werden können. Platon setzt sich dabei mit dem Chaos auseinander, das als ontologische Problematik auch im Begriff ‚Information' noch aufscheint (→ II.8), weil in und gleichzeitig mit und aus etwas formiert wird, ohne angeben zu können, „woraus" dieses etwas ist. Einerseits gilt: „Seiendes, Raum und Werden waren, bevor noch der Himmel entstand, als in dreifacher Weise" (Timaios 52d). Dabei handelt es sich um drei Formen der einen Vernunft. Andererseits hat der Raum für Platon eine mediale Funktion zwischen Geistigem und Realem, denn als formloser, aber bewegter Raum ist er selbst formativ. In und mit ihm werden die noch nicht in Maßverhältnissen vorliegenden Vorfahren der vier Elemente vom Demiurgen gerüttelt und geschüttelt und nach Dichte und Schwere zu einem Weltganzen geordnet (ebd.: 52e/53a). Dagegen fragt Aristoteles kritisch, warum Platons „Formen" und „Zahlen" nicht an einem Ort sind (Physik IV 209b33–210a2). Denn so haften die platonischen Abbilder den ideell-ewigen Substanzen nur irgendwie an, wohingegen nach Aristoteles (2011) die Substanzen in ihrer Verhältnismäßigkeit (als „Elemente") selbst werden und vergehen.

Für Aristoteles ist die Welt nicht erschaffen, sondern ewig, und mit ihr die Zeit. Ihn leitet die Ansicht, dass das Verändernde seine Form stets mitbringen muss (Physik III 202a9–12), was gegen das Chaos spricht. Auch der Ort kann nicht allem vorgeordnet sein im Sinne eines „irgendwo" eines Körpers. Eine Ordnungsstruktur schafft vielmehr die Zeit, die als Zeitlichkeit (früher/später) in die Bewegung fällt, ohne mit ihr identisch zu sein. Die uns über Veränderung phänomenal zugängliche Zeitlichkeit der Zeit ist die Wirklichkeit des Möglichen als solchem (Metaphysik XI 1065b15f.; Physik III 201a9f.). Im Fortgang des dritten Buchs der *Physik* setzt sich Aristoteles ausführlich mit Anaximanders Apeiron, dem Grenzenlos-Unbestimmbaren, auseinander, das nur der Möglichkeit nach, aber nicht in Wirklichkeit existiere. In diesem Zusammenhang steht auch das aristotelische Konzept der potenziellen Unendlichkeit. Sie ist mengentheoretisch zu denken als dasjenige, zu dem es immer noch ein Äußeres gibt (Physik III 207a1). Ein Unendliches, das als Ganzes vorliegt, gibt es für Aristoteles hingegen nicht (→ I.1.B).

Die Vorstellung, dass es nur *einen* Himmel, aber unterschiedliche Sphären der Himmelskörper gibt, ist der Hintergrund für Aristoteles' kosmologische Theorie des „unbewegten Bewegers" (Metaphysik XII 1071b3 ff.), der aus logischen, nicht ontologischen Gründen gesetzt wird. ‚Er' befindet sich als oberstes Bewegungsprinzip an der äußersten Grenze des damals bekannten Himmels, d. h. direkt hinter der Sphäre der Fixsterne, und sorgt für die kontinuierliche Kreisbewegung des Kosmos. Der unbewegte Beweger ist ewig und ungeschaffen. Diese aristotelische Annahme und Platons „Weltseele" in den *Nomoi* sind die Basis des sog. „kosmologischen Arguments" als einem Argumenttypus, der die Naturphilosophie und Physik bis in die Gegenwart durchzieht. Darin sind Positionen versammelt, die für und gegen einen hinreichenden Grund für die Annahme von „Welt" (→ II.3) sowie für eine erste Ursache (lat.: *prima causa*) des Kosmos argumentieren. Zur Argumentfamilie gehören Fragen nach der Existenz Gottes, der Ewigkeit der Welt, der Notwendigkeit der Schöpfung (→ II.2), der Natur von Raum und Zeit (→ II.4) sowie der Möglichkeit von Unendlichkeit (vgl. Reichenbach 2019).

Am Ende seiner *Metaphysik* lässt Aristoteles keinen Zweifel daran, welche Einsichten er – und damit auch die philosophische Nachwelt – den Vorsokratikern verdankt, zuvorderst die, dass beim Erklären die Wirklichkeit der Möglichkeit vorausgehen müsse. „Also war nicht eine unendliche Zeit Chaos oder Nacht, sondern immer dasselbige, entweder im Kreislauf oder auf eine andere Weise, sofern die Wirklichkeit dem Vermögen vorausgeht" (Metaphysik XII 1072a7–9).

Literatur

Aristoteles 1956 ff.: Aristoteles. Werke in deutscher Übersetzung. Hg.: E. Grumach / H. Flashar. Berlin.
– 2011: Über Werden und Vergehen. Hg.: T. Buchheim. Hamburg.
Böhme, Gernot / Böhme, Hartmut 1996: Feuer, Wasser, Erde, Luft. Eine Kulturgeschichte der Elemente. München.
Buchheim, Thomas 1994: Die Vorsokratiker. Ein philosophisches Portrait. München.
Burkert, Walter 2008: Prehistory of presocratic philosophy in an orientalizing context. In: P. Curd / D. W. Graham (Hg.), a. a. O. Oxford: 55–85.
Curd, Patricia / Graham, Daniel W. (Hg.) 2008: The Oxford Handbook of Presocratic Philosophy. Oxford.
DK [Diels / Kranz] = Die Fragmente der Vorsokratiker. Griech.-Dt. v. H. Diels. Bd. 1: [6]1951, Bd. 2: [6]1952. Hg.: W. Kranz. Hildesheim.
DL = Diogenes Laertius 2015: Leben und Meinungen berühmter Philosophen. Hg.: K. Reich / H. G. Zekl. Hamburg.
Dunshirn, Alfred 2019: Physis [deutschsprachige Fassung]. In: Kirchhoff, T. (Hg.): Online Encyclopedia Philosophy of Nature / Online Lexikon Naturphilosophie. Heidelberg, doi: https://doi.org/10.11588/oepn.2019.0.65543.
Graness, Anke 2006: Writing the history of philosophy in Africa: where to begin? In: Journal of African Cultural Studies 28 (2): 1–16.
Hegel, Georg W. F. [1833–1836] 1986: Vorlesungen über die Geschichte der Philosophie (I–III). In: ders.: Werke, Bde. 18–20. Hg.: E. Moldenhauer / K. M. Michel. Frankfurt / M.

Helin, Jenny / Hernes, Tor / Hjorth, Daniel et al. 2014 (Hg.): The Oxford Handbook of Process Philosophy and Organization Studies. Oxford.

Horkheimer, Max / Adorno, Theodor W. [1944 / 1969] 1988: Dialektik der Aufklärung. Philosophische Fragmente. Frankfurt / M.

Kullmann, Wolfgang 2014: Aristoteles als Naturwissenschaftler. Berlin.

Lobenhofer, Stefan 2019: Chaos [deutschsprachige Fassung]. In: Kirchhoff, T. (Hg.): Online Encyclopedia Philosophy of Nature / Online Lexikon Naturphilosophie. Heidelberg, doi: https://doi.org/10.11588/oepn.2019.0.68092.

Marg, Walter 1970: Hesiod. Sämtliche Gedichte. Theogonie. Erga. Frauenkataloge. Zürich.

Peirce, Charles S. [1890] 1991: Notizen über Evolution und die Architektonik von Theorien. In: ders.: Naturordnung und Zeichenprozeß. Schriften über Semiotik und Naturphilosophie. Hg.: H. Pape. Frankfurt / M.: 126–140.

Platon [1959] 1971: Sämtliche Werke. Bd. 5: Politikos. Philebos. Timaios. Kritias. Hg.: E. Grassi. Hamburg.

Primavesi, Oliver 2008: Empedokles *Physika* I: Eine Rekonstruktion des zentralen Gedankengangs. Berlin.

Reckermann, Alfons 2011: Den Anfang denken. Bd. 1: Vom Mythos zur Rhetorik. Hamburg.

Reichenbach, Bruce 2019: Cosmological argument. In: Zalta, E. N. (Hg.): SEP (Fall 2019 edition). https://plato.stanford.edu/archives/fall2019/entries/cosmological-argument.

Schmidt, Ernst A. 2007: Clinamen. Eine Studie zum dynamischen Atomismus der Antike. Heidelberg.

Sedley, David 2007: Creationism and its Critics in Antiquity. Berkeley / CA.

Wieland, Wolfgang [1960] [3]1992: Die aristotelische Physik. Göttingen.

Wiplinger, Fridolin 1971: Physis und Logos. Zum Körperphänomen in seiner Bedeutung für den Ursprung der Metaphysik bei Aristoteles. Freiburg.

I.1.B Kosmos und Universum: Universum, Raum, Unendlichkeit

Angelika Bönker-Vallon

1. Anfänge der Unendlichkeitsspekulationen bei Nicolaus Cusanus und Giordano Bruno

Die mittelalterliche Synthese von Schöpfungslehre und Naturphilosophie (→ II.1, Abschn. 2.2) entlehnt den Naturbegriff von Aristoteles, wobei aber nicht mehr angenommen wird, dass die Naturen der Dinge seit jeher bestehen: Der Schöpfer aller Dinge ist zugleich auch Urheber aller Naturen. Wie bei Aristoteles ist die Welt ein begrenzter Ort, zu dem es kein Außerhalb gibt. Anders als bei Aristoteles ist sie nicht nur räumlich, sondern auch zeitlich begrenzt. Schon beim spätantiken Aurelius Augustinus (354–430) gilt: Mit dem Himmel hat Gott auch die Zeit erschaffen und er wird sie am Jüngsten Tag aufhören lassen. Wie es kein Außerhalb gibt, gibt es auch kein Zuvor und Danach (vgl. Augustinus, Confessiones XI). Bildlich vorgestellt ist die geschöpflich-endliche Welt ‚umfangen‘ vom unsichtbaren *coelum empyreum* als dem theologisch angenommenen ‚Wohnort‘ Gottes und seines ‚himmlischen Hofstaats‘, wobei eine kosmologische Notwendigkeit und Funktion des *coelum empyreum* in Hinblick auf die von Aristoteles entwickelten Vorgaben der Naturphilosophie umstritten ist (vgl. Grant 1996: 374 ff.). Jenseits von Raum und Zeit ‚steht‘ zuletzt die Ewigkeit, und die aus der zeitlichen Schöpfung Auserwählten haben an ihr teil. Demgegenüber bringt die Frühe Neuzeit einen Umbruch des Naturverständnisses mit sich, der sich im Übergang von einem geschlossenen Weltbild zu einem offenen und unendlichen Universum artikuliert (→ II.4).

Nicolaus Cusanus (= Nikolaus von Kues, 1401–1464) gilt als einer der frühesten und einflussreichsten Vertreter der neuzeitlichen Einheits- und Unendlichkeitsspekulation. Er unterscheidet zwischen der absoluten unendlichen Einheit Gottes und der kontrakten Einheit bzw. Unendlichkeit des Universums. In Gott sind nach Cusanus' Lehre alle Gegensätze als schlechthinnige Einheit und absolutes Sein aufgehoben (lat. *coincidentia oppositorum*) und jede Seinsmöglichkeit ist immer schon Wirklichkeit (De docta ignorantia I 4, §§ 11 f.; Trialogus de possest § 9). Das unendliche Universum hingegen umfasst alles, was sein kann, im Modus der Einschränkung, d. h. in der Bestimmung zu einem Etwas. Vor diesem Hintergrund entfaltet der von Cusanus entwickelte, an der Unendlichkeitsspekulation orientierte Begriff der Natur seine Bedeutung. Das unendliche All geht „gleichsam nach der Ordnung der Natur" (lat. *quasi ordine na-*

turae) allem „als das Vollendetste" (lat. *ut perfectissmum*) (De docta ignorantia: II 5, § 117) voran, so dass sich die Unendlichkeit des Universums in der jeweiligen kontrahierten Seinsweise der Einzelseienden manifestiert. (Vgl. Miller 2017.)

Giordano Bruno (1548–1600) setzt den cusanischen Ansatz des Einheits- und Unendlichkeitsdenkens konsequent fort. Dabei finden nicht nur das vorsokratische Einheitsdenken und der antike Atomismus Eingang in sein Denken, sondern auch Lehrstücke des Hermetismus[1] und der jüdischen Schöpfungslehre. Von zentraler Bedeutung ist für Bruno die Bekämpfung des Aristotelismus sowie jedes geschlossenen Weltbildes. In radikaler Ausweitung des von Kopernikus gegen den Geozentrismus der Tradition rehabilitierten heliozentrischen Weltbildes versteht Bruno das Universum als durchweg homogenen unendlichen ‚Kugelraum', in dem sich unzählig viele feurige und wässrige Weltkörper befinden.

Brunos Verständnis von Natur (ital. *natura*) ist nicht von der Wirkweise der Weltseele (ital. *anima del mondo*) zu trennen. Die Weltseele erleuchtet nicht nur das Weltall, sondern sie unterweist auch die Natur, die Arten so hervorzubringen, wie sie sein sollen. Die Natur wird somit grundsätzlich zum Ausdruck der grenzenlos produktiven Vernunft der Weltseele, welche alle nur erdenklichen Formen hervorbringt und das gesamte Universum zu einem lebenden Organismus eint. In der Folge entsteht ein ‚animistischer' oder ‚vitalistischer' Naturbegriff, der wesentliche Züge von Selbstorganisation und Selbsterhaltung (ital. *conservazione*) aufweist (De la causa, principio et uno 159 ff.; De l'infinito, universo et mondi 115).

2. Rezeption und Weiterentwicklung des Unendlichkeitsdenkens

Die frühe Neuzeit ringt intensiv um die Ausformulierung neuer Kosmologien und Theorien der Natur. Dabei zeigt gerade die Rezeptionsgeschichte des Unendlichen, dass ‚alte' Lehren eines geschlossenen Kosmos keinesfalls unilinear durch sog. ‚fortschrittliche' Lehren eines offenen Universums überwunden werden. Ganz im Gegenteil bilden traditionelle Vorstellungen vielfach Anknüpfungsmöglichkeiten, durch die alternative Modelle der Kosmologie und des Naturverständnisses zuallererst vermittelbar werden (→ IV.7). Ein Beispiel hierfür bildet die bereits seit der Antike bekannte Frage der möglichen Existenz eines unendlichen extrakosmischen Vakuums, die v. a. auf der Basis einer vertieften Kenntnis traditioneller Texte neu erschlossen und diskutiert wird (vgl. Grant [1981] 2011: 182 ff.).

Obgleich Johannes Kepler (1571–1630) seine Auffassung hinsichtlich der Beschaffenheit der Fixsterne im brunianischen Sinn korrigiert und die Fixsterne als Sonnen interpretiert, die aus ihrem Inneren Licht aussenden ([1611] 1941: 302, 305), lehnt er die Möglichkeit eines unendlichen Weltalls mit der Begründung ab, dass das Universum ein beobachtbares Universum bleiben müsse ([1606] 1938: 253).

---

1 Der Hermetismus bzw. die Hermetik ist eine religiöse Offenbarungs- und Geheimlehre, die im ägyptischen Hellenismus wurzelt und auf die legendenhafte Gestalt des Hermes Trismegistos zurückgeht.

Um jeden Verdacht eines Pantheismus[2] auszuräumen und die Differenz zwischen der Unendlichkeit Gottes und der Unendlichkeit des Universums zu wahren, unterscheidet René Descartes (1596–1650) zwischen „unendlich" (lat. *infinitum*) und „unbegrenzt" (lat. *indefinitum*): Unendlich ist allein Gott; unbegrenzt ist, wovon keine Grenzen ausweisbar sind ([1644] 2007: I 27). Freilich erfährt die cartesische Abschwächung des Unendlichen durch die Zeitgenossen und Nachfolger entschiedene Kritik.

Henry More (1614–1687), der bedeutendste Vertreter des sog. Cambridger Platonismus, betont in Auseinandersetzung mit Descartes die Unendlichkeit des Raumes, die in engster Verbindung mit der Unendlichkeit Gottes gesehen wird (vgl. Jacob 1995: 58 ff.). Schließlich wird die Theorie des unendlichen homogenen und isotropen Raumes – nicht zuletzt durch den Einfluss der Cambridger Schule – zur Grundlage der klassischen Physik und der Kosmologie Isaac Newtons (1643–1727).

Ausgangspunkt des Unendlichkeitsdenkens bei Baruch de Spinoza (1632–1677) ist die Bestimmung Gottes als die eine, unteilbare sowie aus unendlichen Attributen bestehende Substanz ([1677] 1989: I, prop. 11). Insofern Gott weiter als Ursache seiner selbst und als hervorbringende Kausalität verstanden wird, realisiert er sich und alle Dinge (lat. *Deum esse causam sui et omnium rerum*) (ebd.: prop. 34, demonstratio). Von hier aus erschließt sich die „hervorbringende / naturende Natur"[3] (lat. *natura naturans*) als das nur aus sich selbst begreifbare, ewige Wesen Gottes; die „hervorgebrachte / genaturte Natur" (lat. *natura naturata*) hingegen ist alles, was aus der Natur Gottes oder einem seiner Attribute mit Notwendigkeit folgt (ebd.: prop. 29, scholium). Damit werden Gott und Natur gleichgesetzt, sodass Spinozas Naturverständnis in einen Pantheismus mündet.

Generell ist der Übergang vom geschlossenen zum offenen Universum durch vielfältige, teilweise konkurrierende methodologische Problemstellungen gekennzeichnet. Erhebliche Abweichungen zeigen sich im mathematischen Umgang mit dem Unendlichen. So leben in der Neuzeit klassische Probleme des Raumkontinuums und Atomismus auf, die sich auf die Interpretation des unendlich Kleinen auswirken. Die Anwendung geometrischer Näherungsmethoden auf Bewegungsabläufe durch Galileo Galilei (1564–1642), die Entwicklung der Indivisibilienmethode durch Bonaventura F. Cavalieri (1598–1647), Gottfried W. Leibniz' (1646–1716) Differenzial- und Integralkalkül oder Newtons Fluxionsmethode bedeuten neuzeitliche Versuche der Problembewältigung (→ I.3).

Die neuzeitliche Methodendiskussion erschöpft sich allerdings keinesfalls in Überlegungen zur kosmischen oder mathematischen Unendlichkeit. Die systematische Einteilung der Natur in die drei Naturreiche der Tiere, Pflanzen und Mineralien, wie sie etwa von Carl von Linné (1707–1778) durchgeführt wird (→ I.5), zeigt nicht nur ein starkes Interesse an terrestrischen Bedingungen, sondern belegt auch das

---

2 Pantheistische Vorstellungen gehen davon aus, dass Gott und kosmische Welt – damit auch Natur – in eins zu setzen sind und stellen daher die Vorstellung eines transzendenten, allmächtigen, personalen Gottes in Frage.

3 Die verbreitete Übersetzung von *natura naturans* mit „schaffende Natur" und von *natura naturata* mit „geschaffene Natur" ist im Hinblick auf Spinoza problematisch, da sie einen schöpferischen Gott suggeriert, der den Dingen transzendent wäre.

Weiterwirken der aristotelischen Definitionslehre (→ IV.2). Noch in der von Antoine L. de Lavoisier (1743–1794) entwickelten Reform der chemischen Methodologie und Terminologie (Lavoisier 1789) bleibt die aristotelische Vorstellung einer natürlichen Ordnung der Dinge präsent.

Literatur

Augustinus, Confessiones = Augustinus, Aurelius 2009: Bekenntnisse. Hg.: K. Flasch / B. Mojsisch. Stuttgart.

Bruno, Giordano [1584] 2007a: De la causa, principio et uno. Über die Ursache, das Prinzip und das Eine. Hg.: T. Leinkauf. Hamburg.

–   [1584] 2007b: De l'infinito, universo et mondi. Über das Unendliche, das Universum und die Welten. Hg.: A. Bönker-Vallon. Hamburg.

Cusanus, De docta ignorantia = Nicolai de Cusa [1440] ³1979 (Bd. I) / ²1977 (Bd. II): De docta ignorantia. Die belehrte Unwissenheit. Hg.: P. Wilpert. Hamburg.

–,   Trialogus de possest = Nicolai de Cusa [ca. 1460] 2013: Trialogus de possest. Dreiergespräch über das Können-Ist. Lat.-Dt. Hg.: R. Steiger. Hamburg.

Descartes, René [1644] 2007: Die Prinzipien der Philosophie. Lat.-Dt. Hg.: C. Wohlers. Hamburg.

Grant, Edward [1981] 2011: Much Ado about Nothing. Theories of Space and Vacuum from the Middle Ages to the Scientific Revolution. Cambridge.

–   1996: Planets, Stars and Orbs. The Medieval Cosmos, 1200–1687. Cambridge.

Jacob, Alexander 1995: Henry More's Manual of Metaphysics. A Translation of the Enchiridium metaphysicum (1679) with an Introduction and Notes by Alexander Jacob. Bd. 1. Hildesheim.

Kepler, Johannes [1606] 1938: Mysterium cosmographicum. De stella nova. Hg.: M. Caspar. München.

–   [1611] 1941: Kleinere Schriften. Dioptrice. Hg.: M. Caspar. München.

Lavoisier, Antoine L. [1789] 2008: System der antiphlogistischen Chemie. Hg.: J. Frercks. Frankfurt/M.

Leibniz, Gottfried W. [1710] ²1968: Die Theodizee. Hamburg.

–   [1714] ²1968: Vernunftprinzipien der Natur und der Gnade. Monadologie. Frz.-Dt. Hg.: H. Herring. Hamburg.

Miller, Clyde L. 2017: Cusanus, Nicolaus [Nicolas of Cusa]. In: Zalta, E. N. (Hg.): SEP (Summer 2017 edition). https://plato.stanford.edu/archives/sum2017/entries/cusanus/.

Newton, Isaac [1704] 1983: Optik oder Abhandlung über Spiegelungen, Brechungen, Beugungen und Farben des Lichts. Hg.: W. Abendroth. Braunschweig.

–   [1687] 1988: Mathematische Grundlagen der Naturphilosophie. Hg.: E. Dellian. Hamburg.

Spinoza, Benedictus de [1677] ⁴1989: Ethica – Ethik. In: ders.: Opera – Werke. Lat.-Dt., Bd. 2. Hg.: K. Blumenstock. Darmstadt: 84–577.

I.2 Natur als Schöpfung

Dirk Evers

Menschen haben seit frühesten Zeiten die sie umgebende Natur beschrieben als ein Gefüge von Lebensbedingungen, denen sie ihre eigene Existenz verdanken und zu denen sie sich ins Verhältnis zu setzen haben (→ III.8). Dies geschah zunächst v. a. im Rahmen von Weltanschauungen und Sinnsystemen, die wir heute als religiös bezeichnen. Eine wesentliche Rolle spielen dabei mythische Erzählfiguren, aber auch abstraktere religiöse Vorstellungen, die über die Anfänge einer Geschichte von Welt und Menschheit Auskunft geben möchten und im westlichen Kulturkreis unter dem Stichwort der ‚Schöpfung‘ zusammengefasst werden. Westliche Schöpfungsbegriffe setzen im Allgemeinen ein lineares Geschichtsverständnis voraus, während das zyklische Denken östlicher Religionen zwar ebenfalls von Entstehen und Vergehen des Kosmos redet, dieses aber als ewigen Kreislauf ansieht (→ I.1). „Die Kategorie der ‚Schöpfung‘ erweist sich damit vorwiegend als eine westliche Frageperspektive" (Ahn 1999: 251), auf die wir uns in diesem Kapitel beschränken.

1. Ursprünge im Vorderen Orient

Bereits in den alten Kulturen des Vorderen Orients (Sumerer, Assyrer, Ägypter, Babylonier; vgl. Keel / Schroer 2008) entstehen entsprechende Motive und Erzählungen, die die Welt als Ganze mit ihren biologischen und geophysischen Gegebenheiten, aber auch die vorfindlichen Gesellschaftsstrukturen auf eine Schöpfung durch göttliche Wesen zurückführen. In ihnen sind religiöse Deutung, philosophische Spekulation und naturkundliche Beobachtung noch nicht geschieden, ebenso wie Theogonie (die Erschaffung der Götter selbst bzw. ihre Abstammung voneinander), Kosmogonie (Entstehung der Welt mit ihren Lebensräumen) und Anthropogonie (die Erschaffung des Menschengeschlechts, oft in Form eines ersten Menschenpaares) noch eng miteinander verwoben sind. Auch gehen verschiedene Vorgänge von (Ur-)Zeugung, Hervorbringen und Anordnen von Materie, Kampfmotive sowie Selbstentfaltungs- und Transformationsvorstellungen eine Synthese ein. Dabei steht weniger der Versuch einer genetischen Herleitung im Vordergrund als vielmehr das Interesse an der Verlässlichkeit der Natur, der Einsicht in ihre Grundkräfte und entsprechender praktischer Lebenssicherung. Das zeigt sich an der verbreiteten Verwendung von Schöpfungsmotiven im Hymnus und an der rituellen Verankerung der Schöpfungstexte im Kontext von Geburts- und Hochzeitsriten (vgl. das babylonische *Atramḥasīs*-Epos) oder des babylonischen Neujahrsfestes (vgl. das Epos *Enūma-eliš*), in dessen jährlicher Feier die Schöpfermacht des Gottes Marduk vergegenwärtigt wurde. Im Verständnis der Natur als Schöpfung wurde die Bedrohtheit des Menschen und seiner natürlichen Lebensgrundlagen bei gleichzeitiger Erinnerung an die dem Chaos (→ I.1.A) wehrenden schöpferischen Mächte vergegenwärtigt.

2. Biblische Traditionen

Die hebräische Bibel nimmt zunächst in hymnischen Texten und später auch in den beiden ausführlicheren Erzählungen zu Beginn des *Genesis*-Buches vielfältige Motive aus anderen vorderorientalischen Traditionen auf, so die Urgeschichte in Form von „Noch-nicht"-Beschreibungen, den Zusammenhang von Schöpfung und Flut (Babylon), das Chaoskampfmotiv (Ugarit) oder Elemente ägyptischer Weisheit (vgl. Ps 104 mit dem Atons-Hymnus). Vor allem die Menschenschöpfung findet sich schon in alten israelitischen Traditionen, während die Weltschöpfung erst in der Königszeit (seit ca. 1000 v. Chr.; vgl. die biblischen Bücher) an Bedeutung gewinnt und vollends in der Exilszeit (587–539 v. Chr.) theologisch reflektiert wird, als die geschichtlichen Heilstraditionen fraglich geworden sind (vgl. Schmid 2012). In diesem Zusammenhang wird wohl auch das hebräische Verb *baraʿ* für (er-)schaffen geprägt, das als spezielles Tätigkeitswort für das göttliche Schaffen reserviert ist und keine Materialangabe oder zusätzliche Beschreibung des Schöpfungshergangs mehr benötigt. Hier deutet sich die spätere Konzeption einer *creatio ex nihilo*, einer Schöpfung aus dem Nichts an, wie sie die christliche Schöpfungstheologie prägen wird: Der Schöpfer steht der Schöpfung als Woher ihres Ursprungs und als Woraufhin ihres Geschaffenseins souverän gegenüber. Er ist kein Werkmeister, der einen vorhandenen Stoff gestaltet, sondern der, der das Nichtseiende ruft, dass es sei (vgl. Röm 4,17). Die israelitischen Schöpfungstraditionen kennen dabei allerdings keinen umfassenden Naturbegriff, der alles Geschaffene begrifflich vom ungeschaffenen Schöpfer zu unterscheiden erlaubte, insofern dem Hebräischen das Äquivalent für das griechische *physis* (Natur) fehlt. Trotz der Verwendung des griechischen Begriffs ist der Befund im *Neuen Testament* ähnlich: ‚Physis' hat zumeist die Bedeutung von Wesen und kann sich sowohl auf die göttliche wie auf die menschliche Natur beziehen. Natur als Inbegriff der natürlichen Schöpfung im *Neuen Testament* wird eher mit dem griechischen Terminus ‚kosmos' (Ordnung) bezeichnet (s. u.; → I.1.A). Die Welt wird geordnet und nicht als Chaos wahrgenommen, diese Ordnung aber wird nicht als selbstverständlich angesehen, sondern als das absichtsvolle Werk des Schöpfers.

3. Antike und frühe christliche Theologie

3.1 Schöpfung aus dem ‚Nichts'?

In der Antike lehren v. a. Aristoteles (384–322 v. Chr.) und die sich an ihn anschlie-ßende Schule gemäß dem Axiom, dass aus Nichts nichts werden kann, die schon von Heraklit (um 520–um 460 v. Chr.) und Parmenides (um 510–um 450 v. Chr.) ver-tretene Ewigkeit der Welt, die keinen eigentlichen Schöpfungsakt voraussetzt (→ I.1). Platon (428 / 427–348 / 347 v. Chr.) dagegen macht im *Timaios* einen Werkmeister der Welt (Demiurgen) für die faktische Verfassung des Kosmos verantwortlich, der der ungeschaffenen Materie nach Vorgabe der ewigen Ideen Gestalt verleiht. Doch auch er kennt keine Schöpfung aus dem Nichts. Für die Stoiker ist die Materie ebenfalls ohne Anfang. Zu dem Baumeister der Weltordnung treten bei ihnen keimartige Kräfte der Natur selbst hinzu, die die Vielfalt der Einzelerscheinungen mit hervorbringen. Dennoch ist der Kosmos von einem einheitlichen, göttlichen Grundgesetz durchwirkt, das für die Einheit und Harmonie der Wirklichkeit verantwortlich ist. Dagegen ver-treten die Epikureer die schlechthinnige Zufälligkeit der Welt.

Die sich langsam entwickelnde christliche Schöpfungstheologie sucht die biblischen Schöpfungsvorstellungen durch eine intensive Auseinandersetzung mit zeitgenös-sischen naturphilosophischen und kosmologischen Anschauungen zur Geltung zu bringen (→ I.1). Vor allem gegen die Aristoteliker und die Epikureer sucht man im Platonismus einen Verbündeten, der es erlaubt, die Entstehung der Welt aus einem göttlichen Ursprung zu denken und die Güte der Schöpfung auf die Güte des Schöpfers zurückzuführen. Zudem scheint das platonische Weltbild Lösungsmöglichkeiten für innertheologische Problemstellungen bereitzuhalten. Wenn das *Alte Testament* vom Urgeist über den Wassern und von der Mitwirkung der himmlischen Weisheit bei der Schöpfung spricht, und das *Neue Testament* Jesus Christus als Schöpfungsmittler und als Weltvernunft (*logos*) bezeichnet, so lässt sich dies in Anlehnung an die Ver-mittlungsfunktion der Ideen bei Platon als Mitwirkung des Logos-Sohnes bei der Weltschöpfung verstehen, so dass Schöpfung und Erlösung zusammengedacht werden können.

Andererseits stellen sich je länger je mehr auch fundamentale Differenzen heraus. Einzelne Versuche einer christlichen Aufnahme des Gedankens einer ewigen Existenz der Materie werden mit Verweis auf das biblische Schöpfungsverständnis abgelehnt. Gegen gnostische Kosmologien, die die materielle Welt zur Gottheit in einen Gegen-satz stellen, aber auch gegen neuplatonische Vorstellungen eines Hervorgangs (Ema-nation) der Welt aus Gott wird spätestens von Irenäus von Lyon (um 135–um 202) betont, dass Gott selbst die Welt voraussetzungslos aus Nichts, d. h. nicht aus etwas ewig Seiendem, erschaffen habe. Das Bekenntnis, Gott habe alles, Himmel und Erde, die sichtbare und die unsichtbare Welt, *aus Nichts* (*ex nihilo*) erschaffen, bildet seitdem eine Grundformel christlicher Schöpfungslehre.

3.2 Die Schöpfung als Gottes Buch der Natur

Das Christentum bringt mit dem Gedanken der Natur als Schöpfung aus Nichts auch einen erheblichen Entmythologisierungsschub mit sich, insofern herausgestellt wird, dass die Natur als solche nicht göttlich und nicht religiös zu verehren ist. Der Schöpfer ist der Herr über die Natur, deren Kräfte und Gestalten ihm untergeordnet und von ihm abhängig sind. Zugleich kann die Natur verstanden werden als Ausdruck der Weisheit, Macht und Absicht des Schöpfers. Aurelius Augustinus (354–430) prägt in seiner Auslegung der alttestamentlichen Schöpfungserzählung und in Anknüpfung an Clemens Alexandrinus (um 150–um 215) ein weiteres Motiv christlichen Naturverständnisses, die Sicht der *Natur als Buch*. Gott ist nicht nur – vermittelt über die Inspiration der Autoren – der Verfasser der heiligen Schrift, sondern auch – durch den Akt der Schöpfung – der Urheber des Buches der Schöpfung (*liber creaturae*). (Augustinus: Genesis V, 1.1). Das Buch der Schöpfung ist als Abbild und Gleichnis anzusehen, das von sich weg auf seinen Urheber weist. Doch hat das Verstehen des Buches der Natur enge Grenzen, die v. a. in der Begrenztheit des Menschen und seiner Sünde begründet sind. Augustinus stellt denn auch das Buch der Schrift an die erste Stelle und bedient sich nicht der Unabhängigkeit beider Bücher, um etwa im Sinne einer natürlichen Gotteserkenntnis aus den Werken der Natur direkt auf das Wesen Gottes zu schließen. Es gibt für ihn keine authentische, menschliche Gotteserkenntnis aus der Natur, ja im Grunde keine letztlich adäquate Naturerkenntnis, weil diese die rechte Erkenntnis der Geheimnisse des Schöpfers voraussetzen würde. Für ihn folgt deshalb aus der Buchmetapher keine Aufforderung, das Buch der Schöpfung als solches lesen oder gar verstehen zu wollen.

4. Mittelalter

Die mittelalterliche Theologie unterscheidet zwischen natürlichen Wesen, die in ihrer Natur von ihrem Schöpfer geschaffen sind, und Dingen, die von den als Vernunftwesen geschaffenen menschlichen Geschöpfen selbst wieder durch die verschiedenen Künste (*artes*) hervorgebracht werden. Diese Produkte werden dann nicht als natürlich, sondern als künstlich bezeichnet (*non naturale, sed artificiale*). Die entscheidende Differenz zwischen natürlichen und künstlichen Wesen wird im natürlichen Strebevermögen der ersteren gesehen. Während geschaffene Naturen von selbst danach streben, ihre Natur zu verwirklichen, sind künstliche Produkte schlicht das, was sie sind, und nicht auf innere, sondern ihnen äußerliche, vom Produzenten auferlegte Zwecke bezogen. Sie unterscheiden sich also nicht nur hinsichtlich ihrer Entstehungsgründe, sondern auch hinsichtlich ihrer Selbstbewegung und ihrer Bestimmung. Von Gott geschaffene natürliche Wesen haben nicht einfach eine geschaffene Natur, sondern sie streben danach, ihre Natur, ihre natürliche Disposition zu verwirklichen, die ihnen von ihrem Schöpfer verliehen wurde. Die natürliche Ordnung der Dinge, der *ordo rerum naturalium*, wird deshalb verstanden als die Ordnung der Bestimmungen und Strebungen natürlicher Wesen, die bestimmt und strukturiert wird durch die Gesetze, denen Wesen folgen, um ihre Existenz gemäß ihrer Natur zu verwirklichen.

Im 13. Jh. entsteht eine blühende Kommentarlandschaft zu den neu nach Europa gelangten aristotelischen Schriften, v.a. zur Naturphilosophie. Unter den Franziskanern stechen Bonaventura (1221–1274) und Roger Bacon (um 1210–1290), unter den Dominikanern Albertus Magnus (vor 1200–1280) und Thomas von Aquin (1224 / 25– 1274) hervor (vgl. Zimmermann 1998). Ein zentrales Thema ist die sog. Artnatur des Menschen. Thomas sieht den Menschen als Gottes Ebenbild an, das von Natur aus auf Gott ausgerichtet ist und seine Erfüllung erst jenseits der Natur findet. Diese Offenheit für den Gottesbezug schließt sittliche Forderungen ein. An dem Übernatürlichen kann der Mensch aber nur durch Gottes Gnade Anteil gewinnen, wenn Gott selbst es als seine Gabe seinen Geschöpfen mitteilt. Diese Gabe ist Gottes Gnade, die den Menschen über die Natur erhebt und so sein auf diese Gnade hin geschaffenes Wesen vollendet. Oder wie Thomas wiederholt feststellt: Die Gnade zerstört nicht die Natur, sondern vervollkommnet sie (z.B. Summa theologiae I, q. 1, a. 8, ad 2). So kann von der natürlichen Ordnung eine übernatürliche Ordnung unterschieden werden, die v.a. Gottes Heilshandeln in Christus und dessen Aneignung durch die Sakramente und im Glauben umfasst.

5. Reformation und frühe Neuzeit

5.1 Natur und Gnade in reformatorischer Perspektive

Die Konzentration reformatorischer Theologie auf das Rechtfertigungsgeschehen und die Auseinandersetzung mit der scholastischen Gnadenlehre führen zu einer ambivalenten Sicht der Natur. Martin Luther (1483–1546) selbst bezeichnet die Natur und Kreatur als Gottes „Larve", als indirekte und verborgene Präsenz des gnädigen Schöpfergottes, ohne die kein Geschöpf leben oder irgendetwas treiben kann. So kann Luther einerseits die Schöpfung ganz im Sinne einer gnädigen Gabe Gottes verstehen, wenn er im *Kleinen Katechismus* festhält, dass die Schöpfung „aus lauter väterlicher, göttlicher Güte und Barmherzigkeit ohn alle mein Verdienst und Wirdigkeit" (Luther [1530] 1982: 511) den Menschen hervorbringt und erhält. Die Natur ist andererseits als das der göttlichen Gnade sich widersetzende Moment zu bestimmen, insofern der Mensch nicht von sich aus und nicht aus natürlichen Kräften selig werden kann. Eine rein weltlich bleibende Vernunft kann aus rein natürlicher Erkenntnis Gott nicht als den erkennen, der er ist, geschweige denn seiner gewiss werden. Gott ist als Schöpfer in der Natur zugleich verborgen und offenbar, seine offenbare Seite in der Natur aber kann vom sündigen Menschen nur durch Gottes Wort erkannt werden. Direkt aus der Natur abgeleitete Gotteserkenntnis kommt deshalb für die Reformatoren nicht in Betracht. Damit ist das scholastische Stufenmodell einer Zuordnung von Natur und Übernatur ebenso hinfällig wie damit zusammenhängende Unterscheidungen von ‚heilig' und ‚profan' oder ‚Laien' und ‚Klerus'. Erweist sich in der Perspektive des Glaubens *alle* Natur als eine Form der gnädigen Zuwendung Gottes, so vermittelt sich die göttliche Gnade in, mit und unter den Gestalten der Natur, ohne auf Wunder und sakramentale Vermittlung angewiesen zu sein, die als ‚übernatürlich' anzusehen wären.

In der sich im Anschluss an die Reformation ausbildenden protestantischen Schuldogmatik wird von der ursprünglichen Schöpfung (*creatio originans*) Gottes Begleitung der Schöpfung, seine Vorsehung (*providentia*) unterschieden, die darin ihren Grund hat, dass Gott „sich nicht untätig zurückgezogen hat von dem von ihm begründeten Werk, sondern jenes durch seine Allmacht bis heute erhält und durch seine Weisheit alles in ihm regiert und moderiert" (Gerhard [1657] 1864: 17; Übersetzung D. E.). Die zentrale Problemstellung dieser Ausführungen liegt in der Bestimmung des Zusammenwirkens von göttlicher Vorsehung und Freiheit der Geschöpfe.

5.2 Natur als Norm?

Im Mittelalter hatte die Natur auch den Charakter einer durch den Schöpfungsratschluss begründeten Norm. Mit dem Aufkommen von Humanismus und Renaissance beginnt der Mensch an sich selbst Maß zu nehmen und die Natur zunehmend als seinen Gestaltungsraum zu entdecken. Der Mensch selbst wird zum Maß der Dinge, und im Zusammenspiel mit dem Entstehen der neuzeitlichen Wissenschaft wird Natur zunehmend als Raum und Material verstanden, dem der Gestaltungswille des Menschen gegenüber steht. Im Lichte einer mathematischen Beschreibung der Natur (→ I.3), wie sie sich zunächst an den Himmelserscheinungen erprobt und dann auf die Fallgesetze und anderes ausgeweitet wird, erscheint der Schöpfer weniger als inneres Wirk- und Erhaltungsprinzip der Schöpfung denn als ihr Konstrukteur. Entsprechend sollen die Menschen durch Einsicht in die Gesetze der Schöpfung befähigt werden, sich die Natur durch Technik verfügbar zu machen und zu „Meistern und Besitzern der Natur" (Descartes [1637] 1997: 101) aufzuschwingen.

5.3 Wandlungen im Naturbegriff

War die von Augustinus inspirierte Wendung ‚Buch der Natur' (*liber naturae*) mit einer Betonung des Abbild- und Gleichnischarakters der Welt im Mittelalter durchgängig vertreten worden, so lassen die Durchbrüche in der Kosmologie der frühen Neuzeit die Unabhängigkeit des Buches der Natur und des Zugangs zu seinem Verständnis in neuem Licht erscheinen (→ I.1). Johannes Kepler (1571–1630) versteht die Astronomen als „Priester des Schöpfergottes am Buch der Natur" (Kepler [1598] 1991: 9), und Galileo Galilei (1564–1642) macht die Unabhängigkeit beider Bücher und ihre unterschiedlichen Aussageabsichten zum hermeneutischen Programm: Während das Buch der Schrift uns zum Heil führen soll, ist das Buch der Natur dem forschenden Verstehen des Menschen mittels mathematischer Rekonstruktion zugänglich geworden (Galilei [1623] 1968: 232; → I.3).

Charakteristisch für die Neuzeit ist der grundlegende Wandel im Naturbegriff, der immer mehr theologische Qualitäten übernimmt. Die Dynamisierung der Natur als eines unendlichen und produktiven Seins führt dazu, dass Schöpfer und Natur, dass die schaffende Natur (*natura naturans*) und die geschaffene Natur (*natura naturata*; → II.1 / Abschn. 2.2), immer enger zusammenrücken. Das Übernatürliche erscheint nicht mehr als das die Natur Begründende, sie Erhaltende, Bewegende und Vollendende, sondern als das Un-Natürliche. Jeder transzendente Eingriff muss als intellektuelle

Zumutung sowohl an den Natur- als auch an den Gottesbegriff erscheinen, dessen Bedeutung im *Deismus* konsequenterweise auf die Schöpfung am Anfang reduziert wird, während die Erhaltung durch die Naturgesetze und durch die Übereinstimmung der Natur mit sich selbst garantiert wird. Wird die Natur im 18. Jh. noch wesentlich mechanistisch als planvoll konstruierte Maschine verstanden (so auch in der sog. Physikotheologie; → III.8 / Abschn. 2.), so treten im 19. Jh. vermehrt die biologischen Züge in den Vordergrund. In der Evolutionstheorie Charles Darwins (1809–1882) wird die Kette der Lebewesen bis hin zum Menschen als das Resultat eines produktiven Zusammenwirkens von Naturkräften durch Variation und Selektion verstanden, so dass die in den biblischen Schöpfungserzählungen dargestellten Vorgänge als naturwissenschaftlich unhaltbar gelten müssen.

5.4 Schleiermacher und das 19. Jahrhundert

Auf die Destruktion der Kategorie des Supranaturalen durch die Aufklärung und auf den Einspruch der Naturwissenschaften gegen die biblischen Schöpfungsvorstellungen reagiert der evangelische Theologe Friedrich Schleiermacher (1768–1834), indem er in seiner Glaubenslehre eine konsequente Umwandlung der traditionellen Schöpfungslehre in eine Reflexion auf das menschliche Selbstverständnis vornimmt. Insofern Theologie nichts anderes sein könne als eine Auslegung des christlich-frommen Selbstbewusstseins, könne sie im Grunde nur immanente Prinzipien eines immer schon existierenden Etwas entfalten, aber keine Lehre über einen absoluten Anfang aufstellen. Gott und Natur stehen sich nicht gegenüber, sondern die Natur ist im frommen Gottesbewusstsein zu verstehen als mit der tätigen Wirksamkeit Gottes identisch, so dass die „göttliche Ursächlichkeit als der Gesammtheit der natürlichen dem Umfange nach gleich [...] dargestellt" (Schleiermacher [1830/31] 2008: 309) wird. Insofern sind ‚Gott' und ‚Welt' ähnlich wie ‚Natur' und ‚Geist' sich wechselseitig bedingende Kategorien: *„Kein Gott ohne Welt, so wie keine Welt ohne Gott"* (Schleiermacher [1839] 2002: 269). Schleiermacher entfaltet deshalb die Natur nicht als das Produkt eines herstellenden göttlichen Handelns, sondern als unmittelbaren Ausdruck Gottes, der nicht planmäßig die beste aller möglichen Welten konstruiert, sondern in freier Kreativität beständig schaffend tätig ist. So teilt sich die göttliche Weisheit in Natur und Geist gleichermaßen mit und stellt sich in ihnen dar, so dass die Natur und also „das gesammte endliche Sein [...] als das schlechthin zusammenstimmende göttliche Kunstwerk" (Schleiermacher [1830/31] 2008: 507) aufzufassen ist.

6. Herausforderungen eines christlichen Schöpfungsverständnisses heute

Nach einer Phase der Konzentration auf anthropologische Fragestellungen sucht die christliche Schöpfungstheologie seit einiger Zeit die Kategorie der Natur in ihre Perspektive wieder einzuholen. Das geschieht zum einen im Gespräch mit den Naturwissenschaften, das nun nicht mehr das biblische Weltbild zu verteidigen sucht, sondern als Debatte um ein angemessenes religiöses Wirklichkeitsverständnis geführt wird. Dazu haben auch Entwicklungen der Naturwissenschaften im 20. Jh. beigetragen, die eine Überwindung der Diastase von Natur – Geist bzw. Natur – Mensch möglich erscheinen ließen. Nachdem sich zunächst eher Einzelne dem Thema der Natur zuwandten (z. B. Karl Heim, 1874–1958, im evangelischen und Pierre Teilhard de Chardin, 1881–1955, im katholischen Raum), wird der vornehmlich in der angelsächsisch geprägten Welt geführte Diskurs zwischen *science and religion* in der deutschsprachigen Theologie etwa von Wolfhart Pannenberg (1928–2014), Jürgen Moltmann (geb. 1926) und Michael Welker (geb. 1947) aufgegriffen. Als anregend haben sich dabei prozessphilosophische und -theologische Entwürfe erwiesen (Charles S. Peirce, 1839–1914; Alfred N. Whitehead, 1861–1947) (vgl. z. B. Deuser 1993).

Darüber hinaus haben ökologische Fragestellungen die Debatte angeregt (vgl. Rau et al. 1987), die die Natur nicht als bloße Ressource, sondern in religiöser Perspektive in ihrem Eigenwert wahrnehmen und den menschlichen Umgang mit der Natur entsprechend ausrichten wollen. Damit werden auch kritische Anfragen an das Christentum aufgenommen, denen zufolge eine religiös unterfütterte anthropozentrische Naturvergessenheit der christlichen Tradition für die ökologische Krise jedenfalls mitverantwortlich ist (Amery 1972). Seit den 1980er Jahren hat sich das Schlagwort der „Bewahrung der Schöpfung" etabliert, das im Zusammenhang des sog. Konziliaren Prozesses geprägt wurde, auf den sich 1983 die Mitglieder der VI. Vollversammlung des Ökumenischen Rates der Kirchen in Vancouver verpflichteten. Mit dieser nicht unproblematischen Formel (vgl. Graf 1990) sucht christliche Schöpfungstheologie auch den Anschluss an andere Formen wertschätzender Wahrnehmung der ethischen (→ III.5), leiblichen (→ III.1) und ästhetischen (→ III.2) Aspekte der Natur und des Natürlichen.

Literatur

Ahn, Gregor 1999: Schöpfer / Schöpfung I. Religionsgeschichtlich. In: Müller, G. et al. (Hg.): Theologische Realenzyklopädie, Bd. 30. Tübingen: 250–258.
Amery, Carl 1972: Das Ende der Vorsehung. Die gnadenlosen Folgen des Christentums. Reinbek.
Augustinus: Genesis = Augustinus, Aurelius [401–414] 1961: Über den Wortlaut der Genesis. De Genesis ad litteram libri duodecim. Der große Genesiskommentar in 12 Büchern, I. Bd.: Buch I bis IV. Hg.: C. J. Perl. Paderborn. [https://digi20.digitale-sammlungen.de/de/fs1/object/display/bsb00046071_00001.html] .
Descartes, René [1637] ²1997: Von der Methode des richtigen Vernunftgebrauchs und der wissenschaftlichen Forschung. Frz.-Dt. Hg.: L. Gäbe. Hamburg.
Deuser, Hermann 1993: Gott: Geist und Natur. Theologische Konsequenzen aus Charles S. Peirce' Religionsphilosophie. Berlin.
Galilei, Galileo [1623] 1968: Il saggiatore. In: Le opere di Galileo Galilei, Bd. VI. Hg.: A. Favaro. Firenze: 197–372.
Gerhard, Johann [1657] 1864: Loci theologici, Bd. II. Hg.: E. Preuss. Berlin.
Graf, Friedrich W. 1990: Von der creatio ex nihilo zur ‚Bewahrung der Schöpfung'. Dogmatische Erwägungen zur Frage nach einer möglichen ethischen Relevanz der Schöpfungslehre. In: Zeitschrift für Theologie und Kirche 87 (2): 206–223.

Keel, Othmar / Schroer, Silvia [2002] ²2008: Schöpfung. Biblische Theologien im Kontext alt-orientalischer Religionen. Göttingen.

Kepler, Johannes [1598] 1991: Johannes Kepler. Gesammelte Werke, Bd. 7: Epitomes Astronomiae Copernicanae. Hg.: M. Caspar. München.

Luther, Martin [1530] ⁹1982: Enchiridion. Der kleine Katechismus. In: Deutscher Evangelischer Kirchenausschuß (Hg.): Die Bekenntnisschriften der evangelisch-lutherischen Kirche. Göttingen: 501–541.

Platon, Timaios = Platon 2016: Timaios. Griech.-Dt. Hg.: M. Kuhn: Hamburg.

Rau, Gerhard / Ritter, Adolf M. / Timm, Hermann (Hg.) 1987: Frieden in der Schöpfung. Das Naturverständnis protestantischer Theologie. Gütersloh.

Schleiermacher, Friedrich [²1830 / 31] 2008: Der christliche Glaube. Nach den Grundsätzen der evangelischen Kirche im Zusammenhange dargestellt. Hg.: R. Schäfer. Berlin.

– [1839] 2002: Vorlesungen über die Dialektik, Teilbd. 1. Hg.: A. Arndt. Berlin

Schmid, Konrad (Hg.) 2012: Schöpfung. Tübingen.

Thomas von Aquin, Summa theologiae = Thomas v. Aquin 1982: Die deutsche Thomas-Ausgabe, Bd. 1: Gottes Dasein und Wesen (I, 1–13). Lat.-Dt. Hg.: M.-D. Chenu. Graz.

Zimmermann, Rainer E. (Hg.) 1998: Naturphilosophie im Mittelalter. Cuxhaven.

I.3 Mathematisierung der Natur und ihre Grenzen

Brigitte Falkenburg

Die Mathematisierung der Natur ist zentral für die neuzeitliche Naturphilosophie. Dabei reflektieren die Philosophen der Neuzeit die Bedingungen, unter denen der Mensch als erkennendes Subjekt zu Objektivität und Gewissheit in der Naturerkenntnis gelangen kann; und sie sehen den Garant für Gewissheit in der Mathematik. Die Ansätze von Descartes bis Kant sind typisch für die Aufklärung: Sie betonen den Imperativ, dass der Mensch sich des eigenen Verstandes bedienen soll, anstatt blindlings den Autoritäten zu folgen. Entsprechend werden diese Konzeptionen hier unter erkenntnistheoretischen Gesichtspunkten skizziert.

(1.) Das Programm einer *Mathematisierung der Natur* geht einher mit der Physik von Galileo Galilei (1564–1642) und Isaac Newton (1643–1727), die ein mechanistisches und deterministisches Weltbild begründet. Dabei sind Physik und Naturphilosophie zunächst nicht strikt gegeneinander abgegrenzt. (2.) Die naturphilosophischen Konzeptionen im 17. und 18. Jh. sind (2.1) eng verbunden mit der Philosophie des *Rationalismus*, nach dem alle Erkenntnis auf der Vernunft beruht und der Weltlauf rational und berechenbar ist (René Descartes, 1596–1650; Baruch de Spinoza, 1632–1677; Gottfried W. Leibniz, 1646–1716). (2.2) Die Gegenposition ist der britische *Empirismus*, nach dem die Erkenntnis ausschließlich auf Erfahrung beruht (John Locke, 1632–1704; George Berkeley, 1685–1753; David Hume, 1711–1776). (3.) Um zwischen den widerstreitenden Strömungen zu versöhnen, konzipiert Immanuel Kant (1724–1804) die Naturphilosophie als ‚metaphysische‘ Disziplin, die auf der Struktur der menschlichen Erkenntnis beruht, deren Maßstäbe für objektive Erkenntnis aber an der mathematischen Physik orientiert bleiben (4.). Kant sieht die Biologie nicht als ‚eigentliche‘, d.h. mathematische Naturwissenschaft an; für ihn ist die Natur in physikalische Mechanismen und teleologische Strukturen unterteilt.

1. Mathematisierung der Natur: Galilei, Descartes, Newton

Die neuzeitliche Mathematisierung der Natur steht in der antiken Tradition von Pythagoras (um 570–um 495 v. Chr.). Aus pythagoreischer Sicht machen Zahlen und mathematische Proportionen das Wesen der Dinge aus, was Platon (428/427–348/347 v. Chr.) im *Timaios* aufgreift und bei Johannes Kepler (1571–1630) in der pythagoreischen Sicht der Weltharmonie wiederkehrt. Galilei, Descartes und Newton machen vor diesem Hintergrund die Physik zu einer mathematischen Disziplin, die auf die Erkenntnis universeller Naturgesetze zielt. Sie begründen damit ein mechanistisches Weltbild, das bis heute folgenreich ist, auch wenn die Naturwissenschaft seine Grenzen im 20. Jh. gesprengt hat.

1.1 Das Buch der Natur

Galileis Leistung besteht darin, die Anwendung der Mathematik von der Himmelssphäre auf irdische mechanische Vorgänge zu übertragen. Die Astronomie hatte die Mathematik seit der Antike zur ‚Rettung der Phänomene' benutzt, um die scheinbaren Planetenbewegungen im Rahmen des ptolemäischen Weltbilds zu beschreiben. Galilei überträgt dieses mathematische Vorgehen von den Bewegungen der Himmelskörper auf die Mechanik, auf den freien Fall von irdischen Körpern unter Absehung vom Luftwiderstand, auf Wurfprozesse und auf die Bahn von Kanonenkugeln. Nach einem berühmten Diktum Galileis ist das Buch der Natur in mathematischen Lettern geschrieben (Galilei [1623] 1987: 275 / 1992: 38):

„Die Philosophie ist in dem größten Buch geschrieben, das unseren Blicken vor allem offensteht – ich meine das Weltall [...] Es ist in mathematischer Sprache geschrieben, und seine Buchstaben sind Dreiecke, Kreise und andere Figuren, ohne diese Mittel ist es dem Menschen unmöglich, ein Wort zu verstehen, irrt man in einem dunklen Labyrinth herum."

Galilei strebt die Entzifferung dieses mathematisch verfassten Buchs der Natur mit den mathematischen und experimentellen Methoden der Physik an. Ihm ist bewusst, dass dies in Konkurrenz zur biblischen Offenbarung steht; wobei dieses „Konkurrenzunternehmen" aus seiner Sicht sogar größere Gewissheit verspricht als die Bibel, denn das Buch der Natur sei direkt von Gottes Hand und nicht von Menschenhand geschrieben (Galilei 1615).

Die Metapher vom Buch der Natur hat einen theologischen Hintergrund (→ I.2; II.1). Sie stammt von Aurelius Augustinus (354–430), danach gilt Gott als Urheber der Naturgesetze. Die mathematische Deutung dieser Metapher bleibt – bei zunehmender Säkularisierung – in der Physik und Naturphilosophie von der frühen Neuzeit bis zum 20. Jh. wirksam, wie sich von Galilei über Descartes, Newton, Leibniz und Kant bis hin zu Planck und Einstein verfolgen lässt (vgl. etwa Planck 1908). Galilei verwendet die Metapher als Kritik an der biblischen Offenbarung, um für das kopernikanische Weltbild zu argumentieren. Bei Descartes (1644) führt die Metapher zum Programm der *mathesis universalis* – einer mathematischen Einheitswissenschaft, die alle Wissenschaften von der Mechanik bis zur Medizin und Ethik begründen kann. Newton (1687) formuliert das Gesetz der universellen Gravitation, das den Weltlauf berechenbar macht. Das Gravitationsgesetz vereinheitlicht die Bewegungen der Himmelskörper mit mechanischen Vorgängen auf der Erde, indem es beiden Phänomenen die Schwerkraft als einheitliche Ursache zugrunde legt; Keplers Gesetze der Planetenbewegungen und Galileis Fallgesetz lassen sich als Näherungen aus dem Gravitationsgesetz ableiten.

1.2 Experimentelle Methode, Atomismus und mechanistisches Weltbild

Galilei strebt die Entzifferung des mathematisch verfassten Buchs der Natur mittels systematischer Messungen an, wobei er Beobachtungsinstrumente wie das Fernrohr sowie auch physikalische Experimente benutzt, um die Phänomene zu analysieren und hinter den unmittelbaren Augenschein vorzudringen. Er perfektioniert die experimentelle Methode als ein Verfahren, mittels dessen man die Naturphänomene in getrennte Komponenten zerlegen kann, um ihre Eigenschaften unter idealen Bedingungen zu untersuchen. Ziel ist dabei, die Zusammensetzung der Phänomene mit mathematischer Präzision zu beherrschen. Hier verbindet sich das mathematische Denken mit einer „atomistischen" Vorgehensweise, d. h. mit der Zerlegung der Phänomene in Komponenten (wie z. B. freien Fall und Luftreibung), die sich im Experimentierlabor isolieren und unter möglichst genau definierten technischen Bedingungen erforschen lassen. Bei Galilei und seinen Nachfolgern geht dieser Ansatz mit der Erklärung der Körper aus Korpuskeln oder Atomen als kleinsten Bestandteilen einher.

Das mathematische Bild der Natur ist entsprechend seit dem 17. Jh. mechanistisch und atomistisch geprägt. So gegensätzliche Denker wie Descartes und Thomas Hobbes (1588–1679) vertreten eine mechanistische Korpuskularphilosophie, nach der alle Vorgänge in der physischen Welt auf Druck und Stoß mechanischer Korpuskeln zurückgehen (Descartes 1644; Hobbes 1655). Newton wiederum nimmt an, dass das Gravitationsgesetz im Großen wie im Kleinen gilt und dass auch das Licht aus Atomen mit den Eigenschaften mechanischer Körper besteht (Newton 1704). Das mechanistische Denken kulminiert in der deterministischen Vorstellung, es gäbe einen allwissenden Dämon, der die Anfangsbedingungen aller Atome in der Welt kennt und daraus nach den Gesetzen der Mechanik den Weltlauf für alle Zeiten vollständig berechnen kann (Laplace [1814] 1996: 2) (→ II.7):

„Eine Intelligenz, welche für einen gegebenen Augenblick alle in der Natur wirkenden Kräfte sowie die gegenseitige Lage der sie zusammensetzenden Elemente kennte, und überdies umfassend genug wäre [...], würde in derselben Formel die Bewegungen der größten Weltkörper wie des leichtesten Atoms umschließen; nichts würde ihr ungewiß sein und Zukunft wie Vergangenheit würden ihr offen vor Augen liegen."

2. Rationalismus *versus* Empirismus

Die mathematische Physik entspricht dem Rationalismus, den Descartes als philosophische Strömung begründet. Die Mathematisierung der Natur zielt auf die Vereinheitlichung der Phänomene und auf verlässliche Naturerkenntnis; das erkennende Subjekt versichert sich durch Einsicht in das „Buch der Natur" bzw. in die Naturgesetze der Rationalität des Weltlaufs. Als Gegenströmung entwickelt sich der britische Empirismus, aus dessen Sicht das „Buch der Natur" nicht mathematisch verfasst, sondern erfahrungsbasiert ist. Die empiristische Skepsis gegen Naturgesetze hält aber den Siegeszug des Rationalismus nicht auf, sondern trägt eher zu seiner Säkularisierung bei und führt zu dem naturwissenschaftlich begründeten, materialistischen Weltbild, das heute stärker verbreitet ist denn je.

2.1 Rationalismus

Die Denker des Rationalismus haben von Descartes bis Kant gemeinsam, dass sie sich an mathematischen Methodenidealen orientieren, dass sie den Ursprung der Erkenntnis primär in der Vernunft sehen und der Natur eine dem Menschen einsichtige, rationale Struktur zusprechen, die sich an ihren jeweiligen theologischen Hintergrundideen orientiert. Sie gehen davon aus, dass der Weltlauf durch Gottes Willen und die Naturgesetze strikt determiniert ist, auch wenn der Mensch dies nicht vollständig erkennen kann und im Hinblick auf Fragen von Gut und Böse Wahlfreiheit hat. Sie betrachten Gott als Daseinsgrund der Welt und führen verschiedene Gottesbeweise. Für die Naturphilosophie relevant ist der physiko-theologische Beweis, nach dem der Mensch aus der Ordnung und Schönheit der Natur auf Gott als Urheber der Weltordnung schließen kann (→ IV.7); man findet ihn etwa beim jungen Kant (1755).

Auch wenn sie die rationalistischen Grundüberzeugungen teilen, vertreten die Rationalisten sehr unterschiedliche metaphysische Systeme. Descartes (1641) begründet seinen bis heute wirkungsmächtigen Dualismus der *res extensa* (Materie) und der *res cogitans* (Geist) (→ II.1). Danach sind die Körper von Tieren und Menschen materielle Maschinen; als einziges materielles Wesen verfügt der Mensch auch über Geist. Nach Spinozas Lehre der All-Einen Substanz (Spinoza 1677) ist das Universum Gott und Welt zugleich, und die Natur ist durchgängig beseelt. Nach Leibniz (1714) wiederum liegen der materiellen Welt unendlich viele beseelte Monaden zugrunde. Leibniz ist für die mathematische Physik nicht weniger wichtig als Newton. Auf Newton geht der Kraftbegriff zurück, auf Leibniz die Symmetrieannahmen der Physik; beide entwickeln die Differenzial- und Integralrechnung unabhängig voneinander, was zu ihrem berühmten Prioritätsstreit um ihre Erfindung führt. Leibniz vertritt aber völlig andere metaphysische und physikalische Auffassungen als Newton, wie die Debatte um absoluten Raum, absolute Zeit und Atomismus zwischen Leibniz und Newtons Anhänger Samuel Clarke (1675–1729) zeigt (Leibniz / Clarke 1715 / 16) (→ II.4).

2.2 Empirismus

Die britischen Empiristen sehen den Ursprung aller Erkenntnis in der Erfahrung; seit Francis Bacon (1561–1626) berufen sie sich dabei auf die Experimente der Naturwissenschaften. Trotz der gemeinsamen erkenntnistheoretischen Überzeugung vertreten auch die Empiristen sehr unterschiedliche metaphysische Auffassungen, die vom Materialismus (Hobbes) über einen Dualismus (Locke) bis zum Idealismus (Berkeley) reichen.

Hobbes (1655) begründet den neuzeitlichen Materialismus, der an den antiken Atomismus anknüpft und sich in der französischen Aufklärung fortsetzt (La Mettrie 1748). Für die Materialisten des 17. und 18. Jhs. ist das Gehirn des Menschen eine Rechenmaschine, die nach denselben mathematischen Gesetzen funktioniert wie der Weltlauf und darum zu objektiver Erkenntnis fähig ist. Locke (1689) entwickelt eine umfassende empiristische Theorie des menschlichen Verstands und seiner Fähigkeiten, in der er zwar die Lehre der angeborenen Ideen von Descartes kritisiert, aber einige rationalistische Auffassungen beibehält. Er vertritt einen Dualismus von Geist und Materie und führt einen physiko-theologischen Gottesbeweis, wonach der Mensch in den Naturwissenschaften nur so viel von der göttlichen Weltordnung erkennt, wie er benötigt, um aus der Beschaffenheit der Natur auf ihren göttlichen Ursprung zu schließen. Locke ist Atomist, wenn er auch die Existenz der Atome, weil sie prinzipiell nicht beobachtbar sind, für unbeweisbar hält. Eine monistische Gegenposition zum Materialismus stellt der Idealismus von Berkeley (1710) dar; er verbindet eine empiristische Erkenntnistheorie mit der theologischen Auffassung, die materielle Welt existiere nur in Form von Gedanken Gottes.

Erst Hume (1748) macht mit dem Empirismus Ernst, indem er sich von sämtlichen metaphysischen Auffassungen verabschiedet und eine radikale empiristische Skepsis gegenüber allen (vermeintlich gesetzmäßigen) Kausalitäten ausdrückt. Nach ihm ist die Verknüpfung von Ursache und Wirkung nicht etwas objektiv in der Natur Vorhandenes, sondern lediglich unsere subjektive Gewohnheit, regelmäßig aufeinander folgende Ereignisse zu verknüpfen; dasselbe gilt für Naturgesetze, einschließlich der Gesetze der Physik. Seine Regularitätsauffassung der Kausalität und der Naturgesetze ist bis heute einflussreich.

3. Natur als Gesetzeszusammenhang der Erfahrung: Kant

Angesichts der widerstreitenden metaphysischen Positionen seiner Vorgänger will Kant die Naturerkenntnis und ihre Tragweite vernunftkritisch absichern. Seine *Kritik der reinen Vernunft* (Kant 1781 / 1787) soll das System einer Metaphysik der Natur begründen, in dem die Grundbegriffe der Physik Newtons, nicht aber die traditionellen metaphysischen Ideen von Gott, der unsterblichen Seele und der Welt im Ganzen zu objektiver Erkenntnis führen (vgl. Mohr / Willaschek 2012).

Mit Kants Theorie der Natur gewinnt die Naturphilosophie Eigenständigkeit gegenüber der Physik. Bei ihm ist Naturphilosophie nicht mehr (wie bei Galilei, Descartes oder Newton) identisch mit Physik bzw. exakter Naturwissenschaft, sondern soll deren metaphysische Voraussetzungen klären und dabei ein begriffliches Grundgerüst für die mathematische Physik liefern (Kant 1786). Kants Naturphilosophie ist viel facettenreicher als die seiner Vorgänger; sie lässt Raum für unterschiedliche Interpretationen. Das im Folgenden dargestellte Kant-Verständnis ist geprägt durch die Auffassungen der Verfasserin dieses Kapitels (Falkenburg 2000). Kants Erkenntnisideale bleiben in vielem der Physik Newtons und dem rationalistischen Zeitgeist verpflichtet. Seine Theorie der Natur zielt aber auch darauf, das Verhältnis zwischen mathematischer und nicht-mathematischer Naturwissenschaft zu untersuchen, und dabei den Ort der Biologie im System der Wissenschaften zu bestimmen.

3.1 Kants Naturbegriff

Nach Kant ist die Natur ein Gesetzeszusammenhang von Sinneserfahrungen (→ II.1). Anders als seine rationalistischen Vorgänger, und beeinflusst u. a. durch Hume, betrachtet er die Naturgesetze – etwa das Kausalprinzip, nach dem jede gegebene Wirkung eine Ursache hat – nicht als objektive Strukturen in der Natur, sondern als subjektive (Denk-)Notwendigkeit, die Einzelerfahrungen zu verknüpfen bzw. für jede in der Natur beobachtete Wirkung nach ihrer Ursache zu fragen. Das Kausalgesetz hat damit nicht mehr den Status einer Tatsachenbehauptung, sondern denjenigen eines methodologischen („regulativen“) Prinzips, nach dem wir unsere Erfahrung strukturieren und aufeinanderfolgende Ereignisse in eine objektive Zeitordnung bringen. Im Gegensatz zum Empirismus Humes tun wir dies Kant zufolge aber nicht nur aufgrund einer subjektiven, psychologisch begründeten Gewohnheit, die durch Erfahrung gelernt ist, sondern aufgrund einer Denknotwendigkeit, die konstitutiv dafür ist, dass wir überhaupt erst Erfahrungen machen können. Nach Kant treibt sie uns aber auch dazu an metaphysische Fragen zu verfolgen, die über die Grenzen der möglichen Verstandeserkenntnis hinausgehen (vgl. Abschn. 3.3–3.4). Das Kausalprinzip, der Substanzbegriff und andere Verstandeskategorien sind für Kant Bedingungen *a priori* der Möglichkeit von Erfahrung. Die *Kritik der reinen Vernunft* soll ihre Anwendungsbedingungen klären und die Grenzen des objektiven Verstandesgebrauchs abstecken.

Neu an Kants Erkenntnistheorie ist die Auffassung, dass in der Naturerkenntnis *a priori* zwei unterschiedliche Faktoren der Erkenntnis zusammenwirken: Anschauung und Verstand. Die Inhalte der Sinneswahrnehmung werden in die Anschauung *a priori* von Raum und Zeit aufgenommen und erst mittels der Kategorien (reine Verstandesbegriffe wie Einheit und Vielheit, extensive und intensive Größen, Substanz und Kausalität) zur Erfahrung zusammengefügt („synthetisiert“), wobei die Einheit des Denkens („synthetische Einheit der Apperzeption“) eine große Rolle in Kants Erkenntnistheorie spielt.

Kant bringt damit die Auffassungen seiner rationalistischen und empiristischen Vorgänger wie folgt zusammen: Aus rationalistischer Sicht beruht die Erkenntnis auf dem Verstand und bezieht ihre Gewissheit aus Methodenidealen der Mathematik; aus empiristischer Sicht beruht sie auf Sinneswahrnehmung bzw. Erfahrung. Nach Kant arbeiten Verstand und Wahrnehmungsvermögen zusammen, wobei die reinen Formen der Anschauung, Raum und Zeit, das Bindeglied bilden, welches den reinen Verstandesbegriffen Sinn und Bedeutung verleiht. Die Natur ist danach nicht vom Erkenntnisvermögen unabhängig, sondern sie wird durch unsere Erkenntnis vorstrukturiert, in Form von allgemeinen Naturgesetzen, die der Erfahrung genauso wie der mathematischen Physik zugrunde liegen.

3.2 Naturgesetze

Kants Erkenntnistheorie begründet auf diese Weise eine Theorie der Natur, nach der die gesetzmäßige Struktur der Natur grundsätzlich identisch ist mit der Struktur unserer Erfahrung (→ II.7). Sie umfasst drei allgemeine Naturgesetze: (i) den Satz von der Beharrlichkeit der Substanz, nach dem wir die Dinge als Träger von konstanten, dauerhaften Eigenschaften denken; (ii) das Kausalprinzip, nach dem wir Ereignisse entsprechend dem Gesetz von Ursache und Wirkung verknüpfen, und (iii) ein Prinzip der Wechselwirkung, nach dem alles, was wir zugleich im Raum wahrnehmen, in durchgängiger Wechselwirkung steht (Kant 1781 / 1787: A176 ff. / B218 ff.).

Diese allgemeinen Naturgesetze sind auf die mathematische Physik zugeschnitten, genauer: auf die Grundbegriffe von Newtons Mechanik, wie das Werk *Metaphysische Anfangsgründe der Naturwissenschaft* (Kant 1786) zeigt. Dort leitet Kant aus den allgemeinen Naturgesetzen der *Kritik der reinen Vernunft* u. a. einen Massenerhaltungssatz, Newtons Trägheitsgesetz sowie die Konstitution der Materie durch zwei Grundkräfte her. Diese Herleitung erfolgt *a priori* aus den formalen Aspekten von Kants Naturbegriff, d. h. aus den oben skizzierten allgemeinen Naturgesetzen und der bloßen Annahme, dass es überhaupt etwas in Raum und Zeit gibt, was Gegenstand des „äußeren Sinns" bzw. unserer Sinneswahrnehmung ist.

3.3 Die Vernunftkritik

In der „transzendentalen Dialektik" der *Kritik der reinen Vernunft* kritisiert Kant die traditionellen metaphysischen Konzepte einer unsterblichen Seele, der Welt im Ganzen und des Gottesbegriffs. Sie sind für ihn spekulative Vernunftideen, mit denen sich die Vernunft in ihrem metaphysischen Bedürfnis übersteigt, insofern sie den reinen Verstandesgebrauch in unzulässiger Weise auf erfahrungstranszendente Bereiche ausweitet. Die Bildung dieser Begriffe übersteigt die Grenzen objektiver Erkenntnis und gaukelt dem Denken Gegenstände vor, die wir prinzipiell nicht erkennen können. Dabei verwechselt die Vernunft nach Kant reine Gedankengebilde (*noumena*), die keine Gegenstände möglicher Erfahrung sind, mit Gegenständen der Sinneserfahrung (*phaenomena*) und verwickelt sich in charakteristische metaphysische Fehlschlüsse. Dies erklärt aus seiner Sicht auch, warum die metaphysischen Streitigkeiten niemals enden. Die Metaphysik seiner Zeit führte Gottesbeweise, Beweise für oder gegen die Unsterblichkeit der Seele, für die Endlichkeit oder Unendlichkeit der Welt in Raum und Zeit, für oder gegen den Atomismus, die Möglichkeit eines freien menschlichen Willens sowie die Existenz Gottes als eines absolut notwendigen Daseinsgrunds der Welt. Aus Kants kritischer Sicht haben diese Beweise allesamt keine Beweiskraft.

Beim Weltbegriff, und nur bei diesem, verwickelt sich die Vernunft nach Kant in echte Widersprüche („kosmologische Antinomie"). Kant hält das Konzept der raumzeitlichen Welt im Ganzen, also der Gesamtheit aller Erfahrungsobjekte in Raum und Zeit, für widersprüchlich, weil die Welt dabei zugleich als sinnlich erfahrbar und als reines Gedankending gedacht wird – als *phaenomenon* und *noumenon*, bedingt und unbedingt, relativ und absolut. (Kant 1781 / 1787: A293 ff. / B350 ff.)

3.4 Der „regulative" Gebrauch der Ideen in der Naturerkenntnis

Die kosmologische Antinomie kann nach Kant nur aufgelöst werden, indem die Vernunft den Anspruch auf die Erkenntnis der Welt im Ganzen zurücknimmt und berücksichtigt, dass wir nur endliche Ausschnitte der raumzeitlichen Welt erkennen können. Die Naturerkenntnis ist aus Kants kritischer Sicht grundsätzlich endlich und kann bei Strafe des Widerspruchs prinzipiell nicht vervollständigt werden. Die spekulativen Ideen über das Weltganze haben nur eine heuristische Funktion als regulative Prinzipien oder methodologische Regeln. Sie begründen Forschungsprogramme für die Naturerkenntnis. Dabei leiten sie die Erforschung der Zusammensetzung der Materie, die Suche nach einheitlichen Naturgesetzen und einer Grundkraft der Physik, sowie die Erforschung der organischen Natur. (Kant 1781 / 1787: A642 ff. / B670 ff.)

4. Grenzen der Mathematisierung

Zu objektiver Naturerkenntnis mit unumstößlicher („apodiktischer") Gewissheit ist nach Kant jedoch nur die „eigentliche" Naturwissenschaft in der Lage, und d. h. für ihn: die mathematische Physik. Alle anderen empirischen (Natur-)Wissenschaften, von der Chemie und der Biologie über die physische Geographie bis hin zur empirischen Anthropologie und Psychologie, haben für ihn nur den Charakter einer „uneigentlichen" Naturwissenschaft oder einer „historischen" Naturlehre, die ihre Gegenstände nur empirisch klassifiziert, anstatt sie mathematisch zu durchdringen.

4.1 Kant und die Biologie

Insbesondere ist Kant für das Diktum berühmt, es werde nie einen Newton des Grashalms geben (Kant 1790 / 1793; aber auch schon: Kant 1755). Nach der *Kritik der Urteilskraft* kann die Struktur von Organismen nur nach teleologischen Prinzipien beurteilt werden, die nicht zur objektiven Erkenntnis der Entstehung und der Funktionsweise von Organismen führen: In einem Organismus sind die Teile, d. h. die Organe, untereinander und mit dem Ganzen, dem Lebewesen, so verbunden, dass die Struktur des Ganzen als zweckmäßig erscheint. Dabei leistet es ein teleologisches Urteil nach Kant nur, diese Struktur so zu beurteilen, *als ob* sie auf Zweckmäßigkeit angelegt sei. Diese teleologischen Urteile sind aber vereinbar damit, die Funktionsweise einzelner Organe, wie etwa der Muskeln, die zur Beugung eines Gelenks führen, kausal und mechanistisch zu erklären. Die kausalen Mechanismen, nach denen die einzelnen Organe arbeiten, sind dabei den telelogischen Prinzipien unterstellt, die im Organismus insgesamt am Werk sind; letztere sind der kausalen Erklärung entzogen. Damit zählt die Biologie für Kant nicht zur „eigentlichen" Naturwissenschaft. Dies verbindet er mit der Auffassung, dass es den Newton des Grashalms nie geben wird, weil sich die Struktur von Lebewesen nicht nach dem Vorbild der Physik erklären lässt.

4.2 Ausblick

Was Naturphilosophie heißt, ist also von Descartes bis Kant primär auf die Möglichkeiten mathematischer Naturerkenntnis ausgerichtet. Kants Theorie der Biologie markiert hierfür die Grenzen dieses Denkens in seiner Zeit und zielt darauf, es durch nicht-mechanistische Konzepte zu überwinden. Kant arbeitete in seinen späten Jahren in diese Richtung weiter, wie sein *opus postumum* zeigt. Dagegen ist die Mathematisierung der Biologie heute viel weiter fortgeschritten, als Kant es sich vorstellen konnte.

Im nachkantischen deutschen Idealismus entwickeln dann Friedrich W. J. Schelling (1775–1854) und Georg W. F. Hegel (1770–1831) Ansätze zu einer nicht-mechanistischen und nicht-reduktionistischen Naturphilosophie, nach der die Natur einen Stufenbau von zunehmend komplexen Organisationformen bildet. Unbelebte Strukturen sind darin die Vorstufen des Lebens, und die belebte Natur stellt eine Vorstufe und Voraussetzung des Geistes dar. Schelling konzipiert die Übergänge zwischen diesen Stufen durchaus im Sinne einer biologischen Evolution (Schelling 1799). Hegel dagegen betrachtet die Natur als das „Andere der Idee", wobei Natur und Geist nach ihm nur in einer logischen Beziehung stehen (Hegel 1830). Die spekulativen naturphilosophischen Ansätze beider Denker richten sich gegen das zeitgenössische mechanistische Weltbild der Physik und wurden im Verlauf des 19. Jhs. zum Gegenstand scharfer empiristischer Kritik (→ I.6).

Literatur

Berkeley, George [1710] 2012: Eine Abhandlung über die Prinzipien der menschlichen Erkenntnis. Hg.: A. Kulenkampff. Hamburg.

Descartes, René [1641] 2008: Meditationes de prima philosophia. Meditationen über die Grundlagen der Philosophie. Lat.-Dt. Hg.: C. Wohlers. Hamburg.

– [1644] 2005: Die Prinzipien der Philosophie. Lat.-Dt. Hg.: C. Wohlers. Hamburg.

Falkenburg, Brigitte 2000: Kants Kosmologie. Die wissenschaftliche Revolution der Naturphilosophie im 18. Jahrhundert. Frankfurt / M.

Galilei, Galileo [1615] 2008: Lettera a Cristina di Lorena. Brief an Christine von Lothringen. Hg.: M. Titzmann / T. Steinhauser. Passau.

– [1623] ²1992: Il saggiatore. Hg.: L. Sosio. Milano. Dt. Übers.: G. Harig: Galileis „Dialog über die beiden Weltsysteme" – alte und neue Wissenschaft im Widerstreit. In: Galilei, Galileo [1623] 1987: Schriften, Briefe, Dokumente. Bd. 2. Hg.: A. Mudry. Berlin: 247–287.

Hegel, Georg W. F. [³1830] ²1993: Enzyklopädie der philosophischen Wissenschaften im Grundrisse. Zweiter Teil. Die Naturphilosophie. In: ders.: Werke, Bd. 9. Hg.: E. Moldenhauer / K. M. Michel. Frankfurt / M.

Hobbes, Thomas [1655] 2013: Elemente der Philosophie. Erste Abteilung: Der Körper. Hg.: K. Schuhmann. Hamburg.

Hume, David [1748] 2015: Eine Untersuchung über den menschlichen Verstand. Hg.: M. Kühn. Hamburg.

Kanitscheider, Bernulf 2013: Natur und Zahl: Die Mathematisierbarkeit der Welt. Berlin.

Kant, Immanuel [1755] ²1910: Allgemeine Naturgeschichte und Theorie des Himmels. In: Kant's gesammelte Schriften. Hg.: Königlich Preußische Akademie der Wissenschaften. Berlin: Bd. I, 215–368.

– [1781 / 1787] ²1911: Kritik der reinen Vernunft. In: a. a. O.: Bd. III.

– [1786] ²1911: Metaphysische Anfangsgründe der Naturwissenschaft. In: a. a. O.: Bd. IV, 465–565.

– [1790 / 1793] ²1913: Kritik der Urteilskraft. In: a. a. O.: Bd. V, 165–485.

La Mettrie, Julien O. de [1748] 2009: Die Maschine Mensch. Frz.-Dt. Hg.: C. Becker. Hamburg.

Laplace, Pierre-Simon [1814] ^{2}1996: Philosophischer Versuch über die Wahrscheinlichkeit. Hg.: R. v. Mises. Frankfurt / M.
Leibniz, Gottfried W. [1714] 2012: Monadologie. Frz.-Dt. Hg.: H. Hecht. Stuttgart.
Leibniz, Gottfried W. / Clarke, Samuel [1715 / 16] 1991: Der Leibniz-Clarke-Briefwechsel. Hg.: V. Schüller. Berlin.
Locke, John [1689] 1975: An Essay Concerning Human Understanding. Hg.: P. H. Nidditsch. Oxford. Dt.: ^{4}1981: Versuch über den menschlichen Verstand. 2 Bde. Hg.: R. Brandt. Hamburg.
Mohr, Georg / Willaschek, Marcus (Hg.) ^{2}2012: Immanuel Kant: Kritik der reinen Vernunft. Berlin.
Newton, Isaac [1687] 1999: Die mathematischen Prinzipien der Physik. Hg.: V. Schüller. Berlin.
– [1704] ^{2}1996: Optik: Oder Abhandlung über Spiegelungen, Brechungen, Beugungen und Farben des Lichts. Hg.: W. Abendroth. Frankfurt / M.
Planck, Max [1908] 1965: Die Einheit des physikalischen Weltbildes. In: ders.: Vorträge und Erinnerungen. Darmstadt: 28–51.
Schelling, Friedrich W. J. [1799] ^{2}1965: Einleitung zu dem Entwurf eines Systems der Naturphilosophie. In: Schellings Werke, Bd. 2. Hg.: M. Schröter. München: 269–326.
Spinoza, Baruch de [1677] ^{4}2015: Ethik, nach geometrischer Methode dargestellt. Lat.-Dt. Hg.: W. Bartuschat. Hamburg.

I.4 Natur und Recht

Michael Städtler

Der verbreiteten Auffassung zufolge gibt es Begründungen von Recht aus der Natur seit der Antike (Welzel 1951; Ilting 1978). Im Allgemeinen wird darunter Folgendes verstanden: „Naturrecht ist die Gesamtheit der der Natur innewohnenden, zeitlos gültigen, vernunftnotwendigen und vom Menschen nicht geschaffenen Rechtssätze" (Köbler 1997: 392 f.). Was allerdings in den verschiedenen Epochen konkret darunter verstanden wurde, variiert erheblich (Tierney 1997: 1 ff.), abhängig von Veränderungen im Naturbegriff und im Rechtsbegriff (Wolf 1984). Deshalb empfiehlt es sich, vom systematischen Verhältnis dieser Begriffe auszugehen und es in den verschiedenen Kontexten zu untersuchen.

1. Systematische Vorüberlegungen

Das begriffliche Verhältnis von Natur und Recht enthält zwei entgegengesetzte Elemente: Einerseits werden sie analog gedacht, sofern beide gesetzmäßige Ordnungen betreffen. Andererseits sind sie gerade *als* gesetzmäßige Ordnungen einander entgegengesetzt: Naturgesetze gelten faktisch zwingend. Die faktische Geltung von Rechtsgesetzen unterliegt aber menschlicher Willkür, sie ist ein Sollen. Recht ist im strikten Sinn nie ein Bestandteil der Natur, sondern eine Institution menschlicher Gesellschaft. Umgekehrt richten sich Rechtsnormen durchaus an Menschen auch, insofern sie Naturwesen sind, denn als solche sind sie endliche Wesen und verfolgen Interessen, die in der Ausführung kollidieren können. Solche Kollisionen regelt das Recht. Die Verfolgung von Interessen setzt, im Unterschied zum Instinkt, eine Vorstellung von Interessen und damit ein intellektuelles Wesen voraus. Recht ist damit eine gesellschaftliche Institution unter intelligenten Naturwesen.

Sobald ‚Natur' als philosophischer Begriff auftritt, ist sein Gegenstandsbereich als Kosmos (als sinnvoll geordnete Totalität) vom Chaos (der Vorstellung ungeordneter Totalität) unterschieden (→ I.1; II.3 / Abschn. 1.3). Diese Ordnung ist regelmäßig und deshalb erkennbar. Das menschliche Handeln unterliegt der Freiheit, kann so oder anders ausfallen, und bietet daher zunächst keine regelmäßige Ordnung. Das Zusammenleben von Menschen setzt aber deren zweckmäßiges Zusammenwirken, d. h. Kooperation, voraus. Sonst zerstört jede Gemeinschaft sich selbst. Dafür müssen Regeln, Ordnungskriterien, gesetzt werden. Ihre Verbindlichkeit ist aber zunächst ein bloßer Anspruch an die Handelnden. Recht als stabile Institution setzt daher voraus, dass eine Gemeinschaft von Menschen Rechtsnormen teilt, dass über deren Erfüllung irgendwie verbindlich entschieden werden kann und dass diese Entscheidung auch gegen entgegengesetzte Interessen durchgesetzt werden kann. Insofern lehnt das Recht seinen Geltungsanspruch an die Naturordnung an und begründet dann gerade aus seinem Unterschied zur Naturordnung die Legitimation, durch Institutionen den Mangel an Geltungswirklichkeit auszugleichen.

2. Antike: Kosmische Ordnung als Rechtsgrund

In der griechischen Antike entwickelt sich zum einen das verbindliche Recht aus Konfliktlösungsgewohnheiten (Reichardt 2003), zum anderen entstehen theoretische Begründungen für Rechtsgeltung. Dabei ist die Natur als kosmologische Ordnung das zentrale Kriterium. So gilt zunächst v. a. vielen Sophisten das Recht des Stärkeren als natürlich, das gesetzliche Recht hingegen als naturwidriges Instrument der Schwachen. Diese Richtung des Naturrechts knüpft an die triebhafte Natur der Menschen an und kann „existentielles Naturrecht" genannt werden, im Unterschied zum „ideellen", das an die Vernunftnatur der Menschen anknüpft (Welzel 1951: 11). Platon und Aristoteles bemühen sich in diesem zweiten Sinn um eine Legitimation der rechtlich geordneten Polis. Aristoteles leitet aus den natürlichen Erfordernissen der Selbsterhaltung die rechtlichen und politischen Institutionen als natürliche Mittel ab: Familie, Haushalt, Dorf und Stadt, aber auch die Sklaverei, die eine natürliche Ungleichheit der Menschen in wechselseitigen Nutzen übertrage. Insgesamt gilt die Naturordnung als in sich zweckmäßige Ordnung (Teleologie), innerhalb derer das Handeln sich einordnen muss.

Im Unterschied zu Aristoteles, der die Normativität des Handelns nicht aus vorgeordneten Begriffen, sondern aus der Reflexion auf die Erfahrung des Handelns begründen will, hatte Platon (428 / 427–348 / 347 v. Chr.) die Normen aus der Idee des Guten begründet. Diese freilich verdankt sich auch Naturanalogien, denn die gute Ordnung des Staates wird in Analogie zu einem biologischen Organismus und dessen Ordnung durch die Seele als Ordnungsprinzip bestimmt. Während Aristoteles das Handeln als einen vom theoretischen Erkennen systematisch getrennten Gegenstandsbereich bestimmt (s. z. B. Nikomachische Ethik I 1094b12–27 u. VI 1141a16–b3), folgte für Platon die Ordnung des Handelns aus einer Ordnung theoretisch erkennbarer Ideen. Diese Ideen sind freilich keine Phantome, sondern ihrerseits Produkte philosophischer Reflexion. Für Aristoteles (384–322 v. Chr.) allerdings sind sie abstrakte Begriffe, deren Beziehung zu den empirischen Handlungen nicht eindeutig bestimmbar ist. Deshalb bleibt es bei Aristoteles bei der Erörterung einer unter jeweils gegebenen Umständen bestmöglichen Rechtsverfassung, während Platon durchaus eine relativ genau entwickelte Idealverfassung entwirft.

Mit der Auflösung der Polis im makedonischen, dann im römischen Reich verliert der Einzelne seine Mitwirkungskompetenz und sieht sich mit fremden politischen Mächten konfrontiert. In der universalen Ordnung der Natur sehen die Stoiker nun die Grundlage der Freiheit des Einzelnen und legen damit den philosophischen Grund für den christlichen Begriff des Individuums. Auch Begriffe wie ewiges, natürliches und zeitliches Gesetz sowie der Begriff einer universalen Menschheit stammen hierher.

Ausgehend vom Apostel Paulus (5–64) und den Kirchenvätern, v. a. Augustinus (354–430), knüpft die christliche Rechtslehre neben der Stoa zunächst an die platonische Tradition an, und das betrifft auch den Naturbegriff. Allerdings wird die organisch-teleologische Ordnung des Naturganzen nun mit dem Willen Gottes in Verbindung gebracht. Das menschliche Handeln erhält damit eine moralische Bedeutung. Ein Rechtsverstoß ist nicht nur eine Störung der natürlichen Ordnung, sondern eine Sünde.

3. Mittelalter: Göttliche Ordnung als Rechtsgrund

Wenn Gott zugleich Gesetzgeber der Naturordnung und der moralischen Ordnung ist, lässt sich zumindest theoretisch an der Vereinbarkeit von Natur und Handeln festhalten. Thomas von Aquin (1224/25–1274) hat das als Gesetzeshierarchie festgehalten: An der Spitze steht das ewige Gesetz. Dabei handelt es sich um die Idee der Totalität der Weltordnung im göttlichen Geist. Diese Vorstellung ist der normative und zugleich kausale Grund aller Ordnung in der Welt. Das ewige Gesetz wird offenbart im Naturgesetz. Mit ‚Naturgesetz‘ ist nicht der moderne Begriff eines wissenschaftlichen Gesetzes, sondern die gesetzmäßige Ordnung der Natur selbst gemeint. Und an unterster Stelle steht das menschliche Gesetz, das Recht, das Menschen sich selbst geben. Damit es nicht aus der Ordnung herausfällt, muss der Gesetzgeber sich am ewigen Gesetz und an den geoffenbarten Geboten (dem positiven göttlichen Recht) orientieren.

Der theologisch interpretierte Platonismus bietet aber noch ein zusätzliches Naturprinzip des Rechts an: Alle Naturprozesse zielen auf ein Gutes. Deshalb gilt, dass das Gute zu erstreben, das Schlechte oder Böse aber zu vermeiden ist. Dies soll die natürliche Richtschnur der Gesetzgebung sein. Sie soll auf das *bonum commune*, das gemeinsame Gute, gerichtet sein. In der säkularen Rechtspraxis ist dieses Prinzip das überlieferte gute alte Recht. Die Autorität des Althergebrachten beruft sich zwar nicht direkt auf die Naturordnung, behandelt aber das Überlieferte wie eine mit der Zeit verfestigte, jetzt nicht mehr folgenlos zu durchbrechende Ordnung zweiter Natur. Für die Entwicklung dieser Praktiken zu staatlichem Recht ist das naturrechtlich begründete Kirchenrecht (kanonisches Recht) lange Vorbild. Zum Beispiel wird der Grundsatz, dass Verträge einzuhalten seien (*pacta sunt servanda*) zuerst im Kirchenrecht formuliert. Heute regelt das staatliche Recht den Geltungsbereich kanonischen Rechts.

Im Verlauf des Mittelalters kommt es zu gravierenden Veränderungen in der Sozialstruktur. Antike Vorstellungen werden überwunden, die menschliche Arbeit wird nicht mehr nur als Strafe für die Erbsünde, sondern als eigenständige Leistung zur Orientierung in der Welt und zur Beherrschung der Natur verstanden. Damit hängt die Entwicklung von Städten zusammen, die zu Gewerbe- und Handelszentren werden. Der veränderte Bedarf bringt Veränderungen in der Landwirtschaft mit sich. Diese wirtschaftlichen Veränderungen erfordern neue Rechtsformen. Es kommt zu einer intensiven Rezeption des römischen Rechts, die ungefähr mit der Wiederentdeckung des lange Zeit vergessenen Werks des Aristoteles zusammenfällt. Insbesondere die Aristotelische Konzentration auf die Erkenntnis des Einzelnen, des Erfahrungsobjekts, wirkt subversiv auf den neuplatonischen Naturbegriff des Mittelalters. Vom Einzelnen aus ist eine absolute rationale Ordnung nicht unbedingt zu erkennen. Die Willkür wird zum vorherrschenden Prinzip; auch Gottes Wille gilt bei Duns Scotus (1266–1308) oder Wilhelm von Ockham (ca. 1287–1349) nicht mehr als bloße Funktion seiner Vernunft, sondern als absolute Macht. Er kann, wenn er will, die bestehende Ordnung jederzeit durch eine andere ersetzen. Mit dieser These fällt einerseits die gesamte Ordnungsgewissheit des Mittelalters in sich zusammen; andererseits sind damit Voraussetzungen für den modernen individuellen Subjektbegriff und für die Wandelbarkeit sozialer Normen geschaffen.

4. Neuzeit: Menschliche Ordnungen als Rechtsgrund

Das Prinzip der Neuzeit ist nicht mehr die universale Ordnung, sondern das individuelle Subjekt. Das gilt auch für die Naturordnung: Menschen erkennen Natur nicht mehr vorrangig durch begriffliche Ableitungen aus allgemeinen Prinzipien, sondern durch konkrete experimentelle Eingriffe (→ III.3; III.4). Wird das Individuum Rechtssubjekt, dann muss seine Handlungsfähigkeit rechtlich garantiert sein: Es muss sein Eigentum geschützt sein, und es müssen das Leben, die Unversehrtheit und die Freizügigkeit geschützt sein. Der zunehmende Kontakt mit fremden Völkern unterschiedlicher Kultur und Zivilisation verschärft das Problem: In der spanischen Spätscholastik des 16. Jhs. wird aus der allgemeinen Natur der Menschen begründet, dass z. B. auch die Freiheit und das Eigentum der indigenen Bevölkerung rechtlich geschützt seien. Diese Theorien entstehen als naturrechtliche Reflexion des Kolonialismus und sind insofern ambivalent: Sie bestimmen die Kolonialisierung als rechtlichen Vorgang, setzen aber dadurch dem faktischen Vorgehen auch erhebliche Grenzen. Das betrifft ebenso den neuzeitlichen Umgang mit der Sklaverei. Dass sie natürlich sei, lehnt bereits Thomas von Aquin ab, der sie als für beide Seiten nützlich dennoch verteidigt. Dennoch gilt sie lange weiter als rechtlich möglich, z. B. durch Selbstverkauf oder durch Kriegsgefangenschaft.

Die Legitimation des Rechts gründet jetzt darin, dass Menschen von Natur aus bestimmte Rechte, jetzt als subjektive Ansprüche verstanden, zukommen. Wenn allerdings die Willkürfreiheit des Einzelnen zum Prinzip wird, treten die Menschen in Konkurrenz zueinander. Das zeigt auch die Erfahrung der frühen Neuzeit sehr deutlich. Daraus entsteht für das Programm einer rationalen Rechtsbegründung das Problem, dass die Interessenvertreter um die Deutungshoheit dessen, was rational sei, in Streit geraten.

Die politischen Rechtstheorien dieser Zeit sind daher auf der einen Seite an der Sicherung individueller Rechte interessiert und auf der anderen Seite an der Stabilität von Herrschaft, um die Kollisionen der Individuen im Griff zu behalten. Diese beiden Seiten sind für die politische Entwicklung der Neuzeit bestimmend (Neumann 1937). Prototypisch ist das am Verhältnis von Thomas Hobbes (1588–1679) und John Locke

(1632–1704) zu sehen. Hobbes zieht aus dem Interessenkonflikt die pragmatische Konsequenz, wie einst die Sophisten, das Interesse selbst zur natürlichen Rechtsquelle zu machen. Das Individuum habe ein unbedingtes Recht auf Selbsterhaltung, das zu allen Übergriffen auf alles und jeden berechtige. Zugleich wird aber aus der sozialen Natur begründet, dass es sinnvoll sei, von diesem Recht so wenig wie möglich Gebrauch zu machen, sondern sich mit den anderen zu verständigen. Dies läuft auf einen Vertrag hinaus, in dem alle ihre natürlichen Rechte aufgeben und einem einzigen übertragen, der dadurch die gesamte Macht innehat. Dadurch wird die Unsicherheit des Naturzustandes, in dem potenziell jeder gegen jeden kämpft, überwunden und in eine stabile Herrschaftsform überführt (s. Hobbes 1651). Hobbes steht damit exemplarisch für die Tendenz des neuzeitlichen Naturrechts zum Absolutismus (Tuck [1979] 2012). Methodisch folgt Hobbes der neuzeitlichen Naturforschung darin, den Untersuchungsgegenstand in seine Elemente zu zergliedern, um von deren Natur aus die Form des Ganzen zu verstehen. Das ist auch die systematische Funktion der Naturzustandstheorien im neuzeitlichen Naturrecht.

Auf der anderen Seite leitet Locke aus der Natur der Menschen ab, dass sie ihre Freiheit niemals abgeben können und dass deshalb jede politische Herrschaft nur durch Zustimmung eingesetzt werden kann und von dieser Zustimmung auch abhängig bleibt. Daraus folgt, dass die Bürger eine Reihe von Rechten behalten, die sie Hobbes' Theorie zufolge im Akt der Einsetzung des Souveräns abgeben mussten und nur im Rahmen der Genehmigung des Herrschers wahrnehmen konnten. Neben dem Schutz des Eigentums und der daraus folgenden Legitimation von Herrschermacht gehört bei Locke auch der Schutz vor Machtmissbrauch (Widerstandsrecht) zu den natürlichen Rechten. Auch wendet Locke sich gegen die Sklaverei durch Selbstverkauf; nicht jedoch gegen die aus Kriegsgefangenschaft. Sklaverei sei denkbar als fortdauernder partikularer Kriegszustand innerhalb des allgemeinen Friedens.

Insgesamt legt Hobbes seinem ‚existentiellen' Naturrecht einen eher pragmatischen Begriff des Individuums zugrunde, Locke hingegen greift ‚ideell' auf Motive der theologischen Rechtslehre zurück: Der Mensch ist von Gott als freies Wesen geschaffen. Bei beiden ist aber der wesentliche Punkt des Naturrechts die Lehre, dass Menschen überhaupt natürliche und deshalb unveräußerliche Rechte haben, und das ist der Grundgedanke von Menschenrechten. Lockes Überlegungen wirken damit auf die Unabhängigkeitserklärung der USA (1776), die der französischen Menschenrechtserklärung (1789) als Vorbild dient.

Der Konflikt zwischen Sicherheit und Freiheit, existenziellem und ideellem Naturrecht wird bei Jean-Jacques Rousseau (1712–1778) insofern überwunden, als er den Begriff des Naturzustandes und damit den der menschlichen Natur neu fasst: Der Mensch ist nicht feindselig und egoistisch, sondern hilfsbereit und mitleidvoll. Feindschaft entsteht erst durch die Zivilisation (→ IV.6). Weil die menschliche Natur an sich gut ist, wird überhaupt erst im Unterschied zur faktischen kollektiven Willensbildung (*volonté de tous*) ein objektiv allgemeiner Wille (*volonté générale*) denkbar. Daraus entwickelt Immanuel Kant (1724–1804) später den Begriff der Gesetzmäßigkeit des Wollens im kategorischen Imperativ. Auch Kant kommt es auf die Verbindung von Glückseligkeit und Moral an, also auf die Verbindung der existenziellen, triebhaftleiblichen und der ideellen, geistigen Seite der menschlichen Natur, wenngleich dies bei ihm problematisch bleibt. Solange Moral ideell bleibt, soll das erzwingbare Recht Vernunft in die wirklichen Verhältnisse bringen. Johann G. Fichte (1762–1814) und Georg W. F. Hegel (1770–1831) wollen diesen Gegensatz von Moral und Recht mit dem Begriff der Sittlichkeit überwinden, in dem individuelle und objektive vernünftige Handlungsbestimmungen miteinander und auch mit den materiellen Bedingungen des Handelns koinzidieren. Das Recht bedarf dann keines Zwanges mehr und ist von der Moral nicht zu unterscheiden.

Obwohl der Mensch immer weiter in den Mittelpunkt des Naturrechtsdenkens tritt, bleibt seine Einbindung in eine göttliche Schöpfungsordnung der letzte Anker der Legitimation des Rechts (Haakonssen [1996] 2012). Das liegt daran, dass die Normativität des Rechts ja einen Zustand fordert, der nicht real ist: Der vernünftige, gerechte Zustand ist ein Ideal, zu dem die Menschheit sich nur allmählich hin entwickeln kann. Daher bindet die Philosophie der Aufklärung Recht an Geschichte, an Fortschritt. Der Begriff geschichtlichen Fortschritts (→ I.5) ist aber nur dann ein verbindlicher Begriff, wenn seine Erfüllung garantiert ist. Diese Garantie leistet bei den Materialisten eine deterministische Naturordnung (auch des Handelns) und bei den Rationalisten die göttliche Vorsehung. Diese findet sich noch bei Kant, der aber statt von Vorsehung von einer Absicht der Natur spricht, und bei Hegel, bei dem Geschichte als *zielstrebige Selbst-Entfaltung der Vernunft in der Welt* vorgestellt wird (s. weiterführend Siep et al. 2012).

Dennoch wird allmählich erkannt, dass der Allgemeinheitsanspruch von Recht nur durch die Vernunft, an der alle Menschen teilhaben, gewährleistet werden kann. Bei Kant und Hegel ist von Natur im Zusammenhang des Rechts kaum noch die Rede, aber viel von Vernunft. Zwar gelten auch die früheren normativen Naturordnungen als vernünftig, aber jetzt löst sich die Vernunft von ihrer Verankerung in Natur. Die Rechtsordnung bildet eine zweite Natur, die aus der vernünftigen menschlichen Freiheit hervorgeht. Recht dient dann der Sicherung und Ausgestaltung menschlicher Freiheit unter der Bedingung der Gleichheit. Freiheit und Gleichheit sind von Anfang an zentrale Begriffe der bürgerlichen Gesellschaft, die sich gegen den Feudalismus absetzt. Das Recht ist das entscheidende Instrument hierbei. Bei Kant und auch bei Hegel bedeutet der Begriff der Freiheit aber nicht mehr Willkürfreiheit, sondern Autonomie, vernünftige Selbstbestimmung. Unter dieser Voraussetzung lässt sich aber z. B. das exklusive Privateigentum nicht mehr bruchlos begründen, und die Konflikte der bürgerlichen Gesellschaft, insb. jene im Zusammenhang von Armut und Reichtum, führen im Vernunftrecht zu Schwierigkeiten und Fragen, die weder aus dem formellen Recht noch aus dem Naturrecht beantwortet werden können (→ III.5).

5. Moderne: Rechtserzeugung als Rechtsgrund

Im 19. Jh. kommt es erneut zu gravierenden Veränderungen der Sozialstruktur. Die feudale Ständeordnung weicht endgültig einer bürgerlichen Ordnung, in der alle Einzelnen gleich berechtigt werden. Im Zuge der Industrialisierung und Ökonomisierung der Gesellschaft bilden sich Parteien und Interessengruppen, die Einfluss auf die politische Macht und auf die Entwicklung des Rechts nehmen. Die Vorstellung universaler Machbarkeit, die mit der wechselseitig beschleunigten Entwicklung von Naturwissenschaften und Technik einhergeht, ersetzt die Vorstellung einer vorgegebenen natürlichen Ordnung. Natur wird zur Verfügungsmasse menschlicher Interessen, und insb. auch die zweite Natur, d. h. die institutionalisierte gesellschaftliche, politische und rechtliche Ordnung. Die Gesetzgebung wird zunehmend deliberativ. Recht kann wechseln wie die partikularen Interessen untereinander wechseln und in der Zeit sich wandeln. Auch eine ordnende Kraft der Vernunft wird nicht mehr gesehen. Der gleichzeitig wachsende Bedarf an verbindlich gültigen Gesetzen führt zu einer umfassenden Kodifizierung des geltenden Rechts, die das Naturrecht weitgehend ablöst (Wieacker 2016). Dem Naturrecht tritt ein positivistisches Rechtsverständnis gegenüber, demzufolge jedes wirkliche und wirksame Recht Rechtskraft hat.

Karl Marx (1818–1883) erkennt hinter dieser Positivität (dem Gesetztsein) des Rechts seine gesellschaftliche Funktion. Das historisch gegebene Recht ist ein Instrument zur Interessenkoordination in der kapitalistischen Gesellschaft, in der die Menschen nicht frei, sondern pseudo-natürlichen Sachzwängen unterworfen sind. Das um seine naturrechtliche Verve gebrachte positivistische bürgerliche Recht ordnet nur diese Sachzwänge. Deren Nicht-Natürlichkeit ist bei Marx die Voraussetzung ihrer Veränderbarkeit.

Das Naturrecht, so der Positivist Hans Kelsen (1881–1973), konnte nur deshalb aus der Natur Recht ableiten, weil es von der falschen Voraussetzung ausgegangen sei, dass die Naturordnung eine göttliche Anordnung, also normativ sei (Kelsen [1960] 2000: 80). Das Naturgesetz beschreibt aber faktische Funktionszusammenhänge (→ II.7), wogegen die Aussagen der Rechtswissenschaft (Rechtssätze) Funktionszusammenhänge im Modus des Sollens beschreiben. Die Wissenschaft selbst schreibt aber keine Normen vor; das tut nur der Gesetzgeber.

Die Naturrechtsdiskussion flammt in Deutschland nach dem Ende des Dritten Reiches noch einmal auf. Gustav Radbruch (1878–1949) vertritt die These, dass der Rechtspositivismus den deutschen Juristenstand gegenüber dem Führerprinzip „wehrlos" (Radbruch 1946) gemacht habe. Erst später, nach dem Abklingen des Schocks, konnte erkannt werden, dass nicht bloß der Positivismus, sondern mindestens ebenso ein naturrechtlich aufgeladener Führer- und Volkskult der Grund gewesen war.

Die folgende Naturrechtsdiskussion berief sich auf theologische, existenzialistische oder ontologische Gründe, selten auch auf den Vernunftbegriff Kants (Kühl 1984), konnte sich aber letztlich nicht gegen das positivistische Rechtsverständnis durchsetzen. Zwar wird auch heute, besonders im Bereich der Menschenrechte, also im Staats- und Völkerrecht, gelegentlich an Naturrechtsinhalte unter dem Titel ‚überpositives Recht' appelliert; das ist aber der logischen Form nach nur ein Konstrukt, das durch die Negation des Positiven (*nicht* positiv, sondern über-positiv) entsteht und dessen Geltungsgrund – Natur oder etwas Anderes – nicht weiter benannt werden kann.

Die moderne Rechtstheorie reagiert auf den faktischen Positivismus. Die Systemtheorie Niklas Luhmanns (1927–1998) versteht sich selbst als nicht-normative Theorie, als Beobachterposition. Theorie erzeugt kein Recht und beeinflusst es auch nicht.

Recht wird erzeugt durch Verfahren, die selbst rechtlich geregelt sind (Gesetzgebung, Rechtsanwendung, Verträge usw.): So erzeuge das Recht sich fortwährend selbst, es wird zum autopoetischen System erklärt, zu einem System, das sich durch Anwendung immanenter Regeln auf Gegenstände in seiner Umgebung (Systemumwelt) bezieht und diese dadurch zu Rechtsgegenständen macht. Außerhalb des Rechts gibt es kein Recht und innerhalb des Rechts gibt es nichts Anderes als Recht. Das Rechtsdenken hat sich insofern von der Normativität, die aus dem Naturrechtsdenken überliefert war, abgekoppelt.

Auch Jürgen Habermas (geb. 1929) lehnt den objektiven Begründungsanspruch des Naturrechts, auch des Vernunftrechts, ab, fürchtet aber ebenso die Konsequenz eines sich verselbständigenden Rechtssystems. Er schlägt vor, Rechtsgeltung an intersubjektive Rechtfertigungsdiskurse zurückzubinden, ohne freilich deren Verlässlichkeit begründen zu können.

Das Zurücktreten reflektierter und normativer menschlicher Subjektivität aus dem Rechtsverständnis hat viele Facetten; die krasseste ist die neo-naturalistische Auffassung von der menschlichen Natur, die sich in den letzten Jahren durchsetzt: Menschen seien durch ihre Physis determiniert (→ III.9), ihr Geist bestehe aus neurophysiologischen Reaktionen im Gehirn und im Nervensystem, und es gebe keine Freiheit des Willens. Der Naturalismus im Recht geht nun davon aus, dass Menschen zwar keinen freien Willen haben, aber dennoch für Handlungen verantwortlich gemacht werden können. Das läuft auf den Unterschied hinaus, dass Handlungen zwar durch wissenschaftliche Analyse letztlich als determiniert ausgewiesen werden könnten, dass sie aber in der alltäglichen Erfahrungsperspektive als selbstbestimmt und frei wahrgenommen werden. Deshalb lässt sich in diesem Erfahrungsraum das Handeln auch durch Sanktionen steuern. Das positivistische Rechtsverständnis sieht dementsprechend die Aufgabe des Rechts nicht mehr im Schutz von Rechtsgütern wie Freiheit, Eigentum oder Leben, sondern im Schutz der Normgeltung selbst. Das Recht beschützt um des gesellschaftlichen Friedens Willen sich selbst und darf, ja muss zu diesem Zweck den faktischen Normverletzer symbolisch bestrafen, auch wenn theoretisch unklar bliebe, ob es Schuldfähigkeit überhaupt gibt. In einer Gesellschaft, in der die Menschen weitgehend durch Sachzwänge beherrscht werden und faktisch die Kontrolle über ihr Leben verlieren, liegt ein solches Rechtsverständnis nahe.

Der zugrunde gelegte Naturbegriff ist allerdings, bei aller neurophysiologischen Subtilität, mechanistisch, wogegen der Naturbegriff im Naturrecht ein organisch-teleologischer gewesen ist. Positivismus und Naturalismus tendieren deshalb dazu, den Gegensatz im Verhältnis von Natur und Recht zur Natur hin aufzulösen: Rechtsverbindlichkeit wird wie Naturdeterminismus angesehen. Was eine Analogie war, tendiert zur Identifikation.

Zu Beginn waren zwei Elemente im Verhältnis von Natur und Recht benannt worden: Analogie und Entgegensetzung. In den positivistischen und naturalistischen Strömungen wird dieses Verhältnis auf das Element der Analogie verkürzt. Das andere Element, der Unterschied zwischen Naturgesetz und Rechtsgesetz, war aber die notwendige Bedingung dafür, die Normativität des Rechts nicht nur zu beschreiben, sondern an sie die begründete Forderung zu richten, der vernünftigen menschlichen Freiheit gerecht zu werden.

6. Zusammenfassung

Zusammenfassend lässt sich sagen, dass die Entwicklung des Verhältnisses von Natur und Recht die Geschichte einer kontinuierlichen Abtrennungsbewegung ist. Am Anfang steht die Unmittelbarkeit der Einbindung menschlichen Seins in Naturzusammenhänge, die durch Reflexion und Bearbeitung der Natur sukzessive begrifflich vermittelt wird. Menschliche Ordnungen werden von Naturordnungen unterschieden. Dadurch wird die Möglichkeit vernünftiger Gestaltung gesellschaftlichen Lebens freilich ebenso eröffnet wie die Möglichkeit beliebiger Rechtssetzung (→ IV.5).

Literatur

Aristoteles [4]2010: Nikomachische Ethik. Hg.: G. Bien. Hamburg.

Haakonssen, Knud [1996] 2012: Natural Law and Moral Philosophy. From Grotius to the Scottish Enlightenment. Cambridge.

Habermas, Jürgen 1992: Faktizität und Geltung. Beiträge zur Diskurstheorie des Rechts und des demokratischen Rechtsstaats. Frankfurt / M.

Hobbes, Thomas [1651] 2011: Leviathan oder Stoff, Form und Gewalt eines kirchlichen und bürgerlichen Staates. Teil I u. II. Hg.: L. R. Waas. Berlin.

Ilting, Karl-Heinz 1978: Naturrecht. In: Brunner, O. et al. (Hg.): Geschichtliche Grundbegriffe, Bd. 4. Stuttgart: 245–313.

Kelsen, Hans [1960] 2000: Reine Rechtslehre. Nachdruck d. 2. Aufl.

Köbler, Gerhard 1997: Naturrecht. In: ders. (Hg.): Lexikon der europäischen Rechtsgeschichte. München: 392–393.

Kühl, Kristian 1984: Naturrecht V. Neuere Diskussion. In: Ritter, J. / Gründer, K. (Hg.): HWPh, Bd. 6. Basel: Sp. 609–623.

Neumann, Franz [1937] 1967: Der Funktionswandel des Gesetzes im Recht der bürgerlichen Gesellschaft. In: ders.: Demokratischer und autoritärer Staat. Beiträge zur Soziologie der Politik. Frankfurt / M.: 7–57.

Radbruch, Gustav 1946: Gesetzliches Unrecht und übergesetzliches Recht. In: Süddeutsche Juristenzeitung 1 (5), Aug. 1946: 105–108.

Reichardt, Tobias 2003: Recht und Rationalität im frühen Griechenland. Würzburg.

Siep, Ludwig / Gutmann, Thomas / Jakl, Bernhard / Städtler, Michael 2012 (Hg.): Von der religiösen zur säkularen Begründung staatlicher Normen. Zum Verhältnis von Religion und Politik in der Philosophie der Neuzeit und in rechtssystematischen Fragen der Gegenwart. Tübingen.

Tierney, Brian 1997: The Idea of Natural Rights. Studies on Natural Rights, Natural Law, and Church Law, 1150–1625. Atlanta.

Tuck, Richard [1979] 2012: Natural Rights Theories. Their Origin and Development. Cambridge.

Welzel, Hans 1951: Naturrecht und materiale Gerechtigkeit. Göttingen.

Wieacker, Franz [3]2016: Privatrechtsgeschichte der Neuzeit unter besonderer Berücksichtigung der deutschen Entwicklung. Göttingen.

Wolf, Erik 1984: Naturrecht I. Abriß der Wort-, Begriffs- und Problemgeschichte. In: Ritter, J. / Gründer, K. (Hg.): HWPh, Bd. 6. Basel: Sp. 560–563.

I.5 Natur und Geschichte

Tobias Cheung

Auf welche Weise gestaltete sich der Übergang von einer statisch-unveränderlichen zu einer geschichtlich-fortschreitenden Naturvorstellung?

In der zweiten Hälfte des 18. Jhs. kommt es in einem v. a. europäisch geprägten Kontext zu einer Verzeitlichung der eher deskriptiv erschlossenen Ordnungen einer Wissensform, die als Naturgeschichte seit der Antike tradierte Verzeichnisse und Gegenstandsbereiche wie Menschen, Tiere, Pflanzen und Mineralien umfasste. Die tabellarisch und klassifikatorisch ausgerichteten Ordnungen, die mit Carl von Linnés (1707–1778) *Systema naturae* (1735) entstanden, fügten Gegenstände in statische Weltbilder ein, die eine auf der Erde präsente, aber noch nicht erschlossene Vielfalt von Formen und Dingen repräsentierten, in der sich die Vollkommenheit Gottes spiegelte. Diesen Weltbildern lagen u. a. Kräfte-Gleichgewichte und Prinzipien der Fülle zugrunde, nach denen alles in einer geschaffenen Welt Mögliche auch in Form einer Kette vielfältiger Wesen wirklich geworden ist. Diese Kette wurde oft in Stufenleitern ansteigender Vollkommenheitsgrade angeordnet (vgl. Lovejoy 1936; Müller-Wille 2008).[1]

Der Übergang der Naturgeschichte in eine Geschichte der Natur gehört einer in das 19. Jh. übergehenden Bewegung von Verzeitlichungstendenzen an, deren Wissensbereiche von der Geologie und der Biologie bis zu den Kultur-, Gesellschafts- und Geschichtswissenschaften reichen. Allgemeines Merkmal dieser Tendenzen ist, dass sie sich von biblischen Zeitschemen lösen und ihren Gegenstandsbereichen spezifische Zeitformen zuweisen, die sich aus dem systemischen Verbund ihrer Bestandteile ergeben (→ I.2). Um die Mitte des 18. Jhs. liegen bereits verschiedene System-Modelle (→ II.8) der Natur vor, deren immanente Prozess-Logik es ermöglichte, Verzeitlichungstendenzen und Entwicklungsschemen an physische Weltgebilde und Körper zu binden. Hierzu gehören Kosmologien und deistische Positionen, die im Rahmen mechanistischer (René Descartes, 1596–1650), neuplatonischer (Ralph Cudworth, 1617–1688), monadischer (Gottfried W. Leibniz, 1646–1716) und physikotheologischer (William Derham, 1657–1735) Entwürfe entstanden (→ I.1). Den verschiedenen System-Modellen war eigen, dass sie ihre Raum- und Zeitformen gemäß bestimmter Prinzipien und Gesetze entfalteten, die selbst keiner Zeitlichkeit unterlagen, aber, je nach Ansatz und Ausgangskonstellation, durch die Dynamik und prozessuale Verknüpfung der Elemente und Bestandteile verschiedene Formen zyklischer und linearer Verzeitlichung in Gang setzen konnten. Von Descartes bis Isaac Newton (1643–1727)

---

1 Für antike Modelle der Naturgeschichte s. Collingwood [1945] 1960: 29–92; Hübner 2002.

ging es etwa darum, Modelle zu finden, die erklären, wie sich gemäß bestimmter physikalisch-mechanistischer Gesetze der Wirbelbildung und der Gravitation Planetensysteme entwickeln.

Diese System-Modelle an Zeitschemen einer Theorie der Erde und der Existenzbedingungen von Organismen zu binden, die, erfahrungswissenschaftlich fundiert, konkrete Datierungen vornehmen und multiple Entwicklungsszenarien und Prognosen in Kombination mit allgemeinen Gesetzen von bestimmten einmaligen historischen Umständen ableiten, bildet das Aufgabenfeld einer diskursiven Konstellation, die in der zweiten Hälfte des 18. Jhs. entsteht. Mit ihrer Etablierungsphase geht eine intensive Konfliktlage verschiedener zeitlicher Entwicklungsmodelle zwischen Natur- und Sakralgeschichten einher. In seiner *Allgemeine[n] Naturgeschichte und Theorie des Himmels* (1755) leitete Immanuel Kant (1724–1804), sich an Newton orientierend, die Bildung von Planetensystemen aus „mechanischen Gesetzen" (1755: Vorrede) ab. Zugleich verwies er aber darauf, dass eine solche Entstehung des „Weltenbaues" auf einer „Uebereinstimmung" von Kräften beruhe, deren Ursprung und Planhaftigkeit allein in einem göttlichen Autor und nicht in einer „sich selbst überlassenen Natur" liegen könne (ebd.). Wer sich einer solchen Notwendigkeit nicht bewusst ist, würde für Kant den antiken Materialismus im Christentum aufleben lassen.

In dem Wissensfeld der Theorien der Erde, das Jean-André Deluc (1727–1817) der Geologie zuordnete (Deluc 1778), bestimmen drei Typen der Verzeitlichung die Diskurslage des Übergangs der Naturgeschichte in eine Geschichte der Natur: Der erste Typ beruht auf einem linearen und in seiner Einmaligkeit nicht mehr wiederholbaren Prozess eines Fortschritts, der sich aus einer spezifischen Anfangskonstellation ergibt – mit oder ohne Fokus auf ein bestimmtes Endziel dieser Entwicklung. Der zweite Typ umfasst zyklische Modelle von Konstellationen, die sich in bestimmten Abfolgen der Entstehung und des Verfalls wiederholen (etwa durch sedimentative Anhäufung und erosive Abtragung). Der dritte Typ geht von einer Abfolge von Systemen aus, die jeweils einmalig sind und durch bestimmte katastrophenartige Ereignisse (etwa durch Sintfluten) zerstört werden. Diese drei Typen finden sich in Georges L. L. de Buffons (1707–1788), James Huttons (1726–1797) und Georges Cuviers (1769–1832) Theorien der Erde und der Erdentwicklung, wobei Buffon das lineare, Hutton das zyklische und Cuvier das Katastrophen-Modell vertritt (vgl. Gould 1988; Gohau 1990; Rudwick 2005; 2008).

Unter diesen drei Modellen nimmt Buffons 1778 in seiner mehrbändigen *Histoire naturelle, générale et particulière* entworfenes, lineares Zeitschema einer beständig fortschreitenden Entwicklung eine besondere Stellung ein. Das Schema ermöglicht eine Gliederung der Zeit in Epochen, die, aufeinanderfolgend, die Einheit eines historischen Verlaufs charakterisieren, der Vergangenheit, Gegenwart und Zukunft umfasst und zugleich durch kausale Verkettungen miteinander verbindet. Ein solches Zeitverständnis entspricht formal dem neuen Geschichts-Begriff einer anbrechenden Moderne, die sich in Geschichtswissenschaft, Anthropologie und Kulturwissenschaft artikuliert (vgl. Streisand 1964; Koselleck 1989; Matussek 1998). Des Weiteren bestimmt Buffon seinen Geschichts-Begriff in der *Histoire naturelle* nach wissenschaftlichen Kriterien und Vorgehensweisen, die er auch allen anderen historischen Wissenschaften zugrunde legt:

„Genau so, wie man in der Zivilgeschichte Dokumente konsultiert, nach Medaillen sucht und antike Inskriptionen dechiffriert, um die Epochen menschlicher Revolutionen zu bestimmen und moralische Ereignisse zu datieren, ist es in der Naturgeschichte notwendig, die Archive der Erde zu durchstöbern, den Eingeweiden der Erde alte Monumente zu entziehen, ihre Überreste zu sammeln und aus ihnen alle Hinweise auf physische Veränderungen, die uns zu den verschiedenen Zeiten der Natur führen, in einem Körper zusammenzufügen." (Buffon [1778] 2007: Bd. V, 1193; Übersetzung T. C.)

Nachdem Buffon im ersten Band seiner *Histoire naturelle* 1749 bereits eine Theorie der Erde entwickelt hatte, die auf Prozessen der Erosion und der Ablagerung beruht, die überall gleichzeitig stattfinden und zu keiner fortschreitenden Geschichte der Entwicklung der Erde führen, datierte er in einem zweiten Entwurf von 1778, den *Époques de la Nature*, den Beginn der Erde auf ein Ereignis, das in etwa 75.000 Jahre zurückreicht und die Erde aus dem Zusammenstoß eines Kometen mit der Sonne hervorgehen lässt. Die anschließenden sieben „Epochen" der Erde stellen sich während eines fortschreitenden Abkühlungsprozesses ein. Als Hinweis für diesen Vorgang dienten Buffon u. a. Beobachtungen von Minenarbeitern über ein zum Erdinneren ansteigendes Temperaturgefälle, das für ihn nicht aus Sonneneinstrahlungen, sondern allein aus einer Restwärme im Erdkern resultieren konnte, sowie eigene Versuche über die verschiedenen Abkühlungsphasen erhitzter Metalle. In Buffons Modell nimmt der ausgeschlagene und sich drehende heiße Erdkörper nach dem Zusammenstoß zunächst eine flüssige sphäroide Form an, die sich anschließend in Bergmassiven verhärtet, in denen sich durch Regenfälle Ozeane bilden. In diesen Ozeanen kommt es zur ersten Bildung oder Urzeugung des Lebendigen. Nach dem Erscheinen der Landtiere, die, wie Buffon durch Fossilfunde von Nashörnern und Elefanten zu belegen versuchte, anfangs noch in Breitengraden lebten, in denen zu seiner Zeit bereits ein subarktisches Klima herrschte, beginnt in der siebenten Epoche die Geschichte der Menschen, die allerdings nicht ewig währt (→ III.10). Denn durch die fortgesetzte Abkühlung der Erde folgt aus Buffons Schema, dass es auf lange Sicht hin zu einer globalen Vereisung kommen muss, während der alles Leben vergeht (vgl. Roger 1962; 1989; Rudwick 2005).[2]

Neben Buffons Theorie der Erde finden sich auch in Christoph Gatterers (1727–1799) *Abriß der Universalhistorie nach ihrem gesamten Umfange von Erschaffung der Welt bis auf unsere Zeiten* (1765) und Johann G. Herders (1744–1803) *Auch eine Philosophie der Geschichte zur Bildung der Menschheit* (1774) Metadiskurse epischen Charakters, die zeitliche Entwicklungen aus einer Vergangenheit heraus in die Gegenwart hinein nachvollziehen und von hieraus in Zukunfts-Szenarien fortsetzen (vgl. Kirchhoff 2005; Gierl 2012). Der Ausdruck *Geschichte* als Kollektivsingular setzte sich entsprechend im deutschen Sprachraum in der zweiten Hälfte des 18. Jhs. gegenüber dem der *Historie* durch, die nur vereinzelte, oft belehrende Berichte umfasste (vgl. Koselleck 1989).

Buffons, Gatterers und Herders Ansätze führen zu neuen Verortungen biblischer Chronologien zwischen einer naturalen und einer spezifisch menschlichen Univer

---

2 Für die Rolle von Fossilien in progressiven Geschichtstheorien s. Bowler 1976; Laurent 1987.

salgeschichte, die erst während einer bestimmten Epoche der Natur einsetzt. Ihren Geschichtstheorien liegt ein vierschichtiges Problemfeld zugrunde, nämlich erstens naturale, soziale und politische Zeitmaße und Zeiteinheiten neu definieren, zweitens absolute Anfänge und Endstadien setzen, drittens zwischen universalistisch-determinierten und kontingenten Ereignissen unterscheiden und viertens das Verhältnis zwischen naturaler und menschlicher Geschichte bestimmen zu müssen. Während es in Buffons Theorie der Erde zu einem kontinuierlichen und unumkehrbaren universalen Abkühlungsprozess kommt, in dessen Strudel alle Ereignisse und Akteure fallen, kreist Herders Philosophie der Geschichte um einen Humanitätsbegriff, demgemäß sich die Geschichte der Völker und Nationen als Geschichte der Entfaltung der Vernunft des Menschen (→ II.11) verwirklicht. Gatterer konstruierte die Abfolgen der verschiedenen Epochen nicht im Rahmen einer Historie als *magistra vitae*, sondern ging von einer Verkettung einmaliger Ereignisse aus, die zunächst nur über die spezifische Ordnung ihrer Historizität Auskunft geben. Gegenüber Buffon und Herder vertrat er ein Geschichtsverständnis, das sowohl auf die Offenheit zukünftiger Entwicklungen als auch auf das Problem der Perspektivität hinweist, das jeder Geschichtsschreiber als Konstrukteur eines universalen Ordnungsschemas aus Einzelgeschichten zu berücksichtigen hat.

Durch den systematischen, zusammenfassenden Charakter der neuen Geschichts-Modelle lassen sich komplexe Konstellationen von Ereignissen und Dingen in ein einheitliches raum-zeitliches Entwicklungsschema einordnen. Dieses Reduktionspotenzial der Geschichts-Modelle reagiert auf eine diskursive Konstellation nach 1750, die sich durch beschleunigte Wandlungs- und Differenzierungsprozesse tradierter Wissensbereiche auszeichnet, die u. a. aus erweiterten Handelsbeziehungen, Reiseberichten, Quellenfunden und Übersetzungen hervorgehen (vgl. Lepenies 1976). Als Historiker verband Gatterer Chronologie, Geographie, Kartographie, Statistik und Meteorologie zu einer Universalgeschichte, deren einzelne Epochen durch eine Kette von Revolutionen ineinander übergehen. Er hielt es jedoch für angemessen, nicht von Buffons tiefer geologischer Zeit – da sie sich für ihn noch dem Zugriff präziser Wissenschaft entzog –, sondern von einem absoluten Schöpfungstermin der Erde auszugehen, der in etwa 6.000 Jahre vor der Gegenwart lag und mit bestimmten Modellen mosaischer Zeitrechnung vereinbar war (vgl. Gierl 2012) (→ II.2).

Buffon hatte in seine tiefe Zeit nicht nur eine Geschichte der Erde, sondern auch eine Geschichte des Lebendigen eingearbeitet, die bereits mit der Entstehung der Ozeane beginnt und in der die Geschichte der Menschen nur eine relativ kurze Phase einnimmt. Nachdem er schon 1753 im vierten Band der *Histoire naturelle* in seinen Arbeiten über domestizierte Tiere (→ IV.5) begonnen hatte, Linnés Taxonomie in eine Geschichte der „Degeneration“ von „allgemeinen Prototypen“ zu überführen, die sich durch verschiedenste äußere Umstände während eines fortschreitenden zeitlichen Prozesses in Variationen differenzieren, übertrug er dieses Modell 1778 in die *Époques de la nature* seiner Erdgeschichte: In dieser Geschichte gehen die ersten lebendigen Körper aus besonderen „organischen Molekülen“ und einer sich in diesen Körper bildenden „inneren Form“ (*moule intérieure*) hervor (vgl. Rheinberger 1990). Diese innere Form bestimmt in der nachfolgenden Entwicklung der Erde die „Art“ eines Lebewesens, die, je nach der Stärke und der Dauer sich wandelnder Umstände – etwa des Klimas oder der Ernährung –, in „Variationen" und, bei übcr einen längeren Zeitraum konstanten Bedingungen, in stabilere historische Linien transformiert (→ II.10). Allerdings ging Buffon davon aus, dass äußere Umstände die ursprüngliche „innere Form" nicht in eine gänzlich neue Form überführen können. Ein Pferd bleibt seiner „inneren Form" nach für Buffon immer ein Pferd.

Buffons Theorie der natürlichen Entstehung der Arten schreibt sich in einen Diskurs der Präformation und der Epigenesis von Entwicklungsmodellen organisierter Körper ein, der von William Harvey (1578–1657) und Jan Swammerdam (1637–1680) über Pierre L. Moreau de Maupertuis (1698–1759), John T. Needham (1713–1781) und Charles Bonnet (1720–1793) bis zu Jean-Baptiste de Lamarck (1744–1829) und Georges Cabanis (1757–1808) reicht (vgl. Corsi 1989; Roger 1993; Cheung 2005). Während die Präformationisten von göttlich geschaffenen, keimartigen Entitäten ausgingen, in denen bereits alle Teile und Formen des ausgewachsenen Körpers im Kleinen eingewickelt vorhanden sind – so dass jede Entwicklung nur eine Form der Entfaltung bereits bestehender Ordnungen war –, vertraten die Epigenetiker die Ansicht, dass organische Körper während der Zeugung und der Embryonalentwicklung erst aus einem Prozess der Zusammenfügung und der Differenzierung verschiedener Einzelteile hervorgehen. Epigenetische Ansätze flossen in materialistische Bewegungen – etwa der sog. französischen Ideologen um Antoine Destutt de Tracy (1754–1836) – ein, in denen es nicht nur um die spontane Urzeugung des Lebendigen, sondern auch um die Naturalisierung der Entwicklung der reflexiven Fähigkeiten des Menschen ging (vgl. Moravia 1974).

Buffon entpackte die „kaum mehr überschaubare Vielfalt" der Tierwelt in den 36 Bänden seiner *Histoire naturelle*, die von 1749 bis zu seinem Tod 1788 erschienen. Durch sein Modell, die Natur selbst zur Produzentin einer beständig fortschreitenden Geschichte zu machen, stellt sein Ansatz einen zentralen Angelpunkt des Übergangs der klassischen Naturgeschichte in eine Geschichte der Natur dar. An die Stelle von Verzeichnissen oder Katalogen, die Dinge, ohne ihre Zeitlichkeit zu berücksichtigen, in eine Taxonomie oder eine Stufenfolge von Vollkommenheitsgraden einordnen, tritt eine sich in ihrer gesetzhaften Wirkweise gleichbleibende Natur, die durch Verkettungen einmaliger, kontingenter Umstände einen Prozess der Veränderung und der materiellen Produktion von Differenzen durchläuft, dessen Zeitform unumkehrbar von der Vergangenheit in die Zukunft fortschreitet (→ II.4). Durch Buffons *Histoire naturelle* wird damit eine Tendenz sichtbar, in deren Horizont ein Transformismus steht, der, etwa in Form darwinistisch geprägter Evolutionstheorien, die Entstehung der einzelnen Arten nicht mehr auf eine einmal entstandene, unveränderbare innere Form, sondern auf einen im Prinzip offenen, neue Arten hervorbringenden zeitlichen Prozess der Diversifizierung durch natürliche Selektion und differentielle Reproduktion zurückführt (vgl. Lefèvre 1984) (→ I.7).

Literatur

Bowler, Peter J. 1976: Fossils and Progress: Palaeontology and the Idea of Progressive Evolution in the Nineteenth Century. New York.

Buffon, Georges L. L. de [1749–1789] 2007 ff.: Œuvres complètes. Hg.: S. Schmitt / C. Crémière. Paris.

– [1749–1789] 2008: Allgemeine Naturgeschichte. Modernisierter Nachdruck der siebenbändigen Berliner Ausgabe in einem Band. Frankfurt / M.

Cheung, Tobias 2005: Charles Bonnets Systemtheorie und Philosophie des Organischen. Frankfurt / M.

Collingwood, Robin G. [1945] 1960: The Idea of Nature. London.

Corsi, Pietro 1989: The Age of Lamarck. Evolutionary Theories in France, 1790–1830. Berkeley.

Gierl, Martin 2012: Geschichte als präzisierte Wissenschaft: Johann Christoph Gatterer und die Historiographie des 18. Jahrhunderts im ganzen Umfang. Freiburg.

Gohau, Gabriel 1990: Une histoire de la géologie. Paris.

Gould, Stephen J. 1988: Time's Arrow, Time's Cycle: Myth and Metaphor in the Discovery of Geological Time. Cambridge / MA.

Hübner, Wolfgang 2002: Der *descensus* als ordnendes Prinzip in der ‚Naturalis historia‘ des Plinius. In: Meier, C. (Hg.): Die Enzyklopädie im Wandel vom Hochmittelalter bis zur frühen Neuzeit. München: 25–41.

Kirchhoff, Thomas 2005: Kultur als individuelles Mensch-Natur-Verhältnis. Herders Theorie kultureller Eigenart und Vielfalt. In: Weingarten, M. (Hg.): Strukturierung von Raum und Landschaft. Konzepte in Ökologie und der Theorie gesellschaftlicher Naturverhältnisse. Münster: 63–106.

Koselleck, Reinhart [1989] ⁴2000: Vergangene Zukunft. Zur Semantik geschichtlicher Zeiten. Frankfurt / M.

Laurent, Goulven 1987: Paléontologie et évolution en France, 1800–1860. Histoire des idées de Cuvier-Lamarck à Darwin. Paris.

Lefèvre, Wolfgang [1984] 2009: Die Entstehung der biologischen Evolutionstheorie. Frankfurt / M.

Lepenies, Wolf 1976: Das Ende der Naturgeschichte. Wandel kultureller Selbstverständlichkeiten in den Wissenschaften des 18. und 19. Jahrhunderts. München.

Lovejoy, Arthur O. [1936] 1971: The Great Chain of Being. A Study of the History of an Idea. Cambridge / MA.

Matussek, Peter (Hg.) 1998: Goethe und die Verzeitlichung der Natur. München.

Moravia, Sergio 1974: Il pensiero degli idéologues. Scienza e filosofia in Francia (1780–1815). Florenz.

Müller-Wille, Staffan 2008: Naturgeschichte. In: Jaeger, F. (Hg.): Enzyklopädie der Neuzeit, Bd. 8. Stuttgart: 1175–1196.

Rheinberger, Hans-Jörg 1990: Buffon: Zeit, Veränderung und Geschichte. In: History and Philosophy of the Life Sciences 12: 203–223.

Roger, Jacques [1962] 1988: Buffon. Les époques de la nature. Paris.

– 1989: Buffon, un philosophe au jardin du roi. Paris.

– 1993: Les sciences de la vie dans la pensée française du XVIIIe siècle. Paris.

Rudwick, Martin J. S. 2005: Bursting the Limits of Time. The Reconstruction of Geohistory in the Age of Revolution. Chicago.

– 2008: Worlds Before Adam. The Reconstruction of Geohistory in the Age of Reform. Chicago.

Streisand, Joachim 1964: Geschichtliches Denken von der deutschen Frühaufklärung bis zur Klassik. Berlin.

I.6 ‚Kampf' um die Naturphilosophie

Kristian Köchy

Wer sich mit Naturphilosophie beschäftigt, der sieht sich verpflichtet, Rechenschaft darüber abzulegen, welches Anliegen er aus welchen Gründen, mit welchen Mitteln und mit welchen Zielen verfolgt. Diese Fragen sind alt, die Antworten auf sie unterliegen jedoch stets neuen historischen Bedingungen. Heute fallen Antworten darauf nicht leicht, obwohl oder gerade weil sich die Debatte in bereits etablierten Bahnen bewegt. Die Art und Weise, wie wir über Möglichkeit und Grenzen von Naturphilosophie nachdenken – welche Wege und Verfahren uns als gangbar gelten und welche nicht (→ I.8) – ist Resultat früherer Entwicklungen und Entscheidungen. Bestimmte naturphilosophische Träume scheinen uns ausgeträumt, manche Ansätze gelten als selbstverständlich, andere als abwegig. Will man verstehen, was Naturphilosophie heute ist oder sein kann, ist man somit gut beraten, die geschichtliche Herkunft aktueller Positionen zu beachten. Dieses soll im Folgenden am Beispiel eines zentralen Fragenkomplexes geschehen: der Frage nach dem Verhältnis von Naturphilosophie zu Naturwissenschaft bzw. Wissenschaftsphilosophie. Die heutigen Standpunkte hierzu werden sich als Erben eines historischen ‚Kampfes um die Naturphilosophie' erweisen. Dieser wurde besonders markant im deutschen Sprachraum seit dem ausklingenden 18. Jh. geführt. Die folgende historische Rekonstruktion in systematischer Absicht kann deshalb als pars pro toto stehen.

1. Ausgang von Schelling

Ein zentraler Ausgangs- und Scheidepunkt für heutige Ansätze ist – neben der Naturphilosophie Hegels – insb. die romantische Naturphilosophie. Seither sind nahezu alle Versuche, Naturphilosophie als philosophische Disziplin zu etablieren, in Anlehnung an oder in Abgrenzung zur romantischen Vorgabe erfolgt:

„Der Name Naturphilosophie [...] besitzt einen üblen Klang. Er erinnert an eine geistige Bewegung, welche vor hundert Jahren in Deutschland herrschend war; ihren Führer hatte sie in dem Philosophen Schelling [...]. So ist denn die Zeit der Naturphilosophie als eine Zeit tiefen Niedergangs deutscher Naturwissenschaft bekannt, und es erscheint als ein vermessenes Unternehmen [...] unter dieser verrufenen Flagge segeln zu wollen." (Ostwald 1902: 1–3)

„Nachdem die Naturphilosophie in Deutschland zu Beginn des 19. Jahrhunderts in Form der romantischen Naturphilosophie für kurze Zeit eine dominierende Stellung erreicht hatte, erlebte sie als philosophische Disziplin einen raschen Niedergang. Der entscheidende Grund dafür ist die geradezu verhehrende [sic!] Einschätzung, die die romantische Naturphilosophie im Urteil des überwiegenden Teils der Naturwissenschaftler […] fand." (Bartels 1996: 11)

„[D]ie heutige Naturphilosophie [setzt] voraus, dass Erkenntnis über die Natur nur mit Hilfe der Naturwissenschaften gewonnen werden kann. Hierin unterscheidet sich die zeitgenössische Naturphilosophie insbesondere von der Naturphilosophie der Romantik." (Esfeld 2002: 8; Esfeld 2011: 10)

Maßgeblich für die romantische Naturphilosophie ist nach Lesart der Nachfolger das Programm von Friedrich W. J. Schelling (1775–1854). Dessen Grundannahmen werden in Schellings *Einleitung zu dem Entwurf eines Systems der Naturphilosophie* deutlich. Wichtig ist, dass Schelling seine Naturphilosophie hier nicht nur als Ergänzung zur Erkenntnistheorie legitimiert, sondern auch ins Verhältnis zu den Naturwissenschaften setzt. Naturphilosophie und Naturwissenschaft haben demnach ihre Orientierung an der Natur gemeinsam, stehen auf „gleichem Standpunkt" und wollen alles aus Naturkräften erklären. Die Naturphilosophie soll jedoch die Natur als selbständige Instanz würdigen, die ihre eigene Ursache ist (*causa sui*). So ist die Naturphilosophie zwar wie die Physik realistisch, zielt aber auf einen anderen Bereich der Natur. Ihr geht es um die originären Prinzipien und Bildungskräfte. Sie wird zur „spekulativen Physik". Eine Schlüsselstelle in Schellings Text (Schelling [1799] 1927: 274 f.) belegt den damit aufbrechenden Graben zwischen Naturphilosophie und Naturwissenschaft. Bildhaft ist er durch die Gegenüberstellung von Oberflächen- und Tiefenanalyse zum Ausdruck gebracht. Während sich die naturwissenschaftliche Untersuchung auf die Oberfläche einzelner Ursache-Wirkungs-Beziehungen richtet, zielt Naturphilosophie auf das „innere Triebwerk" der Natur, die ursprünglichen Bewegungsursachen bzw. den letzten „Bewegungs-Quell" und damit auf dasjenige, „was an der Natur *nicht-objectiv* ist".

2. ‚Kampf' gegen die Naturphilosophie

Damit ist nicht nur eine Abgrenzung der Philosophie der Natur von der Philosophie des Wissens vollzogen, sondern auch eine deutliche Grenze zur Naturwissenschaft markiert. Diese Naturphilosophie hatte zwar wegen ihrer Öffnung gegenüber naturwissenschaftlichen Themen und der Betonung der Selbständigkeit der Natur einige Anhänger, die meisten Naturwissenschaftler jedoch blieben von Anfang an skeptisch oder haben sie nach anfänglicher Euphorie vehement abgelehnt.

Für Hermann von Helmholtz (1821–1894) hat diese Naturphilosophie dazu geführt, dass die Naturforscher ihre Arbeit von philosophischen Einflüssen frei halten wollten (Helmholtz [1862] 1968: 8 f.). Viele verdammten „alle Philosophie nicht nur als unnütz, sondern selbst als schädliche Träumerei". Auch Helmholtz, der auffordert, die Natur gewissenhaft zu erforschen, lehnt den „kühnen Icarusflug der Speculation" ab. Diese Kritik an der Naturphilosophie betrifft v. a. deren spekulative, assoziative und empirieferne Tendenz. Auch wenn es gemäßigte Stimmen gibt, etwa Carl G. Carus (1789–1869), der überzeugt ist, dass Beobachtung und Spekulation nicht getrennt werden können (Carus [1822] 1986: 14 f.), oder Ernst Haeckel (1834–1919), der die Bedeutung naturphilosophischer Vorannahmen für die Naturwissenschaft betont (Haeckel [1877] 1924: 144 f.), so ist doch die Ablehnung der Naturphilosophie vorherrschend (vgl. Schlüter 1985). Emil Du Bois-Reymond (1818–1896) etwa grenzt die Tugenden des Experimentators und Beobachters gegen die „unter dem Namen der Naturphilosophie bekannte Verirrung der deutschen Wissenschaft" ab (Du Bois-Reymond [1890] 1912: 421) und Rudolf Virchow (1821–1902) kritisiert deren „labyrinthische[…] Ideengänge", „kunstvolle Phraseologie" sowie das „Dunkle und Unverstandene" in ihr (Virchow 1893: 20).

Die Frontlinien dieses Kampfes gegen die Naturphilosophie, v. a. aber die herrschende Unversöhnlichkeit, demonstriert der Angriff von Matthias J. Schleiden (1804–1881). Bei ihm werden wesentliche Aspekte und Vorgaben aller späteren Konfliktlinien und Abgrenzungen erkennbar, wenn er zwei methodische Ansätze unterscheidet (Schleiden [1844] 1988: 18–22): Die Naturphilosophie nach Art von Schelling folge der *dogmatischen Methode* und tue so, als ob sie schon alles wisse. Von ihren Schülern verlange sie keinen anderen Grund zur Annahme von Überlegungen, als eben das Wort des Lehrers. Die Naturwissenschaft hingegen folge der *kritischen Methode* der Induktion und bescheide sich, noch wenig zu wissen. Die Schüler sollen im eignen Geiste und in der Natur nach Antworten suchen. Die Naturwissenschaft strebt nach Gewissheit und garantiert neben der Freiheit des Forschens einen kontinuierlichen Fortschritt. Schleiden ist überzeugt: Würden alle Wissenschaftler diesem Ansatz folgen, wären keine revolutionären Brüche mehr zu befürchten; alle wissenschaftliche Entwicklung würde sich in friedliche Reformen verwandeln, bei denen bisherige Bestände erhalten blieben. Die angeblich vollendeten Wissenssysteme der Naturphilosophie würde man zwar einbüßen, dafür aber einen kontinuierlich wachsenden Bestand überprüfbaren Wissens gewinnen.

Da es insb. in der Biologie keinen Konsens über Aufgaben und Methoden gibt, droht v. a. ihr ein naturphilosophischer Dogmatismus. Deshalb nimmt in ihr die Auseinandersetzung den Zug eines unversöhnlichen „Kampfes" an. Diesen kann man nur gewinnen, wenn „diejenigen, die den richtigen Gesichtspunkt einmal erfasst haben, fest zusammenhalten und sich mit allem Ernst den lästig sich aufdrängenden dogmatisirenden Träumereien widersetzen" (ebd.: 21). Ein Sieg ist erst „mit der völligen Vernichtung und Ueberwindung" derjenigen Positionen erreicht, die „dem Dogmatisiren in Philosophie und Naturwissenschaft" (ebd.: 22) das Wort reden.

3. Metaphysische und kritische Naturphilosophie

Dass mit diesen Überlegungen spätere Oppositionen vorgezeichnet sind, zeigt die klassifizierende Bestandsaufnahme von Carl Siegel (1872–1943) in seiner *Geschichte der Deutschen Naturphilosophie* (1913: VI f.). Nach Siegel muss Naturphilosophie, „wenn anders die Bezeichnung nicht völlig unpassend gewählt sein soll", eine Philosophie der Natur sein. Ein Problem ergibt sich, wenn die in Frage stehende Philosophie zugleich selbst Wissenschaft sein will. Dann ist ihr Verhältnis zu den Naturwissenschaften zu klären, denn nun gibt es zwei miteinander konkurrierende wissenschaftliche Zugänge zur Natur. Eine Lösung böte die Annahme, Naturphilosophie sei nur so lange legitim, wie es noch keine ausformulierte Naturwissenschaft gebe. Diese Auffassung von Naturphilosophie als Vorform der Naturwissenschaft wird jedoch der zeitgenössischen Bedeutung von Naturphilosophie nicht gerecht, weshalb Siegel versucht, Naturphilosophie nicht nur als mögliche Erweiterung naturwissenschaftlicher Arbeit auszuweisen, sondern als deren notwendige Ergänzung.

Angesichts überschneidender Aufgaben ist die Sonderstellung von Naturphilosophie neu zu begründen. Es bleiben zwei logische Optionen: Entweder müssen die Unterschiede den *Gegenstand* betreffen oder aber die *Methode*. Diese Möglichkeiten sind in den Ansätzen der *metaphysischen* und der *kritischen* Naturphilosophie verwirklicht. Erstere hat wie die Naturwissenschaft Natur zum Gegenstand, erfasst diese jedoch mit anderen Methoden. Letztere unterscheidet sich nicht im Verfahren, sondern durch den Gegenstand von der Naturwissenschaft. Sie thematisiert Natur nicht direkt, sondern vielmehr die Naturwissenschaft und wird zu deren logischem Gewissen. Als Wissenschaftsphilosophie betrachtet sie „Grundlagen, Methoden und Ziele der Naturwissenschaft".

Damit ist treffend das Verständnis von Naturphilosophie ‚in den Grenzen' der Naturwissenschaft charakterisiert. Diese Grenzziehung zwischen Metaphysik und Wissenschaftskritik prägt die Debatten im 20. Jh. (→ I.9). Über die Abgrenzungskriterien der Logischen Empiristen hat sie enormen Einfluss auf die heutige Debatte gewonnen. Bewertet man, wie diese, die metaphysische Variante als nicht gangbaren Weg, dann können zwar in theoretischer Hinsicht immer noch verschiedene Naturphilosophien ausgewiesen werden, alle jedoch verbleiben in den Grenzen naturwissenschaftlicher Welterfassung.

4. Naturphilosophie als Allgemeinste Naturwissenschaft

Wieder zu Ehren gekommen ist der Name ‚Naturphilosophie' v.a. durch Wilhelm Ostwald (1853–1932). In seinen *Vorlesungen über Naturphilosophie* (1902: 1–13) hebt auch er den negativen Einfluss Schellings hervor, hält jedoch die Konsequenz, wegen der Gefahren der spekulativen Naturphilosophie eine „antiphilosophische" Haltung einzunehmen, für falsch. Naturforscher würden vielmehr im Laufe ihrer Arbeit notwendig auf die gleichen Fragen stoßen wie Philosophen. Im Unterschied zum romantischen Ansatz folgt jedoch die neue „Philosophie eines Naturforschers" nicht mehr dem Anspruch, ein geschlossenes System aufzubauen. Wie Schleiden betont auch Ostwald, Naturphilosophie müsse sich am Beispiel der Naturwissenschaften orientieren und Wissen in langsamem Fortschreiten und gemeinsamer Arbeit festigen. Dabei kann die Übereinstimmung von Denken und Welt nicht vorausgesetzt werden; erst die Beeinflussung des geistigen Lebens durch die äußeren Dinge führt zu Übereinstimmung. Nicht aus dem Denken ist Erfahrung abzuleiten, sondern aus der Erfahrung das Denken. Naturphilosophie ist so eine Zusammenfassung der erkannten allgemeinen Verhältnisse der Natur aus geprüftem Material. Der später von Karl R. Popper (1902–1994) betonten Tatsache, dass scheinbar neutrale Beobachtungen von theoretischen Vorannahmen infiltriert sind (Popper [1935] 1994: 75), begegnet Ostwald durch ein Bild, das die Vorläufigkeit allen Wissens und den ‚schwankenden Boden‘ jeder Theorie zum Ausdruck bringen soll: Wie bei der Überquerung eines Sumpfes entsteht wissenschaftlicher Fortschritt über vorläufige und zu verbessernde Hilfskonstruktionen. Naturphilosophie und Naturwissenschaft verbindet der Verzicht auf absolute Gewissheit und die Beschränkung auf nützliche Erklärungen. Der zu erreichende Grad an Wahrscheinlichkeit ist allerdings in der Philosophie stets geringer als in der Naturwissenschaft.

Im *Grundriß der Naturphilosophie* (1908: 9–18) erweitert Ostwald dieses Konzept. Man darf demnach auf bleibende Ergebnisse der neuen Naturphilosophie hoffen, weil diese auf „breitester erfahrungsmäßiger Unterlage" aufbaut, während die alte „bald in uferlose Spekulation endete". Das bisherige Systemanliegen sei damit in ein Methodenanliegen transformiert. Erfolgreiche Philosophie übernimmt die wissenschaftliche Methode, „welche ihre Probleme aus der Erfahrung und für die Erfahrung nimmt und zu lösen versucht." Jede Wissenschaft zielt auf Verallgemeinerung; Naturphilosophie ergänzt wissenschaftliche Ansätze durch noch allgemeinere Zusammenfassungen und ist so allgemeinster Teil der Naturwissenschaft. Die Grenze zwischen Naturwissenschaft und Naturphilosophie verschwimmt damit zwar, doch das Fehlen eindeutiger Abgrenzung ist unproblematisch, weil Abgrenzungen lediglich denkökonomische Akzentuierungen sind, um die Mannigfaltigkeit der Erscheinungen ordnend zu beherrschen. Ebenso ist die Vorläufigkeit des Wissens unproblematisch und kein Argument gegen dessen Wirksamkeit, denn das Wissen schreite fort – allerdings nicht in einer linearen Kette der Akkumulation, sondern nach Art eines „Netzes" von Beziehungen, die die größten und umfassendsten Geister der Menschheit miteinander verbinden. Der Inhalt des Wissens nimmt zu und die Form seiner Darstellung und Zusammenfassung ändert sich. Insbesondere die Darstellung der Wissenschaft ist geprägt durch den „naturphilosophischen Bestandteil".

5. Naturphilosophie als logisches Gewissen der Naturwissenschaft

Dass sich eine solche Naturphilosophie in den Grenzen naturwissenschaftlichen Wissens immer weiter auf das von Siegel (1913) benannte Ziel zubewegt, nur noch logisches Gewissen der Naturwissenschaft und so Wissenschaftstheorie zu sein, belegt der Logische Empirismus. Aufschlussreich ist, dass hier überhaupt noch von ‚Naturphilosophie‘ die Rede ist. Hatte doch Rudolf Carnap (1891–1970) in *Die Aufgabe der Wissenschaftslogik* ([1934] 1992: 91 f.) programmatisch erklärt, neben naturwissenschaftlichen Sätzen könne es keine eigenständigen naturphilosophischen Sätze mehr geben, und Hans Reichenbach (1891–1953) in *Neue Wege der Naturphilosophie* ([1931] 2000: 175) keinen Unterscheid zwischen Naturphilosophie und Naturwissenschaftsphilosophie mehr anerkannt. Diese neue Naturphilosophie proklamiert zwar den Verzicht „auf jede bewußte Anknüpfung an historische Vorgänger", wird aber gerade in dieser abwehrenden Haltung als Erbe des ‚Kampfes‘ gegen die Naturphilosophie erkennbar. Die Naturphilosophie Reichenbachs soll dort an den Produkten des Denkens ansetzen, wo sie am weitesten entwickelt sind, also an naturwissenschaftlichen Theorien. Sie ist explizit Erkenntnistheorie der Naturwissenschaften.

Wie die Beziehungen von Naturphilosophie und Naturwissenschaft bei diesen Vorgaben aussehen, zeigt Moritz Schlicks (1882–1936) *Philosophy of Nature* (1949). Auch er fragt nach der Funktion von Naturphilosophie: Für manche besteht diese in der Synthese naturwissenschaftlichen Wissens. Naturphilosophie soll ein geschlossenes Bild der Natur vermitteln. Andere verstehen Naturphilosophie als epistemologische Rechtfertigung naturwissenschaftlichen Wissens. Nach Schlick aber sind beide Auffassungen falsch. Die Forderung nach systematischer Einheit ist nicht einlösbar, denn für sie müsste man einen höheren Standpunkt einnehmen, von dem aus die Deduktion einzelner Befunde erfolgte. Diese deduktive Forderung widerspricht den Vorgaben des Induktivismus; weder Naturwissenschaft noch Naturphilosophie können den gegenwärtigen Stand empirischen Wissens übersteigen. Auch die kritische Prüfung wissenschaftlicher Erkenntnis ist nicht Aufgabe der Naturphilosophie, denn diese übernimmt die Naturwissenschaft selbst. Welche Funktion kann Naturphilosophie dann noch haben? Für Schlick dient sie dazu, die „Bedeutung" naturwissenschaftlicher Hypothesen zu klären. Damit hat allein die Naturwissenschaft eine Erklärungsfunktion für Natur, während die Philosophie auf Sinnfragen beschränkt ist. Sie hat lediglich interpretierende Aufgaben, die zudem ins zweite Glied rücken: Es geht nicht mehr wie noch bei Francis Bacon (1561–1626) um eine Interpretation von Natur, sondern lediglich um eine Interpretation naturwissenschaftlicher Interpretationen von Natur. Naturphilosophie ist keine exakte Wissenschaft, ihr Ansatz setzt eher auf Verstehen. Ihre Funktion ist es, die Bedeutung von systematischen Allaussagen über die Natur, also von Naturgesetzen, aufzudecken. Allein die Naturwissenschaft kann legitime Aussagen über Objekte der äußeren Erfahrung machen, nur sie über die Grenzen des Sprachuniversums hinausgreifen.

6. Naturphilosophie als Optimierung der Naturwissenschaft

Eine praktisch-methodische Variante dieser theoretisch-logischen Überlegung liefert Hugo Dingler (1881–1954) in seinen *Grundlagen der Naturphilosophie* (1913). Auch er setzt auf die Leitfunktion der exakten Naturwissenschaften; sie sind das Vorbild, an dem sich lebenspraktische Erkenntnis zu orientieren hat. Auch die auf dieser Basis konzipierte Naturphilosophie verbleibt in den Grenzen der Naturwissenschaft. In Dinglers *Geschichte der Naturphilosophie* (1932: 1) heißt es: „Vom streng systematischen Gesichtspunkt aus gibt es kein besonderes Gebiet, das als Naturphilosophie betrachtet werden müßte. Denn alle strengen philosophischen Aussagen müssen, ebenso wie alle strengen wissenschaftlichen Aussagen überhaupt, dem Gesamtsystem der rationalen Erkenntnisse angehören". Dinglers Programm stimmt insofern mit dem Neopositivismus überein, als alle Erkenntnis schließlich auf Logik reduziert werden soll. Es weicht jedoch von der Methodologie der Neopositivisten insofern ab, als Naturphilosophie nicht mehr bloß Sprachphilosophie ist. Sie hat nun die Aufgabe, bestehende Praxen der Naturwissenschaften von zwei Standpunkten aus zu analysieren und zu

optimieren: In „allozentrischer" Weise betrachtet sie die Naturwissenschaft aus einer
Außenperspektive, wie diese ihren Gegenstand, um so die typischen Vollzüge exakter
wissenschaftlicher Arbeit zu erfassen. In „egozentrischer" Position wird eine Innen-
perspektive ergänzt, indem sich der Naturphilosoph die Frage stellt, wie er selbst vor-
ginge, hätte er exakt zu arbeiten. Naturphilosophie ist so gleichermaßen erklärende
Erkenntnistheorie wie Heuristik der Naturwissenschaften.

Diese Optimierung erfordert eine intensive Wechselbeziehung: Die exakten Anteile
der Naturwissenschaft dienen als Modell und Prüfstein des Optimierungsverfahrens.
Die Naturphilosophie fungiert als Korrektiv und Motor des Entwicklungsprozesses.
Diese zirkuläre Wechselbeziehung ist die treibende Kraft des Fortschritts der Wissenschaft vom experimentellen zum theoretischen Stadium. Aus einem anfänglichen
Sammelsurium von Beobachtungen entsteht ein System wissenschaftlichen Wissens.
Die Beseitigung nicht-logischer Anteile deutet Dingler in Analogie zur Evolution: In
der *Methode des blinden Versuchs* werden bestimmte Fundamentalaussagen als Basis
des Wissenssystems angenommen; sie müssen lediglich alle bekannten Beobachtungs-
daten erklären können; über die *Methode der Kritik* erfolgt dann die Selektion mit dem
Ziel, ein kohärentes Wissenssystem zu erzeugen.

7. Naturphilosophie jenseits der Grenzen der Naturwissenschaft

Der von Siegel (1913) benannte „metaphysische" Strang der Naturphilosophie ist
heute durch die vehemente Metaphysikkritik der Neopositivisten eher randständig,
der Sache nach jedoch weiter präsent. Zwar gilt die Suche nach möglichst metaphysik-
armen Ansätzen als Gütekriterium, jedoch könnte die ablehnende Haltung zur Metaphysik innerhalb der Wissenschaftsphilosophie, berücksichtigt man die Einsichten von
Popper, Thomas S. Kuhn (1922–1996), Imre Lakatos (1922–1974) oder Paul Feyerabend (1924–1994), auch weniger kategorisch ausfallen. Zumal naturwissenschaftliche
Programme in ihrem ‚harten Kern' selbst metaphysische Überzeugungen tragen. So
überrascht es wenig, wenn der aus der Wissenschaftstheorie stammende Feyerabend
(2009) selbst eine Naturphilosophie vorlegt. Zudem sind alle über den engeren wissen-
schaftsphilosophischen Rahmen hinausgehenden Ansprüche und Agenden – etwa
Naturphilosophie solle die Einbindung der Wissenschaften in die Lebenswelt garan-
tieren, sie leiste eine Reflexion über die Grenzen der Wissenschaft (Esfeld 2002: 127 ff.)
oder sie solle wissenschaftsphilosophische Reflexion mit kulturellen Aufgaben verbinden (Bartels 1996: 21) – kaum von einer Naturphilosophie zu erwarten, deren
Ansatz, Methode und Möglichkeiten in den Grenzen der Naturwissenschaft verbleiben.

Deshalb erlebt die metaphysische Naturphilosophie einen Aufschwung (Nagel
2012). Das zeigt auch die wachsende Aufmerksamkeit für das kulturphilosophische
und anthropologische Programm der Naturphilosophie von Helmuth Plessner
(1892–1985). Dessen *Stufen des Organischen und der Mensch* (1928) sind zwar wissen-
schaftsnah, kritisieren aber die methodologischen Auswirkungen des cartesianischen
Dualismus als einseitige Methodenprogramme der mathematisch-mechanischen

Naturwissenschaft oder der introspektiv-hermeneutischen Geisteswissenschaft. Ergänzend zur kulturwissenschaftlichen Analyse fordert Plessner eine Ableitung des Menschen aus der Natur. Ziel ist es, die Daseinsweise der Lebendigkeit (→ II.10), die den Menschen mit den übrigen Lebewesen verbindet, zur Grundlage der Philosophischen Anthropologie (→ II.11) zu machen. Während die Naturwissenschaft Philosophie nur in Form von Logik oder Methodologie benötige, brauche die Geisteswissenschaft Naturphilosophie: „Ohne Philosophie des Menschen keine Theorie der menschlichen Lebenserfahrung in den Geisteswissenschaften. Ohne Philosophie der Natur keine Philosophie des Menschen" (Plessner [1928] 2003: 63). Diese Naturphilosophie auf phänomenologischer und leibphilosophischer Grundlage (→ III.1) steht zwar in Differenz aber nicht in Feindschaft zur Naturwissenschaft und hat in Hans Jonas (1903–1993) oder Maurice Merleau-Ponty (1908–1961) bedeutende Nachfolger.

Literatur

Bartels, Andreas 1996: Grundprobleme der modernen Naturphilosophie. Paderborn.

Carnap, Rudolf [1934] 1992: Die Aufgabe der Wissenschaftslogik. In: Schulte, J. / McGuinness, B. (Hg.): Einheitswissenschaft. Frankfurt / M.: 90–117.

Carus, Carl G. [1822] 1986: Von den Anforderungen an eine künftige Bearbeitung der Naturwissenschaften. In: ders.: Zwölf Briefe über das Erdleben. Hg.: E. Meffert. Stuttgart: 12–20.

Dingler, Hugo 1913: Grundlagen der Naturphilosophie. Leipzig.

– 1932: Geschichte der Naturphilosophie. Berlin.

Du Bois-Reymond, Emil [1890] 1912: Naturwissenschaft und bildende Kunst. In: Reden von Emil du Bois-Reymond in zwei Bänden, Bd. 2. Hg.: Estelle Du Bois-Reymond. Leipzig: 390–425.

Esfeld, Michael 2002: Einführung in die Naturphilosophie. Darmstadt.

– 2011: Einführung in die Naturphilosophie. 2., vollständig überarbeitete Auflage. Darmstadt.

Feyerabend, Paul 2009: Naturphilosophie. Frankfurt / M.

Haeckel, Ernst [1877] 1924: Über die heutige Entwicklungslehre im Verhältnisse zur Gesamtwissenschaft. In: ders.: Gemeinverständliche Werke, Bd. 5. Hg.: H. Schmidt. Leipzig: 143–161.

Helmholtz, Hermann v. [1862] 1968: Über das Verhältnis der Naturwissenschaften zur Gesamtheit der Wissenschaft. In: ders.: Das Denken in der Naturwissenschaft. Darmstadt: 1–29.

Nagel, Thomas [2012] 2013: Geist und Kosmos. Warum die materialistische neodarwinistische Konzeption der Natur so gut wie sicher falsch ist. Berlin.

Ostwald, Wilhelm 1902: Vorlesungen über Naturphilosophie. Leipzig.

– 1908: Grundriß der Naturphilosophie. Leipzig.

Plessner, Helmuth [1928] 2003: Die Stufen des Organischen und der Mensch: Einleitung in die philosophische Anthropologie. In: ders.: Gesammelte Schriften, Bd. 4. Hg.: G. Dux et al. Darmstadt.

Popper, Karl R. [1935] [10]1994: Logik der Forschung. Tübingen.

Reichenbach, Hans [1931] 2000: Neue Wege der Naturphilosophie. In: Breil, R. (Hg.): Naturphilosophie. Freiburg: 173–180.

Schelling, Friedrich W. J. [1799] 1927: Einleitung zu dem Entwurf eines Systems der Naturphilosophie. In: Schellings Werke, 2. Bd. Hg.: M. Schröter. München: 269–326.

Schleiden, Matthias J. [1844] 1988: Schelling's und Hegel's Verhältnis zur Naturwissenschaft. Weinheim.

Schlick, Moritz [1949] 1968: Philosophy of Nature. New York.

Schlüter, Hermann 1985: Die Wissenschaften vom Leben zwischen Physik und Metaphysik. Weinheim.

Siegel, Carl 1913: Geschichte der deutschen Naturphilosophie. Leipzig.

Virchow, Rudolf 1893: Die Gründung der Berliner Universität und der Uebergang aus dem philosophischen in das naturwissenschaftliche Zeitalter. Berlin.

I.7 Streit um die Deutungshoheit der Natur: Materialismus-, Darwinismus- und Ignorabimus-Streit

Myriam Gerhard

1. Streitfragen

Der historische Kampf um die Naturphilosophie (→ I.6) ist im Kern ein Streit um die Deutungshoheit der Natur, der sich an verschiedenen Fragestellungen entzündet. Vor allem die 1840er bis 1870er Jahre sind geprägt durch Streitfragen, die im Kern zwar akademisch sind, aber aufgrund ihrer weltanschaulichen Konsequenzen und der zunehmenden Popularisierung der Naturwissenschaften eine beispiellose Breitenwirkung entfaltet haben. Es sind Fragen, die mehr oder weniger explizit um die Bestimmung des Verhältnisses von Philosophie und Naturwissenschaften und um den Anspruch auf eine Deutungshoheit von Natur und Welt kreisen und damit in gewissem Sinne auch zeitlos sind. Von herausragender Popularität erweisen sich die Auseinandersetzungen um den naturwissenschaftlichen Materialismus, um den Darwinismus und um das die Grenzen des Naturerkennens proklamierende „Ignorabimus": „Wir werden es nicht wissen". Diese drei Debatten sind, auch wenn sie heute wenig bekannt sind, keine Randerscheinungen des 19. Jhs. Vielmehr lassen sie sich durchaus als archetypisch begreifen, und viele Argumente um die Deutungshoheit der Natur, wie auch ihre weltanschaulichen Implikationen und Konsequenzen, finden ihre Fortsetzung im 20. und teilweise sogar im 21. Jh. Die folgende Darstellung fokussiert auf einige wenige, naturphilosophisch relevante Aspekte der drei Debatten. (Weiterführend zum Materialismus-, Darwinismus- und Ignorabimus-Streit s. Bayertz et al. 2007a/b/c sowie 2012a/b/c, die auch die im Folgenden genannten Grundlagentexte in Auszügen enthalten.)

2. Der Materialismus-Streit

Das Auseinandertreten von Naturwissenschaften und Philosophie, das v. a. der Philosophie Friedrich W. J. Schellings (1775–1854) und Georg W. F. Hegels (1770–1831) angelastet wird (→ I.6), gilt, neben dem generellen Erfolg der Naturwissenschaften, als Grund für die Entstehung des naturwissenschaftlich geprägten Materialismus des 19. Jhs. An ihm entzündet sich ein überaus virulenter und weitläufig, oftmals in Form von öffentlichen Briefen, aber auch auf Tagungen ausgetragener „Streit zwischen verschiedenen Facultäten des Menschen" (Feuerbach 1866: 121), der wegen der Schärfe der Polemik den Titel eines Kampfes zu Recht trägt.

Die Streitfrage ist nicht, ob ein auf den Methoden der Naturwissenschaften basierender Materialismus wissenschaftlich zu begründen und zu rechtfertigen ist, sondern ob der methodische Materialismus entweder restriktiv oder dogmatisch zu verstehen ist. Auf einen klar umrissenen Bereich der Naturwissenschaften beschränkt lässt er Raum für andere Erklärungsarten, seien sie religiöser, weltanschaulicher, ästhetischer oder anderer Art. Dogmatisch verstanden ist er konsequent auch auf Gegenstände anzuwenden, die traditionellerweise nicht dem Gegenstandsbereich der Naturwissenschaften zugerechnet werden. Dazu zählen vornehmlich Gott und Seele, deren Existenz sich auf der methodischen Grundlage des naturwissenschaftlichen Materialismus nicht beweisen lässt. Fragwürdig ist jedoch, ob sich darüber hinaus ihre Nicht-Existenz naturwissenschaftlich beweisen lässt und die Seele nichts weiter als eine Fiktion, ein Wahngebilde ist, wie der Physiologe Carl Vogt (1817–1895) behauptet. Vogts Widerredner, allen voran Rudolph Wagner (1805–1864), halten den Versuch, die Annahme einer Seelensubstanz auf der Grundlage der Physiologie zu widerlegen, für eine Überschreitung vom Gebiet der Physiologie in das Gebiet der Weltanschauung. Vogt wird dementsprechend wahrgenommen als „Stifter einer neuen Weltanschauung" (Frohschammer 1855: 1), die den methodischen Materialismus der Naturwissenschaften auf eine Ontologie ausweite und den naturwissenschaftlichen Materialismus zu einem Monismus erhebe.

Der Streit wird nicht zuletzt deshalb so heftig geführt, weil die Konsequenzen einer materialistischen Weltanschauung, die „so vollständig die Grundlagen unseres sittlichen und religiösen Lebens in Frage" (Schleiden 1863: 5) stellt, gefürchtet werden. Vor dem Hintergrund der politischen Situation ist die Befürchtung der Untergrabung oder Unterwanderung der Gesellschaft durch eine auf den Grundlagen der Naturwissenschaften sich stützende materialistische Weltanschauung nicht unbegründet. Nach dem Scheitern der Märzrevolution 1848 ist eine offene, politische Konfrontation aussichtslos, so dass sich der Weg zum gesellschaftlichen Fortschritt über die Popularisierung naturwissenschaftlicher Erkenntnisse, wie etwa einer Lehre der Nahrungsmittel für das Volk (Moleschott 1850), anbietet. Die Popularisierung ist insofern erfolgreich, als sie eine Diskussion eröffnet, die nicht in den Räumen der Fachgelehrten verbleibt, sondern weite Teile der Gesellschaft erreicht. Es sind Aussagen wie „Ohne Phosphor kein Gedanke" (ebd.: 115) oder „daß die Gedanken in demselben Verhältniß etwa zu dem Gehirne stehen, wie die Galle zu der Leber oder der Urin zu den Nieren" (Vogt 1847: 206), die, zumeist aus dem Zusammenhang gerissen, für heftige Reaktionen sorgen. Auch wenn die populären Texte der naturwissenschaftlichen Materialisten weder stilistisch noch inhaltlich besonders beeindrucken, so weiß z. B. Vogt vorsichtiger zu argumentieren, als die populäre Rezeption nahelegt. Das lässt sich schon an seinem berühmt-berüchtigten Vergleich von Nieren- und Gehirnprodukten nachvollziehen, den Vogt in den Kontext des Eingeständnisses von „Unwissenheit" (ebd.: 205) und ungelösten Rätseln stellt und nicht mit dem Anspruch grenzenlosen Naturerkennens verknüpft.

In der Diskussion der viel drängenderen Frage, „ob alle Gedanken auf diesen uropoetischen Wegen entstehen sollten" (Lotze 1852: 43), wird geflissentlich überlesen, dass Vogt nicht weiter gehen will, als Erfahrung und Versuch ihn führen, und darüber hinaus die eigene Unwissenheit eingestanden wissen will: „Was man deßhalb auch von den Beziehungen der Gehirnsubstanzen zu den Nervenverrichtungen sagen möge, es ist besser, hier unsere Unwissenheit zu gestehen und nicht weiter zu gehen, als die Erfahrung und der Versuch uns geführt haben. Noch viel weniger können wir von der Beziehung der Geistesthätigkeiten zu dem Gehirne sagen; wenn auch Gall'sche Phrenologie[1] und Carus'sche Cranioskopie[2] die Räthsel gelöst zu haben sich brüsten. Ein jeder Naturforscher wird wohl, denke ich, bei einigermaßen folgerechtem Denken auf die Ansicht kommen, daß alle jene Fähigkeiten, die wir unter dem Namen der Seelenthätigkeiten begreifen, nur Funktionen der Gehirnsubstanz sind; oder, um mich einigermaßen grob hier auszudrücken, daß die Gedanken in demselben Verhältniß etwa zu dem Gehirne stehen, wie die Galle zu der Leber oder der Urin zu den Nieren. Eine Seele anzunehmen, die sich des Gehirnes wie eines Instrumentes bedient, mit dem sie arbeiten kann, wie es ihr gefällt, ist ein reiner Unsinn; man müßte dann gezwungen seyn, auch eine besondere Seele für eine jede Funktion des Körpers anzunehmen und käme so vor lauter körperlosen Seelen, die über die einzelnen Theile regierten, zu keiner Anschauung des Gesammtlebens. Gestalt und Stoff bedingen im Körper überall die Funktion und jeder Theil, der eine eigenthümliche Zusammensetzung hat, muß auch nothwendig eine eigenthümliche Funktion haben" (Vogt 1847: 205 f.).

Der Materialismus-Streit ist kein Streit unter Fachgelehrten. Es ist ein Streit um Weltanschauungen, um die Deutungshoheit „unserer" Natur. Eine heftig bestrittene Strategie der Schlichtung ist das von Wagner (1854: 20) als „doppelte Buchführung" bezeichnete Parallelgehen von naturwissenschaftlich begründetem Wissen und dem Glauben an eine moralische Weltordnung, der allein ihn zur Annahme der Existenz der Seele nötigt. Diese doppelte Buchführung soll den Übergang von einem methodischen Materialismus auf eine streng monistisch aufgefasste materialistische Ontologie verhindern. Eine mögliche Einheit der Weltsicht wird damit konterkariert, so dass es zum „Kampfe zwischen Glauben und Wissen" kommt (Henle 1876: 23).

3. Der Darwinismus-Streit

1859 erscheint Charles Darwins (1809–1882) Werk *On the Origin of Species by Means of Natural Selection, or the Preservation of Favoured Races in the Struggle for Life*, das ein Jahr später in deutscher Übersetzung vorliegt und von den naturwissenschaftlichen Materialisten überaus positiv aufgenommen wird. Es vergeht keine Woche, wie Darwin beinahe amüsiert bemerkt, „without my hearing of some naturalist in Germany who supports my views, & often puts an exaggerated value on my works" (Darwin [1870] 2010: 141). Nicht die übertriebene Wertschätzung der Theorie Darwins, sondern ihre weltanschauliche Vereinnahmung provoziert den Widerspruch erklärter Anti-

---

1 Franz J. Gall (1758–1828), Begründer der charakterkundlichen Schädellehre (Phrenologie), die er zunächst ‚Cranioskopie' (Schädelbetrachtung) nannte.

2 Carl G. Carus (1789–1869), deutscher Mediziner, Naturforscher und Maler. 1841 legte er das Buch *Grundzüge einer neuen und wissenschaftlich begründeten Kranioskopie* vor.

Darwinisten und trägt die Auseinandersetzung um Darwins Werk aus dem Kreis der Naturforscher hinaus. Aber auch als naturwissenschaftliche Theorie, frei von weltanschaulichen Implikationen, steht Darwins Werk zunächst mehrheitlich in der Kritik.

In der zweiten Auflage von *On the Origin of Species*, die der deutschen Übersetzung durch Heinrich G. Bronn zugrunde liegt, geht Darwin darauf ein und sucht in einer knappen Zusammenfassung seine Überlegungen zu untermauern: „Ich läugne nicht, dass man viele und ernste Einwände gegen die Theorie der Abstammung mit fortwährender Abänderung durch Natürliche Zuchtwahl vorbringen kann. Ich habe versucht, sie in ihrer ganzen Stärke zu entwickeln. Nichts kann im ersten Augenblick weniger glaubhaft scheinen, als dass die zusammengesetztesten Organe und Instinkte ihre Vollkommenheit erlangt haben sollten nicht durch höhere und doch der menschlichen Vernunft analoge Kräfte, sondern durch die blosse Zusammensparung zahlloser kleiner aber jedem individuellen Besitzer vortheilhafter Abänderungen. Diese Schwierigkeit, wie unübersteiglich gross sie auch unsrer Einbildungs-Kraft erscheinen mag, kann gleichwohl nicht für wesentlich gelten, wenn wir folgende Vordersätze zulassen: dass Abstufungen in der Vollkommenheit eines Organes oder Instinktes, welches Gegenstand unsrer Betrachtung ist, entweder jetzt bestehen oder bestanden haben, die alle in ihrer Weise gut waren; – dass alle Organe und Instinkte in, wenn auch noch so geringem Grade, veränderlich sind; – und endlich, dass ein Kampf ums Daseyn bestehe, welcher zur Erhaltung einer jeden für den Besitzer nützlichen Abweichung von den bisherigen Bildungen oder Instinkten führt. Die Wahrheit dieser Sätze kann nach meiner Meinung nicht bestritten werden" (Darwin 1860: 492 f.).

Darwin lässt an die Stelle einer theologischen Schöpfungsgeschichte eine natürliche Schöpfungstheorie treten, die das Rätsel der Entstehung neuer Arten, nicht aber das der Entstehung des Lebens überhaupt, naturwissenschaftlich zu lösen beansprucht. Wird Darwins Theorie anfangs v. a. in England „als eine vorübergehende naturphilosophische Träumerei verspottet" (Haeckel [1868] 1878: 4), so wird ‚Entwicklung' bald zum „Zauberwort" (Haeckel [1868] 1873: VI), das zur Lösung aller noch ausstehenden Rätsel herangezogen wird. Es ist demnach weniger der Geltungsanspruch, als naturwissenschaftliche Theorie ernstgenommen zu werden, als die „Prätension, das Räthsel alles Daseins gelöst zu haben" (Zittel 1871: 147), und die damit einhergehenden weltanschaulichen Implikationen, die die Theorie Darwins zum populärsten Streitthema der Zeit werden lässt.

Die weltanschauliche Wendung eines biologischen Erklärungsversuchs war nicht zuletzt deshalb so überaus erfolgreich, weil einerseits der Begriff der Entwicklung nicht so neu war, wie es durch die Darwinisten kolportiert wurde, und andererseits der Begriff der Entwicklung keine einheitliche Verwendung fand. Analog der Darwin'schen Theorie, die nicht als ein Singuläres, sondern als ein Konglomerat verschiedener Theorien zu begreifen ist, ist auch der Begriff der Entwicklung selbst als eine Gemengelage unterschiedlichster Begriffe und ihrer Konnotationen aufzufassen. Das, was gemeinhin unter Darwins Evolutionstheorie verstanden wird, ist keineswegs ein einheitliches, in sich abgeschlossenes Theoriengefüge, sondern eine Mehrzahl mehr oder weniger aufeinander verweisender, selbständiger Theorien. (Vgl. Mayr [1982] 2003: 504–510.) Dazu gehören (1) die Evolutionstheorie, der gemäß die Lebensformen nicht statisch, sondern als in einem steten, kontinuierlichen und graduellen Entwicklungsprozess begriffen zu verstehen sind, (2) die Deszendenztheorie, der gemäß alle Arten auf einige wenige Urformen als ihren gemeinsamen Ursprung zurückgeführt werden können, und (3) die Selektionstheorie, der gemäß der Anpassungsdruck einer spezifischen Umgebung zur natürlichen Selektion der am besten angepassten Exemplare einer Art führt. Evolution versteht Darwin dementsprechend als eine adaptive Entwicklung und nicht als eine einem bestimmten Naturgesetz folgende Entwicklung. Die Entwicklungstheorie als solche zeigt sich indifferent gegenüber mechanischen, organischen, materialistischen, pantheistischen oder theistischen Weltanschauungen. Anders sieht es bei der Deszendenztheorie sowie der natürlichen Züchtung, der Selektion, aus. Ihre Anwendung auf den „ganzen" Menschen nimmt ihm seine Sonderstellung in der und zur Natur und lässt nicht nur den Menschen, sondern auch alle seine Kulturleistungen als Produkt eines natürlichen Prozesses erscheinen. Das Überleben eines einzelnen Menschen, einer Gesellschaft, sowie ihr Glaube und ihre Moral werden in der konsequenten Anwendung der Darwin'schen Theorien auf den Menschen zum Resultat eines natürlichen Prozesses der Selektion. Darwin hat die natürliche Züchtung eingeführt, um die Entstehung neuer Arten aus zuvor bestehenden analog zur künstlichen Züchtung, also die durch die selektierende Hand des menschlichen Züchters hervorgebrachte Variation, zu erklären. Das Produkt der natürlichen Züchtung ist die an ihre Umgebung am besten angepasste Art. Um die Interpretation und Anwendung dieses Erklärungsprinzips entzündet sich der Darwinismus-Streit.

Als Darwinisten im eigentlichen Sinn werden in diesem Streit die Anhänger der Selektionstheorie betrachtet. Auf ihrer Seite stehen naturwissenschaftliche Materialisten, die die natürliche Züchtung als notwendiges und „als allein ausreichendes Erklärungsprincip" (Hartmann 1875: 4) der Entwicklung behaupten. Die Zweckmäßigkeit der Natur und ihrer Produkte ist für sie nichts anderes als das Resultat eines mechanischen Prozesses. Auf der anderen Seite stehen Anti-Darwinisten, in der Mehrzahl Theologen und Philosophen, die der natürlichen Züchtung allenfalls den Status einer rein naturwissenschaftlichen Hypothese zugestehen und sie als einen „nebensächliche[n] technische[n] Behelf des inneren Entwickelungsprocesses" (ebd.: 5) auffassen. Der Darwinismus-Streit ist v. a. ein Streit um die Naturalisierung des Weltbildes, um die Stellung des Menschen zur und in der Natur. Auch wenn angesichts der aktuellen Naturalismus-Diskussion die Verwendung des Naturalisierungsbegriffs an dieser Stelle diachron erscheinen mag, so legen differenzierte Analysen eine von empiristischen Bestrebungen wohl zu unterscheidende Naturalisierungstendenz im 19. Jh. nahe (vgl. Heidelberger 2015).

4. Der Ignorabimus-Streit

Im August 1872 hält der Berliner Physiologe Emil Du Bois-Reymond (1818–1896) auf der 45. *Versammlung Deutscher Naturforscher und Ärzte* eine Rede über die Grenzen des Naturerkennens, die in ihrer nachhaltigen Wirkung als ein Kulminationspunkt in der Auseinandersetzung um den Deutungshorizont der Naturwissenschaften verstanden werden kann. Dem Naturerkennen spricht Du Bois-Reymond zwei inhärente, unüberwindbare Erkenntnisgrenzen zu. Dabei versteht er Naturerkennen als naturwissenschaftliches Erkennen auf Basis der klassischen Mcchanik. Seine Kritik gilt dem mit diesem Naturerkennen verbundenen Anspruch auf eine generelle Berechenbarkeit der Welt, die im Laplace'schen Dämon ihren wohl bekanntesten Ausdruck erhält. Das „Zurückführen der Veränderungen in der Körperwelt auf Bewegungen von Atomen, die durch deren von der Zeit unabhängige Centralkräfte bewirkt werden, oder Auflösung der Naturvorgänge in Mechanik der Atome" (Du Bois-Reymond 1872: 2) könne niemals in vollständiger Abgeschlossenheit erfolgen. Die „Weltformel" (ebd.: 4) setze voraus, dass jegliche Qualität aus „Anordnung und Bewegung" eines „eigenschaftslosen Substrates" (ebd.: 5) erklärt werden könne. In Bezug auf Kraft und Materie sowie die Entstehung des Bewusstseins könne das von keinem naturwissenschaftlichen Erkennen geleistet werden. Wir wissen es nicht und wir werden es nie wissen, lautet Du Bois-Reymonds Resümee: „In Bezug auf die Räthsel der Körperwelt ist der Naturforscher längst gewöhnt, mit männlicher Entsagung sein ‚Ignoramus' auszusprechen. Im Rückblick auf die durchlaufene siegreiche Bahn, trägt ihn dabei das stille Bewusstsein, dass, wo er jetzt nicht weiss, er wenigstens unter Umständen wissen könnte, und dereinst vielleicht wissen wird. In Bezug auf das Räthsel aber, was Materie und Kraft seien, und wie sie zu denken vermögen, muss er ein für allemal zu dem viel schwerer abzugebenden Wahrspruch sich entschliessen: ‚Ignorabimus!' " (ebd.: 33).

Mit dem Bild der Naturwissenschaft als „die Weltbesiegerin unserer Tage" (ebd.: 1) lässt sich Du Bois-Reymonds Ignorabimus schwerlich vereinen. Die Rezeption ist ebenso furios wie in ihren Einschätzungen divers. Gilt manchen das Ignorabimus als Rückzugsgefecht der Naturwissenschaftler, die sich auf die prinzipiellen Grenzen ihres Deutungshorizontes besinnen, gilt es anderen als Verrat an der Sache der Naturwissenschaften. Wilhelm Ostwald (1853–1932) hält Du Bois-Reymonds Schluss auf das Ignorabimus für so lange unbesiegbar, wie an der atomistisch materialistischen Grundannahme festgehalten werde. Fällt aber die Grundlage der mechanistischen Weltanschauung, „so fällt mit ihr auch das *ignorabimus*, und die Wissenschaft hat wieder freie Bahn" (Ostwald 1895: 19f.). Du Bois-Reymond ist selbst überrascht von der Reaktion, scheint ihm seine Aussage der natürlichen Grenzen nichts Neues, sondern eine geradezu „triviale Wahrheit" (Du Bois-Reymond 1881: 1045) zu sein. Dabei geht es ihm keinesfalls um eine Bescheidung der Naturwissenschaften zugunsten von Philosophie und Theologie, sondern vielmehr um die prinzipielle Trennung der Gegenstände einer möglichen Naturerkenntnis von den Gegenständen einer möglichen, aber sinnlosen metaphysischen Spekulation. Mit der Bestimmung und v. a. Anerkennung der Grenzen des Naturerkennens sollen die Naturwissenschaften endgültig von (noch) vorhandenen Resten naturphilosophischer Ambitionen befreit werden. Der Streit um das ‚Ignorabimus' sei im Kern eine Auseinandersetzung um das Verhältnis von Naturwissenschaften und Naturphilosophie, das einer Auflösung harre. Das ‚Ignorabimus' sei „förmlich zu einer Art von naturphilosophischem Schiboleth[3]" (ebd.: 1046) geworden.

---

3 *Shib[b]oleth* (hebr. wörtlich für: Getreideähre) bezeichnet in Anlehnung an seinen Gebrauch im Alten Testament (Ri 12,5–6) ein Wort oder eine Redeweise einer bestimmten Gruppe, die sich damit von anderen abgrenzt. Dabei hat das Wort selbst keine besondere Bedeutung für die Klärung eines Sachverhalts. Im übertragenen Sinn gilt ein Schibboleth als Scheide zwischen Freund und Feind.

Literatur

Bayertz, Kurt / Gerhard, Myriam / Jaeschke, Walter (Hg.) 2007a / b / c: Weltanschauung, Philosophie und Naturwissenschaft im 19. Jahrhundert. Bd. 1: Der Materialismus-Streit; Bd. 2: Der Darwinismus-Streit; Bd. 3: Der Ignorabimus-Streit. Hamburg.

– (Hg.) 2012a / b / c: Der Materialismus-Streit [Originaltexte] / Der Darwinismus-Streit [Originaltexte] / Der Ignorabimus-Streit [Originaltexte]. Hamburg.

Darwin, Charles 1860: Über die Entstehung der Arten im Thier- und Pflanzen-Reich durch natürliche Züchtung, oder Erhaltung der vervollkommneten Rassen im Kampfe um's Daseyn. Stuttgart.

– [1870] 2010: [Letter] To Armand de Quatrefages. 28 May 1870. In: Burkhardt, F. (Hg.): The Correspondence of Charles Darwin, Bd. 18. Cambridge: 141–142.

Du Bois-Reymond, Emil 1872: Über die Grenzen des Naturerkennens. Leipzig.

– 1881: 8. Juli 1880. Öffentliche Sitzung zur Feier des Leibnizischen Jahrestages. Festrede von E. Du Bois-Reymond [später veröffentlicht unter dem Titel „Die sieben Welträthsel"]. In: Monatsberichte der Königlich Preussischen Akademie der Wissenschaften zu Berlin: 1045–1072.

Feuerbach, Ludwig 1866: Gott, Freiheit und Unsterblichkeit vom Standpunkte der Anthropologie. Leipzig.

Frohschammer, Jacob 1855: Menschenseele und Psychologie. Eine Streitschrift gegen Professor Carl Vogt in Genf. München.

Haeckel, Ernst [1868] ⁴1873: Natürliche Schöpfungsgeschichte, Bd. 1. Berlin.

– [1868] 1878: Ueber die Entwickelungstheorie Darwin's. In: ders. (Hg.): Gesammelte populäre Vorträge aus dem Gebiete der Entwickelungslehre, Bd. 1. Bonn: 1–28.

Hartmann, Eduard v. 1875: Wahrheit und Irrthum im Darwinismus. Eine kritische Darstellung der organischen Entwickelungstheorie. Berlin.

Heidelberger, Michael 2015: Die Naturalisierung des Transzendentalen in der Sinnesphysiologie von Hermann von Helmholtz. In: Scientia Poetica 19: 205–234.

Henle, Jacob 1876: Anthropologische Vorträge. Erstes Heft. Glauben und Materialismus. Braunschweig.

Lotze, Hermann 1852: Medicinische Psychologie oder Physiologie der Seele. Leipzig.

Mayr, Ernst [1982] 2003: The Growth of Biological Thought. Diversity, Evolution, and Inheritance. Cambridge / MA.

Moleschott, Jakob 1850: Lehre der Nahrungsmittel. Für das Volk. Erlangen.

Ostwald, Wilhelm 1895: Die Überwindung des wissenschaftlichen Materialismus. Leipzig.

Schleiden, Matthias J. 1863: Ueber den Materialismus der neueren deutschen Naturwissenschaft, sein Wesen und seine Geschichte. Zur Verständigung für die Gebildeten. Leipzig.

Vogt, Carl 1847: Physiologische Briefe für Gebildete aller Stände. Zwölfter Brief. Nervenkraft und Seelenthätigkeit. Stuttgart.

Wagner, Rudolph 1854: Menschenschöpfung und Seelensubstanz. Göttingen.

Zittel, Karl 1871: Der Darwinismus und die Religion. In: Jahrbuch des Deutschen Protestanten-Vereins 2: 147–161.

I.8 Gegenwärtige Strömungen der Naturphilosophie

Gregor Schiemann

Obwohl die Naturphilosophie gegenwärtig eine eher randständige Position in der Philosophie einnimmt, umfasst sie zahlreiche Strömungen, die teilweise von recht unterschiedlichen Voraussetzungen ausgehen. Diese Vielfalt geht zum einen auf den nur vage bestimmbaren Begriff zurück, der sich seit jeher auf sich widersprechende Auffassungen von den Methoden und Aufgaben der Naturphilosophie anwenden ließ. Zum anderen ist die heutige Heterogenität des Faches auch Ausdruck einer Umbruchsituation, in der sich das Wissen von der Natur und das Verhältnis des Menschen zur Natur in einem radikalen Wandlungsprozess befinden (→ insb. II.1).

Das hervorstechendste neue Merkmal des Naturwissens ist der wachsende Einfluss des szientistischen Naturalismus, wie er z. T. von den Naturwissenschaften selbst vertreten wird. Ihm zufolge lassen sich alle Phänomene der Welt mit den Mitteln der Naturwissenschaften erfassen und im Prinzip auch erklären (zur Vorgeschichte → I.7 / Abschn. 2). In der Konsequenz dieses Ansatzes, der in der Naturphilosophie ebenso leidenschaftliche Anhänger wie entschiedene Gegner hat (→ I.6), liegt eine Revolutionierung derjenigen Weltbilder, die den umfassenden naturwissenschaftlichen Geltungsanspruch bestreiten. Das Verhältnis des Menschen zur Natur ist durch eine sich beschleunigende Technisierung gekennzeichnet, deren epochale Wirkungen sich in der lebensbedrohenden Umweltproblematik niederschlagen. Man kann heute nicht mehr ausschließen, dass die Biosphäre sich durch die Eingriffe des Menschen auf eine Weise verändert, die für uns letale Folgen hat. Die Gefährdung unserer Umwelt gehört zu den wichtigsten Motivationen für neue Ansätze der praktischen Naturphilosophie, die im gegenwärtigen Spektrum naturphilosophischer Strömungen neben traditionellen Positionen bestehen.

Der nachfolgende Überblick über die heutzutage relevanten Strömungen der Naturphilosophie versteht unter dieser ein Gebiet der Philosophie, dessen Gegenstand die Natur, das Wissen von ihr und das Verhältnis des Menschen zu ihr ist. „Philosophie" meint hierbei nicht nur akademische, sondern auch nichtakademische Bemühungen um ein begriffliches Verständnis der Welt. Die Trennung zwischen den beiden Typen ist nicht immer unproblematisch, nicht zuletzt wegen ihres Zusammenhangs mit der ebenfalls nicht eindeutigen Unterscheidung von wissenschaftlicher und nichtwissenschaftlicher Philosophie. Insofern Natur in naturwissenschaftlicher Hinsicht erfasst wird, können sich die Aufgaben der Naturphilosophie mit denen der Wissenschaftstheorie und -philosophie der Naturwissenschaften überschneiden (→ I.6; I.9). Im Unterschied zu nichtphilosophischen Disziplinen, die sich mit Natur befassen

(Physik, Ökologie, Biologie etc.), steht in der Naturphilosophie die Bestimmung des Naturbegriffs (→ II.1) im Vordergrund.

Gegenwärtige naturphilosophische Positionen zeichnen sich durch das Nebeneinander von neuen und herkömmlichen, teils bis auf die Antike zurückreichenden Konzeptionen aus (Schiemann 1996; 2005). Sie reichen von der grundsätzlichen Ablehnung einer naturphilosophischen Erkenntnis bzw. Disziplin (z. B. Platon, 428/427–348/347 v. Chr.; Friedrich Engels, 1820–1895) bis zu ihrer Erhebung in den Stand einer philosophischen Fundamentallehre (z. B. Aristoteles, 384–322 v. Chr.; Friedrich W. J. Schelling, 1775–1854). Systematische Aufgabenbestimmungen verstehen unter Naturphilosophie oftmals nur eine spezielle Richtung der theoretischen Philosophie (Welten 1992). Unter dem Eindruck der Umweltproblematik haben aber praktische Fragestellungen verstärkt Eingang gefunden (Bayertz 1987) (→ III.5; IV.1– IV.6). Zusätzlich scheint es zweckmäßig, die Thematisierung ästhetischer Erfahrungen von Natur als gesonderten Bereich aufzunehmen (→ II.9; III.2; IV.6; IV.7). Eine Dreiteilung der Aufgaben systematischer Naturphilosophie in einen theoretischen, praktischen und ästhetischen Bereich übernimmt die traditionelle Gliederung der Philosophie. Sie trägt dem Umstand Rechnung, dass Naturphilosophie nur bedingt über einen eigenen Methodenkanon verfügt und deshalb meist als angewandte Philosophie gelten kann (vgl. für die theoretische Naturphilosophie: Stöckler 1989). Die historische Forschung der Naturphilosophie ist teils Bestandteil des systematischen Bereichs, teils hat sie sich als eigener Bereich herausgebildet. Ein weiterer Bereich ist die Naturphilosophie als Lebensstil und Weltanschauung. Zur näheren Bestimmung der Aufgaben der Naturphilosophie bedarf es in jedem dieser Bereiche einer Gegenstandspräzisierung und einer Abgrenzung zu anderen Disziplinen, die sich mit denselben Gegenständen befassen.[1]

1. Systematische Naturphilosophie

1.1 Theoretische Naturphilosophie

Zur theoretischen Naturphilosophie gehören die Bestimmungen des Naturbegriffes sowie der Naturerkenntnis. Größten Raum nehmen dabei die philosophischen Probleme der Erfahrungswissenschaften ein. Im Unterschied zur Wissenschaftstheorie bzw. -philosophie, die sich vornehmlich mit methodologischen und erkenntnistheoretischen Fragestellungen beschäftigt, stehen in der Naturphilosophie inhaltliche bzw. materiale Voraussetzungen und Gehalte einzelner erfahrungswissenschaftlicher Theorien und ihres übergreifenden Zusammenhanges im Vordergrund, die in den jeweiligen Fachdisziplinen nicht behandelt werden (Abschn. 1.1.1–2). Im Bestreben, spezialwissenschaftlich getrennte Erkenntnisse zu einem geschlossenen Bild von der Natur zu vereinen, berührt sich dieser Teil der Naturphilosophie mit einem spekulativen Teil, der traditionelle Bestimmungen fortzuentwickeln oder auch zu überwinden

---

1 Die folgende Darstellung stützt sich auf Schiemann/Heidelberger 2010.

sucht (1.1.3). Als eine zum experimentellen Wissen alternative Erkenntnis kann die Phänomenologie der Natur angesehen werden (1.1.4).

1.1.1 Philosophische Probleme der Erfahrungswissenschaften

Anlass für theoretische naturphilosophische Überlegungen haben v. a. die Entwicklungen der Physik und der Biologie gegeben, in geringerem Umfang z. B. auch die der Chemie und der Umweltwissenschaften.

In der Physik sind dafür die Relativitätstheorien Albert Einsteins (1879–1955) und die Quantenmechanik Niels Bohrs (1885–1962) und Werner Heisenbergs (1901–1976) beispielhaft. Indem die spezielle Relativitätstheorie die Newtonsche Konzeption der Gleichzeitigkeit zurückwies, die physikalischen Größen von Raum, Zeit und Masse relativierte und die Lichtgeschwindigkeit im Vakuum absolut setzte, erforderte sie eine Revision naturphilosophischer Grundbegriffe, namentlich von ‚Raum‘ und ‚Zeit‘ (→ II.4) sowie ‚Kausalität‘ (→ II.7). Weitreichende kosmologische Bedeutung hat die allgemeine Relativitätstheorie erlangt, in der das Relativitätsprinzip von Inertialsystemen auf beschleunigte Bezugssysteme ausgedehnt wird. In der Standardinterpretation der Quantenmechanik erhalten die mikrophysikalischen Entitäten Eigenschaften, die ebenso wenig in unserer Alltagswelt wie in der klassischen Physik vorkommen und ihren Gesetzen einen grundlegend indeterministischen Charakter verleihen. Die überkommenen Auffassungen von Kausalität und Determinismus (→ II.7), Erklärung und Voraussage, Objektivität und Subjektivität müssen sich damit neuen naturphilosophischen Herausforderungen stellen. Alternative Interpretationen beschreiben die subatomaren Phänomene als das Wirken einer unbeobachtbaren Welt, die den Gesetzen der klassischen Mechanik folgt (Louis de Broglie, 1892–1987; David J. Bohm, 1917–1992).

Aufgrund der Vereinheitlichungserfolge im 19. und 20. Jh. (Energieerhaltungssatz; Zusammenführung von Optik, Elektrodynamik und Quantenmechanik) wird vielfach die ‚Einheit der Physik‘ als letztes Ziel gesehen. So versucht etwa Carl F. von Weizsäcker (1912–2007) den Aufbau der Physik im Rahmen einer allgemeinen Quantentheorie binärer Alternativen (Ur-Objekte) zu verstehen – auch unter Zuhilfenahme transzendentalphilosophischer Argumente im Hinblick darauf, dass der Unterschied von Vergangenheit und Zukunft bei der Begründung empirischer Wissenschaft grundlegend ist.

Weitere naturphilosophische Herausforderungen haben sich in der Physik zum einen durch die Thermodynamik fern vom Gleichgewicht ergeben, aus der Ilya Prigogine (1917–2003) ein neues naturphilosophisches Verständnis von Zeit entwickelt hat. Zum anderen hat in der Kosmologie das verloren geglaubte teleologische Denken mit dem sog. Anthropischen Prinzip wieder Eingang gefunden. Es besagt, dass die Bedingungen für die Existenz des Menschen als Beobachter mit der Beobachtung des Universums vereinbar sein müssen (Leslie 1990).

In der Biologie ergeben sich insb. aus der Gentechnologie und Synthetischen Biologie (→ IV.3) neuartige naturphilosophische Herausforderungen für die ältere Debatte über die Natur des Lebens, die Stellung des Menschen in der Natur, die Naturalisierung der Intentionalität und dergleichen.

1.1.2 Synthese der Erfahrungswissenschaften

Nachdem man sich im 19. Jh. einem wissenschaftlichen, meist mechanistisch orientierten Weltbild bereits nahe glaubte (Ludwig Büchner, 1824–1899; Ernst Haeckel, 1834–1919), ist gegenwärtig die Auffassung verbreitet, dass es sich nicht einmal grundsätzlich entscheiden lässt, ob die Wissenschaften eine Gesamttheorie oder aber mehrere wahre Theorien des ganzen, den Menschen umfassenden Seins hervorbringen können. Die verschiedenen Ansätze sind sich dabei einig, dass sich nur in spekulativer Verallgemeinerung der erfahrungswissenschaftlichen Erkenntnisse ein neues wissenschaftliches Weltbild wird gewinnen lassen (s. z. B. Rensch 1977; Jantsch 1979; Kanitscheider 1993; Koltermann 1994; Bartels 1996; Drieschner 2002; Esfeld 2008). Als neue Leitbilder gelten Evolutions- bzw. Selbstorganisations- sowie Chaostheorien. Ihrer integrativen Kraft stehen hauptsächlich die Zersplitterung des empirischen Wissens und die disziplinimmanente wie auch -übergreifende erfahrungswissenschaftliche Theorienvielfalt entgegen.

1.1.3 Spekulative Naturphilosophie

Vom Denken, von den Voraussetzungen der Erfahrung und von den verschiedensten Erfahrungstatsachen ausgehend sucht die spekulative Naturphilosophie (→ I.6; I.8) Grundzüge der Natur zu bestimmen, die über die sinnliche und praktische Realität hinausreichen. Auch wo ihre Entwürfe sich nicht als Fundierung der Naturwissenschaften, sondern als eigenständige Thematisierung verstehen, sind sie in enger, oft kritischer Auseinandersetzung mit den erfahrungswissenschaftlichen Resultaten entstanden, ohne deren Inhalte in Frage zu stellen. Das Spektrum reicht von der Wiederaufnahme antiker Vorstellungen bis zu den Versuchen, traditionelle Dualismen zu überwinden (s. Whitehead 1920; Plessner 1928; Hartmann 1950; Teilhard de Chardin 1955; Jonas 1979; Meyer-Abich 1984; Leclerc 1986).

1.1.4 Phänomenologie der Natur

In der Tradition von Edmund Husserl (1859–1938) fragt die Phänomenologie der Natur nicht nach den Ursachen von Erscheinungen, sondern nach ihrer subjektiven Gegebenheitsweise (Böhme / Schiemann 1997; Cho / Lee 1999). Lebensweltlich betrachtet sie dieselben Gegenstände wie die Naturwissenschaften, aber aus anderer Perspektive. Naturobjekte werden in ihrer gestalthaften, sinnlich-anschaulichen Erscheinung erfasst und systematisiert. Beispiele sind die Naturauffassungen Maurice Merleau-Pontys (1908–1961) und Adolf Portmanns (1897–1982) sowie die an die naturwissenschaftlichen Arbeiten Johann W. von Goethes (1749–1832) anknüpfenden anthroposophischen Ansätze (Beispiele in Böhme / Schiemann 1997). Die Naturphänomenologie thematisiert zudem Gegenstände jenseits der gegenwärtigen naturwissenschaftlichen Erfahrung wie das eigene Erleben von Wahrnehmungen, Empfindungen oder Gefühlen. Eine Schlüsselstellung nimmt hierbei die dem Menschen zugehörige, nicht objektivierte Natur, der Leib, ein (→ III.1).

1.2 Praktische Naturphilosophie

Die durch Bevölkerungswachstum und heutige Technologien bewirkten Naturveränderungen sind historisch einmalig. Menschliche Einflussnahmen verändern ökologische Systeme, die ehemals außerhalb ihrer Reichweite lagen (Klima, Artenvielfalt etc.), mit Geschwindigkeiten, die sich signifikant von denen natürlicher Evolutionsprozesse unterscheiden. Mit dieser „Expansion der Macht" (Hans Jonas, 1903–1993) beginnt die menschliche Gattung über ihre eigenen globalen Lebensbedingungen zu verfügen. Natur wird zum Thema der praktischen Philosophie bzw. menschliches Handeln zum Gegenstand naturphilosophischer Bewertung (programmatisch bei Klaus M. Meyer-Abich, 1936–2018). Als Orientierungsinstanz ist Natur seit der Antike angesehen worden. Sich auf sie zu berufen, erhält jedoch neue Qualität, wenn sie nicht mehr als Voraussetzung, sondern als Resultat menschlichen Handelns gilt.

Während die theoretische Naturphilosophie v. a. auf Methoden der theoretischen Philosophie zurückgreift, stellt sich für die praktische Naturphilosophie grundsätzlich die Frage, in welchem Umfang Theorien der praktischen Philosophie auf den Umgang des Menschen mit der Natur Anwendung finden können (Abschn. 1.2.1). Diese Begründungsproblematik betrifft alle Bereiche der praktischen Naturphilosophie, die sich nach ihren Gegenständen gliedern lassen (1.2.2–3).

1.2.1 Physiozentrismus versus Anthropozentrismus

Zur Begründung ethischer Prinzipien und zur Diskussion moralischer Probleme des menschlichen Naturumganges hält es der sog. „Physiozentrismus" für unverzichtbar, der Natur Eigenwerte bzw. -rechte zuzuschreiben, die denen in menschlichen Gesellschaften entsprechen (u. a. Schweitzer 1966; Jonas 1979; Meyer-Abich 1994; Næss 2005; Plumwood 1993; Attfield 2003). Angeführt werden unterschiedliche Rechte (auf Existenz, Schutz, Unversehrtheit, Gleichbehandlung etc.) und Bereiche der Natur, auf die diese Rechte zu beziehen sind (leidensfähige Lebewesen, alle Lebewesen, unberührte Natur, Natur als Ganzes etc.). Der Gegenposition zufolge lassen sich Ethik und Moral des Naturumganges nur unter der Voraussetzung behandeln, dass die Natur allenfalls für Menschen einen Wert hat (u. a. Seel 1991; Schäfer 1993; Böhme 1997; Birnbacher 2006; 2019). Sie sei erhaltenswert, weil die Erfüllung menschlicher Grundbedürfnisse (Nahrung, Wohnung, gutes Leben etc.) von ihrem Schutz und Bestand abhänge. Moralische Probleme ergeben sich diesem „Anthropozentrismus" zufolge nur aus der Thematisierung von Werten, an denen man das Handeln im Hinblick auf die eigene Lebensführung und auf das Zusammenleben mit anderen Wesen orientiert (Krebs 1997; Düwell 2008).

1.2.2 Äußere Natur

Praktische Naturphilosophie der äußeren Natur des Menschen gliedert sich in die Fragen des Tierschutzes und der Umwelt-, Natur- und Landschaftsgestaltung. Die spezielle moralische Problematik des Tierschutzes entsteht aus der Annahme, dass

Tiere – im Unterschied zu Pflanzen – empfindungsfähige Wesen sind und ihnen deswegen ein moralisch relevanter Status zukommt. Massentierhaltung, Tierexperimente, bestimmte Tötungsformen oder überhaupt die Tötung von Tieren sind mit diesem Status nicht oder nur bedingt vereinbar.

Moralisch gebotene Handlungserfordernisse gegenüber der natürlichen Umwelt betreffen nicht nur Schutzaufgaben, da viele ihrer Bereiche bereits vom menschlichen Einfluss abhängig und auch nicht ohne aktive Eingriffe zu bewahren sind (Kulturlandschaftsschutz). Indem die Umweltgestaltung der Beeinträchtigung unserer Lebensgrundlagen entgegenwirkt, kommt ihr für die Sicherung von Ökosystemen unmittelbare Bedeutung zu. Sie erfordert i. d. R. die Begründung neuer gesellschaftlicher Konventionen. Moralische Argumente (z. B. das Handlungsgebot aus Verantwortung für zukünftige Generationen), die etwa dem Schutz öffentlicher Güter (Luft, Wasser etc.) gelten, sind Teil eines Diskurses, der auf einen Konsens für generalisierbare Regelungen abzielt. In der gegenwärtigen naturphilosophischen Debatte weniger beachtet als Tierschutz und Umweltgestaltung sind die moralischen Fragen der Natur- und Landschaftsgestaltung. Sie haben nicht individuelle Organismen, sondern Populationen, Arten und Ökosysteme zum Objekt, deren Gegenstandsbestimmungen eng mit Art und Begründung der jeweiligen Handlungsziele verbunden sind. Teile der äußeren Natur werden mitunter erst unter Aspekten der Ökologie, der Schutzwürdigkeit vor weiteren Eingriffen, der Renaturierung etc. charakterisierbar.

Reflexionen zu moralischen Problemen bezüglich der äußeren Natur werden zusammenfassend auch als „ökologische Ethik" bezeichnet. Sie fallen sowohl in den Bereich der Ethik als auch in den der Naturphilosophie, die in diesem Kontext im englischen Sprachraum auch *Environmental Philosophy* heißt (vgl. Jamieson 2003).

1.2.3 Leib- und Medizinethik

Im Hinblick auf den Leib (→ III.1) ergeben sich ethische Fragestellungen, weil das Selbstverständnis des Menschen die eigene Natur umfasst. Für den, der den menschlichen Körper als Maschine betrachtet, stellen sich keine moralischen, sondern allenfalls technische Probleme. Wird hingegen die eigene Natur als zum Selbst zugehörig aufgefasst, eröffnen sich Seinsweisen, die das Ich als rationale Instanz relativieren (Böhme 1997: 136). Zwar ist der menschliche Körper durch die gesteigerten Eingriffsmöglichkeiten bereits ein verfügbarer Teil individueller Lebensentwürfe oder Gegenstand gesellschaftlicher Regelungen geworden. Letztere betreffen v. a. das Verhältnis zur medizinischen Technik (Organtransplantation, Reproduktionsmedizin, Gentechnik etc.). Aber diese Manipulationen des menschlichen Körpers haben dessen natürlichen Gegebenheiten, die sich mit dem beginnenden Holozän herausgebildet hatten, bisher nur peripher betroffen.

1.3 Naturästhetik

Von der Wahrnehmung der Natur, auch im Hinblick auf ihre Schönheit oder Hässlichkeit, ist in der gegenwärtigen (nicht ausschließlich naturphilosophischen) Forschung v. a. in drei unterschiedlichen Bedeutungen die Rede:[2] Naturästhetik kann eine (natur-) philosophische Theorie der Schönheit der äußeren Natur heißen. Nach Martin Seel (geb. 1954) untersucht sie die Dimensionen einer „Wahrnehmung, die sich in vollzugsorientierter Aufmerksamkeit an die sinnliche und / oder sinnhafte Präsenz und Prägnanz ihrer Gegenstände hält" (Seel 1991: 35) (→ II.9; III.2; IV.6; IV.7). Außerdem kann eine Theorie der sinnlichen Wahrnehmung als leibliche Anwesenheit gemeint sein (→ III.1). Im Zentrum des ästhetischen Interesses steht hier Gernot Böhme (geb. 1937) zufolge „die Beziehung von Umgebungsqualitäten und Befindlichkeiten" sowie die beide verbindende „Atmosphäre" (Böhme [1995] 2013: 177). Nicht zuletzt können unter Naturästhetik die Beziehungen von Naturwissenschaft zum Phänomen des Schönen verstanden werden. Von Seiten der Naturwissenschaften sind als objektive Bedingungen, die uns dazu führen, an etwas Gefallen zu finden, sowohl Ordnungsstrukturen (in der Tradition von Ernst Haeckel) als auch der Übergang von Ordnung zu Chaos angegeben worden (Cramer / Kaempfer 1992). Naturwissenschaftliche Theorien sind aber umgekehrt auch selbst ein ästhetischer Gegenstand. Sie werden nicht nur nach ihrer empirischen bzw. praktischen Leistungsfähigkeit, sondern darüber hinaus nach ihrer Einfachheit, Eleganz, Anschaulichkeit etc. beurteilt. Geschmacksurteile spielen in der Wissenschaft v. a. bei der Bewertung konkurrierender Theorien eine nicht zu vernachlässigende Rolle (McAllister 1996).

2. Historische Forschung

Ein Großteil der gegenwärtigen naturphilosophischen Forschung befasst sich in und neben den genannten Bereichen schließlich mit der Geschichte der Natur und der Naturphilosophie. In diesem Zusammenhang sind zahlreiche Einzelstudien, aber in neuerer Zeit wenige umfassende historische Darstellungen erschienen.[3]

3. Naturphilosophie als Lebensstil und Weltanschauung

So wie der Begriff der Philosophie nicht in der professionellen Wissenschaft aufgeht, wird auch der Ausdruck ‚Naturphilosophie' mit nichtakademischen Konzeptionen und Strömungen verbunden. Im Vordergrund stehen hierbei Fortführungen der sog. New-Age-Bewegung und ökologisch orientierte Reflexionen auf Natur. Neben holistischen Naturtheorien (vgl. oben, Abschn. 1.1.3) und der von James Lovelock (geb.

---

2   Eine Übersicht über den thematisch verwandten angelsächsischen Diskurs der Umweltästhetik bietet Carlson 2019.
3   Zur Geschichte der Natur siehe: Moscovici 1968; Lepenies 1976; Sieferle 1997; Radkau 2000; Kirchhoff / Trepl 2009; zur Geschichte der Naturphilosophie: Böhme 1989; Gloy 1995 / 1996.

1919) und Lynn Margulis (1938–2011) entwickelten Gaia-Theorie, die die Erde als Quasi-Lebewesen versteht, bildete der Spiritualismus (George I. Gurdijeff, vermutlich 1866–1949; Rudolf Steiner, 1861–1925; u. a. m.) wichtige Anknüpfungspunkte für die New-Age-Bewegung. Ihr zufolge zeichnet sich in unserer Zeit der epochale Wandel vom gegensätzlich zum harmonisch verfassten Naturbild ab (Schorsch 1988; Mutschler 1990). Ökologische Naturphilosophie ist als nichtakademische anzusehen, wenn sie sich als Teil politischer Bewegungen und als Anleitung zur individuellen Lebensgestaltung artikuliert wie bei der auf Arne Næss zurückgehenden *Deep Ecology* (Sessions 1995) und der besonders in den USA verbreiteten öko-feministischen Richtung (s. z. B. Merchant 1980; Plumwood 1993).

Literatur

Attfield, Robin [2003] [2]2014: Environmental Ethics. An Overview for the Twenty-First Century. Oxford.

Bartels, Andreas 1996: Grundprobleme der modernen Naturphilosophie. Paderborn.

Bayertz, Kurt 1987: Naturphilosophie als Ethik. Zur Vereinigung von Natur- und Moralphilosophie im Zeichen der ökologischen Krise. In: Philosophia Naturalis 24: 157–185.

Birnbacher, Dieter 2006: Natürlichkeit. Berlin.

– 2019: Natürlichkeit. In: Kirchhoff, T. (Hg.): Online Encyclopedia Philosophy of Nature / Online Lexikon Naturphilosophie. Heidelberg, doi: https://doi.org/10.11588/oepn.2019.0.65541.

Böhme, Gernot [1995] [7]2013: Atmosphäre. Essays zur neuen Ästhetik. Berlin

– [1997] [2]1998: Ethik im Kontext. Frankfurt / M.

– (Hg.) 1989: Klassiker der Naturphilosophie. Von den Vorsokratikern bis zur Kopenhagener Schule. München.

Böhme, Gernot / Schiemann, Gregor (Hg.) 1997: Phänomenologie der Natur. Frankfurt / M.

Carlson, Allen 2019: Environmental aesthetics. In: Zalta, E. N. (Hg.): SEP (Summer 2019 edition). https://plato.stanford.edu/archives/sum2019/entries/environmental-aesthetics/.

Cho, Kah K. / Lee, Young-Ho (Hg.) 1999: Phänomenologie der Natur. Freiburg.

Cramer, Fritz / Kaempfer, Wolfgang 1992: Die Natur der Schönheit. Frankfurt / M.

Drieschner, Michael 2002: Moderne Naturphilosophie. Eine Einführung. Paderborn.

Düwell, Marcus 2008: Bioethik. Methoden, Theorien und Bereiche. Stuttgart.

Esfeld, Michael 2008: Naturphilosophie als Metaphysik der Natur. Frankfurt / M.

Gloy, Karen 1995 / 1996: Das Verständnis der Natur. 2 Bde. München.

Hartmann, Nicolai [1950] 1980: Philosophie der Natur. Berlin.

Jamieson, Dale (Hg.) 2003: A Companion to Environmental Philosophy. Oxford.

Jantsch, Erich [1979] [2]1992: Die Selbstorganisation des Universums. Vom Urknall zum menschlichen Geist. München.

Jonas, Hans [1979] [3]1993: Das Prinzip Verantwortung. Versuch einer Ethik für die technologische Zivilisation. Frankfurt / M.

Kanitscheider, Bernulf 1993: Von der mechanischen Welt zum kreativen Universum. Zu einem neuen philosophischen Verständnis der Natur. Darmstadt.

Kirchhoff, Thomas / Trepl, Ludwig (Hg.) 2009: Vieldeutige Natur. Landschaft, Wildnis und Ökosystem als kulturgeschichtliche Phänomene. Bielefeld.

Koltermann, Rainer 1994: Grundzüge einer modernen Naturphilosophie. Ein kritischer Gesamtentwurf. Frankfurt / M.

Krebs, Angelika (Hg.) [1997] [8]2016: Naturethik. Grundtexte der gegenwärtigen tier- und öko-ethischen Diskussion. Frankfurt/M.

Leclerc, Ivor 1986: The Philosophy of Nature. Washington.

Lepenies, Wolf 1976: Das Ende der Naturgeschichte. Wandel kultureller Selbstverständlichkeiten in den Wissenschaften des 18. und 19. Jahrhunderts. München.

Leslie, John (Hg.) 1990: Physical Cosmology and Philosophy. New York.

McAllister, James 1996: Beauty and Revolution in Science. Ithaca.

Merchant, Carolyn [1980] [2]1994: Der Tod der Natur. Ökologie, Frauen und neuzeitliche Natur-wissenschaft. München.

Meyer-Abich, Klaus M. 1984: Wege zum Frieden mit der Natur. Praktische Naturphilosophie für die Umweltpolitik. München.

Moscovici, Serge [1968] 1990: Versuch über die menschliche Geschichte der Natur. Frank-furt/M.

Mutschler, Hans-Dieter [1990] [2]1992: Physik, Religion, New Age. Würzburg.

Næss, Arne 2005: Deep Ecology of Wisdom. Explorations in Unities of Nature and Cultures. Selected Papers. Hg.: H. Glasser/A. Drengson. Dordrecht.

Plessner, Helmuth [1928] 1975: Die Stufen des Organischen und der Mensch. Einleitung in die philosophische Anthropologie. Berlin.

Plumwood, Val 1993: Feminism and the Mastery of Nature. London.

Radkau, Joachim [2000] [2]2012: Natur und Macht. Eine Weltgeschichte der Umwelt. München.

Rensch, Bernhard [1977] [2]1991: Das universale Weltbild. Evolution und Naturphilosophie. Darmstadt.

Schäfer, Lothar 1993: Das Bacon-Projekt: Von der Erkenntnis, Nutzung und Schonung der Natur. Frankfurt/M.

Schiemann, Gregor 1996: Traditionslinien der Naturphilosophie. In: ders. (Hg.): Was ist Natur? Klassische Texte zur Naturphilosophie. München: 10–46.

– 2005: Natur, Technik, Geist. Kontexte der Natur nach Aristoteles und Descartes in lebens-weltlicher und subjektiver Erfahrung. Berlin.

Schiemann, Gregor/Heidelberger, Michael [2]2010: Naturphilosophie. In: Sandkühler, H. J. (Hg.): Enzyklopädie Philosophie. Hamburg: Sp. 1733–1743.

Schorsch, Christof 1988: Die New Age-Bewegung. Utopie und Mythos der Neuen Zeit. Gütersloh.

Schweitzer, Albert [1966] [10]2013: Die Ehrfurcht vor dem Leben. Grundtexte aus fünf Jahrzehnten. München.

Seel, Martin 1991: Eine Ästhetik der Natur. Frankfurt/M.

Sessions, George (Hg.) 1995: Deep Ecology for the 21st Century. Readings on the Philosophy and Practice of the New Environmentalism. Boston.

Sieferle, Rolf P. 1997: Rückblick auf die Natur. Eine Geschichte des Menschen und seiner Um-welt. München.

Stöckler, Manfred 1989: Was kann man heute unter Naturphilosophie verstehen? In: Philosophia Naturalis 26: 1–18.

Teilhard de Chardin, Pierre [1955] [5]2018: Der Mensch im Kosmos. München.

Welten, Willibrord 1992: Recent conceptions of the philosophy of nature. In: Revista Portuguesa de Filosophia 48: 59–75.

Whitehead, Alfred N. [1920] 1990: Der Begriff der Natur. Weinheim.

I.9 Möglichkeiten und Grenzen einer disziplinären Bestimmung der Naturphilosophie

Myriam Gerhard, Gerald Hartung und Nicole C. Karafyllis

1. Naturphilosophie als Disziplin? Institutionelle Spurensuche

Der historische ‚Kampf' um die Naturphilosophie (→ I.6) und ihre Deutungshoheiten (→ I.7) beinhaltet auch eine Auseinandersetzung um die Möglichkeiten und Grenzen einer *disziplinären* Bestimmung der Naturphilosophie, die bis in die Gegenwart andauert. Wie verortet sich die moderne Naturphilosophie im Fach Philosophie, wie allgemein im Fächerkanon – und sind diese Fragen dem Gegenstandsbereich und den Aufgaben der Naturphilosophie überhaupt angemessen? (Vgl. Hennemann 1975; Schiemann 1996; Kummer 2009.) Die Philosophie selbst wie auch die Wissenschaftssysteme haben historische Wandlungen durchlaufen und bleiben in ihrer gegenseitigen Verwiesenheit fluide. Noch im 18. Jh. war die Naturphilosophie als Disziplin gleichsam nicht der Rede wert, weil jeder ausgebildete Philosoph immer auch Naturphilosophie betrieb. Umgekehrt konnten sich, vor dem Anspruch einer nach Universalwissen strebenden Bildung, die an einer systematischen *Philosophia Naturalis* arbeitenden Naturforscher Isaac Newton (1643–1727) und Carl von Linné (1707–1778) zwanglos „Naturphilosophen" nennen. Mit der zunehmenden Spezialisierung der Wissenschaften und Erweiterung des Fächerkanons im 19. Jh. – in dem etwa die Landwirtschafts- und die Technikwissenschaften sich neu an Hochschulen etablieren – verschieben sich die institutionellen wie inhaltlichen Grenzziehungen, gegenüber denen sich die Naturphilosophie gleichermaßen zu verhalten hat wie sie sie auch selbst hervorbringt.

Die akademische Institutionalisierung der Naturphilosophie im engeren Sinne lässt sich nachverfolgen mittels der Einführung spezifisch naturphilosophischer Denominationen der Lehrstühle im 19. Jh. wie auch anhand der Etablierung von naturphilosophischen Zeitschriften und Gesellschaften. Ohne Anspruch auf Vollständigkeit seien hier als Inhaber eines Lehrstuhls für Naturphilosophie exemplarisch genannt: Henrich Steffens (1773–1845) von 1804–1806 als „Professor für Naturphilosophie und Mineralogie" an der Universität Halle und von 1832–1845 als „Professor für Naturphilosophie und Religion" an der Universität Berlin, Lorenz Oken (1779–1851) ab 1833 als „Professor für Naturgeschichte, Naturphilosophie und Physiologie des Menschen" an der Universität Zürich, Gustav T. Fechner (1801–1887) von 1846–1875 als „Professor für Naturphilosophie und Anthropologie" an der Universität Leipzig, Ludwig Boltzmann (1844–1906) ab 1902 als „Professor für Theoretische Physik und Naturphilosophie" an der Universität Wien. Im 20. und 21. Jh. sind verschiedene Professuren für Naturphilosophie etabliert: u. a. von 1969–2006 eine „Professur für Naturphilosophie" an der Universität Bochum, von 1972–2001 eine „Professur für Naturphilosophie" an der Universität Duisburg-Essen, von 1994–2009 eine „Professur für Naturphilosophie" an der Universität Jena, seit 1997 eine „Professur für Naturphilosophie, Grenzfragen der Naturwissenschaft und Wissenschaftstheorie" an der Hochschule für Philosophie in München, seit 2000 eine „Professur für Wissenschafts- und Naturphilosophie" an der Universität Bonn und seit 2004 eine Professur für „Philosophie mit den Schwerpunkten Wissenschaftstheorie und Naturphilosophie" an der Universität Münster.

Die Anerkennung der Naturphilosophie als philosophische Disziplin muss vor dem Hintergrund einer solchen akademischen Institutionalisierungsgeschichte arbiträr erscheinen. Die Genese von Disziplinen steht zwar in einem engen Verhältnis zu ihrer Institutionalisierung, geht aber nicht in ihr auf. Zum einen führt eine Disziplin, verstanden als Teilbereich der Wissenschaft, nicht notwendigerweise zur Institutionalisierung in Form eines Lehrfachs. Zum anderen hängt die Frage, ob die Naturphilosophie eine Disziplin ist, an der Antwort auf die übergeordnete Frage, ob die Philosophie selbst eine Wissenschaft ist (so auch Weingarten 2006) – was v. a. seit dem 19. Jh. umstritten ist. Eine historische Betrachtung der institutionellen Entwicklung einer Disziplin kann deshalb ihre systematische Bestimmung, die stets ihre eigene Geschichte hat, nicht ersetzen. Das gilt selbstredend auch für die Naturphilosophie. Sucht man nach ihrer Wirkungsgeschichte, so wird man nicht nur in der Philosophie und in den Naturwissenschaften, sondern z. B. auch in der Ökonomie (→ III.5) und den Rechtswissenschaften (→ I.4) fündig.

Im Folgenden werden in Abschnitt 2 die Versuche erörtert, Naturphilosophie als eine *philosophische* Disziplin zu bestimmen, um dann in Abschnitt 3 einen Ausblick auf eine zeitgemäße Naturphilosophie zu eröffnen, die über disziplinäre Grenzen hinweg ein plurales und integratives Selbstverständnis vertritt.

2. Naturphilosophie als philosophische Disziplin

Über den Status der *Naturphilosophie* als einer philosophischen Disziplin gibt es unterschiedliche Meinungen. Während für die einen die Naturphilosophie eine der ältesten philosophischen Disziplinen (→ I.1) darstellt (Bernulf Kanitscheider), sprechen andere davon, dass eine Disziplin namens Naturphilosophie auch heute noch gar nicht existiert (Hans-Dieter Mutschler) (vgl. die Beiträge in Kummer 2009). Tatsächlich gilt für die Naturphilosophie wie für andere Bereichsphilosophien (z. B. die Rechts- und die Religionsphilosophie) in ihrer begrifflichen Fassung: Sie ist eine Erscheinung der anbrechenden Moderne und ihr Entstehen hängt zusammen mit dem Auseinanderfallen des traditionellen Triviums Physik, Dialektik und Ethik als den drei institutionalisierten Lehrformen der Philosophie im späten 18. Jh.

Auch der Sache nach wird die *Naturphilosophie* infolge der kantischen Kritik und Rekonstruktion der Metaphysik auf ein neues Fundament gestellt, das sie von einer natürlichen Philosophie und Theologie unterscheidbar macht. Naturphilosophie *nach* Immanuel Kant (1724–1804) kann in systematischer Sicht zweierlei meinen: erstens die Fortführung der kritischen Metaphysik der Natur, die Rekonstruktion einer spinozistischen Naturphilosophie, so z. B. Friedrich W. J. Schelling (1775–1854), oder die Hinwendung zu einer induktiven Metaphysik, so z. B. bei Wilhelm Wundt (1832–1920); zweitens aber eine Wissenschaftstheorie der Naturwissenschaft, so z. B. bei Ernst Mach (1838–1916), die auch die Möglichkeit einer „Geschichte der Naturwissenschaften" einschließt, so z. B. schon bei Hugo Dingler (1881–1954) und wieder aufgenommen bei der Gründung der Zeitschrift *Philosophia naturalis* (s. u.) (→ I.6). Wissenschaftstheorie der Naturwissenschaft scheint mit Blick auf die Denominationen der Philosophieprofessuren (s. Abschn. 1) dasjenige akademische Anliegen zu sein, das die zweite Hälfte des 20. Jhs. dominiert und auch die Gegenwart bestimmt (und dies nicht nur in Deutschland). Gerade durch diese Verengung kehren aber die weiteren Verständnisse der Naturphilosophie in anderen, sich im 20. Jh. neu etablierenden philosophischen Disziplinen wieder, z. B. in der Philosophischen Anthropologie, in der Lebensphilosophie, in der Existenzphilosophie und in der Phänomenologie (s. u.).

In einer Disziplinengeschichte der *Naturphilosophie* liegt der Ausgangspunkt im 19. Jh., an dessen Anfang sich die Naturphilosophie als Teilbereich der Philosophie (neben der Geistesphilosophie) herausbildet, bevor eine allmählich emanzipierende Naturwissenschaft und auch Wirtschaftswissenschaft sich von dieser kritisch abwenden (vgl. Hennemann 1959). So trägt z. B. die 1841 vorgelegte Dissertationsschrift des Ökonomen und Philosophen Karl Marx (1818–1883) noch „Naturphilosophie" im Titel. Um 1900 entsteht in enger Bindung an eine positivistisch orientierte Naturwissenschaft eine neue Naturphilosophie. Erst in dieser letzten Phase reflektiert die Naturphilosophie als Disziplin ihren doppelten Grenzverlauf zur Philosophie *und* zu den Naturwissenschaften. Beide Seiten erheben entweder der Anspruch, die Naturphilosophie zu integrieren, oder aber ihre Berechtigung zu leugnen – wobei es sich jeweils um Strategievarianten handelt, den Anspruch der Naturphilosophie auf disziplinäre Eigenständigkeit zu bestreiten.

Das 19. Jh. ist einerseits geprägt durch den Konflikt zwischen einer philosophischen, d. h. spekulativen, und einer wissenschaftlichen, dezidiert empirischen Analyse des Gegenstands- und Phänomenbereichs ‚Natur'. Andererseits beinhaltet diese Konfliktgeschichte auch unterschiedliche Versuche der Integration beider Verfahrensweisen. So geht es in der Identitätsphilosophie Schellings und in seiner Nachfolge um die Einheit von Sein und Denken, von empirischer Betrachtung und philosophischer Spekulation, wobei die Naturphilosophie als Grundlage der Naturforschung behauptet wird. Demgegenüber wird in den verschiedenen Konzeptionen induktiver Metaphysik diese Identität und die Konvergenz der Methoden ebenfalls vertreten – mit dem Unterschied, dass es sich hierbei nicht um eine Voraussetzung, sondern eine Schlussfolgerung empirischer Naturforschung handelt. In einem verwandten Sinne spricht der Mediziner und Philosoph Hermann Lotze (1817–1881) von der wechselseitigen Ergänzung empirischer und spekulativer Verfahrensweisen, die in der Durchführung erst ihren gemeinsamen Grund freilegen. Auch der Naturforscher Hermann Helmholtz (1821–1894) subsumiert die einzelwissenschaftliche Forschung einer allgemeinen Zielsetzung: Die Konvergenz einzelwissenschaftlicher Naturforschung, die auf methodischer Selbstständigkeit der Wissenschaften beruht, soll in philosophischer Reflexion die Einheit der Natur erweisen. *Naturphilosophie* wird in dieser Argumentationslinie der Sache nach zu einem philosophischen Verfahren, in dem die Methoden und Inhalte der Naturforschung reflektiert werden.

Das Bedürfnis nach einer disziplinären Verortung der Naturphilosophie entsteht im letzten Drittel des 19. Jhs., als mit Mach der Typus eines naturwissenschaftlichen Philosophen die Bühne betritt, der selbst in der Naturforschung tätig ist und zugleich das Geschäft der philosophischen Reflexion von Methoden und Inhalten der Forschung übernimmt. Bezeichnend für diesen Vorgang ist die radikale Ablehnung spekulativer Naturphilosophie durch die Positivisten und Empirio-Kritizisten, die den Vorwurf der methodischen Unklarheit sowie der fehlenden Nähe zu den Naturphänomenen einschließt. Da diese Kritik impliziert, dass der Fachphilosophie der Status als Wissenschaft abgesprochen wird, bedeutet der Einschluss der Naturphilosophie in den Geltungsbereich der Naturwissenschaften zugleich auch einen Versuch ihrer Rettung.

Gegen diesen Trend stehen die Einwürfe von Fechner, der mit der Trennung von Tag- und Nachtseite der Natur auch zwei methodische Vorgehensweisen fordert, oder von Lotze, der mit der Differenzierung von Wirklichkeit und Wert die Eigenständigkeit der Naturdeutung neben der Naturbeschreibung einklagt. So gesehen ist die Situation um 1900 für die disziplinäre Bestimmung der Naturphilosophie durch Positionen markiert: Während die eine Seite versucht, die Naturphilosophie in den Zuständigkeitsbereich der Naturwissenschaften zu integrieren, so dass der Naturphilosophie weder eine eigene Methodik noch eigene Inhalte zugesprochen werden, behauptet die andere Seite die Unvereinbarkeit beider Verfahrensweisen und damit die Eigenständigkeit der Naturphilosophie. Einzig unbestritten ist, dass die Naturphilosophie über keinen gesonderten Gegenstandsbereich verfügt. Nicolai Hartmann (1882–1950) hat dieses Ergebnis rückblickend prägnant zusammengefasst: „Die Naturphilosophie ist keine Metaphysik, die unabhängig von den Naturwissenschaften deren Probleme mit eigenen Methoden anzugreifen oder gar auf ‚bessere‘ Lösungen hinauszuführen trachtet. Die Zeiten solcher Ambitionen sind vorbei. [...] Sie stellt nicht eine zweite Naturwissenschaft neben diese, sondern durchaus nur eine Kategorienlehre, die es mit den undiskutiert vorausgesetzten Grundlagen der positiven Wissenschaft aufnimmt" (Hartmann 1950: VIf.).

Im Anschluss an eine Debatte, die v. a. durch die Frage, was Naturphilosophie nicht (mehr) ist (z. B. nicht: Psychologie), geprägt war, wenden sich im frühen 20. Jh. einige Naturwissenschaftler der Frage zu, wie eine positive Bestimmung der Naturphilosophie und ihrer disziplinären Grenzen möglich sein könnte. Das ist die Lebensaufgabe des Chemikers und Philosophen Wilhelm Ostwald (1853–1932). Ostwald eröffnet seinen *Grundriß der Naturphilosophie* (1908) mit der programmatischen Feststellung: „Naturwissenschaft und Naturphilosophie sind nicht zwei Gebiete, die sich gegenseitig ausschließen, sondern sie gehören zusammen, wie zwei Wege, die zu dem gleichen Ziel führen. Dieses Ziel ist: die Beherrschung der Natur durch den Menschen" (Ostwald 1908: 9).

Ostwald plädiert dafür, den Fehler romantischer Naturphilosophie nicht zu wiederholen und ein System der Natur bilden zu wollen. Zwar konzediert er der Identitätsphilosophie Schellings, dass der Grundgedanke von der Identität von Denken und Sein durchaus Relevanz haben kann, aber nur im Sinne einer Hypothese. Statt aus dem Denken die Erfahrung abzuleiten, werden wir „umgekehrt unser Denken überall nach der Erfahrung regeln" (ebd.: 7). Kurzum: Naturphilosophie ist nach Ostwalds Auffassung eine „empirische Wissenschaft" (ebd.: 12). Vor diesem Hintergrund führt Ostwald auch in sein neues Projekt einer Zeitschrift für Naturphilosophie (*Annalen der Naturphilosophie*) ein, die der „Pflege und Bebauung dieses gemeinsamen Bodens zwischen der Philosophie und den einzelnen Wissenschaften" (Ostwald 1902: 2) gewidmet sein soll. Zwar distanziert Ostwald sich erneut von den „Verfehlungen der deutschen Naturphilosophie vom Anfange des neunzehnten Jahrhunderts" (ebd.: 2), aber er erkennt zugleich in der positivistischen Gegenbewegung eine Überreaktion. So vermutet er, dass auf eine „Zeit der Spaltung, ja Zersplitterung in Einzelarbeit […] eine Periode der Zusammenfassung und Verallgemeinerung" (ebd.: 3) folgen wird. An deren Anfang steht seiner Ansicht nach das Projekt einer neuen Naturphilosophie, die dem Bedürfnis nach philosophischer Vertiefung der Naturforschung gleichkommt, ohne einen exklusiven Gegenstandsbereich einzufordern.

Gegen den Ansatz Machs und Ostwalds wendet sich der Biologe und Philosoph Hans Driesch (1867–1941). In der programmatischen Abhandlung *Aufgabe und Begriff der Naturphilosophie* (1910) berichtet er von den Schwierigkeiten der Begrenzung dieses Wissensgebietes. Während für Mach und Ostwald „die Naturphilosophie nur die Summe des aus den einzelnen Erfahrungswissenschaften letzthin Abgezogenen" und „die oberste Schicht aller Erfahrungswissenschaften von der Natur" (Driesch 1910: 22) sei, tritt Driesch dafür ein, unter dem Namen Naturphilosophie das Grundgerüst allen möglichen Wissens über Natur zu verstehen. In der Naturphilosophie sollen alle Vorannahmen diskutiert werden, mit denen „jeder irgendwie theoretisierende Naturforscher – und einen nichttheoretisierenden gibt es nicht" (ebd.: 31) arbeitet. In diesem Sinne ist Naturphilosophie sowohl Anfangs- und Zielpunkt der Naturforschung; sie beinhaltet die Reflexion über die allgemeinen methodischen Prämissen der Naturforschung und ist daher Logik und Erkenntnistheorie und sie bildet den Rahmen für die Ausdeutung der Forschungsergebnisse, ist also „Tor zur Metaphysik" (ebd.: 35). In diesem Zusammenhang steht auch Drieschs Projekt einer „Meta-Biologie", die klassische naturphilosophische Konzepte wie die Präformationstheorie, das Problem der Entwicklung und das Postulat einer Lebenskraft (Vitalismusproblem) als Probleme höherer Ordnung der modernen Biologie fassbar zu machen versuchte (→ II.8). Gerade in dieser metaphysischen Grundlagenarbeit zu Modellen des Organischen und des Organismischen war die Naturphilosophie im 20. Jh. auch theoriebildend für die Sozialwissenschaften.

Die Positionen Ostwalds und Drieschs bestimmen inhaltlich die Naturphilosophie im 20. Jh. Entweder ist sie als erklärende, empirische Wissenschaft ein Appendix zur Naturwissenschaft (und wird auch von Naturwissenschaftlern wie z. B. Werner Heisenberg, 1901–1976, und Niels Bohr, 1885–1962, betrieben) oder sie ist als verstehende, philosophische Disziplin eine Propädeutik der Metaphysik (z. T. wiederum mit spekulativem Charakter, der insb. für die Naturwissenschaften selbst gelten soll, wie bei Henri Bergson, 1859–1941, Alfred N. Whitehead, 1861–1947, oder jüngst

John Dupré, geb. 1952). In dieser Lage ist es nicht verwunderlich, dass die Frage der Zuordnung der Naturphilosophie zur Philosophie oder zu den Naturwissenschaften offen geblieben ist und damit ihre disziplinären Grenzen nicht bestimmt wurden.

Im ersten Band der Zeitschrift *Philosophia naturalis* (1950; eingestellt 2013) wurden die Grundgedanken von Ostwald und Driesch aufgenommen. Der Biologe und Zeitschriftenbegründer Eduard May (1905–1956) formulierte das editorische Ziel, „auf eine Verständigung zwischen Naturwissenschaft und Philosophie hinzuarbeiten und den Boden für eine den Forderungen strengsten Denkens genügende Naturphilosophie zu bereiten" (May 1950: 4). Die Zeitschrift, die sich im Untertitel zu einem *Archiv für Naturphilosophie und die philosophischen Grenzgebiete der exakten Wissenschaften und Wissenschaftsgeschichte* erklärte, war der systematischen Philosophie Hartmanns verpflichtet. Dessen im selben Jahr erschienene *Philosophie der Natur* war der Versuch, eine Naturphilosophie auf dem Boden der Gegenstandserkenntnis in den Naturwissenschaften aufzubauen und letztere zugleich in eine Kategorienlehre einzubinden, die genuin im Aufgabenbereich der Philosophie liegt.

In dieser Zweideutigkeit im Verhältnis von Naturphilosophie und Naturwissenschaft, die von philosophischer Seite als eine wechselseitige Bezogenheit, von der Naturforschung überwiegend als Gleichgültigkeit füreinander verstanden wird, liegt denn auch der Grund dafür, dass klare disziplinäre Grenzen zwischen beiden Bereichen bis heute fehlen. Hinzu kommt einerseits, dass Chancen und Risiken einer disziplinären Bestimmung der Naturphilosophie auch daran geknüpft sind, dass von ihr traditionell zu viel – die Vorstellung von der „Einheit der Natur" (Carl F. v. Weizsäcker, 1912–2007) – erwartet wird. Andererseits scheitert die disziplinäre Bestimmung auch daran, dass die Naturphilosophie ausschließlich an den Gegenstandsbereich der Naturwissenschaften verwiesen (so schon Moritz Schlick, 1882–1936) und ihr eine Erkenntnis über die Natur „nur mit Hilfe der Naturwissenschaften" (so jüngst Michael Esfeld, geb. 1966) zugesprochen wird (→ II.4). Einige der neueren Bemühungen um eine Naturphilosophie als „Metaphysik der Natur" machen hier keine Ausnahme (z. B. Esfeld 2008), auch wenn die Zurückweisung eines szientifischen Determinismus (Esfeld 2019) die Perspektive erweitert.

Für die Einschätzung der zukünftigen Bedeutung der Naturphilosophie ist bemerkenswert, dass die jüngere Suche nach einer Metaphysik der Natur von Seiten der Wissenschaftstheorie vorrangig dadurch angeleitet ist, dass die Naturwissenschaften selbst – d. h. Physik, Chemie und Biologie – über ihren Gegenstandsbereich ‚Natur' und den zugehörigen Methodenkanon uneins sind. Dies betrifft wiederum die Frage nach der Legitimation ihrer jeweiligen Disziplin. Denn gleichzeitig befinden sie sich jüngst in inter- und transdisziplinär angelegten Forschungsverbünden mit neuen Wissenschaftsbezeichnungen und gemeinsam zu bewältigenden Aufgabenstellungen („Life Sciences", „Nanosciences" etc.) (vgl. Dupré 2001). Entsprechend verbirgt sich hinter der wiederkehrenden Forderung nach einer „Einheit der Natur" (→ III.3) der Wunsch nach einer „Einheit der Naturwissenschaften" jenseits des etablierten Physikalismus. Zum anderen wird zunehmend daran erinnert, dass sich Wissenschaft weniger an Nützlichkeits- als (wieder) an Wahrheitsansprüchen zu orientieren hat.

Die Chancen einer zeitgemäßen Naturphilosophie liegen darin, dass sie weder am Ziel gemessen wird, die „Einheit der Natur" begrifflich zu fassen, noch ihr verweigert wird, auch außerwissenschaftliche Bereiche der Naturerfahrung zu thematisieren. In diese Richtung weisen schon die Arbeiten von Whitehead, der in *The Concept of Nature* (1920) – in strikter Aufnahme eines naturwissenschaftlichen Begriffs der Natur – deren ontologische Dimension zurückzugewinnen sucht. In der philosophischen Anthropologie Helmuth Plessners (1892–1985) wie auch in der Biophilosophie von Hans Jonas (1903–1993) wird die Natur als Umwelt des Menschen erfasst, die den Rahmen der existenziellen Konflikte eines körperlich-geistig verfassten Lebewesens (Plessner) oder den Resonanzboden eines sich auf Freiheit hin entwerfenden Organismus (Jonas) bildet (→ II.11). Die postum veröffentlichten Vorlesungen über die Natur des Phänomenologen Maurice Merleau-Ponty (1908–1961) aus den 1950er Jahren weisen auf die Möglichkeiten eines nicht-wissenschaftlichen Verständnisses von Phänomenen hin, die unserer Erfahrung und Erkenntnis zugrunde liegen und nicht vollständig expliziert werden können (→ III.1). Natur wird damit wieder, durchaus in der Tradition Schellings (→ I.6), zum Gegenentwurf dessen, was naturwissenschaftlich erklärt werden kann. Zu einem ähnlichen Ergebnis kommt aus einer ganz anderen Richtung auch Richard Rorty (1931–2007) in *Der Spiegel der Natur* (1979). Von einer Position der Philosophie des Geistes argumentiert er für plurale Erscheinungsformen von Natur, wie sie sich etwa in der Sprache manifestieren und die als solche nicht mit dem Repertoire der Naturwissenschaften vollständig erfasst werden können.

Vor dem Hintergrund dieser durchaus disparaten Überlegungen verschiebt sich im 20. Jh. das Problem der disziplinären Begrenzung von Naturphilosophie. Obwohl die Frage der Abgrenzung zu den Naturwissenschaften nicht geklärt wurde, richtet sich das Interesse zunehmend auf die Problematik der Grenzziehung innerhalb der Philosophie. Dabei geht es um die Frage der Methodik wie die der Grundbegriffe: Als Ausgangspunkte naturphilosophischer Reflexion gelten in logisch-analytischer Hinsicht ,Raum', ,Zeit' und ,Kausalität'; in hermeneutisch-phänomenologischer Perspektive ,Leib', ,Seele', ,Wahrnehmung' und ,Lebewesen'; in erkenntnistheoretischer Perspektive ,Wille' und ,Bewusstsein'; in wissenschaftstheoretischer Hinsicht ,Experiment', ,Modell' und ,Naturgesetz'; in technikphilosophischer Hinsicht ,System', ,Information' und ,Kontrolle'; in ästhetischer Hinsicht ,Schönheit' und ,Geschmack'; in ethischer Hinsicht ,Wert' und ,Handlung'; in metaphysischer Perspektive ,Welt' und ,Geschichte' sowie in anthropologischer Perspektive ,Mensch' (→ insb. II.).

3. Ein plurales und integratives Verständnis der Naturphilosophie

Dass die Frage einer disziplinären Verortung der Naturphilosophie umstritten bleibt, ist nicht zuletzt auf die Pluralität der Weisen der Bezugnahme auf Natur zurückzuführen, welche sich auch in gegenwärtigen Strömungen der Naturphilosophie zeigen (→ I.8). Neben einer rein wissenschaftlichen Betrachtung der Natur sind lebenspraktische, weltanschauliche, ästhetische, ethische, agrarische und andere Bezugnahmen auf Natur philosophisch ernst zu nehmen (→ IV.). Mit dieser aufzählenden Charakterisierung sind weder die Weisen der Bezugnahme auf Natur erschöpft, noch sind die Bedingungen und Kriterien einer als adäquat zu rechtfertigenden Bezugnahme auf Natur geklärt. Die offenkundig vorliegende Pluralität von Naturbegriffen, die keineswegs eine neue Erscheinung ist, scheint eine Gleichgültigkeit, wenn nicht gar Beliebigkeit der Bezugnahme auf Natur zu begünstigen. Dem stehen die Forderungen nach einer Naturkonzeption als einem systematisch eindeutig zu bestimmenden Gegenstand und einer einheitlichen Methode entgegen. In diesem Sinne fordert ein *szientifischer Naturalismus,* die Natur als ausschließlich dasjenige zu bestimmen, was Gegenstand der Naturwissenschaften ist. Eine systematisch von den Naturwissenschaften zu unterscheidende Naturphilosophie wäre demnach nicht zu begründen.

Und doch scheint sie notwendiger denn je, wie jüngst Thomas Nagel (geb. 1937) in seinem Bestseller *Geist und Kosmos* (2012) nahelegt: „Eine legitime Aufgabe der Philosophie ist unter anderem die Untersuchung der Grenzen, die selbst noch den am weitesten entwickelten und erfolgreichsten Formen wissenschaftlichen Wissens unserer Zeit gesetzt sind. […] Die Hoffnung der Menschen richtet sich geradezu süchtig auf eine abschließende Einschätzung, aber die intellektuelle Demut verlangt, dass wir der Versuchung widerstehen anzunehmen, dass Werkzeuge, wie wir sie jetzt besitzen, grundsätzlich ausreichen, um das Universum als Ganzes zu verstehen" (Nagel 2013: 11 f.).

Mit der geforderten Erkenntniskritik von Natur (als Erkenntnisgegenstand) wird eine der seit Kant tradierten Aufgaben der Naturphilosophie wieder verstärkt nachgefragt. Diese auch politische Forderung artikuliert sich angesichts umfassender Weltdeutungen, weitreichenden Aussagen zur „Natur des Menschen" (Dupré 2001) und der Prävalenz von „Natur als Schöpfung" (→ I.2) noch ungeachtet der Frage, ob jene Kritik nun innerhalb oder außerhalb der Naturwissenschaften zu erfolgen hat. Ferner ist schon innerhalb naturalistischer Positionen umstritten, inwieweit die hochtechnisierten Naturwissenschaften der Gegenwart methodisch überhaupt noch Natur zum Gegenstand haben, wenngleich sie ihn als Erkenntnisgegenstand behaupten. So ist eine weitere aktuelle Stimme die des Philosophen Luciano Floridi (geb. 1964): Er macht auf die „4. Revolution", d. h. die Infosphäre, aufmerksam und weist darauf hin, dass die Informatisierung der Lebenswelt (Google, soziale Mediennetzwerke etc.), aber auch der *Computationalism* der Naturwissenschaften (→ II.8) noch nicht ausreichend in den philosophischen Problemhorizont getreten seien (Floridi 2014). So problematisiert sich das aktuelle Verhältnis von Naturwissenschaft und Naturphilosophie auch entlang der Achse Virtualität / Materialität. Wenn heute „Natur" als Gegenstand der Naturwissenschaften proklamiert wird, so handelt es sich oft um computertechnische Simulationen von Natur. Die in früheren Ansätzen zur Mathematisierung der Natur (→ I.3) wurzelnde Technisierung und Informatisierung der Naturwissenschaften (*technoscience*) schiebt sich gleichsam als unsichtbare Dritte in die Differenzlinie von Naturwissenschaft und Naturphilosophie. Metaphysische Konzepte wie „Ewigkeit" und „Welt" werden zunehmend auf den virtuellen Raum bezogen, was einerseits Anschlussmöglichkeiten für die spekulative Funktion der Naturphilosophie bietet. Andererseits stellt dies die Naturphilosophie in ihrer sich seit dem 19. Jh. vollziehenden Abgrenzung zur Geistphilosophie und in ihrer jüngeren Verwobenheit mit der Philosophischen Anthropologie und Phänomenologie vor neue Herausforderungen. So fordert Floridi (2014) in Anlehnung an ein evolutives Verständnis von Natur und Geschichte (→ I.5) statt der drohenden Ewigkeit der elektronischen Dokumentation ein neu zu etablierendes „Recht auf Vergessenwerden" für das menschliche ‚Agieren' im Internet. Es bleibt abzuwarten, wie sich die Naturphilosophie in Zukunft der Sphäre des Virtuellen widmen wird und ob sie dabei an ihre Debatten zum Informationsbegriff und zur Evolutionären Erkenntnistheorie aus den 1970er und 1980er Jahren anknüpft.

Eine zeitgemäße Naturphilosophie wird betrachten müssen, ob und wie sich die Pluralität bestehender Naturkonzeptionen einer systematisierenden, philosophischen Reflexion zugänglich machen lässt. Diese Aufgabe soll in Sektion III dieses Buches anhand der Konzeptionen von leiblichen, ästhetischen, theoretischen, experimentellen, haushaltenden, verstehenden, erzählenden, religiösen und geschlechtlichen *Naturverhältnissen* exemplarisch dargestellt werden – bis hin zur dystopischen Vorstellung einer „Natur ohne Menschen". Ein in diesem Sinne plurales Verständnis der Naturphilosophie schließt nicht von einer Pluralität von Naturphilosophien darauf, dass sich diese zwangsläufig in wechselseitig ausschließender Konkurrenz befinden, oder dass man sich beliebig auf die Gleichgültigkeit der vielen Naturphilosophien berufen dürfte. Dem vorliegenden Ansatz geht es vielmehr um eine *Einheit in der Pluralität,* um die Integration eines vielstimmigen Nachdenkens über Natur, das auch eine Naturphilosophie jenseits der akademischen Disziplinen nicht von vorne herein ausschließt.

Literatur

Dingler, Hugo 1932: Geschichte der Naturphilosophie. Berlin.
Driesch, Hans 1910: Über Aufgabe und Begriff der Naturphilosophie. In: ders. (Hg.): Zwei Vorträge zur Naturphilosophie. Leipzig: 21–38.
Dupré, John 2001: Human Nature and the Limits of Science. Oxford.
Esfeld, Michael 2008: Naturphilosophie als Metaphysik der Natur. Frankfurt/M.
– 2019: Wissenschaft und Freiheit. Das naturwissenschaftliche Weltbild und der Status von Personen. Berlin.
Floridi, Luciano 2014: The Fourth Revolution. How the Infosphere is Reshaping Human Reality. Oxford.
Hartmann, Nicolai 1950: Philosophie der Natur. Abriß der speziellen Kategorienlehre. Berlin.
Hennemann, Gerhard 1959: Naturphilosophie im 19. Jahrhundert. Freiburg.
– 1975: Grundzüge einer Geschichte der Naturphilosophie und ihrer Hauptprobleme. Berlin.
Kummer, Christian (Hg.) 2009: Was ist Naturphilosophie und was kann sie leisten? Freiburg.
May, Eduard 1950: Zum Geleit. In: Philosophia naturalis 1 (1): 3–4.
Merleau-Ponty, Maurice 2000: Die Natur. Aufzeichnungen von Vorlesungen am Collège de France 1956–1960. Hg.: D. Séglard. München.
Nagel, Thomas [2012] 2013: Geist und Kosmos. Warum die materialistische neodarwinistische Konzeption der Natur so gut wie sicher falsch ist. Berlin.
Ostwald, Wilhelm 1902: Zur Einführung. In: Annalen der Naturphilosophie 1: 1–4.
– 1908: Grundriß der Naturphilosophie. Leipzig.
Rorty, Richard [1979] 1981: Der Spiegel der Natur. Frankfurt/M.
Schiemann, Gregor (Hg.) 1996: Was ist Natur? Klassische Texte zur Naturphilosophie. München.
Weingarten, Michael 2006: Wissenschaftstheorie als Nachfolgeprojekt der Naturphilosophie. In: Janich, P. (Hg.): Wissenschaft und Leben. Philosophische Begründungsprobleme in Auseinandersetzung mit Hugo Dingler. Bielefeld: 85–98.
Weizsäcker, Carl F. v. [1971] ⁸2008: Die Einheit der Natur. Studien. München.
Whitehead, Alfred N. [1920] 1990: Der Begriff der Natur. Weinheim.

Sektion II: Grundbegriffe der Naturphilosophie

II.0 Einleitung

Gregor Schiemann, Brigitte Falkenburg und Ulrich Krohs

In dieser Sektion des Buches werden traditionelle und neuere Themen der Naturphilosophie behandelt. Die Kapitelfolge reicht von ‚Natur‘ bis ‚Mensch‘. Sie nimmt fundamentale Begriffe in den Blick, die teilweise schon lange im Zentrum der Naturphilosophie stehen, wofür ‚Natur‘, ‚Schöpfung‘, ‚Kosmos‘, ‚Raum‘, ‚Zeit‘, ‚Materie‘ und ‚Leben‘ beispielhaft sind. Zugleich wird das Spektrum erweitert um so unterschiedliche neuere Begriffe wie ‚Quanten‘, ‚Landschaft‘ und ‚Information‘; mit den Begriffen ‚Mensch‘ und ‚Schöpfung‘ eröffnen wir darüber hinaus Perspektiven auf Grenzbestimmungen der Naturphilosophie gegenüber der Anthropologie und der Theologie. Fangen wir aber damit an zu klären, was Begriffe sind und welche Rolle sie in der Naturphilosophie spielen.

Es gibt mannigfaltige Auffassungen darüber, was Begriffe sind. Begriffe sollen hier als Vorstellungen aufgefasst werden, die sich auf Gegenstände beziehen und gewöhnlich durch Worte ausgedrückt werden. Grob gesprochen ist ein Begriff umso grundlegender, je mehr Gegenstände er selbst oder die Gesamtheit der ihm zugehörigen Begriffe zu umfassen vermag. Insofern die Philosophie nach möglichst allgemeinen Aussagen strebt, misst sie grundlegenden Begriffen einen bedeutenden Stellenwert zu. Das trifft auch für die Naturphilosophie zu. Die Leistung eines Grundbegriffes besteht dann darin, die Gemeinsamkeiten der verschiedenen Gegenstände mit wenigen Bestimmungen zu charakterisieren. Schon dem Begriff ‚Natur‘ gehören offensichtlich diverse spezifischere Begriffe zu, unter die eine Vielzahl von Gegenständen fällt.

Um die Gemeinsamkeiten unterschiedlicher Gegenstände mit einem Begriff zu erfassen, gibt es in der Hauptsache zwei, meist eng aufeinander bezogene Möglichkeiten: Bei der *intensionalen* Begriffsbestimmung werden die Merkmale angegeben, die ein Gegenstand aufweisen muss, um zum Begriff zu gehören. Im Fall des Naturbegriffes wird als ein solches Merkmal oft genannt, dass die Gegenstände, die unter ihn gefasst werden, durch die physikalischen Elementarteilchen und -kräfte konstituiert sind. Demnach könnte die Erde ebenso ein Naturgegenstand sein wie das menschliche Herz und ein Haus, nicht aber eine mathematische Formel. Bei der *extensionalen* Begriffsbestimmung hingegen gibt man an, welche Gegenstände der Begriff umfasst, ohne schon deren Merkmale zu nennen oder gar zu kennen. Entweder zählt man die Gegenstände, in unserem Fall also die natürlichen Gegenstände, auf oder man nennt die Merkmale der Gegenstände, die nicht natürlich sind. Ein Beispiel hierfür ist die Festlegung, alles Menschengemachte nicht zur Natur zu rechnen. Damit gehören etwa technische und kulturelle Gegenstände – z. B. ein Haus, aber auch eine mathematische Formel – nicht zur Natur.

Welche Begriffe als Grundbegriffe der Naturphilosophie angesehen werden, hängt sowohl davon ab, wie man Grundbegriffe von anderen naturphilosophischen Begriffen abgrenzt, als auch davon, was man unter ‚Naturphilosophie' versteht. Grundbegriffe unterscheiden sich von anderen Begriffen nach dem bisher Gesagten nur relativ. Daraus, dass sie in der Regel deutlich mehr Gegenstände als andere Begriffe umfassen, lässt sich nämlich kein präzises Unterscheidungskriterium gewinnen. Eine immer noch vage, aber doch in die richtige Richtung weisende alternative Möglichkeit besteht darin, von Grundbegriffen zu verlangen, dass ohne sie eine Thematisierung des betreffenden Gegenstandsbereiches unmöglich ist. Grundbegriffe wären demnach diejenigen Begriffe, die für jede Beschreibung des Gegenstandbereiches innerhalb des betrachteten Zugangs unerlässlich sind.

Aber gibt es überhaupt Begriffe, die für die Naturphilosophie unerlässlich sind? Im Folgenden gehen wir davon aus, dass Naturphilosophie ein Gebiet der Philosophie ist, dessen Gegenstand die Natur, das Wissen von ihr und das Verhältnis des Menschen zu ihr ist. ‚Philosophie' meint hierbei nicht nur akademische, sondern auch nicht-akademische Bemühungen um ein begriffliches Verständnis der Welt. Ob es Grundbegriffe einer so verstandenen Naturphilosophie gibt, hängt im Wesentlichen davon ab, wie gut sich die mit dem Naturbegriff selbst bezeichnete Vorstellung begründen lässt – eine Frage, die seit dem Beginn der Neuzeit kontrovers diskutiert wird. Bis heute ist es aber bei der die naturphilosophischen Diskurse bestimmenden Stellung des Naturbegriffs geblieben.

Begriffe von ‚Natur' und weitere als Grundbegriffe der Naturphilosophie angesehene Begriffe sind von Naturforschern und Philosophen aller Epochen formuliert worden. Obwohl die verschiedenen Strömungen der Naturphilosophie keineswegs durch eine übergreifende einheitliche Konzeption verbunden sind, besteht doch ein erstaunliches Maß an Übereinstimmung in den Grundbegriffen. Dass etwa ‚Raum', ‚Zeit', ‚Materie' und ‚Leben' Grundbegriffe der Naturphilosophie sind, ist wenig umstritten. Dieser Konsens verhindert jedoch nicht eine fruchtbare Vielfalt von grundbegrifflichen Differenzierungen, die nur schwer überbrückbare oder sogar widersprüchliche Beziehungen zulassen. Wenngleich diese Unstimmigkeiten für die Naturphilosophie, die eine gewisse inhaltliche Einheit erfordert, problematisch sind, eignen sich bestimmte Typen von Differenzen doch zugleich als Strukturelemente, die eine Orientierung im ‚Dschungel' der Begriffe erleichtern. Eine besondere Hervorhebung verdienen drei dieser Typen, für welche die Texte dieser Sektion reiches Anschauungsmaterial liefern.

Der erste Typ betrifft die Differenz zwischen wissenschaftlichem und nichtwissenschaftlichem Wissen. Beispiele nichtwissenschaftlichen Wissens sind das lebensweltliche Wissen, wie es im alltäglichen, nicht-professionellen Umgang mit vertrauter Natur vorkommt (vgl. z. B. das Kapitel ‚Leben'), und das ästhetische Wissen als Darstellung von Naturschönheit. Einige nichtwissenschaftliche Grundbegriffe des Naturverständnisses orientieren sich enger an wahrnehmbaren Dingen als die wissenschaftlichen Grundbegriffe, die beispielsweise das heutige Verständnis von Ausdrücken wie ‚Quanten', ‚Kausalität' oder ‚System' prägen. Der zweite Typ betrifft den Unterschied zwischen theoretischem und praktischem Wissen von Natur. Obwohl in der jüngsten

Vergangenheit die Grenzziehung zwischen diesen beiden Wissensformen immer mehr infrage gestellt wird, bleiben doch signifikante Abweichungen bestehen: Seinem Anspruch nach ist theoretisches Wissen deskriptiv, praktisches Wissen hingegen normativ verfasst. ‚Raum‘, ‚Zeit‘ und ‚Materie‘ sind Beispiele für wesentlich deskriptive Grundbegriffe; ‚Landschaft‘ und ‚Leben‘ haben hingegen normative Aspekte. Der dritte Typ betrifft die Disziplinenabhängigkeit theoretischen wissenschaftlichen Naturwissens, dem viele Grundbegriffe der Naturphilosophie entstammen. Beispielhaft ist die Differenz zwischen den physikalischen und den biologischen Wissenschaften. ‚Leben‘ ist Grundbegriff u. a. der Biologie und anderer Lebenswissenschaften, nicht aber der physikalischen Wissenschaften, die ihrerseits in den biologischen Wissenschaften normalerweise nicht verwendete Begriffe wie ‚Quanten‘ und ‚Felder‘ als grundbegrifflich verstehen. Naturphilosophie reflektiert auf die Grundbegriffe in ihrer wissenschaftlichen Entwicklung und thematisiert so auch das Verhältnis der Disziplinen zueinander. Die genannten Differenzen unterliegen nämlich einer geschichtlichen Dynamik, in der Grundbegriffe einer Disziplin zu Grundbegriffen einer anderen werden können: etwa der aus der Physik stammende Energiebegriff zu einem Grundbegriff auch der Biologie und umgekehrt der zunächst in der Biologie prominente Systembegriff zu einem Grundbegriff auch der Physik.

Wir haben gesehen, dass die in dieser Sektion behandelten Grundbegriffe nur unter bestimmten Bedingungen für die Beschreibung von Natur unerlässlich sind. Ihre Liste ist zudem auch nicht vollständig. Es lassen sich weitere Grundbegriffe der Naturphilosophie wie ‚(Welt-)Seele‘, ‚Geist‘ oder ‚Umwelt‘ rechtfertigen, die sich angesichts ihrer historischen oder aktuellen Bedeutung in anderen Einführungen finden. Dennoch stellen die hier ausgewählten Begriffe eine repräsentative Zusammenstellung dar. Der besondere Rang einiger dieser Begriffe spiegelt sich in ihrer bis auf die Antike zurückreichenden Geschichte: Dies gilt z. B. für ‚Natur‘, ‚Raum‘, ‚Zeit‘, ‚Materie‘ und ‚Kosmos‘. Dass auch heutige inhaltliche Bestimmungen auf die griechische Naturphilosophie verweisen, ist umso bemerkenswerter, als sich in der epochenübergreifenden Entwicklung dieser Begriffe einschneidende Bedeutungswandlungen nachweisen lassen.

Historische Verschiebungen in den Bedeutungen von Grundbegriffen oder gar die Herausbildung neuer Grundbegriffe der Naturphilosophie können als fundamentale Neubestimmungen im Verhältnis des Menschen zur Wirklichkeit gewertet werden. Diese Einschätzung hat etwa Werner Heisenberg im Hinblick auf die Entstehung der Grundbegriffe der Quantenmechanik vertreten (vgl. das Kapitel ‚Quanten und Felder‘). Auch die Verschiebungen der Bedeutung von Ordnungsbegriffen wie ‚Struktur‘ und ‚System‘ (vgl. das Kapitel ‚Struktur, System, Information‘) spiegeln solche Neubestimmungen wider. Die Bedeutung dieser Begriffe scheint jedoch weiterhin im Fluss zu sein. Es dürfte spannend sein zu verfolgen, ob dies so weit führt, dass auch in diesem Fall das Verhältnis des Menschen zur Wirklichkeit nochmals grundlegend anders verstanden wird.

II.1 Natur

Brigitte Falkenburg

1. Grundbedeutungen

Der Naturbegriff hat folgende Bedeutungen. (i) Der Begriff*sumfang* (Extension) von ‚Natur‘ ist die *physische Welt*. Sie besteht aus allem, was uns konstituiert und umgibt, von unserem Körper bis zum Weltall. (ii) Dem Begriff*sinhalt* (Intension) nach ist Natur jedoch dasjenige, (α) was *natürlich* oder naturgegeben, aber nicht menschengemacht ist, also nicht zur Technik oder zu den Artefakten zählt (die eine Teilmenge der physischen Natur darstellen). In anderer Bedeutung versteht man unter ‚Natur‘ aber auch noch (β) das Wesen von etwas. Nach den Bedeutungen (α) und (β) gliedert sich die physische Welt in unterschiedliche *natürliche Arten* von Stoffen, Dingen und Lebewesen, die sich in ihren wesentlichen Eigenschaften unterscheiden.

Alle drei Bedeutungen besitzen gemeinsame Wurzeln im Lateinischen und Griechischen. ‚Natur‘ entspricht dem lateinischen Wort *natura*, das sich von *natus* (geboren) bzw. *nasci* (geboren werden) herleitet. Die Natur ist danach dasjenige, was (ii) von selbst entsteht oder vorhanden ist, also (α) nicht vom Menschen geschaffen wurde und (β) von naturgegebener Wesensart ist. Der entsprechende griechische Terminus ist *physis* (s. Dunshirn 2019). Dem heutigen Verständnis von ‚physisch‘ entsprechend assoziieren wir damit aber die gesamte physische Welt einschließlich der Artefakte, d. h. *alle* Körper in der unbelebten und belebten Natur – das physische Universum, das die Griechen als geordnet betrachteten und *kosmos* nannten (→ I.1; II.3).

Diese Bedeutungsaspekte haben sich im Lauf der Zeit durch Bedeutungsverschiebungen in mehrere Richtungen ausdifferenziert. Nicht alles in der physischen Welt gilt als natürlich; nicht alles, was geschaffen ist, gilt als künstlich; nicht jede Wesensart bezieht sich auf etwas Physisches. Technik zählt zur physischen Welt; Kulturlandschaften erscheinen uns natürlich; und das Wesen der Freiheit ist nichts Physisches. Der Naturbegriff ist darum ein schillerndes Konzept mit unscharfen Konturen (vgl. Birnbacher 2006; 2019).

2. Begriffsgeschichte

Die wirkungsmächtigsten philosophischen Definitionen und Umdeutungen des Naturbegriffs finden sich in der Antike bei Aristoteles, im Mittelalter bei Averroës und in der Neuzeit bei René Descartes, Baruch de Spinoza und Immanuel Kant.

2.1 Aristoteles: *physis* und *techne*

Bei Aristoteles (384–322 v. Chr.) war der Begriff der *physis* noch glasklar. Aristoteles definiert Begriffe typischerweise, indem er Dinge begrifflich einteilt. In seiner *Physik* unterteilt er dasjenige, was ist bzw. konkret im Kosmos existiert, dahingehend, ob es von Natur aus oder aber durch andere Ursachen existiert (Physik II 192b). Was von Natur aus existiert, entsteht aus sich selbst heraus und hat seine Ursachen in sich selbst, nicht in äußeren Ursachen. Zur *physis* oder Natur zählt er alles, was nicht menschengemacht ist: die Stoffe und Elemente, aus denen unbelebte Dinge sind, sowie die Lebewesen. Dagegen ist alles in der Welt, was „andere Ursachen" hat, menschengemacht und zählt zur *techne* oder Kunst in einem sehr weiten Sinne, der alle Artefakte umfasst. Der entscheidende Gegensatz für ihn ist hier ‚natürlich‘ und ‚künstlich‘. Die *physis* umfasst aus seiner Sicht also alles in der physischen Welt, soweit es inneren Entwicklungsprinzipien folgt und nicht von Menschenhand hergestellt ist. Er hat ein teleologisches Naturverständnis, nach dem alle Prozesse in der belebten wie in der unbelebten Natur zielgerichtet verlaufen und der Kosmos zweckmäßig geordnet ist (→ I.1).

Aristoteles' Verständnis von *physis* ist enger als das, was wir heute unter der physischen Welt verstehen; diese identifiziert er mit allem, „was ist" oder was es an konkreten Dingen in der Wirklichkeit gibt. Sein Verständnis von *techne* wiederum ist weiter als unser heutiger Technikbegriff, insofern es auch Kunstwerke als Artefakte umfasst. Technik ist für ihn etwas Künstliches, der Natur Entgegengesetztes, nicht etwas, das nach Naturgesetzen funktioniert.

2.2 Averroës: *natura naturans* und *natura naturata*

Die Unterscheidung zwischen *natura naturans*, der schaffenden Natur, und *natura naturata*, der geschaffenen Natur, wird heute gern mit Spinoza (1632–1677) verbunden. Sie stammt aber aus dem Mittelalter, und zwar von Averroës (1126–1198) bzw. Michael Scotus (ca. 1175–1232), der dessen Aristoteles-Kommentare aus dem Arabischen ins Lateinische übersetzte. Nach der Wortbedeutung ist *natura naturans* ein Pleonasmus, bedeutungsgleich mit *natura* oder *physis* als demjenigen, was von selbst entsteht oder sich selbst hervorbringt. Eine *natura naturata* kann es nach Aristoteles eigentlich gar nicht geben; ‚geschaffene Natur‘ würde nach seiner Terminologie ‚Natur als Kunstprodukt‘ bedeuten, was der Unterscheidung von *physis* und *techne* zuwider wäre.

Hier liegt eine erste wichtige Bedeutungsverschiebung vor. Der Begriff der *natura naturata* knüpft an Aristoteles' Begriffe von Natur und Kunst an, setzt aber den Schöpfungsgedanken voraus (→ I.2) – die geschaffene Natur wird nun zum Kunstwerk Gottes. Der aristotelische Gott fungierte hingegen nicht als Schöpfer, sondern nur als „unbewegter Beweger", als ewige Ursache der Himmelsbewegungen. Mit dem *Timaios* von Platon (428/427–348/347 v. Chr.) lag den neuplatonisch geprägten Philosophen des Mittelalters aber auch ein antikes Vorbild einer Schöpfungsmythologie vor; und Scotus deutete die *natura naturata* dann im Sinne der christlichen Schöpfungstheologie.

Natur als Schaffende und als Geschaffene sind zwei Aspekte eines geänderten Naturbegriffs, der die physische Natur, den Kosmos, dem Schöpfergott gegenüber stellt. Die *natura naturata* wird dabei als Gottes Werk betrachtet, in Analogie zu den Artefakten, die von Menschenhand entstehen. Diese Analogie ist der Metapher von Gott als Uhrmacher eng verwandt, nach der sich Gott zur Welt verhält wie ein Uhrmacher zur von ihm hergestellten Uhr. Sie hat ebenfalls im *Timaios* ihr antikes Vorbild; Platons göttlicher Demiurg ist der Werkmeister, der den Weltenbau gemacht hat (→ II.2). Die Uhrenmetapher wurde später im Rationalismus wichtig, etwa in der Debatte zwischen Gottfried W. Leibniz (1646–1716) und Samuel Clarke (1675–1729) (Leibniz / Clarke 1715 / 16).

2.3 Descartes: Materie und Geist

Nach Descartes (1596–1650) gibt es drei Substanzen, zwei erschaffene sowie eine unerschaffene: (i) Die denkende Substanz oder *res cogitans* ist mit dem menschlichen Bewusstsein oder Geist identisch, genauer: mit dem Vermögen, im Bewusstsein klare und deutliche Begriffe zu bilden und zu denken. (ii) Die ausgedehnte Substanz oder *res extensa* entspricht im Wesentlichen der *natura naturata* im obigen Sinn. (iii) Gott hat die beiden anderen Substanzen geschaffen.

Descartes betrachtet die *res extensa* und die *res cogitans* als strikt getrennt; als Substanzen, die völlig unabhängig voneinander existieren. Abhängig seien sie nur von Gott, der sie schuf, und verbunden nur im Menschen. Dieser Dualismus ist wirkungsmächtig bis heute. Nach Descartes hat der Mensch eine Doppelnatur: als Lebewesen eine physische Natur, als Vernunftwesen eine geistige Natur (im Sinne von Eigenart, s. (ii) (β) in Abschn. 1). Dabei stellt sich Descartes die *res cogitans* exakt nach dem Modell der *res extensa* vor, als unzerstörbare Substanz, deren Eigenart oder Natur in ihrer Wesenseigenschaft ‚denkend‘ liegt und die er für so unzerstörbar hält wie die Ausdehnung der *res extensa*.

Wie konzipiert Descartes nun die Natur als *res extensa*? Die ausgedehnte Substanz ist mit der unbelebten oder belebten Materie identisch und besteht aus Korpuskeln, in die Gott sie eingeteilt hat; grundsätzlich ist sie aber teilbar bis Unendliche. Für Descartes gibt es – wie für Aristoteles – keinen leeren Raum in der Natur; Ausdehnung und Materie sind identisch (→ II.6). Dies ist aber auch das Einzige, was Descartes' Naturbegriff mit der aristotelischen *physis*-Konzeption gemeinsam hat. Nach ihm kommen der ausgedehnten Substanz oder materiellen Natur keinerlei *innere* Bewegungs- oder Entwicklungsprinzipien zu; die einzigen Aktivitäten der *res extensa* sind mechanische Stoßprozesse und Wirbelbewegungen. Natur ist bei Descartes und seinen Nachfolgern das, was die Ursachen aller Veränderung *außerhalb* seiner selbst hat.

Dieser Naturbegriff, aus dem jede teleologische Vorstellung eliminiert ist und nach dem sich die materielle Natur aus Korpuskeln aufbaut, begründete das mechanistische Weltbild. Die *res extensa* ist mathematisch strukturiert; die Physik wird nach Descartes zur Geometrie. Die Mathematisierbarkeit der Natur wurde in der Folge zum vorherrschenden Wissenschaftsideal (→ I.3).

2.4 Kant: Natur als Inbegriff von Sinneserscheinungen unter Gesetzen

Kant (1724–1804) definiert die Natur als Inbegriff von Erscheinungen unter Gesetzen (Kant 1781 / 1787). Diese Gesetze identifiziert er mit Grundsätzen wie dem Kausalprinzip, die ihren Ursprung im Verstand haben und Bedingungen *a priori* aller Erfahrung sind. Als konkretes Modell dieser Verstandesgrundsätze betrachtet er die Axiome der Newtonschen Mechanik (Kant 1786).

Zentral ist für Kant die Unterscheidung von Form und Materie eines Begriffs. Die Form macht den Inhalt (Intension), die Materie den Umfang (Extension) des Naturbegriffs aus. *Intension*: Die Form ist *a priori*, sie ist das gesetzmäßige Wesen der Dinge und Prozesse in der Natur und liegt in den o. g. reinen Verstandesgrundsätzen. Kant ([1786] 1911: 467) definiert die Natur „in formaler Bedeutung" als „das erste, innere Princip alles dessen […], was zum Dasein eines Dinges gehört". *Extension*: Die Materie besteht im empirischen „Dasein", in den Phänomenen, die aus der Sinneswahrnehmung resultieren und Erfahrungsgegenstände bilden. Kant definiert Natur „in materieller Bedeutung" als „Inbegriff aller Dinge, so fern sie Gegenstände unserer Sinne, mithin auch der Erfahrung sein können, worunter also das Ganze aller Erscheinungen, d. i. die Sinnenwelt […] verstanden wird" (ebd.). Dies entspricht dem eingangs genannten, heute üblichen Konzept der physischen Welt als Umfang des Naturbegriffs (s. (i) in Abschn. 1).

Kant hat so den Grundstein dafür gelegt, die Natur in Descartes' Tradition als mathematisch strukturierten Gegenstand der Naturwissenschaften zu deuten (→ I.3). Sie reduziert sich nach ihm aber keineswegs auf die Gegenstände der ‚eigentlichen', mathematischen Naturwissenschaften. Im Hinblick auf die Psychologie, die Biologie und die Anthropologie sind noch folgende weitere Facetten seines Naturbegriffs wichtig:

Innere Natur: Neben den empirischen Phänomenen der Außenwelt (äußere Natur), zählt Kant die Bewusstseinsinhalte (innere Natur) zur materiellen Natur. Er unterscheidet den Raum als „äußeren" Sinn von der Zeit als „innerem" Sinn, und entsprechend zwei Arten von Naturlehre: zum einen die Körperlehre, zum anderen die Seelenlehre, „wovon die erste die ausgedehnte, die zweite die denkende Natur in Erwägung zieht" (ebd.). Anders als Descartes schlägt er so die *res cogitans* zur materiellen Natur, soweit sie empirische Bewusstseinsinhalte umfasst. Die „Seelenlehre" oder empirische Psychologie, die sich mit den letzteren befasst, hält er jedoch nicht für mathematisierbar.

Teleologische Strukturen in der belebten Natur: Im Bereich der Biologie sieht Kant weitere Grenzen einer Mathematisierbarkeit der Natur. Er spricht Organismen die „zweckmäßige" Form eines Systems zu, in dem die Teile (Organe) gegenseitig voneinander abhängig und nur durch ihre Beziehung auf das Ganze (Lebewesen) funktionsfähig sind. Diese Organisationsform muss nach Kant teleologisch beurteilt werden (Kant 1790 / 1793: §§ 61–68), heute würde man sagen: durch funktionale Erklärungen (→ III.3 / Abschn. 4).

Natur des Menschen: Auch Kant ist Dualist, aber in ganz anderem Sinne als Descartes. Er unterscheidet die empirische Natur vom Bereich rein metaphysischer, „intelligibler" Begriffe (Vernunftideen), die den Bereich aller Erfahrung übersteigen und zu denen er die Seele als „intelligibles" Ich zählt, soweit sie über das empirische Ich bzw. unsere Bewusstseinsinhalte hinausgeht. Dieses rein metaphysische Ich ist nicht objektiv erkennbar, hat seine Urform im Selbstbewusstsein und fungiert in der praktischen Philosophie als ethisches Subjekt, das dem empirischen Ich und dessen sinnlichen

Trieben entgegenstehen kann und soll (→ II.11) – der Mensch ist nach Kant „Bürger zweier Welten", des Reichs der Natur und des Reichs der Freiheit.

Kants Naturbegriff wirft viele Fragen auf. Wie weit ist die Natur mathematisierbar? Wie weit geht ihre gesetzmäßige Einheit? Wie weit ist sie überhaupt objektiv erkennbar? Und wie verhalten sich die Naturgesetze zur menschlichen Freiheit? Antworten auf diese Fragen suchen Friedrich W. J. Schelling (1775–1854) und Georg W. F. Hegel (1770–1831) im Anschluss an Spinoza.

2.5 Von Spinoza zu Hegel: Natur als Stufenbau

Spinoza (1677) greift die mittelalterliche Vorstellung der *natura naturans* und *natura naturata* auf, wobei er sie pantheistisch als zwei Aspekte einer allumfassenden göttlichen Substanz betrachtet, als Einheit von Gott und Natur, die *causa sui* ist, also sich selbst hervorbringt. Schelling und Hegel wiederum greifen auf diesen (gegen Descartes gerichteten) Ansatz zurück, um Kants Dualismus von Natur und Freiheit bzw. Materie und Selbstbewusstsein zu überwinden. Schelling (1799) verbindet die Einheit von *natura naturans* und *natura naturata* mit der Vorstellung von Evolution und Selbstorganisation in der Natur. Hegel (1830: § 247) definiert die Natur als „Idee in der Form des *Andersseins*", d. h. als logische Struktur im Element der Äußerlichkeit; dabei begreift er die Natur als einen Stufenbau, in dem sich Strukturen zunehmender Komplexität verkörpern, von der Mechanik über die Physik und Chemie bis hin zum Leben als Basis für den menschlichen Geist. Diese Auffassung der Natur als Stufenbau sowie die Idee der Selbstorganisation gewinnen seit den wissenschaftlichen Revolutionen des 20. Jhs. wieder an Attraktivität (→ II.8).

3. Natur versus Geist

Was Natur heißt, war also bei Aristoteles teleologisch gedacht, im Mittelalter als Schöpfung begriffen und in der Neuzeit von Descartes über Kants *Kritik der reinen Vernunft* bis in die heutigen Naturwissenschaften hinein auf die mathematische Naturerkenntnis ausgerichtet. Gegenkonzeptionen zur Sicht der Natur als Inbegriff mathematisch strukturierter Phänomene gibt es v. a. bei Spinoza, Schelling und Hegel, mit Auffassungen einer *natura naturans*, die sich selbst hervorbringt, Evolution, Selbstorganisation und der Natur als Stufenbau.

Diese Naturbegriffe der philosophischen Tradition unterscheiden sich im Inhalt genauso wie dem Umfang nach. Beides betrifft u. a. die Grenzziehungen zwischen Natur und Geist. Sie sind seit alters her *intensional* umstritten: Ist die Natur wie der menschliche Geist beschaffen, also intentional und zielgerichtet? Oder eben nicht, ist sie also mathematisch und berechenbar? Ist sie nach dem Modell menschlicher Absichten zu verstehen (Aristoteles), hat sie mathematische Form (Descartes), gilt beides jeweils für Teilbereiche der Natur (Kant) oder ist die Natur noch vielgestaltiger (Schelling, Hegel)? Und die Grenzziehungen sind auch *extensional* umstritten: Gehört der menschliche Geist zur Natur (Spinoza) oder nicht (Descartes) oder reduziert er sich auf Naturprozesse (so im Materialismus seit Hobbes bis hin zur heutigen Hirnforschung)?

4. Natur, Technik, Kultur

Die begrifflichen Grenzen zwischen Natur und Technik, Kultur, Umwelt sind nicht minder unscharf. Sie reichen teilweise in die Tradition zurück und werden heute verstärkt diskutiert.

Natur und Technik: Die aristotelische Unterscheidung zwischen *physis* und *techne* wird schon im mittelalterlichen Konzept der *natura naturata* aufgeweicht (s. o., Abschn. 2.2), zu Beginn der Neuzeit wird sie vollends revidiert. Aus neuzeitlicher Sicht ist die Technik angewandte Naturwissenschaft; sie macht sich die Naturgesetze zunutze, um die Natur zu beherrschen (Bacon 1620; 1624). Heute wird v. a. zum Problem, dass sich die Anwendung von Technik auf die menschliche Natur auswirkt, von der In-vitro-Fertilisation bis zum Neuroenhancement. Diese Techniken werfen nicht nur ethische Probleme auf, sondern auch zentrale *begriffliche* Fragen zu den Grenzen zwischen Natur und Technik – von der anthropologischen Frage ‚Was ist der Mensch?‘ bis hin zu dem generellen Problem, welche Natur wir eigentlich haben oder herstellen wollen und in welcher Natur wir leben möchten.

Natur und Kultur: Die Grenzziehung zwischen Natur und Kultur war schon immer schwierig; die Kultur gilt als ‚zweite Natur‘ des Menschen, womit zunächst Erziehung und Bildung gemeint waren. Wir Menschen leben seit jeher in Kulturlandschaften; außer dem Sternenhimmel, soweit er im Lichtsmog der Städte sichtbar geblieben ist, gibt es auf der Erde kaum noch unberührte Natur. Sogar das, was man in den Naturwissenschaften unter ‚Natur‘ versteht, ist seit Beginn der Neuzeit kulturell überformt – durch das mathematische Naturverständnis von Galilei, Descartes und Newton ebenso wie durch technische Methoden der Naturerkenntnis unter Laborbedingungen. Und so kann etwa die Frage aufkommen: Ist das Higgs-Boson noch Natur?

Natur und Umwelt: Die Umwelt ist die physische Umgebung von Lebewesen, in der sie sich entwickeln, von der sie abhängig sind und auf die sie einwirken. Die heutige Umwelt ist teils natürlich, teils menschengemacht und stark durch Technik beeinflusst: von der Kultur- über die Industrie- und Stadtlandschaft bis hin zu den Umweltschäden. Wenn die Technikfolgen global werden, sind menschengemachte und natürliche Umwelt kaum noch zu unterscheiden. So brechen Naturkatastrophen wie im Fall des Klimawandels als Folge von Umweltschäden über die Menschen herein, was durch Klimamodelle und Messdaten nur probabilistisch mit einem bestimmten Konfidenzniveau erklärt und vorhergesagt werden kann. Hier verschwimmen die Begriffsgrenzen infolge verschwommener Grenzen des empirischen Wissens.

Ein völlig anderer Sektor, auf dem die Begriffsgrenzen von Natur und Umwelt in Abhängigkeit vom Wissen verschwimmen, ist die *nature-nurture*-Debatte. Die Natur eines Menschen im Sinne seiner persönlichen Eigenart, seines Wesens: inwieweit ist sie durch die biologische Natur, d. h. v. a. die genetische Ausstattung, bestimmt, inwieweit durch die soziale und sonstige Umwelt?

Literatur

Aristoteles, Physik = Aristoteles 1967: Physikvorlesung. Hg.: E. Grumach. Darmstadt. [Anmerkung: Diese Übersetzung von H. Wagner ist die beste im Hinblick auf die Begrifflichkeit von Natur.]

Bacon, Francis [1620] 1990: Neues Organon. Lat.-Dt. 2 Bde. Hg.: W. Krohn. Hamburg.

– [1624] 1982: Neu-Atlantis. Hg.: J. Klein. Stuttgart.

Birnbacher, Dieter 2006: Natürlichkeit. Berlin.

– 2019: Natürlichkeit. In: Kirchhoff, T. (Hg.): Online Encyclopedia Philosophy of Nature / Online Lexikon Naturphilosophie. Heidelberg, doi: https://doi.org/10.11588/oepn.2019.0.65541.

Descartes, René [1644] 2005: Die Prinzipien der Philosophie. Lat.-Dt. Hg.: C. Wohlers. Hamburg.

Dunshirn, Alfred 2019: Physis [deutschsprachige Fassung]. In: Kirchhoff, T. (Hg.): Online Encyclopedia Philosophy of Nature / Online Lexikon Naturphilosophie. Heidelberg, doi: https://doi.org/10.11588/oepn.2019.0.65543.

Hegel, Georg W. F. [³1830] 1970: Enzyklopädie der philosophischen Wissenschaften im Grundrisse. Zweiter Teil: Die Naturphilosophie. In: ders.: Werke, Bd. 9. Hg.: E. Moldenhauer / K. M. Michel. Frankfurt / M.

Kant, Immanuel [1781 / 1787] ²1911: Kritik der reinen Vernunft. Kant's gesammelte Schriften, Bd. III. Hg.: Königlich Preußische Akademie der Wissenschaften. Berlin.

– [1786] 1911: Metaphysische Anfangsgründe der Naturwissenschaft. In: a. a. O.: Bd. IV, 465–565.

– [1790 / 1793] ²1913: Kritik der Urteilskraft. In: a. a. O.: Bd. V, 165–485.

Leibniz, Gottfried W. / Clarke, Samuel [1715 / 16] 1991: Der Leibniz-Clarke Briefwechsel. Hg.: V. Schüller. Berlin.

Schelling, Friedrich W. J. [1799] 1927: Einleitung zu dem Entwurf eines Systems der Naturphilosophie. In: Schellings Werke, 2. Hg.: M. Schröter. München: 269–326.

Schiemann, Gregor (Hg.) 1996: Was ist Natur? Klassische Texte zur Naturphilosophie. München.

– 2005: Natur, Technik, Geist. Kontexte der Natur nach Aristoteles und Descartes in lebensweltlicher und subjektiver Erfahrung. Berlin.

Spinoza, Baruch de [1677] ⁴2015: Ethik nach geometrischer Methode dargestellt. Lat.-Dt. Hg.: W. Bartuschat. Hamburg.

II.2 Schöpfung

Frank Vogelsang

1. Was ist mit dem Begriff ‚Schöpfung‘ gemeint?

Während in Kapitel I.2 die geschichtliche Herkunft und der Gebrauch des Begriffs der Schöpfung in der europäischen Geistesgeschichte beschrieben worden ist und in Kapitel III.8 religiöse Naturverhältnisse besprochen werden, soll in diesem Kapitel der Frage nachgegangen werden, warum und in welchem Kontext man den Begriff der Schöpfung im Gegenüber zum Begriff der Natur nutzt. Inwieweit unterscheidet sich der Begriff der Schöpfung von dem der Natur? Was leistet der Begriff der Schöpfung? Da das heutige Verständnis von ‚Natur‘ maßgeblich durch die Naturwissenschaften beeinflusst ist, soll insb. auf das Verhältnis der Rede von der Schöpfung zu naturwissenschaftlichen Beschreibungen der Welt näher eingegangen werden.

Der Begriff der Schöpfung ist an eine religiöse Deutung der Welt gebunden, was beinhaltet, dass ‚Schöpfung‘ auch normative Bedeutung hat und nicht nur ein deskriptiver Begriff ist. Welche Bedeutung ‚Schöpfung‘ annehmen kann, ist dabei in hohem Maße vom religiösen Kontext abhängig, innerhalb dessen man ihn verwendet. In schamanischen Religionen spielen dynamische Verhältnisse von Grundkräften eine große Rolle, z. T. als Gottheiten vorgestellt, die miteinander ringen. Im Daoismus gibt es die Vorstellung antagonistischer Kräfte oder Sphären, *Yin* und *Yang*, deren gegenseitige Durchdringung eine fragile Ordnung entstehen lässt (→ I.1). In den alten indischen Schriften der Veden geht man von einer Welt der Phänomene aus, die aber nur eine Illusion (*Maya*) darstellt, die die eigentliche Realität dem alltäglichen Blick unkenntlich macht. In der buddhistischen Lehre durchwaltet die Welt ein ehernes Gesetz von Ursache und Wirkung, das durch das Streben der Lebewesen zu *dukkah*, zum Leiden führt, wenn das Streben nicht auf dem Weg der Befreiung durchbrochen wird. Die Vorstellungen von der Schöpfung zeigen sich darüber hinaus eng verbunden mit lokalen Weisheitserzählungen, mit religiösen Riten und lebensweltlichen Orientierungen.

Im westlichen Kulturkreis dominiert die christlich-jüdische Vorstellung von Schöpfung, sie wird als Handlung Gottes am Anfang des biblischen Textes erzählt (Gen 1,1–2,4a). Für das Wort ‚Schöpfung‘ im Sinne eines Produkts aus der Handlung gibt es im Hebräischen kein Äquivalent. Im Alten Testament werden stattdessen summarische Formeln verwendet wie „Himmel und Erde" oder der „alle Himmelsrichtungen" umfassende Erdkreis. ‚Schöpfung‘ wird zwar als Tätigkeit Gottes verstanden, aber wie diese geschieht, bleibt geheimnisvoll. Dies unterstreicht der Textbefund der Schöpfungserzählung in der hebräischen Bibel: Für die göttliche Tätigkeit der Schöpfung gibt es im Hebräischen ein exklusiv verwendetes Verbum: *bara'*.

Fast ebenso einflussreich wie die biblischen Darstellungen der Schöpfung ist in der europäischen Geistesgeschichte der Schöpfungsmythos, den Platon (428 / 427–348 / 347 v. Chr.) im *Timaios*-Dialog entfaltet (→ I.1). Der Schöpfer wird als ein handwerklich arbeitender, gütiger Demiurg aufgefasst. Der Demiurg schafft Ordnungen nach dem Vorbild der ewigen Ideen, jedoch aufgrund des vorgegebenen Materials mit Abweichungen von der idealen Ordnung. Platon reflektiert darüber, dass auch eine philosophische Darstellung der Weltentstehung auf einen unvollkommenen Mythos, auf eine nur wahrscheinliche Rede angewiesen ist.

Schon innerhalb des jüdisch-christlichen Traditionskreises, nicht erst im interreligiösen Vergleich, entwickeln sich Vorstellungen von der Schöpfung mit unterschiedlichen Akzenten. Die Schöpfungserzählung des Alten Testaments, die den Vorgang in sieben Tage einteilt, ist in der Endgestalt des biblischen Kanons unmittelbar verbunden mit einer wesentlich archaischeren Darstellung der Schöpfung, in der Adam, der erste Mensch, aus Lehm geformt wird (Gen 2,4b–2,25). Beide Darstellungen sind entgegen einer Jahrtausende langen Auslegung nicht allein daran interessiert, einen einmaligen, historisch fixen Anfangspunkt zu schildern. Tatsächlich wollen sie v. a. die Erfahrungswelt der Gegenwart des Erzählers theologisch deuten (Link 2012: 40). In der theologischen Interpretation wird die Schöpfung am Anfang als *prima creatio* bzw. als *creatio ex nihilo* (Schöpfung aus dem Nichts) diskutiert, die kontinuierliche Schöpfung in der Erfahrungswelt dagegen als *creatio continua* (Welker 1995: 17). Die Rede von der Schöpfung im Neuen Testament betont nicht nur das Bestehende, sondern v. a. das Neue. Im Lichte der Botschaft von der Auferstehung Jesu Christi ist die Rede von der neuen Schöpfung, dem neuen Himmel und der neuen Erde, die Gott verheißen hat, die durchaus kontrafaktisch zur Alltagserfahrung steht und Ausdruck christlicher Hoffnung ist (Apk 21). Die Relation dieser beiden innerbiblischen Vorstellungskreise, Schöpfung am Anfang und eschatologische Neuschöpfung, werfen gravierende Fragen der Deutung auf (s. Thomas 2009: 30).

Ein weiterer wirkmächtiger Schöpfungsmythos entsteht in der Gnosis, einer Bewegung der ersten nachchristlichen Jahrhunderte. Hier führt die Spannung, die zwischen den unterschiedlichen biblischen Schöpfungsvorstellungen angelegt ist, zum offenen Bruch. Nun wird der Schöpfergott, der Demiurg, konsequent von Gott, dem Vater Jesu Christi, abgespalten. Während der eine die menschliche Seele an die Materie (→ II.6) bindet, sucht der andere deren Befreiung zu einer himmlischen Existenz. In gewisser Weise zeigt sich hier eine extreme Auslegung eines schon vorher bestehenden innerbiblischen Konfliktes.

Im Koran (qur'ān) beziehen sich etliche Suren auf den Vorgang der Schöpfung (etwa Suren 2:29; 10:3; 57:4). Allāh wird als der Schöpfer bezeichnet, einer seiner 99 Namen lautet *al-bāri'*, eine Bezeichnung, die auf die Sonderstellung des hebräischen *bara'* zurück verweist. Wichtig ist die Betonung der Alleinwirksamkeit Gottes, ähnlich zur christlichen Rezeption, die auch gegen die Gnosis die Lehre von der *creatio ex nihilo* entwickelte. Im heutigen Islam gibt es ebenso wie in christlichen und jüdischen

Gruppen Vorstellungen, die die religiöse Beschreibung der Schöpfung als die wahre Lehre den naturwissenschaftlichen Darstellungen entgegensetzen.

2. Das Verhältnis der Rede von der Schöpfung zur Rede von der Natur

Das eigentümliche Profil und die Grenzen der Schöpfungserzählungen werden deutlicher, wenn man sie mit dem Begriff der Natur (→ II.1) kontrastiert. Im Folgenden soll der Gebrauch des Begriffes der Schöpfung in ein Verhältnis zur naturwissenschaftlichen Beschreibung der Welt gesetzt werden. Trotz aller Unterschiede zwischen den Religionen weisen die religiösen Deutungen der Welt als Schöpfung einige grundlegende Gemeinsamkeiten auf, die die Differenz zu einer naturwissenschaftlich orientierten Rede begründen.

Innerhalb des religiösen Referenzrahmens werden die beobachtbaren Phänomene der Natur in einer Weise gedeutet, die das naturwissenschaftlich Beschreibbare transzendiert. So bezieht sich die Rede von der Schöpfung zwar extensional auf Natur, intensional aber werden mit Hilfe religiöser Referenzen Begründungen für den phänomenalen Befund der Alltagswelt geboten. Der Begriff der Schöpfung erhebt den Anspruch, dass das je und je Vorfindliche – die Natur, in der man lebt und die man beobachten kann – besser verstanden werden kann, wenn man sie im Lichte religiöser Begründungen versteht.

Erzählungen von der Schöpfung sind Versuche, einen Zugang zum Ganzen der Welt zu gewinnen und zugleich Erklärungspotenzial für die Alltagswelt der Hörerinnen und Hörer zu entfalten. Dies geschieht methodisch dadurch, dass die Schöpfung in Form von erzählbaren Vorgängen, in Form von Mythen dargeboten wird. So wird nicht nur das Ganze der Welt erfasst, sondern auch die im Alltag erfahrbare natürliche Umwelt begründet. Deshalb ist die Form der Erzählung (→ III.7) für religiöse Deutungen der Natur als Schöpfung konstitutiv. Die Rede von der Schöpfung liegt nicht als begriffliche Rede, als *logos*, sondern als Erzählung von handelnden Akteuren oder antagonistisch wirkenden Kräften, als *mythos* vor (Platon, Timaios 29c–d) (→ I.1). Die transzendenten, religiös beschreibbaren Größen, aus deren Interaktion sich die Phänomene der vorfindlichen Natur ableiten, können kontinuierlich miteinander ringende Grundkräfte der Welt sein, es können Auseinandersetzungen von verschiedenen Götterfamilien sein, es kann das Handeln des einen Gottes sein.

Die Rede von der Schöpfung will – anders als eine strikt wissenschaftliche Naturbeschreibung – nicht nur feststellen, was ist. Es lassen sich drei wichtige Dimensionen unterscheiden: Der Begriff der Schöpfung wird verwendet, um die ätiologischen[1] und existenziellen Fragen zu beantworten. Die Natur wird sowohl als lebensförderlich wie auch als lebensbedrohend wahrgenommen: Warum ist die Natur so, wie sie ist?

---

1 Ätiologie (von griech. *aitía* für: Ursache) meint in der Religionswissenschaft die Darstellungsformen *erklärender* Erzählungen über ursächliche oder begründende Ereignisse in der Vergangenheit, z. B. in Form von Mythen.

(Abschn. 2.1) Weiterhin wird er gebraucht, um die im engeren Sinne religiöse Frage zu beantworten: In welchem Zusammenhang stehen die Grundkräfte bzw. die Gottheit mit der phänomenalen Natur? Welche Weisen der Anbetung und des Kultes sind dementsprechend angemessen? (2.2) Schließlich wird der Begriff der Schöpfung gebraucht, um ethische und lebenspraktische Fragen zu beantworten: Wie soll man in der Natur handeln, um ein erfülltes Leben zu finden? (2.3)

2.1 Natur als Quelle und als Bedrohung des Lebens

Die Frage, warum die Natur so ist, wie sie ist, kann in zwei Richtungen verfolgt werden, bestimmt durch eine Erfahrung der Lebenserhaltung oder durch eine Erfahrung der Lebensbedrohung: 1. Warum hat die Welt eine lebenserhaltende Ordnung? 2. Warum gibt es Katastrophen und Leiden?

Die Natur erweist sich einerseits als lebensschaffend, denn es sind die regelmäßig wiederkehrenden und beobachtbaren Prozesse, in denen Leben sich reproduziert, im jährlichen Zyklus bei den Pflanzen, in vieljährigen Zyklen bei Tieren und Menschen. Gerade für agrarische Kulturen ist die wiederkehrende Fruchtbarkeit des Bodens ein zentrales Element der religiösen Deutung.

Andererseits kann die Natur sich auch als lebensfeindlich erweisen, wenn etwa in Dürrezeiten der Regen ausbleibt und die Ernte gefährdet ist. Auch dies kann dann religiös gedeutet werden, etwa als Strafe einer Gottheit. Der religiöse Kult ist durch Opfer und Anbetung darauf ausgerichtet, die lebensfördernde Fruchtbarkeit der natürlichen Grundlagen zu erhalten und zu befördern. Der Begriff ‚Schöpfung' ist hier ein Ausdruck dafür, dass menschliches Leben sich in einer prekären Abhängigkeit von der Natur befindet.

Gerade das Leiden in der Welt zeigt, dass die Rede von der Schöpfung im religiösen Kontext nicht ohne innere Konflikte und Widersprüche ist. In der jüdisch-christlichen Tradition gab es kritische Strömungen einer weisheitlichen Theologie, die Klagen gegen Gott artikulierten (Buch Hiob, Buch Kohelet). Wie kann man die Aussage, dass Gott die Welt mit einer guten Ordnung geschaffen hat („Und siehe, es war sehr gut." – Gen 1,31) mit der Erfahrung von Leid und Tod in Einklang bringen? In der Neuzeit wird dieser Konflikt unter dem Titel ‚Theodizee' (Gottfried W. Leibniz, 1646–1716) verhandelt.

2.2 Wie kann man in der Natur Gott erfahren, wie mit ihm in Kontakt treten?

Wenn die Natur als Schöpfung wahrgenommen wird, wenn sie also in ihrer Grundkonstitution mit transzendenten Kräften, mit einer Gottheit in Berührung erfahren wird, dann kann sie als Ort der Anbetung verstanden werden. Eine so interpretierte Natur wird zu einem Ort des Heiligen, des Numinosen. Die Erfahrungen des Numinosen sind aber – entgegen manchen religionsphilosophischen Ansätzen – weder in sich eindeutig noch religionsunabhängig. Vielmehr macht erst der religiöse Interpretationsraum das Numinose als solches erkennbar. Dementsprechend unterscheiden sich die Erfahrungen des Heiligen in der Natur von Religion zu Religion (→ III.8).

2.3 Wie sollen wir uns in der Natur verhalten?

Wenn die Natur als Schöpfung, also als religiöse, lebensspendende oder lebensbedrohende Größe verstanden wird, ist es wichtig, die Regeln zu berücksichtigen, die sich für ein gelingendes Leben daraus ableiten lassen.

Innerhalb der jüdisch-christlichen Tradition weist der sog. Schöpfungsauftrag in der ersten Schöpfungserzählung dem Menschen eine bestimmte Rolle und Aufgabe zu: „Seid fruchtbar und mehret euch und füllet die Erde und machet sie euch untertan" (Gen 1,28). Diese Bibelstelle kann später zur Quelle der Kritik an die jüdisch-christliche Überlieferung werden, wenn sie für jene Haltung verantwortlich gemacht wird, die zur Ausbeutung der Natur führte. Die Diskussion um diesen Vers war und ist u. a. in der Umweltbewegung sehr kontrovers (s. Liedke 1979). Die grundlegende Verbundenheit des Schöpfungsbegriffs mit ethischen Fragen hat auch seine Rezeption in den aktuellen Umweltdiskussionen befördert, so etwa die breite Rezeption des Slogans „Bewahrung der Schöpfung". Allerdings ist dieser Gebrauch des Begriffes theologisch umstritten, da es ja zugleich der Zweck der Rede von der Schöpfung in den Religionen ist, gerade über die gestaltbare Natur hinaus auf Gottes Handeln zu verweisen, das der Verfügungsmacht des menschlichen Handelns entzogen ist.

3. Die Rede von der Schöpfung und die naturwissenschaftliche Forschung

Nachdem die drei spezifischen Fragen benannt worden sind, in denen die Rede von der Schöpfung über das Darstellungsinteresse der Naturwissenschaften hinausgeht, soll schließlich auf das problematische Verhältnis beider in der europäischen Neuzeit eingegangen werden. Üblicherweise wird das Verhältnis als konflikthaltig verstanden. Dies ist nicht zuletzt durch eine gewisse Selbststilisierung der neuzeitlichen naturwissenschaftlichen Forschung bestimmt: Diese erscheint dabei als Vertreterin der Aufklärung des Menschen, die religiöse Rede von der Schöpfung dagegen als traditionsverhaftete Autoritätshörigkeit. Der US-amerikanische Physiker und Theologe Ian G. Barbour (1923–2013) hat eine umfassende Typologie für die Verhältnisbestimmung zwischen der Rede von der Schöpfung und der naturwissenschaftlichen Forschung vorgeschlagen, die vier idealtypische Bestimmungen des Verhältnisses beider kennt: Konflikt, Unabhängigkeit, Dialog und Integration (Barbour [1968] 2003: 113–150).

Im Falle des *Konflikts* bestreiten die Verfechter einer Rede von der Schöpfung, dass die naturwissenschaftlichen Erkenntnisse richtig sind, und sehen in der Erzählung von der Schöpfung durch Gott eine konkurrierende Theorie. Dies ist u. a. in einigen Teilen der USA prominent, in denen evangelikale Theologen etwa die Erkenntnisse der Evolutionstheorie bestreiten, aber auch in manchen Auslegungen des Koran.[2]

Die *Unabhängigkeit* der Rede von der Schöpfung von den Naturwissenschaften ver-

---

2 Dem gegenüber gibt es sowohl in der christlichen Theologie als auch in der islamischen Theologie Positionen, die für eine Vereinbarkeit von Evolutionstheorie und religiöser Weltdeutung argumentieren.

treten jene, die die Methoden von Theologie und Naturwissenschaften scharf unterscheiden. Sowohl die Rede von der Schöpfung als auch die Naturwissenschaften haben hiernach eine stringente Binnenrationalität, sie sind aufgrund der unterschiedlichen Methoden aber nicht in der Lage, mit der jeweils anderen Darstellungsweise in Konflikt zu geraten.

Die Verfechter eines *Dialogs* zwischen Naturwissenschaften und Theologie legen dar, dass beide Darstellungsformen um denselben Gegenstandsbereich ringen und doch auf unterschiedliche Beschreibungsformen zurückgreifen. Eine häufige Strategie ist es, auf die methodische Einschränkung der Naturwissenschaften hinzuweisen, die bestimmte Fragen unbeantwortet lassen muss. So lassen sich etwa existenzielle Fragen nach dem Sinn des Lebens oder Fragen der Wertorientierung nicht innerhalb naturwissenschaftlicher Theorien beantworten.

Besonders weitgehend ist der letzte Typus, der der *Integration*. Die unter diesem Begriff versammelten Positionen gehen davon aus, dass eine Rede von der Schöpfung mit der naturwissenschaftlichen Forschung in ein integratives Verhältnis gesetzt werden kann. Die entscheidende Vermittlungsarbeit geschieht durch eine Naturphilosophie. Diese ist gewissermaßen der ‚neutrale' Ort, der sowohl einen Bezug zu den Naturwissenschaften wie auch zu der Rede von der Schöpfung herstellt. Eine solche Vermittlungsarbeit können etwa die Prozessphilosophie nach Alfred N. Whitehead (1861–1947), wissenschaftstheoretische Ansätze wie die von Michael Polanyi (1891–1976) oder phänomenologische Ansätze wie etwa von Maurice Merleau-Ponty (1908–1961) leisten (→ III.1).

Zusammenfassend kann man für das Verhältnis der Begriffe ‚Schöpfung' und ‚Natur' festhalten: Der Begriff der Schöpfung unterscheidet sich dadurch von dem der Natur, dass er nur in dem spezifischen Deutungskontext einer Religion verstanden werden kann. In der Regel zielt er nicht nur auf die Dinge der Natur, sondern reflektiert auch auf das Verhältnis des eigenen Lebens zur Natur, auf den Willen des Schöpfers oder auf den Umgang mit der Natur. Die Rede von der Schöpfung steht nicht notwendig in Konflikt mit der naturwissenschaftlichen Forschung. Ebenso ist es möglich, dass beide Zugangsformen als unabhängig voneinander verstanden werden, dass sie miteinander in einen Dialog gesetzt werden oder dass man versucht, beide in eine Gesamtdarstellung zu integrieren.

In diesem Sinne erinnert die Arbeitsgemeinschaft Christlicher Kirchen in Deutschland (ACK) seit 2010 jedes Jahr den „Ökumenischen Tag der Schöpfung",[3] u.a. mit naturphilosophischen Beiträgen, die in der Zeitschrift *Una sancta* veröffentlicht werden. Die Themen reichen von Klima- und Wasserschutz bis zur Bewahrung der Biodiversität. Der 1. September als Tag des Gebets für die Schöpfung geht zurück auf die Europäische Ökumenische Versammlung in Basel, die nach Anregung von Dimitrios I. (1914–2001), dem Ökumenischen Patriarchen von Konstantinopel, zum Dank- und Fürbittgebet an den Schöpfer aufrief. Dies wurde zunächst von den orthodoxen Kirchen, bald auch von der katholischen Kirche und den evangelischen Kirchen

---

3 https://www.oekumene-ack.de/themen/glaubenspraxis/oekumenischer-tag-der-schoepfung/2019/ (aufgerufen 08.12.2019).

übernommen. Historisch aus den kirchlichen Friedens- und Anti-Atombewegungen der 1970/80er Jahre entstanden, wird hier der Erhalt der Biodiversität in die Bewegung des Konziliaren Prozesses integriert, die auf Gerechtigkeit, Frieden und Bewahrung der Schöpfung zielt. Vergleichbare Ansätze des Erhalts der Schöpfung finden sich im Schulterschluss mit naturwissenschaftlich-ökologischen Erkenntnissen in allen Weltreligionen (vgl. für den Islam Hancock 2018). Eine Folge aus dieser Bewegung ist, dass sich Kirchen selbst als aktive Akteure des Naturschutzes verstehen (vgl. Philipp 2009). Dabei nimmt der Schutz der Biodiversität einen besonderen Stellenwert ein: vom Lebensraum Friedhof über Fledermäuse im Kirchturm bis zur nachhaltigen Forstwirtschaft. In Deutschland gehen viele dieser Initiativen auf die Handlungsempfehlung *Biodiversität und Kirchen* zurück, die die kirchlichen Umweltbeauftragten gemeinsam mit dem Bundesamt für Naturschutz 2003 vorgelegt haben.[4]

Literatur

Ahn, Gregor 1999: Schöpfer / Schöpfung I. Religionsgeschichtlich. In: Müller, G. et al. (Hg.): Theologische Realenzyklopädie, Bd. 30. Berlin: 250–258.

Asad, Muhamad [1980] 2009: Die Botschaft des Koran. Düsseldorf.

Barbour, Ian G. [1968] 2003: Wissenschaft und Glaube. Historische und zeitgenössische Aspekte. Göttingen.

Bonhoeffer, Dietrich [1933] ²2002: Schöpfung und Fall. In: ders.: Werke, Bd. 3. Hg.: M. Rüter / I. Tödt. Gütersloh.

Hancock, Rosemary 2018: Islamic Environmentalism. Activism in the United States and Great Britain. London.

Keel, Othmar / Schroer, Silvia [2002] ²2008: Schöpfung. Biblische Theologien im Kontext altorientalischer Religionen. Göttingen.

Leibniz, Gottfried W. [1710] 1996: Versuche in der Theodicée, über die Güte Gottes, die Freiheit des Menschen und den Ursprung des Übels. Hamburg.

Liedke, Gerhard 1979: Im Bauch des Fisches. Ökologische Theologie. Stuttgart.

Link, Christian 2012: Schöpfung. Ein Entwurf im Gegenüber von Naturwissenschaft und Ökologie. Neukirchen-Vluyn.

Merleau-Ponty, Maurice [1945] ⁶1976: Phänomenologie der Wahrnehmung. Berlin.

Pannenberg, Wolfhart 2000: Natur und Mensch – und die Zukunft der Schöpfung. Göttingen.

Philipp, Thorsten 2009: Grünzonen einer Lerngemeinschaft: Umweltschutz als Handlungs-, Wirkungs- und Erfahrungsort der Kirche. München.

Platon, Timaios = Platon ⁷2016: Timaios. In: ders.: Werke in 8 Bänden. Griech.-Dt., Bd. 7. Hg.: G. Eigler. Darmstadt.

Polanyi, Michael [1958] 2002: Personal Knowledge. Towards a Post-Critical Philosophy. London.

Thomas, Günter 2009: Neue Schöpfung. Systematisch-theologische Untersuchungen zur Hoffnung auf das ‚Leben in der zukünftigen Welt'. Neukirchen-Vluyn.

Welker, Michael 1995: Schöpfung und Wirklichkeit. Neukirchen-Vluyn.

Whitehead, Alfred N. [1929] 1987: Prozess und Realität. Entwurf einer Kosmologie. Frankfurt / M.

---

4 https://www.bfn.de/fileadmin/BfN/gesellschaft/Dokumente/BIODIV_Kirchen_agu_bf_publ.pdf (aufgerufen 08.12.2019).

II.3 Kosmos und Welt

Manfred Stöckler

In erster systematischer Annäherung kann mit ‚Kosmos‘ – und häufig auch gleichbedeutend ‚Welt‘ – die Gesamtheit aller Dinge in Raum und Zeit bezeichnet werden. Davon abgeleitet können die Begriffe Kosmos, Welt, Weltall und Universum in verschiedenen Zusammenhängen wechselnde Bedeutungen haben. Der Kosmos / die Welt ist ein besonderer Gegenstand. Wie können wir über die Gesamtheit der Dinge überhaupt etwas wissen? Kann die Welt als Ganzes genauso ein Objekt sein wie Gegenstände in ihr? Neben solchen erkenntnistheoretischen Fragen werden in der Philosophie auch inhaltliche Probleme diskutiert: Wie ist das Ganze beschaffen, hat es einen Anfang, einen Grund oder eine Ursache? Kann das Wissen über die gesamte Welt uns Orientierung für unser Leben geben?

1. Konzeptionen von Kosmos und Welt

1.1 Begriffliche Vorklärungen

Kosmos bedeutet ursprünglich ‚Ordnung‘, aber auch ‚Schmuck‘. Die Verwendung von ‚Kosmos‘ charakterisiert die Welt als geordnetes Ganzes (→ I.1). Im Gegensatz dazu steht das ‚Chaos‘, der Zustand der Undifferenziertheit und der Ordnungslosigkeit (→ I.1). Als ‚Kosmos‘ werden aber auch geordnete Teilsysteme bezeichnet (Gatzemeier et al. 1976; Soler Gil 2014: 17–42).

Welt bedeutet wie Kosmos die Zusammenfassung der räumlich und zeitlich mit uns verbundenen Gegenstände zu einem Ganzen. Werden v. a. physikalische Aspekte betrachtet, spricht man meist von ‚Weltall‘ oder von ‚Universum‘. Als ‚Welt‘ werden aber häufig auch Teilregionen bezeichnet: unser Planetensystem oder die Erde, insb. sofern sie kulturell geprägt ist (‚Weltwirtschaft‘). Im christlichen Kontext ist mit Welt oft das gemeint, was Gott entgegensteht (Rentsch et al. 2004) bzw. was immanent und nicht transzendent ist (→ III.8).

In der Geschichte der Weltbilder findet man immer wieder die Annahme einer besonderen Beziehung zwischen der großen Welt als Ganzes (Makrokosmos) und speziellen Teilen (Mikrokosmen), in denen das Universum sozusagen gespiegelt wird. Häufig wird der Mensch (→ II.11) als Mikrokosmos aufgefasst. Diese Annahme einer Entsprechung führt zu Analogien zwischen Makro- und Mikrokosmos, die einen Weg öffnen, trotz des beschränkten irdischen Blickfelds das gesamte Universum zu erfassen (Thiel 2013).

Welt-Konzeptionen charakterisieren einerseits die Welt als einheitlich, andererseits werden dabei verschiedene subjektbezogene Blickfelder und Weltsichten betont, etwa wenn von der „Umwelt und Innenwelt der Tiere" (Uexküll 1909) gesprochen wird (Schmitz 2011). Im Folgenden wird aber der raumzeitlich aufgefasste physikalische Kosmosbegriff im Sinne von Universum oder Weltall im Mittelpunkt stehen, da er naturphilosophisch besonders relevant ist. Er kann allerdings die Vielfalt der Weltbegriffe nicht ersetzen, die in der Philosophie, u. a. in der Phänomenologie und in der Existenzphilosophie, entwickelt worden sind (Rentsch et al. 2004; Schmitz 2011).

1.2 Annäherungen an den Kosmos

Frühe Welt-Konzeptionen zeichnen sich dadurch aus, dass der Kosmos als einheitlicher Gegenstand aufgefasst und benannt wird und dabei Erfahrungen aus dem alltäglichen Leben herangezogen werden. Die Beschreibung der Welt im Großen hat häufig auch praktische Ziele. So ist in Platons (428 / 427 – 348 / 347 v. Chr.) einflussreichem Dialog *Timaios* die Bildung der Welt durch den Demiurgen, der eher ‚Handwerker' als Schöpfergott ist, in die Frage nach der besten Staatsform eingebettet. Die Welt wird darin als nach Vernunftprinzipien geplant und als Organismus, also in Analogie zu einem wohl-geordneten Lebewesen, beschrieben (→ II.10). Im Weltbild der Atomisten dagegen entstehen Welten (Planetensysteme) zufällig im Wirbel der Atome. In der Neuzeit setzen sich neue Metaphern durch, z. B. Welt als komplexe Maschine.

Die Bilder vom Kosmos werden durch den jeweiligen Wissenshintergrund und die Hilfsmittel geprägt, mit denen eine einheitliche Erklärung der Welt versucht wird, sowie durch die Absichten und Funktionen der jeweiligen Kosmologie, d. h. der jeweiligen Theorie vom Aufbau und vom Ursprung der Welt. So kann man verschiedene Formen der Kosmologie unterscheiden (Stöckler 2007: 86–88): Die im Kosmos wirkenden Kräfte werden in mythischen Kosmologien in direkter Analogie zum Handeln des Menschen vorgestellt, etwa wenn in der großen babylonischen Dichtung *Enuma elisch* (19.–17. Jh. v. Chr.) Marduk aus den beiden Hälften des besiegten Seeungeheuers Tiâmat die Erde und das Himmelsgewölbe herstellt, nachdem er ihren Körper „wie einen getrockneten Fisch" zerteilt hat (Eliade [1959] 1980: 24; Garelli / Leibovici [1959] 1980: 142–144). In der Kosmologie der Griechen beruht das Geschehen der Welt dagegen auf einer unpersönlichen Ordnung, die meist einen göttlichen Charakter hat. Eine wesentliche Neuerung bringt die neuzeitliche Physik, in der die kosmische Ordnung durch mathematisch formulierte Naturgesetze (→ II.7) beschrieben wird.

Erkenntnistheoretisch wichtig sind Immanuel Kants (1724–1804) Vorstellungen vom Weltall. In seinen frühen naturphilosophischen Schriften setzt er sich mehrfach mit dem Begriff der Welt auseinander (Falkenburg 2000; Rentsch et al. 2004). In dem visionären Werk *Allgemeine Naturgeschichte und Theorie des Himmels oder Versuch von der Verfassung und dem mechanischen Ursprunge des ganzen Weltgebäudes nach Newtonischen Grundsätzen abgehandelt* (1755) beschreibt Kant eine sich dynamisch entwickelnde Welt und stellt dabei auch eine recht modern anmutende Theorie der Entstehung von Planetensystemen auf, die Prinzipien der Newtonschen Mechanik zumindest qualitativ in Anwendung bringt. Ähnlich wie im Atomismus entstehen die geordneten Strukturen aus einem chaotischen Zustand. Aber im Unterschied zum Atomismus wird dieser Prozess auf Naturgesetze zurückgeführt, denen die Materie (→ II.6) unterworfen ist, und so letztlich Gott zugeschrieben, der die Naturgesetze und den Anfangszustand der Welt geschaffen hat (Falkenburg 2000: 81).

Im Rahmen seiner kritischen Prüfung der rationalistischen Metaphysik und der Reichweite der Vernunft kommt Kant später zu der Überzeugung, dass die Welt als Ganzes kein Gegenstand der Erfahrung sein kann. Der Begriff der Welt als Erfahrungsobjekt führe zu Widersprüchen, die im Antinomienkapitel der *Kritik der reinen Vernunft* (1781 / 1787) ausgeführt werden (Falkenburg 2000: Kap. 5). Auch wenn die gegenwärtige Kosmologie Kant hierin nicht folgt (s. u., Abschn. 2), ist seine Erkenntnis der zentralen Rolle mathematischer Naturgesetze unbestritten.

1.3 Einheitlichkeit und Ursprung der Welt

Wenn die Welt als Gesamtheit aller Dinge bestimmt wird, scheint es nur ein einziges Universum geben zu können. Dennoch ist häufig von vielen Welten die Rede. Das ist unproblematisch, wenn mit „Welt" eine bestimmte subjektive Sicht auf die Welt oder eine Teilwelt (z. B. ein Planetensystem) innerhalb des Universums gemeint ist. Ebenso ist die Idee gedachter möglicher Welten, die sich von unserer unterscheiden, mit der Einzigkeit der Welt vereinbar. Solche möglichen Welten spielen bei der Frage nach der Kontingenz der Welt eine wichtige Rolle: Warum ist die Welt gerade so, wie sie ist, und könnte sie nicht anders sein?

Metaphysisch weitergehend ist der modale Realismus (David K. Lewis, 1941–2001), nach dem mögliche Welten in gleicher Weise „real" sind wie unsere „aktuale" Welt, also alle möglichen Welten auch existieren (Lewis 1986). Eine solche Vervielfachung der Welten wird von ihren Vertretern durch die Erklärungskraft gerechtfertig, die diese Hypothese zum Verständnis unserer Welt entwickelt, z. B. bei der Klärung des quantenmechanischen Messprozesses oder bei der Lösung des Problems der Feinabstimmung der kosmischen Anfangsbedingungen (s. u.). Ob die Vorzüge der Viele-Welten-Theorien tatsächlich die Postulierung solch unbeobachtbarer Welten rechtfertigen, ist sehr umstritten (Soler Gil 2014: 130–147).

Die Frage nach dem Anfang oder der Ursache des Kosmos ist ein altes Thema von Religionen und Philosophien. Sie ist aber besonders schwer auf der Grundlage unseres sonstigen Wissens zu beantworten, weil wir das Entstehen von Dingen in der Regel dadurch erklären, dass sie aus schon vorhandenen Dingen hervorgehen. Beim Anfang der Welt gibt es aber kein früheres Ereignis, das man zur Erklärung voraussetzen könnte. Deswegen scheint eine befriedigende Antwort auf die Frage nach dem Ursprung des Universums unmöglich zu sein (Stöckler 2007).

Die Kosmogonie, die Lehre von der Entstehung der Welt (Hager et al. 1976), wird deshalb immer eher eine Theorie der Entwicklung des Kosmos als eine Theorie des absoluten Anfangs sein. In mythischen und theologischen Kosmogonien (→ I.2; II.2; III.9), aber z. B. auch bei Hesiod (ca. 700 v. Chr.) und Platon, wird die kosmische Ordnung dadurch beschrieben, dass erzählt wird, wie ein schon als existierend vorausgesetzter ungeordneter, chaotischer Anfangszustand geformt und geordnet wird. Die Annahme, dass das Universum ewig ist, z. B. im Atomismus oder bei Aristoteles (384–322 v. Chr.), vermeidet dagegen die Frage nach dem Anfang, lässt dafür aber offen, warum die Welt überhaupt da ist und warum sie gerade so ist, wie sie ist.

2. Die Welt der relativistischen Kosmologie

Die gegenwärtige relativistische Kosmologie versteht sich als Teilgebiet der empirischen Naturwissenschaft und beschreibt den Kosmos als ‚normalen‘ Gegenstand der Physik. Eine wichtige Voraussetzung dafür ist eine neue Auffassung von Raum und Zeit (→ II.4), die 1915 durch Albert Einsteins Gravitationstheorie (die sog. Allgemeine Relativitätstheorie) in die Kosmologie eingeführt worden ist (→ II.5).

Die Struktur des Universums ist nach Einstein wesentlich durch die Gravitationskraft bestimmt. In seiner Theorie werden Gravitationsphänomene nicht auf eine spezielle Kraft zurückgeführt, sondern ergeben sich aus der geometrischen Struktur des Raumes, der nicht mehr euklidisch ist, sondern in einem mathematischen Sinn gekrümmt sein kann. Die grundlegenden Feldgleichungen beschreiben, wie die Krümmung von dem Materieinhalt des Raumes abhängt. Diese Gleichungen können sowohl *für Objekte im* Universum, z. B. für einen Stern, als auch *für das Universum als Ganzes* gelöst werden. Der Kosmos kann damit als ein spezielles individuelles Objekt aufgefasst werden. Die einschlägigen Gleichungen sind experimentell testbar. (Hierin liegt der Unterschied zu Kants Antinomienlehre.)

Der Kosmos selbst ist nicht statisch, sondern entwickelt sich. Der expandierende Kosmos der relativistischen Kosmologie kann recht gut durch eine Analogie veranschaulicht werden, in der das gesamte Universum durch die Oberfläche eines Luftballons repräsentiert wird. Die Sternansammlungen der Galaxien sind dann Cent-Stücke, die auf dem Luftballon kleben und sich voneinander entfernen, wenn der Luftballon aufgeblasen wird, obwohl sie selbst sich auf der Oberfläche des Ballons nicht bewegen. Für ein solches Modell des Universums muss angegeben werden, wie die Materie im Raum verteilt ist. Praktische Rechnungen gehen von einer Gleichverteilung aus. In diesem idealisierten Modell kommen also weder Sterne, noch Planeten oder Lebewesen vor. Dennoch kann man mit ihm eine ganze Reihe von kosmologischen Beobachtungen gut erklären. Es gibt auch keine prinzipiellen Gründe, die gegen eine Verfeinerung der Beschreibung sprechen, jedoch sind den Möglichkeiten bei der mathematischen Berechnung praktische Grenzen gesetzt (Stöckler 2007: 88–97).

Mit diesen allgemeinen Voraussetzungen sind verschiedene Szenarien vereinbar, die sich durch ihre Anfangsbedingungen, z. B. durch ihre Materiedichte, unterscheiden. Die Astrophysik versucht herauszufinden, welche der durch das Modell zugelassenen Möglichkeiten in ‚unserem‘ Universum realisiert sind. Neuere Beobachtungen legen die Annahme nahe, dass die Expansion des Universums vor 13,7 Mrd. Jahren begonnen hat. Die relativistische Kosmologie gibt nur eine grobe Beschreibung des materiellen Inhalts der Welt. Sie eröffnet aber die Möglichkeit, dass sich im Universum – für eine bestimmte endliche Zeitspanne – Leben selbstorganisiert und entwickelt. Details dazu müssen aber von anderen Theorien, z. B. aus der Biochemie, geliefert werden (→ II.8; II.10).

Obwohl das Bild des expandierenden Kosmos durch Naturgesetze und die Kohärenz mit anderem Wissen gestützt wird, ist das Universum aus der Sicht der Wissenschaftstheorie kein ganz normales physikalisches Objekt. Ob es gerechtfertigt ist, den Kosmos als Gegenstand der Physik anzusehen, hängt davon ab, wieweit man die Theorien realistisch interpretieren kann (Soler Gil 2014: 43–107). Inhaltlich müssen generelle Homogenitätsannahmen bezüglich der Großraum-Struktur des Universums als schwer überprüfbare „kosmologische Prinzipien" vorausgesetzt werden, um von den Erfahrungen, die wir in unserer Umgebung machen, auf den gesamten Raum schließen zu können (Kanitscheider 1991: 407–421).

Die Naturgesetze enthalten Naturkonstanten und lassen offen, welche Anfangsbedingungen in unserer Welt realisiert sind. Aus Beobachtungen kann man erschließen, welche Werte diese Größen in unserem Universum haben. Naturwissenschaftlich ergibt sich der Befund, dass sehr spezielle Werte vorliegen müssen, damit sich Planeten entwickeln, die Voraussetzung für die Entstehung von Leben sind („Feinabstimmung"). Schon kleine Abweichungen von den tatsächlichen Anfangsbedingungen und kleine Veränderungen der Naturkonstanten hätten dazu geführt, dass es im Universum kein Leben gegeben hätte (→ III.10). Es wurde versucht, unter dem Stichwort „Anthropisches Prinzip" daraus eine Antwort auf die Frage zu gewinnen, warum der Kosmos so ist, wie er ist, und Argumente dafür zu entwickeln, dass das Universum auf den Menschen ausgerichtet ist. Aus philosophischer Sicht sind solche Ansätze problematisch (Kanitscheider 1993: 149–157; Stöckler 2007: 101–104).

3. Theorien des Kosmos und die Vielfalt der Weltbilder

Die gegenwärtige physikalische Kosmologie hat eine anspruchsvolle und bemerkenswert konsistente Theorie der Welt im Großen entwickelt. Diskutiert wird die theologische Relevanz dieses Weltbildes, z. B. ob der Urknall als Hinweis auf einen Schöpfungsakt Gottes verstanden werden kann (Halvorson / Kragh 2013; Soler Gil 2014: 171–196). Anders als in antiken und mittelalterlichen Weltbildern sieht sich der Mensch nicht mehr im Zentrum der Welt. In den Weiten des Kosmos hat er nur eine zeitlich befristete Randexistenz. Das physische Weltall scheint nicht auf den Menschen ausgerichtet zu sein, es offenbart keinen Sinn und kein Ziel und enthält keine Wertbestimmungen (Wetz 1994).

Die gegenwärtige Kosmologie führt nicht zu einer Synthese, die Himmel und Erde, Kosmos und Staat, Physik und Ethik verbindet. Die für die frühen Weltbilder charakteristische Verknüpfung des Kosmos mit der sozialen Ordnung (→ I.4) und der Herkunft und Bestimmung des Menschen ist in der Moderne aufgehoben, Lebenswelt und Weltall sind entkoppelt (Wetz 1994; Stöckler 2007: 104). Somit interessiert sich die Wissenschaft vom Menschen, die Anthropologie, eher für die Evolution des Lebens und des Menschen auf der Erde als für die Entwicklung des Kosmos (→ II.10; II.11). Auch Natur ist für uns heute nicht in erster Linie das physische Weltall, sondern unsere irdische Umwelt (→ II.1; II.9; IV.1–IV.6). Ebenso denken wir, wenn wir von der Welt sprechen, v. a. an kulturell und historisch geprägte Beziehungen. Der Kosmos bleibt Gegenstand von spezialisierter Wissenschaft, ästhetischer Bewunderung und gelegentlichem schauderndem Staunen (→ IV.7).

Literatur

Eliade, Mircea [1959] 1980: Gefüge und Funktion der Schöpfungsmythen. In: ders. et al.: Die Schöpfungsmythen. Ägypter, Sumerer, Hurriter, Kanaaniter und Israeliten. Darmstadt: 9–34.

Falkenburg, Brigitte 2000: Kants Kosmologie. Die wissenschaftliche Revolution der Naturphilosophie im 18. Jahrhundert. Frankfurt / M.

Garelli, Paul / Leibovici, Marcel [1959] 1980: Akkadische Schöpfungsmythen. In: Eliade, M. et al.: Die Schöpfungsmythen. Ägypter, Sumerer, Hurriter, Kanaaniter und Israeliten. Darmstadt: 119–151.

Gatzemeier, Matthias et al. 1976: Kosmos. In: Ritter, J. / Gründer, K. (Hg.): HWPh, Bd. 4. Basel: Sp. 1167–1176.

Hager, Fritz-Peter et al. 1976: Kosmogonie. In: a. a. O.: Sp. 1143–1153.

Halvorson, Hans / Kragh, Helge 2013: Cosmology and theology. In: Zalta, E. N. (Hg.): The SEP (Spring 2013 edition). http://plato.stanford.edu/archives/fall2013/entries/cosmology-theology/.

Kanitscheider, Bernulf ²1991: Kosmologie. Stuttgart.

– 1993: Von der mechanistischen Welt zum kreativen Universum. Darmstadt.

Kant, Immanuel [1755] ²1910: Allgemeine Naturgeschichte und Theorie des Himmels oder Versuch von der Verfassung und dem mechanischen Ursprunge des ganzen Weltgebäudes nach Newtonischen Grundsätzen abgehandelt. Kant's gesammelte Schriften. Hg.: Königlich Preußische Akademie der Wissenschaften. Berlin: Bd. I, 215–368.

– [1781 / 1787] ²1911: Kritik der reinen Vernunft. In: a. a. O.: Bd. III.

Lewis, David K. 1986: On the Plurality of Worlds. Oxford.

Platon, Timaios = Platon 2016: Timaios. Griech.-Dt. Hg.: M. Kuhn: Hamburg.

Rentsch, Thomas et al. 2004: Welt. In: Ritter, J. / Gründer, K. (Hg.): HWPh, Bd. 12. Basel: Sp. 407–443.

Schmitz, Hermann 2011: Welt. In: Kolmer, P. / Wildfeuer, A. G. (Hg.): Neues Handbuch philosophischer Grundbegriffe, Bd. 3. Freiburg: 2466–2484.

Soler Gil, Francisco J. 2014: Philosophie der Kosmologie. Frankfurt / M.

Stöckler, Manfred 2007: Urknall und Ordnung des Chaos. Philosophische Anmerkungen zum Anfang der Welt in der gegenwärtigen Kosmologie. In: Angehrn, E. (Hg.): Anfang und Ursprung. Berlin: 185–107.

Thiel, Christian 2013: Makrokosmos. In: Mittelstraß, J. (Hg.): Enzyklopädie Philosophie und Wissenschaftstheorie, Bd. 5 der 2. Aufl. Stuttgart: 186–189.

Uexküll, Jakob J. v. [1909] 2014: Umwelt und Innenwelt der Tiere. Hg.: F. Mildenberger / B. Herrmann. Berlin.

Wetz, Franz J. 1994: Lebenswelt und Weltall. Stuttgart.

II.4 Raum und Zeit

Kim J. Boström und Ulrich Krohs

1. Philosophische Problematik von Raum und Zeit

Räumliches Nebeneinander und zeitliches Nacheinander von Dingen und Ereignissen bilden Grundstrukturen unserer alltäglichen Erfahrung. Obwohl wir den Verlauf der Zeit mal als langsamer, mal als schneller empfinden, sind wir gewohnt, diesen als objektiv gleichförmig anzusehen. Er ist wie ein Pfeil immer in die Zukunft gerichtet und kehrt nie um. Die zeitliche Abfolge von Ereignissen als ‚früher‘ und ‚später‘ scheint festzustehen, eine Umordnung nicht möglich zu sein, und wenn ein Ereignis vor einem von zwei gleichzeitigen Ereignissen stattfindet, dann auch vor dem anderen dieser beiden. In der räumlichen Ordnung hingegen können wir uns in beliebige Richtungen bewegen. Zudem sind räumliche Anordnungen flexibel: Ein Gegenstand, der sich neben zwei anderen befindet, kann zwischen diese gerückt werden.

Aus der Wahrnehmung des Verlaufs einer mittels Uhren und Kalendern quantifizierten Zeit, die z. B. in Form einer scheinbar allumfassenden Zeitknappheit erfahren wird, erwachsen kulturkritische Ansätze zum Phänomen der Beschleunigung des gesellschaftlichen Lebens vor dem Hintergrund einer räumlich zu denkenden Globalisierung (Rosa 2005). Naturphilosophisch gewendet entsteht daraus die Forderung, die sog. *Eigenzeit* der Natur verstärkt zur Geltung kommen zu lassen (Held / Geissler 1993). Dies geschieht z. B. angesichts technischer Einflussnahmen (→ IV.3) in Evolutions-, Wachstums- und Regenerationsdynamiken bis hin zu modellierenden Eingriffen in das sich verjüngen wollende, quantifizierte Selbst (→ III.4).

Derartige (inter-)subjektive Erfahrungen der *Räumlichkeit* und der *Zeitlichkeit* haben unterschiedliche philosophische Deutungen erfahren, z. B. im Hinblick auf die Aussagen der Neurowissenschaften zum Verlust des subjektiven Zeitempfindens (Damasio 2003) oder bezüglich einer kulturellen Varianz der Zeiterfahrung (Payer 2003). Allerdings klären jene Wahrnehmungen und Erfahrungen nicht die größeren philosophischen Fragen: Was ist Zeit? Was ist Raum? Welche Relationen bestehen zwischen beiden?

Entsprechend gehört die Frage „Was ist Zeit?“ zu einer der ältesten philosophischen, auch naturphilosophischen Fragen überhaupt. Sie wurde bereits von Aurelius Augustinus (354–430) prominent gestellt (Augustinus [um 400] 2009) und firmiert in der Philosophiegeschichte häufig als „Rätsel der Zeit“ (vgl. Baumgartner 1993). Für die Naturphilosophie hatte schon Aristoteles (384–322 v. Chr.) in seiner *Physik* (Buch IV) problematisiert, dass Zeit nur in Verbindung mit Veränderung zu verstehen sei. Der eigentliche Ausgangspunkt der Fragestellung müsse deshalb der Begriff der Bewegung sein (→ I.1 / Abschn. 2.3). Dabei war für Aristoteles zwar ein ‚Nichts‘, nicht aber ein ‚leerer Raum‘ im Sinne eines Vakuums vorstellbar. Erst mit der experimentellen Herstellung fast leerer Volumina in quecksilbergefüllten Glasrohren durch Evangelista Torricelli (1608–1647) und mit der kurz darauf erfolgten Erfindung der Luftpumpe (im Sinne einer Vakuumpumpe) wandelte sich der Begriff des Vakuums von dem eines absolut leeren (→ II.6) zu dem eines nahezu leeren bzw. nahezu luftleeren Raumes. Der gewandelte Begriff sollte die Physik revolutionieren (Shapin / Schaffer 1985). In der modernen Physik erfährt er weitere Umdeutungen, insb. dadurch, dass das (ideale) Vakuum aus Sicht der Quantenfeldtheorie zwar frei von realen Teilchen ist, jedoch zugleich gefüllt von unzähligen entstehenden und vergehenden sog. ‚virtuellen‘ Teilchen, was messbare Konsequenzen wie den ‚Casimir-Effekt‘ nach sich zieht.[1]

Mit Aristoteles’ *Metaphysik* und dem dortigen Postulat eines ‚unbewegten Bewegers‘ wird v. a. im Mittelalter die Frage prekär, ob Gott die Zeit geschaffen habe bzw. ob es eine Zeit gab, in der Gott noch nicht war. Bis heute ist die entsprechende Frage nach der *Unendlichkeit* der Zeit ein naturphilosophisches Thema, ebenso wie die nach ihrer Richtung. Anders als seine Vorgänger fasst Immanuel Kant (1724–1804) Raum und Zeit als Erfahrung erst ermöglichende „reine Formen der Anschauung“ auf. In seiner *Kritik der reinen Vernunft* (1781 / 1787) führt er aus, dass Raum und Zeit allen äußeren Anschauungen als ‚notwendige Vorstellungen‘ zu Grunde liegen. Die Erscheinungen sind deshalb räumlich und zeitlich strukturiert, ohne dass jedoch die Gegenstände der empirischen Anschauung selbst in Raum und Zeit existierten (Kant 1787: B38 f., B46 f.). Kants Satz „Im Raum, an sich selbst betrachtet, ist aber nichts Bewegliches“ (ebd.: B58) macht nicht nur seine Auseinandersetzung mit Newton (s. u.), sondern auch die Zurückweisung von Aristoteles’ Vorgabe deutlich, wonach das sich empirisch Verändernde und damit die Bewegung das Primäre der Betrachtung von Raum und Zeit sei (s. o.). In Folge der von Kant ausgemachten Differenz, die man heute oft verkürzt als ‚objektive Zeit‘ versus ‚subjektive Zeit‘ (entsprechend auch bzgl. ‚Raum‘) benennt, wird für die Naturphilosophie und -wissenschaft auch ein veränderter Kausalitätsbegriff wirksam (→ II.7).

Auch technische Entwicklungen bleiben nicht ohne Wirkung auf unser Verständnis von Zeit. Mit dem Aufkommen des Kinos um 1900 kann die chronologische Zeit als Filmzeit wiederholt sowie die in ihr stattfindenden Ereignisfolgen z. B. durch die Rückblende verändert und durch Zeitraffer beschleunigt werden. Derartige technische Anordnungsmöglichkeiten von Ereignissen und Erlebnissen lassen unter neuen Vorzeichen verschiedene Zeitphilosophien entstehen (vgl. Zimmerli / Sandbothe 2007). Gesellschaftlich wird die Frage nach der Zeit zur Frage nach der wirklichen Zeit, der *Echtzeit*. Zur gleichen Zeit entwickelt der Physiker Albert Einstein (1879–1955) die Spezielle Relativitätstheorie, die sich mit der Struktur von Raum und Zeit befasst und den Beobachterstandpunkt problematisiert. Demnach ist die Gleichzeitigkeit zweier Ereignisse nicht etwa ein objektiv vorliegender Sachverhalt, sondern abhängig vom Bewegungszustand des Beobachters relativ zu den Ereignissen. Diese kontra-intuitive

---

1 Der Casimir-Effekt beruht, vereinfacht gesagt, darauf, dass zwischen zwei eng aneinander liegenden Metallplatten weniger virtuelle Teilchen pro Fläche entstehen können als außerhalb der Platten, wodurch insgesamt ein Teilchendruck entsteht, der die Platten zueinander treibt.

und bis heute immer wieder auf Verwirrung und Ablehnung stoßende Konzeption leitete Einstein her aus einer rigoros operationalen Definition der Gleichzeitigkeit, welche das Ablesen von Uhren, die Messung von Entfernungen vermittels starrer Maßstäbe sowie das Konzept der Lichtgeschwindigkeit als einer für jeden Beobachter konstant erscheinenden oberen Grenze für die Ausbreitung von Signalen einbezog (Einstein 1905).

Diese Neuerung der *Relativität der Gleichzeitigkeit* auf Basis der Konstanz der Lichtgeschwindigkeit wirkt auf die moderne Philosophie maßgeblich zurück, einerseits bezogen auf die Mathematisierbarkeit von Natur (→ I.3), andererseits im Hinblick auf die Wiedererinnerung ontologischer und metaphysischer Grundannahmen des Verhältnisses von Mensch und Welt, welche die Dimensionen Raum und Zeit durchdringen. Martin Heideggers (1889–1976) Buch *Sein und Zeit* (1927), das im Ausgang von Edmund Husserls (1859–1938) Analysen zum inneren Zeitbewusstsein entstand (vgl. Husserl 1893–1928), stellt die *existenzielle* Dimension der Zeit heraus, in die der Mensch als Zeitwesen mit einer natürlich begrenzten Lebensspanne eingebettet ist, und die sich auch in zeitverwiesenen Begrifflichkeiten wie ‚Sorge‘ und ‚Absicht‘ spiegelt. Heidegger und viele Philosophen des 20. Jhs. mit ihm thematisieren, dass von den drei *Modi der Zeit* – Vergangenheit, Gegenwart und Zukunft – sich insb. die Gegenwart und ihre Gegenwärtigkeit problematisiert, d. h. die Möglichkeit, „Jetzt!“ sagen zu können, ohne dabei schon in die Vergangenheit zu treten (→ III.1 / Abschn. 3.3). Über philosophische Stichwörter wie ‚Dasein‘, ‚Augenblick‘ und ‚Perspektive‘ ist eine enge Verbindung zur Raumphilosophie gegeben, die nicht nur zu verschiedenen Raumtheorien Anlass gab (vgl. Günzel 2016; weiterführend Günzel 2013), sondern auch Basis des seit den 1980er Jahren geforderten *spatial turn* in den Kultur- und Sozialwissenschaften ist (vgl. Döring / Thielmann 2008). Mit diesem Umbruch sollen sämtliche zu verhandelnde Konzepte vom Raum und seiner Räumlichkeit aus gedacht werden – auch ‚Natur‘.

Diesen und anderen intersubjektiven Raum- und Zeitbezügen stehen physikalistische Deutungen gegenüber, die sich mit der Frage nach der *Objektivität* von Zeit und Raum auseinandersetzen. Um diese soll es im Folgenden nahezu ausschließlich gehen. Zunächst ist hier an die Newtonsche Vorstellung eines absoluten Raumes und einer absoluten Zeit zu denken. Über das Vorliegen absoluter Bezugssysteme stritt, in Abstimmung mit Isaac Newton (1643–1727), Samuel Clarke (1675–1729) mit Gottfried Wilhelm Leibniz (1646–1716). Gegen die zwar durch Verweis auf empirische Befunde gestützten, letztlich aber v. a. theologische Vorstellungen umsetzenden Newtonschen Thesen von absolutem Raum und absoluter Zeit vertrat Leibniz eine subjektivistisch-relativistische Position (Leibniz / Clarke 1715 / 16) (zur Debatte vgl. Sonar 2016). Der subjektivistische Ansatz spiegelt sich deutlicher noch in Kants Argumentation gegen die Existenz eines absoluten Raumes: Um jeden als angeblich absolut ausgewählten Raum könne ein weiterer gedacht werden, gegenüber dem sich der erstere in Bewegung befindet. Die naturphilosophische Reflexion von Raum und Zeit entwickelt ihre Aussagen seitdem zwar nicht ausschließlich, aber doch vor allem in Auseinandersetzung mit physikalischen Theorien von Raum und Zeit. Im Anschluss daran aber muss auch sie sich der Frage stellen, wie sich eine physikalisch begründete Theorie von Raum und Zeit mit unserer Erfahrungswelt in Einklang bringen lässt. Nur wenn einer physikalisch informierten Naturphilosophie dies in befriedigender Weise gelingt, kann die Physik uns zu lebensweltlich relevanten Erkenntnissen über die Natur von Raum und Zeit verhelfen. Denn zunächst stehen ihre Resultate keinesfalls mit der Alltagserfahrung in Einklang.[2]

2. Relativistische Umdeutungen von Raum und Zeit

Der vielleicht schärfste Angriff auf unsere Intuitionen ist die in der Relativitätstheorie aufgehobene Trennung von Raum und Zeit. Unserem subjektiven Empfinden zeigt sich der Raum als eine Art ausgedehnter und unbegrenzter Behälter für Objekte. Die Zeit hingegen scheint nur ein Punkt zu sein, den wir als das ‚Jetzt' bezeichnen und der einer stetigen Wandlung unterzogen ist. Zwar gibt es eine gewisse Analogie zwischen der Ausdehnung von Objekten im Raum und der Dauer von Ereignissen, jedoch stellen sich diese beiden unserem Empfinden völlig unterschiedlich dar.

In der Relativitätstheorie verschmelzen Raum und Zeit zu einer einheitlichen ‚Raumzeit', deren Struktur von der Verteilung von Materie und Energie abhängt. Es ist unmöglich, Raum und Zeit getrennt voneinander zu betrachten, da sich räumliche und zeitliche Eigenschaften von Ereignissen durchmischen, wenn das Bezugssystem gewechselt wird. Das Relativitätsprinzip besagt, dass Beobachtungen, die in einem sog. ‚inertialen' Bezugssystem gemacht werden, den gleichen Stellenwert haben wie Beobachtungen, die in einem anderen inertialen Bezugssystem gemacht werden – kein Inertialsystem wird bevorzugt. Als Inertialsysteme gelten solche Bezugssysteme, in denen kräftefreie Objekte entweder ruhen oder sich mit gleichmäßiger Geschwindigkeit in konstanter Richtung fortbewegen. Kräftefreie Teilchen bewegen sich laut der Allgemeinen Relativitätstheorie (ART) nicht mehr gleichförmig entlang gerader Linien, sondern entlang sog. ‚Geodäten', die durch die Anwesenheit von Materie und Energie gekrümmt werden.[3] So bewegt sich etwa die Erde um die Sonne kräftefrei auf einer gekrümmten Geodäte und nicht entlang einer Geraden. Bewegt sich ein Beobachter nicht entlang einer Geodäte, so kommt dies einer Beschleunigung gleich, die ihm als Schwere erscheint. Auf diese Weise wird die Gravitation als objektiv wirkende Kraft vollständig aus der Theorie eliminiert und tritt nur noch als Scheinkraft[4] auf.

Dies führt zu verblüffenden Umdeutungen ansonsten harmlos erscheinender Sachverhalte. Betrachten wir den berühmten Apfel, der der Legende nach Newton auf den Kopf fiel, als er über seine Theorie nachdachte. Aus Sicht der ART bewegt sich der Apfel als frei fallender Körper entlang einer Geodäte, während der Körper von Newton permanent vom Erdboden nach außen hin beschleunigt wird und diese Beschleunigung als Schwerkraft empfindet. Es fällt also nicht der Apfel auf Newtons Kopf,

---

2 Für hilfreiche Kommentare insb. zu diesem Abschnitt danken wir Nicole C. Karafyllis.

3 Die Geodäte ist eine mathematische Verallgemeinerung der kürzesten Verbindung zwischen zwei Punkten. In der Relativitätstheorie werden Ereignisse durch Punkte in der vierdimensionalen Raumzeit definiert; eine Geodäte entspricht dann einer Kurve in der Raumzeit, die je zwei auf ihr liegende Ereignisse in der kürzest möglichen Weise verbindet.

4 Scheinkräfte zeichnen sich gegenüber echten Kräften dadurch aus, dass sie bei Übergang in ein inertiales Bezugssystem verschwinden. Ein Beispiel für eine Scheinkraft ist die ‚Zentrifugalkraft', mit der z. B. Kinder in einem Karussell scheinbar nach außen gedrückt werden.

sondern Newtons Kopf wird gegen den ruhenden Apfel gestoßen. Vom Standpunkt der ART ist unsere Wahrnehmung der Schwerkraft eine Illusion, die dem physikalischen Sachverhalt nicht gerecht wird.

Auch hinsichtlich der Speziellen Relativitätstheorie (SRT) ergeben sich nicht behebbare Konflikte zwischen physikalischer Beschreibung und subjektivem Erleben. Betrachten wir folgendes Szenario, das eine Modifikation des sog. Andromeda-Paradoxons ist (Penrose 1989; vgl. Putnam 1967): Alice und Bob gehen auf dem Bürgersteig in Schrittgeschwindigkeit aneinander vorbei. Währenddessen liefern sich in der 2,5 Mio. Lichtjahre entfernten Andromeda-Galaxie ohne das Wissen von Alice und Bob gerade zwei Sternenflotten eine fulminante Schlacht. Es zeigt sich, dass, wenn der Beginn der Raumschlacht in Alices Zukunft liegt, er dann in Bobs Vergangenheit liegt und umgekehrt. Alice und Bob befinden sich beide (näherungsweise) in Inertialsystemen, also hat keiner ‚mehr Recht‘ als der andere. Es ist nun aber offenkundig absurd, das tatsächliche Stattfinden der Raumschlacht von der Wahl des Beobachterstandpunkts sowie der zufälligen Gegebenheit abhängig zu machen, in welcher Richtung Alice und Bob aneinander vorbei gehen. Immerhin entstehen keine *kausalen* Widersprüche, da die Raumschlacht zu weit entfernt ist, als dass ihr Beginn verzögert oder beschleunigt werden könnte. Die Relativitätstheorie verletzt also nicht die Gesetze der Kausalität, sondern unsere altvertraute Intuition von einer unbestimmten Zukunft bei zugleich festgelegter Gegenwart und Vergangenheit. Aus physikalischer Sicht stellen aneinandergereihte Ereignisse *in ihrer Gesamtheit* ein Faktum dar, das auch unter der Bezeichnung ‚Blockuniversum‘ bekannt ist (vgl. Barbour 1999).

3. Quantenmechanische Umdeutungen der Erfahrung von Raum und Zeit

Doch nicht nur die Relativitätstheorie hält Überraschungen für unsere Intuitionen bezüglich Raum und Zeit parat. Auch die Quantenmechanik stellt eine elementare intuitive Grundannahme in Frage, nämlich die der Lokalität (→ II.5). Gemäß dieser Grundannahme haben Veränderungen an einem bestimmten Ort unmittelbare Auswirkungen nur auf die direkte Umgebung dieses Ortes. Es ist nun aber möglich, zwei Elektronen in einem sog. verschränkten Zustand zu präparieren, so dass beide Elektronen einen entgegengesetzten Spin[5] haben. Der so erzeugte Zustand lässt nicht zu, den Elektronen für sich genommen einen konkreten Spin bezüglich irgendeiner Raumrichtung zuzuschreiben; es ist nur festgelegt, dass der Spin beider Elektronen entgegengesetzt ist, bezüglich welcher Raumrichtung auch immer. Misst man nun den Spin an einem der beiden Elektronen hinsichtlich einer frei wählbaren Raumrichtung, so nimmt das gemessene Elektron in Bezug auf diese Raumrichtung mit gleicher Wahrscheinlichkeit entweder den Spin *up* oder *down* an. Im selben Moment ist der Spin des anderen, nicht gemessenen Elektrons auf den entgegengesetzten Spin hinsichtlich derselben Raum-

---

5 Der Spin lässt sich als Eigendrehimpuls von Teilchen veranschaulichen, wobei „up" der Drehung in die eine, „down" der in die entgegengesetzte Richtung entspricht.

richtung festgelegt, und zwar unabhängig von der räumlichen Entfernung zwischen den beiden Teilchen. Das eine Elektron mag sich auf der Erde befinden, das andere irgendwo in der uns benachbarten, aber dennoch sehr entfernten Andromeda-Galaxie: Sobald auf der Erde der Spin des dort gemessenen Elektrons feststeht, steht auch der Spin des Elektrons in Andromeda fest, und zwar bezüglich der auf der Erde beliebig gewählten Raumrichtung und ohne jede Zeitverzögerung. Wie eine genaue Analyse ergibt, ermöglicht dieses Phänomen der sog. Quanten-Nichtlokalität jedoch keine überlichtschnelle Signalübertragung und hat somit keine Verletzung der Kausalität zur Folge.

Dennoch liefert die Quanten-Nichtlokalität eine erstaunliche Erkenntnis über die räumliche Struktur des Universums. Verschränkte Systeme sind im Universum eher die Regel als die Ausnahme, denn jedes System, das jemals mit einem anderen System in Wechselwirkung stand, hat sich mit diesem verschränkt. Ein Ereignis, das – bildlich gesprochen – an einem Ende des Universums stattfindet und dort der lokalen Messung irgendeiner Eigenschaft entspricht, kann sofortige Auswirkungen auf die physischen Gegebenheiten am anderen Ende des Universums haben. Man darf sich diese Auswirkungen jedoch nicht als kausale Verbindungen vorstellen, denn es lassen sich keinerlei Signale dabei übertragen. Vielmehr handelt es sich um streng akausale Verbindungen, die sich nur in statistischen Korrelationen äußern, also dem konzertierten Zusammenfallen lokaler Eigenschaften. Aus Sicht der Quantenmechanik ist das Universum als Ganzes durchgehend in all seinen Teilen miteinander verwoben; der Begriff der räumlichen Trennung verliert hier seine Bedeutung.

4. Zurück zur Erfahrungswelt?

Wie wir anhand von ausgewählten Beispielen gesehen haben, zeichnet die moderne Physik ein Bild des Universums, das hinsichtlich seiner räumlichen und zeitlichen Struktur in starkem Kontrast zu unserem Erleben steht. Weder sind in diesem Bild Raum und Zeit getrennt voneinander, noch sind die räumliche und zeitliche Lokalisation von Ereignissen, ja nicht einmal ihre zeitliche Reihenfolge, unabhängig vom Beobachter. Weder sind kommende Ereignisse weniger real als gegenwärtige oder vergangene, noch sind Zukunft und Vergangenheit überhaupt sauber voneinander zu trennen. Weder haben räumlich getrennte Teile des Universums zu jedem Zeitpunkt klar definierte Eigenschaften, noch verlaufen zeitgleiche Vorgänge in weit entfernten Bereichen immer unabhängig voneinander ab.

In einem wegweisenden und bis heute kontrovers diskutierten Artikel stellte John M. E. McTaggart (1866–1925) die starke These auf, dass die Zeit eine Illusion sei (McTaggart 1908). Er tat dies aus rein philosophischen Erwägungen heraus, ohne jede Bezugnahme auf Physik. Zieht man letztere zu Rate, so drängt sich der Eindruck auf, dass nicht nur die Zeit, sondern auch der Raum in der durch unsere Wahrnehmung gegebenen Form letztlich eine Illusion ist, die den in der Natur vorliegenden Strukturen nicht gerecht wird. Ist nicht aber die Erfahrung selbst unabdingbare Grundlage jeder physikalischen Theorie und hat sie damit nicht Vorrang gegenüber letzterer? Auf diese Frage gibt es vielleicht keine Antwort. Wenn man die Erkenntnisse der Physik den aus der Erfahrung erwachsenen Intuitionen gegenüberstellt, braucht nicht unterstellt zu werden, die lebensweltliche Erfahrung sei ‚basaler‘ als die physikalische oder die physikalisch beschriebene Raumzeit ‚realer‘ als Raum und Zeit der unmittelbaren Erfahrung. Die Raumzeit könnte aber wohl als das adäquatere Modell anerkannt werden, das wichtige Grundbegriffe der Naturbeschreibung besser expliziert als die durch unsere alltägliche Erfahrung begründete Intuition. Unser Bild von Raum und Zeit (→ IV.7) hat sich durch die physikalische Theoriebildung bereits dramatisch gewandelt und damit auch der Inhalt unseres Naturbegriffs. Dahinter können wir auch unter Verweis auf einen vermeintlichen Vorrang lebensweltlicher Erfahrung nicht zurück.

Literatur

Aristoteles, Metaphysik = Aristoteles 1989 / 1991: Aristoteles’ Metaphysik, Bd. I u. II. Griech.-Dt. Hg.: H. Seidl. Hamburg.

Augustinus, Aurelius [verfasst 396–400] ²2009: Was ist Zeit? (Confessiones XI / Bekenntnisse 11). Lat.-Dt. Hg.: N. Fischer. Hamburg.

Barbour, Julian 1999: The End of Time: The Next Revolution in Physics. Oxford.

Baumgartner, Hans M. (Hg.) 1993: Das Rätsel der Zeit. Philosophische Analysen. Freiburg.

Damasio, Antonio R. [2003] 2007: Wenn das Zeitempfinden verloren geht. In: Spektrum der Wissenschaft Spezial: Phänomen Zeit: 70–77.

Döring, Jörg / Thielmann, Tristan (Hg.) 2008: Spatial Turn. Das Raumparadigma in den Kultur- und Sozialwissenschaften. Bielefeld.

Einstein, Albert 1905: Zur Elektrodynamik bewegter Körper. In: Annalen der Physik 322: 891–921.

Günzel, Stephan (Hg.) 2013: Texte zur Theorie des Raums. Stuttgart.

– 2016: Theorien des Raums zur Einführung. Hamburg. ·

Heidegger, Martin [1927] ¹⁹2006: Sein und Zeit. Tübingen.

Held, Martin / Geissler, Karlheinz A. (Hg.) 1993: Ökologie der Zeit. Vom Finden der rechten Zeitmaße. Stuttgart.

Husserl, Edmund [1893–1928] 2013: Zur Phänomenologie des inneren Zeitbewußtseins. Mit den Texten aus der Erstausgabe und dem Nachlaß. Hg.: R. Bernet. Hamburg.

Kant, Immanuel [1781 / 1787] 1974: Kritik der reinen Vernunft, Bd. 1. Hg.: W. Weischedel. Frankfurt / M.

Leibniz, Gottfried W. / Clarke, Samuel [1715 / 16] 1991: Der Leibniz-Clarke Briefwechsel. Hg.: V. Schüller. Berlin.

McTaggart, John M. E. 1908: The unreality of time. Mind XVII: 457–474.

Payer, Margarete [2003] 2007: Wo die Uhren anders gehen. In: Spektrum der Wissenschaft Spezial: Phänomen Zeit: 78–83.

Penrose, Roger [1989] 2002: Computerdenken: die Debatte um künstliche Intelligenz, Bewußtsein und die Gesetze der Physik. Heidelberg.

Putnam, Hilary 1967: Time and physical geometry. In: The Journal of Philosophy LXIV: 240–247.

Rosa, Hartmut 2005: Beschleunigung. Die Veränderung der Zeitstrukturen in der Moderne. Frankfurt / M.

Shapin, Steven / Schaffer, Simon 1985: Leviathan and the Air-Pump. Princeton / NJ.

Sonar, Thomas 2016: Die Geschichte des Prioritätsstreits zwischen Leibniz und Newton. Berlin.

Zimmerli, Walther C. / Sandbothe, Mike (Hg.) ²2007: Klassiker der modernen Zeitphilosophie. Darmstadt.

II.5 Quanten und Felder

Brigitte Falkenburg

Materie und Licht haben nach heutigem Wissen eine Doppelnatur von Teilchen und Wellen, Quanten und Feldern. Was dies bedeutet, wird hier vor dem Hintergrund der klassischen Vorstellungen von Materie und Strahlung, Teilchen und Wellen skizziert.

1. Teilchen und Wellen

Teilchen sind diskontinuierlich. Sie bewegen sich auf Raum-Zeit-Bahnen, sind undurchdringlich und prallen bei Stoßprozessen voneinander ab. Teilchen sind lokal, sie erfüllen ein begrenztes Raumgebiet. Physikalische Modelle beschreiben sie idealisiert als punktförmige Zentren von Kraftfeldern. Danach zählen sogar die Himmelskörper Sonne, Mond und Planeten zu den ‚Teilchen'. Um ihre Bahnen zu berechnen, muss man ihre Größe und Gestalt nicht kennen.

Wellen stellt man sich üblicherweise als Schwingungsvorgänge in einem kontinuierlichen Medium vor, die sich im Raum ausbreiten und überlagern (Interferenz). Trifft Wellenberg auf Wellenberg, Wellental auf Wellental, so verstärken sich die Wellen; trifft Wellental auf Wellenberg, so löschen sie sich gegenseitig aus. Wellen sind nichtlokal, ihre Schwingungen erstrecken sich über große Entfernungen.

1.1 Ist die Natur kontinuierlich oder diskontinuierlich?

Teilchen und Wellen, etwa Sandkörner und Wasserwellen, sind in der Natur beobachtbar. Der Gegensatz dieser diskontinuierlichen bzw. kontinuierlichen Naturphänomene bestimmt die Naturphilosophie schon seit den Vorsokratikern. Thales (um 624–um 548 v. Chr.), Anaximander (610–547 v. Chr.) und Anaximenes (ca. 585–528 v. Chr.) aus Milet nehmen an, dass alles aus einem kontinuierlichen Urstoff besteht – aus Wasser, einem Unendlichen oder der Luft (→ I.1). Dagegen erachten Leukipp (5. Jh. v. Chr.) und Demokrit (um 460–um 370 v. Chr.) Atome im leeren Raum als den diskontinuierlichen Urstoff, aus dem alle materiellen Dinge sind. Auch die Begründer der neuzeitlichen Physik greifen beide Vorstellungen auf. René Descartes (1596–1650) vertritt eine Kontinuumstheorie der Materie, denkt jedoch, dass Licht nichts als Stoßfortpflanzung zwischen mechanischen Korpuskeln ist. Galileo Galilei (1564–1642) und Isaac Newton (1643–1727) sind Atomisten; Newton nimmt an, dass Materie und Licht aus Atomen bestehen. Für Gottfried W. Leibniz (1646–1716) dagegen ist die Natur ein

Kontinuum, in dem es keine Atome oder Korpuskeln gibt. Alle diese Denker gehen davon aus, dass die Natur letztlich *entweder* kontinuierlich ist *oder* diskret, nicht aber beides.

1.2 Klassische Wellen und Teilchen

Im Lauf des 19. Jhs. zeigt sich, dass die physische Wirklichkeit diskontinuierliche *und* kontinuierliche Grundlagen hat. Die physikalische Wirklichkeit besteht aus Materie und Strahlung, aus Teilchen (mechanischen Korpuskeln) *und* Wellen (schwingenden Feldern).

Thomas Young (1773–1829) und Augustin J. Fresnel (1788–1827) beweisen, dass Licht, wenn es durch einen feinen Doppelspalt fällt, Interferenzstreifen erzeugt, also aus Wellen besteht. Michael Faraday (1791–1867) entwickelt die Feldtheorie, nach der elektrische und magnetische Wirkungen den Raum kontinuierlich erfüllen; James C. Maxwell (1831–1879) stellt die Elektrodynamik als umfassende Theorie dieser Wirkungen auf. Heinrich Hertz (1857–1894) zeigt, dass Licht zu den elektrodynamischen Wellen gehört. Und Albert Einstein (1879–1955) findet schließlich heraus, dass Licht oder Radiowellen nicht durch ein stoffliches Medium übertragen werden: Elektromagnetische Felder schwingen im leeren Raum (→ II.4). Daneben gelingt schrittweise die Einsicht in den atomaren Aufbau der Materie (→ II.6). Zum Erfolg der Atom- und Molekülmodelle in der Chemie kommt die statistische Begründung der Thermodynamik durch die kinetische Theorie, eine statistische Mechanik der Moleküle. Die chemischen Atome haben Elektronen als geladene Bestandteile und können Strahlung aussenden: etwa radioaktive Strahlen oder Kathodenstrahlen. Experimente zeigen, dass sie Masse und elektrische Ladung tragen.

Um 1875 sieht das physikalische Weltbild wie folgt aus: Die Materie besteht aus Molekülen und Atomen, die den Gesetzen der klassischen Mechanik unterliegen. Wärme wird durch die Bewegungen der Moleküle und Atome eines Stoffes verursacht. Die Atome bestehen aus geladenen Teilchen. Die kleinste elektrische Ladung, die es gibt, ist das Elektron. Das Licht gilt als kontinuierlich; es besteht aus elektromagnetischen Wellen. Sowohl Wellen als auch Teilchen kommen in der Natur vor, haben aber entgegengesetzte Eigenschaften. Aus der Sicht der klassischen Physik sind Wellen und Teilchen unterschiedliche Phänomene und etwas, das zugleich Welle *und* Teilchen ist, kommt in der Natur nicht vor.

2. Die Quantenrevolution: Licht ist anders, Materie auch

Die Quantentheorie erweist die klassischen Vorstellungen von Teilchen und Welle jedoch als falsch. Sie lehrt: Zwar liegen der physikalischen Wirklichkeit das Diskontinuierliche *und* das Kontinuierliche zugrunde, doch sowohl Materie als auch Strahlung haben letztlich einen Doppelcharakter von Teilchen *und* Welle. In der Quantenphysik bilden lokale Teilchen und nicht-lokale Wellen eine bis heute nicht restlos verstandene Einheit. Teilchen gelten nun als Quanten, die in Experimenten lokalisierbar sind, Wellen dagegen als schwingende Felder, die nur die Wahrscheinlichkeit für die Messung von Quanten bestimmen.

2.1 Die Quantisierung des Lichts

Im Jahr 1874 wird der junge Max Planck (1858–1947) gewarnt, in der Physik sei nichts Neues mehr zu entdecken – mit Mechanik, Wärmelehre und Feldtheorie sei ihr Weltbild abgeschlossen. Zum Glück schreckt ihn dies nicht vom Physikstudium ab. 1900 stellt Planck sein berühmtes Strahlungsgesetz auf, demzufolge Licht nicht in beliebig kleinen Portionen von Energie mit der Materie wechselwirkt. In einem dunklen Hohlraum, z. B. einem Backofen, bildet die Wärmestrahlung stehende Wellen aus; gäbe es dabei keine kleinste Wellenlänge, müsste der Hohlraum unendlich viel Strahlung enthalten – und explodieren. Diese nie beobachtete *Ultraviolettkatastrophe* ist ein Paradoxon der klassischen Strahlungstheorie. Um es zu vermeiden, führt Planck das Wirkungsquantum h in die Physik ein: Es gibt in einem Hohlraum keine kleinere Energie als die Größe $E = h\nu$, wobei die Frequenz oder Schwingungszahl ν umso größer ist, je kleiner die Wellenlänge λ ist.

Fünf Jahre später greift Einstein diese Theorie der Energiequantelung auf. Er erklärt den Fotoeffekt, bei dem Licht nur ab einer bestimmten Energieschwelle einen Strom in einem Metall auslöst, durch die Hypothese, dass das Licht aus Energiequanten der Größe $E = h\nu$ besteht. Ob ein Fotostrom ausgelöst wird, hängt nicht von der Lichtstärke ab, sondern von der Wellenlänge λ des Lichts; unterhalb der Energieschwelle $E = h\nu$ bewirkt das Licht nichts. Einstein greift mit der Lichtquantenhypothese Newtons alte Annahme von Licht-Atomen auf. Da sie sich nicht mit der klassischen Wellentheorie des Lichts verträgt, nennt er sie nur einen „heuristischen Gesichtspunkt" (Einstein 1905), der dem Licht neben der klassischen Wellennatur auch Teilchenmerkmale zuspricht.

2.2 Das Bohrsche Atommodell

Doch auch für das Atom versagt die klassische Physik. Streuexperimente im Labor von Ernest Rutherford (1871–1937) zeigen, dass die Atome einen Atomkern besitzen, an dem geladene Teilchen abprallen können. 1909 entdecken seine Mitarbeiter, dass eine Goldfolie manche α-Teilchen unerwartet in Rückwärtsrichtung streut. Rutherford überzeugt sich durch langwierige Rechnungen, dass dieses Abprallen nur erklärbar ist, wenn die positive Ladung des Atoms in einem winzigen Kern konzentriert ist. 1911 stellt er sein Atommodell auf, nach dem das Atom ein Sonnensystem im Kleinen ist mit dem Atomkern im Zentrum und den Elektronen auf Kreisbahnen. Ein Atom mit einer Zentralladung, die von Elektronen umkreist wird, wäre jedoch nach den Gesetzen der klassischen Elektrodynamik instabil: Kreisförmig bewegte klassische Ladungen strahlen Energie ab, was sich makroskopisch z. B. in der Synchrotronstrahlung zeigt. Danach sollten die Elektronen im Atom innerhalb kürzester Zeit in den Atomkern stürzen; was jedoch nicht passiert.

Dieses zweite Paradoxon der klassischen Strahlungstheorie wird 1913 durch das Bohrsche Atommodell aufgelöst. Niels Bohr (1885–1962) ändert die klassische Theorie durch zwei *Quantenpostulate* ab. Das erste erlaubt nur Elektronenbahnen bestimmter Energiewerte. Das zweite beschreibt die möglichen Übergänge zwischen den Elektronenbahnen im Atom durch Einsteins Lichtquantenhypothese; der Sprung von einer energetisch höheren zu einer niedrigeren Bahn ist danach mit der Abstrahlung eines Lichtquants $\Delta E = h\nu$ verbunden. Bohr ergänzt sein Atommodell durch das *Korrespondenzprinzip*, eine präzise Vorschrift für den Anschluss der Quantentheorie an die klassische Physik.

2.3 Der Dualismus von Welle und Teilchen

1916 entwirft Einstein aus Bohrs Atommodell und der Lichtquantenhypothese eine Theorie der Abstrahlung von Licht durch Materie, aus der Plancks Strahlungsgesetz folgt. Diese Theorie spricht dem Lichtquant nun einen Impuls zu, eine typische Eigenschaft klassischer Korpuskeln. Und sie sagt vorher, dass die Abstrahlung eines einzelnen Lichtquants in einer Richtung erfolgt, die nicht durch die Theorie festgelegt, sondern zufällig ist. Einstein findet diesen Indeterminismus zwingend, aber höchst problematisch (Einstein 1917); er kann sich sein Leben lang nicht mit ihm abfinden.

Im Jahre 1923 vollenden Arthur H. Compton (1882–1962) und Louis de Broglie (1892–1987) die Hypothese des Welle-Teilchen-Dualismus von Licht und Materie. Compton leitet aus Einsteins Theorie von 1916 die Vorhersage ab, dass ein Lichtquant einem Elektron einen Stoß geben und es aus einem Atom herauslösen kann, wobei sich die Lichtenergie $E = h\nu$ um die Rückstoß-Energie des Elektrons verringert (Compton-Effekt). Und de Broglie leitet aus dem mechanischen Impuls p des Elektrons eine Wellenlänge $\lambda = p/h$ ab, d. h. eine typische Welleneigenschaft (Elektronenbeugung). Diese beiden Vorhersagen werden 1922 bzw. 1927 experimentell bestätigt. Die Lichtquanten gelten seitdem als eine Art Teilchen und werden ‚Photonen‘ genannt. Und die Elektronen haben sich als Materiewellen erwiesen.

Dieser Welle-Teilchen-Dualismus bedeutet *nicht*, dass die Materie- oder Licht-Quanten *klassische* Teilchen oder Wellen wären. Er bedeutet nur, dass den Quanten physikalische Eigenschaften zukommen, wie man sie von klassischen Teilchen *oder* Wellen *kennt*. Typische Teilcheneigenschaften sind Masse, Ladung und Ort; typische Welleneigenschaften sind Wellenlänge, Überlagerung und Interferenz. Sie zeigen sich in Teilchenspuren bzw. in Beugungsphänomenen. Aus klassischer Sicht schließen sich beide Phänomene aus; und dies ist das Vertrackte am Welle-Teilchen-Dualismus: Elektronen oder Photonen zeigen, je nach der Apparatur, mit der man sie misst, beiderlei Eigenschaften und bewirken beiderlei Phänomene. Sie verhalten sich somit als Welle *und* als Teilchen, was klassisch unmöglich und kontraintuitiv ist.

3. Die Quantenmechanik und ihre Deutungen

Die Quantenmechanik von 1925 löst die ältere, durch Bohr begründete Quantentheorie ab. Werner Heisenberg (1901–1976) gibt das Modell der klassischen Elektronenbahnen auf und formuliert eine ontologisch äußerst sparsame Matrizentheorie, die nur Elektronenübergänge zwischen messbaren Zuständen beschreibt, aber keine

Aussagen über das Atominnere macht. Erwin Schrödinger (1887–1961) ersetzt das klassische Bahnmodell durch ein Modell stehender Wellen im Atom, die er durch die Wellenfunktion Ψ beschreibt. Bald ist klar, dass beide Ansätze zu verschiedenen Formulierungen derselben Theorie führen. Doch was bedeutet diese Theorie? Heisenbergs Version verzichtet komplett auf die Beschreibung der Vorgänge innerhalb des Atoms; und Schrödingers Versuch, Elektronen als reale Wellenpakete zu deuten, scheitert kläglich. Nach der Schrödinger-Gleichung zerfließen lokale Wellenpakete außerhalb des Atoms äußerst rasch in nicht-lokale Wellen. Wenn sich aber die Quantenwellen nicht klassisch deuten lassen: Was bedeuten sie dann?

3.1 Die Wahrscheinlichkeitsdeutung

Max Born (1882–1970) deutet die Wellenfunktion Ψ von subatomaren Teilchen als Maß für die Wahrscheinlichkeit, mit der Quantenprozesse eines bestimmten Typs stattfinden (Born 1926a/b). Dafür geht er von einem Streuprozess aus, bei dem, wie in Rutherfords Labor, ein Atom geladene Teilchen ablenkt, und beschreibt den gestreuten Teilchenstrom durch die Ψ-Funktion. Das Quadrat $|\Psi|^2$ der quantenmechanischen Wellenfunktion bezieht er auf die relative Anzahl von Teilchen, die nach der Streuung in eine bestimmte Richtung fliegen. Borns Arbeit begründet die probabilistische Standard-Deutung der Quantenmechanik, nach der die Wellenfunktion nur Wahrscheinlichkeitswerte für Messgrößen liefert. Sie ist bis heute unumstritten. Die Geister scheiden sich jedoch seit nunmehr 90 Jahren daran, ob man dabei stehen bleiben soll; und wenn nicht, in welche Richtung es weiter geht.

3.2 Kopenhagener Deutung und Bohr-Einstein-Debatte

1927 leitet Heisenberg aus der Quantenmechanik seine berühmte *Unschärferelation* ab, nach der es unmöglich ist, den Ort q und den Impuls p eines Teilchens gleichzeitig mit beliebiger Präzision zu messen. Nach der probabilistischen Standard-Deutung hat sie die Bedeutung einer statistischen Streuung der Messwerte für Ort und Impuls bei vielen Messungen. Doch Heisenberg selbst deutet sie als physikalische Konsequenz der Störung, die eine Orts- oder Impulsmessung an einem einzelnen Elektron oder einem anderen subatomaren Teilchen hat. Dabei legt er noch eine klassische Teilchenvorstellung zugrunde.

Seine Deutung wird zum Ausgangspunkt für Bohrs *Kopenhagener Deutung* (Bohr 1928): Ein Teilchen besitzt zu einem bestimmten Zeitpunkt immer nur eine der beiden „komplementären" Eigenschaften ‚Ort' oder ‚Impuls' – nämlich diejenige, die man gerade gemessen hat. Nach dieser Auffassung hat ein Teilchen der Masse m *entweder* einen Ort q *oder* eine Geschwindigkeit $v = p/m$ ($p = mv$ ist der Impuls), aber nie beide Größen zugleich. Wenn ein Elektron ruht ($v = 0$), weiß man also überhaupt nicht, *wo* es ist. Schlimmer noch: Nach der *Kopenhagener Deutung* ist dies völlig unbestimmt (und nicht nur praktisch unbestimmbar). Wenn die eine Eigenschaft *objektiv vorliegt*, so tut es die andere, dazu komplementäre, gerade *nicht*.

Mit dieser Sicht der Quantenmechanik und ihrer Beziehung zur Welt findet sich Einstein nicht ab. Die Annahme von Teilchen, die entweder Ort oder Impuls haben, aber nie beide zugleich, findet er noch unbefriedigender als ein vom Zufall regiertes Quantengeschehen. Ab 1927 verwickelt er Bohr unermüdlich in die Diskussion immer neuer Gedankenexperimente (Bohr 1949). Sie sollen demonstrieren, wie es möglich sei, Heisenbergs Unschärferelation durch die gleichzeitige Messung von Ort und Impuls auszutricksen – so dass die Quantenmechanik die Wirklichkeit nur unvollständig beschreibe. So schlägt Einstein vor, zu messen, durch welchen Spalt ein Elektron oder Photon beim Doppelspalt-Experiment geht. Bohr erwidert, eine Messung des Teilchenorts mache den Impuls des Teilchens unbestimmt (und mit ihm die de Broglie-Wellenlänge) und umgekehrt. Die Ortsmessung zerstöre das Wellenverhalten, da sie die Teilcheneigenschaft ‚Ort‘ festlege.

Die Experimente, die man heute mit einzelnen Photonen, Elektronen oder auch Atomen durchführt, geben Bohr recht. Das wellentypische Interferenzbild tritt am Doppelspalt dann und nur dann auf, wenn es keine Ortsmessung gibt – genau wie von Bohr vorhergesagt. Selbst einzelne Elektronen oder Photonen verhalten sich am Doppelspalt wie eine Welle; das zeigt sich bei wiederholten Messungen mit einzelnen Teilchen. Bei Experimenten mit sehr niedriger Intensität, bei denen immer nur ein einziges Teilchen im Messapparat sein kann, werden am Leuchtschirm oder an den Detektoren hinter dem Doppelspalt einzelne *Klicks* registriert – ganz, wie man es von Teilchen erwarten würde. Dennoch bildet sich bei einer Messung über einen längeren Zeitraum das wellentypische Interferenzmuster heraus. (Siehe Falkenburg 2007: 7. Kap.)

3.3 Berühmte Gedankenexperimente

Sein schärfstes Geschütz fährt Einstein 1935 mit einem berühmten Gedankenexperiment auf (EPR: Einstein / Podolsky / Rosen 1935). Es diskutiert ein verschränktes Zwei-Teilchen-System mit einer gemeinsamen Wellenfunktion, dessen Eigenschaften man erst misst, wenn die Teilchen so weit voneinander entfernt sind, dass sie selbst mit Lichtgeschwindigkeit keine Signale mehr austauschen können (→ II.4 / Abschn. 4). Bohr reagiert mit einem schwer verständlichen Aufsatz (Bohr 1935), der v. a. besagt: Quantenphänomene können makroskopisch sein. Ein verschränktes Quantensystem ist und bleibt so verschränkt wie siamesische Zwillinge, egal wie groß es ist – bis es durch Messung an einem Teilsystem zerstört wird.

Aus heutiger Sicht stimmt dies: Es gibt verschränkte Systeme und nicht-lokale Korrelationen zwischen ihren Teilsystemen. Ein Experiment der Arbeitsgruppe von Anton Zeilinger (geb. 1945) hat sie schon über die 150 km Distanz zwischen den Inseln Teneriffa und La Palma nachgewiesen. Jedoch lassen sich mit den nicht-lokalen EPR-Korrelationen keine Signale übertragen, die schneller als das Licht sind. Deshalb ist die Quantenmechanik bestens mit Einsteins Spezieller Relativitätstheorie vereinbar.

Schrödinger (1935: § 5) demonstriert in einem weiteren bekannten Gedankenexperiment, was für „burleske Fälle" die Quantenmechanik vorhersagt. Eine Katze wird mit einem Glaskolben, der Zyankali enthält, in eine Stahlkammer gesperrt; über dem Glas befindet sich ein Hammer, der es zertrümmern kann; und dieser Hammer ist mit einem Geigerzähler verbunden, der auf den Zerfall eines radioaktiven Atoms anspricht. Solange kein Atom zerfällt, bleibt der Glaskolben intakt und die Katze am Leben. Sobald aber ein Atom zerfällt, löst der Geigerzähler den Hammer aus, der den Glaskolben zertrümmert, das Zyankali freisetzt und die Katze tötet.

Die Quantenmechanik beschreibt das radioaktive Atom *vor* Ansprechen des Geigerzählers als Überlagerung von Wellenfunktionen der Zustände ‚nicht zerfallen‘ und ‚zerfallen‘ – und das Gesamtsystem samt Geigerzähler, Hammer, Glaskolben und Katze als ein verschränktes System, innerhalb dessen sich die Katze in einer wellenförmigen Überlagerung der Zustände ‚lebendig‘ und ‚tot‘ befindet. Die Frage ist nun: Wie kommt die Katze im Verlauf der Systementwicklung in einen wohldefinierten Zustand; und in welchem Zustand befindet sie sich, *bevor* jemand in die Stahlkammer hineinsieht und das Messergebnis konstatiert? Die Standard-Quantenmechanik liefert hier nur eine probabilistische Vorhersage für *viele* solcher fiktiven Tierversuche. Doch was passiert *wirklich*, im Einzelfall? Diese Frage führt in das weite, spekulative Feld der weitergehenden Deutungen der Quantentheorie.

4. Heutiger Stand

Was im Einzelfall bei der Messung an einem Quantensystem passiert, kann bis heute nicht physikalisch erklärt werden. Der einzige echte Fortschritt seit 90 Jahren ist der *Dekohärenz*-Ansatz, der Quantensystem und Messapparatur im makroskopischen Wärmebad beschreibt (Joos et al. 2003; Schlosshauer 2008). Die Überlagerung der Quantenwellen ist unter diesen Umständen nicht von Dauer; ihre Amplituden verdampfen innerhalb kürzester Zeit in die Umgebung. Dies ist mittlerweile empirisch gut bestätigt: Quanten-Computer stürzen durch Dekohärenz rasch ab.

Auch die Dekohärenz liefert nur eine Wahrscheinlichkeitserklärung für die Messergebnisse der Quantenphysik. Die subatomare Wirklichkeit bleibt uns fremd; doch zu den klassischen Konzepten von Welle und Teilchen führt sicher kein Weg mehr zurück. Heisenberg hat die Herausbildung der entsprechenden Quantenkonzepte als fundamentale naturphilosophische Neubestimmungen im Verhältnis von Mensch und Wirklichkeit gewertet (Heisenberg 1942).

Literatur

Baumann, Kurt / Sexl, Roman U. (Hg.) 1984: Die Deutungen der Quantenmechanik. Braunschweig. [Enthält die wichtigsten Originalartikel in dt. Fassung].
Bohr, Niels 1928: The quantum postulate and the recent development of atomic theory. In: Nature 121: 580–590. Dt. in: Die Naturwissenschaften 16 / 1928: 245–257.
– 1935: Can quantum-mechanical description of physical reality be considered complete? In: Physical Review 48: 695–702.
– 1949: Discussion with Einstein on epistemological problems of atomic physics. In: Schilpp 1949 [s. u.]: 200–241. Dt. in: Schilpp 1955 [s. u.]: 115–150.
Born, Max 1926a: Zur Quantenmechanik der Stoßvorgänge. In: Zeitschrift für Physik 37: 863–867.

– 1926b: Quantenmechanik der Stoßvorgänge. In: Zeitschrift für Physik 38: 803–827.

Einstein, Albert 1905: Über einen die Erzeugung und Verwandlung des Lichts betreffenden heuristischen Gesichtspunkt. In: Annalen der Physik 17: 132–148.

– 1917: Zur Quantentheorie der Strahlung. In: Physikalische Zeitschrift 18: 121–128.

Einstein, Albert / Podolsky, Boris / Rosen, Nathan 1935: Can quantum mechanical description of reality be considered complete? In: Physical Review 47: 777–780.

Falkenburg, Brigitte 2007: Particle Metaphysics. A Critical Account of Subatomic Reality. Berlin.

– 2012: Was sind subatomare Teilchen? In: Esfeld, M. (Hg.): Philosophie der Physik. Berlin: 158–184.

Friebe, Cord / Kuhlmann, Meinard / Lyre, Holger et al. 2014: Philosophie der Quantenphysik. Heidelberg.

Heisenberg, Werner 1927: Über den anschaulichen Inhalt der quantentheoretischen Kinematik und Dynamik. In: Zeitschrift für Physik 43: 172–198.

– [1942] 1984: Die Ordnung der Wirklichkeit. In: ders.: Gesammelte Werke, Abt. C: Allgemeinverständliche Schriften, Bd. I: Physik und Erkenntnis 1927–1955. Hg.: W. Blum. München: 217–306.

Joos, Erich / Zeh, H. Dieter / Kiefer, Claus et al. 2003: Decoherence and the Appearance of a Classical World in Quantum Theory. Berlin.

Schilpp, Paul A. (Hg.) 1949: Albert Einstein: Philosopher – Scientist. Evanston / IL.

– 1955: Albert Einstein als Philosoph und Naturforscher. Stuttgart.

Schlosshauer, Maximilian A. 2008: Decoherence and the Quantum-to-Classical Transition. Berlin.

Schrödinger, Erwin 1935: Die gegenwärtige Situation in der Quantenmechanik. In: Die Naturwissenschaften 23: 807–812, 823–828, 844–849.

II.6 Materie, Kraft, Energie

Myriam Gerhard

1. Was die Welt im Innersten zusammenhält

„Schau Dir diese Welt nur richtig an, wie durchsiebt mit riesigen, klaffenden Löchern sie ist, wie voll von Nichts, einem Nichts, das die gähnenden Abgründe zwischen den Sternen ausfüllt; wie alles um uns herum mit diesem Nichts gepolstert ist, das finster hinter jedem Stück Materie lauert." (Lem [1965] 1983: 5)

Glaubt man dieser Aussage der Maschine, die der Ingenieur Trurl in Stanisław Lems (1921–2006) Erzählung so konstruiert hat, dass sie alles produzieren kann, was mit dem Buchstaben ‚N' beginnt, so ist es allein die Schuld ihres Auftraggebers, dass hinter jedem Stück Materie das Nichts lauert. Nachdem die Maschine schon allerlei Gegenstände produziert hat, die in der von ihr verwendeten Sprache mit ‚N' beginnen, erfüllt sie den Auftrag, Nichts zu produzieren, indem sie anfängt, die mit Materie ausgefüllte Welt Stück für Stück zu annihilieren,[1] zu vernichten. Zunächst verschwinden alle Gegenstände, deren Anfangsbuchstabe ‚N' ist, alsbald aber verschwinden alle möglichen Gegenstände, so dass die Welt Stück für Stück entmaterialisiert wird und sich das bloße Vakuum ausbreitet. Die Maschine wird vom entsetzten Betrachter dieses Prozesses zwar gestoppt, der Horror Vacui, das Grauen vor dem die Welt ersetzenden Leeren, bleibt unerfüllt, aber der Schaden ist unwiderruflich: Die übrig gebliebenen Stückchen Materie sehen sich einem bedrohlich wirkenden Nichts gegenüber gestellt. Fortan fehlen, neben vielen anderen Dingen, die vom Konstrukteur Trurl innig geliebten Phantolemchen, und nicht nur die Maschine bezweifelt, dass künftige Generationen ihn für dieses Werk preisen werden. Die Welt ist nicht mehr eine, die vollständig und durchgängig von Materie erfüllt ist, sondern vielmehr ein Mosaik aus Materie und Leere.

Diese Welt der Materie, die der polnische Schriftsteller Lem als Science Fiction kreierte (→ III.7), entspricht in ihren Grundzügen einer atomistischen Konzeption der Materie, wie sie zuerst von Leukipp (5. Jh. v. Chr.) und Demokrit (um 460–um 370 v. Chr.) vertreten wurde (→ I.1). Sie berufen sich auf kleinste unteilbare, nur quantitativ zu unterscheidende Teilchen, die ihnen als Prinzip zur Erklärung der wahrnehmbaren Welt und ihrer Veränderungen dienen. Materie ist der wesentliche Grundbegriff ihrer

---

1 Unter Annihilation wird in der Elementarteilchenphysik der Prozess der Paarvernichtung, der Zerfall eines Elementarteilchens und seines Antiteilchens in andere Teilchen, verstanden. Die Energie bleibt dabei erhalten. Trurls Maschine geht es hingegen allein um die Schaffung des Nichts durch Vernichtung alles Materiellen.

Naturphilosophie. Jegliche Veränderung der Natur sei zurückzuführen auf die Bewegung der Atome im Raum, der zur Ermöglichung der Bewegung partiell leer sein müsse. In diesem atomistischen Weltbild wird die Leere dort behauptet, wie Aristoteles (384–322 v. Chr.) referiert, „worin überhaupt nichts sei" (Physik IV 213a), d.h. als ein raumeinnehmender, aber inhaltsleerer Behälter. Aristoteles kritisiert diese Annahme der Existenz des Leeren und die sich damit manifestierende Auffassung des Raumes als Behälter alles Materiellen. Sein Argument, dass es unabhängig von Körpern keine räumliche Ausdehnung und demnach auch keinen leeren Raum geben könne, verweist auf das problematische Verhältnis von Raum und Materie. Raum (wie auch Zeit) und Materie können entweder als voneinander unabhängig zu denkende oder aber als aufeinander zurückzuführende Größen aufgefasst werden (→ II.4). Für Trurls Maschine bleiben Raum und Zeit, in denen sich die Prozesse der Materialisierung und Entmaterialisierung ereignen, von diesen vollständig unberührt.

Materie auf der einen Seite und Raum und Zeit auf der anderen Seite trennt demnach ein nichtreduktionistischer Dualismus, der aktuell unter dem Stichwort des ‚Substanzialismus' diskutiert wird und schon früher z.B. von Isaac Newton (1643–1727) in seinen *Mathematischen Grundlagen der Naturphilosophie* dargelegt wird. Aristoteles hingegen koppelt die räumliche Ausdehnung an die Existenz materieller Körper. Seine Position ist denjenigen, oftmals als ‚Relationalismus' bezeichneten Vorstellungen zuzurechnen, die den Raum auf die Materie zurückführen, wie später z.B. Gottfried W. Leibniz (1646–1716). Ihr steht die u.a. von René Descartes (1596–1650) und Baruch de Spinoza (1632–1677) vertretene Auffassung entgegen, Materie auf Raum und Zeit zurückzuführen – eine Position, die aktuell unter dem Titel des ‚Super-Substanzialismus' diskutiert wird (s. z.B. Lehmkuhl 2012). Gemeinsam ist allen drei Konzeptionsweisen des Verhältnisses von Materie zu Raum und Zeit, dass sich aus ihnen keine eindeutige Bestimmung der Materie deduzieren lässt (vgl. Esfeld 2002: 39; Esfeld 2011: 38–44). Die Materie als der Stoff, aus dem die Welt gemacht ist, erweist sich als problematisch. Lange Zeit als das fundamentale Prinzip zur Erklärung der Naturerscheinungen herangezogen, gerät der Begriff der ‚Materie' im Laufe des 19. Jhs. unter einen generellen Metaphysikverdacht. Fortan gilt Materie (lat. *materia* = Stoff) nicht mehr als der substanzielle Träger der Veränderungen der Naturerscheinungen, wie es der etymologische Ursprung nahelegt (→ III.9); vielmehr werden die Veränderungen selbst als relational aufgefasst. Materie als das Vehikel für Veränderungen wird zum funktionalen Ausdruck der Relationen der Naturerscheinungen zueinander. Es geht nicht mehr um die Bestimmung der wesentlichen, intrinsischen Eigenschaften der Materie, sondern um Relationen (vgl. Cassirer 1910; Weyl 1924). So kann man zwar, wie Ernst Mach (1838–1916) betont, „ganz wohl gegen den metaphysischen Begriff ‚Materie' starke Bedenken haben, und hat doch nicht nötig, den werthvollen Begriff ‚Masse' zu *eliminiren*" (Mach 1896: 363). Materie, nunmehr als Masse verstanden, wird zu einem rein mathematisch darstellbaren Koeffizienten von Kraft und Beschleunigung (m = F / a). Den Wechsel im Verständnis des Materiebegriffs bringt Max Jammer (1915–2010) prägnant zum Ausdruck: „[D]ie Materie wirkt das, was sie wirkt, nicht, weil sie ist, was sie ist, sondern sie ist, was sie ist, weil sie wirkt, was sie wirkt" (Jammer [1954] 1964: 164).

Auch wenn es mit der Einführung mathematisch bestimmbarer (→ I.3) Atome u. a. durch John Dalton (1766–1844) keine naturwissenschaftlichen Gründe mehr gibt für die Annahme der Ausdehnung und damit auch der sinnlichen Wahrnehmbarkeit von Materieteilchen, bleibt die Vorstellung der Materie als ein faktisches Substrat der Kräfte lange Zeit weit verbreitet. Ohne Voraussetzung einer Materie schien das Phänomen wirkender Kräfte unerklärlich. Der Begriff der ‚Kraft' als die Möglichkeit eine Wirkung hervorzurufen, der sich etymologisch auf *dynamis* (griech.) und *potentia* (lat.) zurückführen lässt, ist auf das Engste mit dem aus der menschlichen Praxis hervorgegangenen, anthropomorphen Verständnis einer Kraftausübung verbunden. Die subjektive Erfahrung der Möglichkeit, Wirkungen willentlich zu verursachen, wird zur Erklärung von Naturphänomenen in die unbelebte Natur projiziert. Die Tatsache, dass diese *potentia* eines Substrates bedürftig ist, und die mögliche Verursachung ein Subjekt der Verursachung voraussetzt, ist ein weiterer Grund für die Hypostasierung der Materie als ein vorauszusetzendes Substrat. Die von Newton ([ca. 1670] 1988: 77) als „verursachendes Prinzip der Bewegung und der Ruhe" definierten Kräfte zeigen sich allein in ihren Wirkungen, als deren Subjekt die Materie angenommen wird. In diesem Sinne bestimmt Immanuel Kant (1724–1804) die physikalische Materie als das Beharrliche im Wechsel der Erscheinungen. Ohne Annahme einer solchen unveränderlichen Substanz ließe sich ein Wechsel der Erscheinungen, die Wirkungen unterschiedlichster Kräfte überhaupt nicht feststellen. Die schon durch Demokrit axiomatisch behauptete Erhaltung der Materie erfährt v. a. durch Jacob Moleschott (1822–1893) und Ludwig Büchner (1824–1899), die dem engeren Kreis der naturwissenschaftlichen Materialisten zuzurechnen sind, eine betont substanzialistische Interpretation. Weil die Kräfte nur an einem Stoff in Erscheinung treten könnten, werden sie als Eigenschaften ihres vorauszusetzenden Substrates definiert. Dieser Stoff, den Büchner als ein geschlossenes System kleinster durch Kräfte bewegter Teilchen versteht, könne weder vergehen noch erschaffen worden sein. Ihm gilt die „Unsterblichkeit des Stoffs" (Büchner 1856: 9) nicht nur als das fundamentale physikalische Gesetz, sondern gleichermaßen als Garant der Weltordnung. Nicht das kleinste Atom könne hinzu- oder hinweggedacht werden, ohne dadurch die gesamte Welt „in Verwirrung" zu setzen (ebd.). Diese materialistische Interpretation des Massenerhaltungssatzes hat v. a. weltanschauliche Konsequenzen (→ I.7). Der in der Mitte des 19. Jhs. heftig diskutierte Widerstreit zwischen Materialismus und Spiritualismus speist sich v. a. aus der ontologischen Bestimmung der Materie als das absolut Beständige und Unveränderliche (Mach 1896; 1900). Geht es Mach um die (Wieder-)Herstellung des Zusammenhangs zwischen Physik und Psychologie, argumentieren andere gegen die im naturwissenschaftlichen Mechanismus vollzogene Hypostasierung der Materie. Das Wesen der Materie wird zum unlösbaren Rätsel deklariert (Du Bois-Reymond 1872), weil es den empirisch naturwissenschaftlichen Methoden nicht zugänglich ist. Friedrich A. Lange (1828–1875) hält aus selbigem Grund „das ganze Problem von Kraft und Stoff" (Lange 1875: 665) für ein rein erkenntnistheoretisches Problem. Ein naturwissenschaftlich sicherer Boden sei allein in den Relationen zu finden, „wobei immerhin gewisse Träger dieser Relationen, wie z. B. die Atome, hypothetisch eingeführt und wie wirkliche Dinge behandelt werden dürfen; vorausgesetzt freilich, daß man uns aus diesen ‚Realitäten' kein Dogma mache" (ebd.). Andere Einwände gegen atomistische Vorstellungen der Natur beruhen u. a. auf der Problematik, dass Atome als die kleinste Masseeinheit eines chemischen Elements nicht als singuläre Entitäten, also als fundamentale Teilchen, sondern als Moleküle in Erscheinung treten. Die Annahme der Existenz einer kontinuierlichen Größe scheint angesichts dessen plausibler zu sein, als die Annahme diskreter Elemente.

Als Gegner des Atomismus argumentieren u. a. Mach und der Chemiker Wilhelm Ostwald (1853–1932) für die Vorstellung einer kontinuierlichen Größe, der *Energie*, die zur Grundlage jeglicher Naturerklärung werden soll. Die um 1900 unter dem Namen „Energetik" bekannt gewordene monistische Naturphilosophie sucht alles Geschehen ausschließlich auf eine Veränderung der Energie zurückzuführen. Die Materie verliert demnach ihre fundamentale Stellung und wird bloß als eine besondere Erscheinungsform der Energie aufgefasst. Alles, was zuvor durch die Begriffe ‚Materie' und ‚Kraft' erklärt werden sollte, sei vielmehr durch den einen Begriff der ‚Energie' zu erklären (Ostwald 1895), der etymologisch aus dem griechischen *energeia* hervorgegangen ist. Ostwald beruft sich hierbei auf den zeitgenössischen Stand der Naturforschung. Dabei geht es ihm aber vornehmlich um das Charakteristikum der Energie als einer Erhaltungsgröße. Energie wird mit der Bestimmung des Energieerhaltungssatzes durch den Arzt Julius R. Mayer (1814–1878) und Hermann von Helmholtz (1821–1894) zum neuen Beharrlichen im Wechsel der Erscheinungen. Versteht Aristoteles unter *energeia* diejenige Wirklichkeit, in die ein bloß der Möglichkeit nach Seiendes (*dynamis* = Macht, Vermögen, Kraft) übergeht, übernimmt die scholastische Philosophie ihre Bedeutung mit den Begriffen ‚Akt' (lat. *actus*) und ‚Potenz' (lat. *potentia*). Helmholtz' physikalisches Verständnis von Energie als einer Erhaltungsgröße, d. h. die Erkenntnis, dass Energie in einem geschlossenen System zwar in andere Energieformen umgewandelt, aber weder erzeugt noch vernichtet werden kann, geht von der Voraussetzung aus, „dass es nicht möglich sein könne, durch die Wirkungen irgendeiner Combination von Naturkörpern auf einander in das Unbegrenzte Arbeitskraft zu gewinnen" (Helmholtz 1847: 1). Der Energieerhaltungssatz hat, abgesehen von der Einschränkung durch den Zweiten Hauptsatz der Thermodynamik, an seiner universellen Gültigkeit bis heute nichts eingebüßt. Dass die sich auf den Begriff der Energie berufende Energetik sich dennoch nicht gegen atomistische Vorstellungen etablieren konnte, ist nicht nur den Bemühungen von Ludwig Boltzmann (1844–1906) und Max Planck (1858–1947) geschuldet (Boltzmann 1896; Planck 1896), sondern auch bedingt durch Henri Becquerels (1852–1908) Entdeckung der Radioaktivität und der damaligen Erkenntnis, dass radioaktive Strahlung als eine Eigenschaft einzelner Atome aufzufassen sei.

Der Begriff ‚Materie' wie auch die Begriffe ‚Kraft' (→ II.8) und ‚Energie' sind durch eine Vielzahl sich teilweise überlagernder Verwendungen und nahezu unüberschaubarer Konnotationen gekennzeichnet, die weder in einem naturwissenschaftlichen Verständnis aufgehen noch sich auf naturwissenschaftliche Konzeptionen reduzieren lassen. Dazu kommen Versuche wie z. B. im naturwissenschaftlichen Materialismus (→ I.7) des 19. und in der Energetik des 20. Jhs., sie weltanschaulich zu vereinnahmen. In der modernen Elementarteilchenphysik wird die Vorstellung der Materie konsequent durch andere, rein mathematisch-physikalisch zu bestimmende Begriffe ersetzt, auch wenn aus Gründen der Anschaulichkeit bisweilen, v. a. in populärwissenschaftlichen Darstellungen, auf den Ausdruck ‚Materie' zurückgegriffen wird. Die Erklärung dessen, was die Welt in ihrem Innersten zusammenhält, liefert nach heutigem Kenntnisstand das Standardmodell der Elementarteilchenphysik.

2. Das Standardmodell der Elementarteilchenphysik

Das Standardmodell beschreibt subatomare Phänomene rein quantitativ auf der Grundlage von Elementarteilchen und Wechselwirkungen. Das moderne Verständnis elementarer Teilchen hat nur noch wenig mit den atomistischen Vorstellungen antiker Denker gemein (vgl. Falkenburg 2007; 2012; Stöckler 2012). Elementarteilchen werden im gegenwärtigen physikalischen Verständnis quantentheoretisch beschrieben (→ II.5). Diese ‚Teilchen' sind auch mittelbar nicht sichtbar, sondern werden als Ursache von wahrnehmbaren und / oder messbaren Ereignissen erschlossen (vgl. Bleck-Neuhaus 2013: 3; Falkenburg 2012).

Eine erste, grobe Unterteilung des sog. ‚Teilchenzoos' lässt sich zwischen Fermionen, die physikalisch dem Alltagsverständnis von Materie nahekommen, und Bosonen, die der populären Auffassung von Kräften entsprechen, vornehmen. Als ‚Fermionen' werden diejenigen fundamentalen Bausteine verstanden, die einen Spin (quantenmechanischer Eigendrehimpuls) von ½ besitzen und der Fermi-Dirac-Statistik (quantenstatistische Verteilungsfunktion ununterscheidbarer ‚Teilchen') genügen. Die Fermionen lassen sich aufgrund unterschiedlicher Masse und Ladung wiederum in Leptonen und Quarks unterscheiden. Leptonen mit einer Ladung von -1 sind das Elektron (e), das Myon (μ) und das Tau (τ). Leptonen mit einer Ladung von 0 sind das Elektron-Neutrino (V_e), das Myon-Neutrino (V_μ) sowie das Tau-Neutrino (V_τ). Quarks mit einer Ladung von ⅔ sind das Up (u), Charm (c) und Top (t). Quarks mit einer Ladung von – ⅓ sind das Down (d), Strange (s) und Bottom (b). Da die Fermionen bei allen bislang beobachteten Prozessen die Gesamtanzahl der Leptonen und der Quarks beibehalten, gelten sie als das Beharrliche im Wechsel und kommen der anschaulichen Vorstellung von ‚Materie' am nächsten. Die Bosonen hingegen weisen keine stabile Existenz auf. Sie können auch einzeln vernichtet oder hervorgebracht werden und gelten dementsprechend nicht als elementare ‚Teilchen', sondern als elementare Ursachen physikalischer Vorgänge. Dass zwischen den Fermionen ‚Kräfte' wirken, wird in der modernen Physik allein über den Austausch von Eichbosonen, d. h. den ‚Austausch'- oder ‚Wechselwirkungsteilchen', beschrieben. Dabei gelten das Photon (γ) als die Ursache elektromagnetischer Kräfte, das Gluon (g) als Ursache Starker Wechselwirkung sowie die W- und Z-Bosonen ($w^\pm$ und z^0) als Ursache der Schwachen Wechselwirkung. Die Gravitation wird nicht im Rahmen des Standardmodells beschrieben. Das Graviton als mögliche Ursache der Schwerkraft ist auf dem derzeitigen Stand der Forschung ein rein hypothetisches Boson.

Eine überaus wichtige Ergänzung zu den genannten Eichbosonen stellt die Annahme des Higgs-Bosons dar. Das Standardmodell beschreibt alle Teilchen als masselos. Dass die W- und Z-Bosonen dennoch eine Masse aufweisen, wird durch den Higgs-Mechanismus erklärt. Das heißt, die Existenz von Higgs-‚Teilchen‘ wurde zunächst erschlossen, um einen Widerspruch im Standardmodell zu vermeiden. Der experimentelle Nachweis der Existenz der Higgs-Bosonen gilt jüngst als durch die ATLAS- und CMS-Experimente erbracht (vgl. CERN 2015). Trotzdem: Auch wenn die Übereinstimmung der 2011 und 2012 am CERN gewonnenen Messergebnisse mit den Voraussagen des Standardmodells eine kaum zu überschätzende Bestätigung des Standardmodells bedeutet, bleiben offene Fragen, wie z. B. die Beschreibung der Gravitation, die zu Überlegungen jenseits des Standardmodells führen.

3. Jenseits des Standardmodells

Mit den im Standardmodell beschriebenen fundamentalen Teilchen können derzeit rund 4 % der angenommenen ‚Materie‘ erklärt werden. Die restlichen 96 % des Alls werden Dunkler Materie und Dunkler Energie zugeschrieben. Weil in den Randbereichen der Galaxien die Umlaufgeschwindigkeiten der Sterne nachweisbar höher sind als die uns bekannte Materie vermuten lässt, wird die Existenz dunkler, uns nicht bekannter Materie angenommen. Ihre Existenz lässt sich (bislang) nur erschließen und bedarf zur Erklärung weiterer Theorieannahmen. Ein Erklärungsmodell für Dunkle Materie und Dunkle Energie ist die Supersymmetrie. Dabei geht man von der Existenz weiterer Teilchen aus, die quasi die fundamentalen Teilchen des Standardmodells spiegeln. Auch wenn das Standardmodell derzeit als die beste Theorie zur Erklärung von ‚Materie‘, ‚Kraft‘ und ‚Energie‘ gilt, ist die naturwissenschaftliche Beschreibung noch lange nicht abgeschlossen (vgl. Weyl 1924: 59). Und auch für die aktuellsten naturwissenschaftlichen Konzepte gilt, dass ihre im weitesten Sinne naturphilosophische Bedeutung diskussionswürdig bleibt (vgl. Köhler et al. 2013).

Literatur

Aristoteles, Physik = Aristoteles 2011: Physik. Vorlesung über Natur. Erster Halbband (Bücher I–IV). Griech.-Dt. Hg.: H. G. Zekl. Hamburg.
Bleck-Neuhaus, Jörn 2013: Elementare Teilchen. Von den Atomen über das Standard-Modell bis zum Higgs-Boson. Berlin.
Boltzmann, Ludwig 1896: Ein Wort der Mathematik an die Energetik. In: Annalen der Physik 57: 39–71.
Büchner, Ludwig 1856: Kraft und Stoff. Empirisch-naturphilosophische Studien. Frankfurt/M.
Cassirer, Ernst [1910] 2000: Substanzbegriff und Funktionsbegriff. Untersuchungen über die Grundfragen der Erkenntniskritik. Gesammelte Werke, Hg.: B. Recki, Bd. 6. Hamburg.
CERN 2015: ATLAS and CMS experiments shed light on Higgs properties. Pressemitteilung vom 01.09.2015. http://press.cern/press-releases/2015/09/atlas-and-cms-experiments-shed-light-higgs-properties (15.06.2016).
Du Bois-Reymond, Emil 1872: Über die Grenzen des Naturerkennens. Leipzig.
Esfeld, Michael 2002: Einführung in die Naturphilosophie. Darmstadt.
– 2011: Einführung in die Naturphilosophie. 2., vollständig überarbeitete Auflage. Darmstadt.

Falkenburg, Brigitte 2007: Particle Metaphysics: A Critical Account of Subatomic Reality. Berlin.
– 2012: Was sind subatomare Teilchen? In: Esfeld, M. (Hg.): Philosophie der Physik. Frankfurt / M.: 158–184.
Helmholtz, Hermann v. 1847: Über die Erhaltung der Kraft, eine physikalische Abhandlung. Berlin.
Jammer, Max [1954] 1964: Der Begriff der Masse in der Physik. Darmstadt.
Köhler, Sigrid G. / Siebenpfeiffer, Hania / Wagner-Egelhaaf, Martina (Hg.) 2013: Materie. Grundlagentexte zur Theoriegeschichte. Berlin.
Lange, Friedrich A. 1875: Geschichte des Materialismus und Kritik seiner Bedeutung in der Gegenwart. Leipzig.
Lehmkuhl, Dennis 2012: Super-Substanzialismus in der Philosophie der Raumzeit. In: Esfeld, M. (Hg.): Philosophie der Physik. Berlin: 50–70.
Lem, Stanisław [1965] 1983: Wie die Welt noch einmal davon kam. Frankfurt / M.
Mach, Ernst 1896: Die Prinzipien der Wärmelehre. Leipzig.
– 1900: Die Analyse der Empfindungen und das Verhältnis des Physischen zum Psychischen. Zweite, vermehrte Auflage der „Beiträge zur Analyse der Empfindungen". Jena.
Newton, Isaac [ca. 1670] 1988: Über die Gravitation … Texte zu den philosophischen Grundlagen der klassischen Mechanik. Lat.-Dt. Hg.: G. Böhme. Frankfurt / M.
Ostwald, Wilhelm 1895: Die Überwindung des wissenschaftlichen Materialismus. In: Verhandlungen der Gesellschaft deutscher Naturforscher und Ärzte 1895: 155–168.
Planck, Max 1896: Gegen die neuere Energetik. In: Annalen der Physik 57: 72–78.
Stöckler, Manfred 2012: Demokrits Erben. Der Atomismus zwischen Philosophie und Physik. In: Esfeld, M. (Hg.): Philosophie der Physik. Frankfurt / M.: 137–157.
Weyl, Hermann 1924: Was ist Materie? Zwei Aufsätze zur Naturphilosophie. Berlin.

II.7 Naturgesetz, Kausalität, Determinismus

Brigitte Falkenburg

1. Naturgesetz

Die Vorstellung von Naturgesetzen beruht auf der Beobachtung von Regelmäßigkeiten im Naturgeschehen und ist verbunden mit der Annahme von Notwendigkeit und gesetzmäßiger Ordnung in der Natur, die früher oft einen theologischen Hintergrund hatte (→ I.2). Es gibt sehr unterschiedliche Deutungen der Naturgesetze, das Spektrum reicht von der bloßen Regularitätsauffassung über die Gleichsetzung mit Dispositionen bis zum Apriorismus und Essenzialismus.

1.1 Begriffsgeschichte

Erst im Lateinischen gibt es den Ausdruck ‚Naturgesetz' (*lex naturae*) im engeren Sinne. Der griechische Terminus für ‚Gesetz' (*nomos*) differenziert nicht zwischen Naturgesetzen und Gesetzen der menschlichen Gesellschaft, wobei die Naturordnung, wie sie sich etwa in den periodischen Bewegungen der Himmelskörper ausdrückt, als ursprünglich gilt. Die naturphilosophische Überlieferung geht bis auf die Vorsokratiker zurück; so entstehen und vergehen die Dinge in der Welt nach dem Fragment von Anaximander (610–547 v. Chr.) „gemäß der Notwendigkeit; denn sie strafen und vergelten sich gegenseitig ihr Unrecht nach der Ordnung der Zeit" (KRS 128). Hier wird das Entstehen und Vergehen in der Natur als notwendig angesehen; diese Notwendigkeit wird nach Kategorien des Rechts gedeutet. Bei Heraklit (um 520–um 460 v. Chr.) findet sich die Vorstellung einer gesetzmäßigen Ordnung (*logos*) in der Natur, bei Anaxagoras (um 500–um 428 v. Chr.) die Annahme eines geistigen Prinzips (*nous*), das Ordnung im Chaos der Elemente schafft. Platon (428/427–348/347 v. Chr.) nimmt später diesen Gedanken im *Timaios* wieder auf. Dagegen deuten die antiken Atomisten das Naturgeschehen und die gesetzmäßige Ordnung in der Natur materialistisch und mechanistisch. Das Textfragment, das von Leukipp (5. Jh. v. Chr.) überliefert ist, formuliert eine Art Kausalprinzip: „Nichts geschieht aufs Geratewohl, sondern alles aufgrund eines Verhältnisses [d. h. in begründeter Weise] und infolge von Notwendigkeit" (KRS 457, Fußnote 17).

In der frühen Neuzeit greifen Galileo Galilei (1564–1642) und Johannes Kepler (1571–1630) die antiken Vorstellungen über die Naturgesetze auf und formulieren sie mathematisch (→ I.3). Nach der Metapher vom Buch der Natur wird Gott als der Urheber der Naturgesetze angesehen (→ I.3). Im Rationalismus seit René Descartes

(1596–1650) gilt die Mathematik als Mittel, über das die menschliche Vernunft verfügt, um Einblick in die gesetzmäßige Naturordnung zu gewinnen. Seit der Begründung der mathematischen Physik durch Isaac Newton (1643–1726) und Gottfried W. Leibniz (1646–1716) werden die Naturgesetze mit physikalischen Gesetzen gleichgesetzt, wobei die Physik nach fundamentalen, universell gültigen Gesetzen sucht. Seit dem 18. Jh. löst sich diese Sicht der Naturgesetze vom theologischen Hintergrund. Großen Einfluss haben dabei die Konzeptionen von David Hume (1711–1776) und Immanuel Kant (1724–1804), die der Natur selbst keine immanente Notwendigkeit mehr zuschreiben. Nach Hume (1748) folgt aus der Regelmäßigkeit von Naturvorgängen nicht ihr notwendiger Verlauf; nach Kant (1781 / 1787) liegt die Notwendigkeit von Naturgesetzen im menschlichen Verstand.

1.2 Gesetzesartige Aussagen

Der Form nach ist ein Naturgesetz eine Gesetzesaussage, die eine bestimmte Art von Regelmäßigkeit beschreibt. Gesetzesaussagen haben die nomologische Form „Alle P sind Q" oder „immer wenn P, dann Q"; z. B.: „Alle 18 Jahre und 11 Tage tritt eine Sonnenfinsternis bestimmten Typs auf"; „Immer wenn der Kühlschrank läuft, steigt die Außentemperatur im Raum". Die mathematische Physik drückt Gesetzesaussagen durch funktionale Beziehungen zwischen den Größen eines physikalischen Systems aus. Die Vorbedingung P umfasst hier (i) physikalische Gesetze, d. h. mathematische Funktionen, die physikalische Eigenschaften verknüpfen; und (ii) empirische Anwendungsbedingungen. Im Fall der Sonnenfinsternisse sind dies: (i) Newtons Kraftgesetz $F = Md^2x / dt^2$ und Gravitationsgesetz $F = \gamma M_1 M_2 / r^2$; (ii) die Massen, Positionen und Geschwindigkeiten der Sonne, der Erde und des Monds zu einem Zeitpunkt. Aus dem Kraft- und Gravitationsgesetz (i) und den Anfangsbedingungen (ii) kann man dann den Zeitpunkt der nächsten Sonnenfinsternis in Mitteleuropa berechnen.

1.3 Was sind und warum gelten Naturgesetze?

Die obige gesetzesartige Aussage über die Wiederkehr einer Art von Sonnenfinsternis (Saroszyklus) war schon in der babylonischen Astronomie bekannt; das Gravitationsgesetz stellte aber erst Newton auf. Dieses Gesetz schließt erheblich mehr Information ein als die Beobachtung noch so vieler Sonnenfinsternisse und die gesetzesartigen Aussagen über ihre Saroszyklen. Für seine Anwendung auf ein beliebiges System von Himmelskörpern benötigt man nur einen einzigen empirischen Datensatz zu irgendeinem einzigen Zeitpunkt.

Die entscheidende Frage ist nun: Was bedeutet dieser Überschuss an Information? Handelt es sich um ein echtes Gesetz, das in der Natur mit zwingender Notwendigkeit am Werk ist, oder fasst es nur das empirische Wissen zusammen? Entsprechend gibt es bis heute eine breite philosophische Debatte darüber, ob es Naturgesetze gibt, was sie sind und warum sie gelten (Carroll 2016; Mittelstaedt / Vollmer 2000; Swartz 2015; Weinert 1995). Grob lassen sich folgende Positionen unterscheiden:
1. *Empiristische Regularitätsauffassung*: Nach Hume (1748) drücken Gesetzesaussagen nur zufällige Regelmäßigkeiten in der Natur aus, aber keine Naturgesetze mit Not-

wendigkeit. Als zentrales Argument dafür gilt das Induktionsproblem, demzufolge man nicht problemlos von beobachteten Einzelphänomenen auf eine allgemeine Erkenntnis schließen kann: Auch wenn bis heute jeden Tag die Sonne aufgegangen ist, könnte es morgen anders kommen. Nach Ernst Mach (1838–1916) sind die Gesetze der Physik keine Naturgesetze, sondern bloße Denkökonomie, sie drücken empirische Daten nur möglichst einfach aus (Mach 1883). Ein heutiger Vertreter dieser Ansicht ist Bas C. van Fraassen (geb. 1941) (Fraassen 1980; 1989).

2. *Kontrafaktische Konditionalsätze*: Die Regularitätsauffassung unterscheidet Naturgesetze nicht von zufälligen Regelmäßigkeiten. Nelson Goodman (1906–1998) rekonstruiert Naturgesetze darum durch irreale Konditionalsätze der Form „Wenn P geschehen wäre, dann wäre Q geschehen" (Goodman 1955). In solchen Sätzen ist die Implikation strikt, d. h. sie beinhaltet, dass Q notwendigerweise und nicht bloß zufällig auf P folgt.

3. *Dispositionalismus*: Nach Nancy Cartwright (geb. 1944) „lügen" Gesetze wie das Gravitationsgesetz, die auf Idealisierung beruhen (Cartwright 1983); wahr sind nur phänomenologische Gesetze, die i. a. nicht direkt aus fundamentalen Theorien ableitbar sind. Die Naturgesetze drücken Dispositionen (Tendenzen) zu einem gesetzmäßigen Verhalten aus, das ein System unter bestimmten Umständen zeigt; diese Dispositionen sind real vorhanden (Cartwright 1989; Esfeld 2008; Hüttemann 1995).

4. *Apriorismus*: Nach Kant sind die Grundsätze des reinen Verstandes, wie etwa das Kausalprinzip, Naturgesetze *a priori,* auf denen nicht nur die Alltagserfahrungen beruhen, sondern auch die Axiome von Newtons Mechanik. Die Notwendigkeit der Gesetzesaussagen wird hier dem Verstand zugeschrieben. Wie weit das Apriori in der Naturerkenntnis überhaupt gehen kann, ist seit den wissenschaftlichen Revolutionen des 20. Jhs. stark umstritten (Reichenbach 1920; Friedman 2001).

5. *Essenzialismus:* Nach David M. Armstrong (1926–2014) drücken Naturgesetze die Beziehungen zwischen den intrinsischen Eigenschaften der Dinge aus (Armstrong 1983). Die Systemgrößen und Gesetze der Physik drücken wesentliche Eigenschaften der Dinge aus. Armstrong betrachtet diese Eigenschaften als Universalien (Allgemeinbegriffe), die nicht nur den zufälligen Dingen in der Natur anhaften, sondern objektiv und notwendigerweise existieren – die Naturgesetze werden danach realistisch gedeutet.

Am weitesten verbreitet sind die empiristische Regularitätsauffassung und die Auffassung, dass Naturgesetze Dispositionen ausdrücken. Sie vertragen sich gut mit probabilistischen Gesetzen, d. h. mit Wahrscheinlichkeitsaussagen der Form „Wenn P der Fall ist, dann tritt in W % der Fälle auch Q ein". Beispiel: So-und-so-viele von hundert starken Rauchern erkranken irgendwann an Lungenkrebs. Das Standardbeispiel einer probabilistischen Theorie, die Quantenmechanik, ist aber ebenfalls gut mit dem Apriorismus (Mittelstaedt 2009) oder dem Essenzialismus vereinbar. Die Wahl einer Position ist eine metaphysische Option, zu der einen niemand zwingt und von der einen wohl auch niemand abbringen kann.

Ein weiteres vieldiskutiertes Problem, das hier wenigstens am Rande erwähnt sei, ist die Frage, ob es auch außerhalb der Physik genuine Naturgesetze gibt, etwa in der Biologie.

2. Kausalität und Determinismus

Determinismus heißt: nichts in der Welt geschieht zufällig; alles ist vorherbestimmt. Wie hängen die Naturgesetze mit dem Kausalprinzip und dem Determinismus zusammen? Üblicherweise versteht man kausale Prozesse als strikt notwendig und als zeitlich gerichtet: Wenn P geschieht, dann folgt darauf zwangsläufig Q. Die Beziehung von Ursache und Wirkung hat dabei die Form einer Gesetzesaussage „Wenn P, dann Q". Beispiel: Wenn man den Herd anschaltet, dann wird das Teewasser heiß. Wenn der Herd funktioniert, und die Stromzufuhr auch, stellt sich diese Wirkung zwangsläufig ein – (i) nach den Gesetzen der Elektro- und Thermodynamik sowie (ii) unter den genannten Bedingungen. Dies lässt vermuten, dass Kausalbeziehungen auf deterministischen Gesetzen beruhen, nach denen die Wirkung mit strikter Notwendigkeit auf die Ursache folgt. Naturgesetze, Kausalität und Determinismus wären dann in etwa dasselbe. Doch leider liegen die Dinge nicht so einfach.

2.1 Begriffsgeschichte

In der Antike sind Naturgesetze, Kausalität und Determinismus *nicht* gleichbedeutend – jedenfalls nicht für alle Philosophen. Aristoteles (384–322 v. Chr.) vertritt eine teleologische Vier-Ursachen-Lehre, nach der das Ziel oder der Zweck eines Geschehens allen anderen Ursachentypen übergeordnet ist (→ I.1 / Abschn. 2.3). Prototyp der Ursache-Wirkungs-Beziehung ist für ihn die Verursachung durch intentionales menschliches Handeln. Im Gegensatz dazu deuten die Atomisten die Gesetzmäßigkeiten im Naturgeschehen materialistisch und mechanistisch, wobei sie ein kausales Verständnis der Naturgesetze haben (s. o., Abschn. 1.1). Allerdings halten nur Leukipp und sein Schüler Demokrit (um 460–um 370 v. Chr.) die Bewegungen der Atome und die dadurch verursachten Naturvorgänge für deterministisch, nicht aber Epikur (341–271 v. Chr.) und Lukrez (99–55 v. Chr.). Nach Epikur bewegen sich Atome teils nach deterministischen Gesetzen und teils zufällig (→ I.1). Damit kommt er den heutigen physikalischen Auffassungen über das Zusammenspiel von Determinismus und Zufall in der Natur schon ziemlich nahe (→ II.5).

Die neuzeitliche Naturphilosophie löst sich von den anthropomorphen, am menschlichen Handeln orientierten Vorstellungen des Aristoteles; seither beschränkt sich das Verständnis der Kausalität auf Wirkursachen. Das eingangs skizzierte Verständnis der Kausalität, nach dem die Beziehung von Ursache und Wirkung als deterministisch gilt, stammt aus dem Rationalismus. Für Descartes, Leibniz oder Spinoza sind Kausalität und Determinismus gleichbedeutend. Für die Naturgesetze wird der Determinismus *par excellence* von Pierre-Simon Laplace (1749–1827) formuliert; ihm zufolge könnte ein allwissender Dämon, der die Naturgesetze und die Anfangsdaten aller Moleküle in der Welt kennt, den Naturlauf vollständig vorausberechnen (Laplace 1814) (→ I.3).

Dagegen lösen Hume und Kant den konzeptuellen Zusammenhang von Determinismus, Kausalität und Naturgesetzen auf. Kant schwächt das rationalistische Verständnis dieser Begriffe stark ab. Er zählt das Kausalprinzip zwar zu seinen allgemeinen Naturgesetzen, betrachtet es aber als ein regulatives Prinzip; ebenso wie die vollständige Determination des Naturgeschehens ist es für ihn nur eine heuristische Regel der Naturforschung. Hume vertritt eine empiristische Regularitätsauffassung der Kausalität, auf der auch seine Sicht der Naturgesetze beruht. John S. Mill (1806–1873) definiert die Ursache später logisch als eine *hinreichende* Menge *notwendiger* Bedingungen dafür, dass etwas geschieht (Mill 1843). Schließlich plädiert Bertrand Russell (1872–1970) dafür, den Kausalbegriff angesichts der Gesetze der Physik ganz zu eliminieren (Mach 1896; Russell 1913; Hüttemann 2013).

2.2 Heutige Auffassungen der Kausalität

Das Spektrum der Auffassungen über Kausalität ist heute ebenfalls weit gefächert, z. T. in Entsprechung zu obigen Sichtweisen der Naturgesetze. Die wichtigsten davon sind:

1. Die *empiristische Regularitätsauffassung* nach Hume wird im Anschluss an Mill (1843) und John L. Mackie (1917–1981) gern zur Analyse der notwendigen und hinreichenden Bedingungen verwendet, unter denen Ereignisse eintreten (Mackie 1980).
2. *Kontrafaktische Konditionalsätze* nach David K. Lewis (1941–2001); hier wird die Kausalbeziehung durch Sätze der Form „Wenn P nicht geschehen wäre, dann wäre Q nicht geschehen" definiert (Lewis 1973).
3. Die *interventionistische Sicht* nach James F. Woodward (geb. 1941); danach sind Ursachen unerwartete Naturereignisse (Lawine) oder auch menschliche Handlungen (Steinwurf), die in den Ablauf des Geschehens eingreifen und etwas bewirken, was sonst nicht geschehen wäre (Woodward 2003; 2008).
4. Die *Störungstheorie* der Kausalität nach Andreas Hüttemann (geb. 1964); sie greift den Grundgedanken der interventionistischen Sicht auf, wonach Ursachen die Änderung eines Geschehens bewirken, knüpft aber an die Auffassung von Naturgesetzen als Dispositionen (Cartwright 1989) an (Hüttemann 2013).

2.3 Kausalität, Determinismus und physikalischer Zeitpfeil

Keine der obigen Sichtweisen koppelt die Kausalität noch an Naturgesetze oder an den Determinismus. Dies ist sachlich gerechtfertigt, insofern die Naturgesetze üblicherweise mit physikalischen Gesetzen identifiziert werden; doch die Physik stellt keinen eindeutigen Zusammenhang zwischen Kausalität, Naturgesetzen und Determinismus her. Es gibt keine physikalische Theorie, die kausale Prozesse als strikt gesetzmäßig *und* zeitlich gerichtet beschreibt. Die bekannten Naturgesetze legen entweder den gesetzmäßigen Zusammenhang von Ursache und Wirkung fest oder ihre zeitliche Abfolge, aber nicht beides. Die Physik bietet drei Arten von Prozessbeschreibungen an, die sich bisher nicht vereinheitlichen lassen:

1. *Deterministische Prozesse*: Die Entwicklung eines physikalischen Systems nach strikt deterministischen Gesetzen (klassische Mechanik und Elektrodynamik). Solche

Gesetze sind zeitsymmetrisch; die Prozesse, die sie beschreiben, sind reversibel, d. h. zeitlich umkehrbar. Sie legen Vergangenheit und Zukunft gleicherweise fest (Mach-Russell-Problem: Hüttemann 2013). Die Zeitrichtung lässt sich in der Beschreibung eines deterministischen Systems nur durch die Wahl der „richtigen" Anfangsbedingungen erzwingen; dabei fungiert das Wissen, dass die Ursache früher geschieht als die Wirkung, als Auswahlkriterium (Falkenburg 2012: Kap. 5).

2. *Irreversible Prozesse*: Thermodynamische Prozesse mit Entropiezunahme (Abkühlen von etwas Heißem etc.) und Quantenprozesse (radioaktive Zerfälle, quantenmechanische Messungen). Sie sind zeitasymmetrisch, legen den Zeitpfeil fest, folgen probabilistischen Gesetzen und sind indeterministisch. Hier legt die Systembeschreibung weder Zukunft noch Vergangenheit eines Systems fest. Die Annahme, dass sich probabilistische Theorien auf deterministische Gesetze reduzieren ließen, führt u. a. zum Problem, dass dann der Zeitpfeil unerklärt bleibt.

3. *Einstein-Kausalität*: Nach der Speziellen Relativitätstheorie werden Signale höchstens mit Lichtgeschwindigkeit übertragen; nur innerhalb des Lichtkegels sind kausale Prozesse definiert, bei denen die Ursache früher geschieht als die Wirkung. Die Einstein-Kausalität ist mit den nicht-lokalen Korrelationen einer Quantentheorie verträglich, da man die letzteren relativ zur Einstein-Kausalität als akausal betrachtet; sie können keine Signale übertragen.

Die drei Typen legen drei *unterschiedliche* Konzepte der Kausalität fest. *Keines* davon beschreibt Prozesse als strikt gesetzmäßig *und* mit eindeutiger Zeitrichtung, wie es unser übliches Kausalitätsverständnis fordert; aber man braucht sie *alle,* um physikalisch zu erklären, welche kausalen Prozesse es in der Natur gibt. Wegen dieser komplexen Sachlage kann der übliche Kausalitätsbegriff auch nicht so leicht durch eine präzise wissenschaftliche Beschreibung ersetzt werden. Am nächsten kommt ihm noch der physikalische Vorgang der Signalübertragung (Falkenburg 2007: Kap. 7.6; 2012: Kap. 5): Signale breiten sich deterministisch aus, nach der Elektrodynamik oder einer Quantendynamik; aber sie werden in irreversiblen, indeterministischen Prozessen registriert, nach den Gesetzen der Thermodynamik und der quantenmechanischen Messung.

Literatur

Armstrong, David M. 1983: What is a Law of Nature? Cambridge.

Carroll, John W. 2016: Laws of nature. In: Zalta, E. N. (Hg.): SEP (Fall 2016 edition). https://plato.stanford.edu/archives/fall2016/entries/laws-of-nature/.

Cartwright, Nancy 1983: How the Laws of Physics Lie. Oxford.

– 1989: Nature's Capacities and Their Measurement. Oxford.

Esfeld, Michael 2008: Naturphilosophie als Metaphysik der Natur. Frankfurt / M.

Falkenburg, Brigitte 2007: Particle Metaphysics. A Critical Account of Subatomic Reality. Berlin.

– 2012: Mythos Determinismus. Wieviel erklärt uns die Hirnforschung? Berlin.

Fraassen, Bas C. v. 1980: The Scientific Image. Oxford.

– 1989: Laws and symmetries. Oxford.

Friedman, Michael 2001: Dynamics of Reason. Chicago.

Goodman, Nelson [1955] 1988: Tatsache, Fiktion, Voraussage. Frankfurt/M.

Hume, David [1748] [2]1993: Eine Untersuchung über den menschlichen Verstand. Hg.: J. Kulenkampff. Hamburg.

Hüttemann, Andreas 1995: Idealisierungen und das Ziel der Physik. Berlin.

– 2013: Ursachen. Berlin.

Kant, Immanuel [1781/1787] [2]1911: Kritik der reinen Vernunft. Kant's gesammelte Schriften, Bd. III. Hg.: Königlich Preußische Akademie der Wissenschaften. Berlin.

KRS = Kirk, Geoffrey S./Raven, John E./Schofield, Malcolm 1994: Die vorsokratischen Philosophen. Einführung, Texte und Kommentare. Stuttgart.

Laplace, Pierre-Simon [1814] [2]1996: Philosophischer Versuch über die Wahrscheinlichkeit. Hg.: R. v. Mises. Frankfurt/M.

Lewis, David K. [1973] [2]2001: Counterfactuals. Oxford.

Mach, Ernst 1883: Die Mechanik in ihrer Entwicklung: historisch-kritisch dargestellt. Leipzig.

– 1896: Die Principien der Wärmelehre. Leipzig.

Mackie, John L. 1980: The Cement of the Universe. A Study of Causation. Oxford.

Mill, John S. [1843] 1963–1991: A system of logic, ratiocinative and inductive. Part I. In: Collected Works of John Stuart Mill, Bd. VII. Hg.: J. M. Robson. Toronto.

Mittelstaedt, Peter 2009: The constitution of objects in classical physics and in quantum physics. In: Bitbol, M. (Hg.): Constituting Objectivity. Transcendental Perspectives on Modern Physics. Dordrecht: 169–181.

Mittelstaedt, Peter/Vollmer, Gerhard (Hg.) 2000: Was sind und warum gelten Naturgesetze? Themenheft: Philosophia naturalis 37.

Reichenbach, Hans 1920: Relativitätstheorie und Erkenntnis Apriori. Berlin.

Russell, Bertrand [1913] 1953: On the notion of cause. In: Feigl, H./Brodbeck, M. (Hg.): Readings in the Philosophy of Science. New York: 387–407.

Swartz, Norman 2015: Laws of nature. In: The Internet Encyclopedia of Philosophy, http://www.iep.utm.edu/lawofnat/ (08.03.2015).

Weinert, Friedel (Hg.) 1995: Laws of Nature: Essays on the Philosophical, Scientific and Historical Dimensions. Berlin.

Woodward, James 2003: Making things happen: a theory of causal explanation. Oxford.

– 2008: Causation and manipulability. In: Zalta, E. N. (Hg.): SEP (Winter 2013 edition): http://plato.stanford.edu/archives/win2013/entries/causation-mani/.

II.8 Struktur, System, Information

Nicole C. Karafyllis und Suzana Alpsancar

1. Einführung

Struktur, System und Information sind Ordnungsbegriffe, die auf die Verhältnisbestimmung von Teil und Ganzem abheben. Dabei erzeugen sie Verweisungszusammenhänge von Form und Inhalt. Sie können sich auf natürliche wie nicht-natürliche Entitäten beziehen, d. h. auf gedankliche (Konzepte, Modelle) oder material vorliegende Einheiten wie Gegenstände oder Lebewesen. Vor allem werden sie in *theoretischen* Naturverhältnissen (→ III.3) wirksam, in denen ‚Natur‘ hinsichtlich ihrer Einheit, Vielheit und Allheit bereits konzipiert vorliegt. Die drei Grundbegriffe stehen dem Konzept der Organisation und dem organismischen Denken (griech. *organon* = Werkzeug) nahe. Sie beherbergen somit das Teleologieproblem (→ II.1), das Problem der Entwicklung und Evolution, des Ursprungs und Anfangs (→ II.3), der Homologie und Analogie sowie der Hierarchisierung. Weil ‚Struktur‘, ‚System‘ und ‚Information‘ begrifflich die Wissenschaften anleiten, führen die so importierten Problemstellungen oft zu Theoriediskussionen.

2. Naturphilosophische Bedeutung

Begriffsgeschichtlich verweist ‚Struktur‘ (von lat. *structura*) auf handwerkliche und architektonische Kontexte der Antike. Schon damals wird die Bedeutung der Konstruktion, die sich mit Cäsar (100–44 v. Chr.) und Vitruv (um 80–15 v. Chr.) zuerst im militärischen Anwendungsbereich findet (Kross 1998: Sp. 303) und schnell auch in der Rhetorik als dienlich gilt, auf den politischen Bereich übertragen. Eine vergleichbare und eine zusätzliche Übertragung in den kosmo- und biologischen Bereich geschieht mit dem wesentlich älteren Systembegriff bereits bei Platon (Philebos 14c–21d) und Aristoteles (De generatione animalium II 4.740a 20; III 9.758b 3 u. ö.). Cicero (106–43 v. Chr.) übersetzt das griechische *systema* (*syn*: zusammen; *istemi*: stellen) mit (lat.) *constructio* (Hager 1998: Sp. 824), womit seit römischer Zeit eine semantische Verbindung von Struktur- und Systembegriff gegeben ist.

Während natürliche Einheiten schon früh mit technischen Metaphern und Modellen beschrieben und erklärt wurden (Technomorphie), ist für die Neuzeit wegweisend, dass sog. ‚natürliche Systeme‘ in ihren Strukturen mathematisch modellierbar (→ I.3) und damit funktional *berechenbar* werden. So können Modelle und Theorien nicht nur leichter die Grenzen der Disziplinen passieren (Interdisziplinarität), sondern die ‚natürlichen Einheiten' sind auch einfacher einer realen Technisierung zugänglich. Diese Möglichkeit erzeugt ihrerseits neue Denkansätze wie im 20. Jh. die Biologische Systemtheorie (s. Abschn. 4), die einen frühen Hintergrund für eine Synthetische Biologie (→ IV.3) bildet und auch für die Ökosystemforschung und Ansätze zum Global Management der Biosphäre regulativ wirkt.

3. Grundbegriffe

3.1 Struktur

Gemäß seiner Ursprungsbedeutung bezeichnet ‚Struktur' ein Gefüge oder eine Bauart. Zumeist ist sie mit einer *Richtung* versehen und meint dann einen Aufbau. Dies erlaubt Positionsbestimmungen von z. B. ‚oben' und ‚unten', wie sie sich die Geologie zunutze macht (in diesem Zusammenhang ist *structura* bereits bei Lucius A. Seneca, 1–65 n. Chr., belegt), aber in historisierender Verwendung auch „früher" und „später". Seit der römischen Kaiserzeit ist der Strukturbegriff für die Anatomie wichtig, von wo aus er später die Ästhetik inspiriert. Einen metaphysischen Bedeutungsüberschuss hat ‚Struktur', wenn sie als ‚Fügung' interpretiert wird, etwa bezüglich des Aufbaus poetischer Werke (z. B. bei Ovid, 43 v. Chr–ca. 17 n. Chr.), aber auch für harmonisch befundene Natur- und Landschaftsformationen (→ II.9). Hier werden das Ursprungs- und das Finalitätsproblem (d. h. das Vollendetsein einer Struktur) als Schöpfung in den transzendenten Bereich gelegt (→ II.2).

Im *mechanistischen Strukturbegriff* bei Christian Wolff (1679–1754) und Gottfried W. Leibniz (1646–1716) ist ein Verweis auf den Mechanismus von Uhr und Maschine angelegt. Im Fokus steht – eingedenk des Kausalitätsproblems, wie Ursachen und Wirkungen sich gegenseitig bedingen – das innere Wirkungsgefüge (*structura*). Bei Leibniz wird dies als eine „innerste Natur" von Körpern gedacht, die experimentell entborgen werden muss, wodurch Struktur- und Naturerkenntnis zusammenfallen. Dem steht der *organizistische Strukturbegriff* Immanuel Kants (1724–1804) gegenüber, wonach die Natur in ihren Organisationen nach einheitlichen Zwecken gegliedert ist, und es demnach organische Ganzheiten gibt. In der durch Leibniz und Kant markierten Blütezeit der Systemphilosophie aktualisiert sich auch die Frage nach der Differenz von Esoterik / Exoterik, d. h. ob Argumentationen aufgrund der inneren Strukturprinzipien des Systems bzw. innersystematisch (esoterisch) oder aufgrund äußerer Zugangsweisen zum Systemgefüge (exoterisch) Geltung erlangen (vgl. Rescher 1997: 132).

Anders als beim Systembegriff ist die Formulierung einer vorab bestimmten Grenze bei ‚Struktur' nicht unbedingt notwendig. Vielmehr ist es Aufgabe des Strukturbegriffs, die Grenzbestimmung (z. B. als Schicht) durch *Vergleichbarkeit* zuallererst zu ermöglichen. So wird ‚Struktur' seit dem 18. Jh. zum historisierenden Ordnungsbegriff. Bezüglich seiner Grenzoffenheit hat er eine konzeptuelle Verwandtschaft mit ‚Textur' und ‚Netz', die auf Gewebe statt Gefüge verweisen. Entsprechend wird in der Naturphilosophie die mittels ‚Struktur' ausgedrückte Bau-Metaphorik für den Bereich des Dreidimensionalen (z. B. Körper) häufig durch Textil-Metaphern zur Veranschaulichung des Zweidimensionalen (z. B. Fläche) ergänzt.

Um 1800 ergeben sich ausgehend vom Strukturbegriff enge Beziehungen zwischen Natur- und Sprachphilosophie, angeleitet durch ein anthropologisches Interesse an Kulturvergleich und gemeinsamen Wurzeln des Menschseins (→ II.11). Das 19. und das 20. Jh. kennt in den sich weiter auffächernden Wissenschaften jeweils eine ganze Reihe von Strukturbegriffen, wobei insb. der psychologische zur Struktur des Seelenlebens für die Naturphilosophie erkenntnisleitend wird. Wilhelm Dilthey (1833–1911) erklärt, ausgehend von der verstehenden Psychologie, gegen Ende des 19. Jhs. ‚Struktur' zum Leitbegriff der geisteswissenschaftlichen Methodik. Der diesem Postulat auf neuartige Weise folgende *Strukturalismus* des 20. Jhs. führt die modernen Traditionslinien von Strukturbegriffen aus Linguistik, Ethnologie und Psychologie fort (z. B. Claude Levi-Strauss, 1908–2009). Für die Naturphilosophie ist der Strukturalismus bedeutsam, weil er sich gegen eine ontologische Naturauffassung richtet. Demgemäß sind Objekte nicht an sich seiend, sondern bestehen erst durch ihre Einordnung in Strukturen, wobei das Ganze als kohärent verstanden wird und dem Verständnis seiner individuierbaren Teile logisch vorausgeht. Im Strukturalismus wird ‚Natur' als *Zeichen* oder *Symbol* verstanden, was eine enge Verbindung zur Biologischen Systemtheorie, Medientheorie und zum Informationsbegriff bedeutet.

3.2　System

In der Neuzeit hat das Denken in Systemen drei Hochphasen. Die erste fällt in das 18. Jh., als Natur haushalterisch verstanden wird (→ III.5) und die Forderung nach systematischem Denken sich mit den erkenntnistheoretischen Vorgaben des Rationalismus intrinsisch verbindet. Dass das Kriterium für die Wahrheit oder Falschheit von Denksystemen nur die Systematizität der Welt sein kann, beflügelt die Naturforschung. Gesucht wird nach *natürlichen Ordnungen* der Welt, die mit den Fortschritten der Erfahrungswissenschaften ebenso vereinbar sind wie mit der exponentiellen Zunahme der bekannten Artenzahl durch koloniale Expansionsbewegungen in die ‚neue Welt'. Die typische Darstellungsform von natürlichen Systemen (z. B. Carl v. Linnés *Systema naturae*, 1735) in Form des Tableaus und der Tabelle wird im 19. Jh. bevorzugt in serielle Anordnungen überführt.

Die zweite Hochphase des Systembegriffs beginnt mit der Systemtheorie und Kybernetik ab den 1940er Jahren, die dem Primat der mathematischen Modellierung folgen. Als Ordnungsschemata legen sie das geschlossene, aber nicht abgeschlossene System (oft visualisiert in Form einer *box*) und/oder den Regelkreis zu Grunde. Ganzheiten werden im Hinblick auf ihre Steuer- und Regelbarkeit konzipiert, was einen Erkenntniszugang bedeutet, der auf Kontrolle gerichtet ist. ‚Natur' wird dazu dreifach transformiert: a) in ein internes Zeichensystem, b) in eine externe und funktionale Ausgangsbedingung des Systems (z. B. als Stoff und Energie) und c) als räumlich grenzbildendes System selbst (als Zelle, Körper, Ökosystem oder Planet). Dies führt in den 1970er Jahren in die dritte Hochphase, die der Computerisierung und informationstechnischen Modellierung von natürlichen Systemen bis hin zur Simulation (Varenne 2018). Die *Virtual Reality* benötigt scheinbar, d. h. nur an der Nutzeroberfläche, keine materialen Korrelate (in) der Natur. Jene beiden Phasen markieren eine endgültige Abkehr von Ursprungserzählungen und eine weitgehende Enthistorisierung der Natur. Für die Biologie gilt, was auch für andere Wissenschaften zu beobachten ist: Mit der Computerisierung der Methoden und Instrumente geht eine Informatisierung der Modellierungsstrategien und Konzepte einher (engl.: *Computationalism*). So rückt die Kategorie der Information ins Zentrum der Frage, was Leben ist.

3.3 Information

Die Philosophiegeschichte kennt das lateinische *informare* im Kontext von Bildung und Unterweisung (der Lehrer als *informator*) sowie eine Wortverwendung für ‚formen‘ und ‚gestalten‘. Zu einem theoretischen Grundbegriff wird aber erst der kybernetische Informationsbegriff der Nachrichtentheorie Shannons. Der Ingenieur und Mathematiker Claude E. Shannon (1916–2001), der das 1949 erschienene Grundlagenwerk *The Mathematical Theory of Communication* (dt.: *Mathematische Grundlagen in der Informationstheorie*) bereits 1940 schrieb, untersuchte am Massachusetts Institute of Technology in den USA das statistische Verhalten von Zeichen in einem nachrichtentechnisch geschlossenen System. Sein Erkenntnisinteresse galt der verlust- und redundanzfreien Übertragung zwischen *Sender* und *Empfänger*, die Forschungen waren kriegsrelevant (vgl. Hughes / Hughes 2000).

Shannon war durch den Zweiten Hauptsatz der Thermodynamik inspiriert, weshalb er „Entropie“ für die Informationsdichte einer Nachricht verwendete und dadurch gleichermaßen den Nachrichtengehalt begrifflich festlegte. Seine Grundidee, dass Negentropie ein Maß für die Ordnung von Information ist, haben später Norbert Wiener (1894–1964) (Biokybernetik) und Carl F. von Weizsäcker (1912–2007) übernommen. Ebenso fand sie Eingang in die Theorien der *Selbstorganisation* in Physik (z. B. in die Synergetik von Hermann Haken), Chemie (z. B. in die Theorie dissipativer Strukturen bei Ilya Prigogine) und Biologie (z. B. in die Theorie der Hyperzyklen bei Manfred Eigen und in Folge bei Bernd-Olaf Küppers), von wo aus sie die Naturphilosophie beeinflussen. Der Informationsbegriff dient hier jeweils dazu, eine Dynamik in nichtlinearen Systemen bzw. thermodynamischen Nichtgleichgewichtssystemen aufzuzeigen. Alle sich auf Shannon berufenden Theorieansätze eint ein *objektivistischer Informationsbegriff*, d. h. die Vorstellung, dass Information oder / und die resultierende Informiertheit ähnlich wie ein Ding oder wie das Attribut eines Dinges zu betrachten sei.

In den Lebenswissenschaften wird debattiert, ob ‚Information‘ in einem lebenden System als *Zeichen* (als Signal, z. B. als Reiz) oder als *Bedeutung* (als Symbol, z. B. als Prägung) oder als *Medium* (z. B. als Überträger einer Nachricht oder *messenger* wie im Konzept der *messenger*-RNA) verstanden werden soll. Die ersten Auseinandersetzungen dazu fanden in der Ethnologie, Verhaltensforschung (Ethologie), Psychologie (Kognitionsforschung) und Ökologie vor dem Hintergrund evolutionären, strukturalistischen und systemtheoretischen Denkens statt. Sie kulminierten in den 1980er

Jahren z. B. in Forschungsrichtungen wie der Evolutionären Erkenntnistheorie und der Biosemiotik. Man versuchte, einen *subjektivistischen Informationsbegriff* zu etablieren, der eine sich selbst als informiert ‚beschreibende' Einheit repräsentierbar machen soll (Vordenker war Jakob J. v. Uexküll, 1864–1944). Anders als bei Shannon wird ‚Information' hier nicht als Schema von Ordnung beobachtbar, sondern als Instanz von *Differenz* verstehbar.

Mit Michel Foucault (1926–1984) als bedeutendem Vertreter des *Poststrukturalismus* erfahren die genannten Grundbegriffe bezüglich ihrer Ordnungsfunktion eine fundamentale Kritik, weil sie bestehende Macht- und Herrschaftsverhältnisse stabilisieren. Typisch für die Humanwissenschaften seit dem 19. Jh. sei, dass die „Instanz der Repräsentation" der Bedeutung „in der Schwebe gehalten" werde (Foucault [1966] 1974: 433). Jenseits von Foucault trifft diese Kritik auch die Genetik, die sich mit Genen als strenggenommen (er)zeugenden Anfängen (griech. *genesis*) von Organismen beschäftigt. Die molekulare Genetik übernimmt früh im Zuge von Metapherntransfers Begriffe der Kybernetik und Nachrichtentheorie wie ‚Programm', ‚Code' und ‚Information' zur Beschreibung intrazellulärer Prozesse. Die bei Aurelius Augustinus (354–430) zu findende Textmetapher vom ‚Buch des Lebens', in dem der Mensch lesen kann, wird in den 1940er Jahren in den ‚genetischen Code', der operativ auszuführen ist, transformiert (Kay 2000). Mittlerweile ist das informationstechnische Modell der molekularen Genetik, demgemäß der Phänotyp im Genotyp als Sequenzstruktur der Erbinformation angelegt ist, mehrfach überarbeitet worden (vgl. Knippers 2012; → IV.3).

4. Allgemeine und Biologische Systemtheorie

„Die notwendigen Präzisierungen des Zusammenhangs von Information und System kamen aus der biologischen Systemtheorie" (Kornwachs 1993: 44). Ein Vertreter der Allgemeinen Systemtheorie,[1] der Mathematiker und Ingenieur Mihajlo D. Mesarović (geb. 1928), formuliert: „Systems theory is the theory of formal (mathematical) models of real life (or conceptual) systems" (Mesarović 1968: 60). Dabei werden die formalen, auf Strukturen abhebenden Aspekte des Modells als unveränderlich (invariant) gesetzt. Sie bilden eine Relation, die mathematisierbar ist. Für die Biologie sei die Systemtheorie in zweierlei Richtung als *„bio-engineering"* nutzbar. Zum einen werde im Systemzugang erkennbar, inwieweit Messtechniken und Instrumente zur Signalanalyse anwendbar seien (*„bio-instrumentation"*), zum anderen erforsche die Systemtheorie allgemeine biologische Gesetze „which govern the behavior and evolution of living matter in a way analogous to the relation of the physical laws and non living matter" (ebd.). Letzteres Anwendungsgebiet entstammt dem Gründungskontext der Biologischen Systemtheorie aus der Theoretischen Biologie der 1920er Jahre.

Für die Anfänge der Biologischen Systemtheorie ist festzuhalten, dass sie sich sowohl der Physik verdankt (z. B. dem Entropiekonzept, vgl. Schrödinger 1944) als

---

1 Zu Positionen der Allgemeinen Systemtheorie vgl. Ropohl 2012.

auch wegen des Atomismusverdachts gegen sie gerichtet ist. ‚Leben' soll nicht in seine Einzelteile zerlegt, als vielmehr ganzheitlich verstehbar werden. Allerdings wird ein Evolutionismus darwinistischer Prägung oder auch die Berufung auf eine Lebenskraft (Vitalismus), die einige Vertreter der zeitgenössischen Lebensphilosophie postulieren (z. B. Bergson 1907), abgelehnt. Der Begründer der Biologischen Systemtheorie, der Biophysiker Ludwig v. Bertalanffy (1901–1972), entwickelt systemische Ganzheitsvorstellungen vom ‚Lebendigen', die im spätmittelalterlichen Denken von Nicolaus Cusanus (1401–1464) zu finden sind (Bertalanffy 1928). Bertalanffys systemische Ganzheitskonzeption ist mit den strukturbestimmenden Kategorien Materie und Energie (→ II.6) durch die Suche nach *physikalischer Einheit* bestimmt, die in den 1960er Jahren (Bertalanffy 1968) auch das Verhalten von Organismen und entsprechend die Kategorie ‚Information' umfassen möchte (wegweisend für den symboltheoretischen Ansatz von Maturana / Varela 1984). Er fordert Organisationsregeln für die hierarchische Ordnung im Organismus sowie ein höherstufiges *Systemprinzip*, das die Selbsterhaltung des Organismus auch eingebettet in seine Umwelt sichert: das dynamische Fließgleichgewicht von Stoffen und Energie.

5. Systempassungen: Ökologie, Technik, Umweltmanagement

Die Idee, dass man Ströme von Energie, Stoff und Information im Einklang mit der Natur steuern und regeln kann, hat sich bis zu gegenwärtigen Umweltdiskursen gehalten (vgl. Weizsäcker et al. 1995). Ab Mitte des 20. Jhs. bekamen unter dem Einfluss der Systemtheorie auch weite Teilbereiche der Ökologie systemische Züge. Dazu gehören die Erfassung der Ressourcenströme in Energieflussdiagrammen und die Darstellung der in einem Ökosystem wechselnden Lebewesen als Fließgleichgewichte (Odum 1963). Entsprechenden Modellierungen verdankt sich auch die für die Umweltbewegung bahnbrechende Studie *Grenzen des Wachstums* des Club of Rome (Meadows et al. 1972). Basierend auf Systemanalyse und Computersimulation wurden bedrohliche Szenarien dargestellt, in die u. a. das Bevölkerungswachstum und der Ressourcenverbrauch eingingen. Vergleichbare Systemanalysen werden häufig für Prognosezwecke eingesetzt, die die normative Frage, in welcher Natur wir leben *wollen*, in den Hintergrund treten lassen. Dabei verschwimmt die Grenze von Bio- und Technosphäre (Karafyllis 2019).

Systemmodelle dienen nicht zuletzt als Technisierungsmodelle in und von Gesellschaft, so z. B. die „Allgemeine Technologie" (Ropohl 1979) und der Ansatz der „Großen technischen Systeme" (Hughes 1987). Die Funktion von technischen oder soziotechnischen Systemen kann mit der Funktion von ökologischen Systemen zwanglos in Passung gebracht werden (→ III.5), bis hin zu den planetarischen Ideen eines *Global Management* der natürlichen Ressourcen und eines *Geo-Engineering* des Klimas. Denn die allgemeine Funktion eines Systems besteht lediglich darin, bestimmte Eingänge (Inputs) in bestimmte Ausgänge (Outputs) umzuwandeln. Offen bleibt die Frage, wer letztlich steuert und wer regelt.

Literatur

Aristoteles 1959: Über die Zeugung der Geschöpfe [*De generatione animalium*]. Paderborn.

Bergson, Henri [1907] 2013: Schöpferische Evolution. Hamburg.

Bertalanffy, Ludwig v. 1928: Die kritische Theorie der Formbildung. Berlin.

–   1968: General System Theory. New York.

Foucault, Michel [1966] 1974: Die Ordnung der Dinge. Frankfurt / M.

Hager, Fritz-Peter 1998: System, Systematik, systematisch, I. Antike. In: Ritter, J. / Gründer, K. (Hg.): HWPh, Bd. 10. Basel: Sp. 824–825.

Hughes, Agatha C. / Hughes, Thomas P. (Hg.) 2000: Systems, Experts, and Computers. The Systems Approach in Management and Engineering, World War II and After. Cambridge / MA.

Hughes, Thomas P. 1987: The evolution of large technological systems. In: Bijker, W. E. et al. (Hg.): The Social Construction of Technological Systems. Cambridge / MA: 51–82.

Karafyllis, Nicole C. 2019: Interaktionen in der Technosphäre und Biofakte. In: Liggieri, K. / Müller, O. (Hg.): Mensch-Maschine-Interaktion. Handbuch zu Geschichte – Kultur – Ethik. Berlin: 106–113.

Kay, Lily E. 2000: Who Wrote the Book of Life? A History of the Genetic Code. Stanford / CA.

Knippers, Rolf 2012: Eine kurze Geschichte der Genetik. Berlin.

Kornwachs, Klaus 1993: Information und Kommunikation: Zur menschengemachten Technikgestaltung. Berlin.

Kross, Matthias 1998: Struktur, I. In: Ritter, J. / Gründer, K. (Hg.): HWPh, Bd. 10. Basel: Sp. 303–314.

Maturana, Humberto R. / Varela, Francisco [1984] 1990: Der Baum der Erkenntnis. München.

Meadows, Dennis / Meadows, Donella / Zahn, Erich et al. 1972: Die Grenzen des Wachstums. Bericht des Club of Rome zur Lage der Menschheit. Stuttgart.

Mesarović, Mihajlo D. 1968: Systems theory and biology – view of a theoretician. In: Mesarović, M. D. (Hg.): Systems Theory and Biology. Berlin: 59–87.

Odum, Eugene P. [1963] ³1998: Ökologie – Grundlagen, Standorte, Anwendung. Stuttgart.

Platon 1997: Philebos. Übersetzung und Kommentar. Hg.: E. Heitsch / C. W. Müller. Göttingen.

Rescher, Nicholas [1985] 1997: Der Streit der Systeme. Ein Essay über die Gründe und Implikationen philosophischer Vielfalt. Würzburg.

Ropohl, Günter [1979] ³2009: Allgemeine Technologie: Eine Systemtheorie der Technik. Karlsruhe.

–   2012: Allgemeine Systemtheorie. Berlin.

Schrödinger, Erwin 1944: What is Life? Cambridge.

Shannon, Claude E. / Weaver, Warren 1949: The Mathematical Theory of Communication. Urbana / IL.

Varenne, Franck 2018: From Models to Simulations. London.

Weizsäcker, Ernst U. v. / Lovins, Amory B. / Lovins, L. Hunter 1995: Faktor Vier: doppelter Wohlstand – halbierter Naturverbrauch. München.

II.9 Landschaft

Thomas Kirchhoff

‚Landschaft' ist ein Begriff der Alltagssprache – ganz selbstverständlich sagen wir z. B., wir seien in einer Landschaft spazieren gegangen. ‚Landschaft' ist aber auch ein wissenschaftlicher Fachterminus v. a. der klassischen Geographie und der Ökologie. Zudem ist ‚Landschaft' ein zentraler Begriff gesellschaftlicher Praktiken wie Naturschutz, Landschaftsplanung und Landschaftsarchitektur. So selbstverständlich der Landschaftsbegriff in diesen und anderen Kontexten verwendet wird, so umstritten ist die Begriffsbestimmung. Es gibt keine allgemein anerkannte Definition von ‚Landschaft' oder ‚*landscape*', oder ‚*paysage*'. Das Wort hat nicht nur unterschiedliche Bedeutungen, sondern kann darüber hinaus verschiedenartige Gegenstände bezeichnen, wenn Landschaften kategorial verschiedene Eigenschaften zugeschrieben werden: Man sagt z. B., Landschaften seien heiter, schön, erhaben usw., aber auch, sie seien heimatlich, friedlich, idyllisch, wild usw.; man analysiert ihr Relief, ihren Wasserhaushalt, ihre Biodiversität usw.; und man beurteilt sie als produktiv, ökologisch intakt, aus dem Gleichgewicht geraten usw.

Im Folgenden werden drei Hauptbedeutungen des Wortes ‚Landschaft' erschlossen. Gemeinsam ist ihnen, dass ein *Ausschnitt* der Erdoberfläche als *Einheit* wahrgenommen wird, wobei jeweils die Konnotation der Harmonie – genauer: ‚harmonische Ganzheit aus einer Vielheit von Bestandteilen' – wesentlich ist. Diese harmonische Ganzheit wird aber auf kategorial verschiedene Weise bestimmt: nämlich als rechtlich-territoriale oder als ästhetisch-symbolische oder als kausal-systemische.[1]

1. Rechtlich-territorialer Landschaftsbegriff: Landschaft als rechtliche Raumeinheit

Ursprünglich ist ‚Landschaft' (bzw. die sprachlichen Vorformen wie ‚*landskap*' und ‚*lantscaf*') ein rechtlich-territorialer Begriff. Er bezeichnet zunächst soziale Normen, das Gewohnheitsrecht in einem bestimmten Gebiet, dann auch dieses Gebiet selbst. Seit etwa 1200 fällt auch die Gesamtheit der politisch handlungsfähigen Bewohner in dem Gebiet darunter – also ein Personenkollektiv, insb. die Landstände (die Vertretungen der Stände gegenüber dem jeweiligen Landesherrn). Dabei drückt die

---

1 Für ihre sehr hilfreichen Anmerkungen zu früheren Manuskriptfassungen danke ich den Gutachtern sowie Nicole C. Karafyllis und Vera Vicenzotti.

Rede von ‚Landschaft' einen hohen Grad an bewusster und verteidigter Freiheit von Rechts- und Verwaltungssystemen aus, die universelle Geltung beanspruchen wie das Römische Recht, dann feudalistische Gesellschaftsordnungen und später nationale Gesetzgebungen. ‚Landschaft' meint also ein Gebiet mit politisch-rechtlicher Einheit und Eigenständigkeit, die von den Bewohnern aufrechterhalten wird und für diese eine räumlich gebundene Identität bedeutet. (Siehe zum gesamten Absatz insb. Gruenter 1953; Olwig 1996.)

2. Ästhetisch-symbolischer Landschaftsbegriff: Landschaft als Bild

In der Renaissance, und erst dann, erhält das Wort ‚Landschaft' auch ästhetische (→ III.2) Bedeutung: Als Terminus technicus der Malerei bezeichnet es eine sich in ganz Europa verbreitende neuartige Darstellung einer schönen Gegend in einem Gemälde. Die in der Renaissance erfundene Zentralperspektive ermöglicht es, statt eines flächenhaften Konglomerats einen raumlogischen Zusammenhang von Naturgegenständen darzustellen; damit tritt an die Stelle des mittelalterlichen visuellen „Aggregatraums" ein visueller „Systemraum" – so interpretiert Erwin Panofsky (1892–1968) ([1927] 1980: 109). Später nennt man ‚Landschaft' auch den Inhalt einer ästhetischen Wahrnehmung, in der ein empfindender Betrachter eine Gegend wie ein Landschaftsmaler als bildhafte Ganzheit wahrnimmt. In diesem Sinne konstatiert Georg Simmel (1858–1918): „Wo wir wirklich Landschaft und nicht mehr eine Summe einzelner Naturgegenstände sehen, haben wir ein Kunstwerk in statu nascendi."[2] (Simmel [1913] 2001: 477)

Die Einheit einer ästhetischen Landschaft wird durch den Betrachter geschaffen. Eine Landschaft zu sehen ist keine mentale Repräsentation eines beobachterunabhängig existierenden Gegenstandes, wie bei der Wahrnehmung eines Kieselsteines oder Vogels; vielmehr wird die Landschaft im Prozess der Wahrnehmung vom Betrachter aus extramentalen Gegenständen mental erzeugt (Cosgrove / Daniels 1988; Kühne 2009; Trepl 2012; Bahr 2014 ; Kirchhoff 2018).

Landschaftswahrnehmungen sind immer subjektiv-individuell. Sie sind aber immer auch intersubjektiv, denn sie basieren auf Wahrnehmungsmustern, die in einem kulturellen Lernprozess entstanden sind, in dem die Wahrnehmung der Menschen durch Landschaftsgemälde, literarische Landschaftsbeschreibungen, Landschaftsgärten usw. geformt wurde (vgl. Olwig 1996). Eine Landschaft ist deshalb stets ein kollektives kulturelles Symbol, ein Sinn-Bild, das hermeneutisch, ikonographisch, ikonologisch usw. analysiert werden kann (s. Cosgrove / Daniels 1988; Trepl 2012; Bahr 2014).

Es ist demnach *nicht* so, dass es immer schon ästhetische Landschaften gibt, man diese aber vor 1500 noch nicht sah (so wie es z. B. Bakterien schon lange gab, bevor man sie erstmals durch ein Mikroskop sah); sondern es *gibt* Landschaften erst, seitdem sich um 1500 in Europa eine spezifische Wahrnehmungsweise von Ausschnitten der Erdoberfläche ausgebildet und von dort aus verbreitet hat. (Allerdings spricht einiges

---

2 *In statu nascendi* (lat.): im Zustand des Entstehens.

dafür, dass eine zumindest ähnliche Wahrnehmungsweise in der chinesischen Kultur schon früher vorhanden war; s. Küchler / Wang 2009.) Wenn antike oder mittelalterliche europäische Naturschilderungen als Landschaftsbeschreibungen bezeichnet werden, so ist das nach der vorherrschenden Lehrmeinung ein Anachronismus. Insbesondere ist die seit der Antike verbreitete und im Spätmittelalter häufigste Form der Naturschilderung, Natur als *locus amoenus* (lat. für: lieblicher Ort), keine Landschaft; denn der *locus amoenus* repräsentierte weder eine individuelle Natur noch einen individuellen Betrachter (s. u.), sondern einen allegorischen, fiktiven Ort aus stereotypen Requisiten, an dem die Figuren typisierte Gefühle und Rollen darstellten (Gruenter 1953; Garber 1974; Kirchhoff / Trepl 2009: 31).

Was sind die kulturellen Voraussetzungen dafür, dass es seit der Renaissance Landschaft im ästhetischen Sinne gibt? In seiner einflussreichen Interpretation äußerte der Philosoph Joachim Ritter (1903–1974): Ausschnitte der Erdoberfläche als ästhetische Landschaften zu sehen, ist entstanden als Ergänzung derjenigen kulturellen Prozesse, durch die die traditionellen metaphysischen Sinnsysteme ihre Geltung verloren (Ritter 1963; vgl. schon Simmel 1913). Vormals wurde die Welt als harmonische, die Menschheit umfassende Ganzheit begriffen, also als Kosmos (→ I.1; II.3); doch mit der Herausbildung der bürgerlichen Gesellschaft verstehen die Menschen sich zunehmend als freie Subjekte (→ I.4 / Abschn. 3 f.), objektivieren und zerlegen die Natur in den Naturwissenschaften und versachlichen sie zum Objekt ihrer Bedürfnisse. Indem sie Ausschnitte der Erdoberfläche als Landschaft sehen, halten sich die Menschen in dieser Situation ästhetisch-subjektiv die ganze Natur gegenwärtig, welche in ihrer ursprünglichen, metaphysisch-objektiven Form verloren ist. In Francesco Petrarcas (1304–1374) Erlebnisbericht über seine Besteigung des Mont Ventoux im April 1336 sieht Ritter den frühesten bekannten Beleg einer solchen Wahrnehmungsweise – die jedoch noch ambivalent verbunden ist mit dem früheren augustinischen Ideal weltabgewandter, frommer Innerlichkeit (vgl. Goldstein 2013: 27–39). Das Sehen einer Landschaft ist allerdings selbst eine Form der Naturbeherrschung und Machtausübung (des Bürgertums), jedoch keine wissenschaftlich-technische (s. o.), sondern eine ästhetische, in der die Zentralperspektive den Sehraum mathematisiert (→ I.3) und alle Landschaftsbestandteile auf das betrachtende Subjekt hin ordnet. Konstitutiv für das Sehen von Landschaft ist zudem, dass die Menschen sich als Individuen erleben; nicht zufällig entsteht etwa zeitgleich zur Landschaftsmalerei auch die Porträtmalerei, in der eine Person als Individuum in der individuellen Sicht des Malers dargestellt wird. Ferner erfordert das Sehen von Landschaften eine lebensweltliche Distanz zum ökonomischen Kontext des bewirtschafteten Landes: Erst wenn Menschen sich einer Gegend ästhetisch ohne Nutzungsabsicht zuwenden (→ III.2), können sie – statt einzelner nützlicher Naturphänomene – das ganzheitliche Phänomen Landschaft sehen (Simmel [1913] 1957: 141, 143; Panofsky [1927] 1980: 126; Piepmeier 1980: 16; Cosgrove 1985).

  Ritters Theorie ist von einigen Autoren, insb. von Rolf P. Sieferle (1949–2016), kritisiert worden (Sieferle 1986; vgl. Groh / Groh 1991): Die angenommene Konstitutionsbedingung – das Ende der Eingebundenheit des Menschen in metaphysische Sinnsysteme – habe Landschaft erst seit der Frühromantik erhalten. Entstanden sei das Sehen von Landschaft auf der Basis neuzeitlicher optimistischer, rationalistischer Kosmologien, denen zufolge die Welt ein von Gott erschaffenes, harmonisch geordnetes System ist, dessen Vollkommenheit für den Menschen in der Natur erkennbar ist (Physikotheologie; → III.5 / Abschn. 4; III.8 / Abschn. 2) – eine solche Kosmologie vertreten z. B. Anthony Ashley-Cooper, III. Earl of Shaftesbury (1671–1713) und Carl von Linné (1707–1778). Dabei wird die Wahrnehmung von schöner Natur bzw. – so explizit Barthold H. Brockes (1680–1747) – von schöner Landschaft als sinnliche Erkenntnis jener Vollkommenheit angesehen.

Die Kontroverse zwischen den beiden Genealogien von Landschaft kann man so deuten: Beide spiegeln bestimmte *Varianten* des Naturverhältnisses neuzeitlicher und moderner Gesellschaften wider. Denn spätestens seit dem Hochmittelalter konkurrieren rationalistische und nominalistische Positionen miteinander. Im Rahmen beider wurde die Individualität, welche für das Sehen von Landschaft konstitutiv ist, aufgewertet, aber eben in Gestalt konkurrierender Formen von Individualismus (Lukes 1973) (→ I.4 / Abschn. 4). Je nachdem, welches Ideal von Individualität zugrunde gelegt wird, ergeben sich – bis heute – unterschiedliche Landschaftsideale: insb. aufklärerische, konservative und romantische (s. Kirchhoff / Trepl 2009; Trepl 2012).

3. Kausal-systemischer Landschaftsbegriff: Landschaft als individuelles Wirkungsgefüge

Wissenschaftliche Landschaftsbegriffe entstehen erst um 1800 im Zuge der Herausbildung der wissenschaftlichen Geographie, die sich maßgeblich durch Carl Ritter (1779–1859) als Länder- und Landschaftskunde konstituiert hat. Landschaften werden hier begriffen als die höchste Stufe der geographischen Realität, die alle abiotischen und biotischen Wirkfaktoren in einem Gebiet – im Falle von Kulturlandschaften auch alle anthropogenen – integriert bzw. aus deren Wechselwirkung resultiert. Landschaften sind demnach funktionale (Raum-)Einheiten, die ein je charakteristisches Wirkungsgefüge und deshalb auch eine je charakteristische Erscheinungsform aufweisen, wobei – im Sinne der Physiognomie – angenommen wird, die Spezifik des Kausalgefüges drücke sich in einer spezifischen ästhetischen Gestalt aus (vgl. Kirchhoff et al. 2013: 41 f.; Bahr 2014: 30).

Entsprechend basierte die Geographie lange Zeit auf einer naturalistisch-ästhetischen Methode. So identifiziert z. B. Carl Troll (1899–1975) Landschaften zunächst anhand visuell-ästhetischer Merkmale (Landschaftsmorphologie); diese ästhetischen Einheiten unterzieht er dann einer funktionalen, ökosystemtheoretischen Analyse (Landschaftsökologie) (Troll 1950). Orientiert an den Methoden der modernen Naturwissenschaften hat man später versucht, diese ästhetische Basis aus der Geographie zu eliminieren. Das Ergebnis sind Definitionen wie diese: Eine Landschaft ist ein durch einheitliche Struktur und gleiches Wirkungsgefüge geprägter, konkreter Teil der Erdoberfläche (Neef 1967: 36) oder „a heterogeneous land area composed of a cluster of interacting ecosystems that is repeated in similar form throughout" (Forman / Godron

1986: 11) oder der „räumliche Repräsentant" eines „Landschaftsökosystems", d. h. eines hochkomplexen Wirkungsgefüges physiogener, biogener und anthropogener Faktoren, die einen übergeordneten Funktionszusammenhang bilden (Leser 1997: 25) (→ II.8 / Abschn. 4 f.; III.5 / Abschn. 6).

Wissenschaftstheoretische Analysen solcher kausal-systemischen Landschaftsbegriffe haben zwei naturphilosophisch aufschlussreiche Ergebnisse (Hard 1970; Allen 1998; Kirchhoff / Trepl 2009; Kirchhoff et al. 2013). (1.) Die ästhetische Basis des Landschaftsbegriffs ist nur scheinbar eliminiert: Zwar enthalten die *Definitionen* keine ästhetischen Kriterien mehr, aber *faktisch* untersucht man nur Gebiete, die von derselben Größenordnung sind wie Landschaften im Sinne des ästhetisch-symbolischen Landschaftsbegriffes, und nicht alle Gegenstände, die unter diese Definitionen fallen. Beispielsweise untersucht Ernst Neef (1908–1984) weder Kieselsteine noch Blumenbeete, obwohl diese unter seine Definition von Landschaft fallen. Entsprechendes gilt für Hartmut Lesers (geb. 1939) Theorie der Landschaftsökosysteme. Für diese Einschränkung des untersuchten Gegenstandsbereiches bzw. Betrachtungsmaßstabes wird jedoch keine plausible wissenschaftliche Begründung gegeben. Daraus kann man den Schluss ziehen, dass Landschaften im kausal-systemischen Sinne (zumindest teilweise) szientifische Naturalisierungen ästhetisch-symbolischer Landschaften bzw. sozio-kultureller Raumeinheiten darstellen. Somit erweist sich der kausal-systemische Landschaftsbegriff als theoretisch problematisch, da er, entgegen seinem Anspruch, nicht unabhängig von den anderen beiden Landschaftsbegriffen ist. (Zu den problematischen praktischen Konsequenzen s. Trepl 2012: Kap. 8; Kirchhoff 2014: 241 f.; Kirchhoff 2018) (2.) Dem Forschungsprogramm der klassischen länder- und landschaftskundlichen Geographie liegt eine Theorie von Mensch-Natur-Einheiten zugrunde, die ihren Ursprung *außerhalb* der (Natur-)Wissenschaft hat, nämlich in einer aufklärungskritischen Kulturtheorie und Geschichtsphilosophie, die v. a. von Johann G. Herder (1744–1803) formuliert wurde und in der konservativen Kultur- / Zivilisationskritik z. B. von Wilhelm H. Riehl (1823–1897) aufgegriffen worden ist (Eisel 1980). Beide wenden sich gegen den Universalismus der Aufklärung: Das Ziel der Menschheitsgeschichte bestehe *nicht* darin, Vergesellschaftung überall auf der Welt nach denselben, *angeblich* universellen und ahistorischen Vernunftprinzipien zu organisieren und überall auf der Welt dieselbe Form von Zivilisation zu realisieren. Vielmehr sei Vernunft ein historisch-kontextualistisches Vermögen, und das Ziel der Menschheitsgeschichte bestehe in der Ausbildung einer maximalen Vielfalt einzigartiger Kulturen. Kulturelle Eigenart bilde sich heraus, wenn die Menschen die *spezifischen* Nutzungsmöglichkeiten des Erdraumes, in dem sie leben, so realisieren, wie es ihrem *besonderen* Charakter entspricht (womit ein Geodeterminismus bestritten wird), und zugleich die besonderen natürlichen Bedingungen dieses Erdraumes den Charakter und die kulturellen Traditionen der Menschen formen (womit die These einer Umweltunabhängigkeit menschlicher Kultur bestritten wird). Das Resultat dieses ‚organischen' Entwicklungsprozesses sei eine einzigartige und zweckmäßige Einheit von „Land und Leute[n]" (Riehl 1854), die sich als einzigartige, vielfältige, zweckmäßige und schöne Kulturlandschaft manifestiert. Ihre Schönheit wird als sinnlich erfahrbarer Ausdruck ihrer Vollkommenheit gedeutet – womit eine gegen Immanuel

Kants (1724–1804) Ästhetiktheorie (→ III.2) gerichtete objektiv-funktionalistische Theorie vertreten wird. (Diese konservative Kulturtheorie – die explizit jede Kultur in ihrer Eigenart anerkennt und Völker *nicht* als natürliche, sondern als kulturelle Einheiten begreift – wurde im Nationalsozialismus in die naturalistisch-rassistische „Blut und Boden"-Ideologie transformiert (→ III.1 / Abschn. 3.4), der zufolge es angeblich eine allen anderen überlegene Rasse und Kultur gebe, die zur globalen Expansion berechtigt sei. Vgl. dazu Trepl 2012: Kap. 7; Kirchhoff 2015.)

Die konservative Theorie einzigartiger Einheiten von „Land und Leuten", die den Kern des konservativen Landschaftsideals bildet, kann man als eine Weiterentwicklung des rechtlich-territorialen Landschaftsbegriffs deuten, wobei die rechtliche Einheit zu einer kulturellen Einheit erweitert und außerdem als ästhetische Ganzheit begriffen wird (vgl. Olwig 1996). Diese Theorie bildet nicht nur die Basis des Forschungsprogramms der klassischen Geographie, sondern z. B. auch eine wesentliche Basis für den um 1900 entstandenen Naturschutz, für die Forderung des Bundesnaturschutzgesetzes, die Vielfalt, Eigenart und Schönheit von Natur und Landschaft zu bewahren, und für das Ziel, regionalspezifische ‚heimische' Biodiversität zu erhalten (s. Trepl 2012: Kap. 6 u. 8; Kirchhoff 2015). Auf einer derartigen Theorie basieren auch diverse aktuelle Konzeptionen des Mensch-Natur-Verhältnisses, die sich gegen die Dichotomien Mensch / Natur, Natur / Kultur, Natur / Gesellschaft, Natur / Vernunft etc. wenden (→ III.1 / Abschn. 2; III.4 / Abschn. 4), z. B. die meisten Varianten des Bioregionalismus und der Theorien koevolutionärer sozial-ökologischer Systeme. Inwiefern die Bedeutung von Landschaft für Gefühle von Heimat (s. Kühne / Spellerberg 2010) auf deren Eigenart und / oder nur auf deren Vertrautheit beruht, ist Gegenstand aktueller Forschung.

Literatur

Allen, Timothy F. H. 1998: The landscape ‚level' is dead: persuading the family to take it off the respirator. In: Peterson, D. L. / Parker, V. T. (Hg.): Ecological Scale: Theory and Applications. New York: 35–54.

Bahr, Hans-Dieter 2014: Landschaft. Das Freie und seine Horizonte. Freiburg.

Cosgrove, Denis E. 1985: Prospect, perspective and the evolution of the landscape idea. In: Transactions of the Institute of British Geographers NS 10: 45–62.

Cosgrove, Denis E. / Daniels, Stephen (Hg.) 1988: The Iconography of Landscape. Essays on the Symbolic Representation, Design, and Use of Past Environments. Cambridge.

Eisel, Ulrich 1980: Die Entwicklung der Anthropogeographie von einer ‚Raumwissenschaft' zur Gesellschaftswissenschaft. Kassel.

– 1982: Die schöne Landschaft als kritische Utopie oder als konservatives Relikt. In: Soziale Welt 33 (2): 157–168.

Forman, Richard. T. T. / Godron, Michel 1986: Landscape Ecology. New York.

Garber, Klaus 1974: Der *locus amoenus* und der *locus terribilis*. Bild und Funktion der Natur in der deutschen Schäfer- und Landlebendichtung des 17. Jahrhunderts. Köln.

Goldstein, Jürgen 2013: Die Entdeckung der Natur. Ein Panorama in sechzehn Kapiteln. Berlin.

Groh, Ruth / Groh, Dieter 1991: Weltbild und Naturaneignung. Zur Kulturgeschichte der Natur. Frankfurt / M.

Gruenter, Rainer 1953: Landschaft. Bemerkungen zu Wort- und Bedeutungsgeschichte. In: Germanisch-Romanische Monatsschrift N. F. 3: 110–120.

Hard, Gerhard 1970: Die ‚Landschaft‘ der Sprache und die ‚Landschaft‘ der Geographen. Semantische und forschungslogische Studien zu einigen zentralen Denkfiguren in der deutschen geographischen Literatur. Bonn.

Kirchhoff, Thomas 2014: Müssen wir die historisch entstandenen Ökosysteme erhalten? Antworten aus nutzwert- und eigenwertorientierter Perspektive. In: Hartung, G. / Kirchhoff, T. (Hg.): Welche Natur brauchen wir? Analyse einer anthropologischen Grundproblematik des 21. Jahrhunderts. Freiburg: 223–247.

– 2015: Naturschutz und rechtsextreme Ideologien. Abgrenzungen im Hinblick auf das Ideal landschaftlicher Eigenart. In: Heinrich, G. et al. (Hg.): Naturschutz und Rechtsradikalismus. Gegenwärtige Entwicklungen, Probleme, Abgrenzungen und Steuerungsmöglichkeiten. Bonn: 22–37.

– 2018: ‚Kulturelle Ökosystemdienstleistungen‘. Eine begriffliche und methodische Kritik. Freiburg.

Kirchhoff, Thomas / Trepl, Ludwig 2009: Landschaft, Wildnis, Ökosystem: Zur kulturbedingten Vieldeutigkeit ästhetischer, moralischer und theoretischer Naturauffassungen. Einleitender Überblick. In: dies. (Hg.): Vieldeutige Natur. Landschaft, Wildnis und Ökosystem als kulturgeschichtliche Phänomene. Bielefeld: 13–66.

Kirchhoff, Thomas / Trepl, Ludwig / Vicenzotti, Vera 2013: What is landscape ecology? An analysis and evaluation of six different conceptions. In: Landscape Research 38: 33–51.

Küchler, Johannes / Wang, Xinhai 2009: Vielfältig und vieldeutig: Natur und Landschaft im Chinesischen. In: Kirchhoff, T. / Trepl, L. (Hg.): Vieldeutige Natur. Landschaft, Wildnis und Ökosystem als kulturgeschichtliche Phänomene. Bielefeld: 201–219.

Kühne, Olaf 2009: Grundzüge einer konstruktivistischen Landschaftstheorie und ihre Konsequenzen für die räumliche Planung. In: Raumforschung und Raumordnung 67 (5–6): 395–404.

Kühne, Olaf / Spellerberg, Annette 2010: Heimat in Zeiten erhöhter Flexibilitätsanforderungen. Empirische Studien im Saarland. Wiesbaden.

Leser, Hartmut [4]1997: Landschaftsökologie. Ansatz, Modelle, Methodik, Anwendung. Stuttgart.

Lukes, Steven 1973: Individualism. New York.

Neef, Ernst 1967: Die theoretischen Grundlagen der Landschaftslehre. Gotha.

Olwig, Kenneth R. 1996: Recovering the substantive nature of landscape. In: Annals of the Association of American Geographers 86: 630–653.

Panofsky, Erwin [1927] 1980: Die Perspektive als ‚symbolische Form‘. In: Oberer, H. / Verheyen, E. (Hg.): Erwin Panofsky: Aufsätze zu Grundfragen der Kulturwissenschaft. Berlin: 99–167.

Piepmeier, Rainer 1980: Das Ende der ästhetischen Kategorie ‚Landschaft‘. In: Westfälische Forschungen 30: 8–46.

Riehl, Wilhelm H. 1854: Die Naturgeschichte des Volkes als Grundlage einer deutschen Social-Politik. Erster Band: Land und Leute. Stuttgart.

Ritter, Joachim [1963] 1989: Landschaft. Zur Funktion des Ästhetischen in der modernen Gesellschaft. In: ders. (Hg.): Subjektivität. Sechs Aufsätze. Frankfurt / M.: 141–163, 172–190.

Sieferle, Rolf P. 1986: Entstehung und Zerstörung der Landschaft. In: Smuda, M. (Hg.): Landschaft. Frankfurt / M.: 238–265.

Simmel, Georg [1913] 1957: Philosophie der Landschaft. In: Landmann, M. (Hg.): Brücke und Tür. Essays des Philosophen zur Geschichte, Religion, Kunst und Gesellschaft. Stuttgart: 141–152.

Simmel, Georg [1913] 2001: Philosophie der Landschaft. In: Georg Simmel. Gesamtausgabe in 24 Bänden, Bd. 12: Aufsätze und Abhandlungen 1909–1918, Bd. I. Hg.: R. Kramme / A. Rammstedt. Frankfurt / M.: 471–482.

Trepl, Ludwig 2012: Die Idee der Landschaft. Eine Kulturgeschichte von der Aufklärung bis zur Ökologiebewegung. Bielefeld.

Troll, Carl 1950: Die geographische Landschaft und ihre Erforschung. In: Studium Generale 3 (4 / 5): 163–181.

II.10 Leben

Georg Toepfer

1. Ambivalenzen des Lebensbegriffs

,Leben' ist ein Begriff mit einer über einzelne wissenschaftliche Disziplinen hinaus-weisenden Bedeutung. In ihm vereint sich ein Wissen von natürlichen und kulturellen Aspekten des (v. a. menschlichen) Daseins. Der Begriff verweist daher gleichzeitig auf natur- und geisteswissenschaftliche Entwürfe und Erklärungsmodelle.

In seiner vielseitigen Anschlussfähigkeit unterwandert der Begriff gleich mehrere Leitdifferenzen, die durch Wissenschaften stabilisiert wurden und werden. Dies ist zuerst die Differenz zwischen *Körper* und *Seele* – eine für das neuzeitliche Weltbild grundlegende Unterscheidung (→ II.1; III.1), in der das Leben aber dasjenige ist, was beide Seiten verknüpft. Gleiches gilt für die ebenso fundamentale Differenz von *Individuum* und *Kollektiv*: Zwar gelten zunächst Individuen als die Träger von Leben; es ist aber eine alte Vorstellung, das Leben als einen Strom oder Fluss darzustellen, der aus der Folge von genealogisch verbundenen Individuen besteht. Eine andere Differenz, die ,Leben' unterwandert, ist die von *Erhaltung* und *Veränderung*: Lebewesen sind die sich selbst erhaltenden Wesen der Natur, so lautet eine seit der Antike geläu-fige Formel. Parallel dazu, besonders nach Etablierung der Evolutionstheorie Mitte des 19. Jhs. (→ I.7), wird das Leben aber auch zum Inbegriff des Sich-Verändernden; Leben ist Wandel. Eine weitere Leitdifferenz, zu der die Semantik von ,Leben' quer steht, ist die von *Natur* und *Technik* (→ IV.3): Wir kennen bis in die Gegenwart keine Lebewesen, die künstlich aus Unbelebtem erzeugt worden wären. Alle bekannten Lebewesen hängen zudem in einem einzigen genealogischen Netzwerk des Lebens miteinander zusammen. Und doch gibt es seit der Antike die Fiktion künstlichen Lebens. Jahrtausende bevor es überhaupt in die Reichweite der Technik kam, war die Vorstellung der technischen Herstellung von künstlichen Lebewesen, also einer Syn-thetischen Biologie, dem Reden über ,Leben' eingeschrieben. Nicht eindeutig ist unser Reden über ,Leben' auch in Bezug auf die Unterscheidung des *generell Organischen* vom *spezifisch Menschlichen*. Es ist konstitutiv für die Biologie, dass sie unter ,Leben' das versteht, was allen Lebewesen gemeinsam ist – und dass sie dies terminologisch mit dem Ausdruck *Organismus* markiert, einem Begriff, der von Bakterien bis zum Menschen anwendbar ist und der bereits einen Ansatzpunkt für die Erklärung der Lebenserscheinungen ausgehend von der inneren Organisation ihrer Körper liefert. Unser alltäglicher Lebensbegriff ist im Unterschied dazu stark auf das menschliche Leben und seine soziale Einbettung bezogen. Unser (spezifisch menschliches) Leben ist die Summe von persönlichen Zielen, Entscheidungen, Tätigkeiten, Widerfahrnissen und menschlichen Beziehungen (Rachels 1986: 5). Und schließlich bewegt sich ‚Leben‘ schon immer zwischen den Polen des *wissenschaftlich Bestimmbaren* und des *Außerwissenschaftlichen*. Einerseits reklamiert die Biologie für sich seit Beginn des 19. Jhs., *die* Lebenswissenschaft zu sein und ‚das Leben‘ einer endgültigen naturwissenschaftlichen Klärung zuzuführen. Auf der anderen Seite gibt es eine lange, mindestens in den Deutschen Idealismus zurückreichende Tradition, die ‚Leben‘ für einen grundsätzlich nicht rationalisierbaren Begriff hält (Toepfer 2011: 463).

2. Lebensphilosophie

Die Nicht-Rationalisierbarkeit des Lebensbegriffs wird v. a. in der Lebensphilosophie stark gemacht. Sie hängt wesentlich damit zusammen, dass ‚Leben‘ ein Begriff ist, mit dem „auf's Ganze" gegangen wird (Bahr / Schaede 2009: VIII). Im Rahmen dieser Ganzheitssemantik verwendet die Lebensphilosophie den Lebensbegriff als Mittel zur Versöhnung aller Gegensätze und wendet ihn insb. als Kampfbegriff gegen die einseitige Herrschaft des Verstandes. So beginnt die frühe (erste) Lebensphilosophie am Ende des 18. Jhs. als praktische Philosophie, die auf ein Orientierungswissen für den Alltag abzielt, als eine Lebenskunstlehre oder ein Wissen für das Leben – so z. B. Karl P. Moritz (1756–1793) in *Beiträge zur Philosophie des Lebens* (1781). Daraus entwickelt sich bei den Philosophen der Romantik das Ideal eines Wissens, das aus dem Leben selbst erwächst, am allgemeinen Sprachgebrauch orientiert bleibt und auf Fachsprache verzichtet – ausdrücklich fordert dies Friedrich Heinrich Jacobi (1743–1819) in *David Hume über den Glauben oder Idealismus und Realismus* (1787). Die Ablehnung jeder Verfestigung des Denkens in Systemen und Schulen wird besonders an der Vorliebe für aphoristische und fragmentarische Formen deutlich. Ihren Höhepunkt und Abschluss findet diese erste Phase der Lebensphilosophie mit Friedrich Schlegels (1772–1829) Vorlesungen zur *Philosophie des Lebens* (1827), in denen er das Erleben als eine gegenüber dem rigiden Gesetz der Rationalität überlegene Form des Erkennens versteht und so das Gefühl gegenüber dem Verstand aufwertet (vgl. Fellmann 1993: 28).

In der späteren (zweiten) Lebensphilosophie propagiert besonders energisch Friedrich Nietzsche (1844–1900) den Lebensbegriff und führt ihn gegen eine erstarrte akademische Philosophie und krisenhaft erfahrene Lebenswelt ins Feld. Er versteht das Leben insgesamt (auch biopolitisch) als einen Kampf um Erweiterung von Macht. Inspiriert ist sein Denken durch die Dynamisierung und Steigerungslogik, denen der Lebensbegriff ausgehend von zeitgenössischen biologischen Theorien, v. a. der Evolutionstheorie, unterworfen ist. Neben diesem das individuelle Dasein übersteigenden Lebensbegriff ist in der Lebensphilosophie auch die Frage nach Einheit und Sinn der eigenen Existenz mit dem Begriff des Lebens verbunden. Deutlich wird dies in Wilhelm Diltheys (1833–1911) hermeneutischem Lebensverständnis, für das die Kategorien *Erlebnis, Verstehen, Bedeutung* und *Wert* leitend sind (→ III.6). Nach Dilthey erschließt sich der ganzheitliche Zusammenhang eines Lebens über das Verstehen, in dem die einzelnen Momente eine „Bedeutung" und einen „Wert" für das

Ganze erhalten. Zu Beginn des 20. Jhs. arbeitet Georg Simmel (1858–1918) heraus, wie sich die kulturellen Erzeugnisse und Zwecksetzungen in der Welt des Menschen gegenüber den auf das Individuum bezogenen biologischen Formen und Funktionen (der Selbsterhaltung) verselbständigen können und sich nicht mehr in die Ordnung des bloß biologischen Lebens fügen müssen. Simmel bringt aber auch den jenseits des Individuellen und Biologischen stehenden Bereich des „Mehr-als-Leben" oder „Transvitalen" mit dem Begriff des Lebens in Verbindung. So schreibt er der Liebe und der Kunst auf höherer Ebene ein Leben zu, ein transvitales Leben.

Teilweise im Anschluss an die älteren lebensphilosophischen Strömungen wird auch in der Gegenwart von geisteswissenschaftlicher Seite der Lebensbegriff als eine zentrale Kategorie beansprucht. Die entfalteten Ansätze zu einer Theorie des Lebens weisen sowohl die biologisch-biomedizinische Verengung als auch den Hegemonialanspruch der naturwissenschaftlichen Lebenswissenschaften zurück und reklamieren ihre Zuständigkeit für eine umfassendere Darstellung und Erklärung der Phänomene des (menschlichen) Lebens in seinen kulturellen, sozialen und historischen Zusammenhängen. Die Geisteswissenschaften können dabei historisch weit hinter die gegenwärtige Konjunktur der *Life Sciences* zurückgreifen und an das Verständnis von ‚Lebenswissenschaft' im Sinne einer Ethik oder Weisheits- und Klugheitslehre des menschlichen Lebens anschließen.

3. ‚Leben' als Terminus der Biologie

Die innerhalb einzelner Wissenschaften bestimmten Lebensbegriffe fokussieren auf Aspekte des allgemeinen, alltagssprachlichen Wortes ‚Leben'. Der Lebensbegriff der Biologie betrifft einen relativ scharf umrissenen Gegenstand: die Phänomene von komplexen Systemen, die auf ihre Erhaltung und Reproduktion hin organisiert sind. Zumindest auf der Erde hängen diese Phänomene in dreierlei Hinsicht zusammen: Sie lassen sich in eine konstante funktionale Ordnung bringen, entwickeln sich auf einer bis in Details einheitlichen materiell-biochemischen Grundlage und die Träger dieser Phänomene sind in einem einzigen genealogischen Netzwerk miteinander verbunden.

Besonders aufgrund des ersten Punktes, weil also Lebewesen charakteristische Typen von funktionalen Aktivitäten ausführen, ist der Lebensbegriff der Biologie seit der Antike relativ scharf umrissen. In Aristoteles' (384–322 v. Chr.) Schrift *Über die Seele*, gewissermaßen am Ursprungspunkt des biologischen Lebensbegriffs, wird dieser nicht über eine einzelne Eigenschaft, einen bestimmten Zustand oder eine spezifische Stofflichkeit definiert, sondern über eine Menge von Aktivitäten: *Ernährung, Wachstum, Schwinden, Vernunft, Wahrnehmung, örtliche Bewegung* oder *Stehen* (De anima II 412a; 413a). Aristoteles ordnet diese Aktivitäten oder Vermögen in ein funktionales System und stellt zwei Funktionen an die Spitze: die *Ernährung* und die *Fortpflanzung*; diese beiden Tätigkeiten seien „das Natürlichste" für alles Lebende (De anima II 415a21–b2). Bis in die Gegenwart folgen Biologen dem Ansatz Aristoteles', den Lebensbegriff über Grundfunktionen von Lebewesen zu definieren. Die modernen Listen dieser definierenden Grundfunktionen oder Grundvermögen von Lebewesen umfassen meist zumindest *Stoffwechsel, Reizbarkeit, Fortpflanzungsfähigkeit* und *Vererbung*.

Nicht immer treten aber diese Funktionen gemeinsam auf: Viren können sich zwar (mittels einer Wirtszelle) vermehren, haben aber keinen eigenen Stoffwechsel; Maultiere oder Bienenarbeiterinnen (→ IV.4) verfügen über einen Stoffwechsel, können sich aber nicht vermehren. Ein Problem des Ansatzes, den Lebensbegriff über eine Liste von Grundfunktionen als Kriterien der Lebendigkeit zu definieren, liegt also darin, dass damit das Phänomen des Lebens als einheitlicher Gegenstand zu verschwinden droht. Eine attraktive Möglichkeit, sich den Zusammenhang der verschiedenen Merkmale vorzustellen, besteht darin, ihn als ein *Bündel* zu verstehen, das über besondere *Mechanismen* zusammengehalten wird. In anderen Kontexten der Philosophie der Biologie, so in Bezug auf den Begriff der *Art* und des *Gens*, hat es sich als fruchtbar erwiesen, von einem *homöostatischen Eigenschaftsbündel* („homeostatic property cluster“) auszugehen (Boyd 1999). Im Fall des Lebensbegriffs würde es darum gehen, Mechanismen zu identifizieren, die die charakteristischen Merkmale von Lebewesen zusammenbinden, die also dazu führen, dass sie meistens, wenn auch nicht immer, gemeinsam auftreten. So könnte die verbreitete Assoziation von Stoffwechsel, Reizbarkeit, Fortpflanzungsfähigkeit und Vererbung darauf zurückgeführt werden, dass sie gemeinsam zur Erhaltung der Organisation eines komplexen Systems (→ II.8) beitragen und daher über Selektion stabilisiert werden. Attraktiv ist der Ansatz, Leben als ein homöostatisches Eigenschaftsbündel zu verstehen, weil darin ein Pluralismus zum Ausdruck kommt, der einräumt, dass es verschiedene phänomenal und theoretisch isolierbare Eigenschaften des Lebendigen gibt, die aber doch über bestimmte Mechanismen der Natur zusammengehalten werden. Begründet ist damit also *nicht* ein *eliminativer* Pluralismus, der die Kategorie des Lebens in eine Vielzahl von zusammenhangslosen Phänomenen auflöst, sondern eine naturalistisch begründete Einheit, ein *natural kind* (→ III.9), eine Korrelation von Phänomenen, die in der Natur vorzufinden ist.

Neben dem Versuch, den Lebensbegriff ausgehend von einer Pluralität von Merkmalen zu bestimmen, stehen solche Ansätze, die nur *ein* Merkmal in den Mittelpunkt stellen. Diese schließen vielfach an Immanuel Kants (1724–1804) einflussreiche naturphilosophische Position an, die von der *Selbstorganisation* lebendiger Systeme ausging und „organisierte Wesen der Natur“ als ganzheitliche Gefüge beurteilte, deren Einheit sich aus dem Verhältnis der Wechselseitigkeit ihrer Teile (in der Herstellung und Erhaltung) ergibt (Kant 1790; → I.3 / Abschn. 4.1). Kant selbst verwendete in diesem Zusammenhang allerdings meist nicht den Lebensbegriff, der bei ihm als Vermögen der Selbsttätigkeit und Selbstbestimmung definiert und primär in der Ethik verortet wurde. Ein anderer naturphilosophischer Ansatz zur Bestimmung des Lebensbegriffs ist Helmuth Plessners (1892–1985) Theorie des Organischen von 1928. In ihr ist die *Selbstabgrenzung* (Positionalität) der Lebewesen das zentrale Lebensmerkmal (→ II.11). Plessner ging dabei, ebenso wie Kant, nicht empirisch-induktiv von den biologisch identifizierten Merkmalen aus, sondern strebte an, in einer theoretischen, an der Biologie orientierten Analyse die „konstitutiven Wesensmerkmale“ festzustellen. Er meinte damit jene „Kategorien des Lebendigen“, die die biologische Erkenntnis überhaupt erst ermöglichen (Plessner [1928] 1975: 114).

Trotz dieser Bestimmungsversuche halten es in der Gegenwart einige Wissenschaftsphilosophen für möglich, dass ‚Leben' als wissenschaftliche Kategorie eines Tages ganz verschwinden und nur noch eine für die Praxis nützliche, aber nicht mehr naturwissenschaftlich relevante und damit epistemisch weitgehend funktionslose Kategorie sein wird (z. B. Gayon 2010: 243). Die sich über Jahrhunderte hinziehenden Streitigkeiten darüber, was denn nun das Leben in seinem Wesen ausmacht, hätten dann ihren Gegenstand verloren. Wenn die Mechanismen des organischen Lebens auf allen Ebenen von den Molekülen bis zu Ökosystemen im Prinzip verstanden und experimentell nachgebaut werden können, werde die Frage danach, was naturwissenschaftlich das Leben ist, ein Streit um Worte (Machery 2012).

Eine epistemisch wichtige Rolle bis in die gegenwärtige Biologie und öffentliche Debatte spielt der von ‚Leben' abgeleitete Begriff des *Überlebens*. Einerseits wird mit ihm – besonders in der 1864 von Herbert Spencer (1820–1903) eingeführten Formel des *survival of the fittest* – ein zentrales Element der Evolutionstheorie bezeichnet. In diesem Zusammenhang liegt der Vorzug der Rede vom ‚Überleben' in den stärker kompetitiven und damit komparativen Konnotationen des Begriffs: In der Evolutionstheorie werden die Eigenschaften von Organismen hinsichtlich ihres Beitrags zur Verlängerung des Lebens (und Steigerung der Fortpflanzung) im Vergleich zu alternativen Eigenschaften beurteilt. Andererseits weist der Begriff des Überlebens eine verschärfte ethische Dimension auf, insofern er mit der gegenwärtigen Biodiversitätskrise verbunden ist. Er thematisiert das durch menschliches Handeln bedingte massenweise Aussterben von Tierarten und die Bedrohung der menschlichen Gattung selbst (→ III.10) oder zumindest zahlreicher ihrer Ethnien und Kulturen.

4. „Biopolitik" und „Lebenswissenschaften"

Nach Giorgio Agambens (geb. 1942) einflussreicher Analyse ist ‚Leben' seit der Antike nicht primär ein medizinisch-wissenschaftlicher Begriff, sondern ein philosophisch-politisches Konzept (Agamben [2014] 2016: 195). Noch bevor dieses in naturwissenschaftliche Beschreibungen und Erklärungen eingebunden war, habe es im Kontext von Praktiken der politischen und rechtlichen Teilhabe (→ I.4) und der Ausgrenzung aus dem Politischen und Humanen gestanden. Diese Politik der Ausgrenzung manifestiere sich auf begrifflicher Ebene durch wiederholt vollzogene Unterscheidungen innerhalb des Lebensbegriffs, angefangen mit der altgriechischen Differenzierung zwischen *zoë* für die Existenzweise, die der Mensch mit den Pflanzen und Tieren teilt, und *bios* für die besondere Art und Weise eines (v. a. menschlichen) Lebens. Während in der Antike allein letzteres eine politische Kategorie gewesen sei und der politische Mensch das bloß biologische, kulturell noch nicht geformte Leben – das „nackte Leben", wie es Agamben nennt – von sich abgetrennt und sich entgegengesetzt habe, sei die Moderne durch die Politisierung des „nackten Lebens" gekennzeichnet. Mit dem totalitären Zugriff auf die individuelle biologische Existenz sei der ursprüngliche Ausnahmezustand zum Regelfall geworden. Agambens Analysen beziehen sich hier auf Michel Foucaults (1926–1984) Untersuchungen zur Entstehung der „Biopolitik" im 18. Jh. Nach Foucault wird das Leben seit dem Ende des 18. Jhs. über staatliche Maßnahmen wie die

Bevölkerungs- und Gesundheitspolitik geordnet und reguliert und überhaupt zum zentralen Bezugspunkt der Politik gemacht (Thüring 2012: 15 ff.). Foucault beschreibt den Übergang von der älteren „Souveränitätsmacht" zur modernen „Biomacht" als den Wechsel von der Devise des „sterben zu *machen* oder leben zu *lassen*" zum „leben zu *machen* oder in den Tod zu *stoßen*" (Foucault [1976] 1983: 134). Der daraus resultierende Fokus auf das Leben als einheitlichem Gegenstand, dem eine eigenständige Substanzialität zwischen dem bloß Physisch-Materiellen und dem Seelisch-Geistigen zukommt, bildete nicht nur einen der Ansatzpunkte für die sich um 1800 etablierende Biologie, sondern auch für die um 2000 im Rahmen der „Lebenswissenschaften" institutionalisierte Verschränkung des naturwissenschaftlichen Gegenstandes mit seinen ethischen, rechtlichen, ökonomischen, politischen – und nicht zuletzt: ingenieurwissenschaftlichen (‚Synthetische Biologie') – Aspekten (→ IV.3).

Diese aktuelle Verschränkung der Biowissenschaften mit dem Außerbiologischen resultiert aus dem rasant wachsenden Einfluss der ersteren auf die Lebenswelt, etwa über die Sektoren der Medizin, Pharmakologie und Ernährungswissenschaft (→ IV.2). Im Ergebnis versammeln sich unter den „Lebenswissenschaften" sehr unterschiedliche Diskurse: neben naturwissenschaftlichem Wissen ethisch-rechtliche Debatten, gesundheitspolitische Bewegungen, sozialwissenschaftliche Analysen, Praxen der individuellen Lebensberatung und vieles mehr. Der Ausdruck ‚Leben' erscheint aber in den gegenwärtigen Lebenswissenschaften sehr viel deutlicher, als es in der Biologie möglich war, in seiner ganzen Komplexität, nämlich der Verschränkung des Deskriptiven mit dem Normativen und des Naturalen mit dem Artifiziellen.

Literatur

Agamben, Giorgio [2014] 2016: The Use of Bodies. Stanford / CA.
Aristoteles, De anima = Aristoteles 1995: Über die Seele. Griech.-Dt. Hg.: H. Seidl. Hamburg.
Bahr, Petra / Schaede, Stephan 2009: Vorwort. In: dies. (Hg.): Das Leben. Historisch-systematische Studien zur Geschichte eines Begriffs, Bd. 1. Tübingen: V–XII.
Bedau, Mark A. / Cleland, Carol E. (Hg.) 2010: The Nature of Life. Classical and Contemporary Perspectives from Philosophy and Science. Cambridge.
Boyd, Richard 1999: Homeostasis, species, and higher taxa. In: Wilson, R. A. (Hg.): Species. New Interdisciplinary Essays. Cambridge / MA: 141–185.
Fellmann, Ferdinand 1993: Lebensphilosophie. Elemente einer Theorie der Selbsterfahrung. Reinbek.
Foucault, Michel [1976] 1983: Sexualität und Wahrheit, Bd. 1: Der Wille zum Wissen. Frankfurt / M.
Gayon, Jean 2010: Defining life: synthesis and conclusions. In: Origins of Life and Evolution of Biospheres 40 (2): 231–244.
Kant, Immanuel [1790 / 1793] ²1913: Kritik der Urteilskraft. In: Kant's gesammelte Schriften. Hg.: Königlich Preußische Akademie der Wissenschaften. Berlin: Bd. V, 165–485.
Machery, Edouard 2012: Why I stopped worrying about the definition of life … and why you should as well. In: Synthese 185 (1): 145–164.
Plessner, Helmuth [1928] 1975: Die Stufen des Organischen und der Mensch. Einleitung in die philosophische Anthropologie. Berlin.
Rachels, James 1986: The End of Life. Euthanasia and Morality. Oxford.
Spencer, Herbert 1864: The Principles of Biology, Vol. I. London.
Thüring, Hubert 2012: Das neue Leben. Studien zu Literatur und Biopolitik 1750–1938. Paderborn.
Toepfer, Georg 2011: Leben. In: ders.: Historisches Wörterbuch der Biologie. Geschichte und Theorie der biologischen Grundbegriffe, Bd. 2. Stuttgart: 420–483.

II.11 Mensch

Ralf Becker

Unter den Vorzeichen einer philosophischen Anthropologie kann man mit Max Scheler (1874–1928) einen natursystematischen Begriff von einem Wesensbegriff vom Menschen unterscheiden. Der *natursystematische Begriff* ordnet den Menschen unter die Tiere (→ IV.2; IV.5) ein. Dieses tut etwa die Biologie, die ihn als Homo sapiens klassifiziert, und zwar in Abgrenzung von weiteren, ausgestorbenen Hominiden sowie von anderen, heute lebenden Primaten. Diese taxonomische Haltung wird in Abschnitt 1 näher dargelegt. Daneben haben wir jedoch auch einen *Wesensbegriff* vom Menschen, der diesen gegen das Tier abgrenzt. Ohne die Tiernatur des Menschen zu leugnen, sprechen wir uns selbst Eigenschaften und Fähigkeiten zu, die uns nicht nur von bestimmten Tierspezies, sondern von dem ‚Tierischen überhaupt‘ unterscheiden (Scheler [1928] 2008: 12). An diesem Unterschied halten wir auch fest, wenn wir mit Ernst Cassirer ([1944] 2006: 76) den Wesensbegriff nicht substanziell, sondern funktionell verstehen. Der natursystematische Begriff leitet die Naturwissenschaften, während die Naturphilosophie den Wesensbegriff in seinem Gehalt und nach seiner Berechtigung aufzuklären versucht (s. Abschn. 2).

1. Der natursystematische Begriff vom Menschen als *Homo sapiens* in der Naturwissenschaft

Die noch heute gültige taxonomische Einordnung des Menschen als einer biologischen Spezies geht auf Carl von Linné (1707–1778) zurück (→ I.5), der in der zehnten Auflage seines *Systema naturae* 1758 den Homo sapiens als *Art* der *Gattung* Homo einführt. Diese Gattung zählt Linné wiederum zur *Ordnung* der Primaten, in der Menschen, Affen, Halbaffen sowie Fledermäuse innerhalb der *Klasse* der Säugetiere im *Reich* der Tiere zusammengefasst sind. Unter der Art *Homo sapiens* führt Linné sechs *subspezifische* Varianten ein, darunter nach den seinerzeit bekannten vier Erdteilen mit der jeweiligen Kennzeichnung von Hautfarbe, Temperament und Körperhaltung: *Homo sapiens americanus* („rot, cholerisch, schlank"), *europaeus* („weiß, sanguinisch, muskulös"), *asiaticus* („blassgelb, melancholisch, starr") und *afer* („schwarz, phlegmatisch, schlaff"). Im Sinne des taxonomischen Denkens wird die Einteilung von Rassen[1] er-

---

1 Vgl. zu den heute allbekannten Gefahren und Problemen eines solchermaßen scheinbar wissenschaftlichen Rassedenkens u. a. Gould 1981.

weitert durch je eine eigene Kategorie für in der Wildnis isoliert aufgewachsene und daher ‚stumme' Menschen (*Homo sapiens ferus*; im Volksmund auch ‚Wolfskinder' genannt) sowie für Individuen mit Fehlbildungen: *Homo sapiens monstrosus*. Ebenfalls natursystematisch ist Linnés Modell darin, dass für ihn die Gattung *Homo* neben dem *Homo sapiens*, den er als „Tagmenschen" (*Homo diurnus*) charakterisiert, auch noch den „Nachtmenschen" (*Homo nocturnus*) oder „Höhlenmenschen" (*Homo troglodytes*) enthält, offensichtlich eine Sammelbezeichnung für Menschenaffen, die Linné nur aus der Reiseliteratur seiner Zeit kennt und nicht eindeutig den Affen (*Simia*) oder Menschen zuordnen kann. Am sichersten scheint ihm noch der von Einheimischen sog. „Waldmensch" Orang-Utan (*Homo sylvestris*) hierhin zu gehören (Linné 1758: 20–24).

Allerdings verbleibt schon Linné nicht im Schema einer rein *natur*systematischen Klassifikation. Dort nämlich, wo bei anderen Gattungen als Kriterien zur Bestimmung morphologische Kennzeichen (z. B. die Anordnung und Form der Zähne) angegeben werden, schreibt Linné bereits in der Erstauflage seines Systems (1735) beim Menschen: „erkenne dich selbst" („nosce te ipsum"). Der ausschlaggebende Unterschied, nicht nur zwischen Mensch und Affe, sondern auch zwischen den Menschen(rassen), ist damit für Linné kein biologischer, sondern ein kultureller. In einer Schrift über die Ähnlichkeit von Mensch und Affe hebt Linné diese Bedeutung der *Kultur* für die Verschiedenheit der Menschen *innerhalb* derselben Spezies hervor, um die geringfügige Differenz *zwischen* den Primatenspezies (erst in der zehnten Auflage des *Systema naturae* ersetzt Linné die Ordnung der *Anthropomorpha* durch die der *Primates*) auf der *körperlichen* Ebene plausibel zu machen: „Zwar mögten viele glauben, der Unterschied des Menschen und Affen sey wie Tag und Nacht. Allein laßt sie eine Vergleichung zwischen dem größten Europäischen Helden, und dem Hottentotten auf dem Vorgebürge der guten Hofnung anstellen: so werden sie eben so schwer zu überreden seyn, daß beyde von einerley Ursprung sind [...]. Der rohe Mensch, der keine Erziehung erhalten hat, macht mit dem gebildeten Menschen in seinen Sitten einen größeren Abstand, als der Holzapfel mit seinen Stacheln und herben Früchten, von dem Obstbaum, der umgraben im Garten anmuthsvoll grünet" (Linné [1760] 1776: 58). Linné stellt hier drei Unterschiede nebeneinander: Mensch und Affe, europäischer Kulturmensch und ‚wilder' Mensch sowie Kulturapfel und Holzapfel. Nur die erste Unterscheidung bezieht sich jedoch auf eine vermeintlich natürliche Differenz, die beiden anderen setzen hingegen menschliche Kulturleistungen (Erziehung bzw. Zucht) voraus. Der *kulturelle* Unterschied, der zwischen Menschenformen noch größer sei als zwischen kultivierten und wilden Pflanzen, dient Linné als Folie, um den *natürlichen* Unterschied zwischen Mensch und Tier als eine Sache von physischen Details erscheinen zu lassen. Damit wird die im natursystematischen Denken enthaltene Idee der natürlichen Kontinuität unterstrichen.

Linnés Natursystematik kommt dabei noch ganz ohne die Idee einer Entstehung der Arten aus, die erst gut hundert Jahre später Charles Darwin (1809–1882) in seinem Werk *On the Origin of Species by Means of Natural Selection* (1859) zur Evolutionstheorie ausarbeitet. (Zum Übergang von der Annahme einer statischen zur Annahme einer dynamischen Naturordnung → I.4.) Mit der Idee einer Stammesgeschichte kehrt sich allerdings die Anordnung der Natursystematik um. Hatte Linné die Arten noch, beginnend mit dem Menschen, nach absteigender Komplexität aufgelistet, fängt man nun mit den Protozoen an, während die Säugetiere am Schluss stehen. Die moderne phylogenetische Systematik übernimmt jedoch nur das Taxon *Art* und ersetzt die Linnéschen Kategorien Gattung, Ordnung und Klasse durch die *Abstammungsgemeinschaft* (Monophylum) (vgl. Ax 1995: 13). Die Rekonstruktion solcher Abstammungsgemeinschaften erfolgt in sog. Kladogrammen, dichotomen Verzweigungsmustern, die nicht statisch Gattung und Art, sondern dynamisch die Aufspaltung einer Stammart in zwei verschiedene Folgearten darstellen. Der moderne Mensch bildet demnach ein Monophylum mit Schimpanse und Bonobo über eine ausgestorbene Stammart dieser beiden Affenspezies sowie über einen weiteren, ebenfalls ausgestorbenen gemeinsamen Vorfahren dieser Stammart und der Hominiden. Die Erforschung evolutiver Übereinstimmungen und Unterschiede erfolgt auf genetischer, morphologischer und verhaltensbiologischer Grundlage. Mit den Differenzen im Verhalten z. B. von Schimpansen und Menschen(kindern) beschäftigt sich die evolutionäre Anthropologie (z. B. Tomasello 1999; 2008), wobei auch hier im Kontext einer eigentlich natursystematischen Programmatik der Gedanke an den kulturellen Unterschied aufleuchtet (→ IV.5).

2. Der Wesensbegriff vom Menschen als *homo absconditus* in der modernen Naturphilosophie

2.1 Selbstverständnis und Naturbegriff

Die moderne Naturphilosophie bestimmt den Wesensbegriff vom Menschen zumeist weder nach dem logischen noch nach dem taxonomischen Schema von Gattung und Art (→ I.6 / Abschn. 7). Daher haben ihre ,Definitionsformeln' auch eher den Charakter einer Explikation als den einer echten Definition. So kennzeichnet beispielsweise Hans Jonas (1903–1993) mit dem „homo pictor" (s. Abschn. 2.3) nicht die Spezies einer Gattung, sondern liefert die Auslegung eines menschlichen Selbstverständnisses, das zugleich Grundlage einer Naturphilosophie ist. Dahinter steht der Gedanke, dass unser Selbstverständnis mit unserem Naturbegriff korreliert. Der Mensch fasst die *Natur in sich* (Natur im Subjekt) sowohl in Analogie zur *Natur außerhalb seiner* (Natur als Objekt) auf als auch umgekehrt – v. a. dort, wo es darum geht, Natur und das Natürliche begrifflich oder praktisch zu beherrschen.[2] (Zu den Beziehungen zwischen Bestimmungen innerer und äußerer Natur → II.1; II.8; II.9; IV.1; IV.6 sowie insb. III.) Weil die Naturphilosophie *menschliches* Naturverstehen über sich selbst aufklären will, muss sie sich kritisch dem Problem des unvermeidlichen Anthropomorphismus (Vermenschlichung des Nichtmenschlichen) stellen: „Vielleicht ist in einem richtig verstandenen Sinne der Mensch doch das Maß aller Dinge […] durch das Paradigma seiner psychophysischen Totalität, die das Maximum uns bekannter, konkreter ontologischer Vollständigkeit darstellt, *von dem aus* die Klassen des Seins

---

2 In diesem Kontext ließe sich Max Horkheimers und Theodor W. Adornos *Dialektik der Aufklärung* (1944) als negative Naturphilosophie interpretieren, die eine Geschichte der Naturbeherrschung im Rahmen der ,Kritischen Theorie' rekonstruiert (→ III.2).

durch fortschreitende ontologische Abzüge bis zum Minimum der bloßen Elementar-Materie reduktiv bestimmt werden (anstatt daß die vollständigste von dieser Basis her durch kumulative Hinzusetzung aufgebaut wird)" (Jonas [1966] 1997: 45). Mit anderen Worten, die Naturphilosophie kehrt aus methodischen Gründen die Natursystematik um, nicht um den Menschen an die Spitze einer Seinshierarchie zu stellen, sondern um die Abhängigkeit der Naturbeobachtung vom Standpunkt des Beobachters eigens zu reflektieren (→ IV.2 / Abschn. 2).

Das Wesen des Naturbeobachters zu ergründen, steht seinerseits vor einer Schwierigkeit, die bereits Kant gesehen hat: „Es scheint also, das Problem, den Charakter der Menschengattung anzugeben, sei schlechterdings unauflöslich: weil die Auflösung durch Vergleichung zweier *Spezies* vernünftiger Wesen durch *Erfahrung* angestellt sein müßte, welche die letztere uns nicht darbietet" (Kant [1798] 2000: 257). Wir haben keine (objektivierbare) Erfahrung von Engeln und Göttern, die traditionell als nicht-menschliche vernünftige Wesen angesehen wurden. Indem uns ihr Wesen unbekannt ist, bleibt uns aber *im Sinne einer Definition* auch unser eigenes Wesen letztlich unergründlich, weil wir schlechterdings nicht die *spezifische Differenz* zu einer anderen, mit Vernunft und Freiheit begabten Art angeben können. Im 20. Jh. macht Helmuth Plessner (1892–1985), der für seinen Ansatz unter dem Motto „Ohne Philosophie der Natur keine Philosophie des Menschen" (Plessner [1928] 1981: 63) die Unverzichtbarkeit der Naturphilosophie unterstreicht, die definitorische Unergründlichkeit des Menschen zum Prinzip seiner Philosophischen Anthropologie: „Denn was ihn biologisch definiert, erschöpft nicht seine Möglichkeiten als Mensch" (Plessner [1969] 1983: 358; vgl. Plessner 1931). Plessner spricht deshalb – in Analogie zum *deus absconditus* – vom *homo absconditus*, dem sich hinsichtlich seines Wesens verborgenen Menschen. Das ‚homo' (mit kleinem *h*) bezeichnet keine Gattung und ‚absconditus' keine Art; vielmehr erfüllt das Adjektiv die Funktion eines Beinamens (wie in ‚Odysseus der Listige' oder ‚Sokrates der Nichtschreiber'), der ein Individuum charakterisiert und historisch dem Familiennamen *vorangeht*.

2.2 Geist und Leben

Die wesensmäßige Ungegenständlichkeit des spezifisch Menschlichen wird in der Naturphilosophie des 20. Jhs. auf zwei verschiedene Weisen zum Ausdruck gebracht: *in Opposition zum Leben* oder *als Lebensform* (→ II.10). Prominentester Vertreter der erstgenannten Variante ist Scheler, der die Sonderstellung des Menschen in der Natur darin sieht, dass der Mensch zu geistigen Akten fähig ist. Der Geist selbst existiert nach Scheler nur im Vollzug. Geistige Akte sind dadurch gekennzeichnet, dass sie sich auf Objekte beziehen „unabhängig von der physiologischen und psychischen Zuständlichkeit des menschlichen Organismus, unabhängig von seinen Triebimpulsen" (Scheler [1928] 2008: 33). Ein sinnfälliges Beispiel für einen solchen geistigen Akt ist die Orientierung an einem Ideal, zu dessen Gunsten wir sogar Lebensbedürfnisse wie Nahrung zurückstellen, etwa beim Hungerstreik. Ein anderes Beispiel bietet die ästhetische Erfahrung des Schönen und des Erhabenen (→ III.2), etwa eines Wasserfalls oder des Sternenhimmels, die nicht von einem Trieb geleitet wird (→ IV.6; IV.7). Aus diesem

Grund bilden für Scheler Geist und Leben einen Gegensatz. Die elementarste Lebensregung ist der Trieb, auch Pflanzen ‚treiben aus‘, der Geist aber erlaubt es Menschen, sich in Triebverzicht (Sigmund Freud) zu üben. Genau das macht einen Menschen zur Person, die das „Zentrum des Geistes" ist, jedoch „weder gegenständliches noch dingliches Sein, sondern nur ein stetig sich selbst vollziehendes (*wesen*haft bestimmtes) *Ordnungsgefüge von Akten*. [...] Auch fremde Personen sind als Personen nicht gegenstandsfähig" (ebd.: 39). Personen sind keine Eigenschaftsträger, insofern auch nicht definierbar, sondern begegnen uns in Akten unserer Anteilnahme und unseres Verstehens, Ein- und Mitfühlens usw. Darin liegt für Scheler das Transanimalische, das mehr als Tierische des Menschen: über das bloß organische Leben hinaus auf geistige Werte, z. B. die Würde der Person, gerichtet zu sein.

Der Kulturphilosoph Ernst Cassirer (1874–1945) kritisiert Schelers Entgegensetzung von Leben und Geist: „Der menschliche Geist kehrt sich hier nicht direkt gegen die Dinge, sondern er spinnt sich in eine eigene Welt, in eine Welt der Zeichen, der Symbole, der Bedeutungen ein. Und damit geht er freilich jener unmittelbaren Einheit, die beim Tier ‚Bemerken‘ und ‚Bewirken‘ verknüpft, verlustig" (Cassirer [1930] 2004: 195 f.). Obwohl Cassirer den Wesensbegriff vom Menschen nicht naturphilosophisch bestimmt, tritt doch die Figur des *homo absconditus* auch in seiner „definition of man in terms of human culture" auf: Vom *animal symbolicum* lässt sich keine substanzielle Definition nach Träger und Eigenschaft geben, sondern Kenntnis nur über die Werke seines Handelns erlangen (Cassirer [1944] 2006: 75 f.).

2.3 Natürliche Künstlichkeit

Die zweite Variante, die Ungegenständlichkeit des menschlichen Wesens zu beschreiben, nämlich *als Lebensform*, führt zu Plessner und Jonas. Wie alle Lebewesen besetzt auch der Mensch nicht bloß eine Stelle im Raum, sondern behauptet einen Standort und bringt ihn über die Zeit: Organismen grenzen sich von einem Milieu ab, mit dem sie zugleich in einem Stoffwechsel stehen. Welche Stoffe diese Grenze passieren sollen, wird von den Vitalfunktionen des Lebewesens und nicht von dessen Umwelt bestimmt. Das Besondere am Menschen ist nun, dass er sich in ein Verhältnis zu seinem eigenen Standpunkt versetzen und sich so gleichsam von außen, „exzentrisch" beobachten kann. Allerdings korrespondiert dieser Selbstbeobachtung kein zweites Zentrum – das Subjekt der Reflexion ‚steht‘ gleichsam im Nirgendwo. Daher ist die menschliche Position, mit dem einen ‚Bein‘ im Wirklichen und mit dem anderen im Möglichen, instabil und bedarf der Stabilisierung. „Als exzentrisches Wesen nicht im Gleichgewicht, ortlos, zeitlos im Nichts stehend, konstitutiv heimatlos, muß er [der Mensch] ‚etwas werden‘ und sich das Gleichgewicht – schaffen" (Plessner [1928] 1981: 385). Aus diesem Schaffen gehen die Werke der Kultur hervor. Weil der Mensch zur Selbststabilisierung auf Kultur angewiesen ist, spricht Plessner vom „anthropologischen Grundgesetz" der „natürlichen Künstlichkeit" (ebd.: 383–396). In diesem Gedanken ist das seit Platon bekannte und mit Arnold Gehlen (1904–1976) prominent gewordene Modell der Erklärung von Kultur aus der Mängelwesen-Struktur des Menschen bereits systematisch ausformuliert.

In den Kulturgebilden drückt sich jenes Ineinanderverwobensein des doppelten Verhältnisses zur Natur in sich und zur Natur außerhalb seiner selbst aus, ohne, dass ‚die Natur' des Menschen selbst wie ein Naturgegenstand greifbar würde (→ III.9). Insofern betrifft das „Gesetz der natürlichen Künstlichkeit" auch den *Wesensbegriff* vom Menschen, der als Begriff *Werk* ist. Die naturphilosophische Aufklärung dieses Wesensbegriffs ist daher auf die Spurenlese in der Kultur angewiesen. Das gilt auch für Jonas' Begriff des *homo pictor*, den er ausdrücklich am Artefakt des Bildes entwickelt (vgl. Jonas [1966] 1997: 265–291). Wenn Leben in der relativen Freiheit der Form des Organismus gegenüber seiner jeweiligen stofflichen Zusammensetzung besteht, dann vermag der *homo pictor*, Formen eigens ins Werk zu setzen, z. B. von einem Gegenstand eben ein Bild zu zeichnen. Das Besondere an diesem Werkschaffen (*homo faber*) ist die Identifikation *wesentlicher* Aspekte, auf die es in der bildlichen Repräsentation ankommt (*homo sapiens*). Die Befähigung zur Angabe dessen, *worauf es bei etwas ankommt*, wendet der Mensch auch auf sich selbst an – freilich ohne sich vollends begrifflich einholen zu können.

Literatur

Ax, Peter 1995: Das System der Metazoa I. Ein Lehrbuch der phylogenetischen Systematik. Stuttgart.

Cassirer, Ernst [1930] 2004: ‚Geist' und ‚Leben' in der Philosophie der Gegenwart. In: ders.: Gesammelte Werke, Bd. 17. Hg.: B. Recki. Hamburg: 185–205.

– [1944] 2006: An Essay on Man. An Introduction to a Philosophy of Human Culture. In: a. a. O.: Bd. 23.

Darwin, Charles 1859: On the Origin of Species by Means of Natural Selection, or the Preservation of Favoured Races in the Struggle for Life. London.

Gould, Stephen J. 1981: The Mismeasure of Man. New York.

Horkheimer, Max / Adorno, Theodor W. [1944 / 1969] 1988: Dialektik der Aufklärung. Philosophische Fragmente. Frankfurt / M.

Jonas, Hans [1966] 1997: Das Prinzip Leben. Ansätze zu einer philosophischen Biologie. Frankfurt / M.

Kant, Immanuel [1798] 2000: Anthropologie in pragmatischer Hinsicht. Hg.: R. Brandt. Hamburg.

Linné, Carl von [1735] [10]1758: Systema naturae per regna tria naturae, secundum classes, ordines, genera, species, cum characteribus, differentiis, synonymis, locis, Bd. 1. Stockholm.

– [1760] 1776: Vom Thiermenschen. In: Des Ritters Carl von Linné Auserlesene Abhandlungen aus der Naturgeschichte, Physik und Arzneywissenschaft. Leipzig: 57–70.

Plessner, Helmuth [1928] 1981: Die Stufen des Organischen und der Mensch. Einleitung in die philosophische Anthropologie. Gesammelte Schriften, Bd. IV. Hg.: G. Dux et al. Frankfurt / M.

– [1931] 2003: Macht und menschliche Natur. Ein Versuch zur Anthropologie der geschichtlichen Weltansicht. In: a. a. O.: Bd. V, 135–234.

– [1969] 1983: Homo absconditus. In: a. a. O.: Bd. VIII, 353–366.

Scheler, Max [1928] [3]2008: Die Stellung des Menschen im Kosmos. In: ders.: Gesammelte Werke, Bd. 9. Hg.: M. S. Frings. Bonn: 7–71.

Tomasello, Michael [1999] 2006: Die kulturelle Entwicklung des menschlichen Denkens. Zur Evolution der Kognition. Frankfurt / M.

– [2008] 2011: Die Ursprünge der menschlichen Kommunikation. Frankfurt / M.

Sektion III: Naturverhältnisse

III.0 Einleitung

Otto Schäfer, Thomas Potthast und Magnus Schlette

Naturverhältnisse sind Mensch-Natur-Verhältnisse. In diesem elementaren Sinn wird der Begriff gebraucht und nun in Sektion III vertieft. Damit wird eine dezidiert relationale Sicht auf Natur entwickelt. Die Reduktion auf Verdinglichungen, ein rein objektfixiertes Reden über Natur soll so überwunden werden. Statt dessen ist zu erkunden, welche Beziehungsweisen die Erfahrung mit und Untersuchung der Natur leiten, das Erkennen und Beherrschen ermöglichen oder als problematisch entlarven, Reiz auslösen und Scheu einflößen, die Distanz zu ihr und die Einheit mit ihr erfahrbar und verstehbar machen. Bei all diesen Betrachtungen liegt Natur nicht einfach vor. Sie ist nicht absolut. Sie ist gekoppelt an die Art der Beziehung von Menschen zu ihr und an die Weise, diese Beziehung fruchtbar zu machen und Rechenschaft von ihr abzulegen. Oder sich mit ihr zu mühen.

Das bedeutet, dass ‚Natur‘ immer auch etwas über den Menschen aussagt. Paradoxerweise gilt das auch und gerade dann, wenn der Grenzfall eines Verhältnisses zur Natur ohne Menschen ausgelotet wird. Die Natur jenseits der Naturverhältnisse ist die menschliche Vorstellung einer Natur jenseits der Naturverhältnisse. Es gilt auch, wenn die Rede von *dem* Menschen fragwürdig wird durch besondere, also nur scheinbar allgemeine Zugehörigkeiten, Erfahrungsperspektiven und Verständnisweisen, so etwa im Falle der geschlechtlichen Naturverhältnisse. Es gilt für stark kritisch durchformte und komplex konstruierte Naturverhältnisse, z. B. die theoretischen und die experimentellen. Und es gilt für die bei aller Abstraktion zunächst recht stall- und küchenmäßig anmutenden haushaltenden Naturverhältnisse: Gerade bei ihnen wird die Doppelbewegung von der Natur zur Haus- und Staatswirtschaft und von der Haus- und Staatswirtschaft zur Natur, also das charakteristische Pendeln des Mensch-Natur-Verhältnisses, sehr deutlich.

Der philosophische Zugang zu Natur über Naturverhältnisse zeichnet sich durch eine große Offenheit aus. Das heißt zunächst pragmatisch, dass die Charakterisierung und Auflistung der Naturverhältnisse zwar wohlüberlegt, aber nicht mit dem illusionären Anspruch systematischer Vollständigkeit versehen ist. Noch viel grundsätzlicher ist die Offenheit dadurch, dass die zwei Pole der Beziehung ja nicht gleichwertig sind. Werden Mensch und Natur ins Verhältnis gesetzt, dann fächert sich die Natur auf in das Andere des Menschen auf der einen Seite und das den und die Menschen Mitmeinende und Mitumfassende auf der anderen Seite. So entsteht ein Spiel von vielfältigen Verweisungen. Diese doppelte Relationalität gilt übrigens auch bei der theologischen Rede von Mensch und Schöpfung, die nie außer Acht lassen kann, dass der Mensch Geschöpf ist mit anderen Geschöpfen.

Aus dieser Offenheit bei gleichzeitig relationaler Bindung nährt sich die Kreativität, die die philosophische Darstellung von Naturverhältnissen freisetzt. Naturphilosophie könnte und kann hier, je nach Art des bedachten Verhältnisses, noch einmal etwas ganz Anderes sein. Sie kann ihre Bestände einbringen – die Kapitel dieser Sektion machen das mit ihren reichen Traditionsbezügen deutlich –, aber sie kann sich zugleich erneuern. Das Staunen, das gut aristotelisch am Anfang jeder Philosophie steht, hat hier vielfältigste Anlässe zur Entfaltung. Naturverhältnisse machen neugierig auf Natur. Sie machen sogar neugierig auf weitere Naturverhältnisse, auf die Buntheit der Bezugnahmen auf Natur und auf die Faszination, die davon ausgeht, solche Buntheit zu konturieren. Und Naturverhältnisse als Mensch-Natur-Verhältnisse bereichern die Anthropologie: das Wortwesen Mensch wird heilsam irdisch, leiblich, gesellschaftlich, kosmisch.

Die relationale Betrachtungsweise hat häufig eine querdenkende, erneuernde Funktion in der Philosophie. Ein Beispiel ist der Begriff der Person. Er liegt quer zu allerlei zwei- und dreiteiligen substanziellen Anthropologien von Seele und Leib, von Geist, Seele und Leib. Der Personbegriff liegt quer, er integriert aber auch, lässt vieles noch einmal in anderer Perspektive erscheinen und wirken. Ein anderes, direkter naturphilosophisches Beispiel ist der relationale Raumbegriff. Wie langweilig wäre es, wenn Raum nichts Anderes sein könnte als eine Verschachtelung von Schachteln, wenn Leibniz nicht protestiert hätte gegen Newtons absoluten Raum. Diese querdenkende, erneuernde Funktion kommt auch den hier besprochenen Naturverhältnissen zu, zumal sie nicht unabhängig voneinander existieren. Die religiösen können durchaus mit den theoretischen und experimentellen kommunizieren (z. B. über den Begriff ‚Einheit‘). Vergleichbare Spiegelungen und Entsprechungen gibt es bei den leiblichen, den erzählenden und den ästhetischen Naturverhältnissen (via ‚Synästhesie‘), den erzählenden und den experimentellen (via Labor-Erzählungen), den haushaltenden und ästhetischen (via sinnlicher Zugänglichkeit von Natur), den jenseitigen und den verstehenden (via Beunruhigung durch dystopische Naturvorstellungen) – um nur einige Beispiele zu nennen.

Lassen sich die besprochenen Naturverhältnisse gliedern und gruppieren? In formale und inhaltliche – da wagt man nicht viel und gewinnt nicht viel. In naturwissenschaftsaffine und geisteswissenschaftsaffine – aber wo bleiben da die haushaltenden und wo die leiblichen, geschlechtlichen und jenseitigen? Oder liegt ihr Potenzial gerade darin, dass sie sich diesen binären Klassifizierungen entziehen? Das legen die eben angedeuteten Korrespondenzen und Erläuterungsbeziehungen zwischen den jeweiligen Naturverhältnissen nahe. Mensch-Natur-Verhältnisse werden dabei insofern auch zu Natur-Natur-Verhältnissen, als sie verschiedene Perspektiven auf Natur miteinander ins Gespräch bringen. Auch Mensch-Mensch-Verhältnisse bringen sie zur Sprache, etwa als mögliche Diskurse über Ein- und Ausschluss, über fremd und eigen. Es zeigt sich ferner, dass die Unterscheidung in wissenschaftliche und vorwissenschaftliche Naturverhältnisse recht schematisch wäre und Wechselbeziehungen zwischen beiden ohnehin nicht hindert. Bewusst weggelassen wurden moralische Naturverhältnisse: als Frage nach dem sach- und menschengerechten Tun und nach dem guten Leben kommen sie in Sektion IV in den dort behandelten Praxisfeldern zur Sprache.

In allen Kapiteln werden – jeweils ausgehend von einem Beispiel – unterschiedliche Konturierungen der besprochenen Naturverhältnisse vorgenommen und konkurrierende Theorieansätze dargestellt. Eine Beschränkung ist insofern gegeben, als hauptsächlich sog. westliche Traditionen und Denkfiguren behandelt werden. Wer beispielsweise mit der japanischen Kultur in Berührung kommt, lernt ganz andere und nicht leicht zu assimilierende Prägungen von Naturverhältnissen kennen.

Die folgenden Darstellungen von Naturverhältnissen tragen dazu bei, das dem Buch zu Grunde liegende plurale und integrative Verständnis von Naturphilosophie umzusetzen.

III.1 Leibliche Naturverhältnisse

Nicole C. Karafyllis

1. Schwimmen als leibliche Erfahrung

In einem Waldsee zu schwimmen bietet eine Erfahrung der Natur mit allen Sinnen: der anfangs steinige, dann schlammige Untergrund, in dem die Füße an Halt verlieren; der organische Geruch und die dunkle Farbe des Wassers, das keinen Blick auf den Grund erlaubt; das Gefühl der Anwesenheit von Algen, Insekten und Fischen, die den eigenen Leib berühren; die wetterabhängige Temperatur des Wassers; die Ufervegetation, deren Bewohner mit ihrem Zirpen und Zwitschern eine lautmalerische Kulisse bilden und der Schwimmerin versichern, inmitten einer Natur zu *sein*, die so lebendig ist wie sie selbst.

Einen großen Teil dieser synästhetischen Erfahrung (von griech. *aisthesis* – Wahrnehmung; *syn* – zusammen) bieten auch Baggerseen, die sich Renaturierungsmaßnahmen verdanken. Wenigstens für einige Zeit lässt die im „Jetzt und Hier" angesiedelte leibliche Erfahrung des vielfältigen Ausdrucks von Natur vergessen, dass der Baggersee künstlich angelegt wurde. Umweltökonomen spiegelt er nur den sog. „Folgenutzen" wider: den Freizeitwert, der sekundär erzeugt wird, wenn ein Stück Land seine unterirdischen Ressourcen wie z. B. Braunkohle irreversibel zum Abbau preisgegeben hat. In Form von wiederangesiedelten Organismen und einem unwägbaren Grund bietet der Baggersee den Erholungssuchenden aber Erlebnisse mit der Natur, die einem imaginären Original nahekommen.

Anders erfährt sich die Schwimmerin in einem Swimming Pool. Als Bauwerk zeigen die klar gezogene Grenze des Beckenrandes wie auch die seriellen Fliesen, die man im gechlorten Wasser noch am Boden sehen kann, die Künstlichkeit und menschlich gewollte Ordnung. Statt der „Dichte der Welt" (Merleau-Ponty [1945] 1966: 240), in die man leibhaftig eintauchen kann, findet man eine technisch standardisierte und damit reduzierte Umwelt vor, die gleichwohl leibliche Erfahrung ermöglicht. Der Swimming Pool dient, wie der Name sagt, dem funktionalen Zweck des Schwimmens: das bedeutet für viele, den Körper in vorgegebenen Bahnen optimal trainieren zu wollen. Im Idealfall ist die Nutzung des Pools unabhängig von den Jahreszeiten und anderen Dynamiken der Natur möglich. Wenn das Wasser Anzeichen von Organismen zeigt, gelten diese als Verschmutzung. Auch das chlorhaltige Wasser wird nach dem Schwimmen durch Duschen vom Körper entfernt. Die Natur findet sich *im* Pool reduziert als einheitlich transparentes Medium und Element Wasser; *am* Pool sollen Liegen auf betonierten Flächen Gelegenheit zum Sonnentanken und Gesehenwerden bieten. Der eigene Leib erscheint am Pool somit vorrangig als ein Körper, der zwischen Anspannungs- und Entspannungsphasen, zwischen Beruf und Freizeit, bewirtschaftet wird und im Wettbewerb mit anderen Körpern steht.

Dieses einführende Beispiel macht die Leitdifferenz Körper / Leib deutlich. Leiblichkeit ist nicht mit Natürlichkeit gleichzusetzen, wenngleich in vielen Publikationen der Leibbegriff entsprechend normativ verwendet wird. Die Atmosphäre, die an einem Waldsee herrscht, ist intuitiv anders als die an einem Swimming Pool. Aber wie lässt sich die Differenz philosophisch erfassen? Für eine Antwort gilt es zu bedenken, dass eine einfache Dichotomie, der gemäß der Körper das von mir Externalisierbare, Objektivierbare und ggf. auch künstlich Optimierbare ist, wohingegen der Leib der mit Innerlichkeit ausgestattete, subjektive Hort der erlebten Eindrücke bleibt, voraussetzungsreich ist und nicht ohne Zusatzannahmen gelingt (z. B. mit Hilfe der Dimensionen von Innen und Außen, der Verortung der Sinne, der Spezifizierung von ‚Wahrnehmung‘ und der begrifflichen Unterscheidung von Reizen und Empfindungen).

Der einflussreichste Vertreter einer Leib-Philosophie, Maurice Merleau-Ponty (1908–1961), wählte nicht von ungefähr das Beispiel des Swimming Pools, um zu betonen, dass auch inmitten dieser künstlichen Form ein Zusammenspiel von Raum, Tiefe und Farbe gebildet wird, das sich als Eindruck leiblich niederschlägt und als Ausdruck von einem Künstler auf Leinwand gebannt werden kann. Die *Medialität* des Natürlichen bildet auch für das Künstliche den Horizont der möglichen Erfahrungen. Dabei geht es um die vielfältigen Relationen, die z. B. das Becken *mit* dem Element Wasser und dem Licht bilden – wenn ein Mensch diese in seiner leiblichen Anwesenheit wahrnimmt:

„Wenn ich auf dem Boden des Schwimmbeckens durch das Wasser hindurch die Fliesen sehe, sehe ich sie nicht trotz des Wassers und der Reflexe, ich sehe sie eben durch diese hindurch, vermittels ihrer. […] Vom Wasser selbst, von der Macht des Wäßrigen, vom flüssigen und spiegelnden Element kann ich nicht sagen, daß es *im* Raum sei: Es ist nicht anderswo, aber es ist nicht im Schwimmbecken. Es bewohnt es, verwirklicht sich in ihm, es ist nicht in ihm enthalten; und wenn ich den Blick zur Zypressenwand lenke, wo das Gewirr der Reflexe auch spielt, so kann ich nicht leugnen, daß das Wasser sie ebenfalls aufsucht oder ihnen zumindest sein aktives und lebendiges Wesen zusendet." (Merleau-Ponty [1961] 2003: 305 f.)

Wahrgenommen wird nicht der Raum als solcher, sondern eine Raumgestalt; nicht einzelne Dinge, sondern Arrangements; nicht einzelne Farben, sondern auch die mit Tönungen verbundenen Empfindungen (z. B. die Bläue des Wassers im Pool als Kühle). Dabei handelt es sich nicht nur um ein Spüren, sondern, mit Gernot Böhme (geb. 1937), um „ein *Sich*spüren" (Böhme 1995: 96). Es vollzieht sich beim Wahrnehmen einer leibumfassenden Atmosphäre (vgl. Schmitz 2007), der ich mir in meiner eigenen Befindlichkeit gewahr werde, d. h. ich weiß mich auf eine unbestimmte, aber bestimmbare Weise leiblich als präsent, als *jetzt hier*. Von der Gestaltung des Raumes und dem Wissen darüber ist abhängig, ob ich mich als *in* der Natur und sogar als *inmitten* der Natur empfinden kann – und damit als wesenhafter Teil von ihr.

Der Leib ermöglicht dem individuellen Menschen, sich in positionalen wie situationalen Bezügen wahrzunehmen: wo und wie ich mich (dort) befinde. Im Beispiel:

Die Linienführung, die Oberflächenstruktur der Fliesen am Pool bedeuten dem Leib einen strukturierten Raum, in den bereits Erwartungen eingeschrieben sind: dass der Pool zum Schwimmen genutzt und dies als serielle Tätigkeit ausgeübt wird (Bahnen schwimmen anstatt Planschen oder Treibenlassen). Vielfältigere Möglichkeiten, die eigene Befindlichkeit in die Wahrnehmung der Atmosphäre als sog. ‚Stimmung' eingehen zu lassen, eröffnet im Vergleich der Waldsee. Es ist die situative Offenheit, die natürlich entstandene und naturbelassene Räume ausstrahlen. Uferlose und augenscheinlich leere Räume wie die Wüste und der Ozean können atmosphärisch zunächst als freiheitliche Weite empfunden werden, die in eine beängstigende Enge umschlagen kann, weil sich das Gefühl als Schwellung (Schmitz 2007) aufbaut, die von sich nicht fortkommt und deshalb den Menschen auf sich selbst zurückwirft. Der Leib ist die primäre Instanz des Sich-Spürens im Lebensvollzug. Dergestalt ist der Mensch auf eine weltoffene Weise „verankert", d. h. positioniert und orientiert in einem „Zur-Welt-Sein" (Merleau-Ponty [1945] 1966: 174).

2. Die Differenz von Körper und Leib

‚Körper' (griech. *soma*, lat. *corpus*) steht in einer Begriffstradition, die im christlichen Mittelalter die leere Hülle bzw. den Leichnam bezeichnete, aus dem die Seele bereits entschwunden ist. Dem gegenüber hat ‚Leib' im Deutschen eine etymologische Verbindung zu ‚Leben' und weist auf den „ganzen Menschen" hin, wie er „leibhaftig" erscheint oder „leibt und lebt" (Elm 2009: 367 f.). Andere Sprachen (frz. *corps*, ital. *corpo*) verwenden das gleiche Wort für Körper und Leib. Um die Differenz und die Vorrangigkeit des Leibes zu betonen, hat Merleau-Ponty den Terminus (frz.) *corps propre* für „Leib" eingeführt. Im Englischen wird Leiblichkeit als *corporeality* (im Gegensatz zu *corporality*) umschrieben.

Die Differenz von Körper und Leib prägt sich erst in der nach-cartesischen Philosophie aus. Sie trägt zahlreiche Signaturen des ‚Leib-Seele-Problems' bzw. ‚Körper-Geist-Problems' – eine Trennung, die in der westlichen Philosophie kurz als *Dualismus* gefasst wird und bedeutet, dass das menschliche Leben metaphysisch auf zwei Grundprinzipien beruht (→ II.1). Dabei steht die Seele in der Tradition Platons dem Göttlichen und dessen Vernunft nahe, wohingegen der Leib eng mit dem Fleisch (griech. *kreas*), den Elementen und damit der Kreatürlichkeit und Leidensfähigkeit verbunden ist.

Programmatisch wird die Frage nach dem Leib im Rahmen der von Edmund Husserl (1859–1938) begründeten *Phänomenologie* im frühen 20. Jh. (vgl. Meyer-Drawe 2004). Mit ‚Leib' wird hier der Umstand ausgedrückt, dass der menschliche Körper dem modernen Ich zugleich als eigener präsent ist (Identität) und doch als anderer erscheint (Alterität); letzteres z. B. wenn man ihn durch Sport trainiert, als ob er ein Ding oder gar eine Ware sei. Im Extremfall kann der Körperleib dem Ich, das ihn hat, sogar fremd sein (Alienität), was aus der Transplantationsmedizin bekannt ist (vgl. Ehm / Schicktanz 2006). Umgekehrt hat der Leib eine Art eigenes Gedächtnis, das z. B. auch nach der Amputation von Gliedmaßen ‚dort' Schmerzen verorten kann (Phantomschmerzen).

Der metaphysische Dualismus von Leib / Seele bzw. Körper / Geist ist verbunden mit einem erkenntnistheoretischen Dualismus: dem von Objekt und Subjekt. Die sich v. a. seit der Aufklärung manifestierende Abtrennung des innerlich qua Bewusstsein erkennenden Subjekts von seiner äußeren Welt nährt die schon früher keimende Sorge, dass das Individuelle des Menschen schwindet. Die Zufälle der Natur und wie sie sich beim Menschen jeweils auswirken, bringen individuelle Differenzen als Abweichungen von der idealisierten Norm eines standardisierten Körpers zwar immer wieder äußerlich in Erscheinung (z. B. als Physiognomie). Bezogen auf das Wesen (lat. *species*) des Menschseins ist aber mit der Nivellierung des Begriffs ‚Seele‘ nicht nur der Verweis auf das Transzendente bzw. Göttliche (→ II.2) abhanden gekommen, sondern auch die spezifische Differenz (*differentia specifica*) des Individuums in Bezug auf den Gattungsbegriff ‚Mensch‘: eine Problematik, die im 19. Jh. kulminiert. Etablierte Automatenvergleiche einerseits und Tieranalogien andererseits (unterstützt durch den Darwinismus) scheinen den menschlichen Körper nur noch als einen neben anderen bewegten und „belebten“ Körpern der Natur zu erfassen; ungeachtet dessen, dass dieser Körper *als Mensch* lebt und an der Formung des eigenen Selbst und seiner Welt kontinuierlich beteiligt ist.

Die psychophysisch konstituierte und als „Doppelaspektivität des Leibes“ benannte Sonderstellung des Menschen – Körper zu *haben* und gleichzeitig Leib zu *sein* – ist fragil und durch verschiedenste Techniken und Medikamente beeinflussbar. Gleichzeitig stellt die ausgemachte Sonderstellung anthropologisch eine wirkmächtige Argumentationsfigur dar, um den Menschen und seine leiblich konstituierte *Welt* spezifisch zu würdigen (→ II.11) und etwa vom Tier und seiner Umwelt abzugrenzen (→ IV.5). Im Umfeld der Frage nach dem Leib werden in der jüngeren Philosophie auch die Konzepte der Einfühlung (Intuition), der Atmosphäre, des Ausdrucks und der Existenz (Existenzphilosophie) tragend. Für alle sich auf Leibkonzepte berufende Ansätze gilt, dass der Leib als primär gegeben und nicht vollständig objektivierbar aufgefasst wird. Deshalb wird der Begriff argumentativ als Korrektur zum Körperkonzept verwendet, zumeist in kritischer Absicht gegen Normierungs- und Standardisierungsbestrebungen (→ III.4). Über seine Kritikfunktion trägt der Leibbegriff zur Formierung gesellschaftlicher Naturverhältnisse bei, die auf Pluralität abheben. Gleichzeitig steht der Leibbegriff wegen seiner letztlichen Unbestimmtheit unter Metaphysikverdacht, bis hin zur Verbindung mit ‚esoterischen‘ Strömungen (empirischer Okkultismus, Naturheilkunde, „alternative Medizin“).

3. ‚Leib‘ als Konzept der Naturphilosophie

Mit der in der westlichen Philosophie bis ins 20. Jh. tradierten „Leibvergessenheit“ (Schmitz 2007) korrespondiert eine Naturvergessenheit. Es stellt sich deshalb der Naturphilosophie als Aufgabe, die *Relationalität* von Natur und wahrnehmendem Subjekt als vielschichtiges Beziehungsgeflecht zu begründen. Sie ist vor dem Problemhintergrund zu erfüllen, dass die Naturalisierung des Leibes als objektivierbarer Körper (und Gehirn) in Form von zoologischen und technischen Modellen mit einer Enthistorisierung der menschlichen Naturerfahrung einherging. Ausgehend von diesen Defiziten gilt es, ‚Leib‘ als Kernkonzept der Naturphilosophie wiederzuentdecken und weiterzuentwickeln. In wenigstens folgende vier miteinander verbundene Unterbereiche lässt sich dieses Konzept systematisch gliedern:

3.1 ‚Leib‘ als Vernunftbegriff

Die mit dem Rationalismus von René Descartes (1596–1650) prominent werdende Formulierung „Cogito ergo sum“ (Ich denke, also bin ich) ließ für zahlreiche Interpreten den Geist als die einzige Herrschaftsinstanz des Selbst wie auch des zugehörigen Sich-Selbst-Wissens gelten, dem sich der Körper wie ein Objekt zu fügen habe (Cartesianismus). Eine Gegenbewegung, die die Aufklärung vorbereitete, war der Sensualismus v. a. von John Locke (1632–1704), der die sinnliche Wahrnehmung und die durch sie hervorgerufene Erfahrung wieder an den Anfang der Erkenntnis stellte und damit an die Erkenntnistheorie des Aristoteles anknüpfte.

Eine andere, fernöstliche philosophische Konzeption des Leibes entwickelte sich ausgehend vom Daoismus. Der spirituell zu gehende Weg (= Dao) und die Bewegung gehen hier eine intrinsische Verbindung ein, die sich noch heute in den asiatischen Bewegungskünsten (Qigong, Tai-Chi) zeigt. Leib und Weg werden hier nicht, wie in sog. westlichen Naturverhältnissen, als ein Verhältnis von Ort und Bewegung – im Sinne einer zielgerichteten Hin- oder Wegbewegung auf etwas – gedacht und auch nicht als ein Körper, der mit willentlicher Anstrengung gleichsam motorisch in Bewegung zu setzen wäre. Vielmehr wird der Leib von einer den Kosmos (→ I.1) durchströmenden Energie oder medialen Atmosphäre (chin.: Qi / Chi; jap.: Ki) in der Bewegtheit und damit im ewigen Wandel gehalten. So erfährt sich das leibliche Selbst in Metamorphosen, deren tiefere Erkenntnis dem Selbst einen Weg der Vernunft ermöglicht. Der Leib bleibt dabei mit den Naturen der ihn umgebenden Dinge derart verflochten, dass man von einer natürlichen Be-Dingtheit des Leibes sprechen kann. Dies mag ein Zitat aus dem Werk des chinesischen Philosophen Zhuāngzǐ (= Zhuang Zi; auch: Zhuang Zhou, Chuang-tzu, Dschuang Dsi; ca. 365–290 v. Chr.) verdeutlichen. Er lässt einen Schatten sprechen: „Ich bin, aber weiß nicht, warum ich bin. Ich bin wie die leere Schale der Zikade, wie die abgestreifte Haut der Schlange. Ich sehe aus wie etwas, aber ich bin es nicht. Im Feuerschein und bei Tag bin ich kräftig. An sonnenlosen Orten und bei Nacht verblasse ich. Von dem andern da (dem Körper) bin ich abhängig, ebenso wie der wieder von einem andern abhängt. Kommt er, so komme ich mit ihm. Geht er, so gehe ich mit ihm“ (Zhuang Zi 1986: Buch II, 11). Der Schatten im Wechselspiel mit dem Licht und allen anderen Naturphänomenen und -dingen verdunkelt und beleuchtet immer wieder anders den dem Menschen aufgegebenen Weg: sich selbst als eins mit der kosmischen Natur und doch als eine besondere Form von ihr, als ewig und endlich zugleich zu verstehen.

Bereits im antiken griechischen Denken wird diskutiert, ob der Leib eine Gemeninstanz oder eine die Vernunft mittragende Bedingung ist (Elm 2009: 368). Diese Problematik bestimmt auch die Debatten in späteren Epochen bis in die Gegenwart (z. B. angesichts der Frage nach dem „freien Willen“ in den Neurowissenschaften).

Eine maßgebliche erkenntnistheoretische Rolle spielt dabei das Konzept des *Zweifels*, verbunden mit der Frage, ob man den sinnlich vermittelten Wahrnehmungen bei der Erfassung der Welt und des eigenen Ichs trauen kann oder durch den eigenen Leib getäuscht wird. So kann die Täuschung etwa darin liegen, dass künstlich gestaltete Räume als natürlich wahrgenommen werden (z. B. der Baggersee). Dafür müssen zunächst Eindrücke hergestellt werden, die dem Körper physiologisch als natürliche Sinnesqualitäten vertraut sind (Farben, Gerüche, Formen etc.). Gleichwohl lässt sich ein leibliches *Sich-spüren* als inmitten der Natur nicht vollständig synthetisieren – etwa durch ein arrangiertes Zusammenspiel von Körper und Sinnesreizen (z. B. bei *virtual reality*-Techniken). Denn die leiblichen Empfindungen sind mit Vorstellungen verbunden, welche subjektiv (biographisch und situativ) und historisch (sozial) wandelbar sind. Die Leibphänomenologie als methodischer Zugang zur Naturphilosophie geht daher fast immer von *pluralen* Naturverhältnissen aus und argumentiert antireduktionistisch.

Zentral ist dabei die Einsicht, dass der Leib eine die Vernunft mittragende Bedingung ist und mit dem Bewusstsein korrespondiert. Dies schließt die Intuition (Intuitionismus) wie den Willen ein, Natur in bestimmten Formen zu erhalten, weil beide auf ein leibliches Spüren zurückverweisen. Eingedenk dieses Erfahrungsgrunds werden im diskursiven Zusammenhang Werte, Präferenzen und Interessen formuliert, die verschiedene umweltethische Ansätze informieren (Ott 2014), aber auch die Medizinethik berühren (Erhaltung und Förderung der Gesundheit). Hinzu tritt der menschliche Drang, die Natur in ihren Zusammenhängen erkennen (Naturerkenntnis) und auch verstehen zu wollen (→ III.6). Daraus kann sich die Forderung nach einer ‚alternativen‘ bzw. ‚ganzheitlicher‘ orientierten Naturwissenschaft entwickeln, wie sie etwa für die Anthroposophie, aber auch die Feministische Epistemologie (→ III.9) typisch ist.

3.2 ‚Leib‘ als relationaler Subjektbegriff

Die Frage, wie ich selbst Natur *sein* kann, hebt darauf ab, sich subjektiv der eigenen Natürlichkeit zu vergewissern. Im obigen Beispiel mit dem Waldsee gelingt dies durch die leibliche Empfindung, *inmitten* der Natur zu sein, d. h. sich in ihr situativ zu *befinden*. Natur und die *in* ihr und *mit* ihr gebildeten Relationen dienen dabei als ein kontextuelles Gewebe mit subjektiver Positionierungsmöglichkeit (Positionalität), als Anregung der Sinne und Erweiterungsmöglichkeit der eigenen Erfahrungen. Hier werden Tiere und Pflanzen nicht als Organismen, belebte Dinge oder Körper in einer Beobachterperspektive, sondern als individuelle *Lebewesen* verstanden, die mit dem menschlichen Subjekt in einem wesenhaften Zusammenhang stehen (Natur als Mitwelt; → IV.4). An die Fähigkeit zur Einfühlung in die Natur anknüpfend werden im westlichen Ökologiediskurs seit dem 19. Jh. „Heilkräfte“ der Natur geltend gemacht, was auch für die Natur- und Umweltethik eine „sinnvolle hypothetische Unterstellung“ im Rahmen einer „Phänomenologie der Natur“ sein kann, die nicht darauf abhebt, Natur „objektivieren und messen zu wollen“ (Ott 2014: 85). Natur ist hier nicht eine auf die Dimensionen von Außen und Innen abhebende Umwelt, sondern ein leiblich spürbares *Milieu*. Darüber hinaus ermöglicht ein über den Leib vermittelter, relationaler Subjektbegriff ein auch naturphilosophisch tieferes Verständnis der Relation von Ich und Du, d. h. des Zwischenmenschlichen (Intersubjektivität). Hermann Schmitz (geb. 1928) hat dies am Beispiel der menschlichen Sexualität und Erotik ausgeführt, die weit mehr umfasst als nur die biologische, gleichsam tierische Geschlechtlichkeit zweier Körper, sondern Phänomene der leiblichen Ekstase und intersubjektiv erzeugten Stimmung (Schmitz 2007; 2019).

3.3 ‚Leib‘ als subjektiver Zeitbegriff

Natürliche Phänomene des Wachsens und Alterns machen sich am eigenen Leib bemerkbar. So wird ein subjektiver Zeitbegriff in die Anschauung gebracht, der biographische Erlebnisse (z. B. Narben durch Verletzungen) nicht als serielle Abschnitte mit jeweils abgeschlossener Dauer einschließt, sondern als zeitliches Kontinuum in die Eigenwahrnehmung tritt: als ein Andauern. Wirksam wird der Leibbegriff insofern auch für das zeitliche Verständnis der Wesenhaftigkeit des eigenen Ichs und der Wesenhaftigkeit des / der Anderen, d. h. der Leib ist *wesentlich* (vgl. ‚Verwesung‘ für die Auflösung des Leibes). Er ist der Erfahrungsgrund der raumzeitlichen Identität eines Selbst und steht deshalb mit dem Konzept ‚Person‘ in argumentativer Verbindung.

Ergänzend kann ‚Leib‘ als subjektiver Zeitbegriff dazu dienen, Phänomene der Langsamkeit, der Entwicklung und der Latenz naturphilosophisch zu begründen. Ein klassischer Text der Naturethik, *Was spricht gegen Plastikbäume?* (Tribe 1976), benutzte zur Demonstration der Präferenz für das natürlich Gewachsene das Beispiel einer Schnellstraße mit einer Allee aus Plastikbäumen. Gegen deren Errichtung sprachen sich die Bürger(innen) von Los Angeles in den 1970er Jahren aus. Die Argumente der Stadtverwaltung, dass künstliche Bäume kostengünstiger zu unterhalten seien und der Unterschied zum natürlichen Original den Vorbeifahrenden ohnehin nicht auffalle, überzeugten nicht. Sie waren aus einer Perspektive der Mobilität und Effizienz formuliert, die bewusst Sinnestäuschungen erzeugen wollte und die Gestalt des Baumes als abbildhaftes Schema in Serie fasste. Dabei wurde nicht berücksichtigt, dass Menschen auch beim Autofahren die ‚auf die Schnelle‘ natürlich anmutenden Objekte zweifelsfrei so wahrnehmen möchten, *als ob* sie langsam fahren oder gar anhalten und verweilen könnten – um damit einen leibhaftigen Eindruck vom Baum als Lebewesen zu gewinnen. Auch der jahreszeitliche Gestaltwandel wurde unterschätzt. Ein im Winter blattloser Baum meint eine zeitliche Referenz (ein Datum), die mit der eigenleiblichen Erfahrung von Kälte und Trübe korrespondiert und deshalb Orientierung und Vergewisserung bietet.

3.4 ‚Umwelt‘ als erweiterter Leib

Wenngleich das Leibkonzept bislang hauptsächlich *anthropozentrische* Ansätze begründet, ist über die Empfindungs- und Leidensfähigkeit der Kreatur eine enge Verbindung zu *pathozentrischen* Ansätzen der Naturethik (→ IV.2) gegeben. Hier zeigt sich die Interaktion des menschlichen Leibes mit der nicht-menschlichen Natur als gefühltes Mitleid, etwa beim Anblick eines zu tötenden Tieres, das offensichtlich leben will. Anknüpfend an die Wesenhaftigkeit und Kreatürlichkeit der natürlichen Geschöpfe werden darüber hinaus „Eigenwerte" oder „intrinsische Werte" für den Schutz von (nicht nur) Lebewesen in Anschlag gebracht. Wegen ihrer argumentativen Ausgangsbasis (Kreatur, Wesen, Willen zum Leben) haben derartige selbstreferenzielle Werte eine enge Verbindung zu Leibkonzepten – und bieten damit auch Gelegenheit, dass Mitleid in Selbstmitleid umschlagen kann.

Der Naturphilosoph Klaus M. Meyer-Abich (1936–2018), der die lebendige Umwelt als „Mitwelt" aufwertet, gelangt bei seiner psychosomatischen Idee von „Gesundheit", ausgehend vom Leibkonzept und angesichts der gegenwärtig ungesunden Bewirtschaftungsformen des Körpers, zu einer Figur des Selbstmitleids: „Es geht uns damit nicht besser als den Tieren, Pflanzen und Landschaften in der übrigen Natur" (Meyer-Abich 2010: 38). Das „Selbstsein im Mitsein" ist für ihn „das menschliche Grundbedürfnis schlechthin" (ebd.: 213) und es artikuliert sich in der Sphäre des Leiblichen, die mit ihrer Mitwelt in notwendig enger Verbindung steht.

Noch größer wird die Erweiterung des Leibes auf nicht-menschliche Lebewesen und auch tote Natureinheiten in *physiozentrischen* Ansätzen, in denen Einheiten der Ökologie oder gar der ganze Planet als Leib verstanden werden, der mit Gesundheit und Leidensfähigkeit ausgestattet ist. Besonders tritt dies in holistischen und ökozentrischen Varianten des Naturschutzes (v. a. in der Tiefenökologie oder dem *deep ecology movement*) zu Tage, die dadurch gekennzeichnet sind, dass dem Menschen eine hierarchische Sonderstellung weitgehend abgesprochen wird und damit auch das Besondere seiner und ihrer Leiblichkeit (vgl. kritisch Taylor 2000). Dabei handelt es sich oft um Formen der Modernekritik. (vgl. Karafyllis 2019).

Gerade weil das Konzept des Leibes in der Perspektive der Identität auf die Unterscheidung von ,eigen' und ,fremd' abheben kann, ist bei der Vorstellung, die Umwelt sei ein erweiterter Leibkörper oder (umgekehrt) der Leibkörper verdanke sich der Umwelt, in ideologischer Hinsicht besondere Vorsicht geboten. Die argumentativ enge Verbindung von Blut und Boden ist aus dem Nationalsozialismus bekannt; allerdings weniger dadurch, dass für die Formung der zugehörigen Ideologie Konzepte u. a. aus der physischen Geographie verwendet wurden, in der zwischen Land und Volk (u. a. mit dem Terminus ,Volkskörper') eine derart enge Verbindung konstruiert wurde (→ II.9), dass auch die Physiognomien von angeblichen ,Rassen' daraus entwickelt werden konnten. Vertreter politisch bevorzugter ,Rassen' konnten nun ,natürliche' Territorialitätsansprüche geltend machen und empfanden andere im Sinne einer medial gesteuerten Wahrnehmung auch subjektiv-leiblich ,auf ihrem Land' als fremd (Schultz 2014). Eine ideologiekonforme Gestaltung der Landschaft („Deutscher Wald") konnte zwanglos an der erzeugten Gefühligkeit ansetzen, die in der Vorstellung von ,organismischen Leibern' wurzelte und sich mit reduktionistischen Heimatkonzepten verband. Der metaphysische Überschuss des Leibkonzepts, der generell die Suche nach transzendenten Dimensionen evoziert, wurde im Nationalsozialismus als Heilsversprechen ausbuchstabiert, d. h. als gesteuerte Hoffnung auf einen gesunden Volkskörper, an dem man ggf. leibhaftig teilhaben konnte – oder von dem man auf menschenverachtende Weise ausgeschlossen wurde, bis hin zum Genozid.

So verdient die Berufung auf einige physiozentrische Ansätze, die die Unbestimmtheit des Leibes für ihre politischen Postulate nutzen, wenigstens die Warnung vor einem antidemokratischen „Bioregionalismus" (Taylor 2000), wenn nicht gar „Ökofaschismus" (Ott 2014: 196). Dass physiozentrische Positionen im Ökologiediskurs öfters mit dem hehren Ziel verbunden sind, die indigene Bevölkerung und ihren Lebensraum zu schützen, ändert an der Fragwürdigkeit der o. g. Begründungsversuche wenig. Argumentative Herausforderung bleibt es, die Konstitution der vielfältigen Grenzen von Welt – auch die des Leibes – in ihrer Interdependenz so zu begründen, dass natur- und sozialphilosophische Positionen aufeinander beziehbar bleiben.

4. Ausblick: Leib und Lebensstil

Für einen Naturschutz, der leibliche Naturverhältnisse berücksichtigen möchte, bleibt es Aufgabe, Naturräume zu erhalten, die auch unangenehme Erfahrungen mit Natur, etwa Gefühle des Ekels durch verwesende Kreaturen, ermöglichen. Der bisherige Fokus auf den Sehsinn (Optozentrismus) und der ästhetische Primat des Naturschönen verlangt bei der Landschaftsgestaltung (→ IV.6) nach pluraler Erweiterung, sodass alle Sinne angeregt werden können.

Leibliche Naturverhältnisse erscheinen gegen die Vorherrschaft des ökonomisierten Körperkonzepts oft im Lichte von „alternativen Lebensstilen", die meist einer gesellschaftlichen Minderheit vorbehalten bleiben, was es für die Praxis zu bedenken gilt. Entsprechend hat der phänomenologische Terminus ‚Befindlichkeit' in der politischen Verwendung einen pejorativen Unterton, weil er sich auf elitäre Interessen zu beziehen scheint. Gleichwohl ist das Konzept des Leibes egalitär angelegt, weil jede und jeder ein Leib ist und einen Körper hat. Eine immer wieder neu zu diskutierende Frage bleibt, mit welchem Ziel die Forderung nach leiblichen Naturverhältnissen vorgebracht wird. Diejenigen, die Leiblichkeit normativ als Immunisierungsstrategie gegen den Kapitalismus in Anschlag bringen wollen, dürfen nicht zu viel hoffen. So sind etwa traditionelle östliche Philosophien wie die des indischen Yoga, die Leiblichkeit und Spiritualität (z. B. über das Atmen) würdigen, in westlichen Kontexten zu einer Ansammlung von Entspannungs- und Stressbewältigungstechniken verkürzt worden. Die Leiblichkeit des Menschen ernst zu nehmen, würde bedeuten, in den Feldern von Medizin, Tourismus, Sport, Wellness etc. klassische Arbeitsteilungen und -weisen in Frage zu stellen (z. B. durch die Aufwertung von Pflegeberufen).

Jedoch wird der Wortschatz, mit dem leibliche Phänomene präzise ausgedrückt werden, in der deutschen Alltagssprache immer geringer und durch Termini aus den Kognitionswissenschaften und der Psychologie ersetzt. So gehen sie auch in ihrem naturphilosophischen Verweisungszusammenhang verloren. Ein typisches Beispiel ist der noch junge Terminus ‚Emotion', der weder identisch mit ‚Gefühl' noch mit ‚Empfindung' ist, sondern darauf abhebt, dass man Gefühle von ihren „leiblichen Inseln" löst und an eine „Innenweltperspektive" anschlussfähig machen kann (zit. n. Schmitz 2007) – bis hin zum Konzept der Neurowissenschaften, den Leib qua lokalisierbaren Emotionen im Gehirn zu haben (Karafyllis 2008).

Daran schließt das interdisziplinäre Feld der *Embodied Robotics* bzw. der ‚verkörperten künstlichen Intelligenz' an. Mensch und Maschine bilden hier gemeinsam die Gattung des physischen Agenten, der Strukturen der Welt begreift. Für diesen Agenten ist der Körper Sinnesorgan einer Totalität von äußeren Daten (‚Welt‘), die zu anderen Daten – ‚Umwelten‘ – in Beziehung stehen. Insofern kann eine verkörperte Maschine an der Umwelt lernen und sich in sie einpassen. Dafür muss sie kontextsensitiv die relevanten Daten herausfiltern (‚erkennen‘), wobei Relevanz an die Operationalisierbarkeit von Handlungen geknüpft wird. So können in diesem Modell z. B. nicht das Träumen, die Schmerzerfahrung, das religiöse Erlebnis oder die Erhabenheit der Natur erfasst werden. Weil man in Konzepten der Verkörperung (Fingerhut et al. 2013) das Gehirn und die technische Prozessierungseinheit analogisiert, wird oft der Ausdruck ‚Neurophänomenologie‘ verwendet, obwohl Gehirn und Maschine keine leibliche Erfahrung des als Welt *Gegebenen* haben. Vielmehr handelt es sich um die Simulation einer systemtheoretisch (→ II.7), operativ geschlossen gedachten Außenwelt als neuronale Innenwelt. Sie wird von einem ortlosen Beobachter dimensioniert und mit Daten gespeist, um mehr Kontrolle *über* die Welt zu erhalten (s. Clark 2016).

Literatur

Böhme, Gernot 1995: Atmosphäre. Essays zur neuen Ästhetik. Frankfurt / M.

Clark, Andy 2016: Surfing Uncertainty. Prediction, Action, and the Embodied Mind. Oxford.

Ehm, Simone / Schicktanz, Silke (Hg.) 2006: Körper als Maß? Biomedizinische Eingriffe und ihre Auswirkungen auf Körper- und Identitätsverständnisse. Stuttgart.

Elm, Ralf 2009: Leib / Leiblichkeit. In: Bohlken, E. / Thies, C. (Hg.): Handbuch Anthropologie. Stuttgart: 367–371.

Fingerhut, Jörg / Hufendiek, Rebekka / Wild, Markus (Hg.) 2013: Philosophie der Verkörperung. Grundlagentexte zu einer aktuellen Debatte. Berlin.

Karafyllis, Nicole C. 2008: Den Leib im Kopf haben. In: Großheim, M. (Hg.): Neue Phänomenologie zwischen Praxis und Theorie. Freiburg: 284–300.

– 2019: Posthumanism does not exist. In: The Large Glass – journal of contemporary art, culture and theory 27/28: 37.

Merleau-Ponty, Maurice [1945] 1966: Phänomenologie der Wahrnehmung. Berlin.

– [1961] 2003: Das Auge und der Geist. In: ders.: Das Auge und der Geist. Philosophische Essays. Hg.: C. Bermes. Hamburg: 275–317.

Meyer-Abich, Klaus M. 2010: Was es bedeutet, gesund zu sein. Philosophie der Medizin. München.

Meyer-Drawe, Käte 2004: Leib. In: Vetter, H. (Hg.): Wörterbuch der phänomenologischen Begriffe. Hamburg: 331–337.

Ott, Konrad ²2014: Umweltethik zur Einführung. Hamburg.

Schmitz, Hermann [1998] 2007: Der Leib, der Raum und die Gefühle. Bielefeld.

– 2019: Leib. In: Kirchhoff, T. (Hg.): Online Encyclopedia Philosophy of Nature / Online Lexikon Naturphilosophie. Heidelberg, doi: https://doi.org/10.11588/oepn.2019.0.65253.

Schultz, Hans-Dietrich 2014: „Wie das Land, so das Volk, wie das Volk, so das Land“: Landschafts- und Länderkunde (die klassische Geographie) auf weltanschaulichen Abwegen. In: Franke, N. M. / Pfenning, U. (Hg.): Kontinuitäten im Naturschutz. Baden-Baden: 23–79.

Taylor, Bron 2000: Deep Ecology and its social philosophy: a critique. In: Katz, E. et al. (Hg.): Beneath the Surface: Critical Essays in the Philosophy of Deep Ecology. Cambridge / MA: 269–299.

Tribe, Laurence H. [1976] 1980: Was spricht gegen Plastikbäume? In: Birnbacher, D. (Hg.): Ökologie und Ethik. Stuttgart: 20–71.

Zhuang Zi 1986: Das wahre Buch vom südlichen Blütenland. Hg.: R. Wilhelm. Köln.

III.2 Ästhetische Naturverhältnisse

Magnus Schlette

> I wandered lonely as a cloud / That floats on high o'er vales and hills, /
> When all at once I saw a crowd, / A host, of golden daffodils; / Beside the
> lake, beneath the trees, / Fluttering and dancing in the breeze.
> Continuous as the stars that shine / And twinkle on the milky way / They
> stretched in never-ending line / Along the margin of a bay: / Ten thousand
> saw I at a glance / Tossing their heads in sprightly dance.
> The waves beside them danced; but they / Out-did the sparkling waves in
> glee: / A poet could not but be gay, / In such a jocund company: / I gazed –
> and gazed – but little thought / What wealth the show to me had brought.
> (William Wordsworth [1815] 2000: 228)

Ob William Wordsworths (1770–1850) einsamer Spaziergänger, der in stiller Hingabe an den sinnlichen Reichtum seiner Umgebung Zwiesprache mit der Natur hält, oder die sich nach Luv stemmende Segelcrew einer großen Rennyacht auf einem Aquarell des Marinemalers Arndt G., genannt „Age", Nissen (1907–1979), die in der wellenbewegten See auf Hart-am-Wind-Kurs durch das Wasser pflügt; ob John Constables (1776–1837) Landschaftsbild *A Cottage in a Cornfield*, das ein von Weizen umwogtes Bauernhäuschen zur Gegenwelt der heraufziehenden Industrialisierung stilisiert, oder Henry D. Thoreaus (1817–1862) Essay *Wilde Früchte*, der schildert, wie den Wanderer der „Verzehr im Freien" (Thoreau [um 1860] 2014: 9) von unverhofft entdeckten Beeren enthusiasmiert – stets zeigt Kunst, dass ästhetische Naturverhältnisse auf Resonanzerfahrungen beruhen, die mit der Verschränkung von Selbst- und Weltwahrnehmung zu tun haben. Fausts halb zu Tode zitierter Ausruf „Hier bin ich Mensch, hier darf ich' s sein" (Goethe 1808 / Faust I: Vers 940) anlässlich seines Osterspaziergangs in der „erwachenden Natur" fasst das in wenigen Worten zugleich prägnant und vieldeutig zusammen.

1. Ästhetische Wahrnehmung

Alles Sich-Verhalten des Menschen zu demjenigen, das gewöhnlich als Natur oder natürlich bezeichnet wird, ist mindestens insofern ästhetisch, als es von der menschlichen Wahrnehmung (griech. *aisthesis*) abhängt: leibliche wie haushaltende, theoretische wie experimentelle, verstehende wie erzählende Naturverhältnisse – sie alle beruhen auf der sinnlichen Zugänglichkeit von Natur. Im eigentlichen Sinne ‚ästhetisch' nennen wir allerdings nur diejenigen Naturverhältnisse, welche die folgenden beiden Bedingungen erfüllen: Erstens sind sie durch den Eigenwert der Wahrnehmung und Wahrnehmbarkeit ihrer jeweiligen Gegenstände bestimmt; zweitens müssen diese Gegenstände auch in ihrer Naturhaftigkeit und nicht etwa in einer anderen Hinsicht als eigenwerthaft wahrgenommen werden.

Die menschliche Sinneswahrnehmung ist durch Phänomenalität und Objektivität bestimmt. Die *Phänomenalität* der Wahrnehmung bezeichnet die Empfänglichkeit des Wahrnehmenden für die phänomenal-qualitativen Eigenschaften, die von uns in einer an die jeweilige Sinnesmodalität gebundenen Weise erlebt werden: Das Blau des Himmels können wir sehen, den Duft des Kaffees riechen, das Säuseln des Windes in den Pappeln hören und die warme Körnigkeit des Sandes fühlen. Unter der *Objektivität* der Wahrnehmung ist ihre Realitätshaltigkeit zu verstehen, dass sich also der Inhalt der Wahrnehmung nicht auf einen innerpsychischen Sachverhalt beschränkt. So bilde ich mir das Säuseln im Wind nicht ein, sondern es wird tatsächlich von den Pappeln verursacht. Charakteristisch für die Sinneswahrnehmung ist darüber hinaus die Einheit von Phänomenalität und Objektivität, die auch als „positionale Objektivität" (Sen 1993; vgl. den Begriff der „sekundären Objektivität": Dancy 1993: 156; McDowell 1998) bezeichnet wird und besagt, dass uns in der Wahrnehmung die Wirklichkeit in der Fülle ihrer erlebbaren Eigenschaften erscheint (→ III.1). Es ist diese Einheit, der in der ästhetischen Sinneswahrnehmung ein Eigenwert zugeschrieben wird.

Die Besonderheit ästhetischer Wahrnehmung gegenüber nicht-ästhetischen Wahrnehmungen besteht in einem Passungsverhältnis zwischen dem Subjekt der Wahrnehmung und ihrem Gegenstand, das als harmonisch erfahren wird. Die ästhetische Wahrnehmung hat die Anmutung einer zwanglosen Vermittlung von Subjekt und Objekt; zwanglos in dem doppelten Sinne, dass einerseits das Subjekt disponiert ist, das Objekt der Wahrnehmung in der Mannigfaltigkeit seiner qualitativen Eigenschaften und wahrnehmbaren Bezüge erscheinen zu lassen, während andererseits das Objekt in der Weise seines qualitativen und bezugsreichen Erscheinens eine belebende Wirkung auf das Subjekt erzeugt. Farben und Klänge, haptische[1] und olfaktorische[2] Eindrücke, ihre Beziehungen untereinander bis zu synästhetischen Impressionen und atmosphärischen Gesamterlebnissen, Gestaltbildungen und -transformationen, Verbindungen und Trennungen, Ordnungsbildungen und -auflösungen werden am ästhetisch wahrgenommenen Gegenstand um ihrer selbst willen aufgesucht und geschätzt. Sie werden in der ästhetischen Einstellung ihrer Funktion entbunden, Zeichen eines an außerästhetischen Zwecken orientierten Umgangs mit den wahrgenommenen Gegenständen zu sein. Die ästhetische Wahrnehmung genügt als solche sich selbst (Seel 2003: 49).

Was aber ist in dieser Hinsicht *die* Natur (→ II.1), welche Gegenstände der ästhetischen Wahrnehmung fassen wir unter diesen Begriff? Gegenstand ästhetischer Naturwahrnehmung kann alles sein, was dem Menschen innerhalb des Wahrnehmungs- und Wirkfeldes seiner Lebenswelt begegnet und, wiewohl ggf. von ihm bearbeitet,

---

1 Von griech. *haptos*: fühlbar.
2 Von lat. *olfactus*: Geruchssinn / Geruch, kombiniert aus *olere* (riechen) und *facere* (machen).

jedenfalls ohne sein beständiges Zutun entstanden ist, sich erhält und weiterentwickelt (Seel 1991: 20). Es *als Natur*, d. h. in seiner Naturhaftigkeit ästhetisch wahrzunehmen, verlangt ferner, dass die ästhetische Wahrnehmung ihren Gegenstand auch in eben dieser Eigenschaft in den Blick nimmt, nicht vom Menschen hergestellt worden zu sein bzw. sich ohne beständiges Zutun des Menschen erhalten und weiterentwickeln zu können. Kurz gesagt: Ästhetische Wahrnehmung zielt auf die betreffenden Gegenstände, insofern sie „dynamisch eigenmächtig" (ebd.) sind.

Zusammengefasst: Die ästhetische Wahrnehmung speziell der Natur bedeutet die Wahrnehmung von Gegenständen mit dynamischer Eigenmächtigkeit im *Wie* ihres Erscheinens. Und d. h. wiederum: Das die ästhetische Wahrnehmung im allgemeinen charakterisierende Passungsverhältnis zwischen dem Subjekt der Wahrnehmung und ihrem Gegenstand, also die Anmutung einer sich in der Wahrnehmung ereignenden zwanglosen Vermittlung zwischen Subjekt und Objekt, stellt sich in einzigartiger und daher auch unersetzlicher Weise in der Wahrnehmung von Natur ein. Dabei kann gerade auch die vom Menschen bearbeitete Natur zur ästhetischen Wahrnehmung einladen, nämlich dann, wenn die Bearbeitungsspuren der Struktur ästhetischer Wahrnehmung entgegenkommen, zwanglose Vermittlung von Subjekt und Objekt zu sein – man denke etwa an die geschwungene Linie toskanischer Weinberge im Unterschied zu der Industriebrache eines aufgegebenen Gewerbegebiets. So kann Natur gerade auch als Kulturlandschaft (→ II.9) sich der ästhetischen Wahrnehmung nahelegen oder versagen – je nachdem, ob in ihr die Interaktion von Mensch und Natur als geglücktes Naturverhältnis sinnfällig wird.

2. Die ästhetisch wahrgenommene Natur

Im Kern hebt die europäische Ästhetikdiskussion seit dem 18. Jh. auf dieses Passungsverhältnis von Subjekt und Natur ab. Bis ins 17. Jh. dominierten Vorstellungen einer in der ästhetischen Wahrnehmung der Natur sinnlich erfassbaren Vollkommenheit der göttlich geschaffenen Welt. Die ästhetische Wahrnehmung galt als Anlass, über im Wesentlichen außerästhetische, nämlich theologische und kosmologische Sachverhalte zu reflektieren. Seit dem 17. Jh. verschiebt sich die Deutung des Naturverhältnisses von der untergeordneten Bedeutung ästhetischer Wahrnehmung für die Naturerkenntnis über ihre Aufwertung im Rahmen einer die begriffliche Erkenntnis von Natur ergänzenden „cognitio sensitiva" – in etwa zu übersetzen mit „sinnliche Erkenntnis" – (Alexander G. Baumgarten, 1714–1762) bis schließlich zur Preisgabe der Idee des *liber naturae* (also der metaphysisch begründeten Sinnfälligkeit der Natur) zugunsten eines desubstanzialisierten Beziehungsgeschehens, das auf der durch ästhetische Naturwahrnehmung vermittelten Wechselwirkung zwischen dem „inneren Sinn" (Anthony Ashley-Cooper, III. Earl of Shaftesbury, 1671–1713; Francis Hutcheson, 1694–1746; Thomas Reid, 1710–1796) oder der „imagination" (Joseph Addison, 1672–1719; Edmund Burke, 1729–1797) und den Eigenschaften des Wahrgenommenen beruht; „to raise in us a secret Delight, and a kind of Fondness for the Places or Objects in which we discover it" (Addison [1712] 1837: 140).

Immanuel Kants (1724–1804) Ästhetiktheorie berücksichtigt die Spezifik ästhetischer Naturverhältnisse durch die Prägung des Begriffs des Naturschönen, der wiederum auf einer Analyse der Struktur von Schönheitsurteilen beruht. Seine *Kritik der Urteilskraft* (1790/1793) verbindet einen kognitivistischen Ansatz, dem zufolge das Schöne in der sinnlichen Erkenntnis zu verorten ist, mit einem emotivistischen Zugang, der es in der affektiven Reaktion auf das sinnlich Gegebene fundiert: Das Schöne erschließt sich den reflektierenden Urteilen der ästhetischen Urteilskraft als „Erkenntnis überhaupt" (s. u.) einer genuinen Form des menschlichen Welt- und Selbstverhältnisses (Kant 1790: § 9 / A29). Durch die Zusammenführung und begriffliche Vermittlung der genannten Ansätze bündelt die *Kritik der Urteilskraft* den ästhetischen Diskurs des 18. Jhs. zum Schönen und weist über ihn hinaus auf eine Philosophie des Geistes, die in der ästhetischen Beurteilung der Natur Formen der Selbstverständigung des Menschen über die *conditio humana* (→ II.11) erkennt (vgl. Makkreel 1990).

Die Konzeption einer „Erkenntnis überhaupt" schließt an Baumgartens Begriff der *cognitio sensitiva* an, allerdings unter Verzicht auf die von Baumgarten noch unangefochtene Prämisse, Erkenntnis sei *repraesentatio* einer subjektunabhängig existierenden Welt. Die Anschauung des Schönen intendiert auch keine Objekterkenntnis (im kantischen Sinne), sondern dient der Anregung eines freien Spiels der Erkenntniskräfte, um auf diese Weise ein positives Lebensgefühl zu bewirken. Derartige ästhetische Selbstvergewisserung resultiert in einer „Erkenntnis überhaupt", wenn der Verstand „als Inbegriff der Konzeptualisierung tätig sein [kann] und […] sich nicht auf ein Konzept oder eine Hinsicht auf die Anschauungsmannigfaltigkeit einschränken [muß]. Das ästhetische Subjekt erfährt sich so in der Vollständigkeit seiner Erkenntniskräfte und als lebendiger Ursprung aller Deutungs- und Sinnbildungsprozesse am anschaulich Gegebenen" (Scheer 1997: 91). Auf diese Weise bereitet Kants Konzept der „Erkenntnis überhaupt" einen Begriff „selbsttätiger Sinnbildung am anschaulichen Material" vor (ebd.), der im 19. Jh. von Wilhelm Diltheys (1833–1911) philosophischer Hermeneutik (→ III.6) bis zu Ernst Cassirers (1874–1945) Philosophie der symbolischen Formen vielfältig beerbt wurde.

Die Pointe ist nun, dass sich keineswegs jedes beliebige anschauliche Material zu dieser Selbstvergewisserung eignet, dass aber laut Kant gerade „die Natur in ihren schönen Formen figürlich zu uns spricht" (Kant 1790: § 42 / A168). Ihre in der ästhetischen Einstellung evidente Zweckmäßigkeit scheint ganz ohne einen konkret bestimmbaren Zweck „für unsere Urteilskraft gleichsam vorherbestimmt zu sein" (ebd.: § 23/A76). So zeichnet sich das Naturschöne durch die Anmutung der Angemessenheit von Natur an den Potenzialis unserer Erkenntniskräfte aus, veranschaulicht sich im Naturschönen die harmonische Wechselbezüglichkeit zwischen der Freiheit unseres Vermögens zur Sinnbildung und einer Welt, die diesem Vermögen entgegenkommt. Kants Ästhetik liefert daher eine nach wie vor aktuelle Theorie für die Fundierung ästhetischer Naturverhältnisse in der ästhetischen Wahrnehmung der Natur. Seine formale Bestimmung des Naturschönen als Resultat eines von der dynamischen Eigenmächtigkeit des Natürlichen erweckten Spiels der Erkenntniskräfte, das als belebende Selbstvergewisserung des Vermögens symbolischer Weltformung erlebt wird, trägt *in nuce* die Begründungslast einer nachmetaphysischen Anerkennung der Natur als Ort verwirklichter Freiheit. Noch einmal Johann W. von Goethe (1749–1832): „Hier bin ich Mensch, hier darf ich's sein."

Dass in der ästhetischen Einstellung die dynamische Eigenmächtigkeit der Natur um ihrer selbst willen wahrgenommen wird, ist aber nicht auf Phänomene des Schönen beschränkt. Dem trägt bereits Burke in *A Philosophical Enquiry into the Origin of our Ideas of the Sublime and the Beautiful* (1757) Rechnung, indem er das Schöne und das Erhabene als einander diametral entgegengesetzte Grundkategorien der ästhetischen Wahrnehmung etabliert und den Gegensatz an der ästhetischen Naturwahrnehmung verdeutlicht. Während der Betrachter an der schönen Natur Maß, Stimmigkeit des Einzelnen als Teil zu einem Ganzen und Gefälligkeit um ihrer selbst willen schätze, brüskiere ihn die erhabene Natur zunächst gerade durch ihre scheinbar maßlose Größe und die Anmutung einer dem Menschen widerständigen Gewalt. Aus sicherer und mußevoller Distanz werde die abstoßende Wirkung des Erhabenen aber als belebend empfunden (→ IV.6).

Darüber hinaus ist nun aber auch die Kombination der Kategorien des Schönen und des Erhabenen zur Klassifizierung entsprechender Gegenstände und Szenarien durchaus sinnvoll. Gerade bei der Landschaftsbetrachtung scheinen das Schöne und das Erhabene oft einander zu ergänzen; oder es zeigen sich dabei Phänomene, die weder dem einen noch dem anderen strikt zuzuordnen sind. William Gilpin (1724–1804) und Uvedale Price (1747–1829) führten im Anschluss an Burke den Begriff des Pittoresken ein, um solche Phänomene klassifizieren zu können, die bereits bevorzugte Sujets der Landschaftsmalerei waren: das Erhabene in der Bergkulisse, das Schöne im sich lieblich aus der Bergwelt herabschlängelnden Bach (vgl. Andrews 1989; Copley 1994). So scheint es phänomenologisch angemessener zu sein, das Schöne und das Erhabene nicht strikt voneinander zu trennen, sondern der ästhetischen Wahrnehmung zuzugestehen, dass die Natur in ihr oft zwischen dem Maßvollen und Gefälligen einerseits und einer sich menschlichem Maß entziehenden Fremdheit und Eindrücklichkeit andererseits changiert.

Auch Kants Ästhetik schließt an Burkes Unterscheidung des Schönen und des Erhabenen an. Aber sie interpretiert die Differenz zwischen den beiden Phänomenarten ganz anders. Für Kant ist die Brüskierung menschlicher Vorstellungskraft durch das schlechthin Große und das Gewaltige nur der Anlass einer Besinnung auf die menschliche Bestimmung, das alle Vorstellungskraft übersteigende Vermögen der Vernunft und die existenzielle Verbindlichkeit ihrer Ideale zu verwirklichen: „Erhaben ist, was auch nur denken zu können ein Vermögen des Gemüts beweiset, das jeden Maßstab der Sinne übertrifft" (Kant 1790: § 25 / A83). Unanschaulich ist also nicht die große und gewaltige Natur, sondern sind die Ideen und Ideale in uns, die uns angesichts erhabener Naturszenarien vergegenwärtigt werden (→ IV.6). Die Natur wird zu einem Resonanzraum menschlicher Selbstverständigung über seine höchsten Vernunftbegriffe. Dann aber, so betont Theodor W. Adorno (1903–1969) in seiner kritischen Aneignung der Ästhetik Kants, stehen Phänomene erhabener Natur auch nicht im Widerspruch zu dem Passungsverhältnis zwischen Mensch und Natur, dessen wir in Erlebnissen des Natur*schönen* gewahr werden. Vielmehr bestätigt das Erhabene dieses Passungsverhältnis auf höherer Ebene: „Selbstbesinnung angesichts ihres Erhabenen antezipiert etwas von der Versöhnung mit ihr. Natur, nicht länger vom Geist unterdrückt, befreit sich aus dem verruchten Zusammenhang von Naturwüchsigkeit und subjektiver Souveränität. Solche Emanzipation wäre Rückkehr von Natur, und sie, Gegenbild bloßen Daseins, ist das Erhabene" (Adorno 1973: 293). Adorno sublimiert Kants Begriff des Erhabenen zur Bezeichnung der ästhetischen Antizipation eines gelingenden Naturverhältnisses. Damit gehört seine ästhetische Theorie der Natur in den Gesamtzusammenhang der sog. Kritischen Theorie gesellschaftlicher Naturverhältnisse (vgl. Schmidt [1962] 2016; Schmid Noerr 1990; Böhme / Manzei 2003).

Wir haben es also im Grunde mit zwei Begriffen des Erhabenen zu tun: Der erste entstammt der empiristischen Tradition Burkes und reicht bis zu Barnett Newmans (1905–1970) *The Sublime is Now!*. Der zweite steht in der idealistischen Theorietradition und wurde von Adorno der gegenwärtigen Ästhetiktheorie ins Stammbuch geschrieben (vgl. Brandt 2015). Während in der empiristischen Tradition Erfahrungen der Überwältigung durch die dynamische Eigenmächtigkeit der Natur betont werden, fokussiert die idealistische Tradition die Verinnerlichung ihrer dynamischen Eigenmächtigkeit. An der Inkommensurabilität der schlechthin großen Natur, an der Unverfügbarkeit der gewaltigen Natur geht dem ästhetischen Subjekt die Größe seiner eigenen Bestimmung als Vernunft- und Kulturwesen auf. Während also die empiristische Tradition die Erfahrung des Erhabenen mit derjenigen des Schönen kontrastiert, wird sie in der idealistischen Tradition als Steigerung der belebenden Erfahrung des Schönen gedeutet. Alles tiefsinnig Schöne ist demnach auch erhaben. So bestimmt denn Adorno die Essenz des Naturschönen in der „Anamnesis[3] dessen gerade, was nicht nur Für Anderes ist" (Adorno 1973: 116).

In der Tradition der kantischen Ästhetik lässt sich der Kontrast zwischen dem Schönen und dem Erhabenen deshalb mildern, weil beide Phänomenarten aus einer Konfrontation der sinnlichen Anschauungsmannigfaltigkeit mit dem intellektuellen Sinnbildungsvermögen von Verstand und Vernunft abgeleitet werden. In dieser theoretischen Konstruktion ist die ästhetische Naturwahrnehmung frei von Nützlichkeitserwägungen, was in scharfem Widerspruch steht zum Ehrgeiz v. a. der evolutionären Ästhetik, ästhetische Phänomene auf ihre Funktion für den reproduktiven Erfolg zu reduzieren (vgl. Thornhill 2003). Bemühungen dieser Art lassen sich dagegen an das empiristische Theoriedesign à la Burke und Nachfolger schon eher anschließen. Evolutionsbiologische Ansätze versuchen den Schönheitssinn dadurch zu erklären, dass er von Schlüsselreizen, deren Verarbeitung evolutionär nützlich gewesen sei, angeregt würde. Solche Ansätze unterlaufen Kants (1790 / 1793) Unterscheidung zwischen Schönheits- und Wahrnehmungsurteilen, zwischen dem Schönen und dem Angenehmen. Der Versuch, die evolutionsbiologische Suche nach dem Nutzen des Schönheitssinns mit der geltungslogischen Verteidigung seiner Zweckfreiheit zu vermitteln, setzt am Begriff der geschlechtlichen Zuchtwahl an. (Zu deren neodarwinistischer Reduktion durch das „Handicap-Prinzip" s. Voland 2005, zu deren Verteidigung als Fundament ästhetischer Urteilskraft sui generis von geisteswissenschaftlicher Seite s. Menninghaus 2003: Kap. II u. III.)

---

3 ‚Anamnesis' meint – eingedenk der platonischen Erkenntnislehre – die Wiedererinnerung des Vergessenen, das in der unsterblichen Seele ewig vorhanden ist. In moderner Diktion handelt es sich um eine Form ‚latenten Wissens'.

3. Ästhetische Naturverhältnisse

Die ästhetischen Naturverhältnisse des Menschen bauen sich dadurch auf, dass die Grundstruktur der ästhetischen Wahrnehmung von Natur sich in unterschiedlichen Wahrnehmungsweisen verkörpert, die miteinander die Anmutung einer Harmonie zwischen der dynamischen Eigenmächtigkeit der Natur und dem sich in seiner Anerkennung spielerisch erprobenden Sinnbildungsvermögen des Menschen gemein haben. Typologisch lassen sich diese Wahrnehmungsweisen in Anlehnung an Martin Seels (geb. 1954) *Ästhetik der Natur* als ‚kontemplativ‘, ‚korresponsiv‘ und ‚imaginativ‘ klassifizieren (Seel 1991: 38 ff., 89 ff., 135 ff.). Das ästhetische Grundverhältnis einer eigenwerthaften, existenziell belebenden Selbstgegenwärtigkeit des Menschen in der Gegenwart der als Natur wahrgenommenen Entitäten ist laut Seel primär entweder kontemplativ oder korresponsiv oder imaginativ bestimmt, ohne dass sich diese Wahrnehmungsweisen in der ästhetischen Erfahrung von Natur immer und strikt voneinander trennen ließen.

Kontemplativ ist die Wahrnehmung der Natur als Anregung unseres Wahrnehmungsvermögens. Das geschieht v. a. durch die Eigenschaften der Natur, die das Wahrnehmungsvermögen in besonderer Weise herausfordern, also die Veränderlichkeit der Formen, die Wechselbeziehung zwischen den Elementen, das Spiel der Erscheinungen, in sinnfreier Selbstgenügsamkeit des Augenblicks. *Korresponsiv* wahrgenommen wird dagegen gerade die Sinnfälligkeit der Natur. Sie scheint unseren Vorstellungen des guten Lebens entweder entgegenzukommen oder diese zu brüskieren, indem sie den Eindruck einer für sich seienden Wirklichkeit erweckt, die nicht des Menschen bedarf oder gar nur ‚von seinen Gnaden‘ Bestand hat. Der korresponsive Blick kann von einzelnen Dingen bis zu ganzen Ensembles und Panoramen der Natur alles einbeziehen, sofern es als sinnfällige Evidenz eines natürlichen Für-sich-Seins gegenwärtig wird. Von ethischen oder religiösen Naturwahrnehmungen unterscheidet sich die korresponsive ästhetische Naturwahrnehmung wiederum durch die Selbstgenügsamkeit des Wahrnehmungsaugenblicks: Obgleich die Natur unseren Vorstellungen, wie in ihr ein gutes Leben geführt werden könnte, entgegenzukommen oder sich ihnen zu verweigern scheint, hat diese Anmutung den Charakter eines ‚Als ob‘, deren Reiz an den Schein gebunden ist. Der *imaginativen* Wahrnehmung wiederum reflektiert die Natur das Kunstschöne. Die Zusammenordnung des Einzelnen zu einer atmosphärischen Ganzheit erinnert den Betrachter an die ‚Durcharbeitung‘ solcher Sujets in bildender Kunst und Literatur, und die in den Künsten gestaltprägnant artikulierten Wahrnehmungsstile schulen die Erwartungshaltung, mit welcher der Natur begegnet wird.

In der ästhetischen Wahrnehmung wird die Natur als kontemplativ, korresponsiv oder imaginativ bedeutsam erlebt, in verwertungsferner Selbstgenügsamkeit. Das Vermögen dazu ist im Menschen als *„animal symbolicum"* (Cassirer) (→ II.11) strukturell angelegt, die jeweilige Verschränkung der ästhetischen Wahrnehmungsweisen von Natur miteinander und die Anlässe ihrer Aktualisierung sind aber kulturell bestimmt. Die Wahrnehmung der Natur – sei sie kontemplativ, korresponsiv oder imaginativ – verfestigt sich dann zu genuin ästhetischen Naturverhältnissen, wenn sich die Menschen im Lichte dieser Wahrnehmungsweisen zur Natur verhalten, wenn also die weitgehend durch Praxisabstinenz und Rezeptivität bestimmte Einstellung ästhetischer Wahrnehmung einen bestimmten Umgang mit Natur initiiert und sich in ihm praktisch artikuliert. Von ‚ästhetischen Naturverhältnissen' kann aber nur dann gesprochen werden, wenn sich in ihnen die in der ästhetischen Wahrnehmung erschlossene Bedeutsamkeit eines Passungsverhältnisses zwischen dem Menschen und der Natur in aller Selbstgenügsamkeit zur Geltung bringt.

Der kontemplativen Wahrnehmung entspricht am ehesten derjenige Umgang mit Natur, in dem sich die von Kant als freies Spiel der Erkenntniskräfte ausgezeichnete Exploration des menschlichen Sinnbildungsvermögens durchaus im doppelten Wortsinne spielerisch verkörpert. Vom Spaziergang über die ausgedehnte Wanderung bis zu technisch vermittelten sportiven Betätigungen wie Snowboarden, Mountainbiken oder Segeln kann der spielerisch-explorative Umgang mit Natur durch das Streben nach Erfahrungen motiviert sein, in denen sich die gelungene Interaktion des Menschen mit seiner natürlichen Umwelt gestaltprägnant verdichtet. (Dieses Verständnis ästhetischer Naturverhältnisse kann an das pragmatistische Konzept der „somaesthetics" anschließen; vgl. Shusterman 2008; 2012.) Korresponsiv motiviert ist die Inszenierung von Natur als enkulturierter[4] Raum eines guten Lebens. ‚Inszenierung' bedeutet wiederum nicht zwingend, hier werde ein Ort guten Lebens bloß ideologisch vorgetäuscht, sondern besagt lediglich, dass der gestalterische Umgang mit Natur dem Ziel dient, diese Qualität augenfällig zu machen. Das kann durch die symbolische Stellvertretung solcher Orte, etwa durch die Anlage von Gartenlandschaften oder die Bewahrung von Wildnis in Nationalparks, ebenso geschehen wie durch die ästhetische Bearbeitung menschlicher Lebensräume, in denen das bisher nicht verwirklichte Ideal eines befriedeten Mensch-Natur-Verhältnisses präsent gehalten und womöglich kompensatorisch erlebbar werden soll.

Ästhetische Naturverhältnisse haben mit leiblichen Naturverhältnissen (→ III.1) gemein, dass es sich bei beiden um Naturverhältnisse erster Ordnung handelt: Ob wir uns haushaltend, theoretisch oder experimentell, verstehend oder erzählend zur Natur verhalten, stets verhalten wir uns dabei zu schon leiblich und ästhetisch erfahrener Natur. Leibliche und ästhetische Naturverhältnisse stehen darüber hinaus in einem Verhältnis wechselseitiger Inklusion: Die leiblichen können auch ästhetisch sein, die ästhetischen sind besonders in der Verkörperung ästhetischer Naturwahrnehmung durch den spielerischen Umgang mit Natur auch leiblich evident. Ästhetische Naturverhältnisse regen verstehende (→ III.6) und erzählerische (→ III.7) Naturverhältnisse an, da die semantische Unbestimmtheit der ästhetischen Erfahrung um ihrer Klärung willen auf Versprachlichung und Interpretation angewiesen ist. In diesem Sinne handelt es sich bei ästhetischen Naturverhältnissen insb. um gleichsam protohaushalterische Verhältnisse zur Natur (→ III.5), weil sie normative Forderungen eines bestimmten Umgangs mit Natur motivieren können, selbst aber keine normative - Geltung für sich beanspruchen. Vor allem in ästhetischen Naturverhältnissen entwickeln wir ein Gespür für naturethische Fragen, ggf. aber auch für religiöse (→ III.8),

---

4 In der Sozialisationstheorie wird ‚Enkulturation' (das unbewusste Verinnerlichen von kulturellen Umwelten) sowohl von ‚Inkulturation' (Anpassung von gesellschaftlichen Kulturen an mehr oder weniger fremde Kulturen) wie ‚Akkulturation' (durch Erziehung) abgegrenzt.

insofern das in der ästhetischen Wahrnehmung sich ereignende Mensch-Natur-Verhältnis zur Quelle religiöser Sinnbildung werden kann. Ästhetische Naturverhältnisse können theoretische (→ III.3) und experimentelle (→ III.4) Naturverhältnisse inspirieren, insofern in Kontemplation und spielerischem Umgang mit Natur Quellen der theoretischen Neugierde und der experimentellen Kreativität liegen.

Zu guter Letzt sind die ästhetischen Naturverhältnisse weniger ‚unschuldig' als sie anmuten, denn leichter als alle anderen lassen sie sich auf einem Markt ökonomisieren, der ihren Material- und Dienstleistungsbedarf deckt – von der Herstellung der sport utility vehicles, deren Vortäuschung von Geländegängigkeit ihren Fahrern suggeriert, dass sie jederzeit zur ästhetischen Zwiesprache mit der Natur beim Angeln oder Campen aufbrechen können, bis zu touristischen Ausflügen zu den modernen Platzhaltern des antiken *locus amoenus* (→ II.9 / Abschn. 2). Ästhetische Naturverhältnisse lassen sich gut vermarkten, weil sie ubiquitär sind. Da für die Werbung die sog. Marke Natur als sehr bekannt vorausgesetzt werden kann, lässt sich das Proprium ästhetischer Naturverhältnisse entsprechend als Lebensstil darstellen: eine spezifische Qualität des Umgangs mit Natur und der Erfahrung von Natur. Ihre Selbstgenügsamkeit kann dann in Konsum umschlagen und ihr Gegenstand zur Ware verdinglicht werden. Auch und gerade die ästhetischen Naturverhältnisse reflektieren die kapitalistische Warenästhetik, deren Analyse zu den zentralen Forschungsanliegen einer Kritischen Theorie der Gesellschaft zählt (vgl. Haug [1971] 2009; Honneth [2005] 2015; Böhme 2016).

Literatur

Addison, Joseph [1712] 1837: On the pleasures of the imagination (The Spectator No. 412, 23.06.1712). In: The Works of Joseph Addison, Bd. II. New York: 138–140.

Adorno, Theodor W. 1973: Ästhetische Theorie. Frankfurt / M.

Andrews, Malcolm 1989: The Search for the Picturesque. Landscape Aesthetics and Tourism in Britain, 1760–1800. Aldershot.

Böhme, Gernot 2016: Ästhetischer Kapitalismus. Berlin.

Böhme, Gernot / Manzei, Alexandra (Hg.) 2003: Kritische Theorie der Technik und der Natur. München.

Brandt, Reinhard 2015: Historisches zum Erhabenen. Longinos, Burke, Kant. In: Deuser, H. et al. (Hg.): Metamorphosen des Heiligen. Struktur und Dynamik von Sakralisierung am Beispiel der Kunstreligion. Tübingen: 97–125.

Copley, Stephen / Garside, Peter (Hg.) 1994: The Politics of the Picturesque. Literature, Landscape, and Aesthetics Since 1770. Cambridge.

Dancy, Jonathan 1993: Moral Reasons. Oxford.

Goethe, Johann W. v. [1808] 2015: Faust. Der Tragödie erster Teil. Hg.: W. D. Hellberg. Stuttgart.

Haug, Wolfgang F. [1971] 2009: Kritik der Warenästhetik. Gefolgt von Warenästhetik im High-Tech-Kapitalismus. Frankfurt / M.

Honneth, Axel [2005] 2015: Verdinglichung. Eine anerkennungstheoretische Studie. Um Kommentare von Judith Butler, Raymond Geuss und Jonathan Lear erweiterte Ausgabe. Berlin.

Kant, Immanuel [1790 / 1793] ²1913: Kritik der Urteilskraft. In: Kant's gesammelte Schriften. Hg.: Königlich Preußische Akademie der Wissenschaften. Berlin: Bd. V, 165–485.

Makkreel, Rudolf 1990: Imagination and Interpretation in Kant. The Hermeneutical Import of the *Critique of Judgement*. Chicago.

McDowell, John 1998: Aesthetic value, objectivity, and the fabric of the world. In: ders.: Mind, Value, and Reality. Cambridge / MA: 112–130.

Menninghaus, Winfried 2003: Das Versprechen der Schönheit. Frankfurt / M.

Scheer, Brigitte 1997: Einführung in die philosophische Ästhetik. Darmstadt.

Schmid Noerr, Gunzelin 1990: Das Eingedenken der Natur im Subjekt. Zur Dialektik von Vernunft und Natur in der Kritischen Theorie Horkheimers, Adornos und Marcuses. Darmstadt.

Schmidt, Alfred [1962] ⁵2016: Der Begriff der Natur in der Lehre von Marx. Hamburg.

Seel, Martin 1991: Eine Ästhetik der Natur. Frankfurt / M.

– 2003: Ästhetik des Erscheinens. Frankfurt / M.

Sen, Amartya 1993: Positional objectivity. In: Philosophy and Public Affairs 22 (2): 126–145.

Shusterman, Richard 2008: Body Consciousness. A Philosophy of Mindfulness and Somaesthetics. Cambridge.

– 2012: Thinking Through the Body. Essays in Somaesthetics. Cambridge.

Thoreau, Henry D. [Manuskript um 1860] 2014: Wilde Früchte. In: ders.: Lob der Wildnis. Berlin: 7–16.

Thornhill, Randy 2003: Darwinian aesthetics informs traditional aesthetics. In: Voland, E. / Grammer, K. (Hg.): Evolutionary Aesthetics. Berlin: 9–35.

Voland, Eckart 2005: Das ‚Handicap-Prinzip' und die biologische Evolution ästhetischer Urteilskraft. In: Schnell, R. (Hg.): Wahrnehmung, Kognition, Ästhetik. Neurobiologie und Medienwissenschaften. Bielefeld: 35–60.

Wordsworth, William [1815] 2000: I wandered lonely as a cloud. In: Koppenfels, W. v. / Pfister, M. (Hg.): Englische und amerikanische Dichtung, Bd. 2. München.

III.3 Theoretische Naturverhältnisse

Ulrich Krohs

1. Abgrenzung

Die wichtigste Funktion des Herzens ist es, Blut zu pumpen. Das ist seit langem unbestritten. Aber was ist die Funktion der Milz oder des Thymus? Dies herauszufinden war allein durch Beobachtungen im Lazarett oder auf dem Schlachthof nicht zu bewerkstelligen und erforderte auch mehr als die Kenntnis traditioneller Heilkunde. Erst mit Hilfe von physiologischen und immunologischen Untersuchungen konnte diesen beiden Organen ihre jeweilige Funktion für die Reifung und Bereitstellung von Immunzellen zugeschrieben werden. Dies erforderte Experimente und Beobachtungen, das Aufbringen, Verwerfen und erneute Aufbringen und Testen von Hypothesen. Nicht zuletzt erforderte es umfangreiches immunologisches Wissen, das selbst wiederum in Form bestätigter Theorien oder bewährter Modelle sowie anerkannter Experimentierpraktiken vorlag. Die zugeschriebene immunologische Funktion der Milz und des Thymus betrachten wir als Erkenntnis, als Wahrheit, als eine Form theoretischen Wissens über einen Ausschnitt der Natur. Wir haben sie unter Zuhilfenahme anderen theoretischen Wissens erkannt und können sie nutzen, um uns die Welt zu erklären. In einem solchen Erkenntnisprozess stellen wir uns zur Natur in ein theoretisches Verhältnis.

Theoretische Naturverhältnisse sind, wörtlich genommen, schauende Naturverhältnisse (griech. *theorein* = schauen). Schauen ist hierbei jedoch nicht primär als sinnlich wahrnehmend, emotional empfindend oder als ästhetisch betrachtend zu verstehen (→ III.2), sondern als wahrheitsfördernde Tätigkeit. Der Wahrheit wird dabei systematisch nachgespürt, sie kann jedoch nicht allein aus den Beobachtungen abgeleitet werden. Jede theoretische Erfassung der Natur enthält Setzungen und Abhängigkeiten von anderen, bereits als wahr, richtig, heuristisch wertvoll, angemessen etc. akzeptierten Auffassungen. Auch wenn „Schauen" in der philosophischen Tradition oft als Methode direkter Erkenntnis verstanden wurde, verweist es also nach heutiger Sicht gerade nicht auf einen unmittelbaren Zugang zur Wahrheit. Stattdessen kommt im theoretischen Naturverhältnis zur Geltung, dass Erkenntnis notwendigerweise und in hohem Grade vermittelt ist (s.u.).

Dem theoretischen Naturverhältnis entgegengesetzt (z.B. bei Aristoteles) oder an die Seite gestellt (seit der Neuzeit) ist ein praktischer Zugang zur Natur, ein Handeln und Experimentieren an und mit ihr (→ III.4). Dieser Einteilung entspricht die antike Gegenüberstellung von theoretischer und praktischer Lebensform, von *vita contemplativa* und *vita activa* (die sich in der Moderne miteinander verschränken, vgl. Arendt

1958). Auf die wechselseitige Abhängigkeit von Theorie und Experiment in den Naturwissenschaften wird unten kurz gesondert eingegangen.

2. Theorie auch außerhalb der Naturwissenschaften

Schauendes Erkennen der Natur ist, wo es Wahrheitsanspruch erhebt, zwar in zahlreichen seiner Ausprägungen, aber nicht in jedem Fall naturwissenschaftlich. So bieten z. B. die Schöpfungsmythen des Popol Vuh der Quiché und die Schöpfungsgeschichten der Genesis auch einen theoretischen Zugang zur Natur und zu ihrer Geschichte, wenngleich dies nicht ihr einziges Ziel sein mag (→ I.2; II.2; III.8). Entsprechendes gilt für den kontemplativen Zugang zur Welt, der in der Antike und bis ins Mittelalter hinein sehr einflussreich war. Solche Zugänge zeigen, dass wir auch außerhalb und vorgängig zu jeder Naturwissenschaft an Natur theoretisch herantreten. In ausgearbeiteter Form liegt dieses nicht-naturwissenschaftliche theoretische Naturverhältnis in den grundsätzlichen Alternativen der metaphysischen Verfasstheit der Natur vor. Viele zeitgenössische Philosophen betrachten Natur, in dieser Hinsicht geradezu aristotelisch, als eine Ansammlung von Dingen, die Eigenschaften haben, in Relationen zueinander stehen und ständigen Wandlungen unterworfen sind, so z. B. Ian Hacking (geb. 1936) (Hacking 1983). Statt der Dinge können aber auch Prozesse in den Mittelpunkt gerückt werden. Die Welt bestehe primär aus diesen. Einzeldinge würden da gesehen, wo Prozesse sich verdichten und stabilisieren; sie seien sekundäre Bestandteile der Welt, die von Gnaden der Prozesse existieren (Whitehead 1929; Rescher 1995; Bapteste / Dupré 2013). Auch bezüglich mentaler Phänomene bzw. ‚des Geistes‘ finden wir solche grundsätzlichen Alternativen. Mentales kann als Substanz eigener Art angesehen werden, aber auch als Eigenschaft bestimmter Dinge, als Dimension aller Dinge in der Welt, die in denkenden Wesen lediglich eine spezifische Ausprägung findet, oder als Fiktion und bestenfalls heuristisch oder explanatorisch unabdingbares Konstrukt. Ähnliche Vielfalt erlaubt die Deutung der Kausalität (→ II.7) oder diejenige von Raum und Zeit (→ II.4).

3. Theorie und Experiment

Naturwissenschaftliche theoretische Naturverhältnisse beruhen spätestens seit der Renaissance darauf, dass wir uns in ein manipulierendes und testendes, eben in ein experimentelles Verhältnis zur Natur stellen (→ III.4). „If you can spray them, then they are real“, schreibt Hacking (1983: 24) und meint damit, dass wir theoretisch postulierte Dinge wie Elektronen genau dann als tatsächlich existierend annehmen können, wenn wir mit ihnen etwas tun und so einen geplanten Effekt herbeiführen können. Die Theorie – das, was wir für wahr etc. halten – erfordert das Experiment und hängt somit von ihm ab. Diese Abhängigkeit ist aber nicht einseitig. Das Experiment erfordert seinerseits eine vorgängige Theorie. Ohne eine solche könnte der geplante Effekt, der von Hacking zum Kriterium für die Existenz eines postulierten Dinges erhoben wird, weder vorhergesagt, noch könnten die zu seiner Hervorbringung verwendeten Apparaturen konstruiert werden. Experimentelle Naturverhältnisse sind immer schon theorieimprägniert, und das naturwissenschaftliche – nicht aber das metaphysische – theoretische Naturverhältnis ist immer experimentell vermittelt.

4. Naturwissenschaftliche Theorie und Natur

Um überhaupt zu einer akzeptablen Theorie oder auch nur zu einer Gesetzesaussage über Phänomene der Natur zu kommen, müssen die Naturwissenschaften über die reine Beobachtung hinausgehen. Dies ergibt sich zum einen daraus, dass man nicht logisch zwingend von einer – noch so großen – Anzahl von Einzelfällen auf eine allgemeingültige Aussage schließen kann, also aus dem sog. Induktionsproblem. Zum anderen folgt es aus der Verwendung nicht beweisbarer Prämissen wie dem Kausalprinzip (→ II.7), die wir zunächst einmal voraussetzen müssen – um sie dann bei Bedarf einzuschränken. Zum Beispiel wurde die Gültigkeit des Kausalprinzips für den Bereich der Quanteneffekte (→ I.8 / Abschn. 1), aber bisher eben nur für diesen aufgegeben. Zudem muss eine Theorie in der Regel mit Parametern und Variablen arbeiten, deren Entsprechung in der Natur nicht oder noch nicht aufgezeigt werden kann: mit sog. theoretischen Begriffen. Für manche dieser theoretischen Begriffe konnte mit fortschreitender Experimentaltechnik nachgewiesen werden, dass ihnen tatsächlich Entitäten in der Welt entsprechen – so geschehen für den Begriff des Elektrons und inzwischen auch für denjenigen des Higgs-Bosons. Naturwissenschaftliche Theorie scheint jedoch zu keinem Zeitpunkt vollständig frei von theoretischen Begriffen sein zu können, über deren Entsprechung in der Welt wir vorübergehend oder dauerhaft im Unklaren sind. Aus solchen, die empirischen Befunde überschreitenden theoretischen Annahmen ergeben sich Spielräume philosophischer Interpretation naturwissenschaftlicher Theorien, die nun anhand des einführenden Beispiels biologischer Funktionsaussagen aufgezeigt werden sollen:

Oben wurde nach den Funktionen von Thymus und Milz gefragt. Wir können aber hinter solch spezifische Fragen auf die allgemeine Problematik zurückgehen: Was heißt es genau, dass ein Organ eine bestimmte Funktion hat? Naheliegend scheint die Erläuterung, eine Funktion zu haben heiße, dazu da zu sein, etwas zu machen oder zu bewirken. Die Antwort wäre also zugleich eine Antwort auf die aristotelische Frage nach dem Worumwillen, nach dem *telos*, nach dem Ziel oder Zweck eines Dinges. Die biologische Funktionszuschreibung konfrontiert uns somit unmittelbar mit der Problematik, ob und unter welchen Bedingungen Zwecke in der Natur ausgewiesen werden können. Problemlos scheint die Annahme von Zwecken nur im Falle von Handlungszielen zu sein. Steinen oder Himmelskörpern, denen wir keine Intentionen und keine Handlungsfähigkeit zuerkennen, würden wir hingegen keine Ziele zuschreiben. Solch eine Zuschreibung schiene keinen Erklärungsgewinn zu bieten. Funktionszuschreibungen in der Biologie bieten jedoch einen Erklärungsgewinn. Erst sie erlauben es, die Subsysteme biologischer Systeme zu individuieren und über die Systemrelevanz verschiedener Wirkungen der Systemkomponenten zu urteilen, und erst sie ermöglichen es, davon zu sprechen, dass ein Organ geschädigt oder ausgefallen ist, eine Fehl- oder Dysfunktion zeigt. Indem wir durch Angabe der Funktion benennen, wozu ein Organ, auch ein geschädigtes, „eigentlich" da ist, beurteilen wir das Organ normativ bezüglich der Erfüllung seines Zwecks.

Diese Normativität biologischer Funktionszuschreibungen fordert die philosophische Reflexion biologischer Theoriebildung heraus, denn sie passt zunächst nicht in das Bild einer Naturwissenschaft, die Phänomene zwar beschreibt, aber nicht nach Zwecken beurteilt. Um seine Normativität verständlich zu machen, muss der Funktionsbegriff philosophisch erläutert werden. Dabei wird heute in der Regel ein Naturalismus unterstellt, d. h., es werden keine nicht-natürlichen Gegenstände und Einflüsse zugelassen. Die Norm, die korrekte Funktion und Dysfunktion voneinander scheidet, muss demnach etwas in der Natur sein. Meist wird gesagt, Funktionen seien diejenigen Wirkungen eines Organs, wegen derer es im Selektionsprozess geformt und erhalten worden sei, wofür es also adaptiert sei (Millikan 1984; Neander 1991). Eine bestimmte Funktion zu haben sei eine echte Eigenschaft eines Organs, diese brauche jedoch nicht mehr aktualisierbar zu sein.

Dass eine Eigenschaft allein in der (evolutionären) Geschichte verankert ist und ggf. am betrachteten Objekt, dem sie zugeschrieben wird, gar nicht mehr vorhanden und auch nicht aktualisierbar ist, scheint zumindest ungewöhnlich, wenn nicht ontologisch problematisch zu sein. Keine andere Klasse von Eigenschaften, die in der Ontologie behandelt wird, weist dieses Charakteristikum auf. Deshalb deuten andere Autoren den biologischen Funktionsbegriff nicht naturalistisch, sondern instrumentalistisch: Die Funktion eines Organs ist dessen Beitrag zu einer organismischen Leistung gemäß unserer abstrakten Rekonstruktion dieser Leistung (Cummins 1975). Nur in einer bestimmten Konzeptualisierung von Lebewesen können demnach Funktionen überhaupt zugeschrieben werden, sie sind nicht schon beschreibungsunabhängig in der Natur vorfindbar. Die Zuschreibung dient der Strukturierung der Natur und damit unseren Erkenntniszwecken (Ratcliffe 2000). Auch Kant sah die Betrachtung der Lebewesen nach Gesichtspunkten der Zweckmäßigkeit ihrer Organisation als ein methodologisches Prinzip der Biologie an, das er jedoch – hierin strenger als die Instrumentalisten – als ein *unverzichtbares* Prinzip entwickelt (Kant 1790 / 1793).

Wie das Beispiel zeigt, ist das theoretische Naturverhältnis, das sich in biologischen Funktionszuschreibungen ausdrückt, keinesfalls schon allein durch die Theorie vollständig bestimmt. Das Verhältnis kann auf basaler Ebene unbestimmt sein und in einem solchen Fall je nach Perspektive realistisch bzw. naturalistisch, instrumentalistisch oder auch konstruktivistisch oder kulturalistisch ausgedeutet werden. Die jeweilige Interpretation ändert nichts an den Funktionsaussagen, welche die Biologie macht, oder an den biologischen Theorien, in denen sie verankert sind. Nicht die naturwissenschaftliche Theorie, sondern deren philosophische Deutung legt fest, ob Funktionen als etwas in der Natur oder als unser Werkzeug zur Strukturierung der Natur zu gelten haben. Naturwissenschaftliche theoretische Naturverhältnisse, die experimentell vermittelt sind, und metaphysische Naturverhältnisse spielen hier zusammen – wie auch bezüglich des Verständnisses von Kausalität (→ II.7) und zahlreicher weiterer grundlegender Aspekte naturwissenschaftlicher Weltbeschreibung.

5. Passung oder Vermittlung zwischen Theorie und Natur

Theorie und Natur sind unterschiedlicher Art – so unterschiedlich, dass häufig die Passung von Theorie auf Natur problematisiert wird. Traditionell fragte man v. a., weshalb denn die Mathematik (→ I.3) auf die Natur passe, obwohl Zahlen und andere mathematische Entitäten abstrakt und zeitlos seien, die Natur hingegen aus konkreten zeitlichen Gegenständen bestehe.

Eine mögliche Antwort ist, Natur als grundlegend mathematisch verfasst anzusehen, als im wörtlichen Sinne aus mathematischen Verhältnissen bestehend, so Platon (428 / 427–348 / 347 v. Chr.) im *Timaios* (→ I.3 / Abschn. 1) und zuvor Pythagoras (um 570–um 495 v. Chr.). Eine Abschwächung erfährt diese Position bei Galileo Galilei (1564–1642) (→ I.3 / Abschn. 1), der Mathematik als die Sprache ansah, in der das Buch der Natur geschrieben sei. Nicht die Natur selbst ist demnach mathematisch, wohl aber die ihr zu Grunde liegenden Prinzipien; und insofern das theoretische Naturverhältnis seit der Renaissance als eines erscheint, das diese Prinzipien aufspürt, bietet die Mathematik den adäquaten Zugang zur Natur. Auch für Immanuel Kant (1724–1804) ist Natur mathematisch verfasst, allerdings nicht schon unabhängig von unserer Erfahrung (→ I.3 / Abschn. 3). Natur ist für ihn immer erkannte Natur. Als solche ist sie durch unseren Erkenntnisapparat so strukturiert, dass die Anwendbarkeit der Mathematik auf sie außer Frage steht: Raum und Zeit (→ II.4), von Kant verstanden als die reinen Formen der Anschauung, ermöglichen einerseits Geometrie und Arithmetik und strukturieren andererseits unsere Erfahrungen räumlich und zeitlich. Natur ist deshalb geometrisierbar und arithmetisierbar. Ein dritter Weg, die Passung der Mathematik auf die Natur zu erklären, besteht darin, die Mathematik als ein System zu entwerfen, das auf der Beschreibung der Natur beruht, z. B. indem Zahlen als Mächtigkeiten von Mengen – zunächst von Mengen von Dingen in der Welt – verstanden werden und die gesamte Mathematik aus der Mengenlehre entwickelt wird, so bei Georg Cantor (1845–1918). Diese grundlegende Konzeption der Mathematik als aus dem Umgang mit der Welt gewonnen findet weitere Ausformungen im mathematischen Intuitionismus von L. E. J. Brower (1881–1966) und Arend Heyting (1898–1980) sowie in der konstruktivistischen Proto- und Metamathematik von Paul Lorenzen (1915–1994).

Für die genannten Ansätze stellt die Passung zwischen Theorie und Natur keine weitere Herausforderung dar. Eine Vermittlung ist nicht erforderlich, da das theoretische Naturverhältnis entweder zur Natur gleichsam dazugehört, oder da die Natur von vornherein durch unsere Mathematik imprägniert ist, oder aber weil die Natur uns bei der Entwicklung der Mathematik leitet. Ganz anders stellt sich die Problematik dar, wenn naturwissenschaftliche Theorien als abstrakte, logisch-mathematische Satzsysteme konzipiert werden wie im logischen Positivismus z. B. von Rudolf Carnap (1891–1970). In einer solchen Konzeption kann eine ‚natürliche Passung‘ nicht einfach vorausgesetzt werden. Die Natur wird stattdessen zu einer Interpretation des Satzsystems: Naturdinge werden den Symbolen der Theorie zugeordnet, die Passung wird über Interpretationsregeln gesichert. Alternativ dazu sehen sog. modelltheoretische oder semantische Ansätze die Passung in Strukturgleichheit oder Ähnlichkeit zwischen Phänomen und theoretischem Modell, so Bas C. van Fraassen (geb. 1941) und Ronald N. Giere (geb. 1938) in ihren Arbeiten bis circa zum Jahr 2000 sowie Joseph D. Sneed (geb. 1938) und Wolfgang Stegmüller (1923–1991).

Naturphilosophisch unbefriedigend mag an den wissenschaftsphilosophisch wirkmächtigen Positionen des logischen Empirismus und der semantischen Ansätze erscheinen, dass die Passung zwischen Mathematik und Natur nicht mehr begründet, sondern nur noch konstatiert und beschrieben werden kann. Sind aber Natur und Theorie einander derart fremd, drängt sich auch bei bester struktureller Passung wieder die Frage nach der Vermittlung zwischen Theorie und Natur auf. Die derzeit vielversprechendsten und am eingehendsten diskutierten Antworten darauf beruhen auf der Annahme, dass eine Vermittlung zwischen Theorie und Natur, insb. zwischen Theorie und experimentell untersuchter Natur, nur durch eine Instanz erfolgen kann, die Aspekte beider Pole in sich vereint. Die Vermittlung erfordert demnach ein epistemisches Werkzeug, das einerseits theoretisch, andererseits selbst Gegenstand empirischer, experimenteller Untersuchung ist – in dieser zweiten Hinsicht also zugleich naturhaft. Als ein solches epistemisches Werkzeug werden naturwissenschaftliche Modelle unterschiedlichster Ausformung angesehen: konkrete, z. B. maßstabsgerechte Modelle; Computersimulationsmodelle, mit deren Parametern experimentiert wird; idealisierende theoretische Modelle, deren Idealisierungen probehalber modifiziert werden; aber auch der Natur entnommene und in der Folge modifizierte Modelle, z. B. Modellorganismen. Somit kann die kategoriale Kluft zwischen Theorie und Natur durch ‚Modelle als Vermittler' überbrückt werden (Morgan / Morrison 1999). Da diese Modelle ihre Rolle nur in den Händen von Wissenschaftlerinnen und Wissenschaftlern spielen, die mit ihnen etwas Bestimmtes machen und sie so als Vermittler *verwenden*, hat dieser Ansatz einen stark pragmatistischen Zug.

6. Theorie und die Frage nach der Einheit der Natur

Abschließend soll gefragt werden, wie die Natur außer in ihren einzelnen Komponenten und Phänomenen auch als ein Ganzes theoretisch dargestellt werden kann. Ein solcher Ansatz liegt z. B. dem im logischen Positivismus vertretenen Projekt einer Einheitswissenschaft zu Grunde: Natur soll auf allen Ebenen mit derselben – letztlich physikalischen – Methodik untersucht und in einer – ebenfalls physikalischen – Universalsprache beschrieben werden (Carnap 1934). Jedoch hat sich gezeigt, dass weder der Bereich der Phänomene, die Natur nach dieser Sicht ausmachen, klar abzustecken ist, noch eine Methode ausgewiesen werden kann, die auf den gesamten Bereich der Natur und nur auf diesen anwendbar ist. Zudem lassen sich z. B. normative Funktionsaussagen (s. o.) nicht in physikalische Sprache übersetzen. Trotz dieser Schwierigkeiten strebt zumindest die Kosmologie (→ II.3) weiterhin an, eine einheitliche Beschreibung der gesamten Natur zu entwickeln.

Im Gegensatz zu solchen Vereinheitlichungsbestrebungen suchen antireduktionistische und pluralistische Ansätze nach Möglichkeiten, Natur als ein facettenreiches Ganzes zu verstehen, das aus unterschiedlichen Perspektiven je unterschiedlich erscheint, ohne dass die perspektivischen Bilder jemals miteinander kompatibel gemacht werden könnten (Giere 2006; Mitchell 2009). Umso näher liegt dann die Einsicht, dass naturwissenschaftlich-theoretische Naturverhältnisse allein die Einheit der Natur gar nicht konstituieren können, sondern nur ein wichtiger Aspekt sind, unter dem Natur betrachtet werden kann. Sofern man überhaupt von einer Einheit der Natur sprechen kann, ergibt sich diese nicht in naturwissenschaftlich-theoretischem Verhältnis allein, sondern erst im Zusammenspiel vieler unterschiedlicher Arten von Naturverhältnissen (Krohs 2014). Bereits innerwissenschaftlich sind dabei auch experimentelle Naturverhältnisse (→ III.4) zu berücksichtigen; aber auch anders geartete, z. B. ästhetische und religiöse Naturverhältnisse (→ III.2; III.8) sind daran beteiligt, dem naturwissenschaftlichen Zugang *die* Natur als einheitlichen Gegenstand zu geben.

Literatur

Arendt, Hannah [1958] ³2002: Vita activa oder Vom tätigen Leben. München.
Bapteste, Eric / Dupré, John 2013: Towards a processual microbial ontology. In: Biology and Philosophy 28: 379–404.
Carnap, Rudolf 1934: Logische Syntax der Sprache. Wien.
Cummins, Robert 1975: Functional analysis. In: The Journal of Philosophy 72: 741–765.
Giere, Ronald N. 2006: Scientific Perspectivism. Chicago.
Hacking, Ian 1983: Representing and Intervening. Introductory Topics in the Philosophy of Natural Science. Cambridge.
Kant, Immanuel [1790 / 1793] 1913: Kritik der Urteilskraft. In: Kant's gesammelte Schriften, Bd V. Hg.: Königlich Preußische Akademie der Wissenschaften. Berlin: 165–485.
Krohs, Ulrich 2014: Natur naturwissenschaftlich erkennen. In: Hartung, G. / Kirchhoff, T. (Hg.): Welche Natur brauchen wir? Analyse einer anthropologischen Grundproblematik des 21. Jahrhunderts. Freiburg: 35–49.
Millikan, Ruth G. 1984: Language, Thought and Other Biological Categories: New Foundations for Realism. Cambridge / MA.
Mitchell, Sandra D. 2009: Unsimple Truths: Science, Complexity and Policy. Chicago.
Morgan, Mary S. / Morrison, Margaret (Hg.) 1999: Models as Mediators: Perspectives on Natural and Social Science. Cambridge.
Neander, Karen 1991: Functions as selected effects: The conceptual analyst's defense. In: Philosophy of Science 58: 168–184.
Ratcliffe, Matthew 2000: The function of function. In: Studies in the History and Philosophy of Biological and Biomedical Sciences 31: 113–133.
Rescher, Nicholas 1995: Process Metaphysics: An Introduction to Process Philosophy. Albany.
Whitehead, Alfred N. [1929] 1979: Process and Reality: An Essay in Cosmology. Corrected Edition. Hg.: D. R. Griffin / D. W. Sherburne. New York.

III.4 Experimentelle Naturverhältnisse

Reinhard Schulz

1. Laborexperiment und Selbstversuch

Reinhard arbeitet in einem molekulargenetischen Forschungsprojekt zum Atmungsstoffwechsel von Hefezellen. Er analysiert das Zusammenspiel der Proteine der Atmungskette (Cytochrome). Bei den dafür notwendigen genetischen Experimenten werden durch die Erzeugung verschiedener Mutanten und durch die mit Hilfe verschiedener Nährmedien (Umwelten) erzielten Selektionen nach und nach jene Mutanten identifiziert, die im Unterschied zum Wildtyp Defekte in den Cytochromen der Atmungskette aufweisen. Anschließend kann durch biochemische Experimente mit diesen Mutanten festgestellt werden, welche Untereinheiten der Cytochrome durch den Ausfall ihrer Funktionen von den Mutationen betroffen sind. So wird durch die Wiederzusammensetzung von Teilfunktionen der Cytochrome und deren Wechselwirkung eine Theorie der Atmungskette entwickelt, die es aufgrund des universellen Charakters der biologischen Evolution (→ I.7) erlaubt, von den Funktionen des Modellsystems Hefe auf die Zellatmung *aller* Organismen bis hin zum Menschen zu schließen.

Siegfried ist Mitglied von *Quantified Self,* einem Netzwerk von Anbietern und Anwendern digitaler Produkte zur Selbstoptimierung in den Bereichen Sport, Gesundheit, Ernährung usw. (vgl. Grasse / Greiner 2013). Siegfried hat privat wie beruflich großes Interesse an Fragen der Gesundheit, wobei er sich wesentlich weniger für Medizin als vielmehr für personalisierte Gesundheit interessiert. Er ist der Meinung, alles müsse personalisiert werden, weil Menschen nun einmal individuell sind. Parameter seiner Ernährung wie Kohlenhydrate, Fette, Eiweiße, Mineralien, Aminosäuren und Vitamine speichert er zusammen mit seinem Gewicht in einer Datenbank; wieviel er pro Tag läuft, lässt er direkt über sein *Self-tracking*-Armband in eine Cloud im Internet hochladen. Zur Kontrolle hat er seine Daten über eine App auf dem Smartphone jederzeit griffbereit. Dieser Selbstversuch dient ihm dazu, einen möglichst großen Unterschied herzustellen zwischen einem wünschenswerten metabolischen Alter (einem für eine bestimmte Altersgruppe statistisch angenommenen Idealwert bestimmter Stoffwechseldaten), das er anhand standardisierter Messwerte ermitteln kann, und seinem tatsächlichen biologischen Lebensalter. Manchmal tauscht er mit seinen Freunden in sozialen Netzwerken die erhobenen Daten aus, um zu beweisen, wie jung er im Vergleich zu seinen Altersgenossen ist.[1]

Reinhard und Siegfried realisieren sehr unterschiedliche experimentelle Naturverhältnisse. Während Reinhard mittels Laborexperimenten einen Beitrag zur wissenschaftlichen Naturforschung leistet, der sich dem internationalen Forschungsstand der Disziplin, den zur Verfügung stehenden experimentellen Methoden und dem Vorhandensein eines Modellsystems mit kurzen Generationszeiten der biologischen Organismen (Hefen) und einfacher Handhabung verdankt, besteht Siegfrieds Interesse darin, mithilfe von Selbstversuchen, die auf naturwissenschaftlichem Fachwissen beruhen, seiner eigenen Natur ein Schnippchen zu schlagen, indem er seine Körperfunktionen durch gezielte Einflussnahme optimiert. Siegfrieds Beispiel steht für solche Formen experimenteller Naturverhältnisse, in denen nicht, wie bei Reinhard, das cartesianisch-baconische Paradigma der universellen Naturbeherrschung und Weiterentwicklung naturwissenschaftlicher Theorien auf der Grundlage eines Wechselspiels von Theorie und Experiment (→ III.3) im Vordergrund steht, sondern der persönliche und kontinuierliche Selbstversuch.

Innerhalb der neuzeitlichen Geschichte der Naturwissenschaften sind Experiment und Theorie eng miteinander verbunden. Ohne die Erfolgsgeschichte des Experiments ist der Aufstieg der Naturwissenschaften im Verlauf des 19. Jhs. gar nicht vorstellbar. Exemplarisch für dieses Selbstverständnis der experimentellen Naturwissenschaften ist Justus von Liebig (1803–1873). Er sah es als Verdienst der experimentellen Forschung an, dass sie die Naturwissenschaften von den Spekulationen der romantischen Naturphilosophie, wie sie Friedrich W. J. Schelling (1775–1854) (→ I.6) vertrat, befreite. In der Geschichtsschreibung der Naturwissenschaften wird eine Debatte über die Rolle des Experiments bis heute breit geführt. Die Rollenzuschreibungen hätten dabei jedoch unterschiedlicher kaum sein können. Für die Vertreter des Wiener Kreises, z. B. Moritz Schlick (1882–1936), steht das Experiment noch ganz im Schatten der Theorie und Karl R. Popper (1902–1994) weist dem Experiment die Aufgabe der Falsifikation von Theorien zu. Eine solche positivistische Auffassung ist bis heute Kernbestand der *Wissenschaftstheorie*. Die überlieferte positivistische Idee eines auf Francis Bacon (1561–1626) und Isaac Newton (1643–1727) zurückgehenden „experimentum crucis" (entscheidendes Experiment) wird in der Wissenschaftstheorie angezweifelt. Im Rahmen von Imre Lakatos' „raffinierten Falsifikationen", wonach einzelne Theorien nie isoliert, sondern nur im Rahmen von „Forschungsprogrammen" falsifiziert werden können, ist die Idee der Falsifikation dann weiter präzisiert worden (Lakatos 1978). Die mit dem „experimentum crucis" noch bestehende Hoffnung erwies sich damit als illusionär. Denn es zeigte sich, dass Experimente selbst in die Welt eingreifen und Laborbedingungen gerade *nicht* Natur abbilden können. Weiterhin erwies sich, dass es einen auch durch Experimente nicht eliminierbaren Einfluss kultureller Deutungsmuster auf die Theoriebildung in den Naturwissenschaften gibt (Schulz 2007).

Mit Ludwik Fleck (1896–1961) und Thomas S. Kuhn (1922–1996) beginnt eine

---

1 Das erste Beispiel beruht auf Erfahrungen des Autors dieses Beitrags während seiner Zeit als studentische Hilfskraft in einem Bielefelder Forschungslabor, das zweite ist ausgedacht auf der Basis der Lektüre von Texten zur Selbstoptimierung.

neue Phase der Aufwertung und Verselbständigung des Experiments, dem zunehmend sogar ein „Eigenleben" gegenüber der Theorie zugesprochen wird, weil bei den experimentellen Untersuchungen auch etwas gefunden werden kann, wonach die Forscher gar nicht gesucht haben (Rheinberger 2001). Mit den Begriffen „Denkstil" und „Denkkollektiv" (Fleck 1935) betonte Fleck die kollektive Natur der Forschung. In seinem Aufsatz „Schauen, sehen, wissen" hebt er den Aspekt des gerichteten Sehens in einem Denkkollektiv hervor: „Wir schauen mit den eigenen Augen, aber wir sehen mit den Augen des Kollektivs Gestalten, deren Sinn und Bereich zulässiger Transpositionen das Kollektiv geschaffen hat" (Fleck [1947] 1983: 157). Mit dieser Hervorhebung von Forschergemeinschaften und dem kollektiven und paradigmatischen Charakter von Experimenten erfolgte der Übergang von der Wissenschaftstheorie zur *Wissenschaftsgeschichte*. Die an diese Tradition anschließende moderne *Wissenschaftsforschung* konnte dann in den vergangenen fünfzig Jahren auf der Grundlage der Analyse einzelner Fallbeispiele eindrucksvoll zeigen, wie naturwissenschaftliche Theorien und Experimente historisch und gesellschaftlich eingebettet sind (s. z. B. Collins 1985; Shapin / Schaffer 1985; Galison 1987; Pickering 1992).

In jüngerer Zeit wird zudem die Inbezugnahme des Experimentbegriffs auch in nichtnaturwissenschaftlichen Kontexten thematisiert (s. z. B. Schmidgen et al. 2004). Ein so erweiterter Experimentbegriff (Berg 2009) wirft ein besonderes Licht auf das Beispiel Siegfried (s. o.). Es erweist sich als Beispiel für eine fortgeschrittene „Technisierung der Lebenswelt", die Hans Blumenberg (1920–1996) 1963 mit einem unheimlichen Befund verband: „Es enthüllt sich als die eigene ‚Teleologie' des Prozesses der Technisierung, daß er sich die Lebenswelt als eine abhängige Größe zuordnet, indem er nicht nur Sachen und Leistungen produziert, sondern auch das scheinbar Unproduzierbare herstellbar macht, nämlich Selbstverständlichkeit" (Blumenberg [1963] 1981: 38). Damit greift er wesentliche Gedanken aus der *Krisis*-Schrift von Edmund Husserl (1859–1938) auf, die ab 1935 entstand. Denn mit dem Erzeugen der Selbstverständlichkeiten generieren die modernen Wissenschaften auch „das Zutagetreten von rätselhaften, unauflöslichen Unverständlichkeiten, [...] die den früheren Zeiten fremd waren" (Husserl [1936] 1996: 4 / § 2). Laut Husserl führen sie alle „auf das Rätsel der Subjektivität" zurück (ebd.) (→ III.1). Indem Siegfried, im Unterschied zu Reinhard, nicht nur technisch-experimentelle „Sachen und Leistungen produziert", sondern diese als eine für ihn neue Selbstverständlichkeit selber *lebt*, zeigt er beispielhaft, wie *selbstverständlich* ein experimentelles Naturverhältnis in naher Zukunft für uns werden könnte.

Um diese experimentellen Naturverhältnisse außerhalb der Naturwissenschaften soll es im Folgenden, anders als in Standardlehrbüchern der Wissenschaftstheorie (z. B. Carrier 2017; Poser 2012), v. a. gehen. Damit wird ein von diesen Standards abweichender Blick auf die externen Folgen der Naturwissenschaftsgeschichte möglich, der unter Bezugnahme auf Friedrich Nietzsche und Bruno Latour versucht werden soll. Die gesellschaftliche Wirkungsmächtigkeit der Naturwissenschaften manifestiert sich nämlich nicht nur in ihren theoretischen und experimentellen Erfolgen und den daraus hervorgehenden technischen Produkten, sondern auch in unserem menschlichen Selbstverständnis (→ II.11). Zu analysieren ist dafür weniger der experimentelle

Zugang der Naturwissenschaften zur Natur, als vielmehr unser sich unter dem Einfluss der Naturwissenschaften veränderndes *Selbstverhältnis*.

2. Nietzsche: Experimentelle Wirkung versus philosophischer Wahrheit

Es ist bemerkenswert: Die Erfolgsgeschichte der Naturwissenschaften schrieb sich im 20. Jh. ungebrochen fort und ließ wenig Raum für kritische Auseinandersetzungen bzw. blieben jene, die dennoch stattfanden, lange Zeit unbeachtet. So schreibt Nietzsche (1844–1900) bereits ein Jahrhundert vor dem Aufkommen der modernen Wissenschaftsforschung: „Wir sind Experimente: wollen wir es auch sein!" (Nietzsche [1881: Aphorismus 453] 2013a: 255) „Wir dürfen mit uns selber experimentieren! Ja die Menschheit darf es mit sich!" (Ebd. [Aphorismus 501] 2013a: 274) Bei diesem Satz dürfte es sich um eine ambivalente Reaktion auf die im 19. Jh. anwachsende Bedeutung der experimentellen Naturwissenschaften handeln. *Wirkung statt Wahrheit*, so könnte man die neue, von Nietzsche ausgerufene Losung nennen, denn die bis dahin vorherrschenden metaphysischen Systeme und wissenschaftlichen Wahrheiten sahen sich plötzlich der Wirkungsmächtigkeit und umgestaltenden Kraft von biologischer Evolution, technischem Fortschritt und die Lebensbedingungen verändernder Industrialisierung ausgesetzt.

Mit dieser metaphysikkritischen Zäsur am Ende des 19. Jhs. rückt der *Nutzen* von Erkenntnissen für das menschliche Leben (Nietzsche 1880: Aphorismus 122) in den Vordergrund. Damit dreht sich das Fundierungsverhältnis von Denken und Leben quasi um und kann von nun an nicht mehr aus sich selbst heraus interpretiert werden (antike Ontologie, göttliche Ordnung, Transzendentalphilosophie). Die Transzendentalphilosophie wird in Mitleidenschaft gezogen, weil, so Nietzsche, auch die Vernunftideen (für Kant sind das Gott, Freiheit und Unsterblichkeit) ihren Nutzen für das Leben erweisen müssen. Dem entspricht der hypothetische, jederzeit für Widerlegungen offene Charakter der neuzeitlichen Naturwissenschaften, wonach eine Erkenntnis nur solange einen Wahrheitsanspruch für sich reklamieren kann, wie sie nicht widerlegt worden ist (Popper 1935). Diese Entwicklung erweitert sich zu dem Befund „einer radikalen *Kontingenz*, die sich nicht in den offenen Spielräumen einer vorgegebenen Ordnung erschöpft, sondern deren Bestand selbst antastet" (Waldenfels 2001: 16). Bernhard Waldenfels (geb. 1934) kennzeichnet die Infragestellung von „Ganzheitsvision[en]" (ebd.) als Charakteristikum der Moderne, wofür die Naturwissenschaften aufgrund ihres hypothetischen Charakters und der Vorstellung von einem unendlichen Fortschritt (→ I.5) das beste Beispiel wären. Für das Verständnis des Experiments selbst hat diese Entwicklung eine weit reichende Konsequenz: Es wird als alleiniges Prüfkriterium für naturwissenschaftliche Theoriebildung unter den kontrollierten Randbedingungen von Laborversuchen aufgefasst und in Analogie zur Kontingenzerfahrung der Moderne insgesamt auf den Rahmen einer existenziellen Erprobung des Neuen erweitert. Letztlich wird so die moderne menschliche Existenzweise als Experiment mit offenem Ausgang stilisiert und der ungewisse Ausgang eines Laborexperiments zur Metapher unseres Lebens.

3. Latour: Kollektives Experimentieren

Was bei Nietzsche im 19. Jh. mit einer durch die experimentellen Naturwissenschaften gesteigerten Vernunftkritik und dem Verweis auf die Kontingenz allen menschlichen Lebens seinen Anfang nimmt, erfährt mit der Wissenschaftsforschung unserer Tage seine Vollendung als These einer „Kultur im Experiment" (Schmidgen et al. 2004). Die Rede von experimentellen Naturverhältnissen soll hiermit als kulturell vermittelt verstanden werden. Gegensatzpaare wie Natur / Kultur, Natur / Technik und Natur / Geist werden als das Ergebnis einer kontinuierlichen „Reinigungs- und Übersetzungsarbeit" (Latour 1995: 20) gedeutet, die das moderne Denken und die für es geläufigen Gegensatzpaare erst hervorgebracht habe. Bruno Latour (geb. 1947) sieht es als notwendig zur Bewältigung der sog. Ökologischen Krise an, alle diese Gegensätze, die mit Platons *Höhlengleichnis* (Der Staat: Buch VII) ihren Anfang genommen hätten, einer radikalen Kritik zu unterziehen (Latour 2001: 22–32), weil sie zu folgendem alarmierenden Ergebnis führten: „Nach dem Tode Gottes und des Menschen[2] mußte auch die Natur endlich abtreten. Es war an der Zeit: sonst hätte man bald überhaupt keine Politik mehr machen können" (ebd.: 41). Latour sieht im hegemonialen Anspruch der Naturwissenschaften auf wissenschaftliche Wahrheit und dem damit verbundenen Expertentum ein unüberwindliches Hindernis für eine offene, von Experten unabhängige Politik der vielen gemeinschaftlich auszuhandelnden „Wahrheiten". Er möchte, dass der Weg frei wird, um mit einer ,experimentellen Metaphysik' den „Mononaturalismus und seine verheerende Folgeerscheinung, den Multikulturalismus" (ebd.: 172), überwinden zu können. Letztlich geht es Latour daher um eine Überwindung des Gegensatzes von Natur und Politik, den er im Gegensatz von naturwissenschaftlicher Expertokratie, der „Kompetenz der Weißkittel" (ebd.: 182), und öffentlicher Meinung repräsentiert sieht. Platons *Höhlengleichnis* verkörpere die Urszene dieses Gegensatzpaares: Es erscheint Latour programmatisch, dass es in dem Gleichnis nur wenige gibt, die zum Übergang zwischen dem Inneren der Höhle (Meinung, griech. *doxa*) und dem Äußeren der Höhle (Wissen, griech. *episteme*) in der Lage sind, und daher „auf der einen Seite das Geschwätz der Fiktionen, auf der anderen Seite das Schweigen der Realität" (ebd.: 27) – gemeint ist eine unverständliche wissenschaftliche Wahrheit – verstehen können. Damit nicht länger die ,Gewissheit' des Mononaturalismus der Experten das letzte Wort haben könne, sei gemeinschaftliches Experimentieren gefordert. Latour macht hier mit der allgemein auch als *citizen science* bezeichneten Idee jene Merkmale des Experiments stark, die der Kontingenz besonders gut Rechnung tragen können und die Indienstnahme des Experiments ausschließlich für die naturwissenschaftliche Forschung sprengen. Eine politisch aufgefasste Natur bleibt in dieser Perspektive

---

2 Den Tod Gottes hatte Nietzsche ([1882: Aphorismus 108] 2013b: 121), das „Verschwinden des Menschen" Foucault ([1966] 1974: 460) beschworen.

notwendigerweise umstritten, weil die hegemoniale Expertenkultur ihre bisherige, wesentlich durch experimentelle Forschung aufrechterhaltene Vormachtstellung in Frage gestellt sieht (vgl. Collins 2014).

4. Kollektive experimentelle Naturverhältnisse

Unter den Rahmenbedingungen von Technisierung, Industrialisierung, Kollektivierung und Disziplinierung, wie sie in modernen Gesellschaften herrschen, sind „wir alle in eine Reihe kollektiver Experimente einbezogen [...], die über die engen Grenzen der Laboratorien hinausgehen" (Latour 2004: 18). Gegenwärtige experimentelle Naturverhältnisse, wie die von Siegfried und Reinhard, lassen sich auf dieses Eingebundensein in kollektive Experimente zurückführen. Wenn hier von „Experiment" die Rede ist, soll sowohl der offene Ausgang dieses „kollektiven Experiments" wie auch die Wechselwirkung der beteiligten Akteure mit den jeweiligen Artefakten betont werden. Der Bezugspunkt einer solchen Perspektive – die beim „Paradigma" der Forschergemeinschaften (Kuhn 1962: 57–64) in den Naturwissenschaften seinen Ausgangspunkt nimmt, aber deren Perspektive überschreitet – kann nicht länger in einem intentionalen Subjekt oder der Willensbestimmung einzelner Menschen oder Forschergruppen gesucht werden, sondern verdankt sich ganz wesentlich der Macht kollektiver Gewohnheitssysteme, die umgekehrt wiederum aus der ‚Summierung‘ vieler Einzelwillen resultieren. In diesem Spannungsfeld erwerben die Akteure nach und nach Befähigungen, die es ihnen erlauben, experimentelle Naturverhältnisse durch die Einübung bestimmter Körperpraktiken der Arbeit, des Konsums, der Fortbewegung, der Ernährung, des Sports usw. kompetent einzugehen. Das Wortpaar ‚experimentelle Naturverhältnisse‘ erscheint besonders geeignet, da in diesen Praktiken durch die Beteiligung des menschlichen Körpers ein ‚Stück Natur‘ in ihre Charakterisierung mit eingeht (→ III.1). Damit ist gemeint, dass die Natur-Körper immer *mitspielen*, d. h. die angebotenen Spielräume unter Zugrundelegung der jeweiligen Praktiken ausfüllen, an ihnen scheitern oder diese auch überschreiten können. Unter Bezugnahme auf Pierre Bourdieu (1930–2002) ließen sich diese Befähigungen auch als „symbolisches Kapital" bezeichnen, das zu unterschiedlichen Stilisierungsmöglichkeiten und Distinktionsgewinnen, aber auch Verlusten gegenüber anderen Mitgliedern der Gesellschaft führen kann (Bourdieu 1987). Damit wird der relationale Charakter experimenteller Naturverhältnisse besonders deutlich, weil innerhalb des jeweiligen Verhältnisses ein permanentes Wechselspiel zwischen äußeren Zwängen und inneren Dispositionen zu verzeichnen ist und die Verschiebungen auf der einen Seite ohne den Anstoß von der jeweils anderen Seite nicht zu verstehen sind. Siegfrieds Datenbank erscheint in dieser Hinsicht wie eine „Unterwerfung als Freiheit", indem der „fitte Körper" sich in der Ambivalenz von dauernder Anforderung (der Anpassung) und eigenem Weg (persönlicher Freiheit) ausbalancieren muss (Schreiner 2015: 58–67).

Literatur

Berg, Gunhild 2009: Zur Konjunktur des Begriffs ‚Experiment' in den Natur-, Sozial- und Geisteswissenschaften. In: Eggers, M./Rothe, M. (Hg.): Wissenschaftsgeschichte als Begriffsgeschichte. Terminologische Umbrüche im Entstehungsprozess der modernen Wissenschaften. Bielefeld: 51–82.

Blumenberg, Hans [1963] 1981: Lebenswelt und Technisierung unter Aspekten der Phänomenologie. In: ders: Wirklichkeiten in denen wir leben. Stuttgart: 7–54.

Bourdieu, Pierre [1979] 1987: Die feinen Unterschiede. Kritik der gesellschaftlichen Urteilskraft. Frankfurt/M.

Carrier, Martin ⁴2017: Wissenschaftstheorie zur Einführung. Hamburg.

Collins, Harry M. [1985] 1992: Changing Order: Replication and Induction in Scientific Practice. London.

– 2014: Are We All Scientific Experts Now? Cambridge.

Fleck, Ludwik [1935] 1980: Entstehung und Entwicklung einer wissenschaftlichen Tatsache. Einführung in die Lehre vom Denkstil und Denkkollektiv. Frankfurt/M.

– [1947] 1983: Schauen, sehen, wissen. In: ders.: Erfahrung und Tatsache. Frankfurt/M.: 147–174.

Foucault, Michel [1966] 1974: Die Ordnung der Dinge. Eine Archäologie der Humanwissenschaften. Frankfurt/M.

Galison, Peter 1987: How Experiments End. Chicago.

Grasse, Christian/Greiner, Ariane 2013: Mein digitales Ich: Wie die Vermessung des Selbst unser Leben verändert und was wir darüber wissen müssen. Berlin.

Husserl, Edmund [1936] ³1996: Die Krisis der europäischen Wissenschaften und die transzendentale Phänomenologie. Hg.: E. Ströker. Hamburg.

Kuhn, Thomas S. [1962] ¹³1996: Die Struktur wissenschaftlicher Revolutionen. Frankfurt/M.

Lakatos, Imre 1978: The Methodology of Scientific Research Programmes. Cambridge.

Latour, Bruno [1991] 1995: Wir sind nie modern gewesen. Versuch einer symmetrischen Anthropologie. Berlin.

– [1999] 2001: Das Parlament der Dinge. Für eine politische Ökologie. Frankfurt/M.

– 2004: Von ‚Tatsachen' zu ‚Sachverhalten'. Wie sollen die neuen kollektiven Experimente protokolliert werden? In: Schmidgen, H. et al. (Hg.): Kultur im Experiment. Berlin: 17–36.

Nietzsche, Friedrich [1880] 1980: L' ombra di Venezia. In: ders.: Sämtliche Werke. Kritische Studienausgabe, Bd. 9. Hg.: C. Colli/M. Montinari. München: 41–86.

– [1881/1887] 2013: Morgenröthe. (Philosophische Werke in sechs Bänden, Bd. 4). Hg.: C.-A. Scheier. Hamburg.

– [1882/1887] 2013: Fröhliche Wissenschaft/Wir Furchtlosen. (Philosophische Werke in sechs Bänden, Bd. 5). Hg.: C.-A. Scheier. Hamburg.

Pickering, Andrew (Hg.) 1992: Science as Practice and Culture. Chicago.

Platon 2017: Der Staat. Hg.: G. Krapinger. Stuttgart.

Popper, Karl [1935] ¹¹2005: Logik der Forschung. Hg.: H. Keuth. Tübingen.

Poser, Hans ²2012: Wissenschaftstheorie. Eine philosophische Einführung. Stuttgart.

Rheinberger, Hans-Jörg 2001: Experimentalsysteme und epistemische Dinge. Eine Geschichte der Proteinsynthese im Reagenzglas. Göttingen.

Schmidgen, Henning/Geimer, Peter/Dierig, Sven (Hg.) 2004: Kultur im Experiment. Berlin.

Schreiner, Patrick 2015: Unterwerfung als Freiheit. Leben im Neoliberalismus. Köln.

Schulz, Reinhard 2007: 1934/35: Das Experiment zwischen Theorie und Kultur – Ludwik Fleck im Vergleich mit Karl Popper und Edgar Wind. In: Choluj, B./Joerden, J. C. (Hg.): Von der wissenschaftlichen Tatsache zur Wissensproduktion. Ludwik Fleck und seine Bedeutung für die Wissenschaft und Praxis. Frankfurt/M.: 95–109.

Shapin, Steven/Schaffer, Simon 1985: Leviathan and the Air-Pump. Princeton/NJ.

Waldenfels, Bernhard 2001: Verfremdung der Moderne. Phänomenologische Grenzgänge. Göttingen.

III.5 Haushaltende Naturverhältnisse

Thomas Potthast

1. Einführung: Der Naturkreislauf als Vorbild des Wirtschaftens

„Das beste Beispiel für Recycling liefert die Natur. Ein Grundprinzip des Lebens, alle organische Substanz wiederzuverwerten und damit den natürlichen Kreislauf der Nährstoffe zu schließen, müssen wir Menschen erst wieder erlernen."[1] So oder ähnlich wird Natur oft zum Vorbild einer Wirtschaftsweise erklärt, die Prinzipien für eine gute Haushaltsführung bereitstellt. Die Rede vom „Naturhaushalt" ist im Kontext der westlichen Kulturen so geläufig, dass es fast merkwürdig erscheint, die Verbindung zwischen (Haus)Wirtschaft und Natur extra betonen zu müssen. Im Folgenden soll nicht die empirische Frage, ob es in der Natur ,wirklich' keinen Abfall gibt, behandelt werden, sondern vielmehr, warum und wie Natur überhaupt im Sinne eines Haushalts gedacht wird. Dazu werden Ideen des Haushalts in ihren Bezügen zum Naturbegriff historisch nachgezeichnet. Dabei zeigt sich, dass es die wechselnden Auffassungen nicht nur von der Natur – sei es im Gegensatz zur menschlichen Kunstfertigkeit, sei es in Form einer Schöpfung, sei es im Sinne eines mechanischen Systems –, sondern auch von der jeweiligen ökonomischen Ordnung sind, welche als Hausgemeinschaft, als Staat oder als globales System die Idee haushaltender Naturverhältnisse bestimmen.

2. Ursprünge des *oikos* im antiken Griechenland

Der Begriff des Haushalts wird auf das frühe antike Griechenland zurückgeführt, in dem *oikos* zunächst bei Hesiod (ca. 700 v. Chr.) als ein Haus oder Gehöft galt, jedoch in seiner Bedeutung dann auch die Haus- und damit Wirtschaftsgemeinschaft in ihrer Gesamtheit umfasste. Für einen klugen Umgang, v. a. zur Vermeidung von Hunger sowie zur Erhaltung des Gewonnenen, rät Hesiod dem Hausherren (*despotes*; der selbst noch einem Grundherren, *basileus*, untergeordnet war): erst ein Haus bauen, dann eine Frau wählen, dann einen Ochsen zum Pflügen besorgen, und nur einen Sohn zeugen, um das Erbe nicht teilen zu müssen (Kreißig 1981). In der antiken *polis* (griech. für: Stadt bzw. Staat) war dann nach Aristoteles (384–322 v. Chr.) die Hausgemeinschaft der Edlen eine quasi gottgegebene Einheit. Sie umfasste die (edle) Familie, die Sklaven, die Haustiere, die Gebäude nebst Inventar und das Land. Dies zusammen bildete den

---

1 http://www.netzwerk-regenbogen.de/Muell-Ratgeber_021.html (aufgerufen 20. 12. 2019).

Haushalt als Lebens- und Wirtschaftseinheit. *Oikos* betraf eine Gegenstandsebene, die sich sowohl von der Natur (nicht vom Menschen Hervorgebrachtes) als auch von der *polis*, dem Staat, unterscheidet (Koslowski 1993). Insofern war die Kunst der Haushaltslehre (*oikonomia*) ursprünglich keine Staats- bzw. Volkswirtschaftslehre und auch keine Naturtheorie (→ I.4). Das Ziel der *oikonomia* als antiker Haushaltslehre war auf die rechten Mittel und ein gutes Leben ausgerichtet, nicht auf die effiziente und ständige Mehrung des materiellen Wohlstandes. Aristoteles (Politik I 1256b–1257a) betonte die an Selbstversorgung orientierte, maßvolle Wirtschaftsweise und die Bedeutung des Tauschs. Wichtig ist zudem seine Unterscheidung zwischen Ökonomik (Hausverwaltungskunst) und Chrematistik (Kunst des Gelderwerbs). Während die erste die dem Menschen selbstverständliche Wirtschaftsweise darstellt, besteht bei der zweiten ein Problem: die Geldwirtschaft ist nützlich, wenn der Gelderwerb für benötigte Güter eingesetzt wird; sie wird aber moralisch und politisch problematisch, wenn sich der Gelderwerb zum Selbstzweck entwickelt (Koslowski 1993). Die nicht-menschliche Natur im Aristotelischen Sinne ist nur Teil des Haushalts, insofern sie – in heutigen Worten – Ressourcen wie Boden, Wasser, Tiere und Pflanzen bereitstellt. Bis ins 17. Jh. hielt sich ein Verständnis von Ökonomie (dt.: Wirtschaft) als praktisch orientierter Klugheits- und Tugendlehre für den „Hausvater" im Umgang mit seinem Besitz, so dass entsprechend von „Hausvaterliteratur" die Rede ist, was die patriarchale Ordnung von sozialen und Produktionsbedingungen widerspiegelt (→ III.9).

3. Haushalt als Staatsbegriff und die Idee der Nachhaltigkeit

Im Anschluss an Aristoteles bezog sich „Ökonomie" noch im 18. Jh. auf die Praxis der Wirtschaftlichkeit im Sinne sparsamer Haushaltsführung. Zugleich kam es aber zu einer Übertragung der Idee eines Haushalts auf den Staat (zuerst in Frankreich: *économie politique*); angelegt ist die Doppelbedeutung, dass der Staat einen Haushalt *hat*, zugleich aber auch ein solcher *ist*. Die Nationalökonomie als Volkswirtschaftslehre stand in Abgrenzung gegenüber der Ökonomie der privaten Haushalte (Steiner o. J.). In der Zeit des Absolutismus entwickelten sich die Wirtschaftspolitiken des Merkantilismus und Kameralismus, in denen die systematische Verwaltung und Wirtschaftspolitik der Landesherren in den Fokus rückten. Die „Physiokraten" vertraten dabei die Auffassung, dass allein die Landwirtschaft, welche die Natur geschickt nutzt, produktive Quelle echter Wertschöpfung sein könne, während Gewerbe das Produzierte nur umforme. Nicht nur der Boden, sondern auch weitere natürliche Ressourcen kamen als „Produktionsfaktoren" neu in den Blick. 1713 wurde in diesem Zusammenhang der Begriff der Nachhaltigkeit erfunden: Der kurfürstlich-sächsische Freiberger Oberberghauptmann Johann „Hans" C. von Carlowitz (1645–1714) sollte Maßnahmen zur Sicherung des knapp oder zumindest teuer werdenden Holzes, einem Schlüsselgut des Bergbaus und damit des Staates, entwickeln. Nach Ende des Dreißigjährigen Krieges (1618–1648) sollte die Wirtschaft durch staatliche Planung und entsprechende Maßnahmen gestärkt werden, um den absolutistischen Staat prosperieren zu lassen. Unter dem sprechenden Titel: *Sylvicultura Oeconomica, Oder Hauß-*

wirthliche Nachricht und Naturmäßige Anweisung Zur Wilden Baum-Zucht (1713) wird von Carlowitz detailliert der Grundsatz ausgeführt, in einem bestimmten Gebiet nicht mehr Holz einzuschlagen als im gleichen Zeitraum wieder nachwachsen kann. Er weist auf das wirtschaftspsychologische Problem hin, dass im Gegensatz zur Landwirtschaft der Ertrag heutiger Maßnahmen erst von späteren Generationen geerntet werden kann. Wie Grober (2010) betont, sind bereits bei Carlowitz soziale Verpflichtungen zur Wohlfahrt des Staates und seiner Untertanen sowie der Vorsorge für künftige Generationen formuliert. Zugleich ist die Natur eine grundsätzlich freigiebige, die den Menschen im Sinne eines göttlichen Plans und zugleich Auftrags nähren kann. Für einen angemessenen Umgang muss aber der Mensch diese Natur nachahmend und „nachhaltend" (bei Carlowitz als Gegensatz zu „nachlässig") nutzen.

4. Linnés *Oeconomia Naturae* als Struktur-Ordnungsprinzip

Während bislang die Rolle der akkulturierten nicht-menschlichen Natur in der menschlichen Wirtschaft verhandelt wurde, soll nun die entgegengesetzte Denkrichtung aufgenommen werden – die Vorstellung einer ökonomischen Verfasstheit der Natur. Carl von Linné (1707–1778) schrieb 1749 eine seiner vielen „Dissertationen", die dann, wie es seinerzeit üblich war, sein Schüler Isaac I. Biberg (1726–1804) zu verteidigen hatte: *Specimen academicum de Oeconomia Naturae* (1749). Die „Ökonomie der Natur" hat sich seither mit ganz unterschiedlichen Inhalten verbreitet. Linné betonte in seinem Werk die physikotheologische Annahme einer von Gott planvoll geschaffenen und geordneten Welt, also auch der nicht-menschlichen Natur, deren Zweckmäßigkeit und Schönheit sich nicht zuletzt für den Menschen als segensreich erweise. Die naturgeschichtlichen Untersuchungen der Spezies von Mineralien, Pflanzen und Tieren sowie die geographischen Studien galten als Belege dafür. Linné unterschied die *Oeconomia Naturae* von der *Oeconomia Nostra*, womit die von Menschen betriebene Landwirtschaft gemeint war (Morgenthaler 2000). Doch nicht nur die göttliche Ordnung zeigte sich in der Ökonomie der Natur, denn Linné ordnete sein taxonomisches System der Arten analog der barocken politischen Ständeordnung: In der Pflanzenwelt gehörten die Moose zu den Ärmsten, die Gräser waren die Bauern, die Kräuter der Adel, und die Bäume stellten die Fürsten dar. Die (An)Ordnung der Natur nach theologischen und politischen Prinzipien hatte zugleich einen sehr praktischen Hintergrund. Linné konnte diese Ordnungen nur deshalb vornehmen, weil er und seine Schüler durch die halbe Welt reisten und pflanzliche Objekte sammelten. Der Merkantilismus und der beginnende weltweite Handel im Kolonialzeitalter bildeten neue Praktiken haushaltender Naturverhältnisse (Müller-Wille 1999; 2004).

5. Agrar-Haushaltsordnungen und ihre Naturbezüge

Während Carlowitz mit Bezug auf Waldwirtschaft eher eine „Naturmässigkeit" der Nutzung im Anschluss an die Ordnung der unbearbeiteten Natur betonte, setzte Georg W. F. Hegel (1770–1831) die Agrar-Haushaltsordnung gerade gegen eine vorgängige Unordnung. Erst mit dem Ackerbau komme die „Vorsorge auf die Zukunft" und insofern „die Vernünftigkeit" in die Welt (Hegel [1821] 1986: 355 f. / § 203). Ackerbau und – damit verbunden – Ehe und Privateigentum seien „der eigentliche Anfang und die erste Stiftung der Staaten". Mit der Landwirtschaft formiert sich nach Hegels Darstellung der erste Schritt der Emanzipation von „der Abhängigkeit des Ertrags von der veränderlichen Beschaffenheit des Naturprozesses" (ebd.), dem die Jäger-Sammler-Gesellschaften noch weitgehend ausgeliefert gewesen seien.

Im Zuge der landtechnischen und züchterischen Innovationen des 19. und 20. Jhs. verstärkte sich die Auffassung, Landwirtschaft als eine Technik zu verstehen, welche die Unwägbarkeiten der Natur überwinde. Diese technisierte und industrialisierte Landwirtschaft zeitigte spätestens seit den 1920er Jahren negative Umweltfolgen, die nicht zuletzt auf ein falsches Verhältnis zwischen Menschen und der einseitig als Ressource gesehenen Natur zurückgeführt wurden (Leopold 1949).

Aus ganz anderer philosophischer Perspektive kam Karl Marx (1818–1883) lange zuvor zur Einschätzung: „Die kapitalistische Produktion entwickelt daher nur die Technik und Kombination des gesellschaftlichen Produktionsprozesses, indem sie zugleich die Springquellen alles [sic] Reichtums untergräbt: die Erde und den Arbeiter" (Marx [1867] 1972: 529 f.). Aus der Perspektive des Liberalismus erkannte John S. Mill (1806–1873) die Umweltprobleme einer rein wachstumsorientierten Ökonomie und nahm Argumente der heutigen Wachstumskritik vorweg: dass Wachstum eben nicht vom Ressourcenverbrauch abzukoppeln sei und dass die Fokussierung auf ökonomisches Wachstum einen Kulturfortschritt eher verhindere (Mill 1848).

6. Ökologie als Haushaltslehre der Natur: System, Kreislauf, Gleichgewicht

Parallel zu den Debatten um die Natur als einem ökonomischen Produktionsfaktor prägte der Biologe Ernst Haeckel (1834–1919) den Ökologiebegriff ausdrücklich mit Bezug auf Ideen einer Haushaltslehre: „Unter Oecologie verstehen wir die gesammte Wissenschaft von den Beziehungen des Organismus zur umgebenden Aussenwelt, wohin wir im weiteren Sinne alle ‚Existenz-Bedingungen' rechnen können. Diese sind theils organischer theils anorganischer Natur" (Haeckel 1866: Bd. 1, 237). Neben der Ökologie als Umwelt-Physiologie („Wechselbeziehungen des Organismus zur [...] Aussenwelt") steht bei Haeckel zugleich – ähnlich wie zuvor bei Charles Darwin – die Ökologie als umfassende Haushaltslehre der Natur: „Die Descendenz-Theorie erklärt uns also die Haushalts-Verhältnisse mechanisch, als die nothwendigen Folgen mechanischer Ursachen, und bildet somit die monistische Grundlage der Oecologie" (ebd.: Bd. 2, 287). Das Verständnis davon, was Ökologie ausmacht, gerät in ein Spannungsfeld zwischen biologischer Physiologie einerseits und auf Physik und Ökonomik bezogener Haushaltslehre andererseits. Dies zieht sich bis in die heutige Zeit – und beide Sichtweisen sind verbunden mit der alten normativen „Hausvaterperspektive".

Seit dem ausgehenden 19. Jh. prägen mathematisch-physikalische Ansätze sowohl die Ökonomik als auch die Ökologie. Wachstumsprozesse und andere Dynamiken in beiden Bereichen wurden analogisiert und mit denselben Methoden beschrieben, analysiert und prognostiziert. Drei Konzepte erlangten dabei entscheidende Bedeutung:

1. Ein eher formal verstandener Systembegriff, der es ermöglichte, vom Spezifischen menschlicher Wirtschaft ebenso wie von natürlichen Prozessen zu abstrahieren (→ II.8). Hier ist nicht mehr ein Bereich das Vorbild / Modell für den anderen, sondern Wirtschaft und Natur sind lediglich Spezialfälle einer Systemhaftigkeit der Wirklichkeit.

2. Kreislaufkonzepte in den Finanzwissenschaften und in der Ökologie modellieren die Zirkulation von Kapital bzw. Stoffen und Energie in analoger Weise. Der Begriff des Naturkapitals drückt aus, dass Natur ebenso wie Geld, Arbeit, Sozialbeziehungen oder Innovationen als ökonomischer Produktionsfaktor verstanden werden kann. Zu fragen ist dann, ob und inwiefern Natur einen besonderen und nicht durch andere Kapitalien ersetzbaren Produktionsfaktor darstellt. In ihren Positionen zur (Nicht-)Substituierbarkeit von Naturkapital unterscheiden sich schwache und starke Konzeptionen der Nachhaltigkeit (Ott / Döring 2008).

3. Gleichgewichtsmodelle (und deren Alternativentwürfe), ausgedrückt sowohl in formalen als auch in verbal-beschreibenden Sprachen, prägen wirtschafts- und naturbezogene Bezeichnungen in wertender Hinsicht: In beiden Bereichen *sollen* die Systeme im Gleichgewicht sein, Störungen werden als negativ erachtet. Doch diese Affirmation des Gleichgewichts ruft auch Alternativentwürfe hervor: Der Ökonom Joseph Schumpeter (1883–1950) schreibt von „schöpferischer Zerstörung" (engl.: *creative destruction*) als innovativem, idealerweise Fortschritt bringenden Prozess (Schumpeter 1942). Dabei greift er politisch-ökonomische Motive von Marx und literarische Topoi von Goethes *Faust* und Nietzsches *Zarathustra* auf. Vergleichbare Naturkonzepte finden sich in der Beschreibung von Massenaussterben in der Evolution, die neue Möglichkeiten der Ausbreitung neuer Lebensformen eröffnen würden: Beispielsweise hätten die Säugetiere vom Aussterben der Dinosaurier profitiert (→ III.10). Auch Theorien der Vegetationsentwicklung im Wald modellieren Zusammenbrüche (z. B. durch Waldbrand oder Borkenkäferbefall) als notwendige Bedingungen für langfristige Erhaltung. Im Kalten Krieg des 20. Jhs. herrschten politisch-ökonomische Konzepte einer kybernetischen Steuerung und dynamischen Stabilität vor, die später von neoklassisch-libertären Modellen möglichst vollständiger Steuerungslosigkeit der Märkte sowie dynamischen Nichtgleichgewichtstheorien der Natur abgelöst wurden. Diese Parallelen zwischen Politik und Theorien der Ökonomik und der Ökologie sind keineswegs zufällig (Potthast 2004).

7. Kritische Perspektiven: (Re)Produktion, Monetarisierung, Allmende, Postwachstum

In der feministischen Theorie haben die Produktionsbegriffe aus Wirtschaft und Natur kritische Aufmerksamkeit gefunden: Nur monetär sichtbare Produktionsprozesse zur Wertschöpfung fänden in der (neo)klassischen Ökonomik Berücksichtigung. Die ebenso wichtigen grundlegenden Reproduktionsarbeiten wie die Geburt von Kindern und deren Erziehung, Betreuung hilfebedürftiger Älterer, häusliche Arbeit sowie Beziehungspflege aller Art („emotionale Arbeit") zählten nicht. Ebenso würde die *Reproduktionsfähigkeit* der Natur im Vergleich zur bergbaulichen, forstlichen und agrarischen *Produktion* ökonomisch im 20. Jh. nicht (ausreichend) wahrgenommen – mit den bekannten Folgen (Biesecker / Hofmeister 2006).

Interessanter- und, je nach Standpunkt, auch ironischerweise werden die o. g. Bereiche in jüngerer Zeit aber in die monetäre Sphäre aufgenommen: Dies reicht von bezahlter Leihmutterschaft über kosteneffizientes Schlachten (→ IV.2) bis zur finanziellen Bewertung von Ökosystemdienstleistungen (→ IV.4). Letztlich führt all dies zur noch weiteren Subsumierung von menschlichen und natürlichen Prozessen unter ökonomisch-monetäre Vorgaben: Geld wird zum alleinigen Maß des Wertes von Natur.

Wenn dies geschieht, müssen unter klassisch ökonomischen Bedingungen aber Eigentumstitel an allen Bereichen der Natur bestehen. Allmendenutzung und Natur als Bereich der *commons* (Gemeingüter) wären dann ausgeschlossen, weil nach Lesart der klassischen Ökonomik alle in egoistischer Sicht den Gemeinbesitz ausplündern würden. Unter dem vielzitierten Motto „Die Tragödie der Allmende" hat dies Garrett Hardin (1915–2003) in einem Aufsatz (1968) behauptet. Diese Sichtweise ist weit verbreitet; doch genauer betrachtet sind nicht die Gemeinschaftsgüter das Problem – denn *commons* heißt gerade nicht ‚freie Nutzung für alle' –, sondern die Machtkonflikte um Nutzungs*rechte* (Ostrom 1999).

Die durch die Vereinten Nationen angestoßene Debatte um „Nachhaltige Entwicklung" (*sustainable development*) führt Fragen der Gerechtigkeit innerhalb und zwischen Generationen zusammen mit der Carlowitz'schen Idee der Notwendigkeit dauerhafter Naturnutzungen, oder – in heutigen Worten – gelingender menschlicher Naturverhältnisse (Hauff 1987; Grober 2010). Dazu bedarf es aber neuer Verständnisse von Wirtschaft und auch Wirtschaftswissenschaft, was oft unter dem Stichwort „Ökologische Ökonomie" (Rogall 2008) oder „Postwachstumsökonomie" (Paech 2012) verhandelt wird.

In aktuellen Konflikten zeigt sich die lange Wirksamkeit unterschiedlicher, auch sich widersprechender naturphilosophischer Positionen zum Verhältnis von Natur und Wirtschaft (sowie von Natur- und Wirtschaftswissenschaften): Das patriarchalische Haushaltsmodell des *oikos* wurde und wird immer noch zunächst auf den Staat insgesamt, dann aber auch auf die nicht-menschliche Natur ausgedehnt. Umgekehrt wurde die Bedeutung der Natur nicht nur als produktive Basis, sondern auch als mögliches Vorbild für menschliches Wirtschaften entworfen. Zur kritischen Prüfung dieser wechselseitigen Modellübertragungen ist jeweils genau zu bestimmen, welche inhaltlichen Annahmen über das Funktionieren, aber auch über die Wünschbarkeit bestimmter haushaltender Naturverhältnisse zugrunde gelegt werden.

Literatur

Aristoteles, Politik = Aristoteles 2012: Politik. Hg.: E. Schütrumpf. Hamburg.

Biesecker, Adelheid / Hofmeister, Sabine 2006: Die Neuerfindung des Ökonomischen. Ein (re)produktionstheoretischer Beitrag zur Sozial-ökologischen Forschung. München.

Carlowitz, Johann („Hans") C. v. 1713: Sylvicultura Oeconomica, Oder Haußwirthschaftliche Nachricht und Naturmäßige Anweisung Zur Wilden Baum-Zucht. Leipzig. http://reader. digitale-sammlungen.de/resolve/display/bsb10214444.html (20.12.2019).

Grober, Ulrich 2010: Die Entdeckung der Nachhaltigkeit. Kulturgeschichte eines Begriffs. München.

Haeckel, Ernst 1866: Generelle Morphologie der Organismen. 2 Bde. Berlin.

Hardin, Garrett 1968: The tragedy of the commons. In: Science 162: 1243–1248.

Hauff, Volker (Hg.) 1987: Unsere gemeinsame Zukunft. Der Brundtland-Bericht der Weltkommission für Umwelt und Entwicklung. Greven.

Hegel, Georg W. F. [1821] 1986: Grundlinien der Philosophie des Rechts oder Naturrecht und Staatswissenschaft im Grundrisse. In: ders.: Werke, Bd. 7. Hg.: E. Moldenhauer / K. M. Michel. Frankfurt / M.

Koslowski, Peter ³1993: Politik und Ökonomie bei Aristoteles. Tübingen.

Kreißig, Heinz 1981: Das „Haus" (oikos) des Hesiod. In: Jahrbuch für Wirtschaftsgeschichte 22 (IV): 91–95.

Leopold, Aldo 1949: A Sand County Almanac. And Sketches Here and There. New York.

Linné, Carl v. 1749: Specimen academium de oeconomia naturae. Hg.: I. I. Biberg. Uppsala.

Marx, Karl [1867] 1972: Das Kapital. Kritik der politischen Ökonomie. Erster Bd. (MEW 23). Berlin.

Mill, John S. [1848] 2016: Grundsätze der Politischen Ökonomie, 3 Bde. Hg.: M. Aßländer / H. G. Nutzinger. Marburg.

Morgenthaler, Erwin 2000: Von der Ökonomie der Natur zur Ökologie: Die Entwicklung ökologischen Denkens und seiner sprachlichen Ausdrucksformen. Berlin.

Müller-Wille, Staffan 1999: Botanik und weltweiter Handel. Zur Begründung eines Natürlichen Systems der Pflanzen durch Carl von Linné (1707–78). Berlin.

– 2004: The Economy of Nature in Classical Natural History. London.

Ostrom, Elinor [1990] 1999: Die Verfassung der Allmende: Jenseits von Staat und Markt. Tübingen.

Ott, Konrad / Döring, Ralf ³2011: Theorie und Praxis starker Nachhaltigkeit. Marburg.

Paech, Niko 2012: Befreiung vom Überfluss. Auf dem Weg in die Postwachstumsökonomie. München.

Potthast, Thomas 2004: Die wahre Natur ist Veränderung. Zur Ikonoklastik des ökologischen Gleichgewichts. In: Fischer, L. (Hg.): Projektionsfläche Natur. Hamburg: 193–221.

Rogall, Holger ²2008: Ökologische Ökonomie. Eine Einführung. Wiesbaden.

Schumpeter, Joseph 1942: Capitalism, Socialism, and Democracy. New York.

Steiner, Dieter o. J.: Humanökologie – Ökonomisches. Skripten 1998/1999. http://www. humanecology.ch/index.php?lng=de&pag=371&spg=0&nav=3&sub=19&ssb=0&slm=0 (20.12.2019).

III.6 Verstehende Naturverhältnisse

Reinhard Schulz

1. Einführendes Beispiel: Verstehen und Beunruhigung als didaktisches Prinzip

Wie wird das wissenschaftlich gewonnene und überprüfbare Wissen über Sachverhalte zum Umgangswissen in der Schule? Erst die Grenzen disziplinären Wissens erzwingen inter- und transdisziplinäre Zugänge und können auf diese Weise das Verstehen anregen. Anstatt im Rahmen einer heute vorherrschenden Verbesserungslogik nach belastbaren Beobachtungsstandards für den Unterricht zu suchen, bietet es sich an, beunruhigende und zum Nachdenken anregende Fragen ins Zentrum des Unterrichtens zu rücken. Diese könnten im naturwissenschaftlichen Unterricht einer achten Klasse etwa lauten: Wie erklärt man die Erderwärmung? Wie verhält sich die Natur zu ihrer Nutzung durch den Menschen? Was ist eine chemische Verbindung? Schafft Chemie neue Stoffe? Was ist Licht? Was ist elektrischer Strom? Was ist und wie liest sich der genetische Code? Was ist Farbe? Wie kann man Farbe sehen, wenn die Dinge selbst nicht farbig sind?[1] Fragen wie diese appellieren an das Verstehen und sprengen das enge Korsett eines curricular vorgegebenen und auf fertige Resultate hin angelegten Unterrichts, der auf der verfestigten Struktur der jeweils zugrunde gelegten Fachsystematik beruht.

2. Verstehen und Natur

Die Sprechweise von *verstehenden* Naturverhältnissen ist vor dem Hintergrund dieser allgemeinen, um disziplinäre Zuordnungen unbekümmerten Fragen keine Selbstverständlichkeit und kann zu vielfältigen Missverständnissen führen. Dies betrifft die uns mindestens seit Wilhelm Dilthey (1833–1911) geläufige Unterscheidung zwischen den erklärenden Naturwissenschaften und den verstehenden Geisteswissenschaften (Dilthey 1910). Dies betrifft Hermann Krings' (1913–2004) Feststellung, dass wir nur menschliches Handeln und Sprechen, aber nicht die Natur verstehen können (Krings 1982). Dies betrifft bedingt auch die Naturwissenschaften als ein auf die Natur gerichtetes Handeln, für welches über die theoretisch erklärende Perspektive hinaus eine verstehende Dimension ins Spiel gebracht werden kann (Schulz 2004). Dies betrifft

---

[1] Beispiele aus Gruschka 2011: 141 f.

zudem das Verstehen selbst, weil dessen Status uneindeutig ist und Verstehen u. a. als Methode (Dilthey 1910), als Vorverständnis (Heidegger 1927; Gadamer 1960), als Sichselbstverstehen (Jaspers 1947), als kulturell ausdifferenziertes Sprachspiel (Wittgenstein 1953) oder als Aufgabe und Problem (Gruschka 2011) aufgefasst werden kann. Allen Zugängen gemeinsam ist eine mit dem Begriff der *Hermeneutik* bezeichnete Reflexion auf die Bedingungen und Normen des Verstehens und seiner sprachlichen Äußerung. Welchen Sinn sollte es also angesichts der hier nur grob angedeuteten Gemengelage und Offenheit der Bezüge ergeben, von verstehenden Naturverhältnissen zu sprechen? Als vorläufige Fokussierung könnte es sich aus mehreren Gründen anbieten, ‚verstehende‘ als *problematische Naturverhältnisse* aufzufassen, die aufgrund ihres beunruhigenden Charakters den Menschen zu einer verstehenden Auseinandersetzung anregen können. Denn sowohl die äußere Natur als auch die eigene, innere Natur des Menschen (→ II.11) ruft verschiedene Dimensionen des Verstehens in uns wach, die teilweise über den etablierten hermeneutischen Diskurs weit hinausgehen können.

Mit „hermeneutisch" im traditionellen Sinn ist dabei die philosophische Hermeneutik gemeint, so wie sie zu Beginn des 20. Jhs. von Martin Heidegger (1889–1976) in *Sein und Zeit* skizziert und von seinem Schüler Hans-Georg Gadamer (1900–2002) mit *Wahrheit und Methode* weiterentwickelt worden ist. Heidegger und Gadamer waren im Bann des Fortschritts und der Erfolge der neuzeitlichen Naturwissenschaften noch bestrebt, eine vorwissenschaftliche Erfahrungsdimension freizulegen. Im Rahmen eines kritisch-hermeneutischen Gegendiskurses und unter Bezugnahme auf die Alltagssprache als einer obersten, dem Expertenjargon der Wissenschaften voraus liegenden und Gemeinschaft stiftenden Metasprache sollte ein „qualitativer Unterschied" im Vergleich zu dem Theorie- und Methodensinn der „Welt der Naturwissenschaft" aufgezeigt werden (Gadamer 1986[2]). Denn die mit ihr unterstellte Dichotomie von auf Quantifizierung angelegten naturwissenschaftlichen Messverfahren und an verstehender Qualifizierung orientierter Lebenserfahrung hält einer Überprüfung nicht stand. Das Konzept „Verstehen" verliert durch die Kritik an seinem vorwissenschaftlichen hermeneutischen „Universalitätsanspruch" (Apel et al. 1975) – d. h. durch die Einsicht in die Vorurteilsstruktur allen Verstehens und den Wahrheitsanspruch der Tradition – seinen emphatischen Charakter und verlagert sich in hybride Kontexte, die auf verschiedene Weise für das Verstehen *kompetent* machen sollen (z. B. in der Feministischen Epistemologie; → III.9). Analog expandiert das Sprechen über „die Natur", von Hegemonialansprüchen der analytischen Philosophie (so z. B. Bartels 1996[3]) einmal abgesehen, mit Themen wie Umweltzerstörung, Klimawandel, Ener-

---

2 „Es besteht ein qualitativer Unterschied zwischen jener Welt der Naturwissenschaft, die zwar als Wissenschaft auch eine hermeneutische Komponente hat, und jener geschichtlichen Welt, die sich aufgrund menschlichen Handelns und Leidens zu Objektivationen in Religion und Recht, Kunst und Wirtschaft aufbaut und die hermeneutische Dimension des Verstehens von Zeugnissen und Überlieferung ausmacht. Wie immer diese beiden Welten ineinander verschränkt sind und ob man Theorie als eine höchste menschliche Praxis versteht oder Praxis als bloße Anwendung von Theorie – die beiden *Welthorizonte* fließen nicht in einem zusammen" (Gadamer [1960] 1991: 442).

3 „Moderne Naturphilosophie erschließt kein neues Wissen über die Natur. [...] Die Basis naturphilosophischer Arbeit aber ist, wenn auch sie sich darin nicht erschöpft, die Interpretation naturwissenschaftlicher Theorien" (Bartels 1996: 22).

gieerzeugung, Ernährung (→ IV.2), Gesundheit oder Altern weit über die Grenzen der Naturwissenschaften. Gerade dadurch verliert die Rede von „der Natur" jedoch jeden expliziten Sinn, vielleicht könnte man sogar vom „Ende der Natur" (Hampe 2011) sprechen. Denn keines dieser Probleme kann „der Natur" vollständig zugerechnet werden, sondern verdankt sich ganz im Gegenteil immer schon einer hybriden Konstellation von Natur *und* Kultur, von Natur *und* Technik, von Natur *und* Gesellschaft usw.

Der Mehrfachsinn von ‚Verstehen' und ‚Natur' sollte deshalb nicht beklagt, sondern als produktiver Denkanstoß für die Identifikation, Explikation und den Umgang mit bestimmten Problemlagen genutzt werden. Mit Gadamer ([1960] 2010: 184): „Eine eigene Aufgabe wird das Verstehen nur da, wo dieses natürliche Leben im Mitmeinen des Gemeinten, das ein Meinen der gemeinsamen *Sache* ist, gestört wird."

3. Verstehen und Erklären

Die eine „‚große Schlüsselattitüde'" (Gehlen [1960] 1986: 221) verstehender Naturverhältnisse kann es nicht geben. Das damit Gemeinte wird vielmehr in unterschiedlichen Arenen gestaltet, in denen jeweils andere Akteure und Praktiken auf der Tagesordnung stehen können. Es handelt sich hierbei um Folgeerscheinungen fortschreitender funktionaler Differenzierung in der Moderne (Luhmann 1986), die die Funktionssysteme selbst in Mitleidenschaft ziehen können. So konnte die seit Beginn des 20. Jhs. gepflegte „Schlüsselattitüde" der Unterscheidung von Erklären und Verstehen, von nomothetischen bzw. generalisierenden Naturwissenschaften und idiographischen bzw. individualisierenden Geistes- und Kulturwissenschaften (Windelband 1894; Rickert 1896; 1929) sowie eine damit verbundene Unterscheidung zwischen quantitativen und qualitativen Methoden nur solange bestehen, wie die an Charles P. Snow (1905–1980) angelehnte Rede von den „zwei Kulturen" (vgl. Kreuzer 1987; Bachmaier/Fischer 1991) mit den ihnen entsprechenden, abgegrenzten Fachkulturen des Wissenschaftsbetriebes identifiziert werden konnte. Die theoretische Trennung von Natur- und Geisteswissenschaften spitzte sich in den Arbeiten von Wilhelm Windelband (1848–1915) und Heinrich Rickert (1863–1936) zu; sie stellten die generalisierende, vom Einzelfall abstrahierende Naturwissenschaft dem Wertgesichtspunkt und der Einzigartigkeit des Historisch-Individuellen in den Geisteswissenschaften gegenüber. Auch der heute geläufige Methodenstreit zwischen quantitativen und qualitativen Methoden in den Sozialwissenschaften steht noch in dieser Tradition. Mit der gegenwärtigen Transformation zur Unternehmeruniversität dominieren demgegenüber aber mehr und mehr interdisziplinäre (Natur- und Kulturwissenschaften übergreifende) Auftragsforschungen eine auf den Arbeitsmarkt hin „outputorientierte" Studienstruktur, deren Stoßrichtung jenseits einer Unterscheidung von Erklären und Verstehen, von Natur- und Geisteswissenschaften, von Theorie und Kritik angesiedelt werden kann. Das auch heute noch bedeutsame Spannungsverhältnis von an (natur-)wissenschaftlichen Theorien orientiertem Erklären und einem individuellen und geschichtlichen Verstehen sollte jedoch im Hinblick auf seinen methodischen Stellenwert in interdisziplinären

Diskursen nicht verwischt werden. Denn der Preis, der für diese Verwischung gezahlt werden muss, besteht nicht selten in einer zunehmenden Sprachverwirrung und der Unsicherheit bei der Unterscheidung von präskriptiven, vorschreibenden und deskriptiven, beschreibenden Fragestellungen. In *Die Lesbarkeit der Welt* (1981) hat Hans Blumenberg (1920–1996) eine Metaphorik entwickelt, die Erklären und Verstehen als Spannungsverhältnisse von Ausdrücken hervorhebt. Beispielsweise problematisiert er die biochemische Vorstellung von der Lesbarkeit des genetischen Codes wie folgt: „Es erscheint im nachhinein als höchst zweifelhaftes Verfahren, eine Nukleinsäurekette abgelesen, kopiert oder übersetzt werden zu lassen: *Sind dies nicht alles Ausdrücke, die, wenn wir sie zu Ende zu denken versuchen, das erkenntnistheoretische Zwielicht unserer Naturwissenschaften nur noch fahler erscheinen lassen? Wir postulieren Intelligenz, wo wir sie gleichzeitig verneinen. Wir haben die Dinge vermenschlicht, aber den Menschen verdinglicht.*" (Blumenberg [1981] 1986: 384)

4. Praktiken des Verstehens

Jene Vorstellung, nach der die Naturwissenschaften uns die Welt *allgemein* erklären können (müssen) und die Geisteswissenschaften demgegenüber auf ein auf Personen, kollektive Symbolsysteme oder kulturelle Deutungsmuster adressierendes Verstehen abzielen würden, erscheint in einer nachaufklärerischen Gesellschaft ziemlich antiquiert. Zudem sind die Verflechtungen von Natur, Mensch und Zivilisation durch ein ambivalentes Machtverhältnis gekennzeichnet, in dem sowohl Krisen und Katastrophen wie auch Naturverbundenheit und Regeneration anzutreffen sind (Radkau 2002). Es ist daher notwendig, nach einer neuen Unterscheidung zu suchen, wie sie z. B. von Michael Hampe (geb. 1961) in einer sokratisch inspirierten Studie zum Thema gemacht wurde (Hampe 2014), die „Mäeutik"[4] und akademische Philosophie, Behaupten und Erzählen, doktrinäres und nichtdoktrinäres Denken einander gegenüberstellt. Damit können dem Verstehen neue Dimensionen jenseits der Unterscheidung zwischen den „zwei Kulturen" hinzugefügt werden, die hier für ein Denken „verstehender Naturverhältnisse" fruchtbar gemacht werden sollen. Laut Hampe basieren begründete Behauptungen auf Erklärungen, welche aber etwas anderes als wissenschaftliche Wahrheit intendieren (wie es von manchen analytischen Philosophen mit der „Behauptung" der Physik als angeblich erster Wissenschaft immer noch gerne praktiziert wird): Es handelt sich vielmehr um Erklärungen, die keine Basis für Behauptungen intendieren, sondern Praktiken des Verstehens oder Erzählens (→ III.7) untersuchen, in denen etwas „einleuchtet" (Figal 2011: 205) – ein Wort, das Gadamer immer wieder zur Charakterisierung seines hermeneutischen Ansatzes herangezogen hat, das hier aber in erweiterter Form für die Analyse der verstehenden Naturverhältnisse fruchtbar gemacht werden soll. So kann beispielsweise die Bedeutung eines klassischen Textes oder eines biblischen Gleichnisses einem Leser für die eigene Lebensführung un-

---

4 „Mäeutik" meint eine Sokrates zugeschriebene „Hebammenkunst", deren Grundgedanke darin besteht, dass Erkenntnisse bereits unbewusst im Lerner vorhanden seien und durch geschicktes Fragen bewusst gemacht werden könnten.

mittelbar „einleuchten", ohne dass damit irgendeine Zeitgenossenschaft verbunden sein kann. Hampe hebt unter Bezugnahme auf die „pragmatistische Wende in der kritischen Gesellschaftstheorie"[5] hervor, dass es weder „Experten der Kritik" (Hampe 2014: 370) noch „*Experten* für das Leben" (ebd.: 371) geben könne, denn: „Kritische Philosophie muß in ihrer Rede über den Menschen und über die Vernunft antidoktrinär sein, sofern es ihr um die Freiheit geht – verstanden als die Reaktionsfähigkeit von Menschen. Man kann Menschen nicht einerseits wie Tatsachen objektivierend beschreiben und andererseits von ihnen erwarten, ihre Reaktionsfähigkeit auf die Welt, in der sie leben, zu steigern" (ebd.: 375). „Reaktionsfähigkeit" soll dabei als relationale Kategorie begriffen werden, die zwischen den objektiven Gegebenheiten und den subjektiven Befähigungen vermitteln soll. „Freiheit" besteht dann darin, dass der Mensch in bestimmten Lebenssituationen seine Reaktionsfähigkeit unter Beweis stellt, indem er sich nicht nur an die jeweiligen Bedingungen und Gegebenheiten anpasst, sondern sie im Zusammenspiel mit anderen Akteuren aktiv mit- und umgestaltet.

Doch wie verhält es sich mit dem Verstehen der Natur, wenn man sie im Unterschied zu den objektivierenden Naturwissenschaften anders in den Blick nehmen möchte? Hier ist in erster Linie an die eigene Natur zu denken, die wir als lebendige Wesen selber verkörpern. Wobei die Unterscheidung zwischen Körper und Leib ein eigenes Problemfeld (→ III.1) darstellt, dem die philosophische Anthropologie (z. B. Helmuth Plessner, 1892–1985) große Aufmerksamkeit gewidmet hat (→ II.11). „Menschliche Einzelwesen *sind* die Erfahrungsgeschichte ihres Lebens, die sich in ihrem Körper und ihren Gewohnheiten niederschlägt" (Hampe 2014: 310 f.). Aus dieser Perspektive erscheint es notwendig, den Begriff des Verstehens zu erweitern; er darf nicht länger, wie z. B. bei Gadamer – „*Sein, das verstanden werden kann, ist Sprache*" (Gadamer [1960] 2010: 478) – auf die Sprache beschränkt bleiben, sondern sollte auf Körperpraktiken ausgedehnt werden, die immer schon mit der natürlichen Welt auf eine bestimmte Weise verflochten sind. Damit eröffnet sich für das Verstehen in theoretischer Hinsicht eine relationale Denkform, die die Subjekt- und die Objektseite umgreift.

5. Verstehen und der Doppelsinn von Erfahrung

Im Hinblick auf die Dimension der Körperpraktiken kommt allerdings eine Doppeldeutigkeit im Erfahrungsbegriff ins Spiel, die je nachdem, ob diese Praktiken beobachtet (erklärt) oder erlebt (verstanden) werden, Erfahrung einmal als Sinneserfahrung und das andere Mal als reflexive Erfahrung in Erscheinung treten lassen (Schulz 2015). Für erstere kann die kantische, für letztere die hegelsche Philosophie und der Pragmatismus John Deweys (1859–1952) namhaft gemacht werden. „Erfahrungen *stoßen* Menschen zu und werden *gemacht*. Nicht alle Personen sind in der Lage, alle Arten von Erfahrungen zu machen. Es hängt von der jeweiligen Sensibilität ab, die sie in ihrer kulturellen Erziehung ausgebildet haben, welche Erfahrungsmöglich-

---

5 Diese Wende zielt darauf, in der Tradition John Deweys Erfahrungen nicht als Anpassung, sondern als Entwicklungsprozess zu denken.

keiten sie haben. Argumente spielen sich in diesen Komplexitäten ab" (Hampe 2014: 347 f.). „Komplexität" signalisiert im gegebenen Zusammenhang, dass es bei diesem Erfahrungen-*Machen* stets um mehr als nur propositionale Wahrheit geht, denn die hier in den Blick genommenen Vollzüge basieren auf Voraussetzungen „kultureller Erziehung", die implizit in den jeweiligen Praktiken verkörpert sind und sich damit auf Argumente *über* diese Praktiken nicht reduzieren lassen. Beliebige Beispiele, wie das Erlernen einer Sportart oder eines Musikinstrumentes, führen uns aus unserer eigenen Lebensgeschichte lebhaft vor Augen, dass noch so gute Anweisungen oder Hilfestellungen durch Dritte das Einüben der damit verbundenen Körper-, Hör- und Bewegungspraktiken zwar befördern, aber niemals ersetzen können. Denn das Verstehen beschränkt sich nicht auf die diskursive Dimension der geschriebenen oder gesprochenen Sprache (Wie sage ich, was ich schon weiß?), sondern verkörpert sich in Praktiken, durch die zwischen den Dimensionen des Zeigens und Sagens vermittelt werden soll. So sieht man etwa bei der beispielhaften Eingangsfrage: „Was ist Strom?" dem aufgebauten Stromkreis das Ohmsche Gesetz nicht an. Was sich mir im physikalischen Experiment zeigt, was mir „zustößt" (z. B. ein Stromschlag), wird im Rahmen eines verstehenden Naturverhältnisses zu einer „Gegenwart" des *„Eine-gemeinsame-Erfahrung-Machen[s]"* (ebd.: 353), in dem das propositionale Wissen aus dem Physiklehrbuch, das Arrangement der für diese Erfahrung nötigen Artefakte und die eigene leibliche Erfahrung miteinander verwoben sind. Unter Berücksichtigung eines solchen Blickwinkels sind die meisten der geläufigen philosophischen Unterscheidungen, die neben der breit diskutierten Unterscheidung zwischen Erklären und Verstehen v. a. jene zwischen theoretisch Objektivierbarem und praktisch Gutem betreffen, nicht ohne weiteres aufrechtzuerhalten.

„Verstehende Naturverhältnisse" begreifen sich daher v. a. als Kritik an fragwürdigen Gegenüberstellungen, die allzu oft für die Rechtfertigung des Bestehenden eintreten. So werden mit manchen Fortschritten in den Naturwissenschaften (z. B. der Hirn- und Genforschung; → IV.3) naturalisierende Tendenzen befördert, die vernünftige Ansprüche der philosophischen Aufklärung in Frage stellen. Umgekehrt wird unter Maßgabe dieser aufklärerischen Vernunft das spätmoderne Subjekt mit Ansprüchen an Autonomie, Pflicht und Verantwortung konfrontiert, denen es als Mitspieler in kollektiven Praktiken nur bedingt nachkommen kann. Es muss daher zukünftig im Rahmen einer Kritik sowohl an der Subjektivität wie auch der Objektivität darum gehen, der Selbsterfahrung von Einzelwesen in „verstehenden Naturverhältnissen" mehr Aufmerksamkeit zu schenken, als das bisher möglich war. Alfred N. Whitehead (1861–1947) wählt dafür die schöne Metapher des „zivilisierten Universums" und stellt fest: „Der eigentliche Punkt dieser Darstellung ist, daß wir unsere Unterscheidungen an einer schon erfahrenen Welt vornehmen. Diese Welt ist der Gegenstand qualitativer Unterscheidung. Zivilisation beinhaltet das Verstehen einer gegebenen Welt im Hinblick auf ihre Qualifikation" (Whitehead [1938] 2001: 153).

Literatur

Apel, Karl-Otto / Bormann, Claus v. / Bubner, Rüdiger / Gadamer, Hans-Georg / Giegel, Hans Joachim / Habermas, Jürgen (Beiträger) 1975: Theorie-Diskussion: Hermeneutik und Ideologiekritik. Frankfurt / M.

Bachmaier, Helmut / Fischer, Ernst-Peter (Hg.) 1991: Glanz und Elend der zwei Kulturen. Über die Verträglichkeit der Natur- und Geisteswissenschaften. Konstanz.

Bartels, Andreas 1996: Grundprobleme der modernen Naturphilosophie. Paderborn.

Blumenberg, Hans [1981] 1986: Die Lesbarkeit der Welt. Frankfurt / M.

Dilthey, Wilhelm [1910] ⁴1993: Der Aufbau der geschichtlichen Welt in den Geisteswissenschaften. Frankfurt / M.

Figal, Günter 2011: Hans-Georg Gadamer: Wahrheit und Methode. Berlin.

Gadamer, Hans-Georg [1960] ⁷2010: Wahrheit und Methode. Grundzüge einer philosophischen Hermeneutik. In: ders.: Gesammelte Werke, Bd. 1. Tübingen.

– [1986] 1991: Natur und Welt. Die hermeneutische Dimension in Naturerkenntnis und Naturwissenschaft. In: ders.: Gesammelte Werke, Bd. 7. Tübingen: 418–442.

Gehlen, Arnold [1960] ³1986: Zeit-Bilder. Zur Soziologie und Ästhetik der modernen Malerei. Hg.: K.-S. Rehberg. Frankfurt / M.

Gruschka, Andreas 2011: Verstehen lehren. Ein Plädoyer für guten Unterricht. Stuttgart.

Hampe, Michael 2011: Tunguska oder das Ende der Natur. München.

– 2014: Die Lehren der Philosophie. Eine Kritik. Berlin.

Heidegger, Martin [1927] ¹⁹2006: Sein und Zeit. Tübingen.

Jaspers, Karl [1947] 1991: Von der Wahrheit. München.

Kreuzer, Helmut (Hg.) 1987: Die zwei Kulturen. Literarische und naturwissenschaftliche Intelligenz. C. P. Snows Thesen in der Diskussion. München.

Krings, Hermann 1982: Kann man die Natur verstehen? In: Kuhlmann, W. / Böhler, D. (Hg.): Kommunikation und Reflexion. Zur Diskussion der Transzendentalpragmatik. Antworten auf Karl-Otto Apel. Frankfurt / M.: 371–398.

Luhmann, Niklas 1986: Ökologische Kommunikation. Kann die moderne Gesellschaft sich auf ökologische Gefährdungen einstellen? Opladen.

Radkau, Joachim [2002] ²2012: Natur und Macht. Eine Weltgeschichte der Umwelt. München.

Rickert, Heinrich [1896] ⁵1929: Die Grenzen der naturwissenschaftlichen Begriffsbildung. Eine logische Einleitung in die historischen Wissenschaften. Tübingen.

– [1899 / ⁷1926] 1986: Kulturwissenschaft und Naturwissenschaft. Stuttgart.

Schulz, Reinhard 2004: Naturwissenschaftshermeneutik. Eine Philosophie der Endlichkeit in historischer, systematischer und angewandter Hinsicht. Würzburg.

– 2015: Subjektivierung *durch* oder *als* Erfahrung? In: Alkemeyer, T. et al. (Hg.): Praxis denken. Konzepte und Kritik. Wiesbaden: 215–234.

Whitehead, Alfred N. [1938] 2001: Denkweisen. Frankfurt / M.

Windelband, Wilhelm [1894] 2014: Geschichte und Naturwissenschaft. Straßburg, doi https:// doi.org/10.11588/diglit.20767.

Wittgenstein, Ludwig [1953] 2001: Philosophische Untersuchungen. Kritisch-genetische Edition. Hg.: J. Schulte. Frankfurt / M.

III.7 Erzählende Naturverhältnisse

Otto Schäfer

„Allein durchschritt ich die Klüfte des Berges; von Wald zu Wald, von Fels zu Fels
mich vorarbeitend, gelangte ich schließlich an einen weit abseits gelegenen, wohl-
verborgenen Fleck, der wilder aussah als alles, was ich je in meinem Leben gesehen
hatte." So schreibt Jean-Jacques Rousseau (1712–1778) im siebten Spaziergang seiner
Träumereien eines einsamen Spaziergängers (Rousseau [1782] 2013: 132 f.). Von düsteren
Tannen erzählt Rousseau und mächtigen, teils umgestürzten Buchen, von schauri-
gen Abgründen, allerlei Käuzen und Eulen, aber auch putzigen kleinen Vögeln, von
Kräutern und von Moos, auf dem er sich niederlässt und ein träumerisches Gefühl
von Geborgenheit genießt. In einem Refugium wähnt er sich, von dem die ganze Welt
nichts wisse. Wie ein stolzer Kolumbus kommt er sich vor, der als erster jene Insel
verborgener Wildnis (→ IV.6) betreten habe. Bis er ein rhythmisches Klicken hört.
Es kommt aus einer Senke ganz in der Nähe. Rousseau springt auf und sieht nach.
Nur zwanzig Schritte von seiner Waldeinsamkeit entfernt steht eine mit Wasserkraft
betriebene Strumpfmanufaktur.

1. Rousseau – ein Paradebeispiel für die Bedeutung erzählender Naturverhältnisse

Diese nach einem Flurnamen bezeichnete „Robella-Episode" gehört zu einer ganzen
Reihe von teils autobiographischen Erzählungen, in denen Rousseau sein Naturverhältnis erlebend wiedergibt. Seine Erzählfreude und Erzählkunst hat zu der Wirk-
mächtigkeit Rousseaus für die Entwicklung eines neuen Naturideals seit der Mitte des
18. Jhs. stark beigetragen. Die Alpenschilderungen in seiner *Nouvelle Héloïse* (1761),
einem Liebesroman, steigerten nachweislich die Beliebtheit von Reisen ins Hoch-
gebirge und gehören insofern zur Vorgeschichte des modernen Tourismus. Die Beschreibung des Gartens der Julie im gleichen Roman verstärkte die Hinwendung zu
einer naturnahen Gartenkunst. „Die Natur, das heißt das innere Gefühl" – in dieser
beiläufigen Formel Rousseaus (1758) ist die für ihn konstitutive Verbindung zwischen
Naturverhältnis und introspektiver Subjektivität verdichtet (Audi 2008: 19).

Ein narrativer Naturbezug kann ein Erzählen über die Natur und zugleich ein
Erzählen über sich in der Natur sein. Die erzählerische Selbstvergewisserung in der
Natur und der theoretische Bezug auf die Natur befruchten sich dabei wechselseitig. So

ist Rousseaus epochemachender *Émile* (1762) sowohl ein Entwicklungsroman als auch eine Abhandlung über naturgemäße Erziehung mitsamt einem eingeschobenen und gleichfalls erzählerisch eingefärbten theologischen Pamphlet zur natürlichen Religion („Das Glaubensbekenntnis des savoyischen Vikars"). Und hinter der unprätentiösen und nicht ohne Schmunzeln erzählten Robella-Episode des alten Rousseau spürt man eine Grundierung mit der zum ersten Mal in der Neuzeit als Entfremdungstheorie entfalteten Zivilisationskritik seines *Diskurses über die Ungleichheit* (1755): Durch Konventionen und Institutionen hat sich die Menschheit von dem ursprünglichen Naturstand entfernt – das Privateigentum wirkt als Auslöser. Ein „Zurück zur Natur" mag menschlicher Sehnsucht entsprechen, ist aber unmöglich – das lehrt und das erzählt Rousseau und wäre wohl sehr erstaunt, dass ihm spätere Allgemeinbildung eine solche Devise zuschreibt.

2. Was bedeutet und was leistet das Erzählen?

Über die Besonderheit einer Sprech- und Textform hinaus hat das Erzählen eine grundlegende anthropologische Bedeutung (Grözinger 1991: 155 ff.). Narrativität als erzählendes Selbstverständnis und Weltverhältnis gehört zu den konstitutiven Merkmalen des Menschseins. „Denn im Erzählen wird es möglich, die eigenen Erfahrungen zu versprachlichen, zu sortieren und zu interpretieren, an fremden Welten teilzuhaben und alternative Welten zu entwerfen" (Erbele-Küster 2009: 1.1). Erzählungen schaffen Identität, indem sie die *erlebte* Zeit strukturieren, die von der physikalischen Zeit (→ II.4) radikal verschieden ist (vgl. das *story*-Konzept, Ritschl 1984). Die „Konfiguration" von Erfahrungen in der Erzählung eröffnet neue Möglichkeiten der Selbst- und Weltdeutung („Refiguration") und neue Handlungsperspektiven (Ricœur 1983–1985). Das gilt im Anschluss an Paul Ricœur (1913–2005) schon für die Metapher, die gleichfalls eine Dynamik der Neuinterpretation freisetzt; das Erzählen als Refiguration schließt daher Metaphorik ein (Mattern 1996: 137–150). Narrativität hilft im Umgang mit Kontingenz: mit der Offenheit und Unvorhersehbarkeit von Lebenssituationen, von Scheitern und Gelingen, von Glück und Leid. In Gestalt kollektiver Erzählungen ist sie gemeinschaftsbildend. Freilich stehen auch Erzählungen in der Dialektik einer „Hermeneutik des Vertrauens" und einer „Hermeneutik des Verdachts" (Ricœur 2010). Ihre legitimatorische Funktion unterliegt der Ideologiekritik.

3. Naturverhältnisse in Ursprungsmythen, Schöpfungsgeschichten und narrativen Utopien

Erzählungen hatten schon immer neben der sozialen Umwelt auch die natürliche Umwelt zum Gegenstand. In Erzählform tradiert wurden die ältesten Interpretationen der Natur und des Mensch-Natur-Verhältnisses im mythischen Denken: z.B. die kosmologischen Epen des Hinduismus, das babylonische Gilgamesch-Epos, die unterschiedlichen Schöpfungsgeschichten der Bibel. Weltentstehung (Kosmogenese) und Ursprung des Menschen (Anthropogenese) sind dabei ursprünglich getrennte Thematiken, die erst sekundär miteinander verbunden wurden. Manche Motive kehren in verschiedenen Kulturen wieder: z. B. die Weltentstehung als Chaoskampf zwischen kreativen und destruktiven Gottheiten (→ I.1); die Abfolge von Weltzeitaltern, sei es konsekutiv – die Dekadenz der vier Weltzeitalter – oder als zyklischer Prozess; die Fluterzählung analog zur biblischen Sintflut in Genesis 6–9; das handwerkliche Formen des Menschenleibs nach Art des Töpfers oder des Bäckers; die schöpferische Erdmutter (→ III.9). Ein klares Bewusstsein von der Eigenart eines erzählenden Naturverhältnisses im Vergleich zu einer empirisch-kritischen Naturdeutung (→ III.4) ist hilfreich, um Konflikte um Deutungshoheiten von „Glaube und Naturwissenschaft" zu vermeiden oder auch fragwürdige Harmonisierungsversuche zu unterlassen (der „concordisme" der französischen Diskussion, beispielsweise die Parallelisierung von Schöpfungstagen und Erdzeitaltern; vgl. dazu grundsätzlich Hübner 1966; 1987).

Schon in den antiken Überlieferungen bezieht sich das Erzählen vom Werden der Welt und des Menschen nicht nur auf die Herkunft, sondern auch auf die Zukunft: z. B. apokalyptische Visionen, bei denen der Schauende von Szene zu Szene geführt wird (etwa in Hesekiel 47 und Offenbarung 21–22). Neuzeitliche Utopien knüpfen daran an. In ihnen werden – nicht selten in der Form von Reiseberichten – alternative Gesellschaftsmodelle, aber auch alternative Naturverhältnisse dargestellt (die Funktion der Erzählung als Identifizierungsangebot wird hier sehr deutlich). Der fiktive Charakter solcher Erzählungen bietet einen größeren gestalterischen Spielraum, ist aber für ihre Plausibilität wenig entscheidend. Ohnehin werden oft biographische Vorlagen eingearbeitet, z. B. die Erlebnisse des Seemanns Alexander Selkirk in *Robinson Crusoe* von Daniel Defoe (1660–1731), oder literarisch verfestigte Stereotypen aufgenommen, z. B. der „edle Wilde" als Vorbild für die Gestalt des Freitag in *Robinson Crusoe*. Ganz entsprechend lebt in Johanna Spyris (1827–1901) *Heidi*-Romanen die seit Albrecht von Hallers (1708–1777) Gedicht *Die Alpen* geläufige Vorstellung von den körperlich robusten, seelisch ausgeglichenen, aufrichtig religiösen und moralisch integren Bewohnern der freien Natur des Hochgebirges. Auch fachliche, teils technische oder soziologisch-futurologische Daten werden berücksichtigt, z. B. in der ressourcenintelligenten ökofeministisch-egalitären Projektion Kaliforniens in Ernest Callenbachs (1929–2012) *Ecotopia* von 1975. Der erzählerische Gegenentwurf zur Jetztzeit kann auch die negative, angstbesetzte Form der Dystopie annehmen, z. B. in Frank Schätzings (geb. 1957) Roman *Der Schwarm* (2004), in dem sich die meeresbewohnende Gegenintelligenz Yrr für die Naturzerstörung an der Menschheit rächt.

4. Naturkunde als erzählendes Naturerleben

Es ist nicht verwunderlich, dass die Erkundung der Natur gerade dort in hohem Maß mit erzählend reflektierten Naturverhältnissen verknüpft ist, wo sie die Form der entdeckerisch erlebten Geländeforschung hat. Teils wirken die großen mythischen

Erzählungen nach – z. B. die Suche vieler Entdeckungsreisender nach einem Rest des „irdischen Paradieses" oder das Selbstverständnis von Carl von Linné (1707–1778), dem Begründer der modernen biologischen Taxonomie (→ I.5; II.11 / Abschn. 1; III.5 / Abschn. 4), der sich in Anspielung an die Benennung der Tiere durch Adam in Genesis 2 als „zweiten Adam" sah. Teils findet auch in der Auseinandersetzung mit der Natur die erzählerische „Konfiguration" und „Refiguration" (Ricœur) des Subjekts statt. Pioniererfahrungen von Weite und Höhe sind nicht nur wissenschaftliche Herausforderungen, sondern auch erzählend wiedergegebene Selbsterfahrungen, sei es von Sinn oder Kontingenz, von Begegnung mit dem Göttlichen oder Zurückgeworfensein auf das eigene Ich (Goldstein 2013).

Oft weniger im Blick ist die narrative Dimension auch der exakten Naturwissenschaften, der experimentellen Grundlagenforschung und angewandten Forschung sowie der Ethik des Mensch-Natur-Verhältnisses. Beispiele sind einerseits Erzählungen heuristisch wirksamer Erlebnisse z. B. in Form der Fallstudie, andererseits die erzählende Darstellung einer nunmehr als unumkehrbar und einmalig verstandenen Zeitlichkeit der Naturgeschichte (→ I.5).

5. Erzählende Naturverhältnisse in biographischen Erlebnissen

Isaac Newton (1643–1727) sieht einen Apfel vom Baum fallen – die scheinbar triviale Beobachtung führt schließlich zu einer der wichtigsten Gleichungen der klassischen Mechanik. August Kekulé (1829–1896) quält sich mit der Strukturformel des Benzols – und findet die Lösung durch einen Tagtraum von der sich in den Hinterleib beißenden Schlange. Beide Begebenheiten werden erzählt als *heuristische* Schlüsselerlebnisse – für die Entdeckung des Gravitationsgesetzes bzw. der Ringstruktur der seither sog. zyklischen Kohlenwasserstoffe. Freilich hängt die Gültigkeit des Masse und Abstand ins Verhältnis setzenden Gesetzes von der autobiographischen Anekdote ebenso wenig ab, wie die Existenz einer Stoffklasse mit sechs zyklisch miteinander verbundenen Kohlenstoffatomen durch das Traummotiv bewiesen wird. Begründungszusammenhang (engl. *context of justification*) und Entdeckungszusammenhang (engl. *context of discovery*) sind nicht identisch, wie vermutlich als erster Hans Reichenbach (1891–1953) feststellte (Reichenbach 1938) und damit die Wissenschaftstheorie des 20. Jhs. maßgeblich beeinflusste. Der Entdeckungszusammenhang ist nicht etwa zu vernachlässigen. Naturforschende sind Menschen. Auch Durchbrüche der naturwissenschaftlichen Erkenntnis finden in erzählerischen Kontexten statt, seien es Lebensläufe, seien es metaphorisch und narrativ eingefärbte Schlüsselmotive wie das „Buch der Natur" (Blumenberg 1981; → I.2).

Das gilt nicht nur für die theoretischen Wissenschaften (→ III.3; III.4). Der Schweizer Ingenieur Georges de Mestral (1907–1990) erzählt, wie er eines Tages auf die Kletten achtete, die sein Hund bei den gemeinsamen Spaziergängen im Fell hängen hatte – das führte zur Erfindung des Klettverschlusses, eines Paradebeispiels der Bionik: der Übertragung von organismischen Strukturen auf die Technik (Nachtigall 1974).

Biographisch situierte narrative Naturverhältnisse haben eine nicht zwingende, aber häufige Gemeinsamkeit: Über die Erfahrung des Lebens – in der Vielfalt des Begriffs – stellen sie eine Verbindung her zwischen dem menschlichen Subjekt als lebendigem Wesen und einer als lebendig erfahrenen Natur. „Wer Lebendiges erforschen will, muss sich am Leben beteiligen" (Weizsäcker [1940] 1996: 1). Dies kann sich durchaus auch mit einer tragischen Note verbinden. So erinnert sich Karl E. von Baer (1792–1876), der Begründer der Embryologie, an die Umstände seiner angestrengten Erforschung der drei Keimblätter Entoderm, Mesoderm und Ektoderm: Monatelang in Beschlag genommen von seinen Untersuchungen, kommt er erst wieder zu einem Spaziergang in der Natur, als das Korn schon in Ähren steht und der Ernte nah ist. Dieser Anblick verweist ihn auf die Hinfälligkeit des Lebens, die Urmetapher des Schnitters Tod (‚Sensenmann'), und trifft ihn existenziell: Das Leben im Forschungsobjekt, im reifenden und sterbenden Getreide und im forschenden Menschen selbst tritt in ein schmerzlich erlebtes Spannungsverhältnis, von dem von Baers später autobiographischer Rückblick ein eindrucksvolles Zeugnis gibt (Baer 1864; Schäfer 2004). Das Zusammenspiel von Forschungsinhalt und existenziellem und soziologischem Forschungskontext ist seit einigen Jahrzehnten Gegenstand intensiver Untersuchungen von „Labor-Geschichten" (Karin Knorr-Cetina, Bruno Latour, Steve Woolgar; → III.4), die dem sog. „narrative turn" in den Kultur- und Sozialwissenschaften zuzurechnen sind.

Albert Schweitzer (1875–1965) erzählt in *Aus meinem Leben und Denken* (1931), wie er bei der Begegnung mit einer Nilpferd-Herde im Fluss Ogowe den Begriff der „Ehrfurcht vor dem Leben" fand. Episoden dieser Art spielen auch in seinen Kindheitserinnerungen eine große Rolle, wo sie als existenzielle Prägungen vorwegzunehmen scheinen, was im Lebensentwurf des Erwachsenen programmatisch entfaltet wird – in Theorie und Praxis. Ähnliche Zusammenhänge zwischen biographischem Erleben und Erzählen und denkerischem und politischem Einsatz für ein lebensdienliches Mensch-Natur-Verhältnis sind bei vielen wichtigen Gestalten der Umweltbewegung nachgewiesen worden, z. B. in den Arbeiten von Hans-Jochen Luhmann (geb. 1946) (Simonis 2014).

6. Naturgeschichte als ‚große Erzählung'

Auch die Natur als Ganze ist Erzählung geworden, und zwar in dem Maße, in dem sie selbst auch unter wissenschaftlichem Aspekt als Geschichte begriffen wird: als einmaliger Entwicklungsprozess (unter den Bedingungen des uns empirisch zugänglichen Universums). Geschichte wird erzählt. Das zeigt sich bei den historischen Wissenschaften. Zwar bedienen sie sich empirisch-analytischer Methodik wie archäologischer Datierungen und demographischer Statistiken. Und sie entwickeln allgemeine systematische Kategorien, z. B. geschichtliche Epochen und Kriterien für ihre Abgrenzung. Aber letztlich können sie auf narrative Formen nicht verzichten, wenn die Darstellung und Deutung der historischen Ereignisse, Strukturen und Prozesse nachvollziehbar sein soll.

Gleiches gilt für die Geschichte der Natur, so wie sie seit Mitte des 19. Jhs. verstanden wird, nämlich als Theorie des Evolutionsprozesses in biologischer, erdwissenschaftlicher und kosmologischer Hinsicht. Vorher – von Plinius dem Älteren (23/24–79) und seiner *Naturalis historia* bis in die frühe Neuzeit – war Naturgeschichte Naturkunde, d. h. ein Kompendium der Vielfalt der Naturerscheinungen, v. a. in der belebten Welt, mit dem ihnen zugeordneten Bildungsgut der jeweiligen Epochen. Dies umfasste sicherlich viele *Geschichten* (im Plural) über Einzelerscheinungen der Natur, keineswegs aber eine *Geschichte* (im Singular) im Sinne der Zeitgestalt der Natur insgesamt. Erst die Temporalisierung der Naturdeutung durch den Entwicklungsgedanken ermöglichte Naturgeschichte im heutigen Verständnis, also als *Geschichte der Natur* (Lepenies 1976; → I.5). Ganz ausgestorben ist die alte Naturgeschichte aber nicht. Nicht zuletzt in pädagogischer Absicht blieb sie als Naturkunde, in der Medizin als Naturheilkunde, erhalten – und auch in diesem „Künden" steckt ein Erzählen.

Mit der neuen Auffassung von Naturgeschichte als Geschichte der Natur hat sich zugleich ihr Verhältnis zur Naturphilosophie gewandelt. Die klassische Naturphilosophie (analytisch-synthetisch, formal-abstrahierend, spekulativ und allgemein) wurde klar unterschieden von der klassischen Naturgeschichte (beschreibend, stofflich-konkret, auch erzählend und immer wieder anekdotisch). Im heutigen Verständnis beider Begriffe muss Naturphilosophie dagegen die Geschichte der Natur zumindest in den Grundzügen ihres empirisch rekonstruierten, nicht reproduzierbaren Verlaufs integrieren.

In völlig anderer Form lebt die alte Unterscheidung dennoch weiter – umso deutlicher, je mehr sich die Betrachtung dem Anfang des Universums nähert und sich damit von lebensweltlichen Vorstellungen von Zeit, Raum und Stofflichkeit entfernt. Hier klaffen wissenschaftliche Sprache und Alltagssprache bei der Deutung der Natur als Prozess weit auseinander: Allgemeingültigkeit und Mitteilbarkeit stehen in einem Spannungsverhältnis. Die wissenschaftliche Sprache formuliert mathematisch-physikalisch das Zusammenwirken von Grundkonstanten, von Masse-Energie-Äquivalenten, von Elementarteilchen (→ I.3; II.4–II.7). Hochkomplex und abstrakt ist sie den Wenigsten zugänglich. Die Alltagssprache dagegen erzählt anschaulich, was mit dem sog. Standardmodell der Entstehung des Universums gemeint ist. Sie gebraucht die Metapher einer Explosion und redet vom Big Bang. Sie spricht von einem expandierenden Universum und suggeriert der Vorstellungskraft einen Luftballon, aber ohne Innen und Außen, denn ein Raum außerhalb des Universums ergibt keinen Sinn. Die allgemeinverständliche Version der Entstehung des Universums kommt ohne Metaphern nicht aus. Und sie kann auch nicht anders als erzählen und damit die gelebte und erlebte Zeit in einen Prozess projizieren, in dem es solches Zeiterleben ebenso wenig geben kann wie lebensweltliche Raumerfahrung. Neuere Forschungen etwa von Arianna Borrelli zur „Genesis des Gottesteilchens" (Borrelli 2015) legen nahe, dass das narrative Element nicht erst in der populärwissenschaftlichen Vereinfachung, sondern schon in der originären Formulierung der elementarphysikalischen Theorie wirksam ist.

Die Darstellung der Entstehung und Entwicklung des Universums bedient sich der Erzählung. Offenbleiben muss die Frage, ob sie damit nur der Vermenschlichung Vorschub leistet – etwa durch die entsprechenden Bildwelten – oder ob sie auch humanisierend wirkt, indem sie einen Zusammenhang konstruiert, der die Sinnfrage zu stellen ermöglicht. Kritisch ließe sich im Sinne der oben erwähnten „Hermeneutik des Verdachts" gegen die narrative Darstellung einwenden, hier werde kompensatorisch gegen die drohende Leere erzählt. Zwar muss das, was als Erzählung auf den Menschen hinausläuft, nicht als Prozess auf den Menschen gerichtet sein. Aber diese Deutung hat dennoch großen Reiz, etwa in der Form des umstrittenen *anthropischen Prinzips* (→ I.8 / Abschn. 1.1.1). Die ‚schwache‘ Variante dieses Prinzips stellt als nicht trivial heraus, dass die Voraussetzungen der Entwicklung des Kosmos so beschaffen waren, dass sie das Auftreten des Menschen *ermöglicht* haben. Dass diese Entwicklung – über gerichtete Prozesse immer komplexeren Lebens und immer höheren Bewusstseins – *zielgerichtet* zum Menschen führte, besagt die ‚starke‘ Variante. Und so haben zeitgenössische kosmologische Erzählungen nicht selten Appellcharakter: Weil es nicht selbstverständlich ist, dass die Naturgeschichte (im modernen Sinne) die Menschheit hervorbrachte, sollte die Menschengeschichte das Erbe der Natur nicht verspielen, so lautet etwa der Mahnruf in den populärwissenschaftlichen Werken von Théodore Monod (1902–2000), Albert Jacquard (1925–2013) und Hubert Reeves (geb. 1932).

Vorausgesetzt wird in beiden Varianten eine *Universalgeschichte*, eine Geschichte der *einen* Menschheit – in diesem Falle mit naturgeschichtlichem Vorlauf. Dieses im Europa des 19. Jhs. nicht ohne Pathos vertretene Konzept hat in Verbindung mit dem aufklärerischen Fortschrittsglauben den Charakter einer „Metaerzählung" und ist spätestens seit der grundsätzlichen Kritik durch Jean-François Lyotard (1924–1998) umstritten (vgl. Lyotard 1979). Das heißt allerdings nicht, dass ein Erzählen über Natur generell auf die Langzeitperspektive verzichten oder sich aus kosmischer Tiefe zurückziehen müsste.

7. Weiterwirkende Kreativität

Schon Walter Benjamin (1892–1940) sagte zu Unrecht das Versiegen des Erzählens in der technischen Welt des 20. Jhs. voraus (Benjamin 1936). Bedrohlich veranschaulicht wurde dieser Gedanke als Auflösung der Erzählwelten in Michael Endes *Die unendliche Geschichte* (1979). Der Verfall erzählerischer Kreativität ist dennoch nicht zu befürchten, auch nicht im Hinblick auf Naturverhältnisse. Der wissenschaftliche und der erzählerische Blick auf die Natur werden weiterhin in einem Wechselverhältnis stehen. Bricht nicht schon in Rousseau der Botaniker durch, als er in der Robella-Episode zwar die Natur als Refugium erheischt, aber doch – ganz nebenbei – die Kräuter seiner Wildnis mit lateinischen Namen bedenkt und erwähnenswert findet, dass *Laserpitium* und *Lycopodium* sein Waldasyl bevölkern, Laserkraut und Bärlapp? Ein viel beachtetes Beispiel für eine gelungene narrative Synthese zwischen naturkundlichen Erlebnissen (in diesem Fall v. a. Vogelbeobachtungen) und der Dynamik eines Liebespaares, zugleich ein Plädoyer für die bleibende existenzielle Bedeutung der *Historia naturalis* als klassischer Naturkunde, ist die essayistische Erzählung *Bullau* (Maier / Büchner 2006).

Literatur

Audi, Paul 2008: Rousseau – une philosophie de l'âme. Paris.

Baer, Karl E. v. 1864 / 1866: Nachrichten über Leben und Schriften des Geheimraths Dr. Karl Ernst von Baer. St. Petersburg, http://mdz-nbn-resolving.de/urn:nbn:de:bvb:12-bsb10069144-9.

Benjamin, Walter [1936] [17]2001: Der Erzähler. Betrachtungen zum Werk Nikolai Lesskows. In: ders.: Illuminationen: Ausgewählte Schriften I. Hg.: S. Unseld. Frankfurt / M.: 385–410.

Blumenberg, Hans 1981: Die Lesbarkeit der Welt. Frankfurt / M.

Borrelli, Arianna 2015: Genesis des Gottesteilchens: Narrative der Massenerzeugung in der Teilchenphysik. In: Azzouni, S. et al. (Hg.): Erzählung und Geltung. Wissenschaft zwischen Autorschaft und Autorität. Weilerswist: 63–86.

Erbele-Küster, Dorothea 2009: Narrativität. In: Wissenschaftliches Bibellexikon im Internet (WiBiLex), http://www.bibelwissenschaft.de/stichwort/37118/ (06.07.2015).

Goldstein, Jürgen 2013: Die Entdeckung der Natur. Etappen einer Erfahrungsgeschichte. Berlin.

Grözinger, Albrecht 1991: Die Sprache des Menschen. Ein Handbuch. Grundwissen für Theologinnen und Theologen. München.

Hübner, Jürgen 1966: Theologie und biologische Entwicklungslehre. Ein Beitrag zum Gespräch zwischen Theologie und Naturwissenschaft. München.

– 1987: Der Dialog zwischen Theologie und Naturwissenschaft. Ein bibliographischer Bericht. München.

Lepenies, Wolf 1976: Das Ende der Naturgeschichte. Wandel kultureller Selbstverständlichkeiten in den Wissenschaften des 18. und 19. Jahrhunderts. München.

Lyotard, Jean-François [1979] [9]2019: Das postmoderne Wissen. Ein Bericht. Wien.

Maier, Andreas / Büchner, Christine 2006: Bullau. Versuch über die Natur. Frankfurt / M.

Mattern, Jens 1996: Ricœur zur Einführung. Hamburg.

Nachtigall, Werner 1974: Biological Mechanisms of Attachment: The Comparative Morphology and Bioengineering of Organs for Linkage. New York.

Plinius der Ältere 2005: Naturalis historia / Naturgeschichte. Lat.-Dt. Hg.: M. Giebel. Stuttgart.

Reichenbach, Hans 1938: Experience and Prediction. An Analysis of the Foundations and the Structure of Knowledge. Chicago.

Ricœur, Paul 2010: Der Konflikt der Interpretationen. Ausgewählte Aufsätze (1960–1969). Hg.: D. Creutz / H.-H. Gander. Freiburg.

– [1983–1985] [2]2007: Zeit und Erzählung. 3 Bde. Paderborn.

Ritschl, Dietrich [1984] [2]1988: Zur Logik der Theologie. München.

Rousseau, Jean-Jacques [1755] [7]2019: Diskurs über die Ungleichheit. Discours sur l'inégalité. Hg.: H. Meier. Paderborn.

– [1758] 2012: Lettre à Jacob Vernes du 18 février 1758. In: ders.: Œuvres complètes, XVIII (Lettres, I). Hg.: R. Trousson / F. S. Eigeldinger. Genève: 522 [= CC, V: 32].

– [1761] 1988: Julie oder Die neue Héloïse. Briefe zweier Liebenden aus einer kleinen Stadt am Fuße der Alpen. München.

– [1762] 1971: Emil oder über die Erziehung. Paderborn.

– [1782] 2013: Träumereien eines einsamen Spaziergängers. Stuttgart.

Schäfer, Otto 2004: Vie et mort. Le vivant dans le temps. In: Variations herméneutiques 20: 81–94.

Schweitzer, Albert [1931] 2011: Aus meinem Leben und Denken. Hamburg.

Simonis, Udo (Hg.) 2014: Vordenker und Vorreiter der Ökobewegung. 40 ausgewählte Porträts. Stuttgart.

Weizsäcker, Viktor v. [1940] 1996: Der Gestaltkreis. Theorie der Einheit von Wahrnehmen und Bewegen. Stuttgart.

III.8 Religiöse Naturverhältnisse

Dirk Evers

1. Religion als Verehrung der Natur

Natur religiös wahrzunehmen heißt, sie im Horizont des Unbedingten und eines Allumfassenden zu deuten und dabei zugleich auf eigene Lebensfragen zu beziehen. Damit wird all das, was Menschen in ihrer vorfindlichen Umwelt selbst nicht machen oder herstellen und was Menschen als Naturwesen in ihrer Biologie und Leiblichkeit ausmacht, als etwas verstanden, zu dem man sich verehrend verhalten oder das man als Medium des Göttlichen verstehen kann. Religiöse Naturverhältnisse sind nicht nur eine Sache der Vergangenheit. In gewandelter Form kann man in der Gegenwart geradezu eine Verlagerung des Religiösen in den Raum der Natur beobachten. Als ein Indiz dafür kann die Zunahme von sog. Naturbestattungen angesehen werden, bei denen die Asche Verstorbener außerhalb traditioneller Friedhöfe in besonderen, dafür bestimmten, naturbelassenen Waldanlagen entweder in (biologisch abbaubaren) Urnen beigesetzt oder verstreut wird. Die Rückkehr der Überreste Verstorbener in den Kreislauf der Natur, ohne dass die Form und das Äußere eines Grabes als solches dabei erkennbar wären; der Wald als ein Naturort, der schon zu Lebzeiten Menschen durch den Gesang der Vögel, das Rauschen der Blätter und den Duft des Laubes die eigene Verbundenheit mit der Natur erfahren lässt – das alles lässt für viele Menschen die Naturbestattung zu einer tröstlichen und beruhigenden Vorstellung werden, die auch religiöse Bedürfnisse mit aufnimmt. Eine individuelle Grabstätte, die von den Angehörigen gepflegt wird, gibt es im Wald nicht, aber ein Platz für Trauer und Gedenken bleibt ebenso wie eine symbolische Aufnahme des Verstorbenen in ein ihn umfassendes Ganzes, das traditionell-religiös, alternativ-religiös oder auch rein naturalistisch ohne religiöse Deutung verstanden werden kann.

Bei religiösen Naturverhältnissen handelt es sich von vornherein um deutende, wesentlich auf das Selbstverständnis des Menschen bezogene Naturverhältnisse. Dabei sind zwei grundsätzliche Möglichkeiten zu unterscheiden, die in verschiedenen Formen und wechselseitiger Beeinflussung auch kultur- und religionsübergreifend wirksam geworden sind. Zum einen kann die Natur als das Andere des Göttlichen verstanden werden, womit dann zwischen Natur und Übernatur unterschieden werden kann; zum anderen kann sie als eine Form des Göttlichen selbst und damit als Darstellung und Mitteilung des Göttlichen angesehen werden, so dass das Göttliche und die Natur ineinander geblendet werden (→ I.1). Ebenso wie das Göttliche unterschiedlich konzipiert werden kann – als streng monotheistisch verfasstes Gegenüber oder als durchaus vielfältige und auch in Gegensätzen verstandene Bezugsgröße –, kann auch das religiöse Verhältnis zur Natur und ihren Phänomenen unterschiedliche Formen annehmen, die zwischen Ehrfurcht, Dankbarkeit, Faszination und Erschrecken schillern können (→ III.2; IV.6; IV.7).

In einem frühen Stadium der Religionsentstehung werden Erscheinungsformen der sinnlich wahrnehmbaren Naturwelt wie Quellen und Flüsse, Donner und Blitz, Winde, Berge, Seen, Feuer, Vulkane, Tiere, Bäume und Pflanzen oder Himmelserscheinungen (Sonne, Monde, Gestirne, Planeten) numinose Qualitäten zugeordnet und allgemeine Lebensphänomene wie Leben und Fruchtbarkeit als besondere, von göttlichen Wesen bewirkte Kräfte aufgefasst. Die Naturgottheit schlechthin ist Mutter Erde (→ III.9). Diese Wesen werden verehrt, wobei es nicht um eine bloße Personifikation natürlicher Erscheinungen geht, sondern um eine Bezugnahme auf das Wirken und das sich Offenbaren dieser Gottheiten *in* den Naturerscheinungen, ohne dass sie mit diesen direkt identifiziert würden. Zugleich versteht sich in der Religion der Mensch je länger je mehr auch als im Rahmen seiner Möglichkeiten aktiver Mitwirkender im Schauspiel der Natur. In der hebräischen Bibel z. B. erhält der Mensch einen Auftrag zur Bewahrung und Gestaltung der Schöpfung (→ I.2; II.2). Das religiöse Naturverhältnis besteht hier also nicht in der Verehrung der Natur, sondern äußert sich in einem bestimmten Umgang mit ihr im Gegenüber zu einem der Natur transzendenten Schöpfer.

Die Qualifizierung von Naturverhältnissen als ‚religiös‘ ist als solche nicht trennscharf. So bestehen gleitende Übergänge zu ästhetischen Naturverhältnissen (→ III.2), wenn etwa die Natur als Gleichnis und Spiegel des Göttlichen verstanden wird, oder zu verstehenden oder sogar technisch-ökonomischen Naturverhältnissen (→ III.5), wenn eine bestimmte Deutung oder ein bestimmter Umgang mit der Natur als religiös qualifiziert wird. Überhaupt ist zu berücksichtigen, dass schon die Begriffe der ‚Religion‘ und des ‚Religiösen‘, insofern sie gegen andere Kategorien wie Vernunft oder Wissenschaft abgehoben werden, Kategorisierungen aus der Perspektive der westlichen Aufklärung und ihrer Folgen darstellen, die diese Begriffe in ihrer heutigen Verwendung geprägt hat. Weder vorneuzeitlich noch in anderen Kulturen und Sprachen lassen sich ohne weiteres Entsprechungen zum europäischen neuzeitlichen Religionsbegriff finden.

2. Religiöse und verstehende Naturverhältnisse

Schon früh machen sich Spannungen zwischen einem unmittelbar religiös-erzählerischen und einem reflektiert-distanzierten, verstehenden Naturverhältnis bemerkbar, etwa durch die die Antike bestimmende Spannung zwischen Mythos und Logos. Die ersten Werke über die Natur als ganze verfassten die Denker der frühen griechischen Naturphilosophie (→ I.1 / Abschn. 2). Sie fragten darin nach dem Ursprung und dem Prinzip des Natürlichen, um daraus das wahre Wesen und die Gesetzlichkeit des natürlichen Werdens zu erklären. In diesen Werken wird die Natur durchaus noch personifiziert und als göttliche Macht gedacht, auch wenn sich die Philosophen vom traditionellen religiösen Mythos lösen. Es zeigt sich eine Entwicklung hin zu immer unpersönlicheren, abstrakteren Vorstellungen, von einem religiösen hin zu einem verstehenden Naturverhältnis, das z. B. Heraklit (um 520–um 460 v. Chr.) im Begriff des alles beherrschenden Welt-Logos zusammenfasst (vgl. DK 22 B1).

Das nicht spannungsfreie Wechselspiel zwischen religiösen und verstehenden Naturverhältnissen (→ III.6) lässt sich auch in den biblischen Texten verfolgen (→ I.2 / Abschn. 2). Das Natürliche hat in den alttestamentlichen Texten keine eigene göttliche Qualität. Die Natur wird zwar wie im Alten Orient überhaupt wahrgenommen als ein von schöpferischen und chaotischen Mächten bestimmter Zusammenhang, der einerseits die Existenzgrundlage für den Menschen bereitstellt, in dem diese Grundlage andererseits immer auch bedroht ist. Doch zugleich findet eine Depotenzierung statt, wenn etwa die in anderen altorientalischen Kulturen als Götter verehrten Gestirne zu Lampen degradiert oder die Chaosdrachen der Meerestiefen wie der Leviathan als Spielzeuge des Schöpfers bezeichnet werden (vgl. Ps 104,26). Hier wirkt sich der streng monotheistische Schöpferglaube der biblischen Texte aus. Während natürliche Abläufe und als solche dem Menschen entzogene Kräfte wie die der Fruchtbarkeit, des Regens und der Sonne in anderen religiösen Kulturen kultisch inszeniert, gefeiert und günstig gestimmt werden, ist das religiöse Verhältnis Israels eher an ethischen und moralischen denn an natürlichen Zusammenhängen orientiert. Die sog. weisheitliche Literatur der hebräischen Bibel verweist auf eine verlässliche Ordnung, stellt Naturphänomene in Form von Listen zusammen und schreibt diese Ordnung der göttlichen Weisheit zu. In der Geschichte des Abendlandes wird für ein religiös-verstehendes Naturverhältnis bis in die Neuzeit hinein die im Buch der Weisheit formulierte Vorstellung leitend, Gott habe in der Schöpfung „alles nach Maß, Zahl und Gewicht [lat. *mensura, numerus, pondus*] geordnet" (Weisheit 11,21).

Damit ist auch eine religiös qualifizierte Anschlussstelle für die frühneuzeitliche Naturforschung ausgewiesen, die sich z. B. in dem zwischen Naturwissenschaft und Religion schillernden Phänomen der Physikotheologie des späten 17. und frühen 18. Jhs. niederschlägt. In dieser wird der in der Geschichte der abendländischen Philosophie seit jeher vollzogene „Schluß [...] von der in der Welt so durchgängig zu beobachtenden Ordnung und Zweckmäßigkeit [...] auf das Dasein einer *ihr proportionirten* Ursache" (Kant [1787] 1911: B655), mithin auf einen vernünftigen Weltenschöpfer, als inneres Motiv für die Naturforschung angesehen. Die Erkenntnisse der kausal-mechanisch verstandenen Wissenschaft, insb. in Geologie, Botanik und Zoologie, werden funktional oder teleologisch überhöht, um an ihnen die Güte und die Vorsehung des Schöpfers, welche alle menschliche Planungskraft unendlich übersteigt, zu verdeutlichen. Oft spiegelt sich das in der poetischen Sprache naturkundlicher Darstellungen wieder. Schneekristalle, die Eigenschaften des Wassers, Gewitter, Gras, Kühe, Bienen (→ IV.4) usw. werden als Werkzeuge der göttlichen Vorsehung verstanden, insofern sie zur Bereitstellung der Lebensgrundlagen des Menschen dienlich sind oder auch zu seiner Belehrung. Zugleich werden die positiven, regenerativen und ordnungsstiftenden Aspekte der Natur dem pessimistischen Zeitgeist einer Betonung von Zerfall und Verschlechterung der natürlichen Zustände entgegengesetzt. Hier zeigen sich in exemplarischer Gestalt zwei gegenläufige Traditionen eines religiösen Naturverhältnisses: das positive Modell einer harmonischen, zweckmäßigen Natur (*oeconomia naturae*; → III.5 / Abschn. 4), durch die sich die göttliche Gnade vermittelt, und das einer gefallenen, defizienten, erlösungsbedürftigen Natur (*natura lapsa*), der die göttliche Gnade entgegensteht (vgl. zu dieser Unterscheidung Groh 2003).

Im 18. und 19. Jh. trennen sich die religiösen und wissenschaftlichen Naturzugänge immer mehr und verfestigen sich in einem offenen Konflikt. Gründe für diese Entwicklung sind u. a. eine radikalisierte These von der kausalen Geschlossenheit der physikalischen Welt (→ II.7), die Betonung der Eigengesetzlichkeit der Natur und die Einbeziehung von Lebensphänomenen und der Lebensentstehung in ein kohärentes naturwissenschaftliches Weltbild (Darwinsche Evolutionstheorie; → I.7 / Abschn. 3). Das führt mitunter zu einer religiösen Aufladung der Naturwissenschaften (Weizsäcker 1964). Naturwissenschaftliche Kosmologie kann als Transzendenzersatz fungieren (→ IV.7), und das Streben nach naturwissenschaftlicher Erkenntnis wird religiös qualifiziert, wenn z. B. Albert Einstein (1879–1955) davon spricht, dass Religion ohne Wissenschaft „blind“, Wissenschaft ohne Religion aber „lahm“ sei (Einstein [1941] 1984: 43).

3. Natur als Auftrag

Insofern religiöse Naturverhältnisse immer auf das Selbstverständnis des Menschen bezogen sind, können sie auch darin bestehen, dass die Natur von den Menschen als Auftrag und Gestaltungsraum wahrgenommen wird. Die ältere Schöpfungserzählung der hebräischen Bibel in Genesis 2 sieht die ursprüngliche Natur als Garten (zunächst noch ohne Tiere), den der Mensch zu bebauen und zu bewahren hat (Gen 2,15). Dazu kommt als weiteres religiöses Moment das Motiv des Paradieses (Garten Eden), d. h. die Vorstellung einer ursprünglichen und ungebrochenen Einheit zwischen Mensch und Natur. In der biblischen Geschichte als Ur-Geschichte folgt nach der Gebotsübertretung des Menschen der Bruch mit dem Ursprungszustand: Das erste Menschenpaar wird aus dem Paradies vertrieben. Auch danach ist der Auftrag nicht aufgehoben, allerdings müssen die Menschen nun mühsam und im Schweiße ihres Angesichts vom Dornen und Disteln tragenden Acker ihre Lebensgrundlage gewinnen, und die Frau muss unter Schmerzen den Nachwuchs zur Welt bringen.

Die spätere Erzählung von Genesis 1, vermutlich in der Exilszeit unter Aufnahme babylonischen Gedankenguts entstanden, akzentuiert anders. Hier wird der Mensch ausdrücklich als Gottes Ebenbild (lat. *imago Dei*), als sein Statthalter mit einem Herrschaftsauftrag (lat. *dominium terrae*) über die Natur eingesetzt: „Seid fruchtbar und mehret euch […] und macht euch die Erde untertan und herrscht über die Tiere“ (Gen 1,28). Auch wenn die heutige Auslegung betont, dass es sich bei den beiden Verben des Herrschens ursprünglich um hebräische Ausdrücke für „etwas als Kulturland in Besitz nehmen / urbar machen“ bzw. „wie ein Hirte agieren / weiden“ handelt, so ist doch der Gedanke eines Imperiums oder Dominiums des Menschen über die Naturwelt seit der Antike mit diesen Versen verbunden worden.

In der Neuzeit gewinnt die Vorstellung eines religiös gebotenen Herrschaftsauftrags des Menschen gegenüber der Natur unter wissenschaftlichen Vorzeichen neue Aktualität. Francis Bacon (1561–1626) erkennt die Koinzidenz von wissenschaftlichem Wissen und faktischer Fähigkeit des Menschen, sich die Möglichkeiten der Natur zunutze zu machen: Die „Natur wird nur besiegt, indem man ihr gehorcht. Daher fallen jene Zwillingsziele, die menschliche Wissenschaft und Macht, zusammen" (Bacon [1620] 1999: 65). Wissenschaft dient, indem sie Naturbeherrschung ermöglicht, dem Schöpfungsauftrag des Menschen.

Dieses über lange Zeit im Christentum etablierte Verständnis, dass der Mensch über die Natur herrschen solle, könnte einen bestimmten Umgang mit der Natur befördert haben, der für die gegenwärtige ökologische Krise entscheidend mit verantwortlich ist. Einen solchen Zusammenhang sieht z.B. der Technikhistoriker Lynn T. White Jr. (1907–1987) und führt die historischen Wurzeln der ökologischen Krise auf eine jüdisch-christliche Einstellung der Beherrschung der Natur zurück (White 1967; vgl. Hartlieb 1996). Ähnlich argumentiert Carl Amery (1922–2005), der zeigen möchte, dass „der gegenwärtige Weltzustand [...] durch die restlose Übernahme und Verinnerlichung einiger Leitvorstellungen der judäisch-christlichen Tradition" (Amery 1972: 10) herbeigeführt wurde. Ihr Kern „war die Auserwähltheit des Menschen vor aller Schöpfung, war der totale Herrschaftsauftrag" (ebd.). Gegen die traditionelle Vorstellung eines religiös begründeten Herrschaftsauftrags, der dem Menschen ungehinderte Verfügungsgewalt über die Natur zuspricht, propagieren christliche Gruppen heute das biblische Bild der gerechten, treuhänderischen Haushalterschaft (*stewardship*) als Grundvorstellung einer globalen Umweltethik (→ I.2 / Abschn. 6; III.5).

4. Mystische Naturverhältnisse

Auch in den großen monotheistischen Religionen sind mystische Formen von Religiosität verbreitet, für die das Verhältnis zur Natur primär religiöse Qualität hat. Für das Christentum sei auf Hildegard von Bingen (1098–1179) und Paracelsus (Theophrastus v. Hohenheim, um 1493–1541) verwiesen, die beide auf eine ganzheitliche Betrachtung von Gesundheit und Krankheit Wert legen und natürliche sowie spirituelle Heilkräfte miteinander verbinden. Während jedoch Judentum, Christentum und Islam die Vorstellung eines der Natur gegenüber souveränen Schöpfers gemeinsam ist, spielt der Gedanke eines Schöpfers und einer Schöpfung der Natur in östlichen Religionen eine untergeordnete Rolle, er kann als religiös geradezu irrelevant angesehen werden. Was in westlicher Perspektive als geschaffene Natur erscheint, stellt für östliches Denken eine untergeordnete, relative Kategorie dar, weil die objektivierte Wirklichkeit als Illusion (Sanskrit *māyā*) verstanden wird. Die Phänomene der Wirklichkeit werden nicht ‚geschaffen' in dem Sinne, dass sie vom Nicht-Sein ins Sein überführt werden, sie entstehen vielmehr aus der irrigen Vorstellung des Menschen, dass die Phänomene der Wirklichkeit als solche existieren. Natürlichen Phänomenen unserer Wahrnehmung kommt in östlichen Religionen keine eigene Existenz zu, und eben dies zu erkennen ist die entscheidende religiöse Einsicht. Im buddhistischen Denken gehören Spekulationen über den Beginn der Welt zu den vier Unergründbarkeiten, mit denen sich der menschliche Geist nicht vergebens belasten sollte, will er nicht in Wahnsinn und

Verzweiflung verfallen (vgl. aus dem Pali-Kanon die Acintita Sutta: Anguttara Nikāya 4.77). Die mystisch-meditative Praxis zielt auf die Realisierung absoluter Wahrheit, in deren Erkenntnis die Illusion der objektiven Realität der Dinge verschwindet, das Selbst zur eigentlichen Realität jenseits der Dinge durchbricht und sich darin auflöst.

Deshalb liegt im hinduistischen wie im buddhistischen Denken der Fokus religiöser Naturverhältnisse nicht auf der Frage nach Herkunft und Bestimmung der Natur als solcher, sondern auf der Frage nach dem Zusammenhang von Ursache und Folge, durch den sich das Universum und seine Phänomene entfalten. Alles wird als miteinander verwoben angesehen, und alles Phänomenale entsteht und vergeht unentwegt. Im Hinduismus gilt dies auch für die Götter, die wie die Menschen Kreisläufen von Geburt und Wiedergeburt, von Entstehen und Vergehen unterworfen sind. Östliche Schulen haben spekulative Weltzeitalter-Theorien entwickelt, die in riesigen Zyklen dieses Entstehen und Vergehen auf der kosmischen Ebene widerspiegeln. In vielen Schulen ist nur der höchste Gott (Shiva, Vishnu) davon ausgenommen, aber auch ein solcher höchster Gott bringt nicht die Welt als Schöpfer hervor, sondern personifiziert das geistige Prinzip hinter aller Wirklichkeit. Das rechte religiöse Verhältnis zur Natur besteht zum einen in der Einsicht in die letztliche Bedeutungslosigkeit des Entstehens und Vergehens der Dinge, in einer inneren Loslösung von der Welt. Das, was man sinnlich wahrnehmen kann wie Pflanzen, Tiere und Menschen, aber auch die leblose Materie, hat als äußere Form einer dahinter liegenden, geistigen Wirklichkeit zu gelten. Zum anderen besteht ein in dieser Weise ‚religiös‘ qualifiziertes Naturverhältnis darin, die im Göttlichen begründete Verbundenheit von allem, was ist, zu realisieren. Man hat dies geradezu als eine sakramentale Sicht der Natur im Hinduismus bezeichnet (Brück 1992: 82). Jedes Stück Materie und jede Lebensform einschließlich des Götterhimmels ist eine Konkretion von Geist und göttlichem Prinzip. Aus dieser Weltsicht begründen sich der Vegetarianismus (→ IV.2) mancher Richtungen des Hinduismus und Buddhismus sowie deren differenzierte Formen von Naturverehrung.

5. Neue religiöse Naturverhältnisse

Seit dem 19. Jh. sind in westlichen Gesellschaften Gruppen entstanden, die einzelne religiöse und spirituelle Inhalte verschiedener Religionen neu miteinander verbinden. Sie werden mitunter und in durchaus problematischer Weise als esoterische religiöse Bewegungen oder New Age bezeichnet. In diesen Bewegungen spielt die Naturverehrung, aber auch eine ökologisch orientierte Ethik eine große Rolle. Die Heilkräfte der Natur werden gegen eine rein instrumentell orientierte Medizin zur Geltung gebracht und dabei technische, medizinische und religiöse Naturverhältnisse miteinander verwoben. Die ganze Bandbreite moderner Naturheilkunde weist Anschlüsse für religiöse Perspektiven auf, insofern gewisse Aspekte der Natur in einem solchen Sinne als ‚heilend‘ verstanden werden, dass religiöse Dimensionen von ‚Heil‘ und Ganzheit mit umfasst werden. Im Anschluss an die Gaia-Hypothese (Lovelock 1979), derzufolge die Erde ein sich selbst regulierendes Ökosystem ist, wird der ganze Planet von manchen als Organismus verstanden und mit dem Namen der griechischen

Erdgöttin Gaia bezeichnet. Diese Vorstellung dient als quasi-religiöses Symbol und Gegenentwurf zu ausbeuterischen, instrumentalistischen Einstellungen gegenüber der Erde und ihren Ressourcen. Teile der feministischen Theologie haben ebenfalls die Gaia-Vorstellung als immanente Muttergottheit und Gegenmodell zu einem der Natur schlechthin gegenüber stehenden, männlich vorgestellten Götterbild rezipiert (Radford Ruether 1994; → III.9).

In jüngerer Zeit haben sich auch Bewegungen etabliert, die Naturreligionen neu beleben oder adaptieren – von esoterischen Spielarten der Naturheilkunde über verschiedene Formen des Vegetarianismus (→ IV.2) bis hin zu vorchristlichen Kultformen (z. B. „indianische" oder „germanische" Naturverehrung). Man kann durchaus dafür argumentieren, dass überhaupt religiöse oder religionsanaloge Verhältnisse zur Natur als solcher auch die modernen westlichen Kulturen stärker prägen, als dies die öffentlichen Diskurse nahelegen (vgl. Albanese 2002). Wenn außerdem ökologische Herausforderungen als Überlebensfragen verstanden werden und auf sie mit der Forderung unbedingter Entschiedenheit reagiert wird, kann Natur selbst als ein Absolutes inszeniert werden und fungiert als Grund und Orientierung eines bedeutungsvollen menschlichen Lebens. Religion besteht dann in bestimmten Formen des ehrfurchtsvollen Umgangs mit gewöhnlichen wie außergewöhnlichen Aspekten der Natur, sowie umgekehrt die Natur selbst als formierende und transformierende Kraft wahrgenommen wird.

Literatur

Albanese, Catherine L. 2002: Nature Religion Reconsidered. Harrisburg / PA.
Amery, Carl 1972: Das Ende der Vorsehung. Die gnadenlosen Folgen des Christentums. Reinbek.
Bacon, Francis [1620] 1999: Neues Organon. Lat.-Dt. 2 Bde. Hg.: W. Krohn. Hamburg.
Brück, Michael v. 1992: Religiöse Voraussetzungen für Gerechtigkeit, Frieden und Naturbewahrung im Hinduismus. In: Golser, K. (Hg.): Verantwortung für die Schöpfung in den Weltreligionen. Innsbruck: 81–101.
DK [Diels / Kranz] = Die Fragmente der Vorsokratiker. Griech.-Dt. v. H. Diels. Bd. 1: [6]1951, Bd. 2: [6]1952. Hg.: W. Kranz. Hildesheim.
Einstein, Albert [1941] [3]1984: Naturwissenschaft und Religion II. In: ders.: Aus meinen späten Jahren. Frankfurt / M.: 41–47.
Groh, Dieter 2003: Schöpfung im Widerspruch. Deutungen der Natur und des Menschen von der Genesis bis zur Reformation. Frankfurt / M.
Hartlieb, Elisabeth 1996: Macht Euch die Erde untertan? Verantwortlichkeit der Kirche für die ökologische Krise. In: Politische Ökologie 48: 41–44.
Kant, Immanuel [1787] 1911: Kritik der reinen Vernunft. 2. Aufl. In: Kant's gesammelte Schriften, Abt. 1: Werke, Bd. III. Hg.: Königlich Preußische Akademie der Wissenschaften. Berlin.
Lovelock, James [1979] 2016: Gaia: A New Look at Life on Earth. Oxford.
Radford Ruether, Rosemarie 1994: Gaia und Gott. Luzern.
Weizsäcker, Carl F. v. [1964] [7]2006: Die Tragweite der Wissenschaft. Stuttgart.
White, Lynn T. 1967: The historical roots of our ecological crisis. In: Science 155: 1203–1207.

III.9 Geschlechtliche Naturverhältnisse

Nicole C. Karafyllis und Thomas Potthast

1. ‚Mutter Natur' nach indianischem Ritus erfahren?

2002 trafen sich Wildnisführerinnen und Erlebnispädagogen aus der ganzen Welt im Schwarzwald, um die Natur nach dem Vorbild der Naturvölker zu erfahren. Gesetzt wurde auf „die Traditionen und das Erfahrungswissen der indianischen Urbevölkerung, wo die Visionssuche ein Teil der initiatorischen Riten war. Für die jungen Männer und Frauen gilt: Vier Tage und Nächte allein, ohne Zelt, ohne Nahrung. Ein Treffen mit ‚der nackten Haut und den Knochen von Mutter Natur'. Passend dazu eine indianische Schwitzhüttenzeremonie auf der Wiese vor dem Thomahof" (*Badische Zeitung*, 18.02.2002).

Als Vorbild diente ein Initiationsritus der nordamerikanischen Lakota. Demnach ist man erst erwachsen, wenn man sich in der Natur alleine versorgen kann. Auf Vergleichbares zur Büffeljagd, die zum Initiationsritus der Prärievölker gehörte, wurde im Schwarzwald verzichtet, auch aus tierethischen Gründen (→ IV.5). Das rituelle Schwitzen wurde jedoch übernommen. Die Schwitzhütte ist tradierter Teil eines religiösen Naturverhältnisses (→ III.8) und dient der zeremoniellen Reinigung, Heilung und Bewusstseinserweiterung. Eine runde Kuppel aus gebogenen Ästen, im einfachsten Fall über ein Erdloch gespannt, symbolisiert den gebärenden Bauch der Erdmutter, die für Erneuerung sorgt.

2. Heteronormative Hintergründe aktueller Debatten

Das Einstiegsbeispiel weist zentrale Elemente geschlechtlich verfasster Naturverhältnisse auf: die traditionelle Rede von „Mutter Natur", die mit Haut und Knochen verleiblicht (→ III.1) wird; der sexualisierende Hinweis auf ihre Nacktheit, um die Aufmerksamkeit der Zeitungsleser zu gewinnen; die Verbindung zu Diskursen um Wildnis (→ IV.6), Askese, Ureinwohner (‚Indianer') und indigenes Erfahrungswissen vom Leben im Einklang *mit* der Natur.

Schwitzhüttenrituale im Schwarzwald Anfang des 21. Jhs. sind nur verständlich vor dem Hintergrund gesellschaftspolitischer Debatten um ‚Natur', die hier philosophisch analysiert werden sollen. Denn Wissen im scheinbaren Einklang mit der Natur (indigenes Wissen) wird seit den 1970er Jahren als Korrektiv zum männlich dominierten, naturwissenschaftlichen und ‚westlichen' Herrschaftswissen *über* die Natur erachtet.

Prominent ausgeführt in der ‚Merchant-Debatte' (bezogen auf Merchant 1980) sei es jene auf patriarchale Machterhaltung und neuzeitliche Rationalität gerichtete Wissensform, die zur Zerstörung von ‚Mutter Natur' ebenso beigetragen habe wie zur traditionellen Abwertung von Frauen (Ökofeminismus) – und zugleich die sog. ‚Indianer' lange Zeit in Reservaten für am besten aufgehoben befand.

Im Zentrum einer politisch und zugleich naturphilosophisch motivierten Generalkritik steht das starre Denken in unterordnenden Dualismen, für das die westliche Welt insb. seit dem Rationalismus von René Descartes (1596–1650) verantwortlich gemacht wird (→ II.1 / Abschn. 2.3; III.1): Der Geist steht über dem Körper, die Form und das Zeichen stehen über dem Stoff und der Materie. Diese Dualismen sind ihrerseits durch sog. heteronormative Geschlechterordnungen geprägt, in der das Weibliche (Stoff, Materie, Möglichkeit, Fluidität) im Vergleich zum Männlichen (Geist, Form, Wirklichkeit, Rigidität) immer auch zugleich als das Untergeordnete bzw. zu Überformende angesehen wird. Referenzen auf ‚Natur' haben mithin eine geschlechtsbezogene und geschlechtercodierende Dimension.

Dass sich die Zuschreibung ‚Indianer' ihrerseits einer biologisch-ethnologischen Kategorisierung (und damit einem westlichen Erkenntniszugang) verdankt, gerät bei der Faszination für das Exotische meist in Vergessenheit. An dem Konnex von Fremdheit, Wildheit und Unterlegenheit ‚natürlicher' Lebensformen und Kulturen, die zugleich als weiblich angesehen und positiv interpretiert werden, aber doch immer wieder zur Unterwerfung herausfordern, setzen Forschungen zu geschlechtlichen Naturverhältnissen an. Sie nehmen die Kategorien Rasse / Ethnie, Klasse und Geschlecht (*race, class, gender*) gleichzeitig unter die Lupe (Intersektionalität), um die Naturzuschreibungen als Resultate sozialer und ökonomischer Machtverhältnisse hervorzuheben, etwa im Rahmen der *Post-Colonial Studies* oder im Ansatz der „begrifflichen Dekolonisation" („conceptual decolonization"; Wiredu 1997) des ghanaischen Philosophen Kwasi Wiredu (geb. 1931). Ob ihre Ergebnisse in die Naturerlebnispädagogik (→ IV.1) kritisch Eingang finden, bleibt abzuwarten.

Das Gros der Ansätze, mit denen geschlechtliche Naturverhältnisse untersucht werden, bezieht sich auf das politische Postulat der 1970er Jahre, dass Wissenschaft (insb. Naturwissenschaft) und Gesellschaft nicht als separate Sphären betrachtet werden dürfen (→ III.4), weil sie einen reproduktiven Zusammenhang ergeben. Dabei hat sich die wiederum binäre Aufteilung von Wissenschaft und Gesellschaft in Form zweier zentraler Begriffe, des biologischen Geschlechts (engl. *sex*) und des sozialen Geschlechts (engl. *gender*), bis heute wirkmächtig fortgeschrieben (kritisch z. B. Ebeling / Schmitz 2006; Karafyllis / Ulshöfer 2008). Die Trennung von *sex* und *gender* ist deshalb selbst auf ihr Potenzial hin zu untersuchen, Strukturen mit repressivem Charakter zu stützen.

Auf der Ebene der *Gender-Theorien* (vgl. Braun / Stephan 2005) zeigen sich vielfältige erkenntnistheoretische Positionen, mit denen jeweils Kritik- und Korrekturfunktion verbunden wird. Sie reichen vom Monismus (Ein-Geschlechter-Modell) über den etablierten Dualismus (Zwei-Geschlechter-Modell) bis hin zum Pluralismus (Viel-Geschlechter-Modell, *Queer Theory*). Sie werden u. a. realistisch (Feministischer Empirismus), de- / konstruktivistisch (Feministische Epistemologie), strukturalistisch (Intersexualitätsforschung), poststrukturalistisch (*Queer Theory* / Postfeminismus) oder im Sinne eines Anti-Realismus (Feministische Metaphysik) umgesetzt. ‚Natur‘ inklusive der Naturen von Mann und Frau kann dabei als theoretisch und praktisch grundlegend, modellartiges Vorbild (Ökofeminismus), biologisch-naturwissenschaftlich transformiert (Naturwissenschaft als Kulturwissenschaft; *Science of Nature*), performativ aufgehoben (im Sinne von Butler 1990) oder sogar als technisch zu überwinden (Technofeminismus) gedacht werden.

3. Metaphysik binärer Geschlechterverhältnisse

Eine primäre Aufgabe, die sich hier der Naturphilosophie stellt, ist die Frage nach einer vergeschlechtlichten Metaphysik: Inwiefern sind die ontologischen Voraussetzungen des Naturzugangs und damit verbundener Ideen und Konzepte *androzentrisch* oder *gynozentrisch* (‚Mutter Natur‘) oder gar nicht durch Binarität geprägt? Nicht nur für die Feministische Philosophie (Fricker / Hornsby 2000) besteht das erkenntnistheoretische Desiderat, nach ontologischen und epistemologischen Grenzen von natürlichen Einheiten (engl. *natural kinds*) oder Typen (engl. *types*) zu suchen, anstatt – im Sinne eines oft naiv vorgetragenen sozialen Konstruktivismus – ‚Natur‘ für die Erfassung der Wirklichkeit vorschnell als überwunden zu erklären. Dabei gilt es, Erfahrungswelten zur Sprache zu bringen, die in der Moderne stillschweigend ignoriert wurden. Diese Suche kann zurück zu Mythen und großen Erzählungen (→ III.7) führen, so wie sie sich in dem einflussreichen Buch *Das andere Geschlecht* (frz. 1949) der Philosophin Simone de Beauvoir (1908–1986) entwickelte.

Der Topos einer weiblichen Natur hat eine lange, auch abendländische Tradition, beginnend mit der personifizierten Erdmutter *Gaia* (dt. auch Gäa), die nach griechisch-kleinasischem und altorientalischem Mythos eine der ersten Gottheiten ist. Sie entspringt dem Chaos (so Hesiod) oder dem Wasser (so die Orphiker) (→ I.1). Nach Hesiods *Theogonie* gebiert Gaia aus der Vereinigung mit Uranos die Titanen. Einer von ihnen, Kronos, entmannt seinen Vater Uranos. So wird schon im Anfang der Theogonie (→ II.2) die weibliche Produktivität mit der männlichen Sorge um den Verlust der Zeugungskraft, der Vormachtstellung und einer daraus entstehenden Gewalttätigkeit verbunden. Gaia ist auch die Beschützerin ihres Enkels Zeus, für den sie Blitz und Donner aus ihrem Inneren bereitstellt. Eine Enkelin der Gaia ist Demeter, Göttin der Fruchtbarkeit der Äcker. In Athen wurde Gaia kultisch verehrt, auch als zerstörende Rachegöttin und als diejenige, die alles Lebende nach dessen Tod in ihrem Schoß bewahrt und dadurch für Einheit und Ganzheit sorgt. In diesem Sinne scheint Gaia als ‚Mutter Natur‘ auch in modernen Positionen des Holismus auf, u. a. in der Umweltethik.

Urmütter gibt es in nahezu jeder Kultur und Region. Durch die Missionierung haben sich viele Urmütter indigener Völker mit dem christlichen Marienmythos vermischt, wodurch die Idee der weiblichen Urzeugung bzw. der materiellen Zeugung aus sich selbst (*generatio spontanea*) geschwächt wurde. Dabei übernahm die ‚Mutter Kirche‘ selbst die Metaphorik des Schutzes und der Kontinuität, in Europa als Antipode gegen den rational verfahrenden ‚Vater Staat‘.

Nicht zuletzt verweist die Begriffsgeschichte von ‚Materie' auf die als weiblich imaginierte (Re-)Produktivität mit universaler Geltungskraft (→ II.6). Etymologisch wird ‚Materie' auf das lat. *mater* (Mutter) und *matrix* (Gebärmutter) zurückgeführt und somit von Anfang an in den Kontext der Erzeugung und Erneuerung gestellt. Die Naturwissenschaften haben sich diesen Materiebegriff zu eigen gemacht und um sein produktives Potenzial reduziert, denn mit der selektiven Hervorhebung des Erneuerungs- oder Reproduktionspotenzials ließ sich der wissenschaftliche Anspruch auf die notwendige Reproduzierbarkeit von Experimenten entwickeln.

Die für den Umweltdiskurs wichtige Gaia-Hypothese von James Lovelock (geb. 1919), basierend auf dem planetarischen Blick von außen und in Form des „symbiotischen Planeten" auf mikrobieller Grundlage weiterentwickelt von Lynn Margulis (geb. 1938), kann als spätmoderne Neuauflage der Urmutter interpretiert werden (vgl. Lovelock 1992; Margulis 1999). Es handelt sich um eine nunmehr öko-systemische Mutter Natur, die als Meta-Organismus fungiert und szientifische Naturvorstellungen inspiriert (→ II.8; III.5).

Demnach verbinden sich in der Redeweise von „Mutter Natur" vielfältige Wissensformen und Erkenntniszugänge: Geschichten, leiblich erfahrbare Phänomene, experimentell erzeugte Tatsachen (→ III.4), naturwissenschaftliche Aussagen und in der Lebenswelt vorgefundene soziale Sachverhalte, deren Verquickungen als „geschlechtliche Naturverhältnisse" firmieren.

4. Naturverhältnisse als Vergeschlechtlichungen sozialer Verhältnisse

Jenseits des Topos von „Mutter Natur" erfahren wir im eingangs zitierten Beispiel nichts über weitere Geschlechterkonstruktionen. Spätestens beim Infragestellen des binären Geschlechtermodells (Mann / Frau) gerät die Einfühlung in die Kulturen der amerikanischen Ureinwohner an eine Grenze der Vorstellungskraft. Denn viele Stämme kannten und wiederentdecken variierende wie plurale Geschlechterkonstruktionen, die auf das ‚soziale Geschlecht' fokussiert sind, d.h. auf die über die Tätigkeiten definierte Geschlechterrolle. Die Imagination des sozialen Geschlechts der *Native Americans* dürfte Außenstehenden schwerfallen, sind doch die rollenverwiesenen Tätigkeiten aus Industriegesellschaften (z.B. Fußballspielen, Frühjahrsputz) sehr verschieden zu denen von einst quasi ‚ursprünglich' lebenden Indianern: Auch wenn die heterosexuell orientierte Monogamie bei den indigenen Völkern Nordamerikas der Normalfall gewesen zu sein scheint, so sind zahlreiche geistige Mischformen bekannt (z.B. als *two-spirit people* der Frauenmann und die Mannfrau), die sich auf verschiedene Weise verpartnern durften (Jacobs et al. 1997). Jene Mischungen gelten den jeweiligen Völkern als von der Natur geschaffen und harmonisch. Sie werden nicht im Sinne des dualistischen Konzepts vom postmodernen Transsexuellen (vgl. Nye 2008), dessen geistig-cerebral verortete Identität im biologisch ‚falschen' Körper steckt, interpretiert.

Die in zahlreichen Ethnien vorkommende, soziale Variabilität des Geschlechts konfligiert mit der in Industriegesellschaften vorherrschenden Perspektive auf das durch Sexualorgane, genetische und hormonelle Ausstattung bestimmbare biologische Geschlecht (engl. *sex*). Im Anschluss daran ist die sexuelle Orientierung wirkmächtig. Sie thematisiert das intime Begehren und den Geschlechtsverkehr. Weil *Heterosexualität* in westlich geprägten Industriegesellschaften und ihren Ausläufern als Norm gilt, stellen beide Konzepte die biologische Reproduktion in den Mittelpunkt der gesellschaftlichen Wahrnehmung von Identität. Daran schließen ökonomische Produktions- und Reproduktionsverhältnisse an (z. B. die Trennung von Privatheit und Öffentlichkeit, entsprechend von Haus- und Erwerbsarbeit), die eine lange Begründungstradition im Naturrecht (→ I.4) haben: Männer und Frauen scheinen so jeweils quasi ‚von Natur aus‘ für bestimmte Arbeiten geschaffen, bis hin zum Konzept einer *Natur der Frau* bzw. *des Mannes*. Abweichungen gelten als Verstoß gegen die gottgewollte Ordnung, die ihrerseits als natürlich interpretiert wird.

Durch politische Bewegungen v. a. der 1970er Jahre (Zweite Frauenbewegung, Schwulenbewegung) fand in Nordamerika und Europa ein grundlegendes Neudenken der Natürlichkeit von ‚Mann‘ und ‚Frau‘ sowie ihrer Beziehungsformen statt. Angesichts einer kapitalistisch strukturierten *Sexualisierung* der westlichen Gesellschaften, für die als Anti-Ikonen die Bilder der Porno-Industrie hochgehalten wurden, stellte man auch die zugehörigen Naturverhältnisse in Frage. Die o. g. Bewegungen mischten sich mit Bürgerrechtsbewegungen, Bewegungen zum Schutz von Minderheiten (z. B. den vormals als ‚Indianern‘ bezeichneten *Native Americans* bzw. in Kanada: *First Nation People*) und der Tierschutz- und Tierrechtebewegung (*Animal Rights Movement*) – und veranschaulichten damit die ambivalente Gemengelage, die dem einführenden Beispiel aus der Naturerlebnispädagogik heute noch zugrunde liegt.

Das Gemenge liegt zwischen den beiden Polen Inklusion und Exklusion, paraphrasiert als „Zurück zur Natur" (→ III.7 / Abschn. 1; IV.6 / Abschn. 3.2) und „Emanzipation von der Natur" (→ III.2 / Abschn. 2; III.5 / Abschn. 5). Im Beispiel: Überleben in der Wildnis, aber ohne Töten von Säugetieren; Verehrung der gebärenden Kräfte von Mutter Erde, ohne selbst über den Körper definiert werden zu wollen; Hervorhebung des Exotischen und Wilden, ohne dies als mögliche Abwertungsstrategie zu erkennen; Hochschätzung des indigenen *Erfahrungswissens* der Ureinwohner, die allerdings selbst lange dafür gekämpft haben, an amerikanischen Universitäten gerade *naturwissenschaftliches Wissen* erwerben zu dürfen – wie auch die Frauen diesseits und jenseits des Atlantiks diesen Zugang erkämpfen mussten.

5. Konsequenzen für die Wissenschaften

Wissenschaft und Wissenschaftsforschung sind durch die Debatte um das Verhältnis von *Gender* und *Science* maßgeblich beeinflusst, weil diese die Werturteilsfreiheit von Wissenschaft in Frage stellt und interdisziplinäre Methodologien einfordert. In den USA spätestens seit den 1980er Jahren in Form der *Feminist Epistemology* mit ihren Wortführerinnen Evelyn Fox Keller (geb. 1936), Sandra Harding (geb. 1935), Helen

Longino (geb. 1944), Anne Fausto Sterling (geb. 1944) und Donna Haraway (geb. 1944) akademisch etabliert, fristet sie in Deutschland als ‚Feministische Wissenschaftstheorie‘[1] ein Schattendasein.

Allgemein ist der Wissenschaft als Aufgabe gestellt, Geschlecht und Geschlechtlichkeit auf der Ebene der Erkenntniszugänge, Hypothesen-, Modell- und Theoriebildung als strukturierend ernst zu nehmen (*gendered knowledge*). Dieser anti-reduktionistische Anspruch einer Transformation *in* den Wissenschaften konfligiert mit den jüngsten Entwicklungen in Europa, separate Gender-Studiengänge und -Professuren zumeist mit sozialwissenschaftlichem Fokus einzurichten. Dadurch wird der Eindruck erweckt, als seien jene im Sinne einer wissenschaftlichen Arbeitsteilung nun für die Bearbeitung von sog. ‚Geschlechterfragen‘ *exklusiv* zuständig. Hier ist eine normative Entlastungsfunktion zu beobachten, die die Naturwissenschaften, aber auch die Philosophie[2] zunehmend aus der Verantwortung nimmt (bei gleichzeitigem Bemühen, die Frauenquote in eben diesen Fächern zu erhöhen).

Die Bearbeitung der Geschlechterverhältnisse ist zwar als politische Aufgabe, jedoch kaum als umfassend theoriefähiger Anspruch in der Wissenschaft angekommen. Umso mehr wird gerade von Seiten der Feministischen Philosophie (zu der auch zahlreiche Männer arbeiten) verstärkt Theoriearbeit gefordert (Hackett / Haslanger 2005), um die verschiedenen Ansätze in ihrer Kohärenz und Stimmigkeit versteh- und vergleichbar zu machen. Eine besondere Aufgabe kommt dabei dem jungen Gebiet der *Feministischen Metaphysik* (Haslanger 2012) zu, das alternative, nicht-binäre Ontologien entwickelt – bislang Welt / Sein, Mittel / Zweck, Leib / Seele, Produktion / Reproduktion –, ohne dabei zu behaupten, dass Männer und Frauen die Welt grundsätzlich verschieden erkennen. Ein anderer Versuch ist der ‚agentielle Realismus‘ der Physikerin Karen Barad (geb. 1956), die, ausgehend von der Quantenphysik Niels Bohrs, das Konzept der ‚Intraaktivität‘ entwickelt, um traditionelle Ontologien in den Natur- wie Kulturwissenschaften aufzubrechen und gleichzeitig zu betonen, dass Feministische Theorie nicht nur über Naturwissenschaft reflektiert, sondern dazu beitragen kann, bessere (im Sinne von: vollständigere) Naturwissenschaft zu betreiben (Barad 2007).

6. Streitpunkt Anthropologie: Ist ‚der Mensch‘ Mann?

Aus feministischer Sicht bleibt die Kritik virulent, warum anthropologisch argumentierende Ansätze bei der Rede von ‚dem Menschen‘ (→ II.11) vielfach immer noch ‚den Mann‘ als hegemoniales Modell zugrunde legen, was im Englischen durch die

---

1 Anders als die Feministische Philosophie, die jedoch in Deutschland durch keine entsprechend denominierte, verstetigte Professur vertreten ist. Die seit 1990 erscheinende Zeitschrift *Die Philosophin (Forum für feministische Theorie und Philosophie)*, in der auch Männer veröffentlichten, wurde 2005 nach 32 Ausgaben eingestellt und bis dato durch kein vergleichbares deutschsprachiges Organ ersetzt.

2 Auf dem XXIII. *Deutschen Kongress für Philosophie* in Münster (28.09.–02.10.2014) entfielen auf die als „Philosophie im Gender-Kontext" (statt vormals „Feministische Philosophie", neu wieder 2020) firmierende Sektion nur vier von den 351 insgesamt gehaltenen Vorträgen (DGPhil 2014: 4) Eine Sektion „Naturphilosophie" existierte gar nicht (neu ab 2017). Vgl. https://dgphil2020.fau.de/sektionen/.

doppelte Verwendungsmöglichkeit von *man* (anstatt: *man* für Mann und *human* für Mensch) ins Auge tritt.[3] Nicht wenige Philosophen des 20. Jhs. fallen weit hinter den Diskussionsstand des lateinischen Mittelalters zurück, in dem intensiv das Konzept des *Homo duplex* bezogen auf die Einheit des Menschen (Monismus) diskutiert wurde: warum Gott den Menschen als Mann *und* Frau geschaffen hat. Dabei wurde danach gefragt, was beide Geschlechter wesentlich eint, anstatt danach, was sie trennt.

Dies stellt sich auch der Naturphilosophie als Aufgabe; nicht zuletzt, weil ihr prominenteres Gegenüber, die Kulturphilosophie, das Differenzdenken von Identität und Alterität, von Eigenem und Anderem, nahezu ungehindert fortgeschrieben hat. Einflussreich bleibt auch der argumentative Hinweis auf den Ur- oder Frühmenschen. Der Ausdruck ‚Jäger und Sammler‘ wurde lange im Sinne einer natürlichen Arbeitsteilung der Geschlechter interpretiert: als ob die Frau nach dem Sammeln Kinder und Feuer hütete, während der Mann auf der Jagd war. Der Konnex von Mann, Waffe und Technik schien gleichsam von Natur aus gegeben. Neuere Forschungen zum Jagdverhalten von wildlebenden Schimpansen, aber auch archäologische Funde von Waffen in prähistorischen Frauengräbern haben diese Sicht relativiert (Tanner 1981). Möglich wurden derartige wissenschaftliche Fortschritte durch eine gendersensibilisierte Wahrnehmung der Forschenden, durch reflektierende Kenntnis eines herrschenden Naturverhältnisses, das ‚Passivität‘ mit ‚weiblich‘ und ‚Aktivität‘ mit ‚männlich‘ assoziiert weiß, und durch ein Erkenntnisinteresse, das nicht herrschafts- und unterordnungsaffirmativen Gesellschaftsbildern zuarbeiten möchte.

7. Zusammenfassung und Ausblick: Der natürliche Mann?

Der Ausdruck ‚geschlechtliche Naturverhältnisse‘ kann im Kontext der Naturphilosophie in zwei Richtungen gelesen werden. Einerseits geht es um die Bestimmung einer als *wirklich* erfahrenen Natur, die als Ganzes oder in Teilen als geschlechtlich konstituiert gedacht und wahrgenommen wird, d.h. als solche a priori vorzuliegen scheint (‚Mutter Natur‘); andererseits werden herrschende Geschlechterordnungen mit Bezug auf Natur wissenschaftlich festgeschrieben (konstruiert), z.B. die weitreichende ‚Natürlichkeit‘ der Mutterschaft. Für die theoretische Untersuchung nützlich ist Fox Kellers Taxonomie von „Geschlechtlichkeit der Wissenschaft“ (*gender of science*) im Wechselspiel mit der „Wissenschaft vom Geschlecht“ (*science of gender*), die wiederum von der realpolitischen Ebene der Geschlechter(verteilung) in der *academia* (*women / gender in science*) zu unterscheiden ist (Fox Keller 1998). So wird denkbar, dass auch forschende Männer quasi einen ‚weiblichen Blick‘ auf die Wissenschaft entwickeln und Frauen sich selbst auf die Anwendung ‚männlicher‘ Erkenntniszugänge überprüfen können.

Mit wissenschaftlichem Anspruch wird es immer schwieriger, den heterosexuellen, weißen Mann mit patriarchalem Herrschaftsanspruch alleine für die konstatierten

---

3 Vgl. z.B. Ernst Cassirers Schrift *Versuch über den Menschen*, die im engl. Original von 1944 *An Essay on Man* heißt.

Fehlentwicklungen im Umgang mit Natur verantwortlich zu machen. Denn auch der Dualismus von Täter und Opfer ist geschlechtlich geprägt. Akademisch hat sich neben den *Women Studies* das Feld der Männerforschung (*Men Studies*) entwickelt, das Kulturen der Maskulinität untersucht: vom ‚Helden‘ über den ‚einsamen Wolf‘ und ‚Kamerad‘ bis hin zum ‚Softie‘ der 1980er Jahre und dem ‚Autisten‘ und ‚Nerd‘ der Jahrtausendwende. Hier geht es nicht in essenzialistischer Perspektive darum, wie Männer *sind*, sondern was eine Gesellschaft als *männlich* (resp. weiblich) erachtet und wie in der Moderne der ‚Mann‘ immer wieder anders um eine Art Kernmännlichkeit (‚Kerl‘) konfiguriert wird. Dies schließt auch die Untersuchung explizit männlich strukturierter Naturverhältnisse ein, z. B. zu den militärisch konnotierten Ansprüchen der Tapferkeit und der Bewährung, die die Eigenwahrnehmung von Körper und Schmerz lange als Schwäche und frauentypisch erachtete; als männlich gilt hingegen der Anspruch, sexuell ‚allzeit bereit‘ zu sein (Daniels 2006). Die Effekte dieser Männlichkeitskonstruktionen zeigen sich real an der geringeren Lebenserwartung und den ausgeblendeten Leidensgeschichten von Männern. Während also Frauen lange darum kämpften, *nicht* nur über den Körper definiert zu werden, ist es heute ein Anliegen zahlreicher Männer, vordringlich eine Wahrnehmung ihrer Körperlichkeit oder sogar Leiblichkeit zu erreichen. So zeigen sich geschlechtliche Naturverhältnisse als Prozesse um Anerkennung der subjektiv als *eigen*, bisweilen sogar als unterdrückt oder leidend empfundenen Natur.

Literatur

Barad, Karen 2007: Meeting the Universe Halfway. Quantum Physics and the Entanglement of Matter and Meaning. Durham / NC.

Beauvoir, Simone de [1949] 1951: Das andere Geschlecht. Reinbek.

Braun, Christina v. / Stephan, Inge (Hg.) [2005] ³2013: Gender@Wissen: Ein Handbuch der Gender-Theorien. Heidelberg.

Butler, Judith 1990: Gender Trouble. Feminism and the Subversion of Identity. London.

Cassirer, Ernst [1944] 1996: Versuch über den Menschen. Einführung in eine Philosophie der Kultur. Hamburg.

Daniels, Cynthia R. 2006: Exposing Men. The Science and Politics of Male Reproduction. Oxford.

Deutsche Gesellschaft für Philosophie e. V. (DGPhil) 2014: Newsletter Nr. 26 (Dez. 2014) (online unter www.dgphil.de).

Ebeling, Smilla / Schmitz, Sigrid (Hg.) 2006: Geschlechterforschung und Naturwissenschaften. Wiesbaden.

Fox Keller, Evelyn [1986] 1998: Liebe, Macht und Erkenntnis: männliche oder weibliche Wissenschaft? Frankfurt / M.

Fricker, Miranda / Hornsby, Jennifer (Hg.) 2000: The Cambridge Companion to Feminism in Philosophy. Cambridge.

Hackett, Elizabeth / Haslanger, Sally 2005: Theorizing Feminisms. Oxford.

Haslanger, Sally 2012: Resisting Reality: Social Construction and Social Critique. Oxford.

Jacobs, Sue-Ellen / Wesley, Thomas / Lang, Sabine (Hg.) 1997: Two Spirit People: Native American Gender Identity, Sexuality, and Spirituality. Champaign / IL.

Karafyllis, Nicole C. / Ulshöfer, Gotlind (Hg.) 2008: Sexualized Brains. Scientific Modeling of Emotional Intelligence from a Cultural Perspective. Cambridge / MA.

Lovelock, James [1991] 1992: GAIA: Die Erde ist ein Lebewesen. Bern.

Margulis, Lynn [1998] 1999: Die andere Evolution. Heidelberg.

Merchant, Carolyn [1980] 2020: Der Tod der Natur. Ökologie, Frauen und neuzeitliche Naturwissenschaft. München.

Nye, Robert 2008: The biosexual foundations of our modern concept of gender. In: Karafyllis, N. C. / Ulshöfer, G. (Hg.): Sexualized Brains. Cambridge / MA: 69–80.

Tanner, Nancy M. 1981: On Becoming Human. New York.

Wiredu, Kwasi 1997: Cultural Universals and Particulars: an African Perspective. Bloomington / IN.

III.10 Jenseits der Naturverhältnisse: Natur ohne Menschen

Gregor Schiemann

Der Ausdruck ‚Naturverhältnis' meint eine Beziehung des Menschen zur Natur. Ohne Menschen, die in den vorangegangenen Kapiteln im Zentrum standen, kann es kein Naturverhältnis geben. Der Mensch kann strenggenommen noch nicht einmal eine Beziehung zu einer Natur ohne Menschen haben. Aber dennoch ist eine solche Natur gut denkbar und für die Naturphilosophie von einer kaum zu überschätzenden Bedeutung.

1. Das Beispiel der Dinosaurier: Realität der vergangenen irdischen Natur

Eine Möglichkeit, eine Natur ohne Menschen anschaulich darzustellen, sind Nachbildungen der Lebewesen vergangener Zeitalter vor der Entstehung des Menschen. Sie stützen sich auf das immer detailliertere Wissen der Paläontologie, die durch Ausgrabungen Fossilien sichert und daraus die damaligen Organismen und ihre Umwelten rekonstruiert. Die große Zahl von Fundstücken und die technisch perfektionierten Untersuchungsmethoden erlauben teilweise sehr konkrete Rückschlüsse auf die Gestalt und das Verhalten früherer Tiere. Aber auch dort, wo die empirische Basis hinreichend ist, behalten Aussagen über ausgestorbene Lebewesen einen hypothetischen Charakter, der allen Behauptungen über die Vergangenheit mehr oder weniger eigen ist. Fundstücke sind immer nur Relikte, die keinen zwingenden Schluss auf das Ganze eines vergangenen Lebens erlauben. Und eine Vorstellung über eine nicht mehr existierende Natur kann nie direkt überprüft werden.

Zu den Darstellungsmöglichkeiten der Paläontologie zählt heute die dreidimensionale Computergrafik, die Animationen mit täuschend ähnlichem Realitätsgehalt herstellt. Zwischen der Hypothetizität der wissenschaftlichen Aussagen und der Wahrheitssuggestion simulierter Wirklichkeit entsteht dabei ein unaufhebbares Spannungsverhältnis. Ein Beispiel für die tricktechnische, aber gleichwohl wissenschaftsgestützte Nachbildung einer menschenfreien Natur sind Dokumentationen über das vergangene Leben der Dinosaurier. An sie knüpfen populäre Produktionen an, wie die 1999 von der BBC erstmals ausgestrahlte sechsteilige Serie *Walking with Dinosaurs* (dt. *Dinosaurier – Im Reich der Giganten*), die in Großbritannien rund die

Hälfte der Fernsehzuschauer erreichte. Dinosaurier lebten nach heutigem Kenntnisstand von vor etwa 235 Mio. bis vor etwa 65 Mio. Jahren – also weit vor der Entstehung des Menschen, dessen Vorgeschichte auf eine Zeit vor etwa 18 bis 15 Mio. Jahren zurückreicht. Die britische Serie sucht den gesamten Zeitraum, in dem die Dinosaurier die festländischen Ökosysteme dominierten, abzudecken. Ihre Animationen sind nicht immer wissenschaftlich seriös, sondern haben mitunter fiktionalen Charakter, mit denen „Spekulationen [...] als Fakten präsentiert" werden (Angela Milner in *Der Spiegel* Nr. 43 / 1999: 288). Wie der englische Titel bereits suggeriert, ist die Serie so inszeniert, als würden sich die Saurier tatsächlich direkt vor den Zuschauerinnen und Zuschauern bewegen. Die Serie beginnt mit den Worten „Stellen Sie sich vor, wir könnten durch die Zeit reisen – zurück in eine Vergangenheit, lange bevor wir Menschen existierten".

Obwohl man weiß, dass dies eine Fiktion ist, glaubt man zumeist doch an die Realität einer vergangenen Natur ohne Menschen als einer unabhängig bestehenden Voraussetzung der eigenen Existenz. Der Überzeugung, dass es Organismen gegeben haben muss, die vor uns auf der Erde existierten, kommt ein so großes Gewicht zu, dass ihr gegenüber unser heutiger Beobachterstandpunkt kontingent wird. Demnach würde es eine vergangene Natur ohne Menschen, wie immer sie im Detail beschaffen gewesen sein mag, auch gegeben haben, wenn danach keine Menschen entstanden wären. Hierin liegt eine erste Bedeutung der Natur ohne Menschen. Als vorzeitliche Natur kommt ihr ein Realitätsgehalt zu, der einerseits spezifisch unbezweifelbar, andererseits aber spezifisch spekulativ ist (vgl. Meillassoux 2008). Man kann mit letzter Gewissheit an sie glauben, ohne ihre Existenz je beweisen zu können.

2. Vergangene kosmologische Natur: Mutmaßliche Kontingenz der Menschheit

Das gilt nicht nur für das vergangene Leben auf der Erde, sondern entsprechend auch für die Evolution des Universums. Nach gut bestätigten Annahmen der Kosmologie hat das Universum einen Anfang, der aus nicht belebter Materie besteht (→ IV.7). Das Standardmodell der Kosmologie lässt eine Entwicklung des Universums ohne Entstehung des Menschen zu (z. B. Schurz 2010). Dass es Menschen gibt, ist demnach ein Zufallsprodukt.

Jeder Blick ins Universum ist ein Blick in die Vergangenheit, da sich das Licht mit endlicher Geschwindigkeit universell fortpflanzt. Auch die Frage, ob weiteres intelligentes Leben im Universum existiert, bezieht sich deshalb auf die Vergangenheit. Noch sind die Aussagen über die Möglichkeit außerirdischer Intelligenz sehr unsicher. Vielleicht leben wir in einem Universum, in dem wir die einzigen selbstbewussten Wesen sind. Die Natur ohne Menschen würde dann das für den Menschen Unermessliche umfassen, das ihn in vermutlich unüberbietbarer Lebensfeindlichkeit umgibt.

3. Gegenwärtige Naturen ohne Menschen

Von den auf die Vergangenheit referierenden Bedeutungen einer Natur ohne Menschen lassen sich ihre Bezüge auf gegenwärtige und zukünftige Wirklichkeiten unterscheiden, die ich im Folgenden diskutieren werde. Dabei unterstelle ich einen extensionalen Naturbegriff, mit dem Natur als Wirklichkeitsbereich verstanden wird, der von anderen Wirklichkeitsbereichen wie etwa der Kultur oder der Technik unterschieden ist (Schiemann 2005). Ob der Mensch ganz, teilweise oder gar nicht als Naturwesen gilt, kann dabei offenbleiben.

Zur Diskussion des *Gegenwartsbezugs* empfiehlt es sich, zwischen der Natur, in der sich keine Menschen aufhalten (menschenfreie Natur), und der von Menschen unbeeinflussten Natur (unberührte Natur) zu unterscheiden. Der Rückgang der *unberührten Natur* in den vergangenen Jahrhunderten ist ein Maß für den zunehmenden anthropogenen Einfluss auf das irdische Ökosystem. Findet sich überhaupt noch Natur, an der sich nicht Spuren der technischen Zivilisation nachweisen ließen? Sind nicht die Urwälder heute bereits durch Luftverschmutzung und Klimawandel den globalen Veränderungen ausgesetzt? Lassen sich die letzten Reservate einer unberührten Natur nur noch in einigen Regionen der Tiefsee oder im Erdinneren finden? Um die erdgeschichtliche Größenordnung der Veränderung und Überformung der Natur durch den Menschen zu kennzeichnen, ist der Begriff des Anthropozäns als „Geologie der Menschheit" (Paul Crutzen) eingeführt worden. In dieser neuen irdischen Epoche steht der Mensch, mit Werner Heisenberg zu sprechen, gewissermaßen immer nur sich selbst gegenüber (Heisenberg 1953: 412). Er hat die Natur als das Andere seiner Selbst verloren. Die auf die menschlichen Zwecke zugeschnittene Natur spricht keine eigene Sprache mehr.

Man kann diese Charakterisierung als einseitig kritisieren. Die Menschheit lebt zwar mehrheitlich in künstlichen Umwelten von Städten, aber sie hat ihre eigene und die sie umgebende Natur erst partiell verändert. Der menschliche Körper unterscheidet sich heutzutage nicht wesentlich von dem des Menschen des beginnenden Holozäns vor etwa 12.000 Jahren. Das Klima wird vom Menschen nicht gemacht, sondern nur beeinflusst. Haustier, Ackerbau, Zimmerpflanze, Gartenanlage oder Naherholungsgebiet könnten nicht ohne umfassende Wirksamkeit der Natur hervorgebracht und unterhalten werden. Die „Stimme der Natur" bleibt, wenn auch oft nur gebrochen, noch vernehmbar.

Mag die Beurteilung des Umfangs und der Relevanz der unberührten Natur umstritten sein, so kann doch kaum ein Zweifel daran bestehen, dass die fortschreitende Zerstörung von Ökosystemen dem Schutz der noch bestehenden *menschenfreien Natur* und der Schaffung von Naturreservaten, in die der Mensch nach ihrer Herstellung nicht mehr direkt eingreift, erhebliche umweltpraktische Geltung verschafft hat. In der Moderne kommt der menschenfreien Natur ein unersetzlicher Beitrag zum Artenschutz zu; in ihrer evolutionär gewachsenen Selbsttätigkeit trägt sie zur Sicherung der naturalen Grundlagen wie etwa auch der Sauerstoffproduktion gegenüber einer rasch veränderlichen und äußerst fragilen technisch überformten Natur bei. (Vgl. zu dem in diesem Zusammenhang wichtigen Begriff der Wildnis → IV.6.)

4. Ökologische und militärische Dystopien

Der Ausdruck ‚Dystopie‘ bezeichnet einen negativen zukünftigen Zustand, den Gegensatz zur immer positiven Utopie. Eine erste Gruppe der auf die *Zukunft* bezogenen Bedeutungen einer Natur ohne Menschen betrifft *ökologische* Dystopien. Die durch die einseitige Vernutzung der Natur verursachte ökologische Krise hat schon längst Ausmaße erreicht, die die für die Moderne selbstverständliche Zukunftsorientierung in Frage stellen. Vernichtet die Zivilisation auf unkontrollierbare Weise ihre eigenen naturalen Grundlagen? Geraten wir in eine Dynamik, an deren Ende ein Kollaps von Ökosystemen zu erwarten ist, der den Fortbestand menschlicher Existenz gefährden, wenn nicht unmöglich machen wird? Außer den ökologischen Dystopien kennt die Gegenwart die *militärischen* Untergangsszenarien, die ebenfalls auf die Möglichkeit einer Natur ohne Menschen hinauslaufen. In seiner Erzählung *Schwarze Spiegel* beschreibt Arno Schmidt eine Welt nach der vernichtenden Wirkung eines ABC[1]-Krieges (Schmidt 1951). Fünf Jahre nachdem alle Bewohnerinnen und Bewohner der Lüneburger Heide getötet worden sind, kommt eine Person, die ihre Beobachtungen und Eindrücke notiert, in den verwüsteten Raum, wo sie sich ungefährdet bewegt. Sie betritt eine abstoßende Welt, die keine humane Zukunft mehr hat. Von den damaligen Menschen sind nur noch verweste Leichen und Skelette übrig, Häuser beginnen zu zerfallen, Pflanzen wuchern allerorten und wilde Tiere streunen herum (→ III.7).

Seit dem letzten Jahrhundert verfügt die Menschheit erstmals über Mittel, sich selbst auszurotten. Die Vorstellung einer Natur ohne Menschen erhält den Charakter einer bedrohlichen, jederzeit möglichen Zukunft. Sich eine Welt zu denken, in der der Mensch nicht mehr vorkommt, wird zu einem realistischen Szenario. Teils kommen solche Überlegungen in Form von wissenschaftlich gestützten *Gedankenexperimenten* vor. In ihnen wird versucht vorauszubestimmen, wie sich die irdischen Verhältnisse weiter entwickelten, wenn die Menschheit schlagartig verschwände (Weisman 2007). Würde sich die Natur gleichsam erholen? Welche künstlichen Materialien würden am längsten überdauern? Wie lange könnten Außerirdische noch Spuren der menschlichen Zivilisation entdecken? Teils finden sich auch *fiktionale Darstellungen*, in denen ähnlich wie in den populären Animationen über Dinosaurier auch mit erfundenen Wirklichkeiten gearbeitet wird (z. B. die Dokufiktion-Serie *Zukunft ohne Menschen* von 2009 ff.).

5. Transhumanistische Utopien

Von der dystopischen Bedeutung einer Natur ohne Menschen kann die utopische bzw. transhumane unterschieden werden. Der *Transhumanismus* strebt eine vollständig durch Technik gestaltete Zukunft an. Aus der Vielfalt der dabei diskutierten Möglichkeiten seien idealtypisch nur zwei, teilweise konkurrierende Versionen genannt:[2] Die

---

1 „ABC“ steht für atomare, biologische und chemische Massenvernichtungswaffen.
2 Übersichten des Spektrums transhumanistischer Positionen bieten Coenen (2009) und Sandberg (2013). Der Transhumanismus versteht sich teilweise als Übergang zu einem posthumanistischen

Pläne zur Technisierung des Menschen und die Pläne zur Entwicklung von Techniken ohne natürliche Anknüpfung. Erstere schließen an den natürlichen Anlagen des Menschen an und behaupten, sie durch Technik so zu modifizieren oder zu ersetzen, dass den Lebensinteressen besser gedient sei. Letztere halten den menschlichen Körper und Geist für nicht oder nur sehr bedingt entwicklungsfähig. Ein Beispiel für diese Gruppe sind die Versuche der Schaffung einer künstlichen Intelligenz, deren Struktur nicht mit der menschlichen vergleichbar ist. Die Technik bildet seit jeher Strukturen und Entwicklungspfade aus, die kein Vorbild in der Natur haben wie z. B. das Rad und die sequenzielle Datenverarbeitung (vgl. Schiemann 2014: 76 ff.) Wie der Transhumanismus überhaupt kontrastieren beide Versionen in ihrem Zukunftsoptimismus die dystopischen Bedeutungen einer zukünftigen Natur ohne Menschen. Jene berühren sich aber auch mit diesen, wenn die Technisierung als Mittel gegen die ökologischen und militärischen Zukunftsgefahren verstanden wird.

Von einer Natur ohne Menschen kann im Transhumanismus die Rede sein, insofern der Mensch technisch überwunden wird. In der ersten Version führt die Verschmelzung von Mensch und Technik über den Menschen hinaus, in der anderen bringt der Mensch eine von ihm unterschiedene Technik hervor, die zukünftig die Weltgestaltung bestimmt.

6. Weitere Entwicklung des Universums: Mutmaßliches Ende der Menschheit

Der Transhumanismus umfasst hochspekulative Visionen über die weitere Entwicklung der Technik. Zu seinen paradoxen Voraussetzungen gehört, dass der Mensch zwar seine Zukunft selbst gestaltet, aber die Rationalität dieser Handlungsmacht in der Selbstaufhebung des Menschen mündet. Als Vollendung dieser Aufhebung wird die Besiedelung des Weltraums durch technische Apparate angesehen. An dieser Stelle lässt sich der Transhumanismus mit Aussagen über die Struktur des Kosmos und seine zukünftige Entwicklung konfrontieren. Die Behauptungen über die Geschichte und Struktur des Universums sind zwar ebenfalls spekulativ, weil sie sich auf die immer bloß hypothetische Geltung von wissenschaftlichen Theorien und Modellen stützen. Dennoch lassen sich ihnen mögliche Rahmenbedingungen der menschlichen Existenz entnehmen. Die Besiedelung des Weltraums könnte an der für irdische Verhältnisse vielleicht unüberbrückbaren Entfernung zu den allernächsten Sternen mit bewohnbaren Planeten scheitern.[3] Der Mensch existiert als Erdenwesen, das kosmisch eine menschenfeindliche, durch keine bisher bekannte Technik überwindbare Natur umgibt.

Zeitalter (Coenen 2009: 268). Die vielfältigen Bedeutungen der Ausdrücke „Transhumanismus" und „Posthumanismus" lassen aber keine einheitliche Begriffsbestimmung zu.

3 Ein Spaceshuttle würde bei einer Geschwindigkeit von immerhin 27.800 km / h zwar nur fünf Tage zum Mond, aber 1,66 Mio. Jahre zur nächsten, 4,3 Lichtjahre entfernten Sonne, Alpha Centauri, benötigen (Schmidt 2004). Relativ zum Durchmesser der Milchstraße von ca. 110.000 Lichtjahren befindet sich Alpha Centauri aber in unmittelbarer Nachbarschaft zu unserer Sonne.

Als Wesen in diesem Kosmos erwartet ihn der Untergang, wie aus den erst jüngst berechenbaren Szenarien des zukünftigen Universums hervorgeht (einführend Prantzos 2000; Ellis 2002; Bounama et al. 2004). Unter Berücksichtigung der zukünftig kontinuierlich zunehmenden Leuchtkraft der Sonne verbleiben der Biosphäre vermutlich noch etwa eine Milliarde (10^9) Jahre. Möglicherweise reicht dieser Zeitraum zur interstellaren Auswanderung. Doch der Zeitpunkt der wahrscheinlich finalen Vernichtung jeder Struktur im Weltall wäre damit nur aufgeschoben. Neuere Messungen verschiedener astronomischer Phänomene deuten nämlich darauf hin, dass das Universum einer beschleunigten Expansion ausgesetzt ist, die in auch kosmisch sehr ferner Zukunft (10^{32} Jahre) zur Auflösung aller Materie in schließlich völlig homogene Strahlung führen wird. Weit vorher (etwa in einer Billion, d. h. 10^{12} Jahren) wird infolge der immer schnelleren Ausdehnung bereits das Zeitalter der Sterne und mit ihm jede uns vorstellbare Lebensbedingung zu Ende gehen.

Eine Natur ohne Menschen steht in den Standardmodellen der Kosmologie also nicht nur am Anfang der Geschichte des Weltalls, sondern auch an seinem Ende. Obwohl sich diese beiden Annahmen auf entfernte Zeiten beziehen, kommt ihnen doch eine Plausibilität zu, die auch in alltagspraktische Weltbilder eingeht. So wenig sie aber als umstritten gelten, so wenig sind sie schon ins allgemeine Bewusstsein getreten.

Literatur

Bounama, Christine / Bloh, Werner v. / Franck, Siegfried 2004: Das Ende des Raumschiffs Erde. In: Spektrum der Wissenschaft 2004 (Oktober): 100–107.

Coenen, Christopher 2009: Transhumanismus. In: Bohlken, E. / Thies, C. (Hg.): Handbuch Anthropologie. Der Mensch zwischen Natur, Kultur und Technik. Stuttgart: 268–275.

Ellis, George F. R. (Hg.) 2002: Far-Future Universe: Eschatology from a Cosmic Perspective. Radnor.

Heisenberg, Werner [1953] 1984: Das Naturbild der heutigen Physik. In: ders.: Gesammelte Werke, Abt. C., Bd. I: Physik und Erkenntnis 1927–1955. Hg.: W. Blum. München: 398–420.

Meillassoux, Quentin 2008: Nach der Endlichkeit. Versuch über die Notwendigkeit der Kontingenz. Zürich.

Prantzos, Nikos 2000: Our Cosmic Future: Humanity's Fate in the Universe. Cambridge.

Sandberg, Anders 2013: An overview of models of technological singularity. In: More, M. / Vita-More, N. (Hg.): The Transhumanist Reader. Classical and Contemporary Essays on the Science, Technology, and Philosophy of the Human Future. Chichester: 376–394.

Schiemann, Gregor 2005: Natur, Technik, Geist. Kontexte der Natur nach Aristoteles und Descartes in lebensweltlicher und subjektiver Erfahrung. Berlin.

– 2014: Die Relevanz nichttechnischer Natur. Aristoteles' Natur-Technik-Differenz in der Moderne. In: Hartung, G. / Kirchhoff, T. (Hg.): Welche Natur brauchen wir? Freiburg: 67–96.

Schmidt, Arno [1951] 1985: Schwarze Spiegel. In: ders.: Brand's Haide. Frankfurt / M.: 153–259.

Schmidt, Artur P. 2004: Zeit für Raumfahrtabenteurer. In: Telepolis, 26. 10. 2004. http://www.heise.de/tp/artikel/18/18647/1.html.

Schurz, Gerhard 2011: Evolution in Natur und Kultur. Eine Einführung in die verallgemeinerte Evolutionstheorie. Heidelberg.

Weisman, Alan 2007: Die Welt ohne uns – Reise über eine unbevölkerte Erde. München.

Sektion IV: Naturphilosophie in der Praxis

IV.0 Einleitung

Nicole C. Karafyllis, Thomas Kirchhoff und Thomas Potthast

Ob Kritik an Ernährungsstilen oder Gentechnik, ob Faszination für Kosmologien oder Wildnis: Naturphilosophische Fragen liegen solch debattierten Themen zugrunde. Über sie zu reflektieren trägt zur Urteilsbildung bei und befördert konkrete Handlungen in und mit der Natur. Deshalb werden die untersuchten Grundbegriffe (Sektion II) und gesellschaftlichen Naturverhältnisse (Sektion III) nun im *Praxiszusammenhang* verdeutlicht. Praxis – von griechisch *prâxis*: Handlung, Durchführung – wird hier in einem weiten Sinne als Dimension des Handelns inklusive lebensweltlicher Erfahrungen und damit einhergehender Gewohnheiten und Regeln (Praxen) verstanden. Was tun wir, wenn wir uns praktisch auf Natur beziehen – und warum tun wir das? Welche Ziele und Interessen werden mit dem Hinweis auf ‚Natur‘ explizit und implizit verfolgt? Wo entstehen Konflikte, die nicht zuletzt von der Pluralität des Naturbegriffs und seiner Einbettung in unterschiedliche gesellschaftliche Naturverhältnisse herrühren? Natur wird nachfolgend in der öffentlichen Wahrnehmung und damit besonders jenseits des Labors und akademischer Diskussionskontexte zum Thema. Dies spiegelt in antiker Tradition ein Verständnis, in dem Praxis als Gegenüber von Theorie fungiert.

Ziel dieser vierten und letzten Sektion des Lehrbuches ist es zum einen, konkrete naturphilosophische Problemkonstellationen im praktischen Umgang mit der Natur exemplarisch zu benennen und zu analysieren. So zeigt sich der enge Bezug zu Politik, Recht, Ästhetik, Bildung und Moral, also zum gesamten Feld der Praktischen Philosophie. Zum anderen stellen die Autorinnen und Autoren die Frage, warum bestimmte Naturkonzeptionen und daraus abgeleitete Deutungsmuster immer noch oder wieder neu faszinieren und überzeugen. Die Deutungsmacht gilt in vielen Fällen sogar dann, wenn das zugrundeliegende naturwissenschaftliche Wissen nicht gesichert, umstritten oder gar ins Wanken geraten ist. Entsprechend veranschaulichen die Praxisbezüge auch den engen Verweisungszusammenhang zwischen der Naturphilosophie und den Gegenstandsbereichen der Theoretischen Philosophie, insb. der Erkenntnistheorie, Ontologie und Wissenschaftsphilosophie, z. B. wenn Weltkonzepte thematisiert werden (vgl. insb. den Beitrag zu Kosmologien). Im Praxisbezug erweist sich, dass die Naturphilosophie sich weitaus weniger als die Theoretische Philosophie sinnvoll darauf berufen kann, quasi rein deskriptiv oder ‚nur‘ beobachtend und systematisierend vorzugehen. Entsprechend ist gerade durch die praktische Perspektivierung von ‚Natur‘ eine Möglichkeit der Rückkopplung zwischen Theoretischer und Praktischer Philosophie gegeben, die mit Immanuel Kant im Konzept der *Urteilskraft* gründet. Die Einsicht in die Interdependenz von theoretischer und praktischer Sphäre wird in verschiedenen philosophischen Programmatiken umgesetzt, die eine gesellschaftliche Auseinandersetzung mit Natur und Naturwissenschaften befördern. Sie reichen von einer ‚Kritischen Theorie der Natur‘ bis zur interdisziplinären ‚Ethik in den Wissenschaften‘.

Ebenfalls wird ein Bezug auf die Methoden und Gegenstandsbereiche der Kulturwissenschaften, der Soziologie, der Umweltpsychologie usw. deutlich (vgl. insb. die Beiträge zu Ernährung, Wolf / Hund, Biene, Wildnis) – und nicht zuletzt auf etablierte Gegenstandsbereiche der Technikphilosophie und Science and Technology Studies (vgl. insb. den Beitrag zu Grüner Gentechnik).

Ausgewählt wurden die Beiträge dieser Sektion nach der Aktualität der Themenstellung und nach der systematischen und historischen Reichweite der jeweiligen Problematik. Wenigstens die folgenden vier aktuellen Tendenzen zur Naturphilosophie in der Praxis werden durch die Beiträge veranschaulicht:

- ‚Natur‘ wird für *pädagogische* Zielsetzungen verwendet. Beispiele sind der Waldkindergarten, die touristisch einflussreiche Erlebnispädagogik und die Didaktiken des naturwissenschaftlichen Schulunterrichts und der Erwachsenenbildung. Eine nicht nur das pädagogische Praxisfeld durchziehende Frage ist: Gibt es eine unmittelbare Naturerfahrung?
- Eine mögliche verneinende Antwort auf diese Frage kann sich stützen auf das Faktum der ungebrochenen *Medienwirksamkeit* von Diskursen, die sich auf ‚Natur‘ berufen, sei es in Funk, Fernsehen und Internet, in Printmedien oder in sozialen Mediennetzwerken. Tierdokumentationen, aber auch Wissenschaftssendungen zum Universum besetzen mittlerweile die besten Sendeplätze. Wir werden ununterbrochen über Natur informiert und dies nicht nur mit dem Ziel der Information oder gar Bildung. Die Grenze zwischen fiktionalen und non-fiktionalen Darstellungsweisen von Natur ist brüchig, ähnlich wie beim Genre Science Fiction, das immer auch reale Wissenschaft inszeniert. Dabei wird Natur auf eine spezifische Weise *ästhetisiert*, die der Logik des jeweiligen Darstellungsmediums folgt (Radio, Fernsehen etc.). In performativer Absicht wird bei der Darstellung von Natur häufig bewusst mit Ängsten, aber auch mit Hoffnungen gespielt, was bis zur medialen Erzeugung von Affektregimen führen kann und am Beispiel von Tiersendungen besonders deutlich wird: Man ist dann z. B. explizit für oder gegen Wölfe in der eigenen Heimat, selbst wenn man nicht unmittelbar von einem eingewanderten Wolfsrudel betroffen ist. Sowohl Faszination für ‚die Natur‘ (die ‚unendlichen Weiten‘ des Universums) als auch Horror vor ihr (‚Bienensterben‘, ‚Invasion der Wölfe‘, ‚Klimakatastrophe‘) werden dabei erweckt. Nicht selten sind Naturwissenschaftlerinnen und -wissenschaftler irritiert über die Begrifflichkeiten und Deutungen, die die Medien aus den wissenschaftlichen Aussagen erzeugen. Umgekehrt profitieren Berufsgruppen und Institutionen, die zum Themenfeld Natur arbeiten, von dem großen Interesse, das ‚Natur‘ in der Bevölkerung entgegengebracht wird und nutzen die Medien auch politisch für das sog. *agenda setting* ihrer Themen und Anliegen.
- Ein Konfliktfeld, das an praxisbezogenen Beispielen besonders deutlich wird, ist das der zunehmenden *Technisierung und Kontrolle* von Natur. Hier wird eine Vari-

ante des aristotelischen Praxisverständnisses aufgegriffen, nach der sich *prâxis* als selbstzweckliches und deshalb ethisch höher stehendes Handeln (z. B. in Form des politischen Handelns für die Gemeinschaft oder in Form der eigenen Bildungsanstrengungen) von der *poiesis*, d. h. dem Herstellen, Machen und Erzeugen, unterscheidet. Letzteres ist ein Handeln, das vordringlich äußeren Zwecken folgt und durch ein Werk gekennzeichnet ist wie etwa beim technischen Handeln. Das Befolgen von Regeln und Methoden steht im Zentrum der Poiesis und nicht – wie bei der Praxis – der gelingende Lebensvollzug. Beim Erzeugen, Machen und Herstellen wird Natur in vielfältiger Weise zugrundegelegt und überformt. So entstehen bestimmte Natur-Technik-Verhältnisse. Die hier gewählten Beispiele umfassen die Extraterrestrik, die planerische Ausgestaltung von Kulturlandschaften, die industrielle Landwirtschaft und die Biotechnologie – sowie als eine mögliche Gegenreaktion die zunehmende Sehnsucht nach Wildnis. In dieser Perspektive, die allgemein auf Standardisierung und Normierung abzielt, ist die Trennung von *innerer und äußerer Natur* immer schwieriger aufrechtzuerhalten. Besonders deutlich wird dies in den Themenfeldern Ernährung, Gesundheit und Erziehung. In öffentlich ausgetragenen Konflikten werden meistens nicht die Natur / Technik-Verhältnisse selbst thematisiert, sondern allgemeinere Forderungen nach Natürlichkeit vorgebracht. Diesen gilt es naturphilosophisch auf den Grund zu gehen. Da Natürlichkeit auch diachron verstanden werden kann, bedeutet der entsprechende Hinweis einen philosophisch relevanten Rückgriff auf *Historisierungen* von Natur (z. B. auf frühere Formen der Landschaft, auf ursprünglichere Formen der Wildnis und auf nachhaltigere Nutzungsformen der Landwirtschaft oder auch, hier nicht behandelt, auf eine weniger invasiv und prognostisch arbeitende Medizin). Im Anschluss daran werden ideengeschichtliche Narrative und Ikonologien zu Grundbegriffen der Naturphilosophie und ihren kontextuellen Bezügen wirksam (so etwa in der Belletristik und Landschaftsmalerei für die Wahrnehmung von Wildnis). Ein ergänzender Hinweis, der durch die vorliegenden Beiträge nur am Rande gegeben wird, sei an dieser Stelle genannt: Ein maßgeblicher Teil von Naturphilosophie in der Praxis vollzieht sich im Modus der Künstlichkeit, d. h. im Rückgriff auf Entstehungskontexte und Darstellungsformen der Kunst (z. B. Natur im Naturhistorischen Museum oder im Garten).

– Viele Praxisbezüge manifestieren sich gerade im Umgang mit der *nicht-menschlichen Natur*. Welche praktischen Einstellungen haben wir zu Tier und Pflanze, jeweils verstanden sowohl als Universalsingular, als spezifische Art wie auch als Individuum (z. B. Haustier oder Zimmerpflanze)? Pflanzen und Tiere werden in land- und forstwirtschaftlichen, touristischen und pädagogischen, human- und veterinärmedizinischen, aber auch industriellen und technischen Kontexten *genutzt*. Im Anschluss daran werden ethische Fragestellungen wirksam: Ist es zulässig, sämtliche Naturformen zu valorisieren, d. h. ökonomisch in Wert zu setzen? Welchen Eigenwert haben (bestimmte) Natureinheiten wie Berge, Pflanzen und Tiere – und wer darf darüber entscheiden? Was bedeutet unser Umgang mit nichtmenschlichen Lebewesen für unser Konzept von ‚Mensch‘, verstanden in dem philosophisch-anthropologischen Sinne, dass dem Menschen sein Menschsein als

Aufgabe gestellt ist? Gerade im Rückgriff auf die Technisierungsperspektive wird deutlich, dass ‚nicht-menschliche Natur' auch meinen kann, dass die ‚Natur des Menschen' als transformierbar (Transhumanismus) oder gar überwindbar (Posthumanismus) gedacht wird. Allgemein befördert der Fokus auf die nicht-menschliche Natur, den westlich tradierten *Anthropozentrismus* kritisch zu hinterfragen und mit den Ansätzen des Pathozentrismus, Biozentrismus und Ökozentrismus in Korrespondenz zu bringen.

– Auch der Planet und das Klima sind, abstrakt und für sich, nicht-menschlicher Natur. Die von der schwedischen Schülerin Greta Thunberg (geb. 2003) im August 2018 initiierte, mittlerweile weltweite Protestbewegung *Fridays for Future* verdeutlicht neue Grenzen gesellschaftlicher Praxen im Umgang mit Natur. Ziel sind schnellere und bessere Klimaschutzmaßnahmen. Gezeigt wird: Klimaschutz ist weder Privat- noch Chefsache, sondern eine öffentliche Angelegenheit der Zivilgesellschaften. Die neue Jugendbewegung alarmiert nicht nur die Regierenden zum verantwortlichen Handeln auf Basis wissenschaftlicher Klimaprognosen, unterstützt durch die Bewegung *Scientists for Future*, sondern hinterfragt durch zivilen Ungehorsam (u. a. Verstöße gegen die Schulpflicht) auch rechtsstaatliche Regularien für den gesellschaftlichen Zusammenhalt. Dazu gehört auch der Zusammenhalt der Generationen. Die Zeit wird zeigen, ob sich der Vorwurf der jüngeren Generation, dass durch die Ressourcenausbeutung der Älteren ihre „Zukunft gestohlen" wurde, als berechtigt erweist – und welche Eliten mittelfristig von der Erderwärmung und den Instrumentarien zu ihrer Bewältigung profitieren werden. Angesichts der weitreichenden, auch sozialen Umwälzungen durch den Klimawandel gilt es, inter- und intragenerationelle Gerechtigkeit friedenssichernd miteinander zu verbinden, auch in Konzepten der Umwelt- und Zukunftsethik.

Naturphilosophie in der Praxis betrifft Menschen in vergesellschafteter Form, aber auch individuell und situativ: z. B. beim Kochen, beim Spaziergang oder beim Arztbesuch. Wenn Naturphilosophie in der Praxis Ambivalenzen und Paradoxien in alltäglichen, lebensweltlichen Naturbezügen aufzeigt, fordert sie nicht deren Aufhebung, aber Bewusstwerdung. Damit wird zur Sprache gebracht, wie Menschen westlicher Industriegesellschaften Naturbezüge aktuell artikulieren und wo und wie sie zum Nachdenken darüber motiviert werden könnten.

IV.1 Natur in Bildung und Erziehung

Ulrich Gebhard

1. Kind und Natur. Eine naheliegende Verbindung?

Der auch pädagogisch orientierte Gedanke, dass durch äußere Naturerfahrungen Kinder (und auch Erwachsene) in ihrer körperlichen, seelischen und sozialen Verfasstheit, in ihrem Sinn- und Glücksempfinden positiv berührt werden, ist eine romantische Idee. Oft werden damit verbundene Naturvorstellungen und -bilder als unverbindlich und verklärend charakterisiert und auch kritisiert. Diese Kritik ist ernst zu nehmen und selbstverständlich müssen solche Vorstellungen und Bilder ideologiekritisch analysiert werden. Allerdings gerät dabei leicht aus dem Blick, dass romantische Natur-Bilder auch etwas mit einem grundlegenden Sinnverlangen und mit Vorstellungen von einem ‚guten Leben' zu tun haben können.

Mit der argumentativen Verbindung von Natur und gutem Leben (Gebhard / Kistemann 2016) wird nicht im Stile des naturalistischen Fehlschlusses behauptet, dass die Natur Werte und Sinn vorgeben könnte, was zu beachten v. a. für die Naturerfahrungspädagogik eine wichtige, nicht immer präsente Reflexionsebene darstellt. Formulierungen wie „von der Natur lernen" haben eben nur im naturwissenschaftlich-technischen Sinne ihre Berechtigung, nicht jedoch bei moralisch-ethischen Argumentationen. In der Bionik beispielsweise wird sinnvollerweise auf Vorbilder in der Natur zurückgegriffen. Aber z. B. schon Hans Bibelriethers (geb. 1933) prominent gewordenes Diktum „Natur Natur sein lassen" (Bibelriether 1992) stellt keine wissenschaftliche Aussage dar, sondern eine naturschützerische bzw. umweltpolitische Strategie für den sog. Prozessschutz in Nationalparken.

Diese Unterscheidung müsste für die Naturerfahrungspädagogik grundlegend sein, sollen nicht unreflektiert vermeintlich natürliche Ordnungen zum Orientierungspunkt für ethische Positionierungen werden (als sog. „naturalistische Ethik", s. u.; → III.9). Während in der Ethik Natürlichkeit als Norm inzwischen obsolet geworden ist, hat sie im Alltagsbewusstsein einen nicht zu vernachlässigenden ‚Bonus' (Birnbacher 2006; 2019). Dieser entspringt der Sehnsucht nach einem gleichsam naturgegebenen Leitbild, wobei Natur meist positiv konnotiert wird (→ IV.6). Dabei wird die besagte Sein-Sollen-Unterscheidung übersehen und es bleibt unthematisiert, dass der jeweils präsupponierte Naturbegriff eine menschliche Konstruktion ist, die nicht ‚objektive' Grundlage für Werturteile sein kann (Gebhard / Langlet 1997). Eine derartige Grundlage gibt es generell nicht – auch z. B. Menschenrechte sind menschengemacht. Jedoch suggeriert der Rückbezug auf Natur, diese prinzipielle Ungewissheit ließe sich umgehen. Das ist das Verführerische und auch Gefährliche an naturalistischen Argumentationen.

Doch darf mit der Keule des „naturalistischen Fehlschlusses" das Kind nicht mit dem Bade ausgeschüttet werden. Denn Natur kann jenseits ontologisierender Festschreibungen in einem symbolischen Sinne verstanden werden, weil – wie Hartmut Rosa (geb. 1965) konstatiert – „die Welt den handelnden Subjekten als ein antwortendes, atmendes, tragendes, in manchen Momenten sogar wohlwollendes, entgegenkommendes oder ‚gütiges' Resonanzsystem erscheint" (Rosa 2012: 9). Vor dem Hintergrund dieser möglichen Resonanz wird im Verhältnis des Menschen zur äußeren Natur stets auch sein Verhältnis zu sich selbst sichtbar. Die Erfahrungen, die wir in und mit der Natur machen, sind auch Erfahrungen mit uns selbst – nicht nur, weil wir es sind, die diese Erfahrungen machen, sondern weil Naturphänomene Anlässe sind, uns auf uns selbst zu beziehen (Gebhard 2005). Natur wird auf diese Weise – wie Caspar D. Friedrich (1774–1840) es sagte – zur „Membran subjektiver Erfahrungen und Leiden" (zit. n. Altner 1991: 9). Insofern können Naturerfahrungen die Identitätsentwicklung zumindest begleiten und – damit im Zusammenhang – naturethische Einstellungen emotional unterfüttern, allerdings nicht begründen.

Die fördernde Wirkung von Naturerfahrung bei der Identitätsentwicklung liegt darin, dass die äußere Natur zu einer besonderen, subjektiv bedeutsamen inneren Erfahrung wird. Ein solches Erlebnis ist etwas Besonderes, das sich nicht beliebig wiederholen oder gar herstellen lässt. Eine Erfahrung kommt oder kommt nicht, sie ist ein zugefallenes Geschenk, sie ist mehr eine Sache der Atmosphäre (→ III.1) als eine Sache der zielgerichteten Entscheidung. Diese Wirkung kann in der pädagogischen Arbeit zwar nutzbar gemacht werden, die pädagogischen Einflussmöglichkeiten bei kindlichen Naturerfahrungen sind aber begrenzt.

Damit Natur für Kinder eine günstige Lern- und Entwicklungsumgebung sein kann (s. Gebhard 2014), muss die spontane Geste in kindlichen Naturkontakten geachtet, geradezu geschützt werden. Dafür ist das ‚Atmosphärische' beim Spielen in der Natur weitaus wichtiger als alle möglichen biologischen, umweltpädagogischen oder sonstigen Lernprozesse, die selbstverständlich auch in der Natur möglich sind. Bildungsprozesse, gerade in der frühen Kindheit, legen eher die Grundlage für spätere (auch inhaltliche) Lernprozesse; sie setzen auf Persönlichkeitsbildung und -stärkung, indem sie die besagte spontane Geste des Kindes und damit sein Autonomiebedürfnis nicht ins Leere laufen lassen. So besteht ein wesentlicher Wert von Naturerfahrungen in der Freiheit, die sie vermitteln können.

2. Die Bedeutung von Naturerfahrungen für die psychische Entwicklung

Alexander Mitscherlich (1908–1982) äußerte in den 1960er Jahren die Vermutung, dass eine besondere Entfremdung von der Natur – wie in den „unwirtlichen Städten" – soziale und psychische Defizite hervorrufe, was besonders bei der Entwicklung von Kindern sichtbar werde. Danach ‚braucht' das Kind seinesgleichen – „nämlich Tiere, überhaupt Elementares, Wasser, Dreck, Gebüsche, Spielraum" (Mitscherlich [1965] 1994: 24). Hier ist relativierend anzumerken, dass sich die Persönlichkeit des Menschen gemäß den meisten (entwicklungs-)psychologischen Schulen v. a. als das Ergebnis der Beziehung zu sich selbst und der Beziehung zu anderen Menschen ausbildet. In der Persönlichkeitsstruktur verdichten sich danach die Erfahrungen mit sich selbst und anderen Menschen; die nicht-menschliche Umwelt, die Natur, spielt in einem solchen, gleichsam zweidimensionalen Persönlichkeitsmodell nur eine untergeordnete Rolle. Die Erfahrungen z. B., die Kinder mit Bezugspersonen machen, bestimmen wesentlich die Persönlichkeit und auch, mit welcher Tönung und Qualität die Welt wahrgenommen wird. Erik H. Erikson (1902–1994) hat für diesen Zusammenhang den Begriff „Urvertrauen" eingeführt (Erikson 1950).

Im hier gegebenen Zusammenhang geht es nun um die Bedeutung von Naturerfahrungen für die Konstituierung besagten Urvertrauens. Es geht dabei – im Rahmen eines dann dreidimensionalen Persönlichkeitsmodells – um den Gedanken, dass die Vertrautheit, die wir mit der Welt entwickeln können, sich auch als das Ergebnis einer gelungenen Beziehung zur Welt der Natur bzw. überhaupt der Dinge verstehen lässt, dass unser Leben also im Sinne des Wortes be-dingt ist, wobei die Beziehungen zu Menschen aber fraglos ihre wesentliche Bedeutung behalten (vgl. Searles [1960] 2016). In einem solchen dreidimensionalen Persönlichkeitsmodell (Gebhard 2016) ist Natur dann für die Subjekte nicht nur eine objektive Gegebenheit, sondern in gewisser Weise auch Interaktionspartner; die Dinge werden zu Elementen eines persönlich gedeuteten Lebens und erhalten psychische Valenzen. Die auf diese Weise entstehenden inneren Bilder enthalten nicht lediglich das getreue Spiegelbild der äußeren Welt, sondern sind mit symbolischer Bedeutung, in der der besagte Beziehungsaspekt zu den Objekten verdichtet ist, gleichsam aufgeladen (Gebhard 2005). Es verwirklicht sich also in jeder Aneignung von Dingen auch eine Möglichkeit des Subjekts (→ III.2).

Ausgewählte empirische Hinweise für einen positiven Einfluss von Naturerfahrungen seien im Folgenden genannt: So wird in der Kleinkindforschung z. B. hervorgehoben, wie wichtig eine vielfältige Reizumgebung ist (vgl. Schneider / Lindenberger 2012). Neben dem Einfluss auf die Gehirnentwicklung trägt eine reizvielfältige Umwelt dazu bei, psychische Entwicklungsschritte anzuregen und zu fördern. Eine reizarme bzw. reizhomogene Umwelt wirkt sich in mehrfacher Weise negativ aus. Das Optimum liegt zwischen homogenen, immer gleichen, vertrauten Reizen einerseits und sehr neuen und fremdartigen Reizen andererseits. Eine naturnahe Umgebung, in der sowohl relative Kontinuität als auch ständiger Wandel besteht, ist ein sehr gutes Beispiel für eine Reizumwelt, die eine Mittelstellung zwischen neu und vertraut einnimmt. Eine solche ‚reizvolle' Umgebung lädt ein zur Exploration, zur Erkundung, weil sie neu und interessant ist – aber eben zugleich vertraut. Dem Bedürfnis nach aktiver Orientierung kann man am besten nachgehen in einem Zustand relativer Sicherheit und Geborgenheit. Naturerfahrungen nehmen die Neuigkeit der Umgebung zum Anlass für explorative Aktivität, wodurch zugleich Sicherheit und Vertrautheit hergestellt werden kann.

Yarrow et al. (1975) untersuchten, mit welchen Dingen aus der physischen Welt

Kleinkinder umgehen. Danach bevorzugen Kinder Dinge, die erkennbar reagieren, komplex sind und zudem eine hohe Varietät haben. Diese Kriterien werden, auch wenn das nicht ausdrücklich betont wird, insb. von Naturphänomenen erfüllt. Blinkert (1996) konnte zeigen, dass „Aktionsräume" in relativ unmittelbarer Wohnumgebung – und das waren in seinen Untersuchungen ganz wesentlich naturnahe Freiräume – den ansonsten zu konstatierenden Tendenzen zu Medienkonsum, Verhäuslichung und organisierter Kindheit zumindest entgegenwirken (vgl. Blinkert et al. 2015).

In einer vergleichenden ethnographischen Studie beschreibt Tuan (1978), dass Kinder aller Kulturen im vorpubertären Alter ein ausgeprägt emotionales Verhältnis zu ihrer natürlichen Umwelt entwickeln. Aus einer breit angelegten Kinderbefragung (LBS 2005) geht hervor, welche Wirkungen die Kinder selbst ihren Naturerfahrungen zuschreiben: Bei den empfundenen Wirkungen von Naturerfahrungen stehen Spaß (80 %), Wohlfühlen (77 %) und Entspannung (76 %) deutlich im Vordergrund. Immerhin 70 % der Kinder meinen, in der Natur so sein zu können, wie sie sind. 10 % haben aber auch Angst in der Natur. Zudem ist bemerkenswert, dass für die meisten Kinder Natur der wichtigste positive Aspekt in ihrer Wohnumgebung ist.

Insgesamt (weitere empirische Hinweise in Gebhard 2013) lässt sich sagen, dass Natur in der Tat für die psychische Entwicklung günstig ist. Die Natur verändert sich ständig und bietet zugleich Kontinuität. Die Vielfalt der Formen, Materialien und Farben regt die Phantasie an, sich mit der Welt und auch mit sich selbst zu befassen. Das Herumstreunen in Wiesen und Wäldern, in sonst ungenutzten Freiräumen kann Sehnsüchte nach Wildnis (→ IV.6) und Abenteuer befriedigen. Der psychische Wert von Natur besteht zumindest auch in ihrem eigentümlichen, ambivalenten Doppelcharakter: Sie vermittelt die Erfahrung von Kontinuität und damit Sicherheit und zugleich ist sie immer wieder neu. Auch in der Anthropologie geht man davon aus, dass es beim Menschen einerseits einen grundlegenden Wunsch nach Vertrautheit und andererseits ein ebenso grundlegendes Neugierverhalten gibt. Auch wenn man ein Naturbedürfnis nicht gleichsam als anthropologische Konstante formulieren kann (→ II.11), lässt sich insgesamt sagen, dass die Natur diesen eigentlich widersprüchlichen Bedürfnissen sehr gut entspricht.

Es gibt auch Hinweise zur gesundheitsfördernden Wirkung von Natur (Gebhard 2010). Naturräume mit Wiesen, Feldern, Bäumen und Wäldern haben eine belebende Wirkung bzw. bewirken eine Erholung von geistiger Müdigkeit und Stress. Der Zusammenhang von Naturerfahrungen und Gesundheit wird häufig mit evolutionären Annahmen in Verbindung gebracht, wonach eine Präferenz für naturnahe Umwelten auf biologisch fundierten Dispositionen beruhe („Biophilie"). Nach der „Attention Restoration Theory" von Rachel und Stephen Kaplan (1989) wirken Naturräume deshalb günstig auf die Gesundheit, weil sie eine Erholung verbrauchter Aufmerksamkeitskapazität bewirken. Mit Blick auf die gesundheitlichen Konsequenzen fehlender Naturerfahrungen wird bisweilen (allzu) fatalistisch von einem „Naturdefizitsyndrom" (Louv 2005) gesprochen.

3. Natur als Ort für Freizügigkeit und Unkontrolliertheit

Die beliebtesten Naturflächen bei Kindern sind solche Orte, die von den erwachsenen Planern vergessen wurden. Ein wesentlicher Wert von Naturerfahrungen besteht nämlich in der Freiheit, die sie vermitteln (können). Naturnahe Spielorte bieten Situationen, in denen viele kindliche Anliegen nebenbei und ohne pädagogisches Arrangement ausgelebt werden können. „Wir sind so gern in der freien Natur, weil diese keine Meinung über uns hat", sagt Nietzsche ([1878] 2013: § 508).

In einer vergleichenden Studie in mehreren süddeutschen Städten (Reidl et al. 2005) konnte der Erlebnis- und Spielwert von Brachflächen bestätigt werden: In Naturerfahrungsräumen spielen Kinder länger, lieber und auch weniger allein. Ein Bewusstsein für Lieblingsorte ist ausgeprägter. Wesentliche Motive sind die Unkontrolliertheit und Freizügigkeit, für Jungen noch mehr als für Mädchen. Eine qualitative Analyse der Aktionen zeigte zudem, dass das Kinderspiel komplexer, kreativer und selbstbestimmter ist. Diese positive Bedeutung konnte in Elternbefragungen bestätigt werden.

Erst relative Freizügigkeit ermöglicht es, sich die Natur wahrhaft anzueignen. Die Wirkung von Natur ereignet sich nämlich nebenbei. Natur wird als bedeutsamer Raum erlebt, in dem man eigene Bedürfnisse erfüllen, eigene Phantasien und Träume schweifen lassen kann – und der auf diese Weise eine persönliche Bedeutung bekommt. Positive Wirkungen von Naturerfahrungen entfalten sich nicht in selbstverständlicher Weise, wenn Natur verordnet wird, z. B. indem allzu umstandslos Naturorte zu Lernorten gemacht werden. Naturnähe ist oft schon da, sie braucht mehr das Interesse der Erwachsenen und die großzügige Gewährung als die allzu pädagogische und didaktische Geste.

4. Animistisch-anthropomorphe Interpretationen als Bestandteil bedeutsamer Naturerfahrungen

Das Atmosphärische bei Naturerfahrungen öffnet die Chance, die Beziehung zur Natur und die Beziehung zum eigenen Selbst zusammenzubringen. Das macht die wohltuende, befreiende und auch kontemplative Wirkung von Naturerfahrungen aus (Gebhard 2010). Dass in Naturerfahrungen Selbst- und Naturbezug zusammengehen, macht auch verständlich, dass dabei die Natur häufig eine physiognomische Gestalt annimmt. Auf symbolische Weise fühlt man sich bei Naturerlebnissen ‚gemeint‘ und angesprochen. So ist die symbolische Bedeutung von Natur ein wichtiger Aspekt von Naturerfahrungen. In diesem Kontext ist auch bedeutsam, dass Kinder die Natur bzw. einzelne Elemente in ihr beseelen. Mit solchen Anthropomorphisierungen ist zum einen eine moralische Bewertung von Natur und zum anderen eine identitätsstiftende Funktion verbunden (Gebhard et al. 2003).

Besonders verbreitet sind anthropomorphe Vorstellungen im Hinblick auf Tiere. Wenn sich eine Beziehung zu einem Tier vertieft, wird es z. T. so gesehen und behandelt wie ein Mensch. Viele Kinder (und auch Erwachsene) sprechen mit dem Tier, nehmen es mit ins Bett, feiern seinen Geburtstag oder stellen ein Bild von ihm auf (→ IV.5). Das anthropomorphe Denken gehört zu dem Komplex, den Piaget (1926) animistisches Denken genannt hat. Jean Piaget (1896–1980) meint damit eine kindliche Haltung gegenüber der Welt, die davon ausgeht, dass die äußeren Objekte so ähnlich oder sogar genauso sind wie das Kind selbst. Die Erfahrung der eigenen Gefühlshaftigkeit und Intentionalität wird auf andere Objekte projiziert. Es ist das Weltbild des egozentrischen Kindes, das so auf eine ihm gemäße Weise die Welt systematisiert und deutet. Piaget nimmt an, dass dieses Denken etwa bis zur Zeit der Pubertät von einer rationalen Weltsicht abgelöst werde. In wesentlichen Punkten muss die Animismustheorie von Piaget inzwischen modifiziert werden (Pauen 1997). Das betrifft die Unterscheidungsfähigkeit von lebendig und nicht-lebendig, die Bedeutung der autonomen Bewegung und den Altersverlauf. Es geht nicht mehr v. a. darum, wie ähnlich die kindlichen Konzepte denen der Erwachsenen sind bzw. wie die kindlichen Konzepte immer ,richtiger‘ werden. Susan Carey (geb. 1942) versteht das animistische Denken nicht als Ausdruck eines egozentrischen Weltbildes, sondern als Form eines „Wissensdefizits“ (Carey 1985). Beide Hypothesen – die unreifer Denkstrukturen (Piaget) und die eines Wissensdefizits (Carey) – orientieren sich an den animistischen ,Fehlern‘ der Kinder. Damit gerät nicht in den Blick, dass animistische Denkhaltungen auch einen symbolischen Bezug zu Tieren und Pflanzen herstellen, der auf einer anderen Ebene als das rationale Verständnis liegt und nicht als bloße Realitätsverkennung gedeutet werden darf. So konnte Claudia Mähler (geb. 1961) zeigen, dass bereits Vorschulkinder mühelos zwischen animistischen und rationalen Deutungen hin- und herpendeln können (Mähler 1995). Die Interpretation des Animismus als Ausdruck von Phantasietätigkeit und Kreativität ist vor diesem Hintergrund ausgesprochen plausibel. Die Koexistenz von rationaler und magisch-animistischer Denkweise im Hinblick auf Natur erlaubt es, sowohl in naturwissenschaftlichen Begriffen als auch in animistischen Geschichten zu denken, ohne dabei durcheinander zu kommen. Dazu braucht es die Fähigkeit der „Zweisprachigkeit“ (Combe / Gebhard 2012), die nicht unterhöhlt werden darf. So wird sich unter der dezentrierten, objektivierenden Perspektive auch immer ein sozusagen animistischer, affektiver Unterbau in der Beziehung zur Natur befinden, den es nicht abzubauen, sondern zu kultivieren gilt. Denn die Tendenz des kindlichen Weltbildes, die Welt im Lichte des eigenen Selbst zu interpretieren und demzufolge auch zu anthropomorphisieren, wird nicht abgelöst durch das objektivierende Denken, sondern durch dieses sekundäre Denken ergänzt und komplettiert.

5. Naturerfahrungen und Umweltbewusstsein

Neben den günstigen Wirkungen auf die seelische Entwicklung und auch davon unabhängig wird häufig in umweltpädagogischen Konzepten betont, dass Naturerfahrungen eine Bedingung dafür sind, sich für die Erhaltung der Natur und Umwelt einzusetzen. Naturerfahrungen wird in diesem Zusammenhang die Funktion zugeschrieben, Menschen in ihren Einstellungen zur Natur und auch zu anderen Menschen zu beeinflussen. Bereits Henry D. Thoreau (1817–1862) hat dies in seinem Essay *Walking*

(1862) sehr zugespitzt behauptet, dass nämlich in Wildnis bzw. in der Erfahrung von Wildnis der Schutz der Welt angelegt sei. Kurt Hahn (1886–1974), einer der Begründer der Erlebnispädagogik, hat von der pädagogischen Inszenierung von Erlebnissen dezidiert eine „Werteerziehung", geradezu eine „Charaktererziehung" gefordert. In der sog. Naturerfahrungspädagogik (z. B. Cornell 1979; Unterbruner / FORUM Umweltbildung 2005) ist diese moralische oder bisweilen geradezu moralisierende Dimension besonders ausgeprägt. Zu bedenken ist allerdings, dass diese moralisierende Funktion durchaus auch Widerstand hervorrufen kann und dass eine mit den Naturerlebnissen verbundene „Werteerziehung" in ausgesprochener Weise der Reflexion bedarf.

Eine Reihe von empirischen Studien belegt einen Zusammenhang von positiven Naturerlebnissen (in der Kindheit) und umweltpfleglichen Einstellungen, wobei allerdings anzumerken ist, dass das für pädagogisch initiierte Naturerfahrungen nicht so eindeutig zutrifft (z. B. Kals et al. 1998; Lude 2001). So muss bei entsprechenden Bildungsbemühungen bedacht werden, dass es v. a. die selbst gewählten, freizügigen Naturerfahrungen sind, die gleichsam beiläufig in Richtung umweltpfleglicher Einstellungen und Handlungsbereitschaften wirken können. Auch Befunde im Umkreis der sog. „significant life experiences" aus den USA, Australien, Großbritannien weisen darauf hin, dass Naturerfahrungen in der Kindheit einer der wichtigsten Anregungsfaktoren für späteres Engagement für Umwelt- und Naturschutz sind. Auch persönliche Vermittlungen (Vorbilder) und Medien sind nicht unbedeutend, aber der unmittelbaren Naturerfahrung nachgeordnet.

Bisherige eher rationalistische Ansätze in der Moralpsychologie gehen mit Piaget und Lawrence Kohlberg (1927–1987) davon aus, dass der Mensch zu moralischem Wissen und moralischem Urteilen primär durch einen Prozess des rationalen Denkens gelangt. In neueren intuitionistischen Ansätzen der Moralpsychologie wird dagegen angenommen, dass zunächst eine moralische Intuition vorhanden ist und diese direkt das moralische Urteil verursacht. Das rationale Denken findet überwiegend nach dem intuitiven Urteil, also als *post hoc*-Rechtfertigung statt, d. h., dabei wird in der Regel überwiegend nach Pro-Argumenten für das intuitiv bereits gefällte Urteil gesucht. In seinem Ansatz legt Jonathan Haidt (geb. 1963) plausibel dar, dass bereits während der Wahrnehmung Schlussfolgerungen gleichsam automatisch generiert werden, die aber erst *post hoc* legitimiert und rational begründet werden; die moralische Argumentation gleiche eher dem Plädoyer eines Rechtsanwalts (bei dem die zu vertretende Position durch den Auftrag bereits feststeht) als der Argumentation eines wahrheitssuchenden Wissenschaftlers (bei dem die Lösung offen ist) (Haidt 2001). Selbstverständlich sind Intuitionen nicht die besseren Urteile, aber weil sie maßgeblich auf Denken und Handeln Einfluss nehmen, müssen sie in Reflexionsprozessen berücksichtigt werden.

Die zentrale Bedeutung von Reflexion wird auch in dem Erfahrungskonzept von John Dewey (1859–1952) hervorgehoben. Dewey (1916) beschreibt den Beginn eines Erfahrungsprozesses als ein krisenhaftes Geschehen, das aus der Zeit und Kontinuität herausrückt. Eine solche Situation enthält eine Fremdheitszumutung. Die Öffnung eines Vorstellungs- und Phantasieraumes ist der entscheidende Schritt für die Produktivität der Erfahrung. Dieser Schritt führt über die Irritation hinaus und macht verstehbar, warum man den Anspruch von Erfahrungen und die damit verbundenen

Irritationen auf sich nimmt. Entscheidend ist nun die Ebene der Reflexion und Versprachlichung: Ein durchlebtes Ereignis kann erst durch Reflexion zu einer die Person berührenden Erfahrung werden (Combe / Gebhard 2007).

Im Kontext der Reflexionsnotwendigkeit sei auf den Ansatz des „Philosophierens mit Kindern" verwiesen, wobei es bereits Anregungen zum „Philosophieren über Natur" gibt (z. B. Michalik 2010; Schreier 1997; Calvert / Hausberg 2011). Der pädagogisch-didaktische Ansatz der „Alltagsphantasien" (Gebhard 2015) akzentuiert in diesem Kontext die Bedeutung der Reflexion von intuitiven Vorstellungen. Sowohl diese Intuitionen als auch deren Reflexion spielen bei Naturerfahrungen eine wichtige Rolle. Dabei geht es um die bereits benannte Fähigkeit der ‚Zweisprachigkeit‘, nämlich zwischen rationalen und intuitiven Vorstellungen (über Natur) hin und her pendeln, beide Seiten kultivieren zu können, ohne sich auf eine Seite schlagen zu müssen. Im Ansatz der Alltagsphantasien wird versucht, das Spannungsverhältnis von Reflexion und Intuition fruchtbar zu machen – auch wegen der eklatanten Diskrepanz zwischen Naturbewusstsein und tatsächlichem Verhalten. Im Hinblick auf Bildungsprozesse lautet dabei die zentrale These, dass ein Wandel des Naturbewusstseins dann eine Chance hat, wenn die intuitiven Bilder und Phantasien zu Natur einerseits und die ökologischen, politischen, kulturellen usw. Argumente im Hinblick auf Natur andererseits miteinander in Beziehung gebracht werden. Die Argumentation folgt dabei keinem antirationalen, naturschwärmerischen Duktus, sondern der Überzeugung, dass es rational ist, auch irrationale Anteile zum Gegenstand der Reflexion zu machen.

Naturerfahrungen haben also, betrachtet man sie vor dem Hintergrund des sozial-intuitionistischen Modells, eine Funktion im Hinblick auf das Naturverhältnis und auf das Naturbewusstsein. Allerdings ist es fraglich, ob diese moralisierende Funktion zielgerichtet angesteuert werden darf. Es spricht viel dafür, dass die Wertschätzung von Natur eher das Ergebnis von beiläufigen, gelungenen Erfahrungen in der Natur ist. Es scheint gerade der Freiraum zu sein, der die Natur so attraktiv macht. Deshalb ist im Blick zu behalten, dass und inwiefern Naturerlebnisse einfach nur gute Erlebnisse sind, die freilich eine Wirkung auf unsere Naturbeziehungen und den Umgang mit der Natur haben können.

Literatur

Altner, Günter 1991: Naturvergessenheit. Grundlagen einer umfassenden Bioethik. Darmstadt.
Bibelriether, Hans 1992: Natur Natur sein lassen. In: Prokosch, P. (Hg.): Ungestörte Natur – Was haben wir davon? Husum: 85–104.
Birnbacher, Dieter 2006: Natürlichkeit. Berlin.
– 2019: Natürlichkeit. In: Kirchhoff, T. (Hg.): Online Encyclopedia Philosophy of Nature / Online Lexikon Naturphilosophie. Heidelberg, doi: https://doi.org/10.11588/oepn.2019.0.65541.
Blinkert, Baldo 1996: Aktionsräume von Kindern in der Stadt. Eine Untersuchung im Auftrag der Stadt Freiburg. Pfaffenweiler.
Blinkert, Baldo / Höfflin, Peter / Schmider, Alexandra et al. 2015: Raum für Kinderspiel! Eine Studie im Auftrag des Deutschen Kinderhilfswerkes über Aktionsräume von Kindern in Ludwigsburg, Offenburg, Pforzheim, Schwäbisch Hall und Sindelfingen. Münster.

Calvert, Kristina / Hausberg, Anna K. (Hg.) 2011: PhiNa. Philosophieren mit Kindern über die Natur. Baltmannsweiler.

Carey, Susan 1985: Conceptual Change in Childhood. Cambridge / MA.

Combe, Arno / Gebhard, Ulrich 2007: Sinn und Erfahrung. Opladen.

– 2012: Verstehen im Unterricht. Zur Rolle von Phantasie und Erfahrung. Wiesbaden.

Cornell, Joseph B. [1979] 1981: Mit Kindern die Natur erleben. Soyen.

Dewey, John [1916] 2000: Demokratie und Erziehung. Eine Einleitung in die psychologische Pädagogik. Weinheim.

Erikson, Erik H. [1950] 1968: Kindheit und Gesellschaft. Stuttgart.

Gebhard, Ulrich 2005: Naturverhältnis und Selbstverhältnis. In: Scheidewege 35: 243–267.

– 2010: Wie wirken Natur und Landschaft auf Gesundheit, Wohlbefinden und Lebensqualität? In: Bundesamt für Naturschutz (Hg.): Naturschutz & Gesundheit. Bonn: 22–28.

– ⁴2013: Kind und Natur. Die Bedeutung der Natur für die psychische Entwicklung. Wiesbaden.

– 2014: Wie viel ‚Natur‘ braucht der Mensch? ‚Natur‘ als Erfahrungsraum und Sinninstanz. In: Hartung, G. / Kirchhoff, T. (Hg.): Welche Natur brauchen wir? Analyse einer anthropologischen Grundproblematik des 21. Jahrhunderts. Freiburg: 249–274.

– 2015: Symbole geben zu denken. Zur Bedeutung der expliziten Reflexion von Metaphern und Phantasien in Lernprozessen. In: Spieß, C. / Köpcke, K.-M. (Hg.): Metapher und Metonymie. Theoretische, methodische und empirische Zugänge. Berlin: 269–296.

– 2016: Auf dem Weg zu einem dreidimensionalen Persönlichkeitsmodell. Geleitwort zur deutschen Übersetzung von Harold F. Searles’ *The Nonhuman Environment in Normal Development and in Schizophrenia*. In: Searles, Harald F.: Die Welt der Dinge. Die Bedeutung der nichtmenschlichen Umwelt für die seelische Entwicklung. Gießen: 11–18.

Gebhard, Ulrich / Kistemann, Thomas 2016: Therapeutische Landschaften: Gesundheit, Nachhaltigkeit, ‚gutes Leben‘. In: dies. (Hg.): Landschaft – Identität – Gesundheit. Zum Konzept der Therapeutischen Landschaften. Wiesbaden: 1–17.

Gebhard, Ulrich / Langlet, Jürgen 1997: Natur als Leitbild? In: Grundschule 5: 11–14.

Gebhard, Ulrich / Nevers, Patricia / Billmann-Mahecha, Elfriede 2003: Moralizing trees: anthropomorphism and identity in children's relationship to nature. In: Clayton, S. / Opotow, S. (Hg.): Identity and the Natural Environment. The Psychological Significance of Nature. Cambridge / MA: 91–112.

Haidt, Jonathan 2001: The emotional dog and its rational tail: a social intuitionist approach to moral judgment. In: Psychological Review 108: 814–834.

Kals, Elisabeth / Schumacher, Daniel / Montada, Leo 1998: Naturerfahrungen, Verbundenheit mit der Natur und ökologische Verantwortung als Determinanten naturschützenden Verhaltens. In: Zeitschrift für Sozialpsychologie 29 (1): 5–19.

Kaplan, Rachel / Kaplan, Stephen 1989: The Experience of Nature: A Psychological Perspective. Cambridge.

LBS-Initiative Junge Familie 2005: Das LBS-Kinderbarometer. Recklinghausen.

Louv, Richard [2005] 2011: Das letzte Kind im Wald? Weinheim.

Lude, Armin 2001: Naturerfahrung und Naturschutzbewusstsein. Eine empirische Studie. Innsbruck.

Mähler, Claudia 1995: Weiß die Sonne, dass sie scheint? Eine experimentelle Studie zur Deutung des animistischen Denkens bei Kindern. Münster.

Michalik, Kerstin 2010: Was ist eigentlich Natur? Natur-Dinge als Anlass für Nachdenklichkeit. In: Grundschulunterricht Sachunterricht 2010: 31–34.

Mitscherlich, Alexander [1965] ²³1994: Die Unwirtlichkeit unserer Städte. Anstiftung zum Unfrieden. Frankfurt / M.

Nietzsche, Friedrich [1878] 2013: Menschliches, Allzumenschliches 1. (Philosophische Werke in sechs Bänden, Bd. 2). Hg.: C.-A. Scheier. Hamburg.

Pauen, Sabina 1997: Überlebt der Animismus? Kritische Evaluation einer Hypothese zum prä-kausalen Denken. In: Zeitschrift für Entwicklungspsychologie und Pädagogische Psychologie 29 (2): 97–118.

Piaget, Jean [1926] 2015: Das Weltbild des Kindes. Stuttgart.

Reidl, Konrad / Schemel, Hans-Joachim / Blinkert, Baldo 2005: Naturerfahrungsräume im besiedelten Bereich. Nürtingen.

Rosa, Hartmut 2012: Weltbeziehungen im Zeitalter der Beschleunigung. Umrisse einer neuen Gesellschaftskritik. Berlin.

Schneider, Wolfgang / Lindenberger, Ulman (Hg.) 2012: Entwicklungspsychologie. Weinheim.

Schreier, Helmut (Hg.) 1997: Mit Kindern über Natur philosophieren. Heinsberg.

Searles, Harald F. [1960] 2016: Die Welt der Dinge. Die Bedeutung der nichtmenschlichen Umwelt für die seelische Entwicklung. Gießen.

Thoreau, Henry D. 1862: Walking. In: The Atlantic Monthly 9: 657–674.

Tuan, Yi-Fu 1978: Children and the natural environment. In: Altmann, I. / Wohlwill, J. F. (Hg.): Children and the Environment. New York: 5–32.

Unterbruner, Ulrike / FORUM Umweltbildung (Hg.) 2005: Natur erleben. Neues aus Forschung & Praxis zur Naturerfahrung. Innsbruck.

Yarrow, Leon J. / Rubenstein, Judith L. / Pedersen, Frank A. 1975: Infant and Environment: Early Cognitive and Motivational Development. New York.

IV.2 Natur essen

Hans Werner Ingensiep und Heike Baranzke

1. Praktisches Beispiel: Welche Natur wollen wir essend schützen?

„Schweinerei im Biobetrieb" – unter diesen und ähnlichen Schlagzeilen renommierter deutscher Tages- und Wochenzeitungen wird geschildert, dass „radikale Tierschützer" nicht mehr nur die industrialisierte Massentierhaltung anklagen, sondern sich nun auch gegen ökologische Vorzeigebetriebe mit artgerechter Tierhaltung wenden. Ihr Argument: Ökologische Viehwirtschaft sei lediglich eine andere Form von Tierquälerei und Tierschutz nichts als eine verlogene Weichzeichnung eines traditionellen Ausbeutungsverhältnisses. Allein ein veganer Lebensstil vermöge eine gewaltfreie Mensch-Tier-Beziehung zu verwirklichen. Ökobauern halten dagegen, dass ohne Tierhaltung die Bodengesundheit für die Erzeugung von Gemüse und Getreide nicht zu erhalten sei.

Diese aktuelle Kontroverse illustriert, dass unterschiedliche Naturkonzeptionen und daraus resultierende Utopien für die Ernährung und die Nahrungsmittelproduktion handlungsleitend werden. Zugleich beanspruchen solche persönlichen Ideale einer praktisch werdenden Naturphilosophie nicht nur Geltung für den privaten Lebensstil eines Individuums, sondern auch für Vorstellungen eines die (Welt-)Gesellschaft umfassenden guten Lebens in Bezug auf Ernährung und Nahrungsmittelerzeugung. Welche Naturbilder leiten unser tägliches Ernährungsverhalten und welche sollten uns aus guten Gründen leiten? Lässt sich aus dem, was wir essen, erschließen, was wir für Menschen sind oder sein wollen?

2. Biophilosophie der Ernährung im Spannungsfeld von philosophischer und biologischer Anthropologie

Eine allgemeine Biophilosophie der Ernährung interpretiert biologische Grundphänomene wie Ernährung, Assimilation, Wachstum, Formbildungsprozesse, Evolution jenseits aller ethisch-politischen Dimensionen aus einer naturphilosophischen Metaperspektive, und zwar von sehr unterschiedlichen theoretischen Standpunkten aus (materialistischen, evolutionären, energetischen, spirituellen etc.). Ernährung ist ein Stoffwechselprozess, der bei höheren Organismen semipermeable Grenzen voraussetzt, über die externe Stoffe eingebracht und dem Organismus assimiliert (lat. anverähnlicht) werden. Helmuth Plessner (1892–1985) reflektiert Assimilation biophänomenologisch als ein Grundphänomen vom Begriff der Grenze her (→ II.11). Aus systemtheoretischer Perspektive (Ludwig v. Bertalanffy, 1901–1972) werden höhere, auf eine ständige Energiezufuhr angewiesene Organismen als halboffene Systeme (→ II.8) im Fließgleichgewicht betrachtet, und zwar sowohl photoautotrophe ‚Lichtesser‘ (höhere Pflanzen) als auch heterotrophe ‚Energieräuber‘ (höhere Tiere inklusive des Menschen), die Pflanzen und anderen Tieren Energie entziehen. Aus einer evolutionären Perspektive kann das Verhältnis zwischen Stoff und Form von der Amöbe bis zum Menschen auch phänomenologisch-dialektisch gedeutet werden, nämlich als stetiger Versuch der sukzessiven Emanzipation einer artspezifischen Lebensform vom Stoff, von dem sie grundsätzlich abhängig bleibt. Nach Hans Jonas (1903–1993), der die Evolution am Ariadnefaden der Freiheit interpretiert, realisiert schon die Amöbe in ihrer polymorphen Lebensform durch Umschleimung der Nahrung eine kleine Freiheit. Aber erst der Mensch vermag durch seine ganze Gestalt, u. a. durch das Freiwerden seiner Hand, den Anbau von Nahrung als Landwirtschaft zu betreiben. Die Ernährung bis hin zur modernen Agrarindustrie kann auch als eine Naturgeschichte der Ernährungsformen beschrieben und der Mensch kann dargestellt werden als bilateral-symmetrisch organisierter „Deuterostomier“ (Hans Hass, 1919–2013), als zweitmündiges Darmwesen (Georges Cuvier, 1769–1832), das im Laufe der Stammesgeschichte einen zweiten Mund ausgebildet und aus dem Urmund den After gemacht hat. Der neue Mund repräsentiert nun den Nahrungspol in organismischer Bewegungsrichtung, der dem Darm artspezifische Nahrungsstoffe zuführt, die ein Sinnespol (z. B. Zunge, Nase, Augen) ermittelt und kontrolliert. Bei höheren Tieren wie auch dem Menschen wird dieser Nahrungs- und Sinnespol zudem zu einem Kommunikationspol (mündliche Sprache), der eine kollektive Organisation der Nahrungsbeschaffung ermöglicht, um schließlich Jäger und Sammler in der Agrikultur an die immobile Lebensform von Pflanzen anzupassen. (Für Beschreibungen und Primärquellen der Positionen s. Baranzke et al. 2000.)

Spezifisch menschlich ist, das Verhältnis zu (nicht) assimilierbaren Dingen der Natur kulturspezifisch zu interpretieren, zu bewerten und zu regulieren sowie diese Normen ethisch zu rechtfertigen. Je menschenähnlicher ‚höheres‘ Leben im Licht variierender weltanschaulicher Deutungsparadigmen erscheint, umso prekärer wird es, sich davon zu ernähren. Zunehmend wird in westlichen Industrienationen der Verzehr ‚höherer‘ Tiere skandalisiert, die traditionell als Nutztiere und Fleischlieferanten galten. Aus evolutionär-biophilosophischer Perspektive wird die ‚Verwandtschaft‘ – eigentlich eine soziale Kategorie – mit dem Menschen betont und dieser zugleich als Vertreter der Spezies *Homo sapiens sapiens* biologisch definiert. Die philosophische Mensch-Tier-Unterscheidung wird seit Beginn der 1970er Jahre zudem ethisch als ‚Speziesismus‘, als ungerechtfertigte Bevorzugung der eigenen Art, kritisiert. Entwicklungen solcher Art zeigen, dass (Ernährungs-)Verhältnisse zu Naturdingen das anthropologische Selbstverständnis und die philosophische Selbstpositionierung des Menschen in der Naturordnung prägen.

Mindestens in vier großen Praxisfeldern stellt sich das Problem der Naturgemäßheit menschlicher Ernährung in der von den westlichen Industrienationen konfigurierten (Post-)Moderne: (a) Die traditionell *diätetisch-medizinische Frage* nach der Zuträglichkeit menschlicher Ernährung, die sich jedoch unter den Bedingungen globalisierter Diversifizierung von Ernährungstraditionen und der Industrialisierung der Nahrungsmittelproduktion stets verändert. Ästhetisierende Lifestyle-Reaktionsformen auf derartige Entwicklungen sind u. a. regionalisierende Slow-food-Bewegungen (Lemke 2012). (b) Unter global-ökonomischen Gesichtspunkten stellt sich die *menschenrechtliche Frage* nach der Verteilungsgerechtigkeit von Nahrung zusammen mit gerechtigkeitsethischen Forderungen nach fairen Welthandelsbedingungen (Singer / Mason 2006; Hirn 2009; Gottwald et al. 2010). (c) Zugleich wächst das Bewusstsein dafür, dass individuelles Ernährungsverhalten und die Weise der Nahrungsmittelproduktion großen *Einfluss auf Natur- und Klimaschutz* haben. (d) In den westlichen Industrienationen wird seit langem über die *tierethische Frage* nach der Legitimität des den Tötungsakt einschließenden Carnivorismus gestritten. Auch steht in Frage, ob menschliche Ernährung überhaupt auf tierliche Produkte wie Milch, Eier oder Honig zurückgreifen darf (→ IV.4). Vegetarismus, Veganismus, Tierrechtsdebatte und Speziesismus sind hier aktuelle Stichworte (Linnemann / Schorcht 2001). Der vorliegende Beitrag untersucht das anthropologische Selbstverständnis im Spiegel traditioneller westlicher Natur- und Ernährungsverhältnisse v. a. unter tierethischen Aspekten.

3. Hierarchische Basismodelle von Natur im Spiegel abendländischer Nahrungsbeziehungen

Zwei im antiken mediterranen Raum entstandene Naturbilder prägen bis heute die europäische und anglophone Tier- und Ernährungsethikdebatten: 1. die hierarchische Seelenstufenordnung des Aristoteles; 2. das biblisch-theologische Konzept von der Welt als Schöpfung.

3.1 Aristoteles' Biophilosophie: Die belebte Natur als doppelt teleologische Seelenstufenhierarchie[1]

„Daher muß man offensichtlich annehmen, daß [...] die Pflanzen um der Tiere willen da sind, die übrigen Tiere um der Menschen willen – die zahmen zur Nutzung und Nahrung, die wilden – wenn nicht alle, so doch die meisten – zur Nahrung und anderen nützlichen Diensten" (Aristoteles, Politik I 1256b 16–20). An dieser Stelle seiner *Politik* referiert Aristoteles die allgemein verbreitete Überzeugung seiner Zeit, dass die Götter im Kosmos alles zum Nutzen der Menschen eingerichtet haben. Dieser immer noch nachwirkende Anthropozentrismus wurde wenig später von einigen Vertretern der Stoa dezidiert propagiert und im lateinischen und arabischen Mittelalter rezipiert. Die genauere Betrachtung zeigt jedoch, dass weder Aristoteles noch die auf ihn aufbauende Stoa den Menschen als höchsten Zweck (griech. *telos*) im Kosmos angesehen hat, sondern vielmehr die göttliche Vernunft (griech. *nous, logos*), an der jedoch einzig das menschliche Lebewesen qua Vernunftseele teilhat. Dennoch hat die teleologische

---

1 Zur nachfolgenden Deutung, zu Quellen und zu weiterer Literatur vgl. Ingensiep 2001.

Naturphilosophie des Aristoteles die hierarchische anthropozentrische Nutzenordnung (Seelenstufenordnung, externe Teleologie) im europäischen Denken wesentlich plausibilisiert (→ I.1). Erst die jüngere Tierethikdiskussion (Balzer et al. 1998) rezipiert auch das intern-teleologische Entelechiekonzept (griech. *en télos échein* = den Zweck in sich haben) des Aristoteles, nach dem jeder Organismus schon für sich selbst Zwecke verwirklicht, und nicht erst, indem er für höhere Lebewesen, z. B. als Nahrungsquelle zweckmäßig ist. Aktuell ist die begriffliche Rede vom ,Eigenwohl', ,Eigengut' oder ,inhärenten Wert' eines jeden Organismus, wodurch u. a. die Tierschlachtung nicht nur bezüglich von Jungtieren, sondern grundsätzlich in Frage gestellt wird. Das aristotelische Entelechiekonzept, dem zufolge ein jeder Organismus zunächst um seiner Selbst- und der Arterhaltung willen da ist, lebt zwar fort in der stoischen Oikeiosislehre, der zufolge die Natur ein Lebewesen qua Instinkt mit sich selbst befreundet; es stand aber rezeptionsgeschichtlich ganz im Schatten des stoischen Alltagsanthropozentrismus.

Zentraler Referenzpunkt der aristotelischen Seelenstufenordnung ist die Seele, die als immaterielles Prinzip der Lebensbewegung in pflanzlichen, tierlichen und menschlichen Organismen wirkt (vgl. Aristoteles, De anima). Der materielle Organismus dient dabei als Werkzeug (griech. *organon*) zur Verwirklichung immaterieller Seelenzwecke, bei denen Aristoteles drei Konfigurationen unterscheidet: Die vegetative Seele (griech. *psyche threptike*, lat. *anima vegetativa*) koordiniert mit ihren Vermögen Ernährung, Wachstum und Fortpflanzung die basalen Funktionen in allen Organismen, ist aber als Wesenskern für die Organisationsform der Pflanze hinreichend. Diese basale vegetative Nährseele bildet bis in die Neuzeit den naturphilosophisch-spekulativen Ausgangspunkt für protophysiologische Ernährungs- und Wachstumstheorien. Medizinische Reminiszenzen dieser Pflanzenseele finden sich noch heute in wissenschaftlichen Termen wie ,vegetatives Nervensystem', ,vegetativer Status' (im sog. Wachkoma) oder in der populären Rede vom „Vegetieren" (Ingensiep 2006).

Erst im Tier treten laut Aristoteles zu den vegetativen noch sensitive Seelenvermögen hinzu und ergänzen diese zur wahrnehmend-empfindenden Tierseele (griech. *psyche aisthetike*, lat. *anima sensitiva*) als dem Wesensmerkmal der „Tiere". Sie manifestiert sich stofflich in den Sinnesorganen, die Sinneswahrnehmung und freie Ortsbewegung ermöglichen. Aufgrund dieser zusätzlichen sensitiven Seelenvermögen stehen Tiere eine Stufe über den Pflanzen. Auf der obersten Stufe befindet sich der Mensch qua weiterer essenzieller, vernünftiger Seelenvermögen (griech. *psyche noetike*, lat. *anima rationalis*), die ihn zur Teilhabe an der göttlichen Vernunft, zum vernünftigen Denken und Handeln, befähigen und seine Spitzenstellung im Kosmos naturphilosophisch-ontologisch legitimieren. Seine wahre Wesensnatur verwirklicht das menschliche Individuum, indem es die eigenen niedrigeren Seelenvermögen der Herrschaft seiner Vernunftvermögen unterstellt wie auch die unter ihm stehenden Wesen der äußeren Natur auf vernünftige Weise dienstbar macht. Dies geschieht auch im Ernährungshandeln, nämlich diätetisch konsumierend, kultivierend in Agrikultur und Nutztierhaltung und verteilungsgerecht mit Blick auf seinesgleichen. Insofern bietet die naturphilosophische doppelt-teleologische Seelenstufenordnung des Aristoteles dem nach Zweckmäßigkeit und Sinn strebenden Menschen Orientierung für ein vernunftgemäß-tugendhaftes Handeln.

Platon hatte die Pflanzenseele aufgrund ihrer Ernährungs- und Fortpflanzungs-aktivitäten noch als Begehrseele charakterisiert, womit also auch Pflanzen nach etwas streben. Doch Aristoteles erscheint ein mit Wahrnehmungs- und Empfindungsfähig-keit einhergehendes Strebevermögen für ein durch Immobilität gekennzeichnetes Pflanzenleben sinnlos. Er konzipiert fortan Pflanzen als empfindungs- und willenlose Nahrungs-‚Produzenten' für die „höheren" Seelenvermögensträger Tier und Mensch. Der Aristoteles-Schüler Theophrast von Eresos (ca. 372–ca. 288 v. Chr.) bezeichnet Pflanzen deshalb als ‚Nicht-Wollende', denen man durch Verzehr oder Opferung keine Ungerechtigkeit antun könne. Daher sollen Tieropfer durch vegetabile Gaben ersetzt werden. Wahrnehmungsfähigkeit und erlebte Empfindung dienen von Theophrast bis in die Schrift *Über die Enthaltsamkeit von Fleischnahrung* des Neuplatonikers Porphyrios (um 233–um 303) als tierethische Kriterien in dem gegen den stoischen Anthropozen-trismus gerichteten antiken Vegetarismusdiskurs (Baranzke / Ingensiep 2019). – Die moderne Vegetarismusvariante des Naturanismus ist dagegen bestrebt, sich nur von dem zu ernähren, was nicht nur Tiere, sondern auch Pflanzen an Früchten und Samen „freiwillig" geben, um eine an tierlichen und pflanzlichen Bedürfnissen orientierte „Landwirtschaft in Harmonie mit der Natur" zu ermöglichen (Wang 1997: 397).

Im Zuge der mechanistischen Kritik am teleologischen Charakter der aristote-lischen Naturphilosophie durch Galileo Galilei und René Descartes wird die vor-moderne *teleologische Naturphilosophie* in die neuzeitlichen *ateleologischen Naturwissen-schaften* transformiert (→ II.1). Dabei büßt die biophilosophische Seelenstufenordnung mit ihrer teleologischen Sinndimension auch ihre handlungsorientierende Plausibilität ein – eine Entwicklung, die von David Hume auf den Begriff des Sein-Sollen-Fehl-schlusses gebracht wird. Trotzdem wirkt das hierarchisierende Prinzip der Seelenord-nung des Aristoteles – je ‚vollkommener' die Seelenfunktion, desto höher die Stellung des Organismus im Kosmos – noch immer nach, sei es in der naturhistorischen Lehre von den drei Naturreichen, in spekulativ naturphilosophischen Schichtenontologien (z. B. Nicolai Hartmann), in naturethischen Reichweitekriterien (z. B. der Abstufung Anthropo-, Patho-, Biozentrik oder in Peter Singers „boundary of sentience") (→ IV.5), in der ökologischen Nahrungspyramide (Destruenten, Produzenten, Konsumenten) oder schlicht in alltäglichen Sinninterpretationen von Naturerfahrungen.

Von dem geistesgeschichtlichen Prozess der Teleologiekritik, der alles Lebendige als seelenlose Automaten vorstellt, bleibt nur das körperlose reflektierende Ich-Bewusst-sein verschont. Wer sich selbst und andere Lebewesen wieder neu als sich ernährende und aktive leibliche Weltwesen verstehen will, muss andere, z. B. leibphilosophische Reflexionsmethoden wählen (→ III.1).

3.2 Natur als Schöpfung: das biblisch-personalistische Modell[2]

Die schöpfungstheologische Interpretation von Natur (→ I.2; II.2) und Mensch ist nicht einfach eine um Gott numerisch erweiterte Version des naturphilosophischen Modells, sondern nimmt eine qualitativ andere, nämlich voluntaristisch-personalistische Per-spektive ein (Michael Landmann; Papst Franziskus 2015: Nr. 76 u. ö.). Daher ist die

---

2 Für weitere Hintergründe, Quellen- und Sekundärliteratur s. Baranzke 2002.

schöpfungstheologische Hierarchie (Schöpfergott – Mensch – nichtmenschliche Geschöpfe) nicht ratiozentrisch, naturphilosophisch und theoretisch, sondern theozentrisch, interpersonal und verantwortungsethisch zu entschlüsseln. Der Mensch wird im hebräischen Urtext nicht als ein mit immaterieller unvergänglicher Vernunftseele ausgestattetes Lebewesen dargestellt, sondern als sterbliche, auf Lebenssicherung und Fürsorge angewiesene Kreatur unter ebensolchen Mitkreaturen. Daran ändert auch seine besondere Würde als Bild Gottes (Gen 1,26 f.) nichts. Pflanzen dienen in den Schöpfungserzählungen (Gen 1–3) als Nahrungsbasis für jene menschlichen und tierlichen Kreaturen, durch deren Nasen und Kehlen der Schöpfergott seinen Lebenshauch strömen lässt. Bemerkenswert ist, dass die (inter-)personale, nährend-belebende und kommunikative Beziehungen erschließende „Kehle" (hebr. *nefesch*; vgl. Ps 104) im hellenistischen Übersetzungsprozess der *Septuaginta* zum bio-ontologischen Besitzstand der (rationalen) „Seele" (griech. *psyche*) wird (Schroer/Staubli 1998). Seitdem wurden die theoretisch-naturphilosophische Lesart der Schöpfungstexte und die Ontologisierung der Sonderstellung des Menschen in der Schöpfung befördert.

Erst in der Neuzeit interpretieren Angehörige protestantischer Dissidentenbewegungen wie Pietisten, Puritaner oder Quäker die Gottesbildlichkeit des menschlichen Geschöpfs als Verpflichtung zu einer Solidar- und Verantwortungsbereitschaft im Zeichen der Erlösungsbedürftigkeit von Mensch und Tier („Seufzen der Schöpfung", Röm 8,18–23), die noch Albert Schweitzers „Ethik der Ehrfurcht vor dem Leben" und die ökotheologische Diskussion seit dem letzten Drittel des 20. Jhs. inspiriert. Die Gottesbildlichkeit des Menschen wird nun als verantwortliche Haushalterschaft (Stewardship-Modell) gedeutet und stimuliert in den protestantischen Ländern seit dem 17. Jh. erste praktische Tierschutz- und Tierrechtsdiskussionen und seit dem beginnenden 19. Jh. erste nationale Tierschutzgesetze und Tierschutzvereine, während die der Scholastik verpflichtete katholische Theologie noch lange einer spekulativ-theoretischen Lesart von Schöpfungstheologie und Anthropologie verhaftet blieb (vgl. Baranzke 2002).

Erst in der christlich-reformatorischen Exegese rückt so in den Blick, was in der jüdischen Theologie von jeher immerhin ein Randthema war: Der aufgrund einer lebendig gelebten Gottesbeziehung ‚Gerechte' (hebr. *sadiq*) kennt und befriedigt auch die vitalen Bedürfnisse seiner Haustiere (Spr 12,10). Eine innere Empfänglichkeit für die Bedürftigkeit von Lebewesen, die auch die nichtmenschlichen Mitgeschöpfe einschließt, bindet den an den Menschen gerichteten Herrschaftsauftrag (Gen 1,28) an das Vorbild eines Schöpfergottes als Verantwortungsmaßstab zurück, dessen Fürsorge sich nicht zuletzt in den vegetarischen Speisegeboten an Menschen und Tiere (Gen 1,29 f.) zeigt. Das *dominium terrae* steht im Rahmen der pazifistischen Schöpfungsutopie eines paradiesischen Urvegetarismus, der noch in modernen Vegetarismusdebatten einer sorglos carnivoren Berufung auf die nachsintflutliche Erlaubnis des Fleischverzehrs (Gen 9,3) Paroli bietet, indem er an die kreatürliche Würde aller Geschöpfe erinnert (Gen 1,31). In der prophetischen Literatur (Jes 11,6–9; 65,17 ff.) wird der paradiesisch-vegetarische Tierfriede zur messianischen Hoffnung, die gegenwärtige Gewalterfahrung zu überwinden, als die auch die Tiertötung zu Ernährungszwecken seit jeher empfunden wurde (EKD 1991). Die sog. Noachidischen Blutverbote boten eine Gewalt eingrenzende Notregel (Gen 9,4–6), die einen Schlüssel zum interkulturellen Verständnis der jüdischen Schechita und vielleicht auch für die islamische Halal-Schlachtung[3] bereit halten. In den Schriften des Ersten Testamentes gilt Blut als Lebensprinzip, weshalb das zentrale jüdische Verbot des Tierblutverzehrs als schöpfungstheologische Begrenzung menschlicher Herrschaftsmacht in der von Gewalt geprägten historischen Zwischenzeit gelesen werden kann.

Schon früh wurde die Weise der Tierschlachtung im Judentum im Zusammenhang mit dem Verbot der Grausamkeit gegenüber Tieren diskutiert (Cohen 1959) – eine Verbindung, die in der christlichen Tradition bis in die frühe Neuzeit hinein fehlt. Im Verlaufe des 19. Jhs. entsteht u. a. unter dem Einfluss der Entwicklung von Betäubungsmethoden eine bis heute andauernde gesellschaftliche Debatte über die betäubungslose religiöse Schlachtung, die seit ihrer antisemitischen Instrumentalisierung im Nationalsozialismus bis heute – angesichts der islamischen Halal-Schlachtung – nicht frei von fremdenfeindlichen Untertönen ist (Baranzke 2002). Für einen interkulturellen Dialog über tierschutzrelevante Ernährungsfragen ist es daher wichtig, sich die zentrale Rolle von Speise- und Schlachtvorschriften für die religiös-kulturelle Identität bewusst zu machen. Denkanstöße zu Neuinterpretationen dieser Traditionen im Lichte eines ökologischen und tierethischen Problembewusstseins bieten Vertreter der US-amerikanischen Öko-Kaschrut- bzw. jüdischer Vegetarismus-Bewegungen (Baranzke et al. 2000; Foer 2012) sowie die African Hebrew Israelites.

4. Antihierarchische naturphilosophische Impulse

Während die umfassende hierarchische Naturphilosophie des Aristoteles der empirischen Teleologie- und Metaphysikkritik erliegt, ist die praktisch-personalistische Schöpfungstheologie als motivationaler Sinnhorizont in einer pluralistischen Weltgemeinschaft nicht universal verbindlich zu machen. Das ist die Chance für diverse vorsokratische naturphilosophische Motive von Werden und Vergehen, Element- und Seelen-Kreislaufvorstellungen sowie Harmonie- und Gleichgewichtskonzepte, die z. T. unabhängig von der aristotelischen Naturteleologie bis in die Physikotheologie des 18. Jhs. verfolgbar sind. Eine systematische Ausgestaltung erfahren insb. Kreislauf- und Gleichgewichtskonzepte in Carl von Linnés Vorstellungen von einem allgemeinen „Haushalt der Natur" – der *Oeconomia naturae* (1749), die er in der *Politia naturae* (1760) konkretisiert (→ III.5). In Linnés Ansatz existieren niedere Pflanzen nicht nur um der Ernährung der höheren Tiere willen, sondern Tiere und Pflanzen dienen einander wechselseitig. Auf diese Weise wird die antike Nahrungs- und Nutzungshierarchie der Natur in eine antihierarchische Kreislaufperspektive überführt. Solche protoökologischen Vorstellungen präformieren letztlich die Ökosystemtheorie des 20. Jhs., in der auch die hierarchische Nahrungspyramide (Destruenten, Produzenten, Konsumenten) qua antihierarchischer Wechselwirkungsverhältnisse zwischen Pflanze, Tier und Mensch systemtheoretisch überwunden wird. Die Identifizierung

---

3 Im islamischen Recht wird *halal* (arabisch) im Sinne von ‚erlaubt' bzw. ‚zulässig' verwendet.

eines Ökosystems oder eines globalen oder regionalen Artenbestandes werden durch die Verzeitlichung der statischen Seelenstufenordnung (Deszendenztheorie) und der damit einhergehenden Entdeckung der Geschichtlichkeit von Naturzuständen (Geologie, Paläontologie) problematisch (→ I.5). Schließlich wird bewusst, dass und wie wir Menschen zur technisch-kulturellen Veränderung von Naturzuständen insb. durch unser Ernährungs(produktions)verhalten (Jagd, Ackerbau, Industrialisierung, Gentechnik) faktisch beitragen (→ IV.3). Neue Fragen ergeben sich, aus welchen Gründen zu welchen lokalen oder globalen, historischen oder neuartigen Zielzuständen in Natur und Gesellschaft wir auch durch unsere Ernährungsweise beitragen sollen, in welcher Gesellschaft und in welcher Natur wir leben und was wir als Mensch sein wollen.

Engagierte Ökolandwirte wollen sich durch Ackerbau und Viehzucht noch in ‚naturnahe Kreisläufe' einbetten und die ökologische Artenvielfalt befördern (→ IV.4). Sofern sie sich als global denkende und lokal handelnde Ökobauern verstehen, artikulieren sie ihre agrikulturelle Verantwortung für die ‚Natur' im Ganzen, die eine Tiertötung zu Ernährungszwecken als unvermeidlich in Kauf nimmt. Für eine tierrechtlich motivierte Perspektive von Veganerinnen zählt dagegen kein allgemeines Naturverständnis, sondern allein die Verminderung oder gar Elimination von Tierleiden und der bedingungslose Schutz von Wohl und Leben des empfindungsfähigen Individuums. In letzter Konsequenz einer universalen, über die Wahl eines persönlichen Lebensstils hinausgehenden, veganen Utopie liegt somit die synthetische Nahrungsmittelproduktion, die eine auch gentechnisch unterstützte Landwirtschaft toleriert, solange sie Wohl und Leben von Tieren nicht beeinträchtigt. Überzeugte Veganer versuchen zudem ihren Ernährungsstil auf die Ernährung ihrer Haustiere auszudehnen. Das ‚natürliche' Leiden von Beutetieren unter ihren Fressfeinden in ‚freier Natur' kann in der totalitären Vision einer veganen Welt letztlich nur um den Preis der Ausrottung oder einer gentechnischen Umprogrammierung aller Fleisch fressenden Organismen hergestellt werden. Die Natur im Ganzen wäre durch ‚ecological engineering' zu managen. ‚Natürlichkeit' als kulturkritisches Vorbild menschlicher Lebensführung hat aus dieser Perspektive ausgedient.

5. Ist der Mensch, was er isst? Ernährungsphilosophie zwischen Natur und Kultur

‚Natürlichkeit' als Lebensideal etablierte sich bereits in der frühen griechischen Naturphilosophie, so in der Vorstellung von spiritueller Harmonie mit dem Kosmos bei den Lehren des Pythagoras folgenden Vegetariern, im kulturkritischen Zynismus des Philosophen ‚Diogenes in der Tonne' oder diätetisch motiviert in Schriften der antiken Hippokratiker. Aber erst mit Jean-Jacques Rousseau wird die Idee der Natürlichkeit Mittel wirkmächtiger Gesellschaftskritik und politisches Gegenprogramm zur degenerierten ‚Kultur' der Herrschenden.

Schon um 1800 werden analog zu dem außereuropäischen, exotischen ‚Wilden' auch Menschenaffen zu Vorbildern einer ‚natürlichen', d. h. frugiformen, vegetarischen Ernährung (→ II.11). Dem Mitte des 19. Jhs. in England und Deutschland erstarkenden, vielfältig motivierten „Vegetarianismus" (Linnemann / Schorcht 2001) widersprechen materialistische Physiologen wie darwinistische Zoologen u. a. mit dem evolutionären Hinweis auf den Omnivorismus der menschenähnlichen Affen. Die Botschaft der ernährungsphysiologischen *Lehre der Nahrungsmittel. Für das Volk* (1850) des Arztes und Chemikers Jacob Moleschott (→ I.7) bringt der Hegelkritiker Ludwig Feuerbach in seiner berühmten Rezension *Die Naturwissenschaft und die Revolution* (1850) auf die Formel „Der Mensch ist, was er isst". Feuerbachs gleichermaßen szientistische wie politisch-revolutionäre Folgerung aus Moleschotts Abhandlung lautet: Dahinvegetierende Kartoffelesser sind zu keiner Revolution fähig. Geist braucht Fleisch! – bzw. im sozialistischen Programm von Karl Marx bis Bertolt Brecht: „Erst kommt das Fressen, dann die Moral."

Obwohl die Ernährungsweisen der Menschenaffenspezies stark differieren, werden sie trotz drohendem Sein-Sollen-Fehlschluss bis heute zu Vorbildern für eine ‚natürliche' Ernährung stilisiert, ob frugi-, carni- oder omnivor. Die jüngere Forschung zeigt, dass die der rezenten Menschenspezies evolutionär am nächsten stehenden Schimpansenarten zwar überwiegend vegetarisch leben, hin und wieder aber auch gemeinsame Treibjagden auf kleinere Affen oder Kleinantilopen unternehmen. Das Fleisch wird schließlich gemäß der sozialen Hierarchie innerhalb der Gruppe verteilt. Die dem Menschen evolutionär ferner stehenden Gorillas erscheinen dagegen quasi als die ‚wahren Veganer'. Außerdem differieren die Ernährungsgewohnheiten unserer eigenen Spezies *Homo sapiens sapiens* zwischen den Kulturen erheblich, aber ebenso innerhalb einer Kultur im (paläo-)historischen Verlauf.

Der Rückblick zeigt: Welcher Ernährungsstil für Menschen ratsam ist oder moralisch geboten sein soll, lässt sich nicht einfach aus einer heterogenen Faktenlage ableiten, sondern hängt wesentlich von den individuell erstrebten Zielen (z. B. Genuss, Gesundheit) und universal zu rechtfertigenden moralischen Zwecken (z. B. soziale Gerechtigkeit, Vermeidung von Tierleid, Natur- und Klimaschutz) ab, die damit verwirklicht werden sollen. Zugleich können neue naturwissenschaftliche Einsichten in bislang ungeahnte empirische Kausalzusammenhänge (z. B. Emission von Treibhausgasen bei der Nahrungsmittelerzeugung; epigenetische Ernährungseffekte) es nötig machen, bisher verfolgte Ziele und Zwecke neu zu bewerten. Entdeckungen dieser Art zeigen die epistemische und evaluative Vorläufigkeit aller Bilder, die wir uns von ‚der Natur' machen und machen können. Daher ist einerseits ein moralphilosophisch unvermittelter Rückgriff auf biowissenschaftliche Wissensbestände, seien sie evolutionsbiologischer, taxonomischer, ökologischer oder verhaltensbiologischer Art, um menschliche Lebens-, Ernährungs- und Wirtschaftsformen zu legitimieren, nicht nur erkenntnistheoretisch naiv, sondern führt auch unweigerlich in einen Sein-Sollen-Fehlschluss. Andererseits kann nur eine biowissenschaftlich perspektivenreich informierte Ernährungsethik als verantwortet, d. h. als moralisch gerechtfertigt gelten. Zwischen diesen Polen kritisch-reflektierend zu vermitteln gehört zu den genuinen Aufgaben der Naturphilosophie.

Literatur

Aristoteles, De anima = Aristoteles 2016: Über die Seele. De anima. Griech.-Dt. Hg.: K. Corcilius. Hamburg.

–, Politik = Aristoteles 2012: Politik. Hg.: E. Schütrumpf. Hamburg.

Balzer, Philipp / Rippe, Klaus P. / Schaber, Peter 1998: Menschenwürde vs. Würde der Kreatur. Freiburg.

Baranzke, Heike 2002: Würde der Kreatur? Die Idee der Würde im Horizont der Bioethik. Würzburg.

Baranzke, Heike / Gottwald, Franz-Theo / Ingensiep, Hans W. 2000: Leben – Töten – Essen. Anthropologische Dimensionen. Leipzig.

Baranzke, Heike / Ingensiep, Hans Werner 2019: Was ist gerecht zwischen Mensch und Tier? Religion und Philosophie von den europäischen Anfängen bis zum 18. Jahrhundert. In: Diehl, E. / Tuider, J. (Hg.): Haben Tiere Rechte? Aspekte und Dimensionen der Mensch-Tier-Beziehung. Bonn: 24–38.

Cohen, Noah J. 1959: Tsa'ar Ba'ale Hayim – The Prevention of Cruelty to Animals: Its Bases, Development and Legislation in Hebrew Literature. Washington.

EKD – Evangelische Kirche in Deutschland 1991: Zur Verantwortung des Menschen für das Tier als Mitgeschöpf. Hannover.

Foer, Jonathan S. [2009] 2012: Tiere essen. Frankfurt / M.

Gottwald, Franz-Theo / Ingensiep, Hans W. / Meinhardt, Marc (Hg.) 2010: Food Ethics. New York.

Hirn, Wolfgang 2009: Der Kampf ums Brot. Frankfurt / M.

Ingensiep, Hans W. 2001: Geschichte der Pflanzenseele. Stuttgart.

– 2006: Leben zwischen ,Vegetativ' und ,Vegetieren'. In: NTM Zeitschrift für Geschichte und Ethik der Naturwissenschaften, Technik und Medizin 14: 65–76.

Linnemann, Manuela / Schorcht, Claudia (Hg.) 2001: Vegetarismus. Zur Geschichte und Zukunft einer Lebensweise. Erlangen: 73–105.

Papst Franziskus 2015: Laudato si'. Über die Sorge für das gemeinsame Haus. Città del Vaticano.

Schroer, Silvia / Staubli, Thomas 1998: Die Körpersymbolik der Bibel. Darmstadt.

Singer, Peter / Mason, Jim 2006: The Way We Eat. Why Our Food Choices Matter. Emmaus / PA.

Wang, A. ²1997: Leben – ohne Tiere und Pflanzen zu verletzen oder zu töten. Berlin.

IV.3 Grüne Gentechnik: Pflanzen im Kontext von Biotechnologie und Bioökonomie

Nicole C. Karafyllis

1. Können wir es besser als die Natur?[1]

Im März 2015 erschien in der *Frankfurter Allgemeine[n] Zeitung* (F. A. Z.) unter dem Stichwort „Gentechnik" ein Artikel zur neuen CRISPR / Cas-Methode.[2] Ein natürliches bakterielles Abwehrsystem gegen Viren werde damit in eine „programmierbare Schere" verwandelt, um „Genome beliebiger Herkunft redigieren" und somit verbessern zu können (Albrecht / Kastilan 2015). Mit dieser recht zielgenau wirkenden Kombination aus Gensonde und Genschere scheinen die Visionen von Gentherapie und maßgeschneiderten Zellen in greifbare Nähe zu rücken (vgl. auch Ledford 2015). Die Grüne Gentechnik ist einer der finanziell lukrativen Anwendungsbereiche jener neuen *genome editing*-Techniken. Hochtechnologisch kultivierte und kommerzialisierte Pflanzen – die Objekte der Grünen Gentechnik – stehen im Folgenden im Mittelpunkt. In der Grünen Gentechnik verbinden sich Methoden der klassischen Gentechnik mit denen der nächsten Generation vor dem aktuellen Hintergrund der Bioökonomie (s. Abschn. 3).

Der F. A. Z.-Artikel warnt vor der typischen Euphorie vieler Gentechnikbetreibenden und den bislang eher kurzfristigen „Durchbrüchen" und „Revolutionen". Er ist deshalb überschrieben mit der Frage: „Können wir es besser?". Gemeint ist: *Können wir Menschen es besser als die Natur?* Und fortschrittskritisch: *Können wir es besser als bisher* – z. B. die Sicherung der Welternährung, die Heilung von Krankheiten und die Erweiterung der biogenen Rohstoffversorgung betreffend?

Dies sind die beiden Grundfragen, die die Biotechnologie, darunter zuvorderst die Gentechnik seit Mitte der 1970er Jahre kritisch begleiten. Damals wurde 20 Jahre nach der Entschlüsselung des genetischen Codes durch neue biochemische und molekulargenetische Kenntnisse die Möglichkeit eröffnet, mit rekombinanter DNA im Bereich der biologischen Zelle zu arbeiten. Bei der klassischen Gentechnik werden mit Hilfe von sog. ‚fremder DNA' genetische Varianten von bisherigen Organismen kon-

---

1 Das Kapitel präsentiert Ergebnisse des vom BMBF 2015–2017 geförderten Forschungsverbunds „Die Sprache der Biofakte: Semantik und Materialität hochtechnologisch kultivierter Pflanzen" im Teilprojekt A (Förderkz. 01UO1501B).

2 CRISPR: *clustered regularly interspaced short palindromic repeats.* CRISPR / Cas gehört innerhalb der Molekulargenetik zu den Nuklease-Techniken (lokalisationsspezifische Techniken der *site directed nucleases*, SDNs); in biotechnologischer Perspektive gehört sie zu den *genome editing technologies.*

struiert, die wenigstens ein neues Merkmal aufweisen und reproduzieren. Zunächst geschah dies beim Bakterium *Escherichia coli*, dann 1983 bei Pflanzen (Antibiotikaresistenz) und schon 1984 bei Säugetieren (‚Krebsmaus‘). Mit der Totalsequenzierung des menschlichen Genoms (Human Genome Project, HGP) und des pflanzlichen Genoms (der Modellpflanze *Arabidopsis thaliana*) im Jahr 2000 war im Wissenschaftskontext, wenn auch noch nicht im Industriekontext die Phase der klassischen Gentechnik überwunden. So lässt der Ausdruck ‚Genome beliebiger Herkunft‘, wie er im o. g. *F. A. Z.*-Artikel verwendet wird, mittlerweile die Deutung zu, dass es sich um künstliche Genome in synthetischen Organismen handeln könnte, die wie beim Software-Update nach und nach mit *genome editing*-Techniken verbessert werden könnten. Am 2. Juni 2016 veröffentlichten Wissenschaftler eine entsprechende Programmatik in der Zeitschrift *Science* (Boeke et al. 2016): Anstatt nur im menschlichen Genom lesen zu können („HGP-read"), müsse man nun anstreben, es synthetisieren, d. h. schreiben zu können („HGP-write"). Diese Absichtserklärung schließt die Genome von Tieren und Pflanzen mit ein.

Seit den 2010er Jahren wiederholen sich viele der Contra- und Pro-Argumente zur Grünen Gentechnik aus den Debatten der 1990er Jahre, als die ersten transgenen Pflanzen angebaut wurden: Natürlichkeit / Künstlichkeit, Risiken / Chancen, Un- / Kontrollierbarkeit, Expertokratie / Laienwissen (vgl. Hampel / Renn 1999). Wer aber meint, es habe sich nichts Grundlegendes geändert, irrt. Durch Fortschritte der funktionalen Genomik, Bioinformatik und Synthetischen Biologie (auch als „Ingenieurbiologie" bezeichnet, vgl. Köchy / Hümpel 2012) kam es zu einer Erweiterung der Modelle vom Gen zum Genom. Damit ändern sich Status und Reichweite auch der *Natürlichkeitsargumente* (s. Abschn. 2) in den Gentechnik-Debatten. Entsprechend werden die Begriffe ‚Gentechnik‘ und ‚transgen‘ neu verhandelt (s. Abschn. 4), wobei verschiedenste Annahmen zu Natürlichkeit und Natur als Referenzpunkte dienen.

2. Grüne Gentechnik: Grundstrukturen der Natürlichkeitsargumente

Was soll es eigentlich bedeuten, „es besser als die Natur zu können"? Die grundlegendste Antwort lautet: Das *Überleben* gewährleisten. Man bezieht sich dabei auf die beiden metaphysischen Gegenstandsbereiche des Biologischen, d. h. auf das Überleben von Individuum und Gattung. Gemeint ist aber auch die Erhaltung seiner Kontinuitätsbedingung, d. h. der Fortbestand der Natur insgesamt; und zwar in einer derartigen Form, dass wir Menschen (als Gattung) in ihr weiterleben können. Dafür beruft man sich – sei es als biologische Evolution oder als kultürliche Fortschrittsgeschichte – auf das Verhältnis von Natur und Geschichte (→ I.5).

Obwohl die Natur – da keine Person – nicht handelt, werden ihre Prozesse mit menschlichen Handlungen und technischen Funktionsweisen zu Veranschaulichungszwecken gleichgesetzt: „Können wir es besser als die Natur"? Typisch für die Sprache im Diskursfeld der Biotechnologien sind Anthropo-, Techno- und Theomorphien (d. h. die Metaphernfelder Mensch, Technik und Gott), was daran liegt, dass erstens die Vorsilbe ‚Bio‘ und damit ‚das Leben‘ (→ II.10) keinen scharfen Begriffsumfang ausweist und zweitens die Natur über die ihr unterstellten Zwecke selbst keine Auskunft gibt (Teleologieproblem → II.1). Bio- und gentechnische Veränderungen von Pflanzen und Tieren werden daher immer zugleich als relevant für die Natur des Menschen (→ II.11) betrachtet und mit dem Wirkungsgefüge der Physis (→ I.1) in Beziehung gesetzt. Dabei wird oft vereinfachend unterstellt, dass das Biologische zugleich auch das Natürliche sei.

In Gentechnikdiskursen werden die natürliche Evolution der Arten und ihre Selektionsmechanismen sowohl als Freund wie als Feind der technischen Möglichkeiten erachtet. Dies geschieht etwa, wenn die natürliche Fähigkeit der Mutagenese beim Erzeugen eines genetisch veränderten Organismus (GVO) technisch genutzt, aber die Möglichkeit zur Rückmutation als unkontrollierbare Störung gewertet wird. Denn dadurch wird das gewünschte Produkt instabil. Während Gentechnikkritiker auf die paläoanthropologische *Koevolution* von Mensch und Natur verweisen, die aus Gründen der gegenseitigen Anpassung (Adaption) keine weitere technische Beschleunigung und genetische Verfremdung erlaube, müssen sie gleichzeitig zugeben, dass auch die Natur Wandel und Mutationen hervorbringt, die Ausgangsbedingung der Züchtung und damit des Konzepts *Kultur* ist, bis hin zur Kulturpflanze. Argumentativ ausschlaggebend ist hier die Eigenzeit von Natur und Kultur.

Gentechnikbefürworter hingegen, die auf eben jene kulturstiftenden Potenziale der Natur verweisen und die Gentechnik deshalb als Fortsetzung der klassischen Züchtung stilisieren,[3] müssen sich kritische Fragen gefallen lassen: nach der *Entzeitlichung* von Natur und Kultur, der *Eindringtiefe* (Invasivität) in Organismen und den damit verbundenen *Risiken*, nach dem aus der jüngeren Geschichte bekannten Missbrauchspotenzial der *Eugenik* und ihrer Selektionsziele im humanen Bereich (u. a. im Nationalsozialismus) sowie nach dem größeren biotechnologischen Zusammenhang, der auf *Optimierung* und *Kommerzialisierung* des Lebendigen gerichtet ist und technisch-ökonomischen Kriterien (z. B. Normierung, Standardisierung, Effizienz) sowie dem kurzlebigen Marktgeschehen folgt. Häufig steht in den Diskursen argumentativ die *Lebensqualität* von Individuen in einem unvermittelten Gegensatz zum notwendigen Überleben der Gattung oder der Nation (z. B. in der Betonung der Gentechnik als „Standortfaktor“).

In der Auseinandersetzung spielen auch geologisch-planetarische Naturkonzepte eine Rolle (z. B. das ‚Anthropozän‘). Befürworter transgener Pflanzen behaupten etwa, dass die Natur über den *Klimawandel* zu einem Aussterben zahlreicher Arten (ggf. auch des Homo sapiens; → III.10) beitragen werde und man die Kulturpflanzen deshalb dagegen rüsten müsse. Zukünftige Pflanzensorten müssten eine höhere Stresstoleranz bei Dürre, Temperaturschwankungen und ungewohntem Parasitenbefall aufweisen. Konventionelle Züchtung sei dafür zu langsam. Die Natur, hier planetarisch verstanden als Globus mit sich rasch erwärmender Erdatmosphäre, ist in dieser Argumentation nicht mehr Garant der Produktivität und Stabilität des Lebens, sondern dessen Feind. Dagegen stellen Gentechnikkritiker die Alternativen des Ökolandbaus mit seinen niedrigeren Flächenerträgen und machen die ungebremsten Wachstumsphantasien

---

3 Vgl. das Kap. „10 000 Jahre Manipulation?“ in Wöhrmann et al. 1999: 31 ff.

zum Thema, die auch den anthropogenen Klimawandel verursacht hätten (DeGrowth-Debatte). Dem konventionellen Landbau und den zugehörigen Konzernen, Lobbyisten und Wissenschaftlern werfen sie nicht selten vor, mit den auf Monokultur und Agrochemie basierenden Pflanzenproduktionssystemen diejenigen Probleme erst hervorgebracht zu haben, die nun mit Hilfe transgener Sorten angeblich bekämpft werden könnten (→ IV.4).

Gegner der Gentechnik verweisen ferner darauf, dass Organismen im evolutionären Geschehen nicht nur passiv verändert wurden, sondern ihre Umwelt stets auch mitstrukturiert haben und somit eine auf Wechselwirkung basierende Entwicklung des Planeten stattgefunden habe. Im reduktionistischen Fokus auf den Laborkontext, dem sich die Gentechnik verdankt, könnten deshalb die wirklichen Risiken von Transgenen in der Umwelt gar nicht angemessen erfasst werden, auch nicht in Form von Begleitforschung. Freilandversuche mit Transgenen führen in Europa regelmäßig zu massiven Protesten bis hin zu strafbaren Feldzerstörungen; und zwar auch von Feldern, die der Grundlagen- und damit der Risikoforschung dienen (Müller-Röber et al. 2015: 37 f.). So steht die von Seiten der Wissenschaft vorgebrachte Forderung nach *Forschungsfreiheit* bei einigen Gentechnikkritikern unter dem Vorurteil, prinzipiell nicht dem *Vorsorgeprinzip* dienen zu wollen, sondern vielmehr die von Seiten der Agrarindustrie vorgebrachte Forderung nach einem gesetzlich zu verankernden „Innovationsprinzip" zu unterstützen (Then 2015: 163).

Der naturphilosophische Kern der Auseinandersetzung besteht in der Gegenüberstellung der Konzepte *Freiheit* und *Notwendigkeit*, die schon typisch für das 19. Jh. war (→ I.7). Damit verbunden ist die Spannung zwischen der wissenschaftlichen Notwendigkeit von Komplexitätsreduktion (für die Modellbildung) und der technischen wie juristischen Forderung nach Regelbarkeit und Normierung auf der einen Seite und der gesellschaftlichen Forderung nach Freiheit, Anti-Reduktionismus, Vielfalt und kontextsensitiver Betrachtung auf der anderen Seite.

Offen bleibt bei der Frage „Können wir es besser als die Natur?", ob wir überhaupt schon hinreichend genau wissen, wie es die Natur ‚kann'. In Deutschland war 1989 der ‚Petunien-Versuch' des Max-Planck-Instituts für Züchtungsforschung ein Initialzünder der öffentlichen Debatte um die Grüne Gentechnik. Es handelte sich um den ersten in der BRD genehmigten Freisetzungsversuch mit transgenen Pflanzen, der der biologischen Grundlagenforschung zum Phänomen der „springenden Gene" (Transposons) dienen sollte. Anders als erwartet wurde bei den mit einem Mais-Gen versehenen Petunien im Freiland eine weitaus höhere Anzahl an farblichen Veränderungen erzeugt, als man aufgrund der vorherigen Gewächshausversuche prognostiziert hatte. „Dieser Versuch zeigte damit unbeabsichtigt, daß die Wirkung von Genen in einer fremden Umwelt nicht immer vorhersagbar ist" (Wöhrmann et al. 1999: 11). Nach der Atomkatastrophe von Tschernobyl (1986) führte diese Einsicht dazu, dass in Europa die Gentechnik bei Pflanzen bis heute als Risikotechnologie verhandelt wird, für die juristisch Gefährdungshaftung gilt.

Ist das einzufügende Genkonstrukt quasi ‚am falschen Platz' gelandet, weil es zu dysfunktionalen oder unbeabsichtigten Veränderungen gekommen ist, spricht man von ‚Positionseffekten'. Diese Redeweise unterstellt, dass man den ‚richtigen Platz' vorab kennt. Die Gentechnik der nächsten Generation arbeitet mit Methoden wie CRISPR wesentlich zielgenauer als die klassische Variante, allerdings nur bezogen auf modellierbare Genorte. Doch mittlerweile ist bekannt, dass die im Sequenzierungsprojekt verwendete Modellpflanze Ackerschmalwand (*Arabidopsis thaliana*) für viele aktuelle Anwendungsbereiche der technisierten Pflanzenzüchtung zu wenige Gene aufweist (v. a. für die Optimierung einkeimblättriger Pflanzen wie Mais und Reis).

Damit ist das wissenschaftstheoretische Argument des *Reduktionismus* auf Modellebene angesprochen. Ein Einwand gegen die Idee einer Einfügung eines Fremdabschnitts ins Genom des Zielorganismus ist: Viele Gene haben keinen festen Platz im Genom. Das Genom ist keine statische Abfolge von Nukleotiden, wie die Metaphern ‚Sequenz‘ und ‚genetischer Code‘ suggerieren. Das Genom hat vielmehr eine eigene Dynamik: Es kann sich beständig reorganisieren, einzelne Gene stilllegen und aktivieren, dreidimensional verschieden packen (Ebene des Chromatins und der Chromosomen), *nonsense-* zu *sense*-DNA machen und umgekehrt (Ebene der Leserichtung und der funktionalen Relevanz von Exons / Introns), und auch auf natürlichem Weg im Rahmen der zelleigenen Immunabwehr Fremd-DNA oder RNA aufnehmen. Letztere Einsicht relativiert die von Gentechnikkritikern oft unterstellte Reinheit, Eigenheit und Identität des Genoms bzw. des Organismus, der dieses enthält, dem die Fremd-DNA aus einem artfremden Organismus gegenübergestellt wird.

3. Biofakte, Bioökonomie und Biotechnologie

Mit Hilfe gentechnischer Methoden können a) diagnostisch-analytische Untersuchungen stattfinden sowie b) neue genetische Konstrukte und Phänotypen geschaffen werden.[4] Ersteres ist z. B. bei der molekularen Saatgutanalyse der Fall, letzteres bei der Einführung einer Insektenresistenz in Pflanzen durch Fremd-DNA vom Bodenbakterium *Bacillus thuringiensis* (kurz: Bt), die die Pflanzen zu transgenen ‚Bt-Pflanzen‘ macht. Der von Kritikerseite missverständlich als „Gen-Mais“ bezeichnete Bt-Mais, der sich gegen die Larven des Maiszünslers (*Ostrinia nubilalis*) behaupten kann, ist die Ikone der Grünen Gentechnik. Oft sind die Sorten von Bt-Mais zugleich gegenüber dem Breitbandherbizid Glyphosat resistent (gentechnisch erzeugt durch eine Transformation mit dem Bodenbakterium *Agrobacterium tumefaciens*). Die Folge sind höhere Flächenerträge, weil Nahrungskonkurrenten durch den Einsatz des Herbizids quasi ausgeschaltet werden. Vor allem seit den 1980er Jahren haben große Chemie- und Pharmakonzerne ihre Produktpalette durch den Kauf von Saatzuchtunternehmen erweitert und vertreiben seitdem über Tochter- und Partnerfirmen transgenes Saatgut und Pestizid ‚im Doppelpack‘ und mit dem Ziel der Monopolisierung (vgl. Then 2015).

Der Diskurs um die Grüne Gentechnik strahlt auf die Debatten um nachhaltige Landwirtschaft, Welternährung, nachwachsende Rohstoffe, gerechte Flächennutzung, Artensterben und Biopatentierung aus. Aber die Sorge um eine fortschreitende Tech-

---

4 Durch die jüngste Möglichkeit, Gensonden und Genscheren zu kombinieren, ist auch diese theoretisch wichtige Unterscheidung praktisch bereits hinfällig.

nisierung des Lebendigen überschreitet dieses ohnehin schon weite Feld und manifestiert sich seit der Jahrtausendwende als Kritik an einer global vernetzten *Bioökonomie* (Gottwald / Krätzer 2014), die nahezu jegliche Lebensform monetär in Wert stellt (→ III.5). Mit dem Begriff werden ferner die riesigen Kapital- und Warenströme betont, die beim Handeln mit Saatgut, Erbgut, Geweben, Organen und anderem Lebendmaterial auftreten und nach neuen Möglichkeiten der Bestandssicherung (Samen-, Gen- und Biobanken; Karafyllis 2018), der Normierung (Sortenschutz) sowie der Klärung der Eigentumsfrage verlangen (Patentierung).

Der *Dritte Gentechnologiebericht* (2015) eröffnet mit dem Ausdruck „Gen-Mais" und betont, dass sowohl die involvierten Techniken als auch die Kritik an ihnen spezifische Anwendungskontexte überschreiten (Müller-Röber et al. 2015: 5). Dies ist ein Hinweis darauf, dass es sich bei der Gentechnik um einen zentralen Baustein eines sog. ‚großen technischen Systems' (→ II.8) handelt. Dessen wissensbasierte, systematisierte Herstellungsmethoden (Technologie) können alternativ als Gen- oder als Biotechnologie gefasst werden, wobei der Ausdruck *Biotechnologie* eine umfassendere Perspektive zur Analyse der Steuerung und Regelung des Lebendigen bietet und entsprechend auch in internationalen Übereinkommen (s. u.) Anwendung findet. Technikhistorisch kann ferner die enge Verbindung zur *Verfahrenstechnik* und ihrer großtechnischen Nutzung mikrobieller Prozesse z. B. zur Wasch- und Arzneimittelproduktion betont werden, der sich die enge Verflechtung des Chemie-, Agrar- und Pharmasektors heute verdankt. Jene Perspektive, die auf geschlossene und damit steuer- und regelbare Systeme abhebt, wird von Molekularbiolog(inn)en zwanglos eingenommen: „Für die Zukunft zeichnet sich der Einsatz von Pflanzen als lebende Bioreaktoren ab" (Kempken / Kempken 2012: 17). Eine umfassendere Bezeichnung für ‚Grüne Gentechnik' ist entsprechend ‚Agrobiotechnologie' oder ‚Agrarbiotechnologie'.

Dem biotechnologischen Zugriff ist eigen, dass er *Biofakte* (Karafyllis 2006) hervorbringt. Gemeint sind biotische Artefakte, an deren Leben Bedingungen gestellt werden, die sie für die Zwecke des Menschen mittels gesteuertem und reguliertem Wachstum in Erscheinung bringen sollen. Der technische Zugriff beginnt mit der geplanten Aussaat und Pflanzung, gefolgt von zahlreichen Formen der Wuchskontrolle. Biofakte wachsen selbst, aber nicht mehr *von selbst*. Der Begriff ‚Biofakt' verweist auf Entgrenzungen im Bereich des Lebenden und darauf, wie sie durch biotechnische Fortschritte ermöglicht werden, betont aber gleichzeitig, dass Biofakte eben *keine* Artefakte sind. Weil das Konzept – konträr zu den bislang geführten Gentechnikdebatten – nicht auf ein bestimmtes Naturverhältnis abhebt, sondern die Technisierung des Wachsenden in den Mittelpunkt stellt, bleiben verschiedenste gesellschaftliche Naturverhältnisse (→ III.) und deren Beziehung zu Technik und Fortschritt diskursiv verhandelbar.

Der Anbau transgener Nutzpflanzen ist ein kommerzieller Erfolg und weltweit kontinuierlich gestiegen, trotz anhaltenden Widerstands weiter Teile der europäischen Bevölkerung, einer strengen rechtlichen Regulierung in der EU und auch des politischen Willens der Gegenwart, z. B. in Deutschland und Österreich, immer mehr Anbauverbote für bereits vom Bundessortenamt zugelassene transgene Sorten auszusprechen. 2010 betrug die weltweite Anbaufläche mit transgenen Pflanzen 148 Mio. Hektar, davon 71,7 Mio. Hektar in Entwicklungs- und Schwellenländern, von denen ein erheblicher Flächenanteil dem Export in Industrieländer dient (z. B. Baumwolle aus Ägypten). Angebaut werden zuvorderst transgene / r Sojabohne, Mais, Raps und Baumwolle (Kempken / Kempken 2012: 14–16). Vorreiterland der Grünen Gentechnik sind hinsichtlich Freilandversuchen, Anbauzulassungen und -fläche die USA, wo 2018 allein 33 Mio. Hektar auf den Anbau von Bt-Mais entfielen.[5] Transgene Pflanzen werden grundsätzlich in Monokultur und mit Pestizideinsatz angebaut, was Verfechter einer nachhaltigen Landwirtschaft aus ökologischen und gesundheitlichen, aber auch landschaftsästhetischen und landeskulturellen Gründen ablehnen. Befürworter der Grünen Gentechnik nehmen hingegen meist eine globale Perspektive ein, verweisen auf die zur Bekämpfung des Welthungers notwendigen Flächenertragszuwächse und betonen, dass beim Anbau transgener Pflanzen weniger Nichtzielorganismen durch Pestizide sterben als bei den bisherigen rein chemischen Verfahren. Es ist eine Auseinandersetzung um ganze Agrarsysteme, aber auch um den normativen Status von Biodiversität und kultureller Vielfalt.

Die USA gehören mit weiteren Agrarexportländern auch zu denjenigen Staaten, die das im Jahr 2003 ratifizierte *Cartagena-Protokoll* (engl. *Cartagena Protocol on Biosafety to the Convention on Biological Diversity*) bislang nicht unterzeichnet haben (Stand: Juni 2016). Im Sinne des Vorsorgeprinzips und im Ausgang der UN-Weltkonferenz für Umwelt und Entwicklung in Rio de Janeiro (1992) verpflichtet es zum Schutz der biologischen Vielfalt und nachhaltiger Landnutzungssysteme durch Einführung erhöhter Sicherheitsstandards bei grenzüberschreitender Weitergabe und Inverkehrbringen der durch „moderne Biotechnologie hervorgebrachten lebenden veränderten Organismen" (Präambel). Die Hauptverantwortung liegt bei den Ausfuhr-, d. h. den Industrieländern. Die Einfuhrländer können mit alleinigem Verweis auf das Vorsorgeprinzip Importverbote verhängen. Seit dem 12. Oktober 2014 ist das ergänzende *Nagoya-Protokoll*[6] in Kraft, das sich explizit der bioökonomischen Nutzenperspektive verdankt und einen völkerrechtlichen Rahmen bietet, um den Zugang zu genetischen Ressourcen und einen gerechten Vorteilsausgleich zwischen Industrie- und Entwicklungsländern zu regeln. Dieses Abkommen richtet sich gegen *Biopiraterie*, d. h. gegen die mit den technischen und juristischen Möglichkeiten der Industrieländer erfolgende Aneignung und ökonomische Inwertstellung von Organismen, die aus den ärmeren Ländern der Erde stammen. Naturphilosophisch betrachtet, wird auf die Kulturgeschichte wie auch auf die Evolution von Organismen abgehoben. Monopole, z. B. auf Tee und Pfeffer, wie sie als typisch für die Kolonialzeit galten, dauern z. T. bis in die Gegenwart an, wie das späte Außerkraftsetzen weiter Teile des Patents einer US-amerikanischen Firma auf Basmati-Reis durch das *U. S. Patent and Trademark Office* erst im August 2001 zeigt. Das einstige Basmati-Patent stellte u. a. bestimmte Reisaromen auf molekulargenetischer Basis als eigene Erfindung dar, welche aber von pakistanischen und indischen Kleinbauern über die Jahrhunderte gezüchtet worden waren und sich damit *indigenem Wissen* verdankten. Diese nicht-szientifische Wissensform ist nun

---

5 Vgl. https://www.transgen.de/anbau/458.gentechnisch-veraenderter-mais-anbauflaechen-weltweit.html (07. 12. 2019).

6 Englisch: *Nagoya Protocol on Access to Genetic Resources and the Fair and Equitable Sharing of Benefits Arising from their Utilization.*

ebenfalls als schutzwürdig anerkannt. Gleichzeitig schützen beide o. g. Protokolle die genetischen Zentren, d. h. die natürlichen Abstammungsorte bzw. das indigene Vorkommen, und damit die für die züchterische Weiterentwicklung wie evolutionäre Anpassung notwendige Varietätenvielfalt. Denn die genetischen Zentren der wichtigsten Nutzpflanzen liegen hauptsächlich in heutigen Entwicklungs- und Schwellenländern (z. B. die von Mais und Kartoffel in Mittel- und Südamerika).

4. Begriffspolitik im Zeichen der Natur: ,Gentechnik' oder ,Neue Züchtungstechniken'?

Laut dem deutschen Gentechnikgesetz (GenTG) wie auch im EU-Recht gilt: Ein GVO ist „ein Organismus, mit Ausnahme des Menschen, dessen genetisches Material in einer Weise verändert worden ist, wie sie unter natürlichen Bedingungen durch Kreuzen oder natürliche Rekombination nicht vorkommt." Das Natürlichkeitskriterium hat also in die juristische Maßgabe zur Regulierung der klassischen Gentechnik Eingang gefunden. Hervorzuheben ist, dass auch agrikulturell tradierte Techniken wie das Kreuzen als natürlich anerkannt werden. Aber im Zuge der eingangs genannten *next generation*-Gentechnik und ihrer Methoden wie CRISPR stehen die bislang juristisch wirksamen Annahmen zur Natürlichkeit auf dem Prüfstand. Warum?

Die heute auf den internationalen Agrarmärkten so erfolgreichen Bt-Pflanzen verdanken sich noch den Methoden der klassischen Gentechnik. Hier wird die Zelle eines Ziel-, Empfänger- oder Gastorganismus (engl. *host*) durch die Einfügung von fremden und für funktional befundenen Genkonstrukten (aus einem Spenderorganismus, engl. *donor*) in sein ursprüngliches Genom genetisch *transformiert*. Dabei kommt es zu zahlreichen unerwünschten strukturellen Veränderungen an verschiedenen Stellen des Genoms, weshalb die Metapher „Einfügung" (Insertion, engl. *insert*) für das Genkonstrukt missverständlich ist. Die Einfügung ist nicht zielgenau und umfasst das probabilistische Arbeiten mit mehreren tausend Zellen. Nach erfolgreicher Ausprägung des transgenen Genotyps im Phänotyp und stabiler Weitergabe des Transgens in die nächsten Generationen erhält der resultierende Organismus eine neue Bezeichnung: ,transgener Organismus' oder ,genetisch modifizierter Organismus' (GMO) oder im deutschsprachigen Raum ,genetisch veränderter Organismus' (GVO).

,Fremde DNA' meinte in den Jahren der klassischen Gentechnik bis etwa 2000, dass die neue Erbinformation wenigstens art- oder gattungsfremd ist, und auch, dass sie von außen und damit künstlich in den Empfängerorganismus eingebracht wird. Auf beide Grenzziehungen beziehen sich die tradierten Natürlichkeitsargumente der Gentechnik-Kritiker, die hier als *klassische Natürlichkeitsargumente der Gentechnik-Debatte* bezeichnet werden. Sie thematisieren mit Bezug auf die Artgrenze ,unnatürliche' Mischwesen, die wegen ihrer andersartigen Herkunft und weil Markergene für Antibiotikaresistenzen im Zielorganismus verbleiben, welche aus dem Erzeugungskontext des Labors stammen, unbekannte Risiken für Mensch und Umwelt verursachen könnten. Der gesamte Zugriff verdanke sich einem technizistischen Naturverständnis.

Methoden der *next generation*-Gentechnik restrukturieren nun das Fremde im Eigenen und aus dem Eigenen. Weil sie das Genom ohne Fremd-DNA umbauen, ist – philosophisch gesprochen – die Alterität (das Anderssein) des resultierenden Organismus nicht mehr unbedingt mit einer Alienität (Fremdheit) des Genkonstrukts gleichzusetzen. In diesem erweiterten Verständnis von Gentechnik wird die Grenze zur bisherigen Definition eines GVO unscharf. Denn im Zielorganismus wird bei den neuen Techniken der *Intragenese* anders als bei der klassischen Transgenese kein genetisches Konstrukt erzeugt, anhand dessen der neu positionierte Abschnitt der Nukleotidsequenz noch als ein fremder *nachweisbar* wäre. Dies wirft wiederum juristische Fragen nach der in der EU geltenden Kennzeichnungspflicht von entsprechenden Erzeugnissen und der Regulierung der Zulassung von bislang als „transgen" bezeichneten Organismen für die kommerzielle Nutzung auf. Vielmehr werden bei der *next generation*-Gentechnik lebende genetische ‚Zwischenstufen' erzeugt, die im Endprodukt verschwunden sind. So macht es mittlerweile Sinn, im Herstellungsprozess nicht mehr nur zwei Organismen (Spender und Empfänger von Erbmaterial), sondern *drei Arten von Organismus* zu unterscheiden: Ausgangsorganismus, intermediärer Organismus und resultierender Organismus, wobei letzterer nicht mehr ein GVO bisheriger Lesart sein muss. Denn die resultierenden Organismen können natürlich entstandene Nachkommen der intermediären Organismen sein (entspr. der juristischen Definition von ‚natürlich', die auch klassische Züchtungstechniken umfasst). Auch kann die übertragene DNA aus Organismen der gleichen oder einer kreuzungskompatiblen Art stammen, aber im resultierenden Organismus in der Nukleotidfolge anders rekombiniert worden sein, als es mit klassischen Züchtungstechniken erreichbar gewesen wäre. Jene neue Form von Gentechnik wird wohl weitgehend ohne Selektionsmarker im resultierenden Organismus auskommen, womit den Kritikern ein zentrales Risikoargument (Antibiotikaresistenz) abhandenkommen würde.

Proponenten der neuen Methoden haben bereits vom umkämpften Begriff ‚Gentechnik' Abstand genommen und stellen im Bereich der Pflanzenoptimierung ihre Fortschritte unter das Siegel ‚Neue Züchtungstechniken'.[7] Vordergründig klingt dies so, als sei man auf den tradierten Bereich der Züchtung quasi zurückgefallen, was aber neue juristische Spielräume im Hinblick auf Natürlichkeitsargumente eröffnet. Gentechnikkritiker befürchten wegen der uneindeutig gewordenen Begriffsbestimmung von „GVO" eine Aufweichung der bisherigen strengen Regulierung der Grünen Gentechnik in Europa, zumal unter den möglichen Bedingungen des transatlantischen Handelsabkommens TTIP (z. B. Then 2015). Ein Ausweg wird gegenwärtig in der möglichen Protokollpflicht gesehen, die die gesamte Prozesskette bei der biotechnischen Herstellung einer Pflanzensorte oder Tierrasse offenlegen und nachverfolgbar machen könnte. Dann wäre gesellschaftlich verhandelbar, welche Biofakte man als natürlich und als künstlich gelten lassen möchte, d. h. welche ‚Natur' man haben möchte.

Techniken, die nicht zu einer genetischen Rekombination des Zielorganismus führen oder dies nur insoweit tun, als es auch das Naturpotenzial der Zelle im Rahmen von

---

7 Zu ihnen gehören u. a. die Oligonukleotid-gesteuerte Mutagenese (OgM), die Zinkfinger-Nuklease-Technik, Techniken der Cis- und Intragenese, RNA-abhängige DNA-Methylierung (RaDM) und Reverse Züchtung (*reverse breeding*). Einen Überblick liefern Müller-Röber et al. 2013: 40–59.

klassischen Züchtungstechniken ‚hätte tun können' (z. B. via In-vitro-Fertilisation oder Polyploidie-Induktion; vgl. Anhang I A Teil 2 und Anhang I B der europäischen Freisetzungsrichtlinie 2001 / 18 / EG), gelten nach Definition der EU bislang als *natürlich*. Um in Zukunft zu entscheiden, ob die als ‚Neue Züchtungstechniken' ausgerufenen Methoden letztlich nicht doch einen GVO generieren (s. Urteil des Europäischen Gerichtshofs vom 25.07.2018), wird zu erforschen sein, wo die natürliche intrazelluläre Grenze der genetischen Rekombinationsfähigkeit des Genoms vom jeweiligen Ausgangsorganismus liegt. Damit aber wären die rechtlich relevanten Natürlichkeitsargumente nicht mehr von szientifischen Naturverständnissen zu trennen, die ihrerseits ein Dorn im Auge der bisherigen Gentechnikkritiker waren und wohl auch bleiben.

Als neues und damit *transklassisches Natürlichkeitsargument der Gentechnikdebatte* kann die von bioethischer Seite geforderte „Integrität des Genoms" gelten. Hier wird, in Erweiterung zur Integrität der Zelle (an der sich seit Jahrzehnten der Ökolandbau orientiert), kritisch darauf verwiesen, dass ein natürlicher Organismus nicht oder nur höchst selten Doppelstrangbrüche der DNA ‚macht' wie sie die CRISPR-Methode gezielt hervorbringt. Außerdem verdanke sich CRISPR einem bakteriellen Abwehrsystem, d. h. einer Zelle im Verteidigungsfall und damit im Ausnahmezustand, der aber als Technik einen Normalzustand generieren soll. Ein weiteres transklassisches Argument bezieht sich auf die wissenschaftstheoretische Ebene: dass die Reparaturmechanismen zur Wiederverschließung eines Doppelstrangbruchs noch nicht hinreichend verstanden sind, wenngleich sie mittels der neuen Techniken schon genutzt werden.

5. Zusammenfassung

Es ist festzuhalten, dass auch gesetzliche Vorgaben zur Regelung der Gentechnik sich daran orientieren, was a) die Natur schon ohne Gentechnik gleichsam ‚macht' (z. B. Zellfusionen und Mutationen), was b) der vergleichbare Stand der Technik bei sog. konventionellen Züchtungstechniken ist, die noch als natürlich angesehen werden (aber in den letzten Jahrzehnten immense technische Fortschritte verzeichnen), c) wo die biologische Artgrenze liegt, die insb. bei Pflanzen vage ist. Kreuzungsbarrieren meinen keine klar definierten Grenzen zwischen Arten, bei Pflanzen nicht einmal unbedingt zwischen Gattungen.

Je nach Ausgestaltung der Konzepte von Natur und Technik kann die Grüne Gentechnik einerseits als Fortsetzung der konventionellen Züchtung mit anderen Mitteln verstanden werden und damit als *natürlich* gelten (was seit Jahrzehnten die Haltung der Proponenten beschreibt), aber auch als grundlegend *neu* (technikhistorisches Argument), *anders* (auf Struktur und Form des technischen Eingriffs bezogenes Argument) und *unnatürlich*. Letzteres kann alternativ bezogen werden auf den Vergleich mit 1.) den naturwissenschaftlichen Kenntnissen über die Natur, 2.) auf das praktische Erfahrungswissen mit ihr im lebensweltlichen Kontext und 3.) auf die Kenntnis konventioneller Züchtungstechniken und deren bereits akzeptierter Natürlichkeit. Opponenten wie Proponenten der Grünen Gentechnik machen von diesen Argumenten jeweils Gebrauch, abhängig von dem diskursiv angelegten Zweck (z. B. die Betonung der Neuheit einer Gentechnik, um aus Sicht der Proponenten ihr Innovationspotenzial, aus Sicht der Opponenten ihr Risikopotenzial herauszustellen).

Schon die klassische Gentechnik lieferte eine drastische Beschleunigung der Züchtung, was auch in der *next generation*-Gentechnik ihr Innovationsfaktor bleibt. So kann man die eingangs gestellte Frage, ob wir es besser können als die Natur, mindestens so beantworten: Wir können es schneller als die Natur. Dabei meint ‚wir‘ die biologischen Experten (→ III.4). In der Möglichkeit der Grenzüberschreitung jenseits der Kreuzungskompatibilität und sogar jenseits biologischer Reiche liegt das zweite Novum der Gentechnik. In beiderlei Hinsicht – d. h. im diachronen wie synchronen Verständnis von ‚Natürlichkeit‘ – bleiben die Biofakte der Gentechnik wesentlich unnatürlich. Damit ist noch nicht gesagt, dass wir es besser oder schlechter können als die Natur, aber wir können es tiefgreifend *anders*.

Literatur

Albrecht, Jörg / Kastilan, Sonja 2015: Gentechnik: Können wir es besser? In: Frankfurter Allgemeine Zeitung, 23. 03. 2015, Ressort Wissen (online über www.faz.net).

Boeke, Jef / Church, George / Hessel, Andrew et al. 2016: The Genome Project-Write. In: Science, 02. 06. 2016 (online first), doi: 101126/science.aaf6850.

Gottwald, Franz-Theo / Krätzer, Anita 2014: Irrweg Bioökonomie. Berlin.

Hampel, Jürgen / Renn, Ortwin (Hg.) 1999: Gentechnik in der Öffentlichkeit. Frankfurt / M.

Karafyllis, Nicole C. 2006: Biofakte – Grundlagen, Probleme, Perspektiven. In: Erwägen Wissen Ethik 17: 547–558.

– (Hg.) 2018: Theorien der Lebendsammlung. Pflanzen, Mikroben und Tiere als Biofakte in Genbanken. Freiburg.

Kempken, Frank / Kempken, Renate ⁴2012: Gentechnik bei Pflanzen. Berlin.

Köchy, Kristian / Hümpel, Anja (Hg.) 2012: Synthetische Biologie: Entwicklung einer neuen Ingenieurbiologie? Dornburg.

Ledford, Heidi 2015: CRISPR, the disruptor. In: Nature 522: 20–24.

Müller-Röber, Bernd / Boysen, Mathias / Marx-Stölting, Lilian et al. (Hg.) ³2013: Grüne Gentechnologie. Aktuelle wissenschaftliche, wirtschaftliche und gesellschaftliche Entwicklungen. Dornburg.

Müller-Röber, Bernd / Budisa, Nediljko / Diekämper, Julia et al. (Hg.) 2015: Dritter Gentechnologiebericht. Analyse einer Hochtechnologie. Baden-Baden.

Then, Christoph 2015: Handbuch Agro-Gentechnik. Die Folgen für Landwirtschaft, Mensch und Umwelt. München.

Wöhrmann, Klaus / Tomiuk, Jürgen / Sentker, Andreas 1999: Früchte der Zukunft? Grüne Gentechnik. Weinheim.

IV.4 Kein Honigschlecken: Bienen als ‚Ökosystemdienstleister' und natürliche Mitwelt

Nicole C. Karafyllis und Günter Friedmann

1. Die Biene als politisches Tier

Bis in die jüngste Zeit war die Biene für die Umweltethik und -politik kein Thema. Naturphilosophisch wird sie aber quer durch die Jahrhunderte beachtet (s. Abschn. 2). In der öffentlichen Wahrnehmung ruft die Biene – trotz ihres Stachels – positive Gefühle hervor, was nicht nur am Honig liegt. Man bewundert sie für ihr Sozial- und Kommunikationsverhalten, sie ist ein Paradeobjekt der Soziobiologie. In fast jedem Biologie-Schulbuch steht der vom Nobelpreisträger Karl von Frisch (1886–1982) erforschte *Schwänzeltanz*, mit dem die Arbeiterbiene ihren Artgenossinnen Richtung und Entfernung der Futterquelle anzeigt. Seltener liest man dort über ihre Bedeutung als Bestäuber. Im Folgenden soll die Vergessenheit der Bienen in ihrer Wirkungsweise für die Landwirtschaft, aber auch für das Ganze der Natur herausgestellt werden. Beides firmiert unter dem zweifelhaften Begriff ‚Ökosystemdienstleistungen'. Mit Blick auf das Bienensterben wird in Abschnitt 3 gefragt: Wozu führen einseitige Betrachtungen der Bienen für gesellschaftliche Naturverhältnisse, die Imkerei und die Bienen selbst? Wie steht die Problematik im Zusammenhang mit Formen der Landnutzung (→ IV.3; IV.6)? Und was kann die Naturphilosophie aus den Praxisproblemen lernen (Abschn. 4)?

Die Honigbiene (Gattung *Apis*) ist ein Nutztier der landwirtschaftlichen Kultur. Zu ihr gehört als Bewirtschaftungsform die Imkerei. Ökonomisch wichtig ist die Westliche Honigbiene (*Apis mellifera* L.). Die seit der letzten Eiszeit in Kontinentaleuropa ursprüngliche Bienenrasse *Apis mellifera mellifera* (Dunkle Europäische Biene oder Nordbiene) wurde fast völlig verdrängt durch die Rasse *Carnica* (Kärntner Biene), weil letztere sanftmütig und leistungsstärker ist.

Im Zuge der industrialisierten Landwirtschaft ist die Honigbiene in nur wenigen Jahren vom naturwissenschaftlichen Vorzeige- und gesellschaftlichen Wohlfühlobjekt zum *politischen Tier* geworden. Lässt man sich auf die an ihr aufzuweisenden Problematiken philosophisch ein, so fordert die Honigbiene zum systemischen Nachdenken über die Produktionsfaktoren Arbeit, Boden und Kapital auf. Dies schließt die zugehörigen Produktions- und damit auch Naturverhältnisse ein. Kulturhistorisch betrachtet, ist Honig als Natursüßstoff von einem Antike und Mittelalter ökonomisch prägenden Produkt durch die Fabrikation von Zucker aus Zuckerrohr und -rübe zu einem *ideellen* Produkt geworden. Heute wird er als *Naturprodukt* nachgefragt und vermarktet. Verbraucher erwarten ein Produkt, das nicht großtechnisch oder chemisch-synthetisch, sondern von naturgemäß und ‚frei‘ lebenden Bienen erzeugt wird. Diese positiv konnotierte Allianz von Biene, Honig, räumlicher Freiheit und Natur ist im Vergleich mit den Milchkühen und Mastschweinen in Massentierhaltung zwar gegeben, bedarf aber der Analyse der für Bienen spezifischen Problematiken. Schon der seit Mitte des 19. Jhs. nicht mehr runde (Bienenkorb), sondern rechteckige Bau der Bienenbehausung, der effizienten Transport zum imkerlichen ‚Wandern‘ der Bienenvölker und das Zerlegen in einzelne Waben erlaubt, zeigt maßgebliche Veränderungen hin zu einer industrialisierten Imkerei an. Damit einher geht der technisierte Wabenbau mit maschinell geprägten Wachsplatten. Hinzu treten seit etwa 50 Jahren die künstliche Besamung der Bienenkönigin und jüngst der Bau der Bienenbehausung aus Plastik statt Holz.

Gegen jene Industrialisierungserscheinungen hat der Ökologische Landbau in den 1990er Jahren Richtlinien vorgelegt (AGÖL 1996, Friedmann 1998). Die Biene gilt dort als *Mitgeschöpf* und *Kulturbegleiter* des Menschen, der von ihr lernen kann. „Der Mensch erfährt durch die Eigenart ihrer Lebensweise Vorbild und Schulung.“[1] Weil man im Ökolandbau das Bienenvolk als *natürliche Einheit* sieht, spricht man dort statt von „der Biene“ auch von „dem BIEN“, ein Kunstbegriff. So wird begriffspolitisch eine funktionale Hierarchisierung der Bienen in Königin, Arbeiterbiene und Drohne mit unterschiedlicher ökonomischer Wertigkeit vermieden und jeder Biene ein *Eigenwert* als Mitglied eines generischen Ganzen zugesprochen. Auch erschwert es, die jährlichen Prozesse eines Volkes in Arbeitsschritte zu zerlegen, die technisiert werden könnten. Trotz der gebräuchlichen Metapher *arbeitet* die Biene nicht (s. Abschn. 2). Honig und andere Stoffe werden im Rahmen ihrer Lebensweise erzeugt und dienen dem Überleben des Bienenvolks. Die Biene erhält keinen anderen Lohn als unsere Anerkennung.

Bereits im alten Ägypten galt Honig als die Speise der Götter. Mit der Bibel ist das Gelobte Land, in dem „Milch und Honig fließen“ sprichwörtlich geworden. Ein Relikt der symbolischen Bedeutung von Honig findet sich in Form der Lebkuchen, die nach wie vor mit Honig statt Zucker zubereitet werden. Im Frühmittelalter in Klöstern entstanden, wurden sie als heilige Speise für Leib und Seele (→ III.8) nur zu Weihnachten verteilt. Das religiös aufgeladene Verständnis vom Honig als göttliche Gabe oder Spende, die scheinbar keiner Produktionsfaktoren bedarf, erklärt nur unzureichend, warum die ‚Systemfrage‘ lange ignoriert wurde.

In die Schlagzeilen gerieten die Bienen durch drei aktuelle Anlässe. Das jüngere Bienensterben machte die Honigbiene zu einer scheinbar bedrohten Spezies. 2012 füllte der Dokumentarfilm *More than Honey* (Regie: Markus Imhoof) die Kinos. Ähnlich wie nach Rachel Carsons Buch *Silent Spring* (1962), das auf das Vogelsterben durch *DDT*-Einsatz hinwies, beginnt man sich nun vorzustellen, wie eine Welt ohne Bienen sein würde. Wie geht die Geschichte mit den ‚Bienen und den Blumen‘ in Zukunft weiter? Und was würde es bedeuten, wenn niemand mehr die Blütenpflanzen bestäubt: keine Äpfel und Kirschen, keine Gurken, kein Quittenschnaps. Etwa ein Drittel aller Nahrungs- und Genussmittelpflanzen würde nicht zur Reife gelangen. Die Inwert-

---

1 Demeter e. V.: Richtlinie 7.14 „Bienenhaltung und Imkereierzeugnisse“, in: Richtlinien 2020 (Stand: 01. 10. 2019), S. 73, abrufbar unter: https://www.demeter.de/sites/default/files/richtlinien/richtlinien_gesamt.pdf (07. 12. 2019).

stellung der Bestäubung weltweit beträgt 153 Mrd. Euro pro Jahr (Gallai et al. 2009). – Aus anthropozentrischer Sicht rückt eine imaginierte Natur ohne Bienen in die Nähe einer Natur ohne Menschen (→ III.10). Lebensfähig wäre nur noch eine Menschheit, die sich von windbestäubten Pflanzen ernährt. In dieser Dystopie bleibt die Funktion der Biene für die Ökosysteme ebenso unberücksichtigt wie die pathozentrische Frage, ob die Bienen unter ihrer Situation leiden. Bei der naturphilosophischen Reflexion über die Biene geht es also um ‚mehr als Honig'. Die Honigbiene gilt als Bioindikator, der anzeigt, wie es um die Natur bestellt ist – auch um die menschliche Natur und ihr Verhältnis zu Tier, Pflanze und Land(wirtschaft).

Weitere Aufmerksamkeit erfuhren Bienen und Imker durch das überraschende „Honig-Urteil" des Europäischen Gerichtshofs (EuGH) im Jahr 2011 (Az. C–442 / 09). Auch dabei ging es um mehr als Honig. Das Urteil galt als wegweisende Entscheidung gegen die kommerzialisierte Grüne Gentechnik in Europa. Der Honig des Imkers Karl Heinz Bablok (geb. 1956), dessen Bienen im Umfeld der bayerischen Forschungsanstalt für Landwirtschaft flogen, enthielt Pollenspuren des dort angebauten, transgenen Mais' der Sorte MON 810 (→ IV.3). Bablok klagte auf Schadensersatz, weil er den Honig nicht mehr ohne weiteres als Lebensmittel verkaufen konnte und bekam Recht. Weil das EuGH für Imker auch Schutzmaßnahmen vor Pollen aus Transgenen verlangte, Bienen aber einen Radius von bis zu zehn Kilometer befliegen, führte das Urteil dazu, dass die zuvor beschworene Möglichkeit der Koexistenz von gentechnikfreier und gentechnik-nutzender Landwirtschaft großräumig in Frage gestellt wurde. In dem von den Medien titulierten Kampf des David gegen Goliath, d. h. der Imker gegen die Agrarindustrie, wurde die Biene zum „politischen Tier". Dies steigerte sich noch im bayerischen Volks-begehren Artenschutz „Rettet die Bienen" von 2019, für das 1,8 Mio. Menschen unter-schrieben und das eine Novellierung des Bayerischen Naturschutzgesetzes bewirkte.

2. Die Biene in der Philosophie

Naturphilosophisch wird die Biene in ihrer Allheit, d. h. als Bienenvolk oder -staat the-matisiert. „Die Biene" ist ein Universalsingular. Für Aristoteles (384–322 v. Chr.) ist die Biene ein Objekt seiner Naturwissenschaft und seiner politischen Schrift über den Staat. Er nennt sie wegen ihrer staatenbildenden Lebensweise „politisches Tier". Biologisch interessiert ihn die Geschlechterfrage der Biene, der er in *Historia animalium* noch eine Eingeschlechtlichkeit unterstellt. In *De generatione animalium* erläutert er die Lebens-weise der Bienenkönigin, aber hegt Zweifel an der Geschlechterdifferenz von Drohnen und Arbeiterbienen (Föllinger 1997), weil er beobachtet, dass die Drohnen Brutpflege betreiben (→ III.9). In der römischen Antike erscheint die Biene bereits als Arbeitstier. Im Lehrgedicht *Landbau* (*Georgica*) von Vergil (70–19 v. Chr.) wird ihre Lebensweise genau beschrieben. Das Bienenvolk ist dort eine Allegorie auf das römische Imperium, in dem Arbeitsteilung herrscht und jeder mit Fleiß zum Ganzen beiträgt (Vergil 2010).

Im 17. Jh. nutzt Francis Bacon (1561–1626) die Biene als Metapher für eine neuzeit-liche Wissenschaft, die Empirismus (belegt mit dem Symbol der sammelnden Ameise) und Rationalismus (belegt mit dem Symbol der im eigenen Netz sitzenden Spinne) in sich vereint und neue Erkenntnisse hervorbringt. Im Sinne einer experimentell angeleiteten Naturphilosophie fordert er eine „neue Philosophie", deren Verfahren „dem der Biene" gleichen solle: „Das Verfahren aber liegt in der Mitte; sie [die Biene] zieht den Saft aus den Blüten der Gärten und Felder, behandelt und verdaut ihn aber aus eigener Kraft" (Bacon [1620] 1990: a95). Wenig später schreibt Bernard Mandeville (1670–1733) seine *Bienenfabel* (Erstfassung 1714) mit den Thesen, dass Wirtschaft ein Kreislaufsystem sei und dass der Wohlstand einer Gesellschaft von der niedrig entlohnten Arbeit der Unterprivilegierten abhänge.

In seiner Kritik an der kapitalistischen Produktionsweise stellt Karl Marx (1818–1883) heraus, dass die instinktgeleitete Biene nicht im eigentlichen Sinne *arbeitet*. Demnach ist sie auch kein Techniker. Denn zu Arbeit und Technik gehören notwendig Wille, Planung und Intentionalität: „[E]ine Biene beschämt durch den Bau ihrer Wachszellen manchen menschlichen Baumeister. Was aber von vornherein den schlechtesten Baumeister vor der besten Biene auszeichnet, ist, daß er die Zelle in seinem Kopf gebaut hat, bevor er sie in Wachs baut" (Marx [1867] 1973: 193). Aus diesem Grund ist auch der ökologische Terminus ‚Ökosystemdienstleister' zu hinterfragen. Mit Aufkommen des sog. ‚flexiblen Kapitalismus' in den 1980er Jahren wird nicht nur die menschliche Arbeit der ‚Arbeiterklasse', sondern auch die unterstellte Arbeit der Biene ins Dienstleistungssegment verlegt, als sei die Natur ein Großraumbüro oder Netzwerk, in dem serviceorientierte Kooperation stattfindet.

3. Bienensterben: Ursachen, Gründe, Lösungsansätze

Der Ausdruck ‚Bienensterben' bezieht sich als Messgröße der Imkerei auf die *Völkerverluste* der Honigbiene. Betrachtet man die Situation global, so kann von einem allgemeinen Sterben der Bienenvölker (noch) nicht die Rede sein. In Südamerika und Zentralafrika geht es den Bienen gut. In anderen Regionen sind die Völkerverluste pro Jahr deutlich gestiegen und reichen bis zu 30 % des Bestandes. Dort ist es für den Imker schwieriger geworden, die Bienen lebend *und* gesund durch das Jahr zu bringen (in Europa, USA, Nordafrika). Der Imker steht den verursachenden Rationalisierungen in der Landwirtschaft fast ohnmächtig gegenüber, andererseits ist er Teil von ihnen. Deshalb ist er mit Dilemmata natur- und tierethischer Art konfrontiert. Die Gründe für das jüngere Bienensterben sind in sechs wechselwirkenden Problembereichen zu suchen: (1) mangelndes Nahrungsangebot auf den Flächen, (2) Flächenverbrauch und -versiegelung, (3) Einsatz von bienenbelastenden Pestiziden, (4) Züchtung von Industrie-Pflanzen, (5) züchterische Selektion auf nur wenige Bienenrassen sowie (6) die politische Energiewende.

Der Tod von Bienenvölkern gehört zur Natur und zur Imkereikultur. Winter-Verlustraten von 10 % des Bestandes galten seit Beginn der Dokumentation Ende des 19. Jhs. als normal. Dass die Völkerverluste deutlich angestiegen sind, ist zunächst auf die mangelhafte Ernährung der Bienen, infolge des großräumigen Wegfalls von Blütenpflanzen, durch die Intensivlandwirtschaft zurückzuführen. Wildkräuter gehen durch fehlende Ackerrandstreifen und Herbizideinsatz verloren. Monokulturen, Konzentration auf nur wenige Kulturpflanzenarten und die gesteigerte Nutzung des Grünlandes für Grassilage mit früher Mahd (u. a. für die Biogaserzeugung) ergeben ein viel engeres Nahrungsspektrum für Bienen als früher.

Ferner raubt der Flächenverbrauch (sog. Flächenfraß) den Bienen, aber Flora und Fauna generell, den Lebensraum. In Deutschland werden pro Tag 69 Hektar als Siedlungs- und Verkehrsfläche neu ausgewiesen, dies entspricht 98 Fußballfeldern.[2] Auf dem Land finden sich immer mehr Einfamilienhäuser mit großen Gärten, deren homogene Rasenflächen vormals Wiesen oder Brachen waren. Distel und Löwenzahn sind dort oft nicht mehr gewollt. Entsprechend kann man auch im privaten Bereich etwas tun, um die Situation für Bienen zu verbessern (Mellifera e. V. 2011). Die Städte zeigen Engagement, wenn Verkehrsinseln und Balkonkästen mit Bienen-Saatgut bunt blühen. Dies ist umweltpädagogisch wertvoll (→ IV.1), genügt aber quantitativ nicht. Ein Bienenvolk braucht blühende Flächen im Hektarbereich, um circa 100 kg Nektar und 20–50 kg Blütenstaub für den jährlichen Bedarf zu sammeln. Zudem muss das Blühangebot an den Lebenszyklus des Bienenvolkes angepasst sein und nicht nur Spätblüher für den Herbst enthalten. Denn dann bereiten sich die Bienen auf den Winter vor und stellen das Sammeln ein. Gleiche Mahnung gilt für den Zwischenfruchtanbau in der Landwirtschaft. Oft werden populistische Lösungen für die Problematik des Bienensterbens vorgeschlagen, die der Natur von Bienen nicht entsprechen.

In tierethischer Hinsicht ist bedeutsam, dass *Tierschutz* im Falle der Bienen noch nicht notwendig das *Tierwohl* einschließt. Letzteres müsste das Verhalten der Biene und des Volkes berücksichtigen. Eine Messung nur der Leistungsfähigkeit über das Wiegen des Bienenstocks kann in die Irre führen, zumal Stress die Leistung kurzfristig steigern kann und bei Pollenknappheit die Sammlerinnen in ihrer Not selbst Kohlenstaub als Tracht heimbringen, wie schon Frisch (1965: 249) bemerkte. Es fehlt an *pathozentrischen* Kriterien, die das Leiden von Insekten berücksichtigen. Dabei wären auch neurowissenschaftliche Erkenntnisse zu berücksichtigen, z. B. das außergewöhnliche „Landschaftsgedächtnis" der Bienen (Menzel / Eckoldt 2016: 211 ff., insb. 251–263) und wie es durch fortwährenden Umbau der Landschaft (→ II.9 / Abschn. 3) gestört wird. Dennoch erkennt ein Imker, der eine achtsame Beziehung zu seinen Bienen pflegt, z. B. an der Brutpflege, am desorientierten Flug und hilflosen Herumkrabbeln auch ohne Kriterienkatalog das Leid der Tiere. Aus dem praktischen Umgang entsteht weniger ein theoretisches als vielmehr ein verstehendes Naturverhältnis (→ III.6).

Zwar ist in der Bienenschutzverordnung eine Kennzeichnung der Pestizide nach „Bienengefährlichkeit" vorgeschrieben, jedoch bezieht sich dies nur auf die Differenz lebend / tot und nicht auf die subletale Schwächung der individuellen Bienen. In weiten Teilen hängt der Imker, in seiner Verantwortung für das Tierwohl, vom richtigen Handeln des Landwirts ab: ob die Bäuerin nach dem Bienenflug, d. h. im Sommer erst nach 23 Uhr, das Mittel ausbringt; ferner, ob sie vorschriftsmäßig unter den Blütenhorizont spritzt, um die floralen Drüsen der Pflanzen nicht zu treffen. Will ein Imker den Nachweis erbringen, dass seine Bienen von Pestiziden getötet wurden, muss er rasch und unter Hinzuziehung sachkundiger Zeugen mindestens 1000 tote

---

2 Vgl. http://www.bmub.bund.de/P2220/ (10. 01. 2016; Link inaktiv).

Bienen zusammen mit 100 Gramm Blüten sammeln und an die *Untersuchungsstelle für Bienenvergiftungen* (UBieV) in Braunschweig schicken. Wegen der schwierigen Beweislast bleibt es oft bei dem Motto: Wo kein Kläger, da kein Schuldiger. Dies gilt nicht für den Fall der massiven Bienenvergiftungen in der Oberrheinebene im Frühjahr 2008, als gut 12.000 Völker starben und die UBieV schnell die Ursache fand: die Saatgutbeize von Mais mit der Insektizidklasse der Neonicotinoide (vgl. Goulson 2013). Hier zahlte die Firma Bayer CropScience den 700 Imkern eine Soforthilfe von über 2 Mio. Euro (MLR BW 2008: 7), was weniger als 2.000 Euro pro getötetem Volk ausmacht. Ein Volk umfasst 25.000 bis 40.000 Bienen. Das Leben einer Biene wäre demnach etwa 5 Cent wert. Dieser Preis sagt etwas über den ökonomischen Wert, aber nichts über den Eigenwert einer Biene aus.

Die Schwächungen bis hin zum Völkerkollaps ereignen sich vor dem Hintergrund des Befalls der europäischen Honigbienen mit der eingeschleppten Milbe *Varroa destructor*. Aber es ist bezeichnend, dass vor 25 Jahren Bienenvölker noch einen Befall von bis zu 10.000 Milben tolerieren konnten, heute jedoch die Schadensschwelle bei 1000–1500 Milben liegt. Die deshalb immer häufiger eingesetzten Varroazide (auch die organischen Säuren in der Öko-Imkerei) schädigen wiederum die ohnehin geschwächten Bienen. Imker entfernen nun im August die gesamte Brut (nicht nur die Drohnenbrut) aus dem Volk, um den Milbenbefall radikal zu reduzieren. Alternativ sperren sie die Königinnen wochenlang in Käfige, um die Völker im Spätsommer brutfrei zu halten und mit Varroaziden behandeln zu können.

So stellt die Situation die Imker vor immer größere tierethische Dilemmata, weil sie den Honigbienen nicht diejenige Lebensweise ermöglichen können, die sie als kultivierte Nutztiere gewohnt sind und die zugleich ihre Wildheit und ihr Freiheitsbedürfnis würdigt. Denn ein Imker muss stets damit rechnen, dass ein rechtlich zu seinem Eigentum gehörendes Bienenvolk, anders als im Stall gehaltene Tiere, den Stock verlässt und ‚herrenlos' wird oder dass sich ein Schwarm vom Volk separiert (vgl. BGB §§ 961 f.). Der Schwarm findet in der agrarintensiv genutzten Natur zumeist ein schnelles Ende, weil nur noch selten geräumige Höhlen in Totholz zur Verfügung stehen. Deshalb ist der Imker nicht nur rechtlich, sondern auch moralisch verpflichtet, auf das *Schwärmen* seiner Bienen zu achten. Dies bedingt ein Verstehen (→ III.6) ihrer vielfältigen Wesensart. In der Imkerei verwendet man wertende Begriffe für das natürliche Phänomen des Schwärmens: mit ihren Bienenvölkern intensiv wirtschaftende Imker sprechen abwertend von ‚Schwarmtriebigkeit', Öko-Imker eingedenk des Bienenwohls von ‚Schwarmlustigkeit'. Ein damit verbundenes tierethisches Problem verlangt nach naturphilosophischer Grundlagenarbeit: Mit dem Begriff „Tiergerechtigkeit", entwickelt gegen die Massentierhaltung, orientiert man sich am Wildtier und fordert z. B. für Hausschweine die Möglichkeit zum Auslauf, zur Brutpflege und zum Ausleben des Sozialverhaltens ein (→ IV.5). Aber all dies ist für Honigbienen der Normalfall. Was sie mit der Massentierhaltung strukturell eint, ist ein zunehmend schlechter Gesundheitszustand der Tiere bei gleichzeitig höherem Verbrauch von Tierarzneimitteln und einer Verengung auf nur sehr wenige hochgezüchtete Rassen.

Gleichzeitig werden Pflanzen den Erfordernissen der Industrie angepasst, ohne sich sonderlich um die ökologischen Wechselwirkungen zu kümmern. Züchterisch wird bei Nutzpflanzen eine Verkürzung der *Blühdauer* angestrebt, damit die Pflanze möglichst viel ihrer Energie schnell für das Wachstum der Frucht mobilisiert. Alternativ soll der Grünanteil für die Bioenergie hoch sein. Für Spezialzwecke verändert man das Spektrum der Pflanzeninhaltsstoffe. Die neu gezüchteten Sonnenblumen (*High Oleic*-Sorten) produzieren Öl, das für technische Erfordernisse hoch erhitzt werden kann, z. B. als Hydrauliköl. Doch sie liefern keinen Nektar mehr. In der Sprache der Imker: sie „honigen“ nicht. *Die Bienen verhungern inmitten blühender Sonnenblumenfelder.* Zudem wurden neue Rapssorten entwickelt, die keine Bestäubung durch Insekten mehr benötigen. Insektenbestäubung ist unter heutigen Produktionsbedingungen zum Risiko geworden, obgleich schon Charles Darwin (1809–1882) sie als evolutionären Fortschritt gegenüber der Wind- und Selbstbestäubung ansah. Naturgeschichtlich wird die Uhr jetzt zurückgedreht (→ I.5).

Der politische Wille zur Bioenergie hat gegen den Rat der Expertisen aus den 1990er Jahren (vgl. Karafyllis 2000) dazu geführt, dass nun auf mehr als 30 % der deutschen Ackerfläche Mais angebaut wird. Ein Großteil wird in Biogasanlagen transportiert, die betreffenden Landwirte nennen sich neu ‚Energiewirte‘. Aber für Bienen ist Mais als Eiweißlieferant (Pollen) minderwertig und aufgrund der Insektizidbelastung gefährlich. Auch das stark veränderte Züchtungssortiment von Raps ist auf die politisch gewollte Nachfrage nach Biotreibstoff zurückzuführen. Die *umweltethischen* Ziele, den Klimawandel zu verlangsamen und die Atomenergie abzuschaffen, konfligieren mit dem *naturethischen* Schutz von Landschaften (→ II.9) und dem *bioethischen* Schutz des Lebens.

Eine ethische Debatte, was eine bienengemäße Betriebsweise bedeuten könnte, ist auch in der Öko-Imkerei erst im Ansatz vorhanden (Friedmann 2016). Nach Prinzipien des Ökolandbaus arbeitende Imker haben *Ehrfurcht vor dem Leben* der Bienen. Neben einer angepassten Betriebstechnik und der Rückstandsminimierung in Bienenerzeugnissen, wie sie auch für die Verbände BIOLAND und NATURLAND typisch sind, haben v. a. DEMETER-Imker bereits tier- und naturethische Prinzipien festgeschrieben. Sie sollen dem (über)individuellen Bienenwohl dienen und die Biene als Verantwortungsobjekt imkerlicher Pflege verstehen lassen. Dazu gehören folgende Normen:

– Die Bienenwaben werden als Naturwabenbau errichtet, ohne vorgeprägte Wachsplatten.
– Die Vermehrung findet auf Basis des natürlichen Schwarmtriebes statt.
– Die Bienenkönigin wird nicht durch den Imker, sondern durch ihr Volk selbst ‚ausgetauscht‘.
– Die Flügel der Bienenkönigin werden nicht beschnitten.
– Beim Honigernten sollen so wenige Bienen wie möglich zu Schaden kommen.
– Die Bienen sollen keinen Hunger leiden, d. h. das Zufüttern für den Wintervorrat ist erlaubt (was von Veganern kritisiert wird). Im Falle des DEMETER-Verbandes darf die Zufütterung nicht nur aus Zuckerlösung, sondern muss z. T. aus Honig bestehen, der aus DEMETER-zertifizierter Erzeugung stammt.
– Den Bienen soll, so weit möglich, ein lokal vielfältiges Blütenangebot zur Verfügung stehen.

Worauf alle Ökolandbau-Richtlinien in kritischer Absicht hinweisen, ist der Mangel an Flächen, die ökologisch bewirtschaftet werden. Für die Imker wie die Bienen erscheint somit eine *Extensivierung der Landwirtschaft* als notwendige Voraussetzung ihrer beider Lebensbedingungen.

4. Die Biene als Mitwelt und Medium

Wie die Lebensweise der Biene zu konzipieren und in Bezug zur Natur zu setzen ist, stellt sich als philosophisches Problem heraus. Dabei meint die Würdigung der ‚Natur von Bienen‘ einen (mit Kant) adjektiven Gebrauch des Naturbegriffs als Terminus höherer Stufe. Er dient zur Beschreibung bienenbezogener Sachverhalte, die für Imker und Landwirte relevant sind und einen *agrarischen Wirkungszusammenhang* ergeben. Öko-Imker verwenden diesen Naturbegriff, weil er auch Sachverhalte zu erfassen erlaubt, die *nicht bienengemäß* sind, wie die züchterische Verkürzung der Blühdauer. Dass die Honigbiene ein kultiviertes Nutztier ist, wird für die ethische Anwendung dieses Naturbegriffs sowohl explizit vorausgesetzt (z. B. bei der imkerlichen Verantwortung für das Zufüttern im Winter), als auch relativiert (z. B. beim Zulassen des natürlichen Schwärmens). Diese nur gegen die Differenz von Wildtier / Nutztier erscheinende Inkonsistenz ergibt Sinn, weil das *Bienenwohl* im Fokus steht. Der Imker hat durch die intime Beziehung zu den Bienen Erfahrung damit, was für das Wohl seiner Tiere wesentlich ist.

Dem steht, wenn auch nicht ausschließend, ein substantivisch verwendeter Naturbegriff zur generellen Bezeichnung einer Klasse gegenüber: ‚die Natur des Tieres‘. Sie wird naturwissenschaftlich fundiert, was anders als im ersten Fall in theoretische Naturverhältnisse führt (→ III.3). Dabei wird die Extension von ‚Natur‘ über ihren Inhalt bestimmt anstatt über die Reichweite der Wechselwirkungen von ‚Naturen‘. An jenem Naturbegriff orientiert sich das Konzept Tiergerechtigkeit mit dem Erfahrungshintergrund des wilden Säuge- oder Wirbeltiers (→ IV.5), aus dem sekundär artspezifische Naturen und in Folge das ethische Kriterium der Artgerechtigkeit entwickelt werden. Für den Schutz von Insekten, insb. staatenbildenden „Superorganismen" (vgl. Menzel / Eckoldt 2016: Kap. 5), greift dies generell zu kurz. Problematisch ist ferner, dass beim klassifikatorischen Naturbegriff die *Natur des Tieres* von der *Natur der Pflanze* abgetrennt wird – ein Problem der Vegan-Bewegung (→ IV.2). Der dort geforderte Verzicht auf tierische Produkte inklusive Honig ändert, wie am Konnex von Pflanzenzüchtung und Energiewende deutlich wurde, am fehlgesteuerten System Landwirtschaft nur wenig. Umgekehrt kann eine rein pflanzliche Ernährung, die auf die hochintensiv bewirtschaftete Sojabohne (Tofu) setzt, die agrarisch bedingten Problematiken noch verschärfen.

Hinzu kommt als drittes und im absoluten Sinne ‚die Natur‘ als singulärer Terminus für eine Ganzheit. So wird im (populär)wissenschaftlichen Sprachgebrauch „die Natur" oft lax mit „dem Ökosystem" gleichgesetzt, ungeachtet, ob es sich um eine globale Ganzheit oder einzelne Ganzheiten (z. B. Moore) oder das Wirkungsgefüge zwischen Einheiten handelt (z. B. in der Blütenökologie, die Tier-Pflanze-Wechselwirkungen untersucht), und auch, ob es sich um natürliche oder kultürlich entstandene

Natureinheiten wie Agrarökosysteme handelt. Das Präfix „Öko" des Ökolandbaus meint deshalb nicht notwendig die gleichen Einheiten und Sachverhalte, die ‚Öko' in der Ökologie bezeichnet, selbst wenn sich beide mit (griech.) *oikos* auf einen Haushalt berufen. Denn der Ökolandbau – eben weil er Landbau ist – sieht die Segregation in der Landwirtschaft als Hauptproblem und fordert gegen die getrennte Bewirtschaftung von Milchvieh, Mastvieh, Geflügel, Pflanze und Honigbiene eine *integrierte* Herangehensweise nach tradiertem Vorbild kleinbäuerlicher Landwirtschaft. Landwirtschaft gilt als natürlicher Funktionskreislauf, der ein menschliches Leben *mit* der Natur, nicht nur *von* ihr bedeutet. Die Honigbiene gehört hier zur natürlichen *Mitwelt*. Denn früher wurden auf jedem Hof Bienen gehalten. Erst im 20. Jh. stören die Bienen den segregierten Produktionsprozess und werden mit den Imkern aus der Landwirtschaft herausgedrängt. Dahinter steht die Ideologie einer von der Natur weitgehend unabhängigen Agrikultur, die auch ihre Traditionen verleugnet.

Selbst wenn man dieser Sicht angesichts hochgradig arbeitsteiliger Industriegesellschaften skeptisch gegenüber steht, so weist sie doch auf eine Leerstelle innerhalb der Ökologie hin: dass nämlich *das Land als blinder Fleck* vorausgesetzt wird, wenn terrestrische Ökosysteme modelliert werden, und ferner nie einen Besitzer zu haben scheint, der in die Verantwortung zu nehmen ist. Genau aber der verursachte Mangel an vielfältig blühenden Landschaften ist das heutige Hauptproblem für die Bienen. Zudem hat diese Verarmung naturästhetische Relevanz (→ III.2). Die Frage nach der Natur von Bienen führt deshalb nicht nur in die angewandten Ethiken (Tier-, Natur-, Agrar- und Landethik), sondern zur Frage der allgemeinen Ethik nach dem *guten Leben* schlechthin.

Wenn die Natur von Bienen als ‚ökonomisch' beschrieben wird, ist philosophisch zu unterscheiden: Wird sie als *für sich* ökonomisch beschrieben – etwa, dass Bienen beim Sammeln eine Art Kosten-Nutzen-Abwägung zeigen, was Frisch (1965: 250 ff.) „Rentabilität" auf dem „Blumenmarkt" nannte, wodurch Bienen den Blumenmarkt selbst regulieren? Oder ist sie *für andere(s)* wie für das Ökosystem ökonomischen Kriterien folgend? Die Biene wegen der Bestäubung als „mobilen Ökosystemdienstleister" (*mobile agent-based ecosystem service*; vgl. Kremen 2007) zu titulieren klingt weniger anthropozentrisch als der Arbeitsbegriff, der nur am menschlichen Interesse für Honig orientiert scheint. Trotzdem fokussieren beide Begriffe die Leistung und nicht die Bedürfnisse der Bienen. Was sich den Imkern begrifflich als *Bienensterben* darstellt, firmiert für Ökologen als (engl.) *pollinator crisis*, als Bestäuber-Krise. Dabei wird die Art des bestäubenden Insekts gegen eine andere als austauschbar gedacht, wenn sie die gleiche Funktion erfüllt. Die Bestäubungsleistung von der Honigerzeugung funktional zu trennen wird im Obstplantagenbau in den USA praktiziert: Man transportiert Honigbienen, deren Tod bereits einkalkuliert ist, zur Bestäubung in die Plantagen und behandelt die Bäume dann mit Insektizidnebeln. Aus naturphilosophischer Sicht ist eine höhere Sensibilität von Natur- und Agrarwissenschaftlern für die Begriffs- und Modellwahl zu fordern. Sonst könnten durch den gewählten Erkenntniszugang gerade die Probleme verschärft werden, die man eigentlich lösen wollte.

Bienen benötigen Blüten und überschreiten Ökosysteme, die sich wie alle Systeme künstlicher Grenzsetzung verdanken (→ II.8). Die Biene ist daher ein *Medium der*

Natur. Charakteristisch für das Medium ist, dass es neben dem Übertragungspotenzial (hier: Pollen) eine eigene erzeugende Kraft hat, die teilweise verloren geht, wenn man das Medium als zweckgebundenes Mittel nutzt. In semiotischer Bedeutung von ‚Medium' hat die Biene als Zeichen, als Bioindikator, bereits ihren Platz gefunden. Dies gilt jenseits der Ökologie auch lebensweltlich. Der Bienenflug und das Summen zeigen synästhetisch mit den Blüten und ihrem Duft den Frühling an (→ III.1). In Zukunft könnte die Biene vom „Umweltopfer" zum „Umweltspäher" werden, d. h. als Detektor von unerlaubten Pestizideinsätzen fungieren, so die Hoffnung der Neurobiologie (Menzel / Eckoldt 2016: 325 f.). Damit wird die Biene als mediales Objekt modelliert, in dem natürlicher Eigenzweck und technischer Fremdzweck zusammenfallen – was als Rückübertragung der im militärischen Bereich verwendeten Metapher „Drohne" in den Bereich der Natur philosophisch zu diskutieren wäre.

Die Biene wird so als lebendes Flugobjekt im Raum und als Beobachter über dem Raum dargestellt; sie braucht aber wesentlich Fläche und damit Land. Hier sind verschiedene Geopolitiken und Nachhaltigkeitsstrategien angesprochen, die im Bienenschutz oft unvermittelt aufeinander prallen, z.B. Aufforstungen als CO_2-Senken, Begrenzungen der Flächenversiegelung und Erhalt von Kulturlandschaften. Sie lassen sich als „Dilemmata der Nachhaltigkeit" (Henkel et al. 2018) fassen und auf unterschiedliche Wissensformen, gesellschaftliche Naturverhältnisse und Konzepte ökologischer Modernisierung zurückführen. Jene Dilemmata werden auf politischer Ebene jüngst verschärft, wie Bruno Latour (geb. 1947) betont. Denn die konkrete Entscheidung für eine haushalterische Natur sei politisch gefangen zwischen den einst modernisierenden Polen global / lokal und habe sich im Zeitalter des „Trumpismus" diskursiv auf „das Außererdige" verschoben, vom ausgerufenen Anthropozän bis zur Leugnung des Klimawandels. Als Alternative schlägt Latour „das Terrestrische" als politischen Akteur vor: ein von allen wiederzugewinnendes „Lebensterrain" mit Überwindung des bisherigen Mangels an „Bodenhaftung, Realität, konsistente[r] Materialität" (Latour [2017] 2018: 50). Dabei gelte es, den Gegensatz zwischen physischer Geografie und Humangeografie sowie zugehörigen Geopolitiken aufzuheben. Mediatoren für die Wiedergewinnung des Lebensterrains sind gesucht. Hier bietet sich die Honigbiene als politisches Tier, Erzeuger und Mitbewohner an.

Naturphilosophisch lässt sich an Bienen die Einsicht gewinnen, dass das Medium so lange *unsichtbar* bleibt, wie es reibungslos funktioniert. Es gehört notwendig zum Wesen des Mediums, vergessen zu werden (Latenz). Und so verweist auch ‚Ökosystemdienstleister' letztlich auf einen Dienstboten, den man im Haushalt gerne wie unsichtbar um sich haben will und der nicht stört. Dies allerdings darf man von Bienen auch in Zukunft nicht erwarten.

Literatur

AGÖL – Arbeitsgemeinschaft ökologischer Landbau (Hg.) [14]1996: Rahmenrichtlinien für den Ökologischen Landbau. Bad Soden.

Aristoteles 1956 ff.: Werke in deutscher Übersetzung. Hg.: E. Grumach / H. Flashar. Berlin.

Bacon, Francis [1620] 1990: Neues Organon. Lat.-Dt. 2 Bde. Hg.: W. Krohn. Hamburg.

Carson, Rachel 1962: Silent Spring. Boston.

Föllinger, Sabine 1997: Die aristotelische Forschung zur Fortpflanzung und Geschlechtsbestimmung der Bienen. In: Kullmann, W. / Föllinger, S. (Hg.): Aristotelische Biologie. Stuttgart: 375–385.

Friedmann, Günter 1998: Ökologische Imkerei – Richtlinienvergleich der Anbauverbände. In: Die Biene 134: 26–27.

– 2016: Bienengemäß imkern. Das Praxis-Handbuch. München.

Frisch, Karl v. 1965: Tanzsprache und Orientierung der Bienen. Berlin.

Gallai, Nicola / Salles, Jean-Michel / Settele, Josef et al. 2009: Economic valuation of the vulnerability of world agriculture confronted with pollinator decline. In: Ecological Economics 68: 810–821.

Goulson, Dave 2013: An overview of the environmental risks posed by neonicotinoid insecticides. In: Journal of Applied Ecology 50: 977–987.

Henkel, Anna / Bergmann, Matthias / Karafyllis, Nicole et al. 2018: Dilemmata der Nachhaltigkeit zwischen Evaluation und Reflexion. Begründete Kriterien und Leitlinien für Nachhaltigkeitswissen. In: Lüdtke, N. / Henkel, A. (Hg.): Das Wissen der Nachhaltigkeit. Herausforderungen zwischen Forschung und Beratung. München: 147–172.

Karafyllis, Nicole C. 2000: Nachwachsende Rohstoffe – Technikbewertung zwischen den Leitbildern Wachstum und Nachhaltigkeit. Opladen.

Kremen, Claire / Williams, Neal / Aizen, Marcelo A. et al. 2007: Pollination and other ecosystem services produced by mobile organisms: a conceptual framework for the effects of land-use change. In: Ecology Letters 10: 299–314.

Latour, Bruno [2017] [2]2018: Das terrestrische Manifest. Berlin.

Mandeville, Bernard [1714–1729] [6]2006: Die Bienenfabel. Frankfurt / M.

Marx, Karl [1867] 1973: Das Kapital. Kritik der politischen Ökonomie. Erster Bd. (MEW 23). Berlin / DDR.

Mellifera e. V. (Hg.) [3]2011: Wege zu einer blühenden Landschaft. Rosenfeld.

Menzel, Randolf / Eckoldt, Matthias 2016: Die Intelligenz der Bienen. Wie sie denken, planen, fühlen und was wir daraus lernen können. München.

MLR BW – Ministerium für Ernährung und ländlichen Raum Baden-Württemberg 2008: Abschlussbericht Beizung und Bienenschäden, 17. 12. 2008. Stuttgart.

Vergil [Publius Vergilius Maro] 2010: Georgica. Vom Landbau. Hg.: O. Schönberger. Stuttgart.

IV.5 Von Wölfen, Hunden und Menschen.
Zur Rolle der Naturphilosophie in der Tierethik

Kristian Köchy

1. Die Begegnung

Ein nebliger Herbstabend in der Lüneburger Heide; die Jägerin Artemis und der Tierschützer Arno führen in der einsetzenden Dämmerung ihre Hunde aus. Artemis' Deutsch-Drahthaar-Rüde Rex und Arnos Rauhaar-Dackeldame Paula (Schaab 2012) kennen sich, seitdem sie in der Hundeschule ausgebildet wurden. Seit dieser Zeit sind sich auch die beiden Besitzer Artemis und Arno näher gekommen, gehen mit ihren Hunden häufig gemeinsam ‚Gassi' und genießen dabei die Abendstimmung der heute allerdings nasskalten Heidelandschaft. Wegen ihrer unterschiedlichen Auffassungen über Notwendigkeit und Grenzen der Jagd vermeiden die beiden Hundehalter dieses Thema. So bleiben auch die exzellenten Vorsteheigenschaften ihrer Hunde unerwähnt, von denen nur Arno keinen Gebrauch zu machen gedenkt, so dass er seine Hündin bei Waldgängen stets an der kurzen Leine hält, obwohl er sie viel lieber frei laufen ließe. Gerade erhitzen sich die Gemüter der beiden Hundeliebhaber über ein anderes Ereignis: Im nahen Hamburg haben Aktivisten der Tierrechtsorganisation PETA über 20 Hunde aus den Labors eines Kosmetikunternehmens befreit. Just als die einvernehmliche Empörung über „unmenschliche Tierversuche" für „überflüssige Luxusprodukte" den Höhepunkt erreicht, bleiben die Hunde wie angewurzelt stehen; ihre Nackenhaare sträuben sich; sie beginnen zu knurren. Keine hundertfünfzig Meter entfernt hebt sich, im aufziehenden Nebel nur schemenhaft erkennbar, die Silhouette eines Wolfes vom Sandweg ab. Der Größe nach, so taxiert das waidmännisch geschulte Auge von Artemis, handelt es sich um ein ausgewachsenes Alttier. Auch der Wolf verharrt. Die Hunde geben Laut, ein Knurren antwortet aus Richtung des Wolfes, dann verschwindet er wie ein Schatten in der angrenzenden Kiefernschonung.

2. ‚Natürliche' und ‚kultürliche' Tiere und unsere
tierethischen Verpflichtungen

Dieses erfundene Beispiel ist kein Produkt reiner Phantasie. Seitdem Wölfe in unser dicht besiedeltes Land zurückkehren, sind in der Lüneburger Heide vergleichbare Wolfsbegegnungen an der Tagesordnung. Manche werden im Bild festgehalten und medienwirksam in Szene gesetzt; Wolfsfreunde und -gegner vertreten vehement ihre Positionen,[1] Naturschutzorganisationen melden sich zu Wort[2] und die niedersächsische Landesregierung bündelt zur Stärkung des Artenschutzes ihre Bemühungen um die Rückkehr des Wolfes durch ein „Wolfsmanagement".[3] Gemäß der Richtlinie 92/43/EWG des Rates zur Erhaltung der natürlichen Lebensräume sowie der wildlebenden Tiere und Pflanzen (FFH-Richtlinie[4]) und der Bundesartenschutzverordnung (BArtSchV) ist das Land verpflichtet, dem Wolf Schutz zu gewähren, sein Überleben zu sichern, und es unterliegt Berichtspflichten des „Wolfsmonitorings".[5] Ihrem Selbstverständnis nach vermeiden die Behörden sowohl Verharmlosung als auch Dramatisierung, um einen konstruktiven Umgang mit den Wölfen zu befördern und dabei die verschiedenen Interessen von Verwaltungsstellen, Landesjägerschaften, Nutztierhaltern, Naturschutzverbänden, Wissenschaft und Öffentlichkeit zu berücksichtigen. Wolfbüros werden eingerichtet und Wolfberater eingestellt, um bei Konflikten zu vermitteln. Für Begegnungen wie die oben geschilderte werden besondere Verhaltensrichtlinien an die Öffentlichkeit gegeben.[6]

Was in der Praxis viele Fragen zum richtigen Umgang mit dem Wolf aufwirft, hat auch eine philosophische Seite. Naheliegend ist es, diese als *tierethische* Aufgabe zu verstehen. Dieser Beitrag will jedoch die tierethische Frage im Rahmen der *naturphilosophischen* Dimension des Themas behandeln. Damit sind sowohl die im engeren Sinne naturphilosophischen Aspekte gemeint als auch solche, die als Fragen nach ‚Natur' und ‚Kultur' in weitere kulturphilosophische Zusammenhänge fallen. Auf die historische und kulturelle Verschränkung von Wolf, Hund und Mensch verweist schon der Ethologe Kurt Kotrschal (geb. 1953). Wolf und Mensch leben nach ihm seit Urzeiten in einer oft ambivalenten Nahebeziehung. Sie sind zwar biologisch nicht so eng verwandt wie Menschenaffen und Mensch, repräsentieren aber als sozial organisierte und auf Laufjagd spezialisierte Beutegreifer quasi die gleiche ökologische Lebensform. Die frühe Verbindung von Wölfen und Menschen hat vermutlich maßgeblich zur Entwicklung des modernen Menschen beigetragen und findet ihren Niederschlag in der anhaltenden symbolischen und spirituellen Bedeutung von Wölfen, die heute v. a. Symboltiere einer Sehnsucht nach unbezähmter Wildnis (→ IV.6) sind (Kotrschal 2014: 88; vgl. auch Ojalammi/Blomley 2015; Lynn 2002; Brownlow 2000).

Lenken wir vor diesem Hintergrund den Blick zurück auf das Beispiel: Dort begegnen Menschen mit ihren Gefährtentieren dem ‚wilden' Wolf in einer Kulturlandschaft (→ II.9), die als romantischer Inbegriff norddeutscher Natur gilt (Eichberg 1983). Unter symbolischen Vorzeichen begegnen sich aber auch Hund und Wolf als Paradigmen von treuem Menschenbegleiter (Lorenz 1950/1965; Oeser 2004) respektive gefährlichem Menschenfeind. Die damit wichtig werdende kulturelle Unterscheidung von Haustier und Wildtier ist auch das bestimmende Merkmal des aktuellen *political turn*

---

1 https://www.freundeskreiswoelfe.de/; http://www.wolf-nein-danke.de/. (Alle in diesem Kap. zitierten Internet-Quellen wurden am 13.12.2019 aufgerufen.)
2 https://niedersachsen.nabu.de/wir-ueber-uns/organisation/landesfachgruppen/wolf/.
3 https://gzsdw.de/wolfsmanagement_niedersachsen.
4 Die Richtlinie wird umgangssprachlich zumeist als Fauna-Flora-Habitat-Richtlinie bezeichnet.
5 https://www.wolfsmonitoring.com/.
6 http://www.umwelt.niedersachsen.de/startseite/aktuelles/informationen_zum_wolf_niedersachsen/.

in der Tierethik. War die bisherige Tierethik auf die Bestimmung von moralisch relevanten Eigenschaften von Tieren oder moralisch bedeutsamen Handlungskontexten von Menschen konzentriert und suchte nach stringenten moralischen Orientierungssystemen, so zeichnet sich aktuell ein Wechsel zu einer politischen und gesellschaftlichen Rahmung der Tierrechtsfrage ab. Ted Benton (geb. 1942) betont, dass eine angemessene tierethische Erörterung unsere sozialen Praktiken berücksichtigen muss, bei denen wir Tiere als Mittel zur Erreichung gesellschaftlich anerkannter Zwecke behandeln und nicht als ‚Zwecke an sich' (Benton [1995] 2014: 478).

Welche Rolle in diesem Zusammenhang Unterscheidungen wie die von Haus- und Wildtieren spielen, zeigt exemplarisch das Buch *Zoopolis. Eine politische Theorie der Tierrechte* (2013) von Sue Donaldson und Will Kymlicka (beide geb. 1962). Ziel der Autoren ist es, einen neuartigen moralischen Rahmen zu etablieren, der die Frage nach angemessener Behandlung von Tieren mit den liberal-demokratischen Fundamentalprinzipien Gerechtigkeit und Menschenrechte verbindet. Es geht um die Anerkennung von Tieren als Trägern unverletzlicher politischer Rechte. Hierzu sollen Elemente der Staatsbürgerschaftstheorie auf die Debatte um Tierrechte übertragen werden, wobei eine kulturspezifische Aufgliederung von Tieren in „domestizierte Tiere", „Tiere im Schwellenbereich" und „wildlebende Tiere" zentral ist. Unsere Pflichten gegenüber Tieren werden so nach einem kulturellen Schema differenziert: Haustieren wie Hunden kommt ein anderer gesellschaftlicher Status zu als Wildtieren wie Wölfen, woraus für die Menschen andere Pflichten ihnen gegenüber resultieren. Haustiere – die Autoren denken an ihren Hund Codie (ebd.: 242) – haben individuelle Präferenzen und Wünsche und insofern ein subjektives Wohl. Sie partizipieren an gesellschaftlichen Kontexten (ebd.: 250–255). Wegen ihrer gestalterischen Potenz für menschliche Gesellschaften und wegen ihres reziproken Altruismus (ebd.: 260) erfordert ihre gerechte Behandlung durch uns ihre Anerkennung als Angehörige unserer Gesellschaft, was eine Reihe von Schutzpflichten beinhaltet (ebd.: 294): Wir müssten im Fall der obigen Begegnung unsere Hunde vor dem Raubtier Wolf schützen.

Das kulturelle Schema bestimmt Wildtiere als solche, die „die Menschen und ihre Ansiedlungen meiden und dabei in ihren eigenen, immer kleiner werdenden Habitaten [...] ein [...] separates und unabhängiges Dasein führen" (ebd.: 344). Schon diese Bestimmung zeigt, dass das auf die dünnbesiedelten Weiten Kanadas abgestimmte Konzept von *Zoopolis* nur bedingt auf die Lüneburger Heide übertragbar ist. Doch selbst in den Schutzgebieten Kanadas führt die Fütterung durch Touristen zur wachsenden Gewöhnung von Wölfen an Menschen und damit steigt die Gefahr von Wolfsattacken (Kotschral 2014: 110). In *Zoopolis* werden Wildtiere unter dem Konzept der Souveränität erfasst, was deren Verwundbarkeit durch Gewalt, Habitatverlust oder Folgeschäden hervorhebt und die tierethische Relevanz von Territorialrechten unterstreicht. Wildtieren wird das Recht (→ I.4) zugestanden, ein selbstbestimmtes, auf das eigene Wohl gerichtetes Leben zu führen. Das impliziert auch Anerkennung ihrer ‚natürlichen' Bedürfnisse, zu denen die Jagd und Tötung von Beutetieren zählen (Donaldson/Kymlicka 2013: 403). Die Autoren sehen darin zwar ein moralisch „bedauerliches Merkmal der Natur, aber jeder Versuch einzugreifen und diese Naturtatsachen in großem Maßstab zu verändern, würde verlangen, daß man die Natur zur

Gänze unseren fortwährenden Interventionen und unserer Regie unterstellt" (ebd.). Intervention sei hingegen vertretbar, wenn sie als mitfühlende Reaktion auf das Leiden anderer Spezies verstanden werden kann, eine Reaktion, die sich wiederum aus der „menschlichen Natur" ableitet (ebd.: 413) (→ II.11).

Nicht nur ergeben sich für die tierethisch geforderte Anerkennung territorialer Souveränität aus den natürlichen Eigenschaften von Wölfen (die Strecken von bis zu 100 km pro Tag zurücklegen) besondere Probleme, auch zeigen die Ausführungen von Donaldson und Kymlicka, dass im tierethischen Diskurs in verschiedenen Weisen auf *die Natur* (… der Tiere, … als Lebensraum, … der Menschen) zurückgegriffen wird. Die dabei wirkende Natur-Kultur-Dialektik unterstreicht wieder unsere Erzählung von der Wolfsbegegnung: Obwohl Wölfe unter ‚Wildtiere' zu rubrizieren wären, verweisen die Autoren doch auf deren natürliche Eigenschaften genau dort, wo es eigentlich um den Nachweis der Kooperationseigenschaften des Gefährtentieres Hund geht (ebd.: 322). Ebenso hätten sie berücksichtigen können, dass Wölfe sich – so bei der Wiederausbreitung in Schweden – zunehmend als Kulturfolger erweisen. Bereits diese beiden Punkte zeigen, welch kompliziertes Netzwerk von Beziehungen zwischen den durch unser Beispiel angestoßenen Gesichtspunkten des Natürlichen und des Kultürlichen besteht. Noch jedoch befinden wir uns im Kern der Tierethik – für die Frage nach dem naturphilosophischen Rahmen müssen wir weiter ausholen. Wir halten uns dazu weiter an die Klassifikation von Tieren entlang der kulturellen Dichotomie Haustier / Wildtier.

3. Natürliche Eigenschaften und Naturkontexte in der Tierethik

Der Rückgriff auf kulturelle Klassifikationen kann als Versuch gedeutet werden, sich von einer ‚metaphysischen' Suche nach natürlichen Wesensmerkmalen zu verabschieden – auch dieser Trend bestimmt die aktuelle Tierethik. Er ist v. a. dadurch motiviert, dass man metaphysische Versuche, wesentliche Eigenschaften von Tier und Mensch auszuweisen, als überkommenen, dogmatischen und hierarchischen „Perfektionismus" versteht. So sieht es bereits der Pionier der Tierethik Peter Singer (geb. 1946) – für ihn stellen die Naturphilosophie des Aristoteles (→ I.1) und das Christentum (→ I.2) den Menschen ins Zentrum, postulieren eine Stufenleiter der Naturbildungen (*scala naturae*) und rufen zu absoluter Naturunterwerfung auf. Erst Charles Darwins (1809–1882) wissenschaftliche Theorie habe die Idee der Kontinuität aller Lebewesen unter Einschluss des Menschen befördert (Singer 2014: 77–81). Ähnlich implizieren auch für Paola Cavalieri (geb. 1950) die großen Mythen der Metaphysik (→ III.7; III.8) und die Idee einer natürlichen Stufenordnung den Gedanken an moralische Hierarchien. Cavalieri (2008: 38–41) fordert stattdessen eine metaphysikfreie Ethik der Gleichheit von Menschen und Tieren. Auch wenn sich ihre Kritik v. a. gegen Friedrich Nietzsche (1844–1900) und Martin Heidegger (1889–1976) richtet, führt sie doch die Mythen einer perfektionistischen Stufenordnung auch auf die Naturphilosophien von Aristoteles, Thomas von Aquin (1224/25–1274), Gottfried W. Leibniz (1646–1716) oder Georg W. F. Hegel (1770–1831) zurück (ebd.: 7 f.).

Nach dieser egalitaristischen Kritik am perfektionistischen Gedanken kann es heute nicht mehr darum gehen, wesenhafte Eigenschaften von unveränderlichen, allgemeinen Substanzen (*das* Tier) ohne Rücksicht auf den jeweiligen Kontext zu behaupten und aus Katalogen tierlicher Eigenschaften einen verbindlichen moralischen Status der Tiere für alle möglichen Handlungszusammenhänge abzuleiten. Stattdessen fordert man relationale und kontextspezifische Zugänge (vgl. May 2014): Welche Menschen interagieren in welchen gesellschaftlichen Zusammenhängen mit welchen Zielen und unter Verwendung welcher Mittel mit welchen Tieren?

Die klassische Tierethik hingegen verwendete einen Löwenanteil ihrer intellektuellen Energie darauf, die Klasse der moralisch relevanten Einheiten eindeutig zu spezifizieren, um ein für alle Mal festzulegen, welches die Mitglieder einer Gemeinschaft moralischer Wesen sind. Dieses Exklusionsdenken war offensichtlich maßgeblich durch Naturphilosophien bestimmt. Das zeigt noch die einschlägige Systematik tierethischer Positionen von William Frankena (1979). Bestimmungsmerkmal sind hier die jeweils vorausgesetzten moralischen Entitäten. Dabei entsteht das Bild eines geschachtelten Systems von Kreisen immer größeren Umfangs: Der Egoismus zieht den engsten Kreis und erkennt nur den Handelnden selbst als moralischen Akteur an; der Holismus, für den *alles* moralisch relevant ist, den weitesten Kreis. Konzentriert man sich auf den Bereich der Kreise mittleren Umfangs, dann sind die Haupttypen der Tierethik: Anthropozentrismus, Pathozentrismus, Biozentrismus und Physiozentrismus (vgl. Pfordten 2000). Bereits diese Unterteilung weist eine Familienähnlichkeit mit der Stufenkonzeption in Aristoteles' *De anima* auf und läuft (wie auch Cavalieri und Singer betonen) auf ein gestuftes Modell von Natur hinaus. Moralisch relevante Objekte sind für den Anthropozentrismus alle Menschen (alle Personen), für den Pathozentrismus alle empfindenden Lebewesen, für den Biozentrismus alle Lebewesen überhaupt; der Physiozentrismus schließlich bestimmt die gesamte Natur (die Physis; → I.1) als moralisch relevant. Der Rückgriff auf naturphilosophische Vorstellungen ist hier unverkennbar. Er wird explizit, wenn sich Anthropozentristen auf Immanuel Kants (1724–1804) Unterscheidung von Menschen als ‚Personen‘ und Tieren als ‚Sachen‘ berufen oder wenn sich Biozentristen auf metaphysische Bestimmungen des Lebens beziehen – etwa wenn sie die Lebenstheorie von Hans Jonas (1903–1993) bemühen oder wie Albert Schweitzer (1875–1965) Arthur Schopenhauers Theorie des ‚Willens zum Leben‘.

4. Tierethik ohne Naturphilosophie?

Wie steht es nun aber mit den aktuellen Ansätzen der Tierethik? Trifft die Behauptung Singers und Cavalieris zu, dass man sich endgültig von der (metaphysischen) Naturphilosophie verabschiedet hat und eine (naturphilosophiefreie) wissenschaftlich informierte Tierethik betreibt? Zunächst scheint es so – zumindest, wenn man das Eingangsbeispiel als Paradigma einer *Begegnung* liest, in der ‚das‘ Tier (Wolf / Hund), mit Jacques Derrida (2006) gesprochen, uns „anblickt" respektive uns „angeht" (frz. doppeldeutig „nous regarde"). Auch ein Bezug auf Derridas Philosophie würde die

Abgrenzung von der Metaphysik betonen, sucht doch Derrida (1930–2004) die Begegnung von Menschen und Tieren in ihrer ganzen Ambivalenz zu erfassen und nicht zum Anlass einer Wesensbestimmung zu nehmen. Zwar geht er nicht soweit, die Grenze zwischen *dem* Menschen und *dem* Tier gänzlich zu leugnen, aber seine Aufmerksamkeit gilt doch den Differenzen, Heterogenitäten und Brüchen. Setzt man Derridas Brille auf, kippt das vertikal-statische Hierarchieverhältnis von Menschen und Tieren in ein horizontal-dynamisches Folgeverhältnis. Derrida spricht von Verfolgten und Folgenden, wobei nie eindeutig ist, wer welche Rolle innehat. Die philosophische Suche nach dem Tier, das ich also bin, „verfolgt" so zugleich die Frage, was „folgen" und „verfolgen" eigentlich bedeuten (ebd.: 88). Die philosophische Suche nach Begegnung mit dem Tier als dem Anderen, wie sie in der Wolfsbegegnung als Symbol für die Wildnis leitbildhaft wird, bedeutet dann auch, nach Art der Tiere eine *Spur* aufzunehmen: Es geht um Witterung; was man wittert, ist stets die Spur eines Anderen. Obwohl die philosophische Arbeit eigentlich dem Nachweis des spezifisch Menschlichen dient (eine anthropologische Absicht), ist gerade dieses Erkenntnisinteresse nur *ein* Ausdruck eines allgemeineren tierischen Strebens; es ist nur *ein* Ausdruck von Bemächtigung und Unterwerfung (vgl. auch Böhnert et al. 2016; Köchy et al. 2016; Wunsch et al. 2018).

Auf unser Beispiel bezogen bedeutet das: In der Wolfsbegegnung werden viele mögliche Konstellationen erkennbar, die jeweils andere Elemente des Gesamtzusammenhangs abrufen, bestimmte Relationen betonen, andere ausblenden. Die Konstellationen ,Spaziergänger / Haushund / Wolf', ,Jägerin / Jagdhund / Wolf', ,Schafhirte / Hütehund / Wolf' oder auch ,Tierbefreiungsaktivist / Laborhund / Kosmetik-Industrie' stehen für verschiedene Stränge des Versuchs einer Selbstbestimmung von Menschen in Kontaktnahme oder Konfrontation mit Tieren. Sie stehen für verschiedene Handlungskonstellationen, die je unterschiedliche moralische Vorgaben machen. Das Verhältnis von Menschen zu ihren Mitgeschöpfen ist je nach Mensch-Tier-Konstellation nicht nur facettenreich (wie es das Aufbrechen der dichotomen Unterscheidung Wolf / Hund in die vielen Facetten von Haus-, Jagd-, Hüte- und Laborhund zeigt), sondern es unterliegt auch unterschiedlichen moralischen ,Großwetterlagen'. Insoweit befinden wir uns im kontextsensitiven Szenario der aktuellen Tierethik. In allen Differenzierungslinien bleibt zudem der Akzent auf kulturelle Bestimmungen erhalten: Nicht primär biologische Einteilungen der Hundeartigen (*Canidae*) oder der – von Menschen erzeugten – Züchtungslinien wie Pudel oder Schäferhund werden zugrunde gelegt, sondern kulturelle Tiertypen.

Zugleich jedoch zeigt gerade diese erweiterte Perspektive, dass man sich niemals allein auf dem Boden der Kultur bewegt. Immer spielen nicht nur Naturkonzepte und Naturbilder in die Unterscheidungen hinein, sondern eben auch die biologischen (natürlichen) Eigenschaften der jeweiligen Tiere. Dabei werden in der philosophischen (ethischen) Betrachtung stets mehr als biologische, also natur*wissenschaftliche*, Vorstellungen abgerufen. So bleibt denn auch die neue Tierethik auf metaphysische, natur*philosophische* Annahmen angewiesen. Dieses zeigt sich, wenn man die genannten tierethischen Positionen genauer betrachtet. Zunächst fällt auf, dass weder Cavalieri noch Donaldson / Kymlicka die von ihnen behaupteten empirischen Belege für ihre philosophische Sicht auch wirklich anführen. Stets bleibt es bei pauschalisierten Hinweisen. Bei genauer Analyse wird klar, dass auch die neue Tierethik auf Zuschreibungen von tierlichen Vermögen basiert, die alles andere als naturwissenschaftlich oder metaphysikarm sind: Cavalieri setzt voraus, das alle Tiere „Agenten" sind: intentionale Wesen, die Ziele haben, welche sie zu erreichen suchen (wobei Rationalität, Selbstbewusstsein oder sprachliche Fähigkeiten nicht notwendig seien). Donaldson und Kymlicka setzen voraus, Tiere besäßen ein verletzliches „Selbst", jemand sei ‚daheim'. Tiere seien also „Subjekte" und die Zuschreibung unverletzlicher Rechte solle an diese Subjekthaftigkeit gebunden werden.

Wenden wir diese Sicht auf unser Beispiel an, dann stehen sich verschiedene Subjekte gegenüber: Menschen-, Hunde-, Wolfssubjekte. Wie sehr sich eine solche Ausweitung des Subjektkonzepts auf alle Lebewesen von der naturwissenschaftlichen Sicht wegbewegt und animistischen Deutungen annähert, macht der Film *Der letzte Wolf* (Originaltitel: *Le dernier loup*, 2015)[7] von Regisseur Jean-Jacques Annaud (geb. 1943) klar, der Wölfe als Subjekte inszeniert und als mystische Vertreter der mongolischen Naturgottheit Tengger begreift. Der Wolf ist hier vieles zugleich: ein symbolisches Kulturprodukt, das für das Nichtdomestizierte (Feindliche) oder Spirituelle (die Natur) steht, *und* ein biologisches Naturwesen.

Welche Eigenschaften sind es aber, die tierethisch Bedeutung gewinnen? Die im Gespräch zwischen Artemis und Arno erwähnten Hunde im Laborversuch etwa haben ihre Rolle als Modellorganismen möglicherweise zunächst wegen biologischer Eigenschaften, z. B. Ähnlichkeiten im Stoffwechsel mit Menschen, was ihre Verwendung für die Erprobung von Kosmetika erklärt. Für eine tierethische Begründung des Verbotes solcher Versuche wäre – wollte man pathozentrisch argumentieren – weiter das Vermögen der Tiere, Schmerzen empfinden zu können, relevant. Damit ist die Tierethik u. a. verwiesen auf die dieses Vermögen belegende biologische Struktur (Sinneszellen, ein hoch organisiertes Nervensystem) oder Funktion (Verhaltensweisen, die auf das Haben von Schmerzen schließen lassen). Als Motiv für die ethische Bewertung ist diese biologisch begründete Leidensfähigkeit der Hunde mindestens ebenso bedeutsam wie Intuitionen, die stets auch auf deren kulturelle Sonderrolle als menschliche Begleiter, Hausgenossen, Familienmitglieder zurück gehen. Diese Sonderrolle erfüllen andere Labororganismen nicht – etwa Fruchtfliegen (*Drosophila*), die uns aus der Lebenswelt höchstens als lästige Besucher überreifen Obstes bekannt sind. Allerdings überschneiden sich auch hier kulturelle und natürliche Momente. Denn für die moralische Beurteilung von Handlungen am Labortier Hund im Vergleich mit solchen am Labortier Drosophila müsste neben deren kultureller Rolle auch die unterschiedliche evolutionäre Entwicklungshöhe von Wirbeltieren und Insekten (→ IV.4) in Rechnung gestellt werden. Und selbst wenn sich diese Bestimmung an biologischen Merkmalen festzumachen scheint (wie an unterschiedlich entwickelten Nervensystemen), ist die Assoziation der biologischen Variabilität mit der Idee der Stufung letztlich doch naturphilosophischen Ursprungs.

Auch die neueren Ansätze der Tierethik sind somit darauf angewiesen, nach Eigenschaften zu suchen, die moralische Relevanz belegen. Diese Eigenschaften (Inte-

---

7 Der Film basiert auf dem Buch *Der Zorn der Wölfe* (2004) von Lü Jiamin (dt. 2008).

ressen haben, Schmerzen erleiden können, Intentionen haben …) sind stets mehr als kulturelle Zuschreibungen. Zugleich jedoch kann sich deren Behauptung nicht direkt auf naturwissenschaftliche Befunde berufen, da deren Erfassbarkeit mit wissenschaftlichen Methoden in den seltensten Fällen gegeben ist. Ferner fungieren die ‚natürlichen‘ Eigenschaften im genannten Kontext als Beleg für einen inhärenten Wert der Tiere, den es in unserem Handeln zu berücksichtigen gilt. Damit hat sich das Szenario nicht wirklich gewandelt, denn ähnlich hatten schon die naturphilosophischen Ansätze von Hans Jonas oder Paul W. Taylor (1923–2015) argumentiert (vgl. Köchy 2014).

5. Tierethik *und* Naturphilosophie

Was lernen wir deshalb aus dem eingangs geschilderten Beispiel? Die Begegnung von Menschen, Hunden und Wölfen ist zwar erdacht, könnte aber jederzeit so wirklich werden. Dann verweist sie auf die vielfältigen rechtlichen, politischen, kulturellen und alltagspraktischen Aspekte der Wiedereinwanderung von Wölfen. Die Begegnung ist bei aller Wirklichkeitsnähe aber auch eine symbolische: Menschen begegnen Tieren als Selbst-Anderen, d. h. sie begegnen sich in dieser Begegnung selbst, werden konfrontiert mit ihren Selbstbildern sowie kulturellen Vorstellungen von Tieren und Menschen. Damit eröffnet sich zugleich ein weiter Horizont von Vorstellungen über Natur und Kultur. So auch im philosophischen Feld der Tierethik. Vordergründig zeigt das Beispiel reale Konflikt- und Bedrohungsmöglichkeiten, die Handlungen von Menschen erfordern. Diese mögen mit tierethischen Überlegungen verbunden sein: Bin ich verpflichtet, im Falle eines Konflikts meinen Hund oder aber den Wolf zu schützen? Darf ich Wölfe in ihrer Bewegungsfreiheit und ihrem Habitat beschränken? Wir haben jedoch auch gesehen: Tierethisches Nachdenken erfolgt stets vor einem Vorstellungshorizont, der maßgeblich von naturphilosophischen Überlegungen geprägt ist, was zumeist jedoch nur implizit geschieht.

Was könnten deshalb wesentliche Aspekte einer explizit von Naturphilosophie begleiteten Tierethik sein? Wichtig ist festzuhalten, dass Natur*philosophie* eben nicht Natur*wissenschaft* ist (→ I.6; I.9), sondern stets Moment eines kulturphilosophischen Programms. Dieses hat v. a. Helmuth Plessner (1892–1985) betont, dessen Philosophie nicht weniger als eine neue Grundlegung der Geisteswissenschaften zum Ziel hatte. Die „horizontale“ Betrachtung des Menschen im Umfeld der Kultur wollte er ergänzen durch eine „vertikale“ Betrachtung des Menschen in seiner natürlichen Stellung als Lebewesen unter Lebewesen (Plessner [1928] 2003: 70 f.). Diese Philosophie des Menschen ist ohne eine Philosophie der Natur undenkbar; Sprachphilosophie und Kulturphilosophie allein reichen nicht aus (ebd.: 63). Zugleich steht Plessners Anthropologie aber nicht unter Perfektionismusverdacht, sondern betont vielmehr die Momente der Gebrochenheit und Fehlerhaftigkeit des Menschen.

Ergänzt man Plessners naturphilosophische Einsichten durch die ihm wesensverwandten Überlegungen von Jonas (1973: 12–18), dann wird darüber hinaus deutlich, dass die besondere Beschaffenheit des Menschen Aspekte aufweist, die Naturphilosophie notwendig in Ethik überführen. Für Jonas steht der Mensch zwar nach Begriffen des Wissens und des Handelns an der Spitze einer natürlichen Stufenordnung. Wieder zementiert diese Behauptung jedoch kein perfektionistisches Schema, sondern führt zur Einsicht in die Dialektik der Freiheit: Gesteigerte Freiheit bedeutet gesteigerte Abhängigkeit. Menschen sind zudem verantwortungsvolle Wesen, die ihre Verantwortungs*fähigkeit* ihrer Freiheit als Vernunftwesen verdanken; sie schulden jedoch ihre Verantwortungs*verpflichtung* ihrer Fehlerhaftigkeit als Naturwesen. Damit ist die Grundlage einer Verpflichtung gegenüber dem Leben gelegt: Lebendiges Sein bedeutet eine Freiheit qua Absonderung vom Naturganzen und beinhaltet zugleich eine gesteigerte Vulnerabilität. Leben bleibt bei aller Autonomie auf die Umwelt angewiesen, ja mehr noch, ist „Sein nur auf Bedingung und auf Widerruf" (ebd.: 15). Mit der Möglichkeit des Nicht-Seins (Tod) wird Dasein (Leben) zum Anliegen. Schließlich eröffnet diese Naturphilosophie auch den Weg, wie Wissen über Tiere für tierethische Entscheidungen gewonnen wird: Weil auch Menschen Lebewesen sind, verfügen sie über einen Zugang zu anderen Lebewesen (ebd.: 124).

Eine solche Naturphilosophie kann auch naturalistische Fehlschlüsse überwinden. In ihr werden nicht naturwissenschaftliche Seinsbeschreibungen formuliert, sondern Deutungen mit normativer Tönung vorbereitet. Solche Naturvorstellungen gehören wie Selbst- und Fremdbilder zum notwendigen Rahmen der Tierethik. Eine die Tierethik begleitende Naturphilosophie hätte auch die Aufgabe, mythisch-symbolische Verklärungen von Natur aufzudecken. Sie wäre jedoch getragen von der grundlegenden Einsicht, welche hohe Bedeutung das biosphärisch Andere (*biospheric other*) für unser Selbstverständnis als Menschen hat. Das bedeutet eine Einsicht sowohl in unsere eigene Verletzlichkeit als auch in die Verletzungspotenziale unserer Handlungen an Tieren. Und letztlich würde uns die naturphilosophische Reflexion auf die ambivalenten Beziehungen und Abgrenzungen zum Selbst-Anderen (Mensch-Hund-Wolf) führen und so die Basis einer verflochtenen Empathie (*entangled empathy*) bereiten, die Wölfe nicht vermenschlicht, aber dennoch anerkennt, dass sie wie wir Wesen sind, „mit denen wir eine Form des In-der-Welt-Seins teilen" (Gruen 2014: 404).

Literatur

Aristoteles, De anima = Aristoteles 1995: Über die Seele. Griech.-Dt. Hg.: H. Seidl. Hamburg.

Benton, Ted [1995] 2014: Tierrechte: Ein ökosozialistischer Ansatz. In: Schmitz, F. (Hg.): Tierethik – Grundlagentexte. Berlin: 478–511.

Böhnert, Martin / Köchy, Kristian / Wunsch, Matthias 2016: Philosophie der Tierforschung. Bd. 1: Methoden und Programme. Freiburg.

Brownlow, Alec 2000: A wolf in the garden. In: Philo, C. / Wilbert, C. (Hg.): Animal Spaces, Beastly Places. New Geographies of Human-Animal Relations. London: 143–160.

Cavalieri, Paola 2008: The Death of the Animal. New York.

Derrida, Jacques [2006] 2010: Das Tier, das ich also bin. Wien.

Donaldson, Sue / Kymlicka, Will [2011] 2013: Zoopolis. Eine politische Theorie der Tierrechte. Berlin.

Eichberg, Henning 1983: Stimmung über der Heide. In: Großklaus, G. / Oldemeyer, E. (Hg.): Natur als Gegenwelt. Karlsruhe: 197–234.

Frankena, William K. [1979] 1997: Ethik und die Umwelt. In: Krebs, A. (Hg.): Naturethik. Grundtexte der gegenwärtigen tier- und ökoethischen Diskussion. Frankfurt / M.: 271–295.

Gruen, Lori 2014: Sich Tieren zuwenden: Empathischer Umgang mit der mehr als menschlichen Welt. In: Schmitz, F. (Hg.): Tierethik – Grundlagentexte. Berlin: 390–404.

Jonas, Hans 1973: Organismus und Freiheit. Ansätze zu einer philosophischen Biologie. Göttingen.

Köchy, Kristian 2014: Von der Naturphilosophie zur Naturethik. Zur Aktualität von Hans Jonas. In: Hartung, G. et al. (Hg.): Naturphilosophie als Grundlage der Naturethik. Freiburg: 27–54.

Köchy, Kristian / Wunsch, Matthias / Böhnert, Martin 2016: Philosophie der Tierforschung. Bd. 2: Maximen und Konsequenzen. Freiburg.

Kotrschal, Kurt 2014: Wolf, Hund, Mensch. Die Geschichte einer jahrtausendealten Beziehung. München.

Lorenz, Konrad [1950 / 1965] [44]2014: So kam der Mensch auf den Hund. München.

Lynn, William S. 2002: Canis lupus cosmopolis. In: Worldviews 6: 300–327.

May, Todd 2014: Moral individualism, moral relationalism, and obligations to non-human animals. In: Journal of Applied Philosophy 31: 155–168.

Oeser, Erhard 2004: Hund und Mensch. Die Geschichte einer Beziehung. Wien.

Ojalammi, Sanna / Blomley, Nicholas 2015: Dancing with wolves: making legal territory in a more-than-human world. In: Geoforum 62: 51–60.

Pfordten, Dietmar v. d. 2000: Eine Ökologische Ethik der Berücksichtigung anderer Lebewesen. In: Ott, K. / Gorke, M. (Hg.): Spektrum der Umweltethik. Marburg: 41–65.

Plessner, Helmuth [1928] 2003: Die Stufen des Organischen und der Mensch. In: ders.: Gesammelte Schriften, Bd. 4. Darmstadt.

Schaab, Eva 2012: Von „Bello" zu „Paul". Zum Wandel und zur Struktur von Hunderufnamen. In: Beiträge zur Namenforschung 48: 131–162.

Singer, Peter 2014: Ethik der Tiere. Eine Ausweitung der Ethik über unsere eigene Spezies hinaus. In: Schmitz, F. (Hg.): Tierethik – Grundlagentexte. Berlin: 77–87.

Wunsch, Matthias / Böhnert, Martin / Köchy, Kristian 2018: Philosophie der Tierforschung. Bd. 3: Milieus und Akteure. Freiburg.

IV.6 Von der Sehnsucht nach Wildnis

Thomas Kirchhoff und Vera Vicenzotti

1. Kontroversen um Wildnis

Seit einigen Jahrzehnten ist in westlichen Kulturen, nicht zuletzt in Europa, das Interesse an Wildnis merkbar gestiegen, wie man z. B. an Veränderungen im Tourismus, im Naturschutz, im Extremsport, im Fernsehprogramm und in der Umweltbildung sehen kann. „Sehnsucht nach Wildnis" (Haß et al. 2012) ist heutzutage zwar weit verbreitet, aber kein universelles und auch kein homogenes Phänomen. Sozialempirische Studien zeigen: Nicht alle Menschen westlicher Kulturen schätzen Wildnis. Und was als Wildnis angesehen wird und warum es als Wildnis wertgeschätzt wird, kann je nach Bevölkerungsgruppe sehr unterschiedlich sein.[1]

Der bayerische Landesbund für Vogelschutz z. B. sieht die Alpen als „Europas Wildnis" an und setzt sich dafür ein, den Alpenbogen als „das wilde Herz Europas" zu erhalten.[2] Im Wirtschaftsmagazin *brand eins* hingegen werden andere Töne angeschlagen: „Was kann der Natur Besseres passieren, als dass der Mensch sie in Ruhe lässt? Dass der Mensch sie bewirtschaftet", heißt es in einem Artikel über Bergregionen im Tessin, die wegen Bevölkerungsrückgangs und des Aufgebens der Nutzung „verwildern".[3]

Deutlich schärfer sind die Wildnis-Fronten in Kontroversen um die Ausweisung von Nationalparks, z. B. um den im Schwarzwald: Die Bürgerinitiative *Freundeskreis Nationalpark Schwarzwald e. V.* argumentiert, im unbewirtschafteten Nationalpark würden sich „Urwälder" mit höherem Artenreichtum entwickeln.[4] Die Nationalparkverwaltung preist die „wilde Schönheit" im Park „mit seinem alten, kaum bewirtschafteten Mischwald, seinen beeindruckenden Baumgestalten"[5]. Die Gegner-Initiative *Unser Nordschwarzwald e. V.* hingegen veröffentlicht anlässlich der Einrichtung des Nationalparks eine Todesanzeige, in der um „Unsere Heimat" getrauert wird, deren „geliebtes Schwarzwaldgesicht" und „traditionelles Waldbild" nun dem „ungelenkten Prozessschutz zum Opfer fällt"; ein „gepflegter Wald" sei „schön", „nicht

---

1 Für ihre sehr hilfreichen Anmerkungen zu früheren Manuskriptfassungen danken wir den Gutachtern und Nicole C. Karafyllis.
2 http://www.lbv.de/unsere-arbeit/alpen.html (aufgerufen 21. 12. 2019).
3 http://www.brandeins.de/archiv/2008/extreme/adieu-heidi-land/ (aufgerufen 21. 12. 2019).
4 https://pro-nationalpark-schwarzwald.de/ und Unterseiten (aufgerufen 30. 07. 2015).
5 http://www.schwarzwald-nationalpark.de/ und Unterseiten (aufgerufen 30. 07. 2015).

aber undurchdringliche reine Fichtenwälder [...] oder Totholzflächen mit Grasfilz oder Farnflächen", die sich ohne Bewirtschaftung einstellten.[6]

Sehr unterschiedlich bewertet wird auch die Ausbreitung des Wolfes in Deutschland (BMUB / BfN 2014: 31 f.) (→ IV.5). Während die einen diese Entwicklung begrüßen, weil wir ein Stück Wildnis zurückgewinnen, reagieren andere, nicht nur Nutztierhalterinnen und -halter, mit Unbehagen, ja Angst – gelegentlich kommt es sogar zu illegalen Tötungen.

2. Begriffsbestimmung ‚Wildnis‘: Natur als Gegenwelt

Solche Kontroversen um Natur als Wildnis lassen sich nur verstehen, wenn man ‚Wildnis‘ *nicht* als einen Begriff versteht, der Gebiete mit bestimmten physischen Eigenschaften bezeichnet, die mit naturwissenschaftlichen Methoden erfassbar sind. Vielmehr handelt es sich um einen Begriff, der ausdrückt, dass einem Gebiet bestimmte symbolische Bedeutungen zugewiesen werden, die mit kultur- und geisteswissenschaftlichen Methoden zu untersuchen sind. Diese Bedeutungen können sehr unterschiedlich sein. Gemeinsam ist ihnen, dass ein Gebiet in moralischer Hinsicht als *Gegenwelt* zur Welt der Kultur bzw. Zivilisation angesehen wird, wobei Wildnis negativ oder positiv bewertet wird, je nachdem, ob die korrespondierende kulturelle Ordnung positiv oder aber negativ gewertet wird (Kirchhoff / Trepl 2009: 22; Kirchhoff / Vicenzotti 2014: 444; vgl. Großklaus 1983).

Was als Wildnis wahrgenommen und wie Wildnis bewertet wird, ist immer *subjektiv*: abhängig von der individuellen Betrachterin und von deren jeweiliger Interessenlage und Stimmung. Den Bewertungsrahmen dafür bilden jedoch *intersubjektive*, kulturelle Wahrnehmungsmuster, die im Verlauf der Sozialisation internalisiert worden sind und normalerweise unbewusst sind (Kirchhoff / Vicenzotti 2014: 444 f.). Weil es innerhalb einer Kultur und in verschiedenen Kulturen unterschiedliche moralische Ordnungen und Ideale gibt, als deren Gegenwelt ‚äußere‘ Natur – und auch die ‚innere‘ Natur des Menschen – vorgestellt wird, hat Wildnis viele verschiedene Bedeutungen. Entsprechend dem kulturgeschichtlichen Wandel ändern sich auch die Wahrnehmungen und Bewertungen von Wildnis im Laufe der Zeit. So wurden z. B. die Alpen um 1800 von einem Ort des Schreckens zu einem Ort der Sehnsucht, allein deshalb, weil sich die kulturellen Wahrnehmungsmuster gewandelt hatten (Nicolson 1959).

Diese Überlegungen zeigen, dass der Begriff ‚Wildnis‘ etwas bezeichnet, das kategorial verschieden ist von dem, was der Begriff ‚Ökosystem‘ erfasst (Kirchhoff / Trepl 2009): ‚Wildnis‘ ist ein alltagssprachlicher, lebensweltlicher Ausdruck; ‚Ökosystem‘ hingegen ist – zumindest im ursprünglichen Sinne – ein naturwissenschaftlicher Fachterminus. Eine Wildnis ist ein ästhetisch-moralischer Gegenstand, dem Eigenschaften wie ‚bedrohlich‘ oder ‚erhaben‘ zugeschrieben werden; ein Ökosystem dagegen ist ein Kausalsystem aus interagierenden Organismen und ihrer unbelebten Umwelt, das beschrieben wird mit Begriffen wie ‚Primärproduktion‘, ‚Nahrungsketten‘ und ‚Stick-

---

6 http://www.unser-nordschwarzwald.de/ und Unterseiten (aufgerufen 30. 07. 2015).

stoffkreislauf'. Es ist eine wichtige Aufgabe naturphilosophischer Reflexion, solche kategorialen Unterschiede in den Wahrnehmungsweisen, Begriffen und möglichen Eigenschaften von Natur(phänomenen) zu thematisieren (→ II.1; II.9; III.1).

3. Aktuelle Wildnisauffassungen in ideengeschichtlicher Perspektive

Die unterschiedlichen Wildnisauffassungen bzw. symbolischen Bedeutungen von Wildnis, die heutzutage in unserer Kultur gegenwärtig sind, z. B. die eingangs genannten, lassen sich nur dann verstehen und angemessen naturphilosophisch deuten, wenn man sie vor dem Hintergrund der Kulturgeschichte von Natur als Wildnis betrachtet. Als Einführung in diese Kulturgeschichte und damit als Deutungsmethode (Heuristik) für die aktuellen Wildnisdebatten eignet sich eine idealtypische Darstellung von Wildnisideen, wobei wir uns hier auf europäische Wildnisideen beschränken.[7] Diejenigen der USA und anderer westlich geprägter ‚Kolonialkulturen' wie Australien, Kanada oder Neuseeland, die die Literatur zum Thema Wildnis dominieren, unterscheiden sich von europäischen Wildnisideen v. a. in der zentralen Bedeutung, die der *frontier* zukommt – damit wird die Grenze zwischen Zivilisation und Wildnis bezeichnet, die mit den Siedlerinnen und Siedlern mitwandert (Nash 1967). Prägend für US-amerikanische Ideen von Wildnis ist ferner der Transzendentalismus, v. a. die Philosophien von Henry D. Thoreau (1817–1862) und seinem Mentor Ralph W. Emerson (1803–1882). Der Transzendentalismus war zwar von der Europäischen Romantik stark beeinflusst, unterscheidet sich von ihr aber in ihrem post-christlichen Charakter und der Betonung des Individuums, das sich in der wilden Natur selbst kultivieren soll (s. hierzu Goodman 1990; Trachtenberg 2008).

3.1 Aufklärerische Wildnisbedeutungen

Im *christlichen Denken* hat Wildnis bis ins 17. Jh. hinein fast nur negative Konnotationen: Sie ist der reale, allegorische und symbolische Ort des moralisch Bösen. Als Wildnis gilt dabei alles, was jenseits des kultivierten Gebietes von Burg, Stadt, Dorf und Feldflur liegt, also z. B. Sümpfe, Wälder, Gebirge und Meere. Manche Interpreten der heiligen Bücher der monotheistischen Religionen deuten unfruchtbare Landstriche als Zeichen göttlicher Strafe, schroffe Berge als die von der Sintflut erschaffenen Ruinen der ursprünglich ebenen Welt und die Meere als Überreste der Sintflut (vgl. Nicolson 1959; Corbin 1988). Positive Bedeutungen hat Wildnis nur z. B. als Zufluchtsort für Verfolgte (Volk Israel), als Ort des Kampfes gegen das Böse (Helden) und als Ort der Bewährung des Glaubens (Eremiten).

Im 17. Jh. ändern sich die christlichen Bedeutungen von Wildnis grundlegend: Sie erhält in *frühaufklärerischen Theorien* nun auch positive Bedeutungen (Nicolson 1959; Groh / Groh 1996: 92–149). Voraussetzung dieses Paradigmenwechsels ist v. a.

---

7 Die folgende Ideengeschichte von Wildnis basiert, ohne dass dies im Einzelnen gekennzeichnet wird, auf Kirchhoff / Vicenzotti 2014, zudem auf Kirchhoff / Trepl 2009; Kirchhoff 2011; Vicenzotti 2011. Hier angegeben sind nur einige der dort zitierten Primär- und Sekundärquellen.

die Formulierung einer Ästhetik des Unendlichen: Glaubte man bislang, die Welt sei endlich und nur Gott unendlich, werden nun die Prädikate Gottes auf die des Raumes übertragen. Auf dieser Basis erklärt Anthony Ashley-Cooper, III. Earl of Shaftesbury (1671–1713) die Tatsache: „Wildness pleases". Denn wenn sich Menschen der zweckfreien Betrachtung unkultivierter Natur hingeben, erkennen sie in einer „reasonable *Extasy*" deren göttliche harmonische Ordnung (Shaftesbury [1732] 2001: II, 43 u. 217–228), womit sich gerade Wildnis, die aus menschlicher Perspektive ungeordnet und nutzlos erscheint, als Ort erweist, an dem noch – von Menschen unverdorben – die perfekte göttliche Ordnung der Welt herrscht.

Mit der aufklärerischen Loslösung von religiösen Weltauffassungen bilden sich neue, säkularisierte Ideen von Individualität und Gesellschaft heraus und, in deren Gefolge, auch neue Wildnisbedeutungen. Im *Liberalismus* nimmt Wildnis, verstanden als ein unerforschtes, unkontrolliertes und ungenutztes Gebiet, eine Doppelbedeutung an: Einerseits symbolisiert sie in vertragstheoretischen Konzepten der Vergesellschaftung (→ I.4 / Abschn. 4) den (fiktiven) vorgesellschaftlichen Naturzustand des Menschengeschlechts – einen Zustand, der laut Thomas Hobbes (1588–1679) aufgrund des natürlichen Selbsterhaltungstriebs des Menschen in einen chaotischen und unhaltbaren Kriegszustand führt (Hobbes 1651; s. Bredekamp 2020). Andererseits ist die Wildnis der symbolische und reale Ort, an dem das Individuum unbeeinträchtigt durch gesellschaftliche Regeln und Zwänge gemäß seiner eigenen Natur, also vollkommen frei, leben kann.

Gemäß der von Immanuel Kant (1724–1804) prominent repräsentierten *demokratietheoretischen Aufklärung* ist man hingegen unfrei, wenn man seinen Instinkten und Trieben unterliegt, und frei, wenn man seiner Vernunft folgt. Der Mensch muss seine Triebnatur beherrschen, damit er sich an den Vernunftideen orientieren und frei handeln kann. Äußere Wildnis symbolisiert die Triebnatur des Menschen und hat insofern negative Konnotationen. Die Tatsache, dass die Menschen jedoch angesichts von Wildnis nicht nur Abscheu und Furcht, sondern auch „negative Lust" (Kant 1790 / 1793: § 23 / B76) empfinden können, deutet Kant so: Diese negative Lust tritt auf, wenn bzw. weil der Anblick von übermäßig großen oder regellosen Naturphänomenen, die unser Anschauungsvermögen überwältigen (mathematisch Erhabenes), oder – von einem sicheren Standort aus – der Anblick von Naturphänomenen, deren physischer Macht wir als Sinnenwesen nicht widerstehen könnten (dynamisch Erhabenes), zugleich mit der Einsicht in unsere Begrenztheit als Sinnenwesen auch das „Gefühl eines übersinnlichen Vermögens in uns" (ebd.: § 25 / B85), d. h. die Idee der Vernunft, wachruft (s. Clewis 2009; → IV.7 / Abschn. 6). Wildnis ist also nicht selbst erhaben wie bei Shaftesbury, sondern der Ort der Selbstbestätigung des Vernunftsubjekts, das sich über seine eigene Triebnatur erheben kann (→ III.2 / Abschn. 2).

3.2 Aufklärungskritische Wildnisbedeutungen

Im *Übergang zur Aufklärungskritik* kommt eine weitere Bedeutung von Wildnis auf, die sich mit Jean-Jacques Rousseaus (1712–1778) Ideen illustrieren lässt. Rousseau (1755) stilisiert – so die gängige Deutung – Wildnis zum von der Zivilisation unverdorbenen Naturzustand. Jedoch wird meist übersehen, dass sich Rousseau keinesfalls für einen

Primitivismus ausspricht und ihm Wildnis nicht als Idealzustand der Menschheit gilt
(→ III.7 / Abschn. 1). Die berühmte Formel „Zurück zur Natur" stammt auch nicht
von ihm, sondern von seinen zeitgenössischen Kritikern, die sich gegen seinen angeblichen Primitivismus wenden. Rousseaus tatsächliches Ideal ist eine republikanische,
agrarische Gemeinschaft, die ein unentfremdetes, vernünftiges und tugendhaftes
Leben ermöglicht (Rousseau 1762). Da die gegenwärtigen gesellschaftlichen Lebensbedingungen allerdings weit von diesem Ideal entfernt seien, gilt ihm der einsame
Aufenthalt in der unverdorbenen Wildnis als bestmöglicher Ersatz für das Leben in
tugendhafter Gemeinschaft (vgl. Trachtenberg 2008).

Die in Europa um 1800 einsetzende *Frühromantik* ist durch die Erfahrung geprägt,
dass die Aufklärung die christliche Ordnung aufgehoben und das Subjekt zur Autonomie ermächtigt hat. Dies wird von den Romantikern als Bedeutungsverlust erlebt.
Gegen die Vernunft, der die Frühromantiker zutiefst misstrauen, setzen sie die Wertschätzung der Unvernunft ästhetischer Autonomie und wilder Natur in all ihrer Irra-
tionalität. Die Romantiker interpretieren die ambivalenten Gefühle, die die Menschen
bei der Betrachtung tiefer Schluchten, gähnender Abgründe und reißender Wasserfälle
erfassen, nicht – wie Kant – als Beweis der Vernunftüberlegenheit des Menschen über
die Natur, sondern als Ausdruck der dunklen (‚okkulten'), sich der Vernunft entziehenden Seite der Natur, als Spiegel der Abgründe der eigenen Seele (vgl. Praz 1930).
Wildnis wurde so zu einem ausgezeichneten Ort der Sehnsucht nach dem unerreich-
baren Unendlichen und dem Unbedingten, zu einem Ort, der sich für ein „Vagieren
der Empfindung" (Koschorke 1990: 183) des ästhetisch produktiven Subjektes anbietet.

Im *frühen englischen Konservatismus* wird der sinnlichen Erfahrung von Natur auf
neuartige Weise positive Bedeutung beigemessen. Edmund Burke (um 1729–1797)
entwickelt eine physiologische Theorie des Erhabenen, nach der erhabene Naturphänomene unser Vernunftvermögen lähmen und sogar einen Zustand hervorrufen
können, in dem unsere Seele von Furcht und Schmerz überwältigt wird. Diese Erfahrung werde aber als „delightful" (Burke 1757: IV.7) erlebt, weil sie die Nerven stärke
und somit die Funktionsfähigkeit des Körpers fördere. Auf diese Weise wird Wildnis
zum Heilmittel gegen Verweichlichungstendenzen und Vergnügungssucht und steht
damit im Dienst der Gesundheit.

Im *klassischen deutschen Konservatismus* gelten die liberalistische Gesellschaft und
die moderne Großstadt als Wildnis. Sie sind der symbolische und reale Ort eines un-
gebundenen, unmoralischen, zügellosen und triebgesteuerten Lebens. Wahre Freiheit
bestehe darin, dass die Individuen ihren vorgegebenen Platz in der gesellschaftlichen
Ordnung annehmen und ihren Begabungen gemäß ausfüllen und so zur Erhaltung
und Weiterentwicklung der traditionellen Ordnung beitragen. Folglich wertschätzt
der klassische deutsche Konservatismus v. a. Kulturlandschaften (→ II.9 / Abschn. 3),
nicht wilde Naturlandschaften. Wildnis wird im deutschen Konservatismus aber auch
positiv bewertet, wie sich z. B. bei Wilhelm H. Riehl (1823–1897) zeigt (Riehl 1854):
Unkultivierte Natur und scheinbar unzivilisiert lebende Menschen werden zu bewah-
renswerten Überresten einer unverdorbenen, dem guten Ursprung nahestehenden
Natur stilisiert. Ein Aufenthalt in wilder Natur kann die Fähigkeit, die natürliche
Ordnung instinktiv zu erspüren, wieder aufleben lassen.

3.3 Aktuelle Transformationen klassischer Wildnisbedeutungen

Die dargestellten Wildnisbedeutungen sind bis heute in westlichen Kulturen präsent: Für die zunehmende Sehnsucht nach wagemutigen Abenteuern in der Wildnis und Slogans wie „Um wirklich frei zu sein, braucht man nichts als unberührte Wildnis und ein wenig Wahnsinn im Blut"[8] dürften zumeist liberalistische Wildnisbedeutungen den Hintergrund bilden.[9] Wenn, früher wie heute, die Aufgabe der Nutzung kultivierter Flächen nicht begrüßt, sondern als ‚Verwilderung' und zuweilen auch als Verlust von Heimat beklagt wird (s. die Eingangsbeispiele), so liegt dem zumeist eine konservative Wildnisauffassung zugrunde. Die weit verbreitete Faszination für die ästhetisch-distanzierte Betrachtung von Gebirgen, die diese zu Orten des Massentourismus gemacht hat, lässt an Kants Theorie des Naturerhabenen denken. Es kann sich aber auch um Gefühle von Ehrfurcht handeln, die in der Tradition theologischer Konzeptionen wie der von Shaftesbury stehen. Rousseauistische Ansichten bzw. das, was man (irrtümlich) für sie hält, fundieren die anhaltende Bewunderung sog. Ur- und Naturvölker (→ III.9) wie auch wissenschaftliche Theorien über diese – wobei mit Topoi wie „Edle Wilde" und „Gute Wilde" (→ III.7 / Abschn. 3) nicht selten (eurozentristisch) ignoriert wird, dass es sich bei diesen um Kulturen in Kulturlandschaften und nicht um Menschen im Naturzustand handelt. Einige der gegenwärtigen Wildnisbedeutungen lassen sich unter diese klassischen Bedeutungen zwar nicht subsumieren, können aber als deren Transformationen interpretiert werden:

(1.) Mit dem Aufkommen der Umweltbewegung in den 1960er Jahren nimmt der Wildnisbegriff auch die positive Bedeutung einer Gegend an, in der die ökologischen Bedingungen ‚natürlich' sind, d.h. von Menschen unverändert. Zwei Varianten dieser *naturalisierten, ökologisierten Wildnisbedeutung* können unterschieden werden: (a) Wildnis wird als ursprüngliche, vom Menschen unbeeinträchtigte, natürliche *Ordnung* wertgeschätzt. Man nimmt an, dass die Selbstorganisation der Natur, wenn sie von Menschen ungestört verlaufen ist, zu einer perfekten ökologischen Organisationsweise geführt hat, deren Komplexität, Effizienz, Stabilität usw. die menschlicher Ordnungen und Artefakte bei weitem überschreitet (→ III.5 / Abschn. 6; IV.3 / Abschn. 2). Wildnis könne deshalb den Menschen zu Ehrfurcht vor der Natur und zu maßvoller Bescheidenheit im eigenen Handeln veranlassen.[10] Weil diese perfektionistisch-organizistische Naturauffassung keine Basis in (heutzutage noch) anerkannten naturwissenschaftlichen Theorien hat (s. Potthast 2004; Kirchhoff 2014), liegt es nahe, diese Wildnisauffassung als eine verwissenschaftlichte Reformulierung optimistischer Kosmologien wie der von Shaftesbury zu deuten. (b) Wildnis meint v.a. *Wildheit*, d.h. das aktuelle Vorhandensein einer Vielzahl unregulierter natürlicher Prozesse. Diese Wildnisbedeutung scheint fundiert zu sein in einer kulturellen Sehnsucht nach Freiheit von der Zähmung der Instinktnatur des Menschen durch die Gesellschaft und insofern auf liberalistischen Wildnisauffassungen aufzubauen. Der Abenteurer

---

8 https://www.visitfinland.com/de/erlebnisse/ (aufgerufen 21.12.2019).

9 Hintergrund können auch anarchistische Positionen sein, auf deren Basis Wildnis eine nicht durch Gesellschaft normierte Menschlichkeit symbolisiert.

10 https://www.succow-stiftung.de/wildnisentwicklung.html (aufgerufen 21.12.2019).

Rüdiger Nehberg (geb. 1935) exemplifiziert dies, wenn er mit rudimentärer Ausrüstung im Dschungel – das ist in unserer Kultur *der* symbolische Ort des unregulierten Überlebenskampfes aller gegen alle – zu überleben versucht. Nehberg strebt danach, seinen Instinkten zu folgen, wozu man v. a. die kulturell erworbenen Gefühle von Ekel überwinden müsse (Haß et al. 2012: 123 f.). Seit Mitte der 1990er Jahre haben ehemals kultivierte, urbanisierte oder industrialisierte Flächen (Stadt- und Industriebrachen) die Bedeutung wilder Natur angenommen, wobei sich die Wildheit hier modifiziert zu einer Symbolik der *Wieder*eroberung von ehemals Kultiviertem durch Natur, die den Menschen, v. a. Kindern (→ IV.1), Freiräume für ein unreglementiertes Leben eröffnet. So z. B. beschreibt das Herner Projekt „Wildnis für Kinder" sein Programm damit, dass es „Natur und Kindern gleichermaßen Chancen zur ‚Rückeroberung' gibt!"[11] Die Spuren früherer menschlicher Kontrolle und Gestaltung müssen für diese Symbolik sichtbar sein, z. B. als Ruinen ehemaliger Industriebauwerke oder als überwucherte Gleisanlagen.

(2.) Im Zusammenhang mit Extremsportarten, die wie Wildwasserkajak, Extrembergsteigen und Extremski in der Natur ausgeübt werden, hat Wildnis an Bedeutung gewonnen als *Ort des Thrills*, der im Gegensatz steht zur Routine des modernen Alltagslebens. Mindestens drei Varianten sind zu unterscheiden: (a) Das Risiko einer unvorhersehbaren gefährlichen Situation, der man sich nicht einfach aussetzt, sondern die erst dadurch entsteht, dass man aktiv eine (sportliche) Handlung vollzieht, wird ähnlich erlebt wie Burkes *delightful horror*. Dieses Risiko stellt den Kontakt zu basalen menschlichen Gefühlen wieder her, von denen man im bequemen urbanen Leben entfremdet ist. Das Wildniserleben ist hier jedoch sekundär, da sich dieselben Gefühle auch in einer völlig artifiziellen Umgebung einstellen können. (b) Bestimmend ist die Sehnsucht nach Authentizität als Heilmittel gegen Entfremdungserfahrungen im modernen städtischen Leben. Dies erinnert an die Wildniswahrnehmung bei Riehl, nur scheint im Extremsport die ungehinderte physische Aktivität den Zugang zu Gefühlen der Authentizität herzustellen und nicht, wie bei Riehl, die kontemplative Innenschau. (c) Im Vordergrund steht die Selbstvergewisserung durch die Bewältigung physischer Herausforderungen. Darin kann man eine naturalisierte Variante der kantischen Autonomieerfahrung angesichts erhabener Natur sehen: Es ist der *Körper* (statt der Sinne), der *physisch* überwältigt ist, und die Selbstbehauptung entspringt der rationalen Kontrolle und dem aktiven Gebrauch der *Instinkte* (statt der Vernunft). So beschreibt z. B. Reinhold Messner (geb. 1944) seine Bergbesteigungen (ebd.: 120 f.).

(3.) An Bedeutung gewonnen hat Wildnis aber auch als *Ort der Ruhe*. Als Indiz dafür kann man ansehen, dass in einem Beitrag des Magazins *mobil* konstatiert wird, in Nationalparks fänden Besucher v. a. eins: Ruhe (Keppler 2015). Wildnis kann Ort symbolischer Ruhe sein, weil sie als Ort harmonischer natürlicher Ordnung und als Gegenwelt zu kultureller Unordnung und zivilisatorischem Chaos wahrgenommen wird. Sie kann Ort psychischer und physiologischer Ruhe sein wegen des realen Fehlens zivilisatorischer Anforderungen sowie der entsprechenden Geräuschkulisse und Geschäftigkeit. Sie kann Ort sinnlicher Ruhe sein wegen des Fehlens zivilisatorischer

---

11 https://www.ruhr-guide.de/freizeit/familie-und-kinder/wildnis-fuer-kinder-in-herne/21728,0,0.
   html (aufgerufen 22. 12. 2019).

Reize. Ob es sich hierbei um eigenständige Bedeutungstypen von Wildnis handelt oder um psychologisierende, ästhetisierende etc. Varianten bereits beschriebener Typen, muss hier offen bleiben.

(4.) Den bisher beschriebenen Wildnisauffassungen ist gemeinsam, dass Wildnis eine *bedeutungsvolle* Gegenwelt mit bestimmten moralischen Konnotationen ist. Wildnis und ‚Wilde‘ können aber auch, z. B. im Sinne des existenziellen Nihilismus in Friedrich Nietzsches (1844–1900) Spätwerk, eine amoralische Daseinsweise repräsentieren: Wildnis wird wertgeschätzt als Ort, an dem der Rahmen kultureller Bedeutung und Moral überhaupt (und nicht nur der Rahmen einer bestimmten Bedeutung oder Moral) verlassen ist oder zumindest aufgehoben zu sein scheint (Drenthen 2005). Eine solche Wildnisauffassung liegt nicht nur jenseits der Zielsetzung klassischer Renaturierungsprojekte des Naturschutzes. Sie liegt auch jenseits der Paradoxie, dass Wildnis, die die kulturelle Bedeutung einer Gegenwelt zur Zivilisation hat, vielfach zum Objekt zivilisatorischer Vermarktung geworden ist.

4. Wildnis im Anthropozän?

Menschen und ihre Spuren sind auf diesem Planeten allgegenwärtig: Menschen nutzen fast alle Gebiete der Erde, der anthropogene Klimawandel hat Auswirkungen bis in die Tiefsee, es gibt in der Biosphäre wohl keine makroskopischen Naturphänomene mehr, die nicht – zumindest indirekt und in geringem Maße – durch den Menschen beeinflusst sind. Seit einiger Zeit wird sogar die These vertreten, wir lebten im Anthropozän, weil die Entwicklung der Biosphäre mittlerweile wesentlich durch die Menschen geprägt sei (für eine kritische Analyse dieser These siehe Arias-Maldonado / Trachtenberg 2019). Gibt es also, wie so Viele schon seit Jahrzehnten sagen, auf der Erde keine Wildnis mehr? Leben wir in einer „post-wild world" (Marris 2011)?

Eine solche Behauptung hat zur Voraussetzung, dass eine bestimmte Wildnisauffassung – nämlich Wildnis als vom Menschen unberührte, noch vollständig natürliche Gegend – absolut gesetzt wird. Sie ignoriert, dass es andere Wildnisauffassungen gibt, in denen anthropogene Veränderungen nicht im grundsätzlichen Widerspruch zur Existenz von Wildnis stehen, weil die Zuweisung der symbolischen Wildnisbedeutungen trotz dieser Veränderungen noch möglich ist. Dass Stadt- und Industriebrachen als Wildnis wahrgenommen werden,[12] ist dafür ein deutliches Beispiel, ebenso wie Initiativen zur Rückverwilderung *(rewilding)*.[13] Verteidigt man jene Behauptung mit dem Hinweis, die ihr zugrunde liegende Wildnisauffassung sei privilegiert, weil sie und nur sie naturwissenschaftlich sei, so ist dem entgegenzuhalten: ‚Unberührt‘ und ‚natürlich‘ sind keine naturwissenschaftlichen Begriffe, sondern kulturelle Bedeutungszuweisungen bzw. Wertungen (Kirchhoff 2018: 73–76; Birnbacher 2019), sodass diese Wildnisauffassung – wie alle anderen – keine naturwissenschaftliche ist, sondern eine lebensweltlich-kulturelle.

---

12 Siehe z. B. https://www.duh.de/stadtwildnis/ (aufgerufen 22. 12. 2019).

13 Siehe z. B. https://rewildingeurope.com/ (aufgerufen 21. 12. 2019). Für eine nuancierte Analyse ausgewählter Rückverwilderungsinitiativen s. Deary / Warren 2019; DeSilvey / Bartolini 2019.

Literatur

Arias-Maldonado, Manuel / Trachtenberg, Zev (Hg.) 2019: Rethinking the Environment for the Anthropocene: Political Theory and Socionatural Relations in the New Geological Epoch. London.

Birnbacher, Dieter 2019: Natürlichkeit. In: Kirchhoff, T. (Hg.): Online Encyclopedia Philosophy of Nature / Online Lexikon Naturphilosophie. Heidelberg, doi: https://doi.org/10.11588/oepn.2019.0.65541.

BMUB / BfN 2014: Naturbewusstsein 2013. Bevölkerungsumfrage zu Natur und biologischer Vielfalt. Berlin / Bonn.

Bredekamp, Horst [5]2020: Thomas Hobbes – Der Leviathan. Das Urbild des modernen Staates und seine Gegenbilder. 1651–2001. Berlin.

Burke, Edmund 1757: A Philosophical Inquiry into the Origin of Our Ideas on the Sublime and Beautiful. London.

Clewis, Robert R. 2009: The Kantian Sublime and the Revelation of Freedom. Cambridge.

Corbin, Alain [1988] 1994: Meereslust. Das Abendland und die Entdeckung der Küste 1750–1840. Frankfurt / M.

Deary, Holly / Warren, Charles R. 2019: Trajectories of rewilding: A taxonomy of wildland management. In: Journal of Environmental Planning and Management 62 (3): 466–491.

DeSilvey, Caitlin / Bartolini, Nadia 2019: Where horses run free? Autonomy, temporality and rewilding in the Côa Valley, Portugal. In: Transactions of the Institute of British Geographers 44 (1): 94–109.

Drenthen, Martin 2005: Wildness as a critical border concept: Nietzsche and the debate on wilderness restoration. In: Environmental Values 14: 317–337.

Goodman, Russell B. [1990] 2008: American Philosophy and the Romantic Tradition. Cambridge.

Groh, Ruth / Groh, Dieter 1996: Weltbild und Naturaneignung. Zur Kulturgeschichte der Natur. Frankfurt / M.

Großklaus, Götz 1983: Einleitung. In: Großklaus, G. / Oldemeyer, E. (Hg.): Natur als Gegenwelt. Beiträge zur Kulturgeschichte der Natur. Karlsruhe: 8–12.

Haß, Anne / Hoheisel, Deborah / Kangler, Gisela et al. 2012: Sehnsucht nach Wildnis. Aktuelle Bedeutungen der Wildnistypen Berg, Dschungel, Wildfluss und Stadtbrache vor dem Hintergrund einer Ideengeschichte von Wildnis. In: Kirchhoff, T. et al. (Hg.): Sehnsucht nach Natur. Über den Drang nach draußen in der heutigen Freizeitkultur. Bielefeld: 107–141.

Hobbes, Thomas [1651] 1996: Leviathan. [Dt. Übersetzung]. Hg.: H. Klenner. Hamburg.

– [1651] 2008: Leviathan. [Or The Matter, Forme, & Power of a Common-Wealth Ecclesiasticall and Civill.] Hg.: J. C. A. Gaskin. Oxford.

Kant, Immanuel [1790 / 1793] [20]1974: Kritik der Urteilskraft. Werkausgabe, Bd. X. Hg.: W. Weischedel. Frankfurt / M.

Keppler, Oliver 2015: Jetzt mal ganz ruhig. In: mobil. Das Magazin der Deutschen Bahn 2015 (11): 54–62.

Kirchhoff, Thomas 2011: ‚Natur' als kulturelles Konzept. In: Zeitschrift für Kulturphilosophie 5 (1): 69–96.

– 2014: Müssen wir die historisch entstandenen Ökosysteme erhalten? Antworten aus nutzwert- und eigenwertorientierter Perspektive. In: Hartung, G. / Kirchhoff, T. (Hg.): Welche Natur brauchen wir? Analyse einer anthropologischen Grundproblematik des 21. Jahrhunderts. Freiburg: 223–247.

– 2018: ‚Kulturelle Ökosystemdienstleistungen'. Eine begriffliche und methodische Kritik. Freiburg.

Kirchhoff, Thomas / Trepl, Ludwig 2009: Landschaft, Wildnis, Ökosystem: Zur kulturbedingten Vieldeutigkeit ästhetischer, moralischer und theoretischer Naturauffassungen. Einleitender

Überblick. In: dies. (Hg.): Vieldeutige Natur. Landschaft, Wildnis und Ökosystem als kulturgeschichtliche Phänomene. Bielefeld: 13–66.

Kirchhoff, Thomas / Vicenzotti, Vera 2014: A historical and systematic survey of European perceptions of wilderness. In: Environmental Values 23 (4): 443–464.

Koschorke, Albrecht 1990: Die Geschichte des Horizonts. Grenze und Grenzüberschreitung in literarischen Landschaftsbildern. Frankfurt / M.

Marris, Emma 2011: Rambunctious Garden. Saving Nature in a Post-Wild World. New York.

Nash, Roderick F. [1967] ⁵2014: Wilderness and the American Mind. New Haven / CT.

Nicolson, Marjorie H. [1959] 1997: Mountain Gloom and Mountain Glory: The Development of the Aesthetics of the Infinite. London.

Potthast, Thomas 2004: Die wahre Natur ist Veränderung. Zur Ikonoklastik des ökologischen Gleichgewichts. In: Fischer, L. (Hg.): Projektionsfläche Natur. Zum Zusammenhang von Naturbildern und gesellschaftlichen Verhältnissen. Hamburg: 193–221.

Praz, Mario [1930] ⁴1994: Liebe, Tod und Teufel. Die schwarze Romantik. München.

Riehl, Wilhelm H. 1854: Die Naturgeschichte des Volkes als Grundlage einer deutschen Social-Politik. Erster Band: Land und Leute. Stuttgart.

Rousseau, Jean-Jacques 1755: Discours sur l'origine et les fondements de l'inégalité parmi les hommes. Amsterdam.

Rousseau, Jean-Jacques [1755] ⁷2019: Diskurs über die Ungleichheit. Discours sur l'inégalité. Hg.: H. Meier. Paderborn.

– 1762: Du contrat social ou principes du droit politique. Amsterdam.

– [1762] 2013: Vom Gesellschaftsvertrag oder Grundsätze des Staatsrechts. Hg.: H. Brockard / E. Pietzcker. Stuttgart.

Shaftesbury, Anthony Ashley-Cooper, III. Earl of [1732] 2001: Characteristicks of Men, Manners, Opinions, Times. Hg.: D. den Uyl. Indianapolis.

Trachtenberg, Zev 2008: The exile and the moss-trooper: Rousseau and Thoreau on walking in nature. In: O'Neal, J. C. (Hg.): The Nature of Rousseau's ‚Rêveries': Physical, Human, Aesthetic. Oxford: 209–222.

Vicenzotti, Vera 2011: Der ‚Zwischenstadt'-Diskurs. Eine Analyse zwischen Wildnis, Kulturlandschaft und Stadt. Bielefeld.

IV.7 Faszination Kosmologie

Claus Beisbart und Brigitte Falkenburg

1. Annäherungen

„Der Weltraum – unendliche Weiten. Wir schreiben das Jahr 2200. … Viele Lichtjahre von der Erde entfernt, dringt die Enterprise in Galaxien vor, die nie ein Mensch zuvor gesehen hat." Diese Worte aus dem Vorspann der Fernsehserie *Star Trek* gehören heute zum festen Bestandteil der Populärkultur. Sie sind nicht nur Chiffre für Serien und Kinofilme mit Kultstatus, sondern spiegeln auch die menschliche Faszination für das Weltall, dessen Erkundung im Mittelpunkt der *Star Trek*-Geschichten steht (US-amerikanische Fernsehserie 1966–1969 mit Fortsetzungen in weiteren Serien). Das Interesse am Universum manifestiert sich aber auch in unzähligen Fernsehdokumentationen, z. B. aus der Reihe *Geheimnisse des Universums* (engl. *The Universe*, seit 2007). Mit spektakulären Bildern, die teils beobachtete, teils auf Computern simulierte kosmische Materie-Aggregationen zeigen, vermitteln sie neueste Erkenntnisse aus der Kosmologie, also aus jener Wissenschaft, die sich mit dem Universum beschäftigt. Auch Bestseller wie die Bücher *Die ersten drei Minuten* (Weinberg 1977) und *Eine kurze Geschichte der Zeit* (Hawking 1988) legen beredtes Zeugnis ab vom weitverbreiteten Interesse für das Universum und für die Kosmologie. Dass dieses Fach seit Jahrzehnten im Fokus von populärwissenschaftlichen Zeitschriften wie *Spektrum der Wissenschaft* bzw. *Scientific American* steht, belegt, dass wir es hier nicht mit einem kurzfristigen Hype, sondern mit einem lang anhaltenden Interesse zu tun haben.

Doch warum faszinieren uns die Erkenntnisse der Kosmologie? Und was genau interessiert uns am Weltall? Sofern diese Fragen nur auf faktische Ursachen für das Interesse an der Kosmologie zielen, sind sie empirisch durch Umfragen und medienwissenschaftliche oder psychologische Forschung zu beantworten. Demgegenüber kann die Naturphilosophie insofern zur Erhellung beitragen, als sie diese Fragen in einen weiteren historischen Kontext stellt und mit Blick auf die Philosophie- und Wissenschaftsgeschichte an traditionelle Erwartungen erinnert, die sich mit der Kosmologie verbinden. Außerdem kann sie prüfen, inwiefern Einstellungen, die der Faszination der Kosmologie zugrunde liegen, legitim oder rational sind.

In diesem Sinne wollen wir zunächst skizzieren, wie sich die Bedeutung der Kosmologie für das menschliche Selbstverständnis historisch entwickelt hat. Wir untersuchen dann, inwieweit mögliche Einstellungen, die hinter der Faszination für kosmologische Ergebnisse stehen, gerechtfertigt sind. Dabei liegt der Fokus auf einer Kosmologie, die dezidiert das Weltall und damit die gesamte natürliche Welt in den Blick nimmt.

Wir streifen aber auch die Bedeutung wissenschaftlicher Erkenntnisse, die nur unsere nähere Umgebung, etwa unser Sonnensystem oder unsere Galaxie, betreffen. Dabei können wir nicht immer streng zwischen der Kosmologie als Lehre vom Universum und ihrer heutigen physikalischen Ausprägung unterscheiden.

2. Historische Skizze

Mythen (→ I.1) und religiöse Erzählungen des alten Orients wie die *Theogonie* von Hesiod (vor 700 v. Chr.) oder der erste Schöpfungsbericht des Alten Testaments (1. Mose 1,1–2,4) artikulieren ein kosmologisches Interesse, insofern sie die Entstehung der gesamten Welt thematisieren. Damit wird die Existenz des Menschen in räumlicher und zeitlicher Hinsicht in ein geordnetes Ganzes eingebettet: Der Ursprung des Menschen wird in eine Schöpfungsgeschichte von kosmischer Dimension integriert (→ I.2; II.2), und der Mensch erhält auch räumlich seinen Platz in der Welt. Daran knüpft sich ein menschliches Selbstverständnis, das genuin handlungsleitende Aspekte aufweist (vgl. dazu etwa 1. Mose 1,28).

Die westliche Philosophie beginnt in der antiken Naturphilosophie ebenfalls mit einer genuin kosmologischen Frage, die auf den Ursprung (griech. *arché*) von allem zielt (→ II.3). Wenn einige Vorsokratiker die Göttlichkeit der Sterne bestreiten und die *arché* rein materiell z. B. als Wasser bestimmen, provozieren sie einen Konflikt mit der angestammten Religion. Sie werden aber auch als weltfremd angesehen, wie aus einer bekannten Anekdote hervorgeht. In dieser ruft Thales von Milet (um 624–um 548 v. Chr.) das Gelächter einer thrakischen Magd hervor, weil er so konzentriert den Himmel beobachtet, dass er in einen Brunnen fällt (vgl. Platon, Theaitetos 174a). Sokrates (469–399 v. Chr.) wendet sich von kosmologischen Fragen ab und thematisiert mit der für ihn typischen Fragetechnik die menschlichen Tugenden unabhängig von einer Verortung des Menschen im Kosmos. In der Folge gründet Aristoteles (384–322 v. Chr.) seine Ethik vollständig auf die Natur des Menschen. Allerdings sieht er die höchste Bestimmung des Menschen in der Theorie, also der interesselosen Erkenntnis bleibender Zusammenhänge, und weist damit auch Anstrengungen, die kosmologisch genannt werden können, einen wichtigen Platz zu. Er entwickelt außerdem auf der Grundlage des Wissens seiner Zeit das Bild einer ‚geschlossenen‘ Welt, die mit einer Unterteilung von super- und supralunarem Bereich eine hierarchische Ordnung aufweist (→ I.1).

Auf dieser Basis wird im Mittelalter das geozentrische, ptolemäische Weltbild vertreten. Erst die wissenschaftliche Revolution des 17. Jhs. ersetzt es durch das heliozentrische, kopernikanische Weltbild. Dieser Schritt geht einher mit der neuen Physik, die Galileo Galilei (1564–1642) und Isaac Newton (1643–1727) begründen, und schafft die Voraussetzung für die These eines unendlichen Universums (→ I.1), wie sie Giordano Bruno (1548–1600) vertritt. Dies führt auch zu Auseinandersetzungen, die die Theologie und das Selbstverständnis des Menschen betreffen. So äußert Blaise Pascal (1623–1662) Erschrecken über die Weiten eines unendlichen Universums. Verbreitung erlangt der Begriff ‚Kosmologie‘ aber erst durch Christian Wolff (1679–1754), der zwischen einer physikalischen und einer metaphysischen Kosmologie unterscheidet.

Im Sinne der physikalischen Kosmologie entwirft Immanuel Kant (1724–1804) in der *Allgemeine[n] Naturgeschichte und Theorie des Himmels* (1755) ein Modell für die Entstehung kosmischer Strukturen; die metaphysische Kosmologie hingegen verwirft er in seiner *Kritik der reinen Vernunft* (1781), die bestreitet, dass der Mensch die Welt im Ganzen erkennen kann. Damit sollte die Kosmologie nur noch insofern für das menschliche Selbstverständnis relevant sein, als sie eine prinzipielle Erkenntnisgrenze markiert. Doch gänzlich irrelevant für das moralische Handeln des Menschen ist der Kosmos auch bei Kant nicht: In einer berühmten Passage stellt er den „bestirnte[n] Himmel über mir" neben „das moralische Gesetz in mir" (Kant [1788] 1913: 161). Die Verknüpfung zwischen Kosmos und menschlicher Moral ergibt sich dabei über die Ehrfurcht. In der Zeit nach Kant wird die Kosmologie zum Randthema der Philosophie. Georg W. F. Hegel (1770–1831) drückt sogar seine Geringschätzung des Weltalls und der Sterne im Vergleich zu den Sphären des Lebens und des Geistes aus. Eine prägnante Ausnahme ist Alfred N. Whiteheads (1861–1947) *Process and Reality: An Essay in Cosmology* (1929).

Die physikalische Kosmologie entwickelt sich erst seit den 1920er Jahren zu einer wichtigen physikalischen Disziplin, die mit der Allgemeinen Relativitätstheorie ein solides theoretisches Fundament besitzt und auf Beobachtungen zurückgreift. Mit dem ‚Konkordanz-Modell' hat sich um 2000 schließlich ein spezifisches Modell durchgesetzt, das mit Beobachtungen unterschiedlicher Art, insb. von Galaxien und der kosmischen Hintergrundstrahlung, im Einklang steht.

Insgesamt hat sich die Kosmologie damit, wie viele andere Wissenschaften, von der Philosophie emanzipiert und sich auf empirische Untersuchungen spezialisiert, deren Ergebnisse für das aktuelle philosophische Denken kaum Bedeutung haben. Warum fasziniert die Kosmologie dennoch nach wie vor in besonderem Maße? In den folgenden Abschnitten nennen wir Gründe, die wenigstens auf den ersten Blick für eine besondere Faszination der Kosmologie sprechen. Wir verorten die Begründungen, soweit möglich, historisch und diskutieren sie kritisch.

3. Wissensansprüche

3.1 Ultimative Horizonterweiterung ...

Eine wichtige Motivation, sich mit der Kosmologie zu beschäftigen, liegt im Wunsch, das Wissen zu erweitern. Der Mensch strebt danach, die Horizonte, die seine Kenntnisse begrenzen, zu verschieben. Um das Unbekannte, das oft als *terra incognita* (lat. für unbekanntes Land) versinnbildlicht wird, zu erkunden, benutzt er Beobachtungsgeräte: vom Mikroskop bis zum Teilchenbeschleuniger und von Galileis Fernrohr bis zum Weltraum-Teleskop *Hubble*. Die Kosmologen betreiben die Horizonterweiterung zusammen mit den Astrophysikern auf besonders sinnfällige Weise, insofern ihre Beobachtungen räumlich immer weiter in die Tiefen des Weltalls vorstoßen. Damit setzt die Kosmologie nahtlos die Erkundung unseres Planeten fort, die erst zur Entdeckung neuer Kontinente und schließlich zur Raumfahrt (s. u., Abschn. 5.3) führte.

Die Kosmologie treibt die Erschließung neuer Raumgegenden auf die Spitze, insofern sie dem Anspruch nach auf die Gesamtheit der Welt zielt. Sie verspricht daher die ultimative Horizonterweiterung, was den Raum angeht. Zum räumlichen Aspekt gesellt sich die entsprechende zeitliche Horizonterweiterung, denn die Kosmologie will auch Vergangenheit und Zukunft unserer Welt erhellen. Damit stellt sie besonders faszinierende Wissenserweiterungen in Aussicht.

Die ultimative Horizonterweiterung ist nach wie vor ein Grund für eine besondere Faszination durch die Kosmologie, soweit es um deren *Ansprüche* geht. Dennoch ist dieser Grund nur von eingeschränkter Bedeutung, insofern Wissens- und Horizonterweiterungen auch in Dimensionen möglich sind, die nichts mit der Kosmologie zu tun haben. Komplementär zu ihr sucht beispielsweise die Teilchenphysik nach den ultimativen Materiebestandteilen (→ II.6).

3.2 … und ihre Grenzen

Kritisch zu fragen ist ferner, in welchem Maße sich die Ansprüche der Kosmologie überhaupt realisieren lassen. Das führt uns zu einem nächsten faszinierenden Aspekt der Kosmologie. Das Programm der Horizonterweiterung wirft die Frage auf, wie weit das menschliche Wissen maximal reichen kann. Diese Frage ist wichtig für das menschliche Selbstverständnis; in der Philosophiegeschichte wurde sie immer wieder behandelt, besonders prominent bei John Locke (1632–1704), David Hume (1711–1776) und Kant. Als Wissenschaft, die das Programm der Wissenserweiterung auf die Spitze treibt, sollte die Kosmologie bei der Untersuchung menschlicher Erkenntnisgrenzen im Fokus stehen. Tatsächlich spielt sie bei Kants Vorhaben, die menschlichen Erkenntnisfähigkeiten auszuloten, eine entscheidende Rolle (Falkenburg 2000).

Im Zusammenhang mit menschlichen Wissensgrenzen fasziniert die Kosmologie auch heute noch berechtigterweise. Das ist sogar verstärkt der Fall, weil eine rein erfahrungsunabhängige Vermessung der menschlichen Erkenntnisgrenzen, wie sie die Philosophie oft anstrebte, heute als problematisch gilt. Viele Wissensgrenzen, von denen man derzeit ausgeht, lassen sich nur auf der Grundlage einzelwissenschaftlicher Erkenntnisse bestimmen. Im Kontext der Kosmologie ist dabei der physikalische Vergangenheitslichtkegel einschlägig; er ergibt sich aus der Allgemeinen Relativitätstheorie und beschränkt unsere Beobachtungen auf das, was man das beobachtbare Universum nennt. Umstritten ist jedoch, inwieweit dieser Horizont nicht nur Beobachtungen, sondern *jegliches* Wissen über Bereiche jenseits von ihm ausschließt (Beisbart 2009).

4. Erklärungsansprüche

4.1 Die Gottesfrage

Die Frage danach, ob es einen Gott gibt, gehört zu den Grundfragen der menschlichen Existenz. Da Gott als Schöpfer oder Ursprung der Welt gedacht wird, verspricht die Kosmologie Aufschluss über die Gottesfrage, insofern sie die Welt nicht nur beschreibt, sondern im Sinne einer Kosmogonie auch deren Ursprung in den Blick nimmt. Insbesondere ist denkbar, dass sich bestimmte Eigenschaften des Universums letztlich einzig oder am besten unter Rekurs auf Gottes Handeln erklären lassen. Man könnte dann mit einem Schluss auf die beste Erklärung Gottes Existenz begründen. Viele Gottesbeweise, von denen einer charakteristischerweise ‚kosmologisch‘ genannt wird, folgen dieser Logik. Grundsätzlich können Argumente für die Existenz Gottes auch Erklärungen anbieten, die sich auf isolierte Aspekte der Wirklichkeit, insb. auf das menschliche Leben, beziehen, also nicht die Welt als Ganzes betreffen. Doch solche isolierten Aspekte lassen sich oft im Rückgriff auf andere Aspekte oder Vorgänge in der Welt verständlich machen. Dagegen muss man offenbar über die Welt hinausgehen, wenn man erklären möchte, warum die Welt als ganze bestimmte Eigenschaften aufweist und eine bestimmte Entwicklung nimmt.

Die Verbindung zwischen der Kosmologie und der Gottesfrage wird in Versuchen deutlich, die Urknall-Kosmologie mit der Lehre, dass die Welt einen von Gott gesetzten Anfang hat, zu verknüpfen – etwa bei William L. Craig (geb. 1949) (Craig 1979). Ob die physikalische Kosmologie Aufschluss über die Gottesfrage geben kann, ist jedoch unklar. Die Theologie hat sich heute weitgehend von den Naturwissenschaften entkoppelt und versucht die Existenz Gottes oft so zu denken, dass sich diese den naturwissenschaftlichen Methoden entzieht und sie daher durch naturwissenschaftliche Erkenntnisse weder plausibler gemacht noch widerlegt werden kann; der Theologie bleibt dann als Aufgabe, Ergebnisse der Naturwissenschaften in ihrem eigenen Zusammenhang zu berücksichtigen (→ II.2). Umgekehrt gilt in der heutigen Kosmologie der Rückgriff auf Gott wie in anderen empirischen Disziplinen als unwissenschaftlich, und man wird nach anderen, naturwissenschaftlich fassbaren Ursachen für die Welt suchen. Damit ist freilich nicht gesagt, dass die heutige Kosmologie jemals eine befriedigende Erklärung der Weltentstehung liefern kann und dass sie alle Fragen, die wir zur Existenz der Welt haben, beantworten kann: vielmehr droht sie hier die Grenze zur Metaphysik zu überschreiten, wie es schon Kant behauptet hat (Falkenburg 2000).

4.2 Erklärung der menschlichen Existenz

Warum gibt es uns Menschen überhaupt? Diese Frage interessiert uns ohne Zweifel. Obwohl eine erste Erklärung, warum es uns gibt, auf die Geschichte des Lebens auf unserem Planeten verweisen kann und damit ohne kosmologische Bezüge auskommt (→ I.5), fragt sich doch, ob es nicht physikalische Bedingungen für ein Universum gibt, in dem die Existenz des Menschen möglich ist. Wenn dem so ist, dann muss eine umfassende oder fundamentale Erklärung dafür, dass es Menschen gibt, auf die Kosmologie rekurrieren.

Ein so begründetes Interesse an der Kosmologie erscheint berechtigt, insofern man zeigen kann, dass die Existenz von Lebewesen nur in einer relativ kleinen Anzahl kosmologischer Modelle möglich ist. Allerdings werden damit nur notwendige, nicht aber hinreichende Bedingungen für das Leben auf unserem Planeten und für die menschliche Existenz benannt. Außerdem stellt sich die Frage, warum das Universum so beschaffen ist, dass Leben entstehen konnte. Diese Frage wird kontrovers diskutiert und manchmal mit dem Anthropischen Prinzip beantwortet (Barrow / Tipler 1986; kritisch dazu auch Hübner et al. 2004) (→ I.8 / Abschn. 1.1.1).

5. Anthropologische Bedeutung

5.1 Selbstverortung

Man könnte argumentieren, dass die Kosmologie – und vielleicht sogar *nur* die Kosmologie – den Menschen umfassend in der Gesamtheit der Welt verortet. Sie wäre dann insofern von besonderem Interesse, als sie dem Menschen seinen Platz im ‚großen Ganzen‘ zuwiese, ihm damit ein gewisses Selbstverständnis ermöglichte und ihn über seinen Ursprung und seine Bestimmung orientierte, vielleicht sogar über seinen Sinn.

Mythen und Texte wie der erste biblische Schöpfungsbericht verbinden tatsächlich eine Beschreibung des Universums mit einer Weltdeutung, die der Orientierung dient. Vor diesem Hintergrund muss die Ersetzung des geozentrischen Weltbilds durch das heliozentrische als tiefer Einschnitt in das menschliche Selbstverständnis verstanden werden. Tatsächlich gibt es ein weit verbreitetes Narrativ, zu dem auf unterschiedliche Weise Friedrich Nietzsche (1844–1900) und Sigmund Freud (1856–1939) beigetragen haben und das den Übergang zum kopernikanischen Weltbild als ‚Kränkung‘ des Menschen beschreibt. Auch wenn dieses Narrativ nicht historisch korrekt wiedergibt, wie die Zeitgenossen der kopernikanischen Revolution den Übergang erlebten, kann es als deutlicher Hinweis darauf verstanden werden, dass die Kosmologie große anthropologische Bedeutung hat. In diesen Sinne wird die kopernikanische Revolution oft als zentrales Signum der Epochenwende von Mittelalter zur Neuzeit gedeutet (vgl. Blumenberg 1965; 1975).

Dennoch ist es problematisch, von der heutigen Kosmologie entscheidende Impulse für das Selbstverständnis des Menschen und seine Orientierung zu erwarten. Das zeigt sich schon daran, dass der Begriff ‚Verortung‘ mehrdeutig ist. Ursprünglich bezeichnet er jeden Versuch, etwas im wörtlichen Sinne im physikalischen Raum zu lokalisieren. Im übertragenen Sinne steht er dann für Versuche, etwas in einen Zusammenhang – häufig: in eine Hierarchie von Werten – einzuordnen. Die heutige Kosmologie verortet uns im wörtlichen Sinne, weil sie unsere kosmische Umgebung beschreibt. Dies führte aber nur dann auch zur Verortung im metaphorischen Sinne, wenn unterschiedliche Raumgegenden verschieden gewertet würden. Das ist aber heute gerade nicht mehr der Fall: In der aktuellen Kosmologie gilt der Raum nach dem Kosmologischen Prinzip als weitgehend gleichförmig und weist keine ausgezeichneten Punkte auf. Was die praktische Orientierung und moralische Normen angeht, so gilt es mittlerweile allgemein als problematisch, diese direkt aus Beschreibungen der Natur ableiten zu wollen (sog. naturalistischer Fehlschluss).

5.2 Sonderstellung des Menschen?

In Fernsehserien wie *Star Trek* sind ferne Planeten durch Lebewesen aller Art bewohnt. Die Frage, ob es weiteres (intelligentes) Leben im Universum gibt und wie dieses beschaffen ist, fasziniert besonders seit Beginn der Neuzeit, wie die Schriften Brunos (Bruno 1584) und des jungen Kant (1755) zeigen. Eine Antwort darauf berührt auch unser Selbstverständnis, denn es scheint sich anders ,anzufühlen', wenn wir allein im Weltall sind, als wenn auch andere Himmelskörper mit Außerirdischen bewohnt sind. Das Interesse an dieser Frage lässt sich nicht nur an Büchern und an Filmen wie *Star Trek* belegen, sondern manifestiert sich auch in der Suche nach extraterrestrischer Intelligenz, wie sie etwa am *SETI*-Institut (*Search for Extraterrestrial Intelligence*) betrieben wird. Diese Suche galt lange als unseriös, wird heute aber von angesehenen Wissenschaftlern wie Stephen Hawking (1942–2018) befürwortet. Wenn Raumsonden wie *Voyager* und *Pioneer* auf interstellaren Missionen Datenplatten mit Informationen über die Menschheit ins All tragen, dann zeigt das ein weitgehendes Bedürfnis, sich möglichen extraterrestrischen Wesen bekannt zu machen. Das Interesse an außerirdischem Leben könnte in jedem Fall ein Interesse für die Kosmologie begründen.

In der Tat ist die Kosmologie für die Frage relevant, ob es extraterrestrisches Leben gibt; denn sie lehrt, wie weit sich das Universum ausdehnt und wie viele potenziell bewohnbare Objekte es darin geben kann. Eine vollständige Antwort überfordert aber die zeitgenössische Kosmologie, denn diese untersucht heute bloß die großräumige Struktur im Universum mit den Mitteln der Physik. Extraterrestrisches Leben dürfte sich auf so kleinen Skalen abspielen, dass es der heutigen Kosmologie vermutlich entgeht, und es müsste auch mit biologischen Mitteln beschrieben werden. Es wird daher heute in der Astro- bzw. Exobiologie thematisiert.

5.3 Urbarmachung des Weltraums

Der Mensch strebt nicht nur danach, seinen Wissenshorizont zu erweitern (s. o., Abschn. 3.1), sondern auch danach, die Sphäre des für ihn Machbaren zu vergrößern. Das Bestreben, „die Ursachen des Naturgeschehens zu ergründen […] und die Grenzen der menschlichen Macht so weit auszudehnen, um alle möglichen Dinge zu bewirken" (Bacon [1627] 2003: 43), liegt insb. der modernen Naturwissenschaft und Technik zugrunde. Es manifestiert sich aber immer schon da, wo Menschen die Umwelt für ihre Lebensbedürfnisse umgestalten, Pflanzen und Tiere nutzen, Wälder roden sowie Rohstoffe abbauen, um Werkzeuge, Waffen und sonstiges technisches Gerät daraus herzustellen. Um mehr Rohstoffe zu gewinnen und neue Siedlungsräume zu bekommen, versucht der Mensch oft, ihm bisher nicht zugängliche Raumgegenden zu erschließen und urbar zu machen. Die wichtigsten technischen Mittel dieser Welterschließung sind seit jeher Fahrzeuge aller Art, vom Wagen und dem Schiff über das Flugzeug bis hin zum Raumschiff. Flugapparate gehören seit Leonardo da Vinci (1452–1519) zu den berühmten technischen Visionen, Raumschiffe seit Jules Verne (1828–1905). Nachdem unser Planet inzwischen weitgehend urbar gemacht ist, richten sich Phantasien, aber auch tatsächliche Projekte auf die Möglichkeit, ferne

Planeten bewohnbar zu machen und den Weltraum zu besiedeln. Auch dies könnte zur Faszination der Kosmologie beitragen.

Faktisch ist die moderne Kosmologie aber kaum relevant für Versuche, sich im Weltraum Rohstoffe oder Siedlungsräume zu erschließen. Bereits das beobachtbare Universum ist riesig. Versuche, andere Planeten urbar zu machen, dürften sich auf die nähere Umgebung unseres Sonnensystems beschränken, ohne wirklich kosmische Größenskalen zu durchmessen.

6. Ästhetische Einstellung zur Natur

Der Gegenstand der Kosmologie, das Universum, erscheint uns aufgrund seiner unvorstellbaren Weite als erhaben, wir fühlen uns im Vergleich dazu winzig. Schon der Anblick des Sternenhimmels in der freien Natur oder auch bloß seine Vorführung im Planetarium gilt vielen als erhaben. Zusätzliches Erschaudern ergreift uns, wenn wir uns vergegenwärtigen, welche Größendimensionen das bisher beobachtete Universum aufweist und wie viele Sterne und Galaxien es dort und anderswo noch gibt bzw. geben kann.

Dass das Universum im beschriebenen Sinne erhaben erscheint und damit einige Faszination für die Kosmologie erklärt, lässt sich kaum bestreiten. Das Urteil, etwas sei erhaben, bezieht sich nach Kant aber nicht primär auf einen äußeren Gegenstand, sondern auf unsere Reaktion bei dessen Betrachtung. Es muss also anders begründet werden als mittels einer Aussage über das Universum. Gefordert erscheint v. a. eine philosophische Analyse der Erhabenheit, wie Kant sie in der *Kritik der Urteilskraft* (1790 / 1793) gegeben hat. Er definiert dort das „Mathematisch-Erhabene" als das absolut Große. Was in diesem Sinne unvergleichbar groß sei, werde zunächst als zweckwidrig erlebt, weil es unsere Anschauung überfordere, verweise aber auf Vernunftideen und erinnere so an ein „übersinnliches", auf das Übernatürliche gerichtetes Vermögen des Menschen (→ III.2 / Abschn. 2; IV.6 / Abschn. 3.1). In diesem Zusammenhang wäre zu untersuchen, welche Rolle Bilder bei der Beurteilung dessen spielen, was uns als erhaben erscheint.

Vorstellungen der heutigen Kosmologie wie Schwarze Löcher, gekrümmte Räume, Dunkle Energie, Strings oder Wurmlöcher überfordern unsere Anschauung und Imaginationskraft auch noch auf einer anderen Ebene und faszinieren daher: Sie stellen unsere lebensweltliche Raumvorstellung radikal infrage und entwerfen Verhältnisse, die uns fremd anmuten und staunen lassen. Sie können daher ähnliche Funktionen wie die phantastische Literatur erfüllen. Anders als reine Fiktionen folgen gekrümmte Räume oder Schwarze Löcher aber aus physikalischen Theorien; sie können real sein. Und kosmologische Modelle, die Zeitreisen ermöglichen, führen direkt von der Kosmologie zur Science Fiction. All das trägt zur besonderen Faszinationskraft der Kosmologie bei.

7. Fazit

Insgesamt dürfte dem starken öffentlichen Interesse an der Kosmologie eine ,Gemengelage‘ recht unterschiedlicher Motive zugrunde liegen, die vom Wunsch nach Horizonterweiterung bis zur ästhetisch grundierten Faszination am Weltall reichen. Viele Menschen wünschen sich wohl auch heute noch vor dem Hintergrund von Orientierungs- und Sinnfragen, dass die Kosmologie zur Verortung des Menschen in der Welt beitragen möge. Die heutige Kosmologie kann dies jedoch weniger leisten denn je. Dennoch bleibt sie die zentrale Disziplin, die umfassende Antworten auf die Fragen sucht, wie die Welt entstanden ist und wo wir Menschen in ihr stehen (→ III.10). Inwieweit eine naturwissenschaftlich orientierte Kosmologie diese Fragen wirklich beantworten kann, steht freilich in den Sternen.

Literatur

Bacon, Francis [1627] 2003: Neu-Atlantis. Hg.: J. Klein. Stuttgart.

Barrow, John D. / Tipler, Frank J. 1986: The Anthropic Cosmological Principle. Oxford.

Beisbart, Claus 2009: Can we justifiably assume the cosmological principle in order to break model underdetermination in cosmology? In: Journal for General Philosophy of Science 40: 175–205.

Blumenberg, Hans 1965: Die kopernikanische Wende. Frankfurt / M.

Bruno, Giordano 1584: De l'infinito, universo e mondi. Venedig. Neuausgabe: Bruno, Giordano 2014: Opere italiane, Vol. 2. Commento di G. Aquilecchia et al. Torino. Dt. Übersetzung: Bruno, Giordano 2012: Über das Unendliche, das Universum und die Welten. Hg.: C. Schultz. Stuttgart.

– [1975] [6]1989: Die Genesis der kopernikanischen Welt. 3 Bde. Frankfurt / M.

Craig, William L. 1979: The Kalām Cosmological Argument. London.

Falkenburg, Brigitte 2000: Kants Kosmologie. Die wissenschaftliche Revolution der Naturphilosophie im 18. Jahrhundert. Frankfurt / M.

Hawking, Stephen W. 1988: Eine kurze Geschichte der Zeit. Reinbek.

– 2018: Eine kurze Geschichte der Zeit. Ergänzte Ausgabe. Reinbek.

Hesiod 2012: Theogonie. Werke und Tage. Griech.-Dt. Hg.: A. v. Schirnding. Berlin.

Hübner, Jürgen / Stamatescu, Ion-Olimpiu / Weber, Dieter (Hg.) 2004: Theologie und Kosmologie. Geschichte und Erwartungen für das gegenwärtige Gespräch. Tübingen.

Kant, Immanuel [1755] [2]1910: Allgemeine Naturgeschichte und Theorie des Himmels. Kant's gesammelte Schriften. Hg.: Königlich Preußische Akademie der Wissenschaften. Berlin: Bd. I, 215–368.

– [1781 / 1787] [2]1911: Kritik der reinen Vernunft. In: a. a. O.: Bd. III.

– [1788] [2]1913: Kritik der praktischen Vernunft. In: a. a. O.: Bd. V, 1–165.

– [1790 / 1793] [2]1913: Kritik der Urteilskraft. In: a. a. O.: Bd. V, 165–485.

Platon: Theaitetos = Platon 2012: Theätet. Griech.-Dt. Hg.: E. Martens. Stuttgart.

Weinberg, Steven [1977] [11]1994: Die ersten drei Minuten. Der Ursprung des Universums. München.

Whitehead, Alfred N. [1929] 1979: Process and Reality: An Essay in Cosmology. Corrected Edition. Hg.: D. R. Griffin / D. W. Sherburne. New York.

Autorinnen und Autoren

Suzana Alpsancar studierte Philosophie, Geschichte und Germanistische Sprachwissenschaft und ist Gastprofessorin am Arbeitsgebiet Technikphilosophie der Brandenburgischen Technischen Universität Cottbus-Senftenberg.

Heike Baranzke hat Katholische Theologie und Chemie studiert und lehrt als promovierte Wissenschaftlerin theologische Ethik an der Bergischen Universität Wuppertal.

Ralf Becker studierte Philosophie, Psychologie und Germanistik und ist Professor für Philosophie an der Universität Koblenz-Landau, Campus Landau.

Claus Beisbart hat Philosophie, Physik und Mathematik studiert und ist Professor für Wissenschaftsphilosophie an der Universität Bern.

Angelika Bönker-Vallon hat im Erststudium Philosophie, Geschichte der Naturwissenschaften und Theologie, im Zweitstudium Japanologie, Religionswissenschaft und Interkulturelle Kommunikation studiert. Sie lehrt als promovierte Lehrbeauftragte an der Universität Kassel.

Kim Joris Boström studierte Physik und promovierte in theoretischer Quantenmechanik. Er ist wissenschaftlicher Mitarbeiter in der Bewegungswissenschaft an der Westfälischen Wilhelms-Universität Münster.

Tobias Cheung hat Biologie und Philosophie studiert und ist Privatdozent am Institut für Kulturwissenschaft der Humboldt-Universität zu Berlin.

Dirk Evers studierte Evangelische Theologie und ist Professor für Systematische Theologie und Religionsphilosophie an der Martin-Luther-Universität Halle-Wittenberg.

Brigitte Falkenburg studierte Physik und Philosophie und ist Professorin (i. R.) für Theoretische Philosophie mit Schwerpunkt Philosophie der Wissenschaft und Technik an der Technischen Universität Dortmund.

Günter Friedmann hat Volkswirtschaftslehre studiert und ist Berufsimker. Er leitet in Süddeutschland eine der weltweit größten Demeter-Imkereien, die auch Ausbildungsbetrieb für Imker ist.

Ulrich Gebhard studierte Biologie, Germanistik und Erziehungswissenschaft und ist Professor für Erziehungswissenschaft unter besonderer Berücksichtigung der Didaktik der Biowissenschaften an der Universität Hamburg und Seniorprofessor an der Pädagogischen Hochschule Heidelberg im Bereich Gesundheitsprävention.

Myriam Gerhard hat Philosophie und Politikwissenschaft studiert und ist außerplanmäßige Professorin für Philosophie an der Carl von Ossietzky Universität Oldenburg. Seit 2016 ist sie Vorsitzende der Internationalen Hegel-Gesellschaft.

Gerald Hartung hat Philosophie, Literatur- und Religionswissenschaften studiert und ist Professor für Philosophie an der Bergischen Universität Wuppertal.

Jürgen Hübner studierte Biologie und Theologie, ist außerplanmäßiger Professor an der Ruprecht-Karls-Universität Heidelberg und wissenschaftlicher Referent an der Forschungsstätte der Evangelischen Studiengemeinschaft e. V. (FEST) in Heidelberg, jetzt als Emeritus.

Hans Werner Ingensiep studierte Biologie und Philosophie und ist außerplanmäßiger Professor für Philosophie und Wissenschaftsgeschichte an der Universität Duisburg-Essen.

Nicole C. Karafyllis studierte Biologie und Philosophie und ist Professorin für Philosophie an der Technischen Universität Braunschweig.

Thomas Kirchhoff hat Landschaftsplanung und Philosophie studiert. Er ist Post-Doc-Wissenschaftler an der Forschungsstätte der Evangelischen Studiengemeinschaft e. V. – Institut für Interdisziplinäre Forschung (FEST) in Heidelberg und Privatdozent für Theorie der Landschaft an der Technischen Universität München.

Kristian Köchy studierte Biologie, Wissenschaftsgeschichte und Philosophie und ist Professor für Theoretische Philosophie an der Universität Kassel.

Ulrich Krohs studierte Biochemie und Philosophie und ist Professor für Philosophie an der Westfälischen Wilhelms-Universität Münster.

Stefan Lobenhofer hat Philosophie, Politische Wissenschaft und Soziologie studiert und ist Post-Doc-Wissenschaftler am Seminar für Philosophie der Technischen Universität Braunschweig.

Thomas Potthast studierte Biologie und Philosophie. Er ist Professor für Ethik, Theorie und Geschichte der Biowissenschaften und leitet das Internationale Zentrum für Ethik in den Wissenschaften (IZEW) an der Eberhard Karls Universität Tübingen.

Otto Schäfer hat Evangelische Theologie und Biologie studiert, zum Bereich Pflanzenökologie promoviert und arbeitete als Beauftragter für Theologie und Ethik beim Schweizerischen Evangelischen Kirchenbund.

Gregor Schiemann studierte Maschinenbau, Physik und Philosophie und ist Professor für Philosophie an der Bergischen Universität Wuppertal.

Magnus Schlette hat Philosophie und Soziologie studiert, ist Referent für Philosophie und Leiter des Arbeitsbereichs ‚Theologie und Naturwissenschaft' an der Forschungsstätte der Evangelischen Studiengemeinschaft e. V. – Institut für interdisziplinäre Forschung (FEST) in Heidelberg und Privatdozent für Philosophie an der Universität Erfurt.

Reinhard Schulz hat Biologie, Philosophie und Soziologie studiert und war außerplanmäßiger Professor für Philosophie an der Carl von Ossietzky Universität Oldenburg.

Michael Städtler hat Philosophie, Literaturwissenschaft und Sprachwissenschaft studiert, ist außerplanmäßiger Professor für Philosophie an der Westfälischen Wilhelms-Universität Münster und lehrt Philosophie an der Bergischen Universität Wuppertal.

Manfred Stöckler hat Physik und Philosophie studiert und ist Professor für Philosophie an der Universität Bremen.

Georg Toepfer studierte Biologie und Philosophie, ist Privatdozent für Philosophie und arbeitet als wissenschaftlicher Mitarbeiter am Berliner Zentrum für Literatur- und Kulturforschung (ZfL).

Vera Vicenzotti hat Landschaftsarchitektur und Landschaftsplanung studiert. Sie lehrt und forscht an der Swedish University of Agricultural Sciences (SLU) als promovierte Senior lecturer im Fachbereich Landschaftsarchitektur.

Frank Vogelsang hat Elektrotechnik sowie Evangelische Theologie studiert, in Theologie promoviert und ist Direktor der Evangelischen Akademie im Rheinland.

Personenregister

Clark, Andy 185
Clarke, Samuel 35, 41, 98, 102, 118, 122
Clemens Alexandrinus 26
Collingwood, Robin G. 51, 56
Collins, Harry M. 205, 208–209
Compton, Arthur H. 126
Constable, John 186
Crutzen, Paul 250
Cudworth, Ralph 51
Cummins, Robert 199, 202
Cusanus, Nicolaus [Nikolaus von Kues] 19, 22, 150
Cuvier, Georges 52, 56, 272

Dalton, John 133
Damasio, Antonio 116, 122
Darwin, Charles 29, 56, 68–70, 72, 166, 170, 213, 298, 306
Defoe, Daniel 226
Deluc, Jean-André 52
Demokrit 9–11, 123, 131, 133, 137, 141
Derham, William 51
Derrida, Jacques 307–308, 311
Descartes, René 21–22, 28, 30, 32–36, 39–40, 51, 81, 96, 98–102, 123, 132, 138, 141, 180, 240, 253, 275
Destutt de Tracy, Antoine 55
Dewey, John 221, 267, 269
Dick, Philip K. XIV
Diels, Hermann 17, 238
Dilthey, Wilhelm 147, 160, 189, 217–218, 223
Dimitrios I. 108
Dingler, Hugo 62–64, 84, 90
Diogenes 5, 17, 278
Donaldson, Sue 305–306, 308–309, 311
Driesch, Hans 86–87, 90
Du Bois-Reymond, Emil 59, 64, 70–72, 133, 136
Dunshirn, Alfred XVII, 5, 14, 17, 96, 102
Duns Scotus 45
Dupré, John 87, 89–90, 197, 202
Düwell, Marcus 77, 80

Eigen, Manfred 148
Einstein, Albert XIII, 33, 75, 113, 117–118, 122, 124–130, 143, 235, 238
Emerson, Ralph W. 315
Empedokles 9, 11–14, 18
Ende, Michael 230
Epikur 5–8, 141

Erikson, Erik H. 263, 269
Esfeld, Michael 58, 63–64, 76, 80, 87, 90, 130, 132, 136–137, 140, 143
Eudemos von Rhodos 10
Evers, Dirk 23, 232, 333

Falkenburg, Brigitte 32, 36, 40, 93, 96, 111–112, 115, 123, 128, 130, 135, 137–138, 143, 323, 326–327, 331, 333
Faraday, Michael 124
Fechner, Gustav T. 82, 85
Feuerbach, Ludwig 67, 72, 279
Feyerabend, Paul XIII, 63–64
Fleck, Ludwik 204–205, 209
Floridi, Luciano 89–90
Foucault, Michel 149, 151, 163–164, 207, 209
Fox Keller, Evelyn 243, 245–246
Fraassen, Bas C. van 140, 143, 200
Frankena, William 307, 312
Franziskus I. (Papst) 275, 280
Fresnel, Augustin J. 124
Friedmann, Günter 292–293, 298, 302, 333
Friedrich, Caspar D. 262
Frisch, Karl von 292, 296, 300–301

Gadamer, Hans-Georg 218–221, 223
Galilei, Galileo 21, 28, 30, 32–34, 36, 40, 101, 123, 138, 200, 275, 324–325
Galison, Peter 205, 209
Gall, Franz J. 68
Gatterer, Christoph 53–54, 56
Gayon, Jean 163–164
Gebhard, Ulrich 261–266, 268–269, 333
Gerhard, Myriam 3, 28, 30, 66, 72, 82, 131, 333
Giere, Ronald N. 201–202
Gilpin, William 190
Gloy, Karen 79–80
Goethe, Johann W. von XIV, 56, 76, 186, 190, 194, 214
Goldstein, Jürgen 154, 157, 227, 231
Goodman, Nelson 140, 144
Goodman, Russell B. 315, 321
Gould, Stephen J. 52, 56, 165, 170
Gruschka, Andreas 217–218, 223
Günzel, Stephan 118, 122
Gurdijeff, George I. 80

Habermas, Jürgen 49–50, 223
Hacking, Ian 197, 202

Sachregister

Im Sachregister verwendete Abkürzungen:

→	siehe dort
agrar.	agrarisch
allg.	allgemein
astron.	astronomisch
biochem.	biochemisch
biol.	biologisch
chem.	chemisch
genet.	genetisch
geol.	geologisch
jur.	juristisch
math.	mathematisch
med.	medizinisch
ökon.	ökonomisch
phänomenol.	phänomenologisch
philos.	philosophisch
physik.	physikalisch
polit.	politisch
s. a.	siehe auch
sog.	sogenannt
techn.	technisch
theol.	theologisch